Schaltungslehre der Stromrichtertechnik

Schaltungslehre der Stromrichtertechnik

Von

Dipl.-Ing. Dr. techn. Th. Wasserrab

Honorarprofessor an der Technischen Hochschule Karlsruhe
Direktionsassistent der AG. Brown, Boveri & Cie.
Baden/Schweiz

Mit 373 Abbildungen

Springer-Verlag
Berlin/Göttingen/Heidelberg
1962

ISBN-13:978-3-540-02922-9 e-ISBN-13:978-3-642-92849-9
DOI: 10.1007/978-3-642-92849-9

Softcover reprint of the hardcover 1st edition 1962

Vorwort

Das vorliegende Buch ist aus Vorlesungen entstanden, die der Verfasser seit 1949 an der Technischen Hochschule zu Karlsruhe hält, wobei er sich bemüht, die Stromrichtertechnik nicht zu verselbständigen, sondern in den Rahmen der allgemeinen Elektrotechnik einzufügen und wo immer möglich Bezüge aufzuzeigen, so z. B. zu der Lehre von den Schaltvorgängen, den nichtlinearen Kreisen, den magnetischen Kreisen usw. Eine solche Tendenz erscheint im Hinblick auf gewisse moderne Entwicklungen dringend geboten und sollte im Ziel dazu führen, die heute in Teilgebiete aufgesplitterte Elektrotechnik wieder zu vereinigen. Nun bietet gerade die Stromrichtertechnik viele Möglichkeiten zu einem solchen Vorgehen: Die zunehmende Verwendung der gittergesteuerten Stromrichter als Stellglieder in Regelkreisen macht es z. B. notwendig, den Stromrichter als Verstärker zu betrachten und gewisse Grundlagen der Nachrichten- und Regeltechnik kennenzulernen. Ebenso führt die Untersuchung der Stromrichter mit Steuerdrosseln zwangsläufig zu den Magnetverstärkern usw. Kurz, über die bloße Vermittlung von Tatsachen hinausgehend, kann ein Beitrag zur „Integration“ geleistet werden.

Wie der Titel besagt, werden lediglich die Stromrichter-*Schaltungen* eingehend behandelt und die verschiedenen Ventile nur so weit erwähnt, als es mit Rücksicht auf das Verständnis erforderlich ist. Eine solche Beschränkung empfiehlt sich besonders im gegenwärtigen Zeitpunkt, wo physikalische Erforschung und technische Entwicklung der Ventile ein geradezu atemberaubendes Tempo angenommen haben, während die Schaltungstechnik dagegen eher als klassisch gelten kann. Für die rechnerische Untersuchung der Schaltungen ist auch in der Regel eine genauere Kenntnis der Ventileigenschaften gar nicht erforderlich; um rechnen zu können, muß man ohnedies die Ventilkennlinien so weit idealisieren, daß die individuellen Unterschiede verlorengehen. Es ist daher nur folgerichtig, wenn im folgenden die Darstellung sehr allgemein, d. h. unabhängig von der Ventilart, durchgeführt wird.

Bei der Untersuchung der Schaltungen wurde versucht, jeweils den gesamten Arbeitsbereich vom Leerlauf bis zum Kurzschluß und sowohl im Gleichrichter- als auch im Wechselrichterbetrieb zu behandeln. Die in Veröffentlichungen häufig geübte Beschränkung auf die Vorgänge im

„Quasileerlauf“, wie man den üblichen Arbeitsbereich bezeichnen kann, wurde als zu elementar befunden, um eine gründliche Kenntnis der verschiedenen Schaltungen vermitteln zu können. Im Buche ist daher dem Kurzschluß eine ausführliche Betrachtung eingeräumt und grundsätzlich das *Betriebsdiagramm* als das allein geeignete Mittel zur vollständigen Kennzeichnung einer Schaltung herangezogen worden. Indem dabei systematisch vom Einpulsstromrichter zu höheren Pulszahlen fortgeschritten wurde, zeigten sich mehrfach Probleme, die bisher in der Literatur noch keine ausreichende Behandlung erfahren hatten. Der Autor hat sich bemüht, einige dieser Lücken zu schließen, aus Zeitmangel mußten jedoch andere noch offenbleiben. Um den Rahmen nicht zu sprengen, mußte auch manches weggelassen werden, was sonst häufig in den Büchern über Stromrichtertechnik zu finden ist: der selbstgeführte Wechselrichter, die verschiedenen Umrichterschaltungen usw. Indessen sollte der Leser an Hand der Literaturhinweise leicht die gewünschten Ergänzungen finden können.

Weil der beste Weg zum Verständnis einer mathematischen Ableitung über die eigene Nachrechnung führt, so wurde durch einen Anhang mit Zwischenrechnungen (Texthinweise [R . . .]) dafür gesorgt, daß der Leser auch dort, wo mit Rücksicht auf die Lesbarkeit des Textes nicht der ganze Rechnungsgang gebracht werden konnte, diesen selbst rekonstruieren und sich damit in der Durchführung von Rechnungen üben kann. Diese Detailrechnungen ließen die Zusammenstellung besonderer Übungsbeispiele entbehrlich erscheinen.

Bei der Wahl der Symbole und Indizes hat sich der Verfasser von DIN 5483 und dem Gesichtspunkt der Einfachheit leiten lassen. Im ganzen Buch werden höchstens zwei Indizes verwendet. Die im CEI-Dokument [Commission Électrotechnique Internationale, Publication 84 (1957)] verwendeten Bezeichnungen konnten nur zum Teil übernommen werden.

Es ist dem Verfasser eine angenehme Pflicht, den Herren D. Bose, K. Rollig, K. Roth, welche Teile des Manuskriptes, und den Herren R. Schnörr und Dr. M.-J. Schönhuber, welche die Korrekturen mit gelesen haben, seinen Dank auszusprechen. Sein Dank gilt sodann dem Springer-Verlag für das Entgegenkommen hinsichtlich des Umfanges und die traditionell gute Ausstattung des Buches, und last not least seiner lieben Frau, welche mit Geduld und Verständnis zur Entstehung des Werkes beigetragen hat.

Baden/Schweiz, im Herbst 1961

Theodor Wasserrab

Inhaltsverzeichnis

Verzeichnis der verwendeten Formelzeichen

Symbol	Dimension	Bedeutung
B	Vs/cm^2	Magnetische Induktion
C	As/V	Kapazität
E	V	Elektromotorische Kraft (EMK)
F	cm^2	Fläche
G	—	Ellipsenhalbachse (Spannungsachse)
H	—	Ellipsenhalbachse (Stromachse)
H	A/cm	Magnetische Feldstärke
I	A	Stromstärke
K	—	Konstante
L	Vs/A	Induktivität, Selbstinduktivität
M	Vs/A	Gegeninduktivität
N	VA	Bauleistung, Typenleistung
O	cm	Umfang
P	VA	Leistung
Q	VA	Kurzschlußleistung
R	V/A	Ohmscher Widerstand
T	s	Periodendauer
T	s	Zeitkonstante
T	°K	Absolute Temperatur
U	V	Spannungsabfall
U	V	Phasenspannung
V	V	Verkettete Spannung
W	—	Welligkeit
W	WAs	Energie
X	V/A	Reaktanz, Blindwiderstand
Z	V/A	Impedanz, Betrag des Scheinwiderstandes $= \sqrt{R^2 + X^2}$
a	—	Aussteuerungsgrad, $a = \cos\alpha$
b	cm^2/Vs	Beweglichkeit
d	—	Normierter induktiver Spannungsabfall eines Stromrichters
e	V	Augenblickswert der EMK
f	s^{-1}	Frequenz
f	—	Funktion
g	—	Normierte Gegen-EMK $g = E/E\sqrt{2} = E/\hat{e}$;
g		Grundschwingungsgehalt $= v$
h	A/cm	Magnetische Feldstärke, Augenblickswert
i	A	Strom, Augenblickswert
i	A/cm^2	Stromdichte, Augenblickswert:
j	—	$j = \sqrt{-1}$
k	—	Klirrfaktor
k	—	Reaktanzverhältnis k (Kopplungsfaktor)
l	cm	Länge
m	—	Anzahl der gleichzeitig stromführenden Ventile
n	U/min	Drehzahl
p	—	Pulszahl
p	—	Komplexe Frequenz
q	—	Kommutierungszahl

Symbol	Dimension	Bedeutung
r	—	Anzahl der parallelen Kommutierungseinheiten
s	—	Anzahl der in Reihe geschalteten Kommutierungseinheiten
t	s	Zeit
u	V	Augenblickswert der Spannung
$ü$	—	Übersetzungsverhältnis (U_p/U_s)
v	—	Verzerrungsfaktor
w	—	Windungszahl
x	—	Reaktanzverteilung $x = \frac{2\,X_g + X_s}{2\,X_p + X_s}$
y	—	$y = \frac{\sin m\,\pi/p}{m \sin\pi/p}$
z	—	Zählgröße
α	—	Zündverzögerungswinkel (Gittersteuerung)
β	—	Leitdauerwinkel
γ	—	Löschwinkel
δ	—	Sperrdauerwinkel
ε	—	Nennkurzschlußspannung
ζ	—	Natürlicher Zündverzögerungswinkel (von Betriebszustand abhängig)
η	—	Wirkungsgrad
ϑ		Zählwinkel ($= \omega\,t$)
$\varkappa$	$[\Omega\,\text{cm}]^{-1}$	Spez. Leitfähigkeit
λ	—	Leistungsfaktor
μ	—	Überlappungswinkel
ν	—	Ordnungszahl der Oberwellen
ξ	—	Zählwinkel
π	—	LOSCHMIDTsche Zahl ($= 3{,}141\,5926\ldots$)
ϱ	Ω cm	Spez. Widerstand
$\varrho\,(\alpha,\mu)$	—	$[\cos\alpha + \cos(\alpha+\mu)]/2$
τ	s	Zeitkonstante
φ	—	Phasenverschiebungswinkel
$\psi\,(\alpha,\mu)$	—	$\frac{[2+\cos(2\alpha+\mu)]\sin\mu - \mu[1+2\cos\alpha\cos(\alpha+\mu)]}{2\pi\,[\cos\alpha - \cos(\alpha+\mu)]^2}$
ψ		Winkel
ω	s^{-1}	Kreisfrequenz ($\omega = 2\pi f$)
$\chi\,(\alpha,\mu)$	—	$\frac{2\mu + \sin 2\alpha - \sin 2(\alpha+\mu)}{4\,[\cos\alpha - \cos(\alpha+\mu)]}$
Θ	°	Temperatur
Θ	A	Magnetomotorische Kraft (Durchflutung)
Π	A	Magnetische Spannung
Σ	—	Summenzeichen
Φ	Vs	Magnetischer Fluß
Ψ	Vs	Flußverkettung

Symbol	Dimension	Bedeutung	Symbol	Dimension	Bedeutung
	Zeiger			*Arithmet. Mittelwerte*	
$\mathfrak{I}$	A	Strom	$\overline{I}$	A	Strom
$\mathfrak{U}$	V	Spannung	$\overline{U}$	V	Spannung
$\mathfrak{E}$	V	EMK	$\overline{E}$	V	EMK
	Effektivwerte			*Scheitelwerte*	
I	A	Strom	$\hat{\imath}$	A	Strom
U	V	Spannung	$\hat{u}$	V	Spannung
E	V	EMK	$\hat{e}$	V	EMK

Indizes

A	Allphasiger Schaltzustand	n	Netz
B	Blindkomponente	p	Primär
C	Kommutierung	q	Energiequelle
D	Dreiphasiger Schaltzustand	s	Sekundär
G	Grenzfall	t	Transformator
K	Kurzschluß	t	Tertiär
L	Leerlauf	v	Ventil
N	Nennbetrieb	w	Wicklung
S	Scheinkomponente	α	Teilausgesteuerter Betrieb mit Verzögerungswinkel α
W	Wirkkomponente	μ	Durch Überlappungswinkel μ gekennzeichneter Belastungszustand
a	Ausgang	σ	Streuung
e	Eingang		
g	Gleichstromkreis		
i, k	$= 1, 2, 3, \ldots$ laufende Zahlen		
j	Joch	u, v, w	Phasenbezeichnungen
k	Kathode	a, b, c	Phasenbezeichnungen
m	Magnetischer Kreis	x, y, z	Phasenbezeichnungen

Berichtigungen

S. 196 unten: Der zweite Teil der Formel lautet richtig

$$\Phi_1 = \frac{w}{R_m}\left[i_1 - \frac{1}{2}\sum_1^2 i_i\right] + \frac{1}{2}\Phi_j$$

S. 286, Abb. 15/10c: Kennlinien $(2) \times 3$ und $2 + 2 + 2$ haben nur halben

Kurzschlußstrom: $\frac{I_K X_c}{E\sqrt{2}} = 3$ bzw. 1

Kennlinie $3 + 3$ hat Verlauf wie $(3) \times 2$, jedoch

$$\frac{I_K X_c}{E\sqrt{2}} = 1$$

statt $3 + 3$ **lies** 3 und statt $2 + 2 + 2$ **lies** 2

S. 301, 19. Zeile v. oben: statt (vgl. Abb. 15/10) **lies** (vgl. Abb. 13/16)

S. 316, Tab. 17/5: Brücken- oder 3 + 3-Schaltung mit Primärreaktanzen

statt $\frac{I_K}{I_N}\varepsilon = 2\sqrt{3} = 3{,}47$

lies $\frac{I_K}{I_N}\varepsilon = \frac{2}{\sqrt{3}} = 1{,}15$

Einleitung

1. Die Stromrichtertechnik im Rahmen der Elektrotechnik

Es war bisher üblich, die Elektrotechnik in zwei Sektionen zu unterteilen: die elektrische Energietechnik und die elektrische Nachrichtentechnik – oder wie man es ebenfalls, wenn auch gröber, auszudrücken pflegt: die Starkstrom- und die Schwachstromtechnik. Die Aufgaben und Merkmale dieser beiden Disziplinen können am besten an Hand von schematischen Darstellungen erörtert werden.

In Abb. 0/1 ist der Weg des elektrischen Energieflusses vom Generator bis zum Verbraucher schematisch dargestellt: Der Generator elektrischer

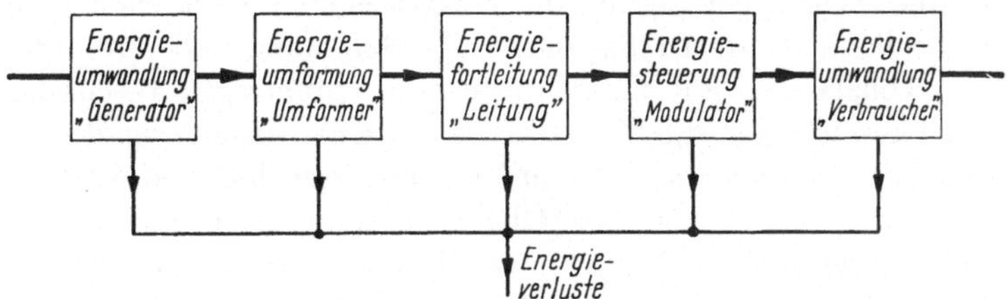

Abb. 0/1. Schema einer klassischen Energieübertragung

Energie ist in Wirklichkeit ein Energieumwandler, welcher nichtelektrische, vorzugsweise mechanische Energie in elektrische Energie verwandelt. (Verwandelt man nichtelektrische Energie in elektrische und umgekehrt, so soll dieser Vorgang *Energieumwandlung* genannt werden. Modifiziert man dagegen nur die Eigenschaften der elektrischen Energie, indem man sie z. B. von Wechselstrom in Gleichstrom verändert, so soll von *Energieumformung* gesprochen werden.) In der Regel handelt es sich dabei sogar um mehrere nacheinander erfolgende Energieumwandlungen, indem z. B. zuerst die chemische Bindungsenergie der Steinkohle mit einem Wirkungsgrad von $\eta = 80$ bis 92% in die thermische Energie von Wasserdampf übergeführt wird, welche sodann in Wärmekraftmaschinen mit einem Wirkungsgrad von 20 bis 45% in mechanische Energie und schließlich in elektrischen Stromerzeugern mit einem Wirkungsgrad von 90 bis 98% in elektrische Energie umgewandelt wird. Die Differenz zwischen der gewonnenen elektrischen Energie und der aufgewendeten nichtelektrischen Energie geht bei diesen Umwandlungen vorzugsweise in Form von thermischer Energie verloren.

Da die elektrische Energie in der Regel nicht am Bedarfsort erzeugt und von den Generatoren auch oft nicht in der gewünschten Form (Spannung, Strom, zeitlicher Verlauf) zur Verfügung gestellt werden kann, so mußten ausgedehnte Netze und Anlagen errichtet werden, welche Übertragungsleitungen, Umformer (Spannungstransformatoren und Frequenzumformer) und Steuereinrichtungen (Schalter und Leistungsmodulatoren) enthalten. Am Ende einer solchen Kette von Vorgängen steht dann stets wiederum eine Energieumwandlung, welche die elektrische Energie mittels Motoren in mechanische Energie ($\eta \approx 98\%$) oder mittels Elektrolyseuren in chemische Energie ($\eta \approx 30$ bis 60%) usw. umwandelt.

Die in Abb. 0/1 dargestellte Energieübertragungskette soll die erforderlichen Maßnahmen nur in prinzipieller Weise kennzeichnen. In Wirklichkeit besitzt der rein elektrische Teil der Übertragungsanlage in der Regel die Form eines weitläufigen, vermaschten Netzes, das häufig noch mit weiteren Netzen gekuppelt ist, d. h. in direktem Energieaustausch steht. Die Übertragung der elektrischen Energie erfolgt derzeit fast ausschließlich mit Drehstrom hoher Spannung und nur unter besonderen Umständen mit Gleichstrom oder einphasigen Wechselstrom.

Physikalisch liegen die Verhältnisse bei einer *Gleichstromübertragung* am einfachsten: Bei vorgegebenem Verbraucherwiderstand ist die übertragene Leistung lediglich der Gleichspannung proportional, so daß man bei Energieaustausch auch nur diese eine Größe zu beeinflussen braucht. Bedenkt man weiter, daß für die Übertragung relativ wenig Material aufgewendet werden muß (gegebenenfalls kann die Erde als Rückleitung verwendet werden), so wird verständlich, daß die Gleichstromübertragung insbesondere für sehr große Entfernungen oder über See auch heute als vorteilhaft beurteilt wird. Da jedoch der von den Generatoren gelieferte Drehstrom in Gleichstrom umgeformt werden muß, so sind an den Enden der Leitung entsprechende Umformer vorzusehen.

Die historische Entwicklung der Gleichstromenergieübertragung (K. Baudisch, 1950), welche in Tab. 0/1 in einigen markanten Ereignissen aufgezeigt wird, begann durch die Initiative von O. v. Miller und M. Deprez 1882 mit einer Leistung von etwas mehr als 1 kW und einem Wirkungsgrad von 22,5%. Weitere Übertragungen auch mit höheren Spannungen folgten, wovon die größte durch R. Thury 1906 von Moutiers nach Lyon errichtet wurde und durch Hintereinanderschaltung von Gleichstromgeneratoren eine Spannung von 125 kV erreicht werden konnte. Später wurden die Maschinenumformer durch Stromrichter ersetzt, womit auch der gegenwärtige Stand der Gleichstromübertragung andeutungsweise gekennzeichnet ist.

Tabelle 0/1. *Gleichstromübertragungen*

Jahr	Spannung kV	Leistung MW	Entfernung km	Strecke	Umformerart	Berichter
1882	2	0,0011	57	Miesbach—München	Maschinen-umformer	—
1906	125*	20	150	Moutiers—Lyon	,,	—
1936	30*	5,25	27	Mechanicsville—Schenectady	Stromrichter	B. D. BEDFORD ...
1939	50	0,5	20	Wettingen—Zürich	,,	P. EGLOFF
1943	100	15	5	Charlottenburg—Moabit	,,	R. TRÖGER
1950	220	32	112	Moskau—Kaschira	,,	A. M. NEKRASOV, ...
1954	100	20	100	Västervik—Ygne (Gotland)	,,	U. LAMM
im Bau	± 400	750	473	Stalingrad—Donbass	,,	V. P. PIMENOV, ...
im Bau	± 100	160	64	Boulogne—Lydd	,,	I. LIDÉN

* Konstant-Strom-Prinzip (BOUCHEROT-Schaltung).

Eine *Drehstromübertragung* ist durch 3 Kenngrößen, die Spannung, die Frequenz und den Verschiebungswinkel zwischen Strom und Spannung, gekennzeichnet. War bei der Gleichstromübertragung nur der Wirkstrom in Erscheinung getreten, so spielt hier auch der Blindstrom eine maßgebliche Rolle, welcher sich aus verschiedenen Anteilen zusammensetzt und daher recht verschiedene Zustände herbeiführen kann. So besteht im Normalbetrieb ein großer Bedarf an Blindstrom von seiten der Verbraucher, der Leitung, der Transformatoren usw.; im Leerlauf kann dagegen die Leitung sogar zum Blindstromlieferanten werden und an ihrem offenen Ende eine Spannungserhöhung herbeiführen (FERRANTI-Effekt). Infolge ihrer verteilten Reaktanzen sind längs einer langen Leitung auch stehende Wellen möglich, die bei einer Frequenz von 50 Hz eine Wellenlänge von etwa 6000 km besitzen würden. Da jedoch die üblichen Übertragungsleitungen sehr viel kürzer sind, so machen sich die Leitungsreaktanzen nur durch eine entsprechende Phasenverschiebung bemerkbar, die z. B. bei einer Leitungslänge von 400 km etwa 24° beträgt. Man erkennt, daß die Drehstromübertragung viele Probleme stellt: die Stabilität bei schnellen Laständerungen, die Bereitstellung der erforderlichen Blindleistung, die Kompensation des induktiven Spannungsabfalles, das Synchronisieren der Netze usw. Da jedoch die Spannung mittels der Transformatoren in einer unübertrefflich einfachen Weise jedem praktischen Bedürfnis angepaßt werden kann, so hat sich diese Art der Energieübertragung allgemein durchgesetzt. H. ROSER bezeichnet als Grenze der Drehstromübertragung nach dem derzeitigen Stand der Technik eine Spannung von 500 bis 600 kV (Korona), eine Leistung von 1,5 Mio kW je Leitung und eine Entfernung von 700 bis 800 km (Stabilität); oberhalb dieses Bereiches wird die Gleichstromübertragung als vorteilhafter beurteilt.

Gleichstrom und Drehstrom unterscheiden sich von einphasigem Wechselstrom vor allem dadurch, daß im stationären Zustand eine zeitlich konstante Leistung übertragen wird, während diese beim *Einphasenstrom* mit der doppelten Frequenz pulsiert. Die Anwendung des Einphasenstromes ist daher begrenzt und erstreckt sich vorzugsweise auf das Gebiet der elektrischen Bahnen mit Frequenzen von 50 und $16^2/_3$ Hz.

Obwohl mit diesen wenigen Hinweisen das weite Feld der elektrischen Energietechnik noch keineswegs erschöpfend gekennzeichnet ist, soll

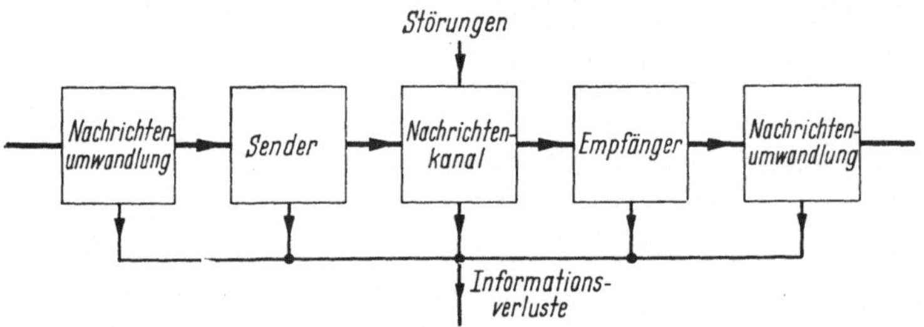

Abb. 0/2. Schema einer Nachrichtenübertragung

nun ein kurzer Blick auf die *Nachrichtentechnik* geworfen werden. Für die Übertragungsanlagen der elektrischen Nachrichtentechnik läßt sich ebenfalls ein allgemeines Schema (Abb. 0/2) aufstellen, wobei am Anfang und am Ende der elektrischen Übertragungseinrichtung je ein Nachrichtenwandler angeordnet ist, welcher eine Folge irgendwelcher Symbole in Signale, d. h. zeitliche Änderungen einer elektrischen Größe (Strom, Spannung, ...), umwandelt bzw. den umgekehrten Vorgang vollzieht. Solche Nachrichtenwandler sind als Mikrophone, Meßwertgeber, Fernsehaufnahmeröhren usw., bzw. als Lautsprecher, Oszillographen, Schreibgeräte usw. bekannt. Faßt man alle apparativen Einrichtungen, welche für die elektrische Nachrichtenübermittlung erforderlich sind, unter den 3 Sammelbegriffen: Sender, Übertragungskanal und Empfänger zusammen, so findet man ein Schema, welches sich von dem energietechnischen nur dadurch unterscheidet, daß, wie man zu sagen pflegt, „Information" an Stelle von Energie übertragen wird. (Es sei indessen ausdrücklich bemerkt, daß die Übertragung von Informationen durch Signale geschieht und daß man die beiden Begriffe keinesfalls gleichsetzen darf.) Die einzelnen Vorgänge der Nachrichtenübertragung sind demnach nicht ohne Energie als den Nachrichten*träger* möglich, wenn man auch den Energiebedarf als untergeordnete Größe zu behandeln und vorzugsweise die mit der Übertragung unvermeidlichen Verluste an Information und den Einfluß von Störungen („Rauschen“) zu betrachten pflegt. Seitdem R. V. L. HARTLEY 1928 das quantitative Maß für Nachrichten fand, als deren Einheit eine Ja-Nein-Entscheidung, das „bit“ (Abkürzung von: binary digit = Zahl im Zweiersystem) gilt, kann man einen Nachrichtenfluß durch eine Nachrichtenmenge je Zeiteinheit (bit/s) kennzeichnen, ebenso wie eine Energieübertragung durch eine Leistungsangabe (Watt) beschrieben wird.

Die Leistungsfähigkeit einer Nachrichtenübertragungsanlage, eines „Kanals“, wird durch den maximal möglichen Nachrichtenfluß gekennzeichnet, wobei dieser das Produkt aus Bandbreite (Hz) mal Dynamik (Logarithmus dualis[1] der Anzahl der Amplitudenstufen) darstellt. In Tab. 0/2 sind charakteristische Zahlen für verschiedene Übertragungssysteme angegeben.

Tabelle 0/2. *Kennzahlen verschiedener Verfahren der Nachrichtenübertragung*

	Bandbreite Hz	Amplitudenstufen	Dynamik	Nachrichtenfluß bit/s
Fernschreiben	50	2	1	50
Fernsprechen	$4 \cdot 10^3$	32	5	$2 \cdot 10^4$
Rundfunk	$2 \cdot 10^4$	128	7	$1{,}4 \cdot 10^5$

Ohne auf die verschiedenen elektrischen Verfahren der Nachrichtenübertragung näher einzugehen, sei nur noch auf gewisse Analogien zwischen den Größen der Nachrichten- und der Energietechnik hingewiesen.

Energietechnik		*Nachrichtentechnik*	
Energie	= Leistung × Zeit	Nachrichtenmenge	= Nachrichtenfluß × Zeit
Leistung	= Strom × Spannung	Nachrichtenfluß	= Bandbreite × Dynamik

Man kann demnach die beiden Übertragungsanordnungen als Grenzfälle auffassen, weil die eine im wesentlichen die Übertragung von Energie und nur im geringen Umfang auch von Information (z. B. bei netzfrequenten Meß- und Steuerverfahren) besorgt, während die andere vorzugsweise der Informationsübermittlung dient und der Energietransport dabei lediglich unvermeidlich ist.

Mit diesem Hinweis sei die Kennzeichnung der beiden elektrotechnischen Fachrichtungen abgeschlossen. Bei aller Verschiedenheit von

[1] $^2\log x = \mathrm{ld}\, x = {}^2\log 10 \cdot {}^{10}\log x = 3{,}3219 \cdot \log x$.

Aufgabestellung und Betrachtungsweise ist die gemeinsame Wurzel und Grundlage nicht zu übersehen und demgemäß haben sich diese beiden Disziplinen in letzter Zeit nicht nur einander angenähert, sondern geradezu durchdrungen, weil gewisse technische Probleme und Entwicklungen nicht mehr aus einer Disziplin heraus gelöst werden konnten; dazu gehören auf dem Gebiete der Energietechnik alle Steuerungs- und Regelungsaufgaben, die zum Teil sogar unter Verwendung von Rechenmaschinen gelöst werden müssen, und auf dem Gebiete der Nachrichtentechnik z. B. der Impulsbetrieb für Ortungsverfahren, bei welchem Leistungen von vielen Megawatt kurzzeitig erforderlich sind. Da für den optimalen Bau derartiger Geräte und Anlagen die wissenschaftlichen Grundlagen beider Disziplinen erforderlich sind, so ist eine zunehmende Tendenz zu verspüren, auch die Elektrotechnik als eine einheitliche Wissenschaft zu betreiben. Von dieser Erkenntnis zeugen bereits zahlreiche Erscheinungen: von der Lehrplanmodernisierung der Hochschulen bis zu wegweisenden Veröffentlichungen interessierter Persönlichkeiten und Gremien. Es ist daher nur folgerichtig, wenn auch dieses Buch von vornherein auf eine einheitliche Grundlage gestellt wird, wobei jedoch betont werden soll, daß der Schwerpunkt der folgenden Ausführungen bei den energietechnischen Anwendungen liegen wird.

Das Schema von Abb. 0/1 setzt stillschweigend voraus, daß die Anlage von menschlicher Hand gesteuert und bedient wird und jeweils alle erforderlichen Maßnahmen durchgeführt werden, damit der Energiefluß im Verbraucher die beabsichtigte nützliche Arbeit verrichtet. Um eine solche Anlage ihrer Bestimmung gemäß betreiben zu können, sind demnach noch weitere Verbindungsleitungen erforderlich, und zwar für die Übermittlung von Informationen! (Der Bedienungsmann muß sich z. B. durch eine Messung darüber informieren, ob sein Motor die gewünschte Drehzahl besitzt.) Diese Verbindungsleitungen werden vorzugsweise dann sichtbar, wenn man, wie dies neuerdings immer häufiger geschieht, den Bedienungsmann durch elektrische Regeleinrichtungen ersetzt, welche in prinzipiell gleicher Weise, meist jedoch mit viel größerer Genauigkeit und Geschwindigkeit, wirksam sind. Ein in dieser Weise ergänztes Schema einer modernen Energieübertragung ist in Abb. 0/3 dargestellt; zusätzlich zu den Übertragungselementen von Abb. 0/1 findet man hier noch Steuer- und Regeleinrichtungen, die auf ein oder mehrere Teile der Übertragung einwirken und deren Verhalten beeinflussen können. In der praktischen Ausführung handelt es sich dann stets um mehrere getrennte Regler, die in Abb. 0/3 nur der einfacheren Darstellung wegen durch eine einzige, zentrale Regeleinrichtung symbolisiert sind. Da eine Messung eine Nachrichtenübertragung darstellt, welche Nachrichtenwandler, Kanal und Empfänger umfaßt und Regelungssysteme außerdem noch einen Gegenkopplungskanal besitzen, über welchen eine dem bestehenden Zustand entgegenwirkende Kraft übertragen wird, um die Wirkung einer Störgröße zu kompensieren, so ist diese Anordnung bereits ein typisches Beispiel für die gegenseitige Durchdringung des energietechnischen und des nachrichtentechnischen Sektors der Elektrotechnik. Die schematische Abb. 0/3 läßt erkennen, daß Energie und Information umgekehrte Flußrichtung haben müssen: die Energie fließt vom Generator zum Verbraucher, während die Informationen vom Verbraucher in Richtung zum Generator geführt werden müssen, um dort den Energiefluß in gewünschter Weise beeinflussen zu können. Da den elektrischen Reglern die Informationen in

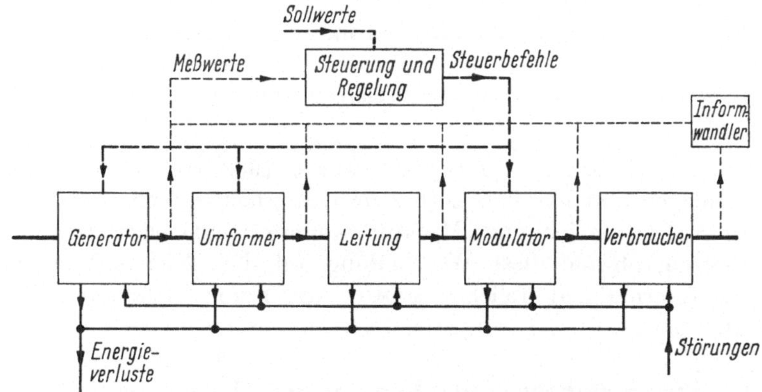

Abb. 0/3. Schema einer modernen Energieübertragung

Form von elektrischen Signalen zufließen und die Steuerbefehle ebenfalls als elektrische Signale an die „Stellglieder" weitergegeben werden, von wo aus der Energiefluß wieder seine Änderung dem Meßinstrument meldet, so ergibt sich ein geschlossener Regelkreis, dessen elektrische Eigenschaften für die Güte der Regelung maßgeblich sind. Mit diesen Hinweisen soll nun die Charakterisierung der allgemeinen Situation auf dem Gebiete der elektrischen Energietechnik beendet werden; sie wird den Hintergrund bilden für dasjenige Teilgebiet, das nunmehr erörtert werden soll: der Stromrichtertechnik.

Sieht man von den Generatoren und Verbrauchern, als den Verbindungsgliedern zu den nichtelektrischen Energiearten, sowie der Leitung als einem rein passivem Element im weiteren ab, so reduziert sich der elektrische Teil der Übertragungseinrichtungen auf die Vorrichtungen zur Energieumformung und Energiesteuerung, welche im folgenden allein näher betrachtet werden sollen. Erinnert man sich an die obige Festlegung, wonach alle Änderungen in den Eigenschaften der elektrischen Energie als *Umformungen* bezeichnet werden sollen, so ergibt sich für die diesbezüglichen Einrichtungen, die *Umformer*, folgende Einteilung:

a) *Transformatoren*, welche unter Beibehaltung der Stromart lediglich die Größe von Strom und Spannung ändern können,
b) *Maschinenumformer* und
c) *Stromrichter*, welche Stromart und Stromgrößen ändern können.

Von diesen Umformerarten sollen nur die *Stromrichter* näher betrachtet werden, unter welchem Oberbegriff man

Gleichrichter: direkte elektrische Umformung von Wechselstrom in Gleichstrom,

Wechselrichter: direkte elektrische Umformung von Gleichstrom in Wechselstrom und

Umrichter: direkte (unmittelbare) und indirekte (mittelbare, d. h. unter Zwischenschaltung eines Gleichstromkreises), Umformung eines Wechselstromes in einen Wechselstrom einer anderen Frequenz,

zusammenfaßt.

Die Bezeichnung ,,Stromrichter" wurde 1932 von W. WECHMANN vorgeschlagen und hat sich seither im deutschen Sprachgebrauch eingebürgert. Die Bezeichnung ,,Mutator" konnte sich dagegen bisher nicht durchsetzen, obwohl diese Wortbildung auf der gleichen Linie liegt wie die international üblichen Ausdrücke: Motor, Generator, Transformator usw.

2. Die Stromrichter zwischen einem Wechselstrom- und einem Gleichstromnetz

Der *Gleichrichter* entnimmt einem Drehstromnetz (oder einem einphasigen Wechselstromnetz) elektrische Energie und liefert sie in ein Gleichstromnetz. In Abb. 0/4a ist diese Situation schematisch dargestellt; der Gleichrichter ist durch einen Fünfpol angedeutet, welcher den Gleichstrom $\bar{I}$ abgibt. Setzt man im Gleichstromkreis einen Ohmschen Widerstand voraus, so entsteht an diesem der Spannungsabfall $\bar{U}$ und die Verlustleistung $\bar{U}\bar{I}$. (Dabei wird wie üblich der verbrauchten Leistung ein positives Vorzeichen zugeordnet: Leistungszufuhr!) Verändert man mittels der Steuerung die Größen von $\bar{U}$ und $\bar{I}$, so erhält man Werte im ersten Quadranten eines diesbezüglichen Koordinatensystems.

Bei einem *Wechselrichter* befindet sich dagegen die Energiequelle im Gleichstromnetz und der Verbraucher im Drehstromnetz. Da aus dem Gleichstromkreis Leistung abgeführt wird, so muß das Produkt aus Strom $\bar{I}$ und Spannung $\bar{U}$ mit einem negativen Vorzeichen versehen werden, was offenbar voraussetzt, daß auch eine der beiden Größen ihre Richtung ändern muß, in bezug auf den beim Gleichrichter festgelegten Zählsinn. Nun ist bei Stromrichtern die Strom*richtung* unveränderlich, wie schon der Name aussagt: infolgedessen muß die Gleichspannung beim Wechselrichter umgekehrt gepolt sein wie beim Gleichrichter. Der Wechselrichter kann nur Wirkleistung übertragen, der Blindleistungsbedarf muß anderweitig gedeckt werden. Bei einem größeren Drehstromnetz wird von diesem die Frequenz des Wechselrichters bestimmt und die Blindleistung geliefert (netzerregte Wechselrichter). In besonderen Fällen kann eine leerlaufende Synchronmaschine für die Blindstromerzeugung verwendet werden. Bei kleineren Leistungen werden an Stelle dieser Taktgebermaschine Kondensatoren bzw. Schwingungskreise verwendet (selbsterregte Wechselrichter). Im folgenden werden ausschließlich die netzerregten Wechselrichter betrachtet werden.

Gittergesteuerte Stromrichter können sowohl als Gleichrichter als auch als Wechselrichter arbeiten und damit bei gleicher Stromrichtung die Richtung des Energieflusses umkehren. Voraussetzung ist dabei, daß sich die Polarität der Gleichspannung ebenfalls mit umkehrt. Die Betriebsgrößen $\bar{U}$ und $\bar{I}$ sind durch Zahlenwerte im ersten und vierten Quadranten ihres Koordinatensystems gekennzeichnet. Gittergesteuerte Stromrichter eignen sich daher vorzüglich, um als Gleichrichter bei positiver Gleichspannung ($u = L\,di/dt$) magnetische Energiespeicher aufzuladen und als Wechselrichter bei negativer Gleichspannung (di/dt wird bei abnehmendem Strom negativ!) wieder zu entladen.

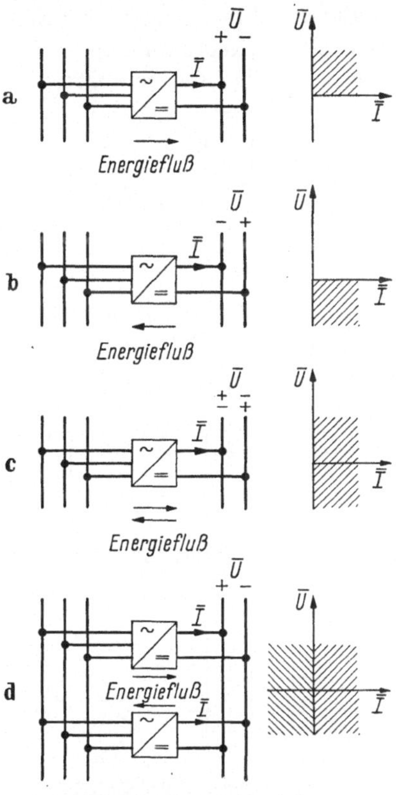

Abb. 0/4. Stromrichter-Arten
a) Gleichrichter; b) Wechselrichter; c) Stromrichter; d) Umkehr-Stromrichter

In vielen Fällen, z. B. bei der Umkehr des Drehmomentes von Gleichstrommotoren, kommt man jedoch mit den bisher erwähnten Stromrichteranordnungen nicht aus, nämlich dann, wenn eine Umkehr des Energieflusses auch eine Umkehr der Stromrichtung erfordert. In solchen Fällen werden häufig sogenannte „Umkehr-Stromrichter“ verwendet, wie in Abb. 0/4d angedeutet ist. Die beiden Stromrichter werden nicht nur entgegengesetzt ans Gleichstromnetz geschaltet, sondern auch verschiedenartig gesteuert, so daß jeweils der eine als Gleichrichter, der andere als Wechselrichter arbeitet, wobei der arithmetische Mittelwert der beiden Gleichspannungen annähernd gleich groß sein muß. In diesem Falle ist Betrieb in allen 4 Quadranten des Koordinatensystems möglich.

3. Die Stromrichter zwischen zwei Wechselstromnetzen

Stromrichter können jedoch mit Vorteil auch zum Zweck der sogenannten „Netzkupplung" verwendet werden, wenn man Energie zwischen 2 Wechselstromnetzen verschiedener Phasenzahl und Frequenz

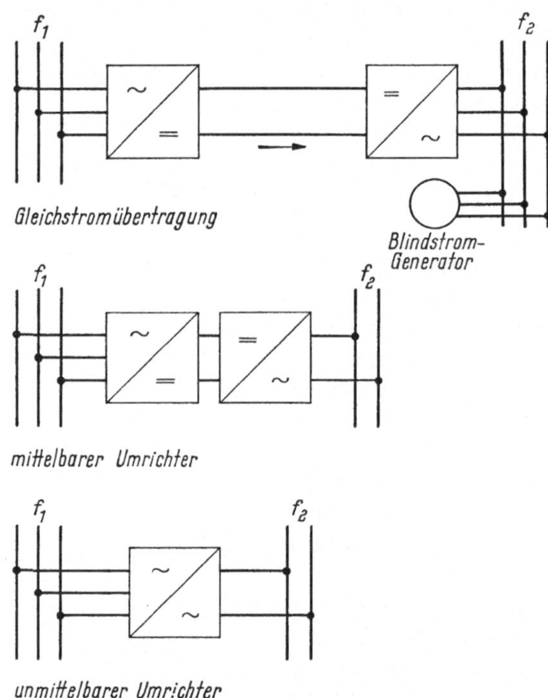

Abb. 0/5. Arten der Netzkupplung

zu übertragen hat. Man unterscheidet dabei zwischen starrer Kupplung, wobei die Frequenzen der beiden im Energieaustausch stehenden Netze ein festes Verhältnis haben, und elastischer Kupplung, wobei die Frequenzen der beiden Netze ein veränderliches Verhältnis besitzen.

Den einfachsten Fall einer elastischen Netzkupplung stellt die bereits erwähnte Gleichstromübertragung dar, wobei die Energie von einem Wechselstromnetz über eine Gleichstromleitung in ein anderes Wechselstromnetz geliefert werden kann (Abb. 0/5). Da diese Anordnung jedoch nur Wirkstrom übertragen kann, so muß jeweils im gespeisten Drehstromnetz für einen geeigneten Blindleistungslieferanten gesorgt werden. Eine Gleichstromenergieübertragung stellt demnach im Prinzip einen indirekten oder mittelbaren *Umrichter* dar, wobei lediglich die Akzente verschoben sind: beim Umrichter werden die beiden Stromrichter unmittelbar benachbart, gegebenenfalls sogar als eine einzige Einheit aufgebaut. Der Gleichstromkreis degeneriert dabei zu einem bloßen schaltungstechnischen Merkmal (C. H. Ehrensperger, 1934). Handelt es sich um die Energielieferung aus einem Drehstromnetz höherer Frequenz in ein Einphasennetz niedrigerer Frequenz, so kann man dessen Spannungsverlauf mit Hilfe von 2 Stromrichtern unmittelbar aus den Spannungen des speisenden Netzes zusammensetzen. Bei rein Ohmscher Last arbeitet jeder dieser Stromrichter als Gleichrichter und liefert eine Halbwelle der Einphasenspannung. Bei ohmisch-induktiver Last pendelt die Leistung zwischen Einphasennetz und Drehstromnetz und jeder der beiden Stromrichter muß sowohl als Gleichrichter als auch als Wechselrichter arbeiten. Die Tab. 0/3 enthält Daten von ausgeführten Umrichteranlagen. Weitere Ausführungen findet man bei K. W. Kanngiesser, 1956, 1960.

Tabelle 0/3. *Umrichteranlagen*

Anlage	Nennleistung MW	Phasenzahl	Frequenz Hz	Phasenzahl	Frequenz Hz	Jahr	Umrichterschaltung	Berichter
Reichenhall ...	1	3	50	1	$16^2/_3$	1935	unmittelbare	M. Bosch u. O. Kasperowski
Basel	3,6	3	50	1	$16^2/_3$	1936	unmittelbare	G. Reinhardt
Lütschental	1,6	3	40	3	50	1938	mittelbare	E. Kern
Pforzheim	3	3	50	1	$16^2/_3$	1941	mittelbare	
Pittsburgh, Pa.	20	3	60	3	25	1943	mittelbare	F. W. Cramer,... C. H. Willis,...

Nachdem damit die verschiedenen Arten der Energieumformung gekennzeichnet sind, sei nun noch auf die Leistungssteuerung eingegangen.

Für die *Energiesteuerung* stehen ebenfalls mehrere Möglichkeiten zur Verfügung:

Schalter, welche die Energiezufuhr zu einem Verbraucher entweder nach dem „Ein-Aus"-Prinzip (Leistungsschalter, Schützen) oder stufenweise (Stufenschalter) verändern.

Maschinensätze und

gesteuerte Stromrichter, welche die Leistungszufuhr kontinuierlich zu ändern gestatten.

Da die Schaltgeräte im allgemeinen nur grobe Leistungsänderungen zulassen und außerdem einem unbequemen Verschleiß (Elektrodenabbrand) unterliegen, die Maschinenumformer ebenfalls der Wartung bedürfen (Kollektoren, Schleifringe, Bürsten) und auch die Verluste häufig als unvorteilhaft empfunden werden, so ist damit leicht verständlich, daß auch für die Aufgabe der *Leistungsmodulation* der gesteuerte Stromrichter immer häufiger Verwendung findet. Sein hoher Wirkungsgrad, seine praktisch trägheitslose Steuerfähigkeit und seine enorme Leistungsverstärkung machen ihn zu einem geradezu idealen Baustein der modernen Regelungstechnik. Hinzu kommt, daß er die Funktion der Energieumformung mit der Funktion der Leistungssteuerung in hervorragender Weise vereinigt, wodurch mit einem Minimum an Aufwand ein Maximum an Wirkung erreicht werden kann. Dieser Doppelnatur des gittergesteuerten Stromrichters entsprechend, werden im folgenden

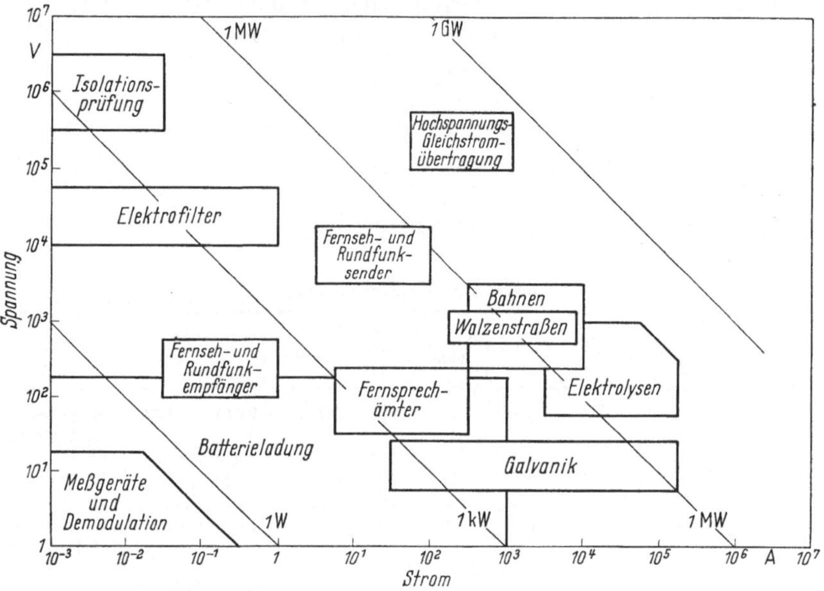

Abb. 0/6. Übersicht über die wichtigsten Gleichstromverbraucher (nach E. SPENKE, 1958)

zuerst seine Eigenschaften als Energieumformer und anschließend, in einem besonderen Abschnitt, auch sein Verhalten als Leistungsmodulator beschrieben werden.

Damit ist die wissenschaftliche und die technische Stellung der Stromrichtertechnik im Rahmen der allgemeinen Elektrotechnik umrissen. Die *wirtschaftliche Bedeutung* läßt sich aus der Tatsache erkennen, daß in den USA etwa 25%, in der Deutschen Bundesrepublik etwa 20% der gesamten Stromerzeugung von Drehstrom in Gleichstrom umgeformt wird. Die charakteristischen Strom- und Spannungsdaten der wichtigsten Gleichstromverbraucher sind in Abb. 0/6 eingetragen. Aus dieser Abbildung scheint hervorzugehen, daß die Anwendungen der Stromrichter in der Meß- und Nachrichtentechnik eher von untergeordneter Bedeutung seien, weil sie vorzugsweise durch Verbraucher kleinerer Leistung gekennzeichnet sind. Dies ist jedoch aus mehreren Gründen nicht der Fall. Erstens sind die dem Stromrichter als Gerät wie als

Bauelement so grundlegend wichtigen Aufgaben gestellt, daß ihre technische Bedeutung gar nicht überschätzt werden kann. Zweitens wird die kleinere Leistung durch eine sehr große Zahl von Elementen und Geräten mehr als wettgemacht, so daß die Stromrichter für kleine Leistungen in volkswirtschaftlicher Hinsicht diejenigen der Energietechnik sogar erheblich übertreffen. In Abb. 0/6 konnte leider nicht angegeben werden, wieviele Stromrichteranlagen bzw. Geräte je Jahr für die einzelnen Verbraucher installiert werden. Erst diese Angaben würden die wirtschaftliche Lage vollständig erkennen lassen.

Die Absicht, in diesem Buche nur die schaltungstechnischen Fragen der Stromrichtertechnik zu behandeln, bedarf noch einer kurzen Erläuterung. Außer der erwähnten Gliederung der Elektrotechnik in die Energie- und die Nachrichtentechnik hat sich in der Praxis noch eine andere, zu der ersten völlig diametrale Unterteilung herausgebildet: man pflegt die *Bauelemente* getrennt von ihrer *Schaltung* zu betrachten. Der Grund für diese Gepflogenheit ist leicht gefunden. Die Bauelemente stellen die technischen Reindarstellungen von physikalischen Effekten dar: Kondensatoren, Motoren usw. Ihre technische Wertigkeit ist eng mit dem jeweiligen Stand der physikalischen Forschung verknüpft. Demgemäß führt jede Erweiterung des naturwissenschaftlichen Wissens zu neuen, besseren Konstruktionen von Bauelementen und damit automatisch zu einer gewissen Abwertung der vorhandenen. Dazu kommt, daß die konstruktive Gestaltung eines Bauelementes ein stark künstlerischer Akt ist, der viel von der Persönlichkeit des Konstrukteurs enthält, wodurch die Bauelemente je nach Hersteller unterschiedliche Eigenschaften zu besitzen pflegen. Die Bauelemente sind daher in ständiger Entwicklung begriffen und lassen sich nur dadurch beurteilen, daß man eine größere Anzahl von Eigenschaften vergleicht (F. KESSELRING).

Anders verhält es sich mit den Schaltungen. Hier geht es darum, vorgegebene Bauelemente so miteinander zu verbinden, daß gewisse beabsichtigte Wirkungen erreicht werden, weshalb die Durchführung dieser Aufgabe auch gern als Kombinationstechnik bezeichnet wird. Damit ist bereits der vorwiegend mathematische Charakter dieser Tätigkeit gekennzeichnet; die Mathematik stellt gewissermaßen den Nährboden der Schaltungstechnik dar, ebenso wie die Physik die Basis für die Bauelemente bildet. Es versteht sich von selbst, daß die Verknüpfung von Bauelementen zum Zwecke einer bestimmten Funktion unabhängig ist von deren technischer Wertigkeit und auch von deren Wandlungen im Laufe der Zeit nicht berührt wird, d. h. aber, daß die Schaltungen die „ruhenden Pole in der Erscheinungen Flucht" bilden und lediglich ihre Theorie eine ständige Erweiterung erfährt. Bei dieser Sachlage ist es verständlich, daß eine Darstellung der Stromrichtertechnik zuerst und zuvörderst eine Behandlung der Stromrichterschaltungen sein muß.

I. Die Ersatzschaltung

1. Das Abbilden mittels idealer Schaltelemente

1.1 Empfehlenswertes Vorgehen bei der Lösung technischer Probleme

Bei der Lösung technischer Probleme ist der Ingenieur im allgemeinen in einer günstigeren Lage als etwa ein Physiker, welcher die Gesetzmäßigkeiten eines noch unerforschten physikalischen Vorganges aufzudecken sucht — seine Aufgabe pflegt im Rahmen der bereits erforschten Natur zu liegen und kann daher mittels bekannter physikalischer Gleichungen beschrieben werden. Der Lösung stehen somit zwar keine prinzipiellen Hindernisse entgegen, es können jedoch sehr wohl rein mathematische Schwierigkeiten auftreten, die nur Näherungs- oder sonstige Teillösungen zulassen. So gesehen scheint demnach das Vorgehen bei der Lösung technischer Probleme geradezu zwangsläufig in der Aufgabe selbst begründet zu liegen; indessen empfiehlt sich, um mit einem minimalen Arbeitsaufwand zu der richtigen und vollständigen Lösung zu gelangen, ein rationelles Vorgehen in folgenden Schritten:

1. Definition des zu lösenden Problems *(Problemstellung)*,
2. Planung des Lösungsweges und Vereinfachung der Problemstellung *(Formulierung)*,
3. Durchführung der *Rechnung*,
4. *Prüfung* der Richtigkeit (Kontrolle und zahlenmäßige Auswertung),
5. *Diskussion* und Nutzanwendung.

Jede Durchführung eines derartigen Problems erfordert demnach *zwei Transformationen:*

1. Die Transformation von der physikalischen Gegebenheit in die mathematische Formulierung,
2. die Rücktransformation des mathematischen Ergebnisses in die physikalische Realität.

1.2 Die Lösung von Stromrichterproblemen

Die Untersuchung von Stromrichterschaltungen beginnt man demnach mit der „Formulierung" des Problems und der Umformung entweder in ein mathematisches Gleichungssystem oder in ein elektrisches Netzwerk. In jedem Falle ist eine Abstraktion erforderlich, und zwar derart, daß nur die wesentlichen Merkmale des zu untersuchenden Objektes in die Problemstellung aufgenommen, unwesentliche dagegen vernachlässigt werden. Dieser Teil der Aufgabe muß als der schwierigste bezeichnet werden, weil umfassende Kenntnisse über den zu behandelnden Problemkreis vorausgesetzt werden — ja implizite das Ergebnis eigentlich bereits vorweggenommen wird, insofern die Lösung einer mathematischen Gleichung nichts anderes liefern kann, als im Ansatz bereits enthalten war. Diesem Prozeß der Aufgabenformulierung kommt demnach entscheidende Bedeutung zu. Leider ist bei der Behandlung von Stromrichterproblemen gerade die Bedeutung dieses Punktes öfters unterschätzt worden, weshalb verschiedene Untersuchungsergebnisse unzulänglich blieben. Auch die Durchführung des rein mathematischen Teils der Aufgabe, die „Rechnung", bedarf bei Stromrichtern einiger Überlegung. Wie im folgenden noch ausführlich gezeigt werden wird, besitzen Stromrichter nichtlineare Kennlinien, wodurch prinzipiell große rechnerische Schwierigkeiten aufgeworfen werden. Es wird sorgfältig zu prüfen sein, welches Rechenverfahren genügend bequem ist und zugleich ausreichende Genauigkeit aufweist. Damit ist hinreichend erläutert, daß der beabsichtigten Untersuchung von Stromrichterschaltungen eine gründliche Vorbereitung vorausgehen muß: es soll eine geeignete Methode der *Abbildung* und ein angemessenes *Rechenverfahren* ermittelt werden. Die folgenden Abschnitte werden sich mit diesen Fragen beschäftigen; zuerst wird die Abbildung durch Ersatzschaltungen behandelt.

1.3 Die Ersatzschaltung

Die Energie elektromagnetischer Gebilde ruht in deren elektrischen und magnetischen Feldern:

den elektrischen Feldern in Leitern und Isolatoren und
den von den elektrischen Strömen hervorgerufenen magnetischen Feldern.

Zur Beschreibung dieser Felder bedient man sich ortsabhängiger Größen wie der elektrischen und der magnetischen Feldstärke, der Stromdichte, der Ladungsdichte usw., wobei mathematische Lösungen nur in solchen Fällen möglich sind, wo die Formgebung des Gebildes die Verwendung eines der bekannten Koordinatensysteme (mit ebenen, kartesischen Kugel-, Zylinderkoordinaten usw.) ermöglicht. Man weiß, daß derartige Berechnungen im allgemeinen recht schwierig sind und beschränkt sie womöglich nur auf grundsätzliche Untersuchungen.

Für den täglichen Gebrauch benötigt man daher eine viel einfachere Methode, und für diese verwendet man die Integrale obiger Größen: Spannung, Strom, Ladungsmenge usw., wodurch die unbequemen Ortsfunktionen entfallen. Voraussetzung ist dabei, daß die Wellenlänge von eventuellen elektromagnetischen Schwingungsvorgängen groß ist gegenüber den Abmessungen des zu untersuchenden Objektes. Man beschreibt die erwähnten elektromagnetischen Gebilde durch ideale und konzentrierte Schaltelemente (Ohmsche Widerstände, Induktivitäten, Kapazitäten, Energiequellen usw.), welche in geeigneter Weise miteinander verbunden sind, und nennt eine solche Abbildung eine „Ersatzschaltung". Bei einer derartigen Ersatzschaltung handelt es sich um ein Hilfsmittel der *Analogie*, ein in Wissenschaft und Technik unentbehrliches Instrument, das J. CL. MAXWELL in seiner berühmten Arbeit über FARADAYS Kraftlinien folgendermaßen definiert hat: „Unter einer physikalischen Analogie verstehe ich jene teilweise Ähnlichkeit zwischen den Gesetzen eines Erscheinungsgebietes mit denen eines anderen, welche bewirkt, daß jedes das andere illustriert." Zwischen zwei analogen Gebilden, wie z. B. einem realen Objekt und seiner Ersatzschaltung, die man entweder mathematisch formulieren oder elektrisch nachbilden kann, besteht demnach *keine vollständige Identität* – eine Tatsache, der man sich bei der praktischen Arbeit stets bewußt sein sollte. Daß diese Feststellung auch für die mathematische Beschreibung eines Objektes gilt, hat E. MACH zu der Bemerkung veranlaßt, daß die Gültigkeit einer Formel einfach eine Analogie zwischen einer Rechenoperation und einem physikalischen Prozeß bedeutet.

Wendet man sich nach diesen allgemeinen Betrachtungen wieder unserem speziellen Gegenstand zu, so gilt für diesen folgendes: Stromrichter bestehen aus einer Anzahl elektrotechnischer Gebilde, wie Ventilen, Transformatoren, Reaktanzen, Schaltern usw., die durch elektrische Leitungen miteinander in geeigneter Weise verbunden sind. Gelingt es, diese einzelnen elektrotechnischen Geräte durch ihre Ersatzschaltungen abzubilden, so ist mit deren Zusammenschaltung auch bereits die Abbildung für die gesamte Anlage gewonnen. Damit ist das Ersatzschaltbild einer Stromrichteranlage als eine Zusammenschaltung der Ersatzschaltbilder aller Bestandteile, der sogenannten „Bauelemente", erkannt worden, die in Kap. 2 ausführlich behandelt werden sollen. Vorher müssen aber noch die Bausteine, aus denen die Ersatzschaltungen aufgebaut werden, die idealen Schaltelemente, näher beschrieben werden.

1.4 Die idealen Schaltelemente

Die Schaltelemente der theoretischen Elektrotechnik besitzen per definitionem ideale Eigenschaften, d. h., daß z. B. ein *Widerstand R* induktions- und kapazitätsfrei sein soll und keine Abhängigkeit von der Temperatur, der Spannung, der Stromstärke oder der Zeit aufweisen darf. In analoger Weise setzt man *Induktivitäten L* und *Kapazitäten C* als verlustfrei und ebenfalls unabhängig von Spannung, Stromstärke usw. voraus.

Zu den idealen Schaltelementen gehören indessen nicht nur die bereits erwähnten drei Impedanzelemente, sondern auch Energiequellen, Steuer- und Richtelemente, Schalter und Transformatoren.

Man pflegt zwei verschiedene *Energiequellen* zu verwenden:

a) Die ideale *Spannungsquelle*, welche unabhängig von der abgegebenen Stromstärke i die konstante Spannung e_L besitzt (Abb. 1/1a zeigt Schaltbild und Kennlinie).

b) Die ideale *Stromquelle*, welche einen konstanten Strom i_K liefert, unabhängig von dem Spannungsabfall u, welchen dieser Strom hervorruft (Abb. 1/1b).

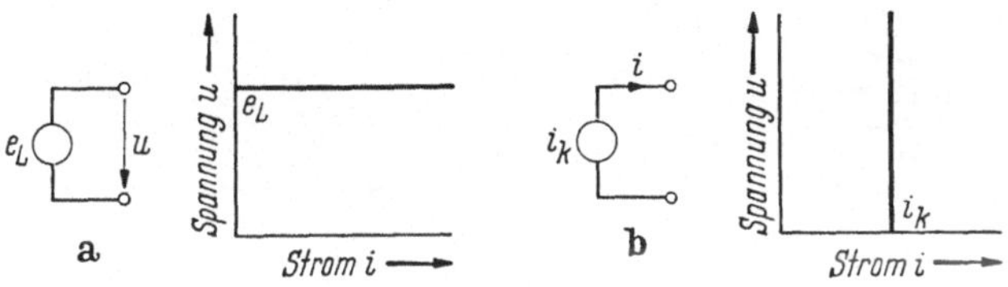

Abb. 1/1. Ideale Energiequellen

Diese Voraussetzungen gelten unabhängig von der zeitlichen Form der von einer idealen Quelle gelieferten elektrischen Energie sowohl für Gleichstrom als auch sinusförmigen oder nicht sinusförmigen Wechselstrom. Der zeitliche Verlauf der von der Quelle gelieferten Energie wird durch ein geeignetes Zeichen innerhalb des kreisförmigen Quellensymbols angedeutet (= Gleichstrom, ∼ Wechselstrom). An dieser Stelle sei auch die *Zählrichtung* für Strom und Spannung festgelegt (M. J. O. STRUTT): Als positive Stromrichtung gilt die Bewegungsrichtung der positiven Ladungen und als positive Spannungsrichtung die Richtung vom höheren zum niedrigeren Potential.

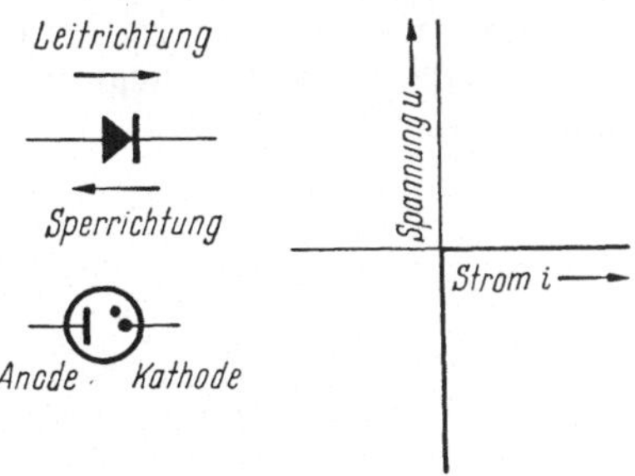

Abb. 1/2. Schaltzeichen und Kennlinie von idealen Richtelementen (Ventilen)

Ein ideales *Richtelement* vermag in der *Leitrichtung* den Strom verlustlos zu leiten, während es in der *Sperrichtung* vollständig sperrt. Diese beiden Eigenschaften sollen unabhängig von der Höhe der Spannung bzw. der Stromstärke und des zeitlichen Verlaufes sein, wie es die in Abb. 1/2 dargestellte Kennlinie zeigt:

$$\text{Leitrichtung:} \quad u = 0; \quad i = \text{beliebig;}$$
$$\text{Sperrichtung:} \quad u = \text{beliebig;} \quad i = 0.$$

Im gleichen Bild sind auch die üblichen Schaltzeichen für ungesteuerte Richtelemente dargestellt. Bei einem *gittergesteuerten Richtelement* kann man mittels eines Steuergitters den Strom auch in der Leitrichtung beeinflussen, derart, daß man die Stromleitung anfangs blockiert und erst nach der Zeitdauer Δt verzögert freigibt. Seine Kennlinie (Abb. 1/3) muß dreidimensional dargestellt werden: Solange das Gitter in Leitrichtung sperrt, hat die Kennlinie die Richtung der Spannungsachse. Im Zündaugenblick setzt ideale Stromleitung ein, und die Kennlinie hat die Richtung der positiven Stromachse.

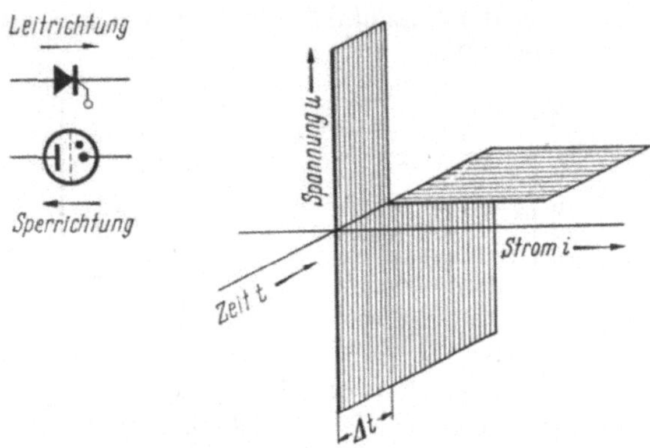

Abb. 1/3. Schaltzeichen und Kennlinien von idealen, steuerbaren Richtelementen

Eine ähnliche stromsteuernde Wirkung, jedoch ohne Richteffekt, kann mittels einer idealen *Steuerdrossel* erzielt werden. Eine solche ideale Steuerdrossel besitzt im ungesättigten Zustand eine unendlich große Reaktanz, während sie im gesättigten Zustand den Strom verlustlos hindurchläßt. Abb. 1/4 zeigt die magnetische Kennlinie einer solchen Steuerdrossel, d. h. die Abhängigkeit der magnetischen Flußverkettung Ψ von der Stromstärke i, wobei die Flußverkettung Ψ das Produkt von Fluß φ und Windungszahl w darstellt. Der Übergang aus dem ungesättigten in den gesättigten Zustand erfolgt, sobald der Arbeitspunkt auf dem vertikalen Teil der Kennlinie in einen der Knickpunkte gelangt. Die dafür erforderliche Flußänderung $\Delta\varphi$ ist durch

$$w\,\Delta\varphi = \Delta\Psi = \int_0^t u(t)\cdot dt, \qquad (1/1)$$

d. h. durch diejenige Spannungs-Zeitfläche bestimmt, welche von der an der Steuerdrossel liegenden Spannung u während der Zeit t gebildet wird. Indem man die Vormagnetisierung der Drossel mittels einer Hilfswicklung beeinflußt, kann man die von der Steuerdrossel gesperrte Spannungs-Zeitfläche und damit den Beginn der Stromleitung „steuern". Hier mögen vorerst diese kurzen Andeutungen genügen; im folgenden

Abb. 1/4. Schaltzeichen und Kennlinie einer idealen Steuerdrossel

wird auf die Funktion der Steuerdrossel noch ausführlich eingegangen werden.

Ein idealer *Schalter* (Abb. 1/5) soll in geschlossenem Zustand beliebig große Ströme führen und in geöffnetem Zustand beliebig hohe Spannungen isolieren können. Vollführt ein solcher Schalter im Takt der Netzfrequenz Schalthandlungen, so soll er als ein „Synchronschalter" bezeichnet werden.

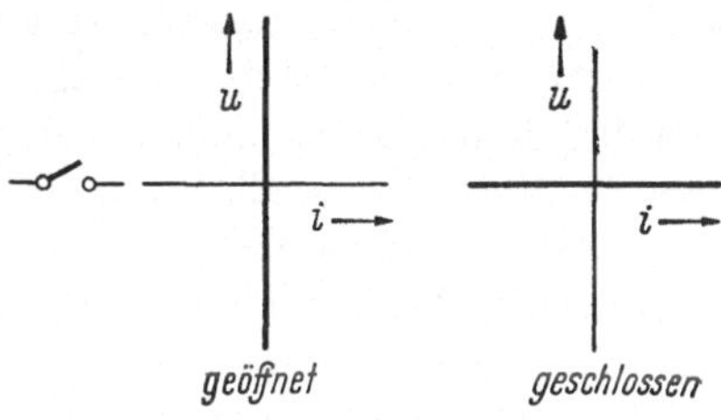

Abb. 1/5. Schaltzeichen und Kennlinien eines idealen Schalters

Der ideale *Transformator* (Abbildung 1/6) ist dadurch gekennzeichnet, daß er keine Verluste in den Wicklungen (keine Ohmschen Widerstände) und im Eisenkreis (keine Hysteresis- und Wirbelstromverluste) aufweist und daß der magnetische Fluß die Wicklungen vollständig verkettet (keine Streuung). Außerdem soll die Leitfähigkeit des magnetischen Kreises so groß sein, daß nur eine verschwindend kleine Erregung erforderlich ist, um den notwendigen Magnetfluß hervorzurufen (Magnetisierungsstrom $i_m = 0$). Er kann ein- oder mehrphasig ausgebildet sein und ist bei mehrphasigem Aufbau vollkommen symmetrisch. Infolge der fehlenden Spannungsabfälle besitzt der ideale Transformator auch bei allen Belastungsströmen das gleiche durch die Windungszahlen (primär w_1, sekundär w_2) gegebene Übersetzungsverhältnis:

$$\ddot{u} = \frac{w_1}{w_2} = \frac{U_1}{U_2}. \qquad (1/2)$$

Abb. 1/6. Schaltzeichen (Vierpol) des einphasigen idealen Transformators

Aus der obigen Voraussetzung ($i_m = 0$) folgt, daß die von der Summe des Primär- und Sekundärstromes hervorgerufene magnetische Erregung sich zu Null ergänzen soll:

$$\frac{I_1}{I_2} = \frac{w_2}{w_1} = \frac{1}{\ddot{u}}. \qquad (1/3)$$

Durch Multiplikation der vorstehenden Beziehungen erhält man $U_1 I_1 = U_2 I_2$, wonach die Augenblickswerte der primären und sekundären Leistung zahlenmäßig stets gleich sind. Die Richtungszeichen der Ströme zeigen jedoch, daß die Primärwicklung Leistung aufnimmt, die Sekundärwicklung dagegen Leistung abgibt. Dividiert man obige Gleichungen durcheinander, so erhält man

$$\frac{U_1}{I_1} = \left(\frac{w_1}{w_2}\right)^2 \frac{U_2}{I_2}, \qquad (1/4)$$

und da durch $U_2/I_2 = R$ die Größe des sekundären Belastungswiderstandes und durch $\frac{U_1}{I_1} = R'$ die Größe des auf die Primärseite transformierten Widerstandes R bestimmt ist, so folgt

$$R' = ü^2 R.$$

Zusammenfassend kann für die idealen Bauelemente festgestellt werden, daß sie durch lineare oder wenigstens stückweise lineare Kennlinien gekennzeichnet sind, wobei der Übergang von dem einen zum nächsten Kennlinienteil unstetig, in Form eines scharfen Knicks erfolgt. Sie sind damit für mathematische Formulierungen hervorragend geeignet und der Vorteil ihrer Einführung für den vorliegenden Zweck und Gegenstand bereits erkennbar. Mit ihrer Hilfe sollen im folgenden die in den praktischen Problemstellungen vorkommenden „*realen Bauelemente*", wie die verschiedenen elektrotechnischen Maschinen, Apparate, Leitungen, Stromverbraucher usw. zusammenfassend bezeichnet werden, rein elektrisch abgebildet werden.

2. Die realen Bauelemente

Im folgenden wird gezeigt, wie die realen Bauelemente mittels geeigneter Zusammenschaltungen von idealen Schaltelementen, den sogenannten „Ersatzschaltungen", abgebildet werden können. Es ist dabei recht nützlich, schon bei der Wahl der Bezeichnungen streng zwischen den idealen *Schaltungselementen* und den realen *Bauelementen* zu unterscheiden, etwa nach folgendem Schema:

Reales Bauelement	*Ideales Schaltungselement*
Widerstand	(Ohmscher) Widerstand
Drossel (Spule)	Induktivität
Kondensator	Kapazität

Daß auch diese 3 elementaren Bauelemente keineswegs mit ihren Idealisierungen verwechselt werden dürfen, zeigt die Tatsache, daß jede Drosselspule stets auch einen meßbaren Ohmschen Widerstand besitzt. Auf die Wiedergabe von Ersatzschaltbildern für die erwähnten 3 Impedanzelemente soll jedoch hier nicht näher eingegangen werden, sondern lediglich auf die bekannten Standardwerke der Elektrotechnik sowie einige spezielle Veröffentlichungen (H. Nottebrock, R. Feldtkeller) verwiesen werden.

Bei der Aufstellung von Ersatzschaltbildern wird man in der Regel von den entsprechenden *Meßwerten* an dem zu kennzeichnenden Objekt ausgehen. Indessen ist eine solche Messung nicht immer sehr einfach durchzuführen, da z. B. alle elektrischen Maschinen stetig verteilte Induktivitäten und Kapazitäten besitzen. Bei einer Messung mit Betriebsfrequenz werden die kleinen Eigenkapazitäten nicht erfaßt, da sie für stationäre Vorgänge niedriger Frequenz keine Rolle spielen. Bei Schaltvorgängen werden sie jedoch wirksam und bestimmen zusammen mit den Induktivitäten die Eigenfrequenz der betreffenden Wicklung. Beschränkt man eine Untersuchung auf die netzfrequenten Vorgänge in Stromrichterschaltungen, so können die Eigenkapazitäten im allgemeinen unberücksichtigt bleiben.

2.1 Wechselstromseitige Bauelemente

a) Energiequellen

H. VON HELMHOLTZ hat 1853 die Abbildung einer realen elektrischen Energiequelle mittels ihres inneren Widerstandes und einer idealen Energiequelle angegeben. Man benutzt zwei duale Darstellungen:

1. Ideale Spannungsquelle von der Größe der Leerlaufspannung E_L mit einem in Reihe geschalteten inneren Widerstand.
2. Ideale Stromquelle I_K parallel mit einem inneren Widerstand.

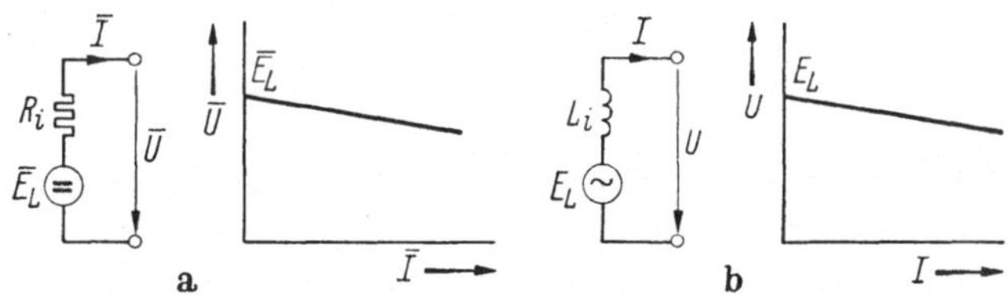

Abb. 2/1. Ersatzschaltungen und Kennlinien elektrischer Spannungsquellen

Abb. 2/1a zeigt das Ersatzschaltbild (Ersatzzweipol) einer *Gleichspannungsquelle* (einer elektrischen Batterie, eines Akkumulators oder einer Gleichstrommaschine im stationären Betrieb) und die zugehörige Kennlinie, deren Gleichung

$$\bar{U} = \bar{E}_L - \bar{I} \cdot R_i \tag{2/1}$$

lautet.

Wechselspannungsquellen (Synchrongeneratoren) werden in analoger Weise durch ihre Leerlaufspannung und eine in Reihe geschaltete Induktivität gekennzeichnet (Abb. 2/1b). Für sinusförmige Wechselspannung lautet die Kennliniengleichung für die Zeiger

$$\mathfrak{U} = \mathfrak{E}_L - \mathfrak{J} \cdot j X_i, \tag{2/2}$$

wobei die innere Reaktanz mit $X_i = \omega L_i$ bezeichnet wird.

Die zu den vorstehenden Spannungsquellen *dualen* Formen der *Stromquellen* werden für *Gleichstrom* (Vakuumröhre) (Abb. 2/2b) durch eine Parallelschaltung einer idealen Stromquelle mit der Ergiebigkeit $\bar{I}_K$ und einem parallelgeschalteten inneren Widerstand R_i dargestellt. Die Kennlinie lautet

$$\bar{I} = \bar{I}_K - \bar{U}/R_i. \tag{2/3}$$

Die *Wechselstromquellen* werden durch eine ideale Stromquelle mit einer parallelgeschalteten Induktivität (Abb. 2/2b) abgebildet mit der Kennliniengleichung

$$\mathfrak{I} = \mathfrak{I}_K - \mathfrak{U}/j X_i. \tag{2/4}$$

Die Kennlinien gelten bei Wechselstrom für die Effektivwerte von Strom und Spannung, bei Gleichstrom werden Augenblickswerte oder arithmetische Mittelwerte aufgetragen.

Entsprechend der praktischen Bedeutung werden im folgenden vorzugsweise Spannungsquellen behandelt werden. Bei den Wechselspannungsquellen soll die erwähnte innere Induktivität noch näher definiert

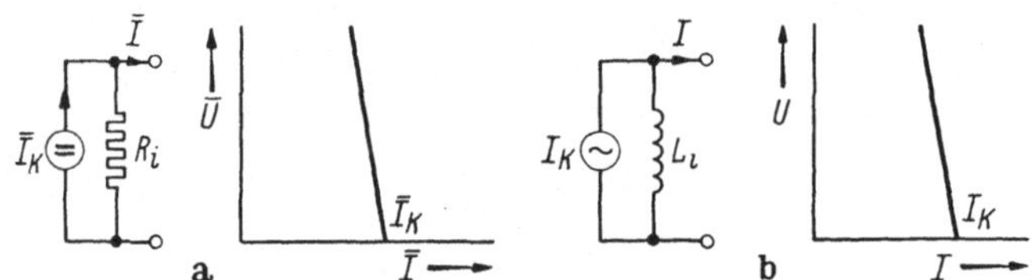

Abb. 2/2. Ersatzschaltungen und Kennlinien elektrischer Stromquellen

werden. Bekanntlich kann man im Verlauf des Stoßkurzschlußstromes eines Synchrongenerators drei Abschnitte unterscheiden:

1. Während der ersten drei Perioden die subtransiente Stromkomponente.
2. Von (3 bis 5) bis (10 bis 100) Perioden die transiente Stromkomponente,
3. Nach 10 bis 100 Perioden den Dauerkurzschlußstrom.

Die periodischen Schaltvorgänge in Stromrichterschaltungen bestimmen den Stromverlauf innerhalb einer Periode. Demgemäß ist in den Ersatzschaltungen die *subtransiente Reaktanz* oder Anfangsreaktanz X_q der Generatoren einzuführen (VDE 0530/3.59), welche man näherungsweise auch durch die Stoßstreuspannung des Generators U_s kennzeichnen kann. Bezeichnet man mit U_N die Generatornennspannung und N_N die Generatornennleistung, so erhält man mit $\varepsilon_q = U_s/U_N$ für die subtransiente Reaktanz:

$$X_q = \frac{U_s}{I_N} = \frac{U_N}{I_N}\varepsilon_q = \frac{U_N^2}{N_N}\varepsilon_q. \tag{2/5}$$

Mit dem Index N wird hier und im folgenden stets der Nennwert einer Größe gekennzeichnet. Aus Nennspannung U_N und Nennstrom I_N folgt die Nennreaktanz der Maschine

$$X_N = U_N/I_N, \tag{2/6}$$

welche für die nachstehenden Zahlenwerte als Bezugsgröße gewählt wurde. A. HOCHRAINER (1957) hat für die auf X_N bezogene subtransiente Reaktanz X_q folgende typischen Zahlenwerte mitgeteilt:

Tabelle 2/1. *Subtransiente Reaktanzen X_q für Synchronmaschinen*

Maschinenart	Turbogeneratoren	Maschinen mit ausgeprägten Polen mit Dämpferwicklung	Maschinen mit ausgeprägten Polen ohne Dämpferwicklung	Phasenschieber
$\frac{X_q}{X_N}$	0,12—0,26	0,20—0,51	0,20—0,45	0,27—0,55
Mittelwert	0,19	0,33	0,35	0,37

b) Leitungen und Kabel

Lange Leitungen und Kabel können in prinzipiell ähnlicher Weise abgebildet werden, wobei lediglich die Größe der Ersatzreaktanzen etwas verschieden ist.

Bis zu einer Leitungslänge von 200 km genügt bei Netzfrequenz ein einfacher Vierpol (M. VIDMAR, 1952). Für längere Leitungen oder höhere Frequenzen müssen Vierpolketten verwendet werden. In Abb. 2/3 sind derartige Ersatzschaltbilder und ihr Frequenzgang der Reaktanz dargestellt. Bis zur Resonanzfrequenz der Leitung kann ein einfaches π-Glied als gute Nachbildung angesehen werden, für höhere Frequenzen ergeben sich beträchtliche Abweichungen. Mit 2 π-Gliedern erhält man eine erheblich bessere Übereinstimmung.

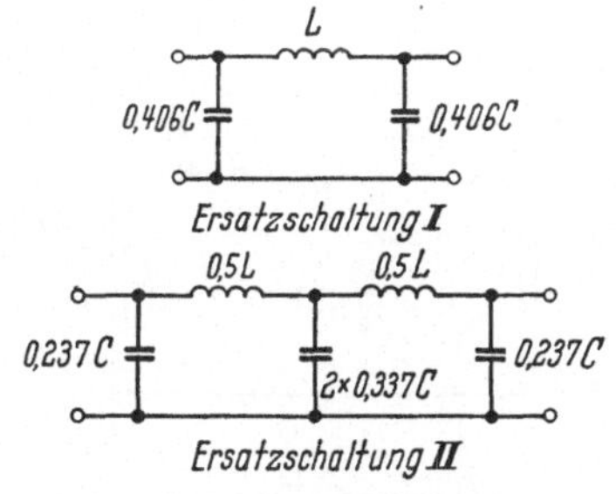

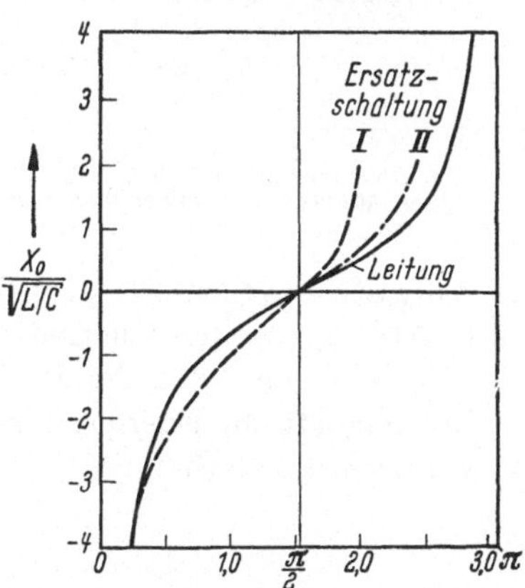

Abb. 2/3. Frequenzabhängigkeit einer verlustfreien, leerlaufenden Leitung und deren Ersatzschaltungen (Leerlaufwiderstand $X_0 = \sqrt{\frac{L}{C}} \cot \omega \sqrt{LC}$)

Für *Einphasenleitungen* mit dem Drahtradius r und dem Leiterabstand a gilt für die

Induktivität je Längeneinheit:

$$L' = 0{,}4 \ln \frac{a}{r} + 0{,}1 \quad \left[\frac{\text{mH}}{\text{km}}\right],$$

Kapazität je Längeneinheit:

$$C' = 2{,}78 \cdot 10^{-2} \Big/ \ln \frac{a}{r} \quad \left[\frac{\mu\text{F}}{\text{km}}\right].$$

Für *Drehstromleitungen* sind die Verhältnisse prinzipiell gleich, jedoch dadurch etwas modifiziert, daß zwischen den 3 Leitern und Erde 6 Teilkapazitäten liegen, von denen je 3 einander gleich sind. Man erhält eine symmetrische Anordnung in bezug auf den geerdeten Sternpunkt des Leitersystems und kann Drehstromleitungen genau wie Einphasenleitungen berechnen, wenn man an Stelle der verketteten Spannung die Phasenspannung und die folgenden *Betriebsreaktanzen* verwendet:

$$\text{Betriebskapazität} \quad C'_B \approx 10^{-2} \quad [\mu\text{F/km}],$$

$$\text{Betriebsinduktivität} \quad L'_B \approx 0{,}2 \left(\ln \frac{a}{r} + \frac{1}{4}\right) \quad \left[\frac{\text{mH}}{\text{km}}\right].$$

Bei *Drehstromkabeln* ergeben sich durchaus ähnliche Beziehungen. Die Betriebskapazität ist jedoch etwas größer als bei Freileitungen

$$C'_B \approx 0{,}2 \text{ bis } 0{,}4 \quad \left[\frac{\mu\text{F}}{\text{km}}\right].$$

2.2 Transformatoren und Drosseln

a) Transformatoren

Bei der Betrachtung von Transformatoren ist zwischen gewöhnlichen Leistungstransformatoren und Stromrichtertransformatoren zu unterscheiden. Leistungstransformatoren sind durch eine symmetrische Belastung gekennzeichnet und durch ein einfaches Ersatzschaltbild darstellbar. Bei Stromrichtertransformatoren liegen die Verhältnisse erheblich komplizierter, weshalb deren Ersatzschaltungen erst später und in einem besonderen Kapitel behandelt werden sollen.

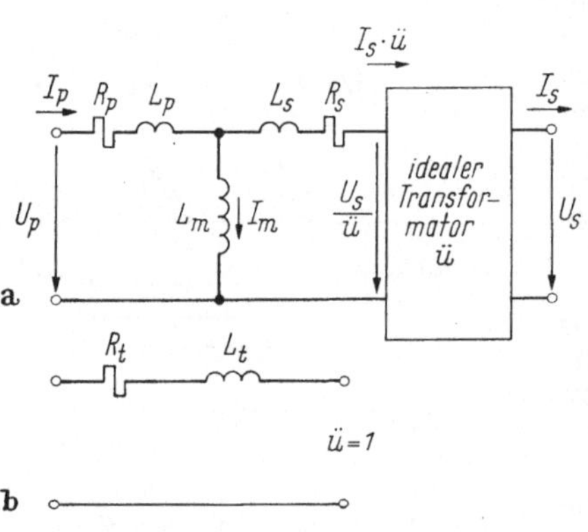

Abb. 2/4. Vollständiges (a) und vereinfachtes (b) Ersatzschaltbild des einphasigen Transformators

Das Ersatzschaltbild eines gewöhnlichen einphasigen Transformators wurde von A. E. KENELLY 1899 angegeben und ist in Abb. 2/4a dargestellt. Es zeigt drei in Stern geschaltete Induktivitäten, welche die Streuinduktivität L_p, L_s der Primär- und Sekundärwicklung sowie die Magnetisierungsinduktivität L_m kennzeichnen. Wenn der Magnetisierungsstrom gegenüber dem Belastungsstrom vernachlässigbar ist, so wird (Abb. 2/4b) die Querinduktivität L_m weggelassen und lediglich $L_t = L_p + L_s$ als Längsreaktanz berücksichtigt.

Die magnetische Energie W eines Streufeldes ist mit seiner Induktivität L durch die Beziehung

$$W = L\,\frac{i^2}{2}$$

verknüpft und wird für den Luftraum mittels

$$W = \frac{1}{2}\mu_0 \int h^2\,dV = \frac{1}{2}\mu_0\, b\, O_w \int\limits_0^H h^2\,dx \qquad (2/7)$$

$\left(\mu_0 = 4\pi \cdot 10^{-9} \left[\frac{\text{H}}{\text{cm}}\right]\right.$, h [A/cm] magnetische Feldstärke, V [cm^3] Volumen, b [cm] Breite, H [cm] Höhe und O_w [cm] mittlere Windungslänge der Wicklungen$\left.\right)$

definiert, woraus für die Streuinduktivität

$$L = \frac{2W}{i^2} = \mu_0 \, b \, O_w \int \left(\frac{h}{i}\right)^2 dx \tag{2/8}$$

folgt (R. Richter). In Tab. 2/2 ist die örtliche Verteilung der magnetischen Feldstärke h und die auf die primäre Windungszahl w_1 bezogene gesamte Streuinduktivität L für verschiedene Transformator-Wicklungsanordnungen angegeben. In erster Näherung pflegt man für den Korrekturfaktor $k = 0{,}9$ zu setzen; für genauere Berechnungen muß man den wirklichen Verlauf der Streulinien berücksichtigen (W. Rogowski).

Tabelle 2/2. *Die Streuinduktivität verschiedener Wicklungen*

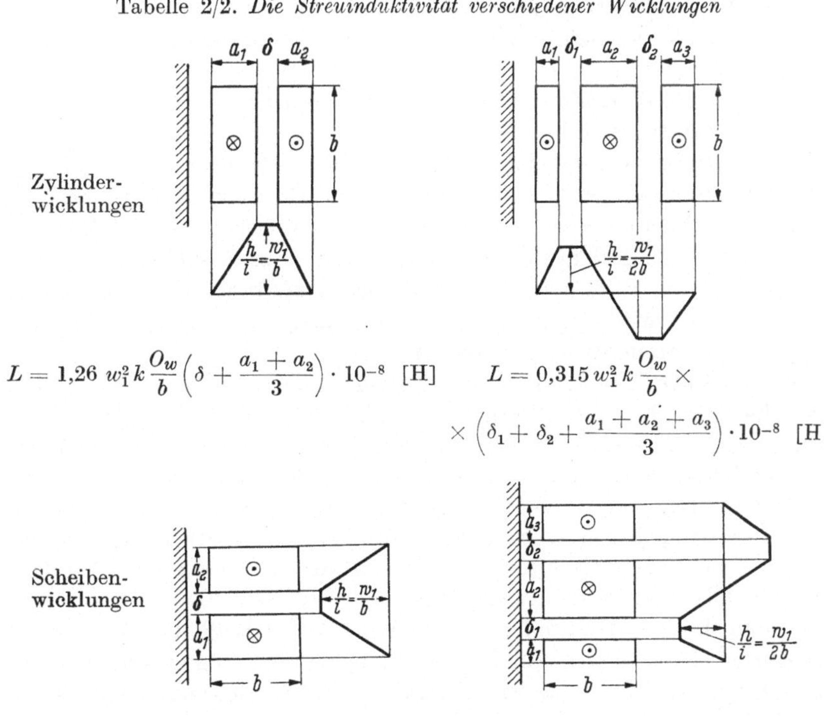

$$L = 1{,}26 \, w_1^2 k \frac{O_w}{b} \left(\delta + \frac{a_1 + a_2}{3}\right) \cdot 10^{-8} \; [\mathrm{H}]$$

$$L = 0{,}315 \, w_1^2 k \frac{O_w}{b} \times \left(\delta_1 + \delta_2 + \frac{a_1 + a_2 + a_3}{3}\right) \cdot 10^{-8} \; [\mathrm{H}]$$

Wie man aus den Tabellenbeispielen ersieht, kann durch Unterteilung und vorteilhafte Anordnung der Wicklungen deren Streuinduktivität stark verringert werden. Die Streulinien verlaufen bei den Scheibenwicklungen radial, bei den Zylinderwicklungen axial. Die resultierende Streuinduktivität eines Transformators ($L_t = L_p + L_s$) pflegt man durch die Nennkurzschlußspannung ε_t zu kennzeichnen:

$$\varepsilon_t = \frac{U_K}{U_N} = \frac{X_t}{X_N}, \tag{2/9}$$

wobei $X_N = U_N / I_N$ die Nennreaktanz des Transformators bezeichnet.

Die Nennkurzschlußspannung der Transformatoren nimmt im allgemeinen mit deren Größe zu und beträgt etwa $\varepsilon_t = 6$ bis 12%. (Bei Stromrichtern für niedrige Gleichspannungen und große Ströme ist die Induktivität der Verbindungsleitungen zwischen dem Transformator und den Ventilen zu beachten!)

b) Wechselstromdrosseln

In Stromrichteranlagen werden Wechselstromdrosseln verschiedener Bauformen und Eigenschaften verwendet. Man unterscheidet sie nach folgenden Merkmalen:

Ort des Einbaues: Primärdrosseln auf der Primärseite des Transformators und *Sekundär-* oder *Anodendrosseln* auf der Sekundärseite des Transformators.

Magnetische Verkettung: Die Drosseln können magnetisch verkettet oder unverkettet sein.

Magnetische Kennlinie: Je nach dem Verwendungszweck werden die Drosseln ohne oder mit Eisenkern ausgeführt. Gewisse Aufgaben erfordern die Verwendung von speziellen magnetischen Werkstoffen.

Steuerbarkeit: Indem man die Drossel mit einer Zusatzwicklung versieht, mit deren Hilfe man den Arbeitspunkt verändern kann, läßt sich ihre Reaktanz willkürlich verändern, wodurch ein steuerbares Schaltelement, die Steuerdrossel, entsteht.

Soweit solche Drosseln keine Besonderheiten aufweisen, wie z. B. die unverketteten Drosseln, braucht auf ihre Eigenschaften nicht näher eingegangen zu werden; sie dürfen als bekannt vorausgesetzt werden. Das Verhalten der verketteten Drosseln ist dagegen so stark mit den Besonderheiten des Stromrichterbetriebes verknüpft, daß dieses in Kap. 10 ausführlich erörtert werden wird. An dieser Stelle sollen lediglich die wichtigsten Bauformen erwähnt werden: Verkettete Anodendrosseln (NIELSEN, 1910), zweiphasige Saugdrosseln (J. KÜBLER, 1919) und mehrphasige Stromteiler (v. KLEIST, 1929). Bei allen diesen soeben erwähnten Drosselarten spielen Sättigungserscheinungen keine Rolle; sie werden praktisch nur im ungesättigten Teil der Magnetisierungskennlinie betrieben.

Anders verhält es sich dagegen mit Drosseln, deren Reaktanz vermittels der Sättigung des Eisenkerns verändert werden kann (Steuer- und Schaltdrosseln) und deren Eigenschaften nachstehend erläutert werden sollen.

Steuerdrosseln

Als Steuerdrossel bezeichnet man eine gleichstromvormagnetisierte Eisendrossel, welche auf einem lamellierten Eisenkern zwei Wicklungen besitzt: die wechselstromdurchflossene „Arbeitswicklung" und die gleichstromführende „Steuerwicklung" (Abb. 2/5a). Im Stromkreis der

Steuerwicklung sind in gewissen Fällen Drosselspulen vorgesehen, damit dort nur ein reiner Gleichstrom fließen kann. Mittels der Gleichstromvormagnetisierung kann der „Arbeitspunkt" auf der Magnetisierungskennlinie verändert werden. Abb. 2/5b läßt erkennen, wie damit der Stromverlauf bzw. die Drosselreaktanz beeinflußt werden kann: Die Kennlinie zeigt die Abhängigkeit des Arbeits-Wechselstromes vom Steuer-Gleichstrom bei erzwungener Wechselspannung. Es ist dabei vorausgesetzt, daß in der Arbeitswicklung nur Wechselstrom und in der Steuerwicklung nur Gleichstrom fließen kann. Infolge der nichtlinearen Kennlinie entspricht der sinusförmigen Wechselspannung ein Stromverlauf, welcher einen Gleichanteil i_- und einen Wechselanteil $i_\sim$ aufweist. In der Arbeitswicklung fließt dann der Wechselstrom $i_\sim$ und in der Steuerwicklung die Summe aus dem Vormagnetisierungsstrom i_v, welcher dem Arbeitspunkt zugeordnet ist, und dem Gleichanteil i_-

$$i_0 = i_v + i_-.$$

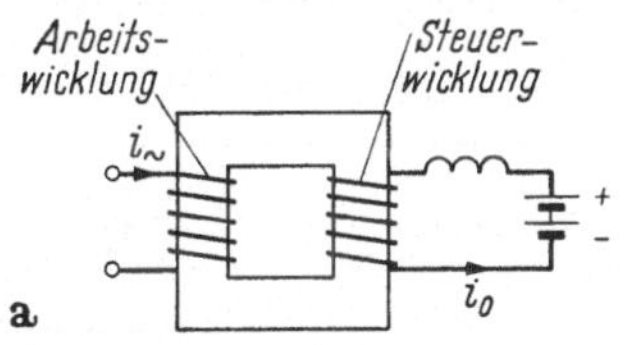

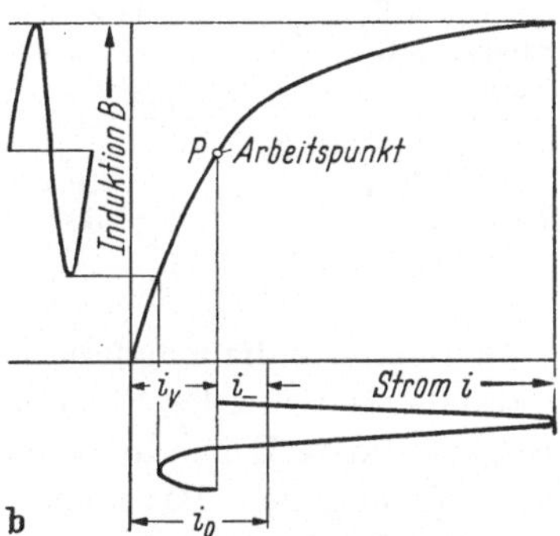

Abb. 2/5. Die Steuerdrossel
a) Prinzipdarstellung; b) Graphische Bestimmung des Stromverlaufes bei erzwungener sinusförmiger Spannung

In der Regel wird mit einer kleinen Gleichstromleistung eine große Wechselstromleistung gesteuert, weshalb man auch von einer Verstärkerwirkung sprechen kann und gewisse Schaltungen mit Steuerdrosseln auch als „Magnetverstärker" bezeichnet. Die stromsteuernde Wirkung einer solchen Drossel wird offenbar um so größer sein, je ausgeprägter die Nichtlinearität der Magnetisierungskennlinie ist. In dieser Hinsicht konnten die früher benützten Blechsorten nicht sehr befriedigen, und die Verwendung von gesteuerten Drosseln hat erst den bekannten erstaunlichen Umfang angenommen, als NORMAN GOSS die Vorzüge der magnetischen Materialien mit gerichteter Struktur entdeckte (DRP 763989 vom 5. 7. 1934) und F. PAWLECK (DRP 659134 v. 28. 2. 1935) den Weg zu Eisensorten mit nahezu rechteckförmiger Hystereseschleife wies. Von den weichmagnetischen Werkstoffen werden vorzugsweise Nickeleisen (für hohe Ansprüche) und Siliziumeisen (für geringere Ansprüche) mit magnetischer Vorzugsrichtung (Textur) für Steuerdrosseln verwendet. Durch besondere, im wesentlichen aus Kaltwalz- und Glühprozessen bestehende Verfahren können polykristalline Bleche mit einer von der idealen Unordnung abweichenden Kristallorientierung geschaffen werden, deren magnetische Eigenschaften richtungsabhängig sind. Im besonderen besitzt das Nickeleisen (50% Ni) eine „Würfeltextur“, bei welcher sowohl parallel als auch senkrecht zur Walzrichtung die angestrebten hervorragenden Eigenschaften auftreten. Das Siliziumeisen (2,5 bis 3% Si) besitzt dagegen die sogenannte „Goßtextur“, bei welcher nur parallel zur Walzrichtung vorzügliche magnetische Eigenschaften bestehen; bei der Herstellung von Magnetkernen muß daher durch geeignete Konstruktion die Querrichtung möglichst vermieden werden (ungeschnittene Bandringkerne). Die wichtigsten technischen Daten dieser beiden Eisensorten sind in Tab. 2/3 zusammengestellt.

Tabelle 2/3. *Technische Daten von kaltgewalzten weichmagnetischen Werkstoffen*

Werkstoff (Firmenbezeichnung)	Zusammensetzung	Spezifisches Gewicht kg/dm³	Sättigungsinduktion B_{max} Vs/cm²	Verlustziffer (10000 Gauß*, 50 Hz) W/kg
Trafoperm N 2 Hyperm 5 T Trancor XXX Hypersil	≈ 97,3% Fe 2,7% Si	7,7	$1{,}95 \cdot 10^{-4}$	$< 0{,}7$
Permenorm 5000 Z Hyperm 50 T Deltamax Permeron	≈ 50% Ni 50% Fe	8,25	$1{,}55 \cdot 10^{-4}$	$< 0{,}5$

Da demnach die magnetischen Eigenschaften des verwendeten Kernmaterials die Güte der Steuerdrossel entscheidend beeinflussen, so muß die quantitative Behandlung der Steuerdrosseln von der *Magnetisierungskennlinie* ausgehen. Dabei sind zwei verschiedene Arten von Kennlinien zu unterscheiden:

Die statische Kennlinie: Diese stellt den Zusammenhang zwischen Feldstärke und Induktion bei sehr langsamem Durchlaufen des gesamten Magnetisierungsvorganges dar (z. B. Gleichstrommessungen mit dem ballistischen Galvanometer).

Die dynamische Kennlinie: Bei Wechselmagnetisierung treten in der Regel in der Spannung und auch im Strom Verzerrungen auf, welche sowohl von der Art der Magnetisierung als auch der Frequenz abhängig sind. Dynamische Kennlinien (für Wechselmagnetisierung) sind daher nur dann hinreichend bestimmt, wenn die Ummagnetisierungsgeschwindigkeit als Parameter angegeben ist. Häufig wird jedoch an Stelle der Ummagnetisierungsgeschwindigkeit die Frequenz und die Art der Magnetisierung festgelegt. Folgende Grenzfälle sind üblich:

* 1 Gauß = 10^{-8} Vs/cm².

1. *Erzwungene sinusförmige Induktion:* Die Arbeitswicklung wird unter Vermeidung zusätzlicher Impedanzen an eine Wechselspannungsquelle mit kleinem inneren Widerstand gelegt.
2. *Erzwungene sinusförmige Feldstärke:* In Reihe mit der Arbeitswicklung wird ein so großer Ohmscher Widerstand geschaltet, daß dieser Größe und Form des Wechselstromes bestimmt.
3. *Ummagnetisierungszeit 1 ms:* Arbeitswicklung und zusätzliche lineare Induktivität werden in Reihe an eine Wechselspannung solcher Größen gelegt, daß die Ummagnetisierung etwa in 1 ms erfolgt.

In Abb. 2/6 sind eine statische und eine dynamische Kennlinie für Permenorm dargestellt. Die Fläche der statischen Magnetisierungsschleife stellt den Hystereseverlust je Umlauf dar. Bei der dynamischen Magnetisierung treten dann noch Wirbelstromverluste hinzu, welche die Schleife verbreitern, ohne die Kurvenform merklich zu ändern. Mit zunehmender Dicke der Magnetbänder macht sich auch noch die Induktivität des Wirbelstrompfades bemerkbar, welche den steilen Flanken eine gewisse Neigung gibt. Ohne auf weitere Details einzugehen, sei noch kurz bemerkt, daß die magnetischen Eigenschaften mit zunehmender Erwärmung etwas abnehmen und daß sie durch mechanische Spannungen sehr stark beeinträchtigt werden. Die Magnetisierungskennlinien zeigen S-förmigen Verlauf. Verbindet man jeweils die Umkehrwerte (Spitzenwerte) verschiedener Hystereseschleifen eines bestimmten Eisenkernes miteinander, so erhält man die sogenannte „Kommutierungskurve", die man üblicherweise für den Vergleich verschiedener Magnetwerkstoffe verwendet. In Abb. 2/7 sind die Kommutierungskurven der für Steuerdrosseln besonders geeigneten Eisensorten dargestellt.

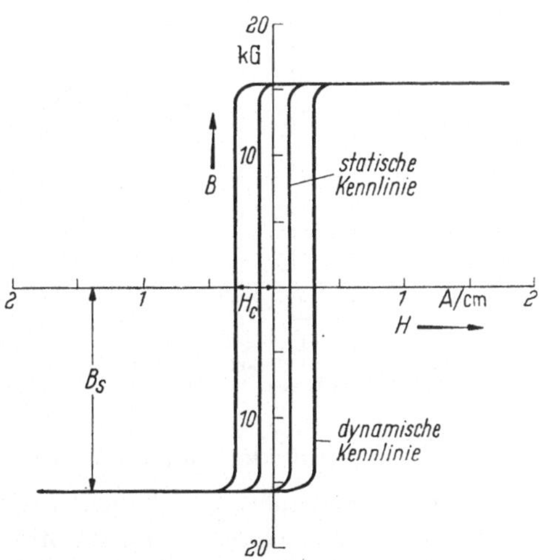

Abb. 2/6. Statische und dynamische Magnetisierungskennlinien von Bandringkernen aus 5000 Z (nach der Firmenschrift: Weichmagn. Werkstoffe, Vacuumschmelze AG., Hanau a. M.)
B_s ... Sättigungsinduktion H_c ... Koerzitivkraft

Eine *Steuerdrossel* ist demnach dadurch gekennzeichnet, daß ihre Reaktanz willkürlich zwischen 2 Extremwerten, welche dem gesättigten und dem ungesättigten Zustand entsprechen, unstetig geändert werden kann. Ein *Ersatzschaltbild* einer Steuerdrossel (Abb. 2/8) wird daher eine Reihenschaltung von 2 Induktivitäten enthalten, wovon die eine die Sättigungsinduktivität kennzeichnet, die immer wirksam ist, während die andere, welche den ungesättigten Zustand der Steuerdrossel kennzeichnet, durch einen parallel liegenden Schalter zeitweise kurzgeschlossen werden kann (A. BOYAJIAN).

Um das Verhalten einer Steuerdrossel analytisch darstellen zu können, sei eine hysteresefreie Kennlinie mit vertikaler Flanke im ungesättigten Bereich vorausgesetzt. Man bezeichnet das Produkt von Induktion B [Vs/cm²], Windungszahl (der Wechselstromwicklung) w und Eisenquerschnitt q [cm²] als Flußverkettung Ψ [Vs].

$$\Psi = w B q. \tag{2/10}$$

Legt man eine Spannung u an die Arbeitswicklung der Steuerdrossel, so gilt

$$u = L\frac{di}{dt} + \frac{d\Psi}{dt} = \left(L + \frac{d\Psi}{di}\right)\frac{di}{dt}, \tag{2/11}$$

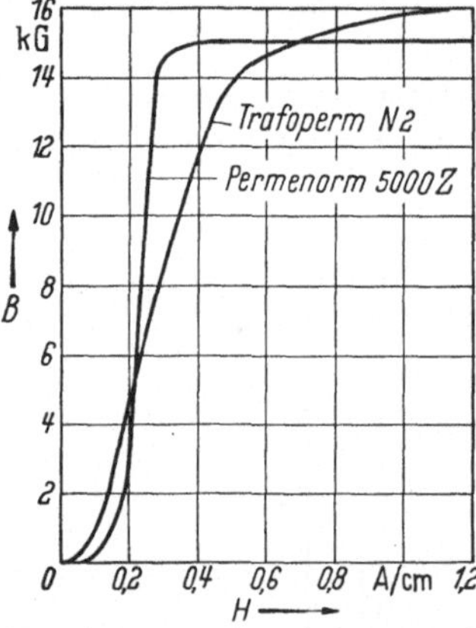

Abb. 2/7. Kommutierungskurven von Nickeleisen und Siliziumeisen (Werkstoffbezeichnungen der Vacuumschmelze AG., Hanau)

Abb. 2/8. Ersatzschaltbild einer Steuerdrossel

wobei $\frac{d\Psi}{dt}$ den auf den ungesättigten Eisenkern entfallenden Spannungsanteil bezeichnet. Der Knick in der Magnetisierungskennlinie sei durch Ψ_k gekennzeichnet. Dann ist offenbar für die Ummagnetisierung eine Änderung der Flußverkettung von

$$\Delta\Psi = 2\Psi_k = \int_{-\Delta t/2}^{+\Delta t/2} u\,dt, \tag{2/12}$$

d. h. eine bestimmte *Spannungs-Zeitfläche* erforderlich. Steuerdrosseln sind demnach durch eine Spannungs-Zeitfläche (Dimension Vs) gekennzeichnet, deren Größe der Induktionsdifferenz zwischen den beiden Sättigungsknicken $\Delta B = 2 B_k$ proportional ist und außerdem von der Windungszahl und dem Eisenquerschnitt abhängt.

Während der Ummagnetisierung besitzt die Steuerdrossel eine sehr große Reaktanz, so daß nur ein sehr kleiner (im Idealfall verschwindend kleiner) Strom fließen kann. Die Steuerdrossel vermag demnach wie ein gesteuertes Ventil den Stromfluß zu beeinflussen, insbesondere seinen Anstieg auf den durch die Belastung bestimmten Wert zu verzögern. Man spricht dann von einer „Einschaltstufe" des Stromes, deren zeitliche Länge mittels der Vormagnetisierung beeinflußt oder „gesteuert" werden kann. Sehr bemerkenswert ist dabei jedoch die obige Feststellung, daß die Wirkung der Drossel durch ein Spannungs-Zeitprodukt gekennzeichnet ist. Wenn nämlich die Wechselspannung ihre Größe ändert, so ändert sich gleichzeitig die Länge der Einschaltstufe — eine Tatsache, die E. ROLF als das „Gesetz der gleichbleibenden Spannungs-Zeitfläche" gekennzeichnet hat. Abb. 2/9 zeigt den zeitlichen Verlauf des Stromes in einem Ohmschen Wechselstromkreis, wobei die Steuerdrossel während der Ummagnetisierungszeit Δt die Spannung u aufnimmt und nur ein

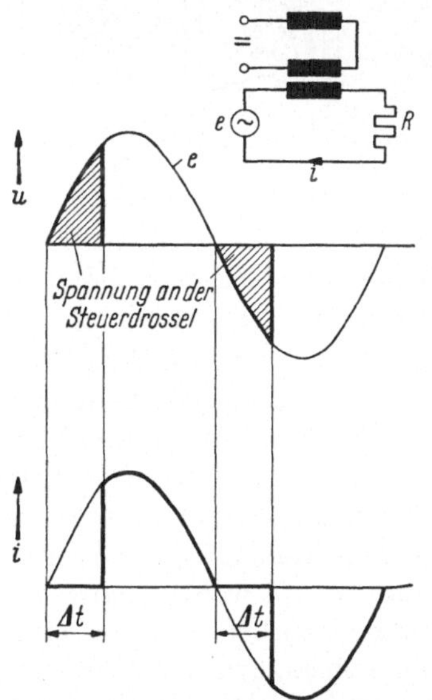

Abb. 2/9. Zeitlicher Verlauf des Stromes i und der Spannung an einer Steuerdrossel in einem ohmisch belasteten Wechselstromkreis

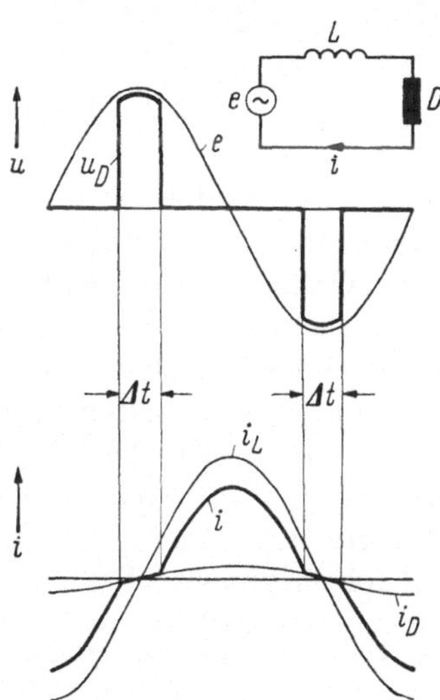

Abb. 2/10. Zeitlicher Verlauf des Stromes i in einem rein induktiven Wechselstromkreis mit einer Schaltdrossel D

sehr kleiner Strom (Magnetisierungsstrom der entsättigten Drossel, abhängig von der Koerzitivkraft des verwendeten Drosseleisens) fließt.

Schaltdrosseln. Steuerdrosseln, die sowohl Einschalt- als auch Ausschaltstufen ausbilden können, nennt man Schaltdrosseln (F. KOPPELMANN, 1941). Sie werden bei Kontaktumformern benützt, damit die Kontakte fast stromlos öffnen können. In einigen Fällen wurden Schaltdrosseln auch bei Quecksilberdampfventilen verwendet, um den Entionisierungsvorgang zu erleichtern und das Sperrvermögen zu erhöhen (A. SCHMIDT, jr., 1946). In Abb. 2/10 ist die Wirkung einer Schaltdrossel in einem rein induktiven Wechselstromkreis dargestellt. Man ersieht, daß bei ungesättigter Schaltdrossel, entsprechend dem steilen Teil der Magnetisierungskennlinie, nur ein sehr kleiner Strom zu fließen vermag, wodurch in der Nähe des Nulldurchganges des Stromes sogenannte Stromstufen entstehen.

2.3 Die Richtelemente

Über die Mannigfaltigkeit der Richtelemente oder Ventile orientiert nachstehendes Schema:

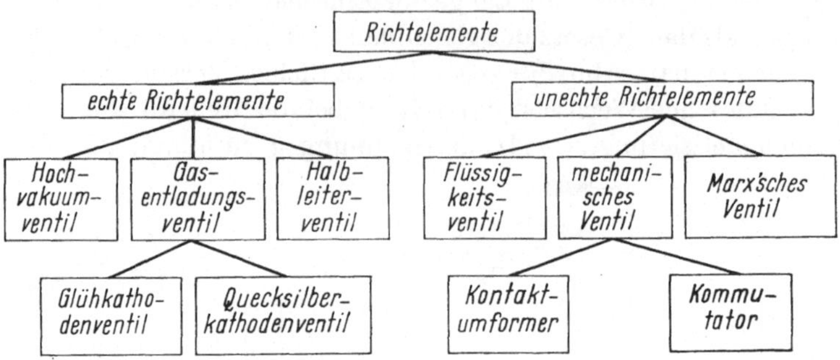

Man unterscheidet demnach zwischen echten und unechten Richtelementen, wobei man unter echten Elementen solche versteht, welche eine physikalische Stromrichteigenschaft besitzen (E. Gerecke, 1952). Unechte Richtelemente nennt man dagegen diejenigen Gebilde, welche durch besondere „äußere" Maßnahmen, z. B. durch mechanische Bewegung, zu gewissen Zeiten einen Stromkreis schließen bzw. öffnen. Im stationären Betrieb verhalten sich beide Stromrichterarten weitgehend gleich, während bei momentanen und starken Änderungen der elektrischen Betriebsgrößen die unechten Richtelemente häufig nicht genügend schnell folgen können. Die echten Richtelemente werden entweder als *Dioden* mit zwei Elektroden ausgebildet und wirken dann als einfache *Gleichrichter* oder sind als *Trioden* mit einer zusätzlichen Steuerelektrode versehen, wodurch sie erst zu richtigen *Stromrichterelementen* werden.

Im folgenden soll das Ersatzschaltbild der einzelnen Ventile ermittelt werden, wobei mit der Behandlung der echten Richtelemente begonnen wird. Die Kennzeichnung von Richtelementen erfolgt wieder mittels einer Kennlinie, d. h. einer graphischen Darstellung des durch das Richtelement fließenden Stromes, wenn man die an das Element angelegte Spannung in ihrer Richtung und Größe verändert. Da die Richtelemente für die Stromrichtertechnik von grundlegender Bedeutung sind, werden auch ihr konstruktiver Aufbau, ihre physikalischen Vorgänge und gewisse praktisch nützliche Daten erwähnt werden.

Echte Richtelemente

a) Hochvakuumventile (Elektronenröhren)

Aufbau. Ein Hochvakuumventil besitzt, wie dessen Schaltzeichen in Abb. 2/11a erkennen läßt, in einem evakuierten Vakuumbehälter eine Anode (Ni, Fe und deren Legierungen) und eine Elektronen emittierende Glühkathode (Wolfram- oder Oxydkathode). Das Vakuum ist durch einen Restgasdruck $p < 10^{-6}$ Torr gekennzeichnet.

Die Kennlinie. Die Elektronen können um so leichter zur Anode gelangen, je positiver deren Potential in bezug auf die Kathode gewählt wird. Die in Abb. 2/11 b dargestellte *Strom-Spannungs-Kennlinie* einer Diode kann in drei charakteristische Abschnitte unterteilt werden:

Anlaufstrombereich. Die aus der Kathode austretenden Elektronen haben eine Maxwellsche Geschwindigkeitsverteilung, deren mittlerer Wert von der Temperatur T [°K] der Glühkathode abhängt (Volt-Geschwindigkeit $U_T = 8{,}6 \cdot 10^{-5}\, T$, mit $T \approx 1100$ °K bei Oxydkathoden). Infolge ihrer Eigengeschwindigkeit vermögen die Elektronen auch gegen eine geringe negative Anodenspannung anzulaufen. Die Elektronenströmung gehorcht in diesem Bereich ($U < 0$) dem *Anlaufstromgesetz*

$$j = j_S \exp\,[U/U_T] \tag{2/13}$$

(j [A/cm²] bezeichnet die Elektronenstromdichte, j_S [A/cm²] die Sättigungsstromdichte).

Raumladungsstrombereich. Bei positiven Anodenspannungen ($0 < U < U_S$) gilt die Langmuirsche Gleichung für den Raumladungsstrom

$$j = K\,U^{3/2}, \tag{2/14}$$

wobei K eine von der Geometrie der Entladungsstrecke abhängige Konstante darstellt, welche z. B. für eine Elektronenströmung zwischen zwei ebenen Platten die Größe:

$$K = 2{,}33 \cdot 10^{-6}/d^2$$

besitzt, mit d [cm] als Abstand zwischen Anode und Kathode. In diesem Bereich lagert vor der Kathode eine negative Raumladung, welche den Elektronenaustritt aus der Kathode vermindert. Mit wachsender Anodenspannung wird diese Raumladung allmählich abgebaut.

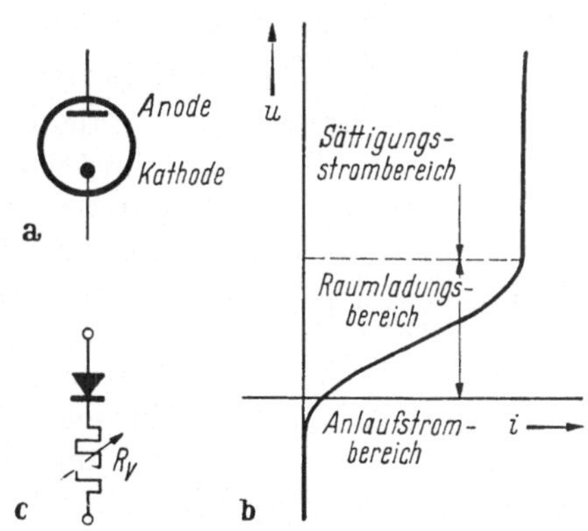

Abb. 2/11. Die Hochvakuumdiode

Sättigungsstrombereich. Steigert man die Anodenspannung über einen von der Art und der Temperatur der Kathode abhängigen Wert U_S, die sogenannte Sättigungsspannung, so werden alle von der Kathode austretenden Elektronen zur Anode geführt, wodurch man einen von der Spannung unabhängigen Kurvenast erhält:

$$j = j_S \neq f(U). \tag{2/15}$$

Die Größe der Sättigungsstromdichte wird durch die RICHARDSON-Formel beschrieben

$$j_S = A\,T^2 \exp(-b/k\,T), \tag{2/16}$$

welche die Abhängigkeit von der Kathodentemperatur T und den Werkstoffeigenschaften (Konstanten A, b) darstellt.

Das dynamische Verhalten. Elektronenröhren üblicher Bauformen arbeiten bis zu hohen Frequenzen (etwa 10^8 Hz) praktisch trägheitsfrei, so daß in diesem ganzen Frequenzbereich die „statische" Kennlinie (Abb. 2/11 b) gilt. Erst bei noch höheren Frequenzen treten sogenannte „Laufzeiteffekte" auf. Unter Vernachlässigung des Anlaufstromgebietes ergibt sich für die Elektronenröhren das in Abb. 2/11 c dargestellte *Ersatzschaltbild,* das eine Reihenschaltung eines idealen Richtelementes und eines veränderlichen Ohmschen Widerstandes R_v zeigt. Die Größe von R_v erhält man aus der Kennlinie, indem man $R_v = \dfrac{u}{i}$ bildet.

Hochvakuumdioden werden sowohl für den Nachweis und die Messung extrem kleiner Spannungen (Nachrichten- und Meßtechnik) als auch für die Erzeugung sehr hoher Gleichspannungen (Röntgenanlagen, Prüfeinrichtungen) verwendet. Derartige Hochspannungsventile werden bis 400 kV Sperrspannung und Sättigungsströme von etwa 100 mA (bei einem Spannungsabfall an der Röhre von 2 kV und einer Heizleistung von 100 W) gebaut (A. Bouwers). Wegen ihres hohen Verlustwiderstandes ($R_v = 10^2$ bis 10^4 Ohm, je nach Größe und Betriebsart) sind Hochvakuumdioden für die Energieversorgung ungeeignet.

Wenn man zwischen Kathode und Anode einer Elektronenröhre ein Steuergitter einbaut, so erhält man eine „*Triode*", mit welcher man 3 verschiedene Richtwirkungen erzielen kann: Anodengleichrichtung, Gittergleichrichtung und Stromverteilungsgleichrichtung. Da jedoch diese Richtwirkungen ausschließlich in der Nachrichtentechnik angewendet werden, sei hier nur auf die einschlägige Literatur (H. Barkhausen, 1955, H. Rothe u. W. Kleen, 1948) verwiesen.

b) Gasentladungs- und Quecksilberdampfventile

In Abb. 2/12 sind die Schaltzeichen dieser Richtelemente dargestellt, wobei im Falle der Gasentladungsröhren mit *Glühkathode* weitgehend ähnliche Verhältnisse wie bei den Hochvakuumröhren bestehen und lediglich ein nach Art und Menge definierter Gas- oder Dampfzusatz vorgesehen wird. Im Schaltzeichen wird oft die Gasfüllung nach amerikanischem Vorbild durch einen Punkt angedeutet. Bei Gasentladungsröhren mit Quecksilberkathode ist ein besonderer Hinweis auf die Gasfüllung nicht notwendig; derartige Röhren haben stets eine temperaturabhängige Quecksilberdampffüllung, wozu in vielen Fällen noch ein Edelgas hinzugefügt wird. Bei diesen Röhren wird Elektronenemission aus der Kathode mittels einer Hilfsentladung herbeigeführt. Die Art der Kathode beeinflußt weitgehend den übrigen Aufbau der Entladungsröhren und damit auch deren elektrische Eigenschaften. Demgemäß werden im folgenden Glühkathoden- und Quecksilberkathodenventile gesondert behandelt.

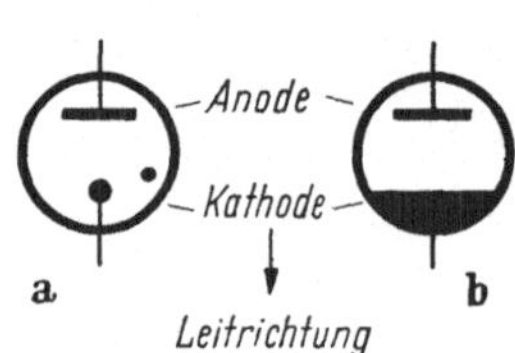

Abb. 2/12. Schaltzeichen von Gasentladungsventilen mit a) Glühkathode und b) Quecksilberkathode

Gasentladungsventile mit Glühkathode

1. Diode. *Aufbau.* Abb. 2/13 zeigt den schematischen Aufbau einer Diode: *Anode* aus einem Werkstoff mit hoher Elektronenaustrittsarbeit (Graphit oder Nickelblech, das zur besseren Wärmeabstrahlung mit einer Kohlenstoffschicht überzogen ist). Bei den *Kathoden* (Oxydkathoden) unterscheidet man 2 verschiedene Arten:

a) *Oberflächenaktivierte Kathoden*, wobei der Emissionswerkstoff (Erdalkalioxyde) auf dem als Heizwendel ausgebildeten Trägermetall aufgebracht ist, und

b) *Vorratskathoden*, bei welchen der Emissionswerkstoff als fester Körper ausgebildet wird, um welchen die Heizwendel herumgewickelt ist.

Um die Heizleistung herabzusetzen, wird die Kathode in der Regel mit einem Strahlungsschutz umgeben.

Die Kennlinie. Die aus der Kathode austretenden Elektronen werden im elektrischen Feld der Entladung beschleunigt und verursachen durch

unelastische Stöße mit den Gasatomen Anregungs- und Ionisierungsvorgänge. Dort, wo Elektronen und positive Ionen in gleicher örtlicher Dichte auftreten, kompensieren sie gegenseitig ihre elektrischen Ladungen und bilden ein „*Plasma*". Wo dieses Gleichgewicht gestört ist (z. B. an den Elektroden), treten *Fallgebiete* mit elektrischen Raumladungen auf. Demgemäß setzt sich der Spannungsabfall („Brennspannung" u_B) aus 3 Anteilen zusammen: Kathodenfall (9 bis 10 V),
Plasmagebiet (vernachlässigbar),
Anodenfall (3 bis 5 V).

Infolge des geringen Anoden-Kathoden-Abstandes ist die Brennspannung u_B nur durch Kathoden- und Anodenfall bestimmt und in erster Näherung stromunabhängig. Ihr Wert ist je nach Gasart etwas verschieden: etwa 10 bis 12 V bei Quecksilberdampf, 14 bis 16 V bei Argon und Xenon, 20 V bei Neon. Edelgasventile sind weitgehend temperaturunabhängig und können im Bereich von -50 °C bis $+70$ °C betrieben werden. Quecksilberdampfventile sind dagegen stark von der Temperatur abhängig und sollten im allgemeinen nicht unter $+10$ °C betrieben werden. Bei niedrigen Temperaturen steigt die Brennspannung an; damit erhalten die auf die Oxydkathode auftreffenden Ionen eine größere kinetische Energie, wodurch (bei $U_B > 22$ V) die Oxydschicht zerstört werden kann.

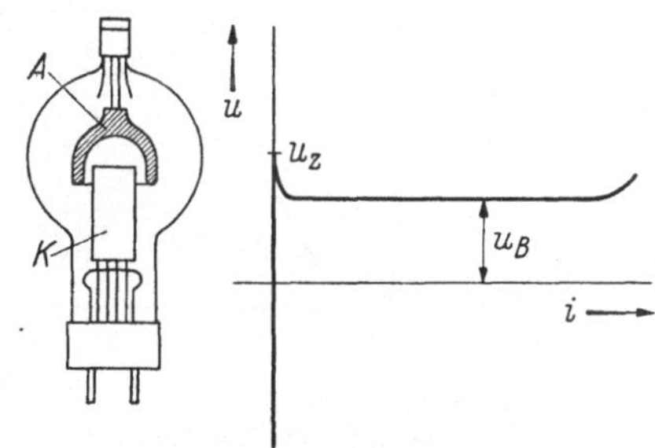

Abb. 2/13. Schematischer Aufbau und Kennlinie eines ungesteuerten Glühkathodenventils

Das dynamische Verhalten. Schaltet man eine Diode mit einer Wechselspannung e und einem Ohmschen Widerstand R in Reihe, so ergibt sich während einer Wechselstromperiode der in Abb. 2/14 dargestellte Stromverlauf: Zu Beginn der positiven Spannungshalbwelle ist das Ventil stromlos, bis die „Zündspannung" u_z erreicht ist, bei der die Entladung einsetzt. Der Strom steigt dann auf den durch den Ohmschen Widerstand bestimmten Betrag: $i = (e - u_B)/R$ und nimmt schließlich wieder auf Null ab (Löschen). Da die für die Raumladungskompensation erforderlichen Ionen während des Entladungsvorganges erst gebildet werden müssen, so zeigt die Gasentladung eine gewisse Trägheit, als deren Folge sich auch im Löschzeitpunkt noch eine große Anzahl von Ladungsträgern im Entladungsraum befinden, die zu Beginn der Sperrdauer einen exponentiell abnehmenden „Nachstrom" bilden. Der Nachstrom fließt bei positiver Anode in Leitrichtung und bei negativer Anode in Sperrichtung. In Abb. 2/14 ist dieser Nachstrom in Sperrichtung vergrößert dargestellt.

2. Triode. Oxydkathodenröhre mit Steuergitter (Thyratron, Stromtor). *Aufbau.* Mittels eines zwischen Anode und Kathode befindlichen Steuergitters (Abb. 2/15a) kann die Zündung einer Entladung auch bei positiver Anode verhindert werden. Die durch die Gittersteuerung

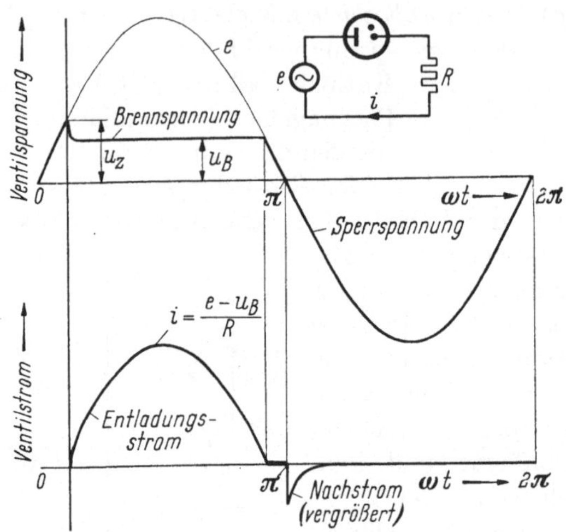

Abb. 2/14. Zeitlicher Verlauf von Ventilspannung und Ventilstrom

willkürlich veränderbare Verzögerung der Zündung wird in elektrischen Graden ausgedrückt (Zündverzögerungswinkel).

Die Zündkennlinien. Abb. 2/15b zeigt die „Zündkennlinien" eines Quecksilberdampf-Thyratrons bei verschiedenen Temperaturen bzw.

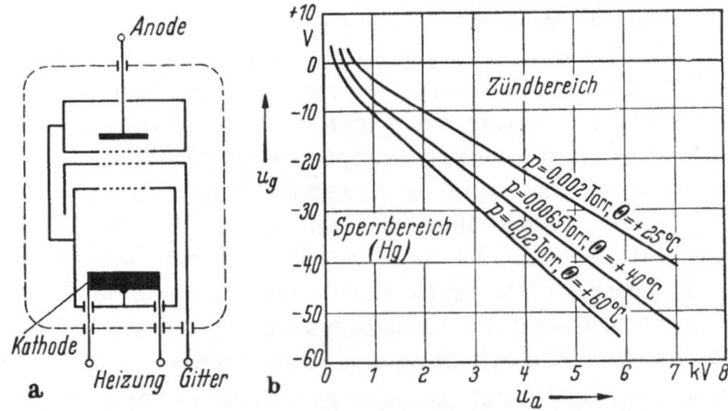

Abb. 2/15. Aufbau und Zündkennlinien eines gittergesteuerten Glühkathodenventils

Dampfdrücken. Die Zündkennlinie trennt denjenigen Bereich der Anoden- und Gitterspannungen, in welchem sichere Zündung erfolgt („Zündbereich"), von demjenigen Spannungsbereich, in welchem eine

Zündung infolge der Sperrwirkung des Gitters nicht erfolgen kann („Sperrbereich"). Bei höheren Anodenspannungen gehorcht die Zündkennlinie der Gleichung $u_{g_{zünd}} \approx \frac{-1}{D} \cdot u_a$, wobei D den „Durchgriff" der Anode durch das Steuergitter bezeichnet. Bei höheren Temperaturen bzw. Dampfdrücken sind größere negative Sperrspannungen am Gitter erforderlich, um eine Zündung sicher zu verhindern. Die physikalischen Vorgänge bei der Gitterzündung wurden von H. KLEMPERER und M. STEENBECK gedeutet, der Einfluß des Gitterwiderstandes und der Gitterkapazität wurde von H. ADAM und K. SIEBERTZ beschrieben. Der Einfluß der Gittergeometrie auf die Zündkennlinie wurde insbesondere von A. GLASER und W. KOCH untersucht. In der Praxis wird oft, um die Fabrikationstoleranzen anzudeuten, zu der Zündkennlinie ein Streubereich angegeben.

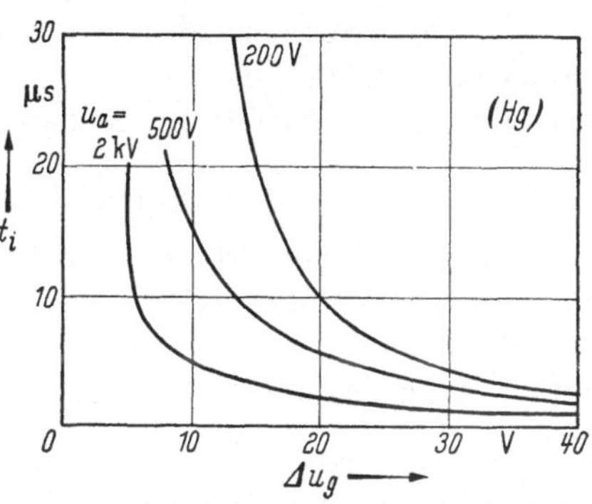

Abb. 2/16. Ionisierungszeit t_i in Abhängigkeit von der Gitterspannung, welche um den Betrag Δu_g positiver ist als die Gitterzündspannung, für verschiedene Anodenspannungen u_a

Es ist üblich, dem Steuergitter eine negative Vorspannung zu geben, welcher eine positive Spannung (sinusförmig oder Impuls) überlagert wird. Sobald das Gitter mit einer positiven Spannung beaufschlagt wird, setzt der Zündvorgang ein, der sich indessen nicht beliebig schnell aufbaut, sondern eine meßbare *Ionisierungszeit* erfordert, deren Dauer von Größe und zeitlichem Verlauf der Gitter- und Anodenspannung, der Röhrenkonstruktion und der Gasart abhängt. In Abb. 2/16 ist die Ionisierungsdauer eines Quecksilberthyratrons, abhängig von Gitter- und Anodenspannung, dargestellt.

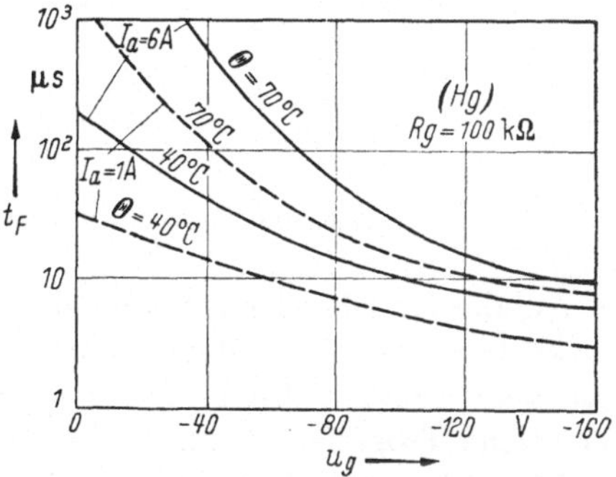

Abb. 2/17. Freiwerdezeit t_F in Abhängigkeit von der negativen Gittervorspannung u_g für verschiedene Anodenströme I_a und Temperaturen Θ

Nach der Entladung erfolgt wie bei den Dioden ein *Entionisierungsvorgang*, dessen Dauer bei Thyratrons durch die *Freiwerdezeit* gekennzeichnet wird. Darunter versteht man den Zeitraum vom Erlöschen der Entladung bis zu dem Augenblick, in dem das Gitter seine Steuerfähigkeit wiedergewonnen hat. Die Freiwerdezeit hängt sowohl von der Konstruktion (Gitteröffnungen, Gitter-Anoden-Abstand), den Elektrodenspannungen (Abb. 2/17), dem Gitterwiderstand, der Gasart und dem Gasdruck sowie der Größe und dem Verlauf (di/dt im Löschzeitpunkt) des Entladungsstromes ab (R. Hübner).

Für Thyratrons werden von den Herstellerfirmen Typenblätter herausgegeben, die alle erforderlichen Angaben über die Belastbarkeit und günstigste Beschaltung enthalten.

Quecksilberkathodenventil

Aufbau. Bei einanodigen Ventilen (Abb. 2/18) wird an der Kathode eine Hilfsentladung gebildet (Plasmakathode), die entweder dauernd aufrechterhalten wird (Excitron) oder in jeder Periode mittels eines Impulszünders (Ignitor) neu gezündet wird (Ignitron).

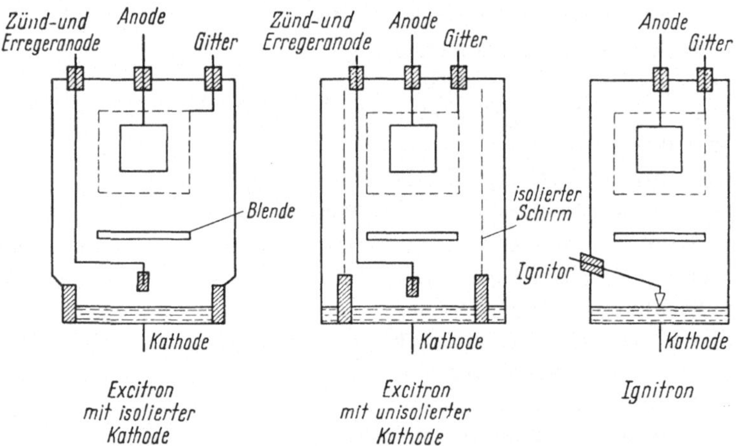

Abb. 2/18. Einanodige Ventile mit Quecksilberkathode

Auf der Hg-Oberfläche bilden sich Kathodenflecken (mittlere Stromstärke von etwa 7 A, Stromdichte $> 10^6$ A/cm^2), in welchen die Elektronenemission stattfindet und aus denen Quecksilbertröpfchen sprühen. Da solche Tröpfchen beim Auftreffen auf die heiße negative Anode „Rückzündungen" bewirken, welche den Verlust der Sperrfähigkeit herbeiführen, so muß man Blenden und Hülsen einbauen, wodurch die Anoden-Kathoden-Distanz erheblich größer wird als bei den Oxydkathodenröhren. Anoden, Gitter und Blenden werden aus Graphit hergestellt. Das Material muß höchste chemische Reinheit besitzen (Aschengehalt $< 10^{-5}$). Die dem Kathoden-Hg zugeführte Verlustwärme bewirkt eine lebhafte Verdampfung. Der Quecksilberdampf strömt zu den kühlen Teilen der Vakuumwandung, kondensiert dort und läuft wieder in die Kathode zurück. Infolge der Dampfströmung besteht kein einheitlicher statischer Dampfdruck im Entladungsgefäß wie bei Glühkathodenröhren. Man pflegt den Sattdampfdruck durch die Temperatur an bestimmten Stellen der Kondensfläche zu kennzeichnen (Kontrolltemperatur).

Bei den mehranodigen Bauformen pflegt man je nach dem für den Vakuumbehälter verwendeten Baustoff Glas- und Eisengefäße zu unterscheiden. Glasgefäße werden in der Regel mehranodig, luftgekühlt und bis zu Stromstärken von 500 A gebaut. Eisengefäße werden sowohl für Luft- als auch Wasserkühlung gebaut. Kleinere Einheiten pflegt man ohne, größere Gefäße mit angebauter Vakuumpumpe zu betreiben. Der verwendete Gefäßbaustoff, die Vakuumhaltung, die Kühlung und die Anodenzahl haben großen Einfluß auf die konstruktive Gestaltung, und demgemäß hat sich eine große Anzahl verschiedener Bauformen herausgebildet, deren nähere Beschreibung jedoch zu weit führen würde, weshalb auf die Literatur und Firmendruckschriften verwiesen sei (H. v. BERTELE, 1952).

Die Kennlinie. Die Entladung besitzt prinzipiell den gleichen Aufbau wie bei Oxydkathodenventilen. Infolge der längeren Anoden-Kathoden-Distanz ist jedoch ein merklicher Einfluß der positiven Säule vorhanden, der auch in der Größe und im Verlauf der Brennspannung zum Ausdruck kommt:

$$u_B = u_K + u_A + u_G + l \cdot G .$$

In dieser Gleichung bedeuten $u_K \approx 10$ [V] den Kathodenfall, $u_A \approx 3$ [V] den Anodenfall, $u_G \approx 2$ V den Gitterfall und $l \cdot G$ den Spannungsabfall in der positiven Säule von der Länge l [cm] und dem Gradienten (Längsfeldstärke) G [V/cm], wobei G eine Stromabhängigkeit aufweist.

Die Brennspannung beträgt praktisch etwa $u_B = 18$ bis 25 [V] und ist nicht nur von der Temperatur, sondern auch vom Strom abhängig (Abb. 2/19). Die Stromdichte j [A/cm^2] in der positiven Säule ist durch die Elektronendichte n [cm^{-3}], deren Beweglichkeit b_n [cm^2/Vs] und den Gradienten G bestimmt:

$$j = e\, n\, b_n\, G. \qquad (2/17)$$

Mit den Zahlenwerten $e = 1{,}6 \cdot 10^{-19}$ [As], $n = 10^{12}$ [cm^{-3}], $b_n = 5 \cdot 10^7 \left[\frac{\text{cm}^2}{\text{Vs}}\right]$, $G = 0{,}2$ [V/cm] erhält man

$$j = 1{,}6 \text{ [A/cm}^2\text{]}.$$

Um die Berechnung von Stromrichterschaltungen nicht unnötig zu erschweren, ist es jedoch üblich, die Stromabhängigkeit zu vernachlässigen und nur mit einem konstanten Brennspannungswert (z. B. demjenigen bei Nennstrom) zu rechnen.

Die Gittersteuerung. Von der Plasmakathode wandern die Elektronen und Ionen gegen das Steuergitter und die Anode; diese Bewegung wird teils durch das Gefälle der Ladungsträgerdichte, teils durch die Hg-Dampfströmung verursacht. Das negative Steuergitter stößt die Elektronen ab und zieht die Ionen an. Die Ionen kompensieren jedoch durch ihre Ladung einen Teil der Gittersperrwirkung und können sie unter Umständen sogar völlig aufheben und dadurch bei positiver Anode „Durchzündungen" verursachen. Es ist daher erforderlich, zwischen Steuergitter und Kathode eine entionisierende Strecke oder ein Entionisierungsgitter zu legen. Diese entionisierende Wirkung darf indessen auch nicht übertrieben werden, da sonst die Zündung zu sehr erschwert wird. Die Zündkennlinie besitzt einen durchaus ähnlichen Verlauf wie bei Thyratrons. Auch die Entionisierung erfolgt in durchaus gleicher Weise und wird ebenfalls durch die Freiwerdezeit gekennzeichnet.

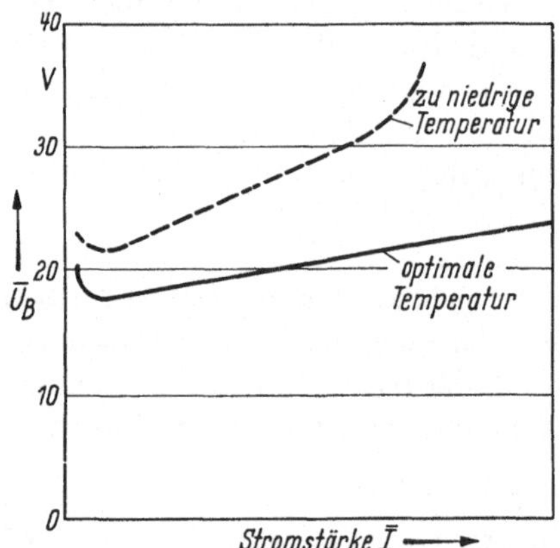

Abb. 2/19. Brennspannung $\bar{U}_B$ eines Gasentladungsventils mit Quecksilberkathode in Abhängigkeit von der Stromstärke $\bar{I}$

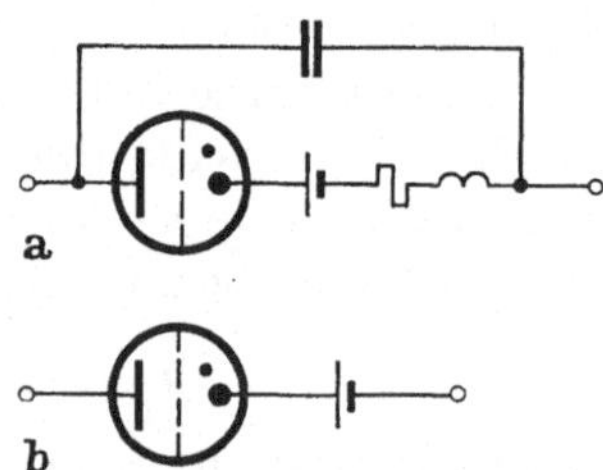

Abb. 2/20. Ersatzschaltbild eines gittergesteuerten Gasentladungsventils a) vollständig; b) vereinfacht

Das dynamische Verhalten hat ebenfalls einen ähnlichen Verlauf, wie er für die Glühkathodenventile beschrieben wurde.

Die *Belastbarkeit* von Gasentladungsventilen wird insbesondere bei Gittersteuerung durch die Entstehung von Rückzündungen (TH. WASSERRAB, 1955) begrenzt.

Ersatzschaltbild. Alle Gasentladungsventile können mit ausreichender Genauigkeit durch den in Abb. 2/20 dargestellten Zweipol abgebildet werden. In Reihe mit einem idealen gesteuerten Ventil liegt die Brennspannung u_B, ein Ohmscher Widerstand R_B, welcher die Stromabhängigkeit der Verluste abbildet und die kleine Plasmainduktivität L_P, welche jedoch nur bei sehr schnellen Stromanstiegen $\left(\frac{di}{dt} \gg 10^6\ \mathrm{A/s}\right)$ bemerkbar wird. Schließlich ist noch eine Kapazität parallelgeschaltet, welche den Nachstrom liefert. Diese vollständige Abbildung wird jedoch nur selten benützt; in der Regel verwendet man die vereinfachte Abbildung

c) Halbleiterventile

In Halbleitern mit elektronischer Leitfähigkeit wird der elektrische Strom durch die Bewegung von 2 Ladungsträgerarten hervorgerufen: negative Elektronen und positive Löcher (Defektelektronen). Wenn sich ein Elektron aus seiner Atombindung befreit, hinterläßt es an seinem Austrittsort ein sogenanntes „Loch", weil dort infolge seines Fehlens nicht mehr alle positiven Kernladungen kompensiert werden. Weil jedoch ein solches Loch durch ein Elektron eines Nachbaratoms ausgefüllt werden kann, wodurch dann beim Nachbaratom ein Loch entsteht usw., so kann man auch davon sprechen, daß die positive Ladung der Löcher wandern kann, wobei sich die Löcher annähernd wie freie positive Ladungen etwa von der Masse der Elektronen verhalten. Da ein solcher Ladungstransport durch das elektrische Feld beeinflußt werden kann, erhält man einen Löcherstrom, der zusammen mit dem Elektronenstrom den Gesamtstrom ergibt. Beide Ströme addieren sich, da sie sowohl verschiedenes Ladungsvorzeichen als auch verschiedene Bewegungsrichtung haben. Wird bei einem Halbleiter der Stromtransport im wesentlichen durch Elektronen vollzogen, so spricht man von einem n-Halbleiter. Überwiegen dagegen die positiven Löcher, so spricht man von einem p-Halbleiter. Manche Halbleiter besitzen nur eine von diesen beiden Modifikationen: so sind Kupferoxydul (Cu_2O) und Selen (Se) stets p-Halbleiter. Silizium (Si) und Germanium (Ge) können dagegen sowohl p- als auch n-Halbleiter sein, je nach der Art der Beimengung von Fremdatomen. Wenn dagegen ein solcher Halbleiter extreme Reinheit besitzt, ist er weder n-leitend noch p-leitend, sondern „eigenleitend" („intrinsic"). Um bei Raumtemperatur diesen Zustand zu erreichen, muß man z. B. Ge bis auf einen Fremdatomanteil von 10^{-8} reinigen.

Im folgenden werden zuerst die *Einkristall-Halbleiter* (Ge und Si) beschrieben, deren physikalische Eigenschaften sehr weitgehend erforscht sind, und abschließend über die polykristallinen „Trockengleichrichter" Cu_2O und Se berichtet.

Einkristallventile (E. Spenke, 1955, W. Shockley, 1950)

Wie erwähnt, sind zwei Arten von Stromleitung zu unterscheiden:

Eigenleitung (intrinsic conduction), wobei durch Energiezufuhr Ladungsträger aus dem homogenen *Grundgitter* des Halbleiterkristalls frei werden. Löcher und freie Elektronen werden immer paarweise erzeugt, mit einer Konzentration

$$n = p = n_i, \tag{2/18}$$

wobei $n\,[\mathrm{cm}^{-3}]$ als Elektronendichte, $p\,[\mathrm{cm}^{-3}]$ als Löcherdichte und n_i als Inversionsdichte bezeichnet werden und durch die Beziehung

$$n_i \sim T^{3/2} \exp\left[-\frac{e\,U_g}{2\,k\,T}\right] \tag{2/19}$$

mit der Temperatur T [°K] und der Breite der „verbotenen Zone" zwischen Leitfähigkeits- und Valenzband $e\,U_g$ (Energiebetrag um Elektronen aus ihrer atomaren

Bindung zu befreien) verknüpft sind ($e = 1{,}6 \cdot 10^{-19}$ [As], $k = 1{,}38 \cdot 10^{-23}$ [Ws/°K] ... BOLTZMANNsche Konstante, $U_g = 0{,}7$ [V] für Germanium, $U_g = 1{,}1$ [V] für Silizium). Bei Zimmertemperatur $T = 300$ °K beträgt $n_i = 2{,}5 \cdot 10^{13}$ [cm^{-3}] für Germanium und $n_i = 6{,}8 \cdot 10^{10}$ [cm^{-3}] für Silizium.

Störstellenleitung (extrinsic conduction). Als Störstellen bezeichnet man vorzugsweise die Fremdatome eines Kristallgitters, welche ein Elektron freigeben (Donatoren) oder ein solches aufnehmen können (Akzeptoren). Überwiegen in einem Material die Donatoren, so spricht man von Überschuß- oder n-Leitung, überwiegen die Akzeptoren, so spricht man von Defekt- oder p-Leitung. Donatoren sind positiv, Akzeptoren negativ ionisierte Störstellen. Diejenige Ladungsträgerart, welche in einem bestimmten Volumen überwiegt, nennt man Majoritätsträger, diejenige, welche in der Minderheit ist, Minoritätsträger.

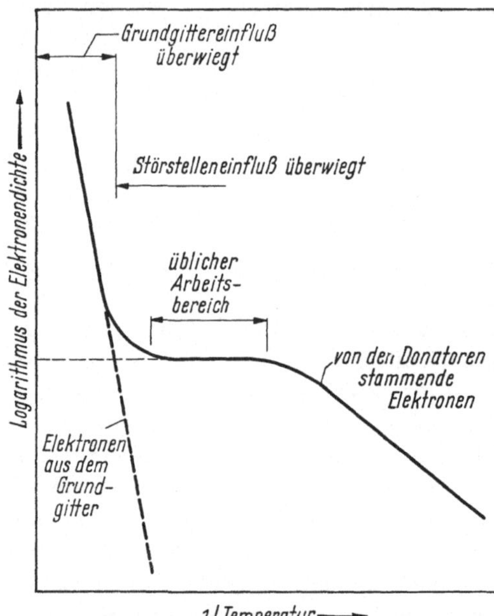

Abb. 2/21. Elektronendichte eines n-Halbleiters in Abhängigkeit von der Temperatur T [°K]. (Die elektrische Leitfähigkeit $\varkappa$ hat annähernd die gleiche Temperaturabhängigkeit)

In der Halbleitertechnik werden die beiden Arten von Störstellenleitung dadurch hergestellt, daß in definierter Weise Fremdatome eingefügt werden (Dotierung). Für die 4wertigen Halbleiterstoffe (Germanium und Silizium) werden 5wertige Elemente (Arsen, Antimon, Phosphor) als Donatoren und 3wertige Elemente (Indium, Gallium, Aluminium) als Akzeptoren eingebaut. Bezeichnet man die Dichte der Donatoren mit N_d, die Akzeptorendichte mit N_a und mit ΔU_d bzw. ΔU_a die Potentialdifferenzen zwischen dem Störstellenband und dem benachbarten Band des Grundgitters, so gilt für die Trägerdichten:

$$\left.\begin{aligned} n &\sim \sqrt{N_d}\exp\left[-\frac{e\,\Delta U_d}{2kT}\right], \\ p &\sim \sqrt{N_a}\exp\left[-\frac{e\,\Delta U_a}{2kT}\right]. \end{aligned}\right\} \qquad (2/20)$$

Abb. 2/21 zeigt die Elektronendichte n [cm^{-3}] in Abhängigkeit von der Temperatur. Die Abszisse ist mit einer $1/T$-Teilung versehen, um die beiden Gln. (2/19) und (2/20) durch Geraden darstellen zu können. Bei niedrigen Temperaturen werden demnach die Elektronen ausschließlich von den Donatoren geliefert, ansteigend mit der Temperatur, bis ein durch die Donatordichte bestimmter Grenzwert erreicht ist (horizontaler Teil der Kurve). Bei hohen Temperaturen werden die Elektronen aus dem fast unerschöpflichen Grundgitter des Halbleiters befreit. Die Elektronendichte ist das Ergebnis eines Gleichgewichtszustandes zwischen der Erzeugung und der Vernichtung (Rekombination).

Bei Eigenleitung treten Elektronen und Löcher mit gleicher Dichte auf. Bei Störstellenleitung wird je nach Dotierung die eine Trägerart stark vergrößert und die andere stark verringert, derart jedoch, daß das Produkt aus beiden stets konstant ist (Massenwirkungsgesetz):

$$p\,n = n_i^2. \tag{2/21}$$

Für die Leitfähigkeit $\varkappa$ gilt die Formel

$$\varkappa = e[n\,b_n + p\,b_p] = \frac{1}{\varrho}, \tag{2/22}$$

welche sich bei Eigenleitung wegen (2/18) zu

$$\varkappa_i = e\,n_i(b_n + b_p) = 1/\varrho_i \tag{2/23}$$

vereinfacht, wobei b_n die Beweglichkeit der Elektronen und b_p diejenige der Löcher bezeichnet, deren Temperaturabhängigkeit bei sehr geringer Dotierung durch $b \sim T^{-3/2}$, bei sehr starker Dotierung durch $b \approx$ const bestimmt ist. Da sich demnach die Beweglichkeit nur sehr wenig mit der Temperatur ändert, so zeigt die Leitfähigkeit $\varkappa$ die gleiche Temperaturabhängigkeit, wie sie in Abb. 2/21 für die Elektronendichte dargestellt ist. Bei Raumtemperatur ($T = 300$ °K) erhält man nachstehende Zahlenwerte:

	Ge	Si	Dimension
Elektronenbeweglichkeit b_n	3600	1200	cm^2/Vs
Löcherbeweglichkeit b_p	1700	250	cm^2/Vs
Spez. Widerstand ϱ_i	47	6350	Ωcm

Bei dotierten Halbleitern ist die Leitfähigkeit bei niedrigen Temperaturen sehr stark von der durch die Dotierung beeinflußten Trägerdichte abhängig, bei hohen Temperaturen ist die Eigenleitung entscheidend.

Das pn-Ventil

Der stromlose Zustand. Man sorgt in geeigneter Weise dafür, daß in einem Halbleiter ein p-leitendes und ein n-leitendes Gebiet unmittelbar aneinander grenzen (Abb. 2/22). In jedem dieser Gebiete herrscht Ladungsgleichgewicht bzw. elektrische Neutralität: im p-Material hat es vorwiegend Löcher p_p und nur wenige freie Elektronen n_p (Eigenleitung), die resultierende positive Ladung wird kompensiert durch die Ladung der im Gitter festsitzenden negativen Akzeptoren N_a; im n-Material ist es umgekehrt; es hat fast ausschließlich Elektronen n_n und nur sehr wenige Löcher p_n (Eigenleitung), die negative Ladung der beweglichen Ladungsträger wird durch die positive Ladung der festsitzenden Donatoren N_d ausgeglichen. Die Ionisierungsspannung der Störatome beträgt nur $\approx 0{,}1$ V, so daß sie bei Zimmertemperatur bereits vollständig ionisiert sind.

Tabelle 2/4. *Ladungsträger in p- und n-Halbleitern*

$n_n \cdot p_n = n_p \cdot p_p = n_i^2$	Störstellen (Ionen)	Majoritätsträger	Minoritätsträger
p-Halbleiter: $p_p \gg n_p$	Akzeptoren N_a (negativ)	Löcher p_p	Elektronen n_p
n-Halbleiter: $n_n \gg p_n$	Donatoren N_d (positiv)	Elektronen n_n	Löcher p_n

In der *Grenzschicht* zwischen den beiden Gebieten wird dieses Ladungsgleichgewicht jedoch dadurch gestört, daß die beweglichen Ladungsträger in das Nachbargebiet zu diffundieren versuchen, um den Konzentrationsunterschied auszugleichen. Dadurch entsteht im p-Gebiet ein örtlicher Überschuß an negativer Ladung (Akzeptoren und zugewanderte Elektronen) und im n-Gebiet ein Überschuß an positiver Ladung (Donatoren und zugewanderte Löcher). Den örtlichen Verlauf der Raumladung und des Potentials zeigt ebenfalls Abb. 2/22: es bildet sich eine elektrische Doppelschicht, deren elektrisches Feld der Diffusion der Ladungsträger entgegenwirkt, so daß (auch bei äußerem Kurzschluß) trotz der Potentialdifferenz kein Strom zwischen den beiden Halbleitergebieten fließt. Die Größe der Potentialstufe, die „Diffusionsspannung U_D", errechnet man nach der Formel:

$$U_D = \frac{k\,T}{e} \ln \frac{n_n}{n_p} = \frac{k\,T}{e} \ln \frac{p_p}{p_n} \tag{2/24}$$

(bei Zimmertemperatur $T = 300\ °\mathrm{K}$ wird

$$\frac{k\,T}{e} = U_T = 0{,}0258\ \mathrm{V}$$

und mit $n_n = 10^{16}\ \mathrm{cm}^{-3}$, $n_p = n^{10}\ \mathrm{cm}^{-3}$ erhält man $U_D \approx 0{,}358\ \mathrm{V}$). Die Majoritätsträger diffundieren durch die Grenzschicht in das Nachbargebiet, verursachen dadurch Diffusionsströme (i_{D_n}, i_{D_p}) und bauen Raumladungen auf. Infolge dieser Raumladungen entstehen Feldströme der Minoritätsträger (i_{S_n}, i_{S_p}), die ausgesprochenen Sättigungscharakter besitzen, d. h. von der Größe von U_D weitgehend unabhängig sind (daher der Index S) und den Diffusionsströmen das Gleichgewicht halten.

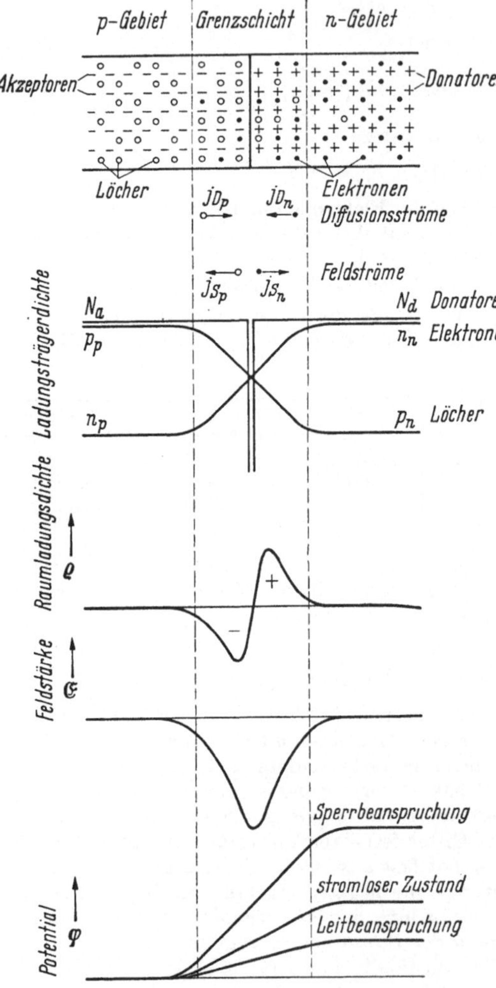

Abb. 2/22. Schematische Darstellung eines symmetrischen pn-Überganges

Stromführung. In Abb. 2/22 sind, ausgehend vom stromlosen Zustand, die Verhältnisse an einem pn-Übergang bei zusätzlicher äußerer Spannungsbeanspruchung dargestellt. Wird durch die äußere Spannung die Potentialdifferenz vergrößert („*Sperrbeanspruchung*"), so werden die beiden Ladungsträgerarten stärker voneinander getrennt, die Grenzschicht enthält weniger Träger und wird dadurch zu einer schlecht leitenden „*Sperrschicht*". Bei reiner Störstellenleitung dürfte bei Sperrbeanspruchung eigentlich überhaupt kein Strom fließen. Da jedoch immer auch Eigenleitung besteht, so beobachtet man einen durch die Minoritätsträger verursachten „Sperrstrom", mit deutlichem Sättigungscharakter. Die Sättigungsstromdichte j_s [A/cm²] ist durch die Gleichung

$$j_s = e\left[\frac{D_p\, p_n}{L_p} + \frac{D_n\, n_p}{L_n}\right] \tag{2/25}$$

bestimmt, wobei D_p, D_n [cm²/s] die Diffusionskonstanten und L_p, L_n [cm] die Diffusionslängen der Minoritätsträger (das ist der Weg, der im Mittel zwischen Paarbildung und Rekombination zurückgelegt wird) bedeuten. Mit Gl. (2/21) findet man, daß der Sperrstrom n_i^2 proportional ist:

$$j_s = e\, n_i^2\left[\frac{D_p}{L_p N_d} + \frac{D_n}{L_n N_a}\right], \tag{2/26}$$

woraus unter Berücksichtigung der Zahlenwerte für n_i folgt, daß bei Zimmertemperatur die Sättigungsstromdichte von Si um den Faktor 10^{-6} kleiner ist als bei Ge. Bei sehr hohen Sperrspannungen steigt der Sperrstrom über den Sättigungswert an:

a) Wärmedurchschlag im Kristall (temperaturabhängig!),
b) „Zener-Effekt" (temperatur*un*abhängig!).

Wird dagegen die äußere Spannung mit entgegengesetzter Polung angelegt („*Leitbeanspruchung*"), so wird die Potentialstufe abgebaut, wodurch nunmehr die Diffusion der Ladungsträger stark zunimmt und die Grenzschicht gut leitend wird.

Die statische Kennlinie. Die Strom-Spannungscharakteristik eines idealen pn-Überganges läßt sich nach dem Vorstehenden wie folgt kennzeichnen:

a) Sperrbeanspruchung: i_S = const (Sättigungsstrom),
b) Leitbeanspruchung: $i_D = i_S \exp\left(\frac{e\,u}{k\,T}\right) = i_S \exp\left(\frac{u}{U_T}\right)$.

i_S und i_D sind entgegengesetzt gerichtet und ergänzen sich bei $u = 0$ zu Null. Für den resultierenden Strom i, der in Abb. 2/23 graphisch dargestellt ist, ergibt sich nach W. Shockley (1949)

$$i = i_D - i_S = i_S\left[\exp\left(\frac{e\,U}{k\,T}\right) - 1\right]. \tag{2/27}$$

Um die verschiedenen Besonderheiten von Halbleiterkennlinien deutlich hervortreten zu lassen, empfiehlt sich für diese eine logarithmische Darstellung. Dabei bilden Leit- und Sperrkennlinien zwei verschiedene Äste, welche sich bei sehr kleinen Spannungen und Strömen vereinen. Die Leitkennlinie ist bei kleinen Strömen durch die Sperrschicht, bei großen Strömen durch den Ohmschen Bahnwiderstand bestimmt. Ohmsche Widerstände sind in einer logarithmischen Darstellung durch Geraden gekennzeichnet. Der Einfachheit wegen wurde der Fall eines symmetrischen p-n-Überganges behandelt, bei welchem Donatoren- und Akzeptorendichte gleich groß ist. In der Praxis werden jedoch sehr häufig unsymmetrische p-n-Übergänge verwendet.

Die Richtleistung eines pn-Gleichrichters ist durch die beiden folgenden charakteristischen Spannungen bestimmt:

In Sperrichtung tritt bei der sogenannten Zener-Spannung, bei welcher die Feldstärke im pn-Übergang einen kritischen Wert erreicht (bei Si z.B. 500 kV/cm), ein steiler Anstieg des Sperrstromes auf. Große Sperrfähigkeit erfordert demnach geringe Raumladungsdichten und damit möglichst geringe Dotierungen.

In Leitrichtung macht sich oberhalb der „Schleusenspannung" der zum *pn*-Übergang in Reihe liegende Bahnwiderstand bemerkbar. Um diesen klein zu halten, sollte man hochdotiertes Material verwenden.

Man ersieht aus diesen Feststellungen, daß sich beim *pn*-Gleichrichter die optimalen Werte für Sperrfähigkeit und Leitfähigkeit nicht unmittelbar miteinander vereinen lassen.

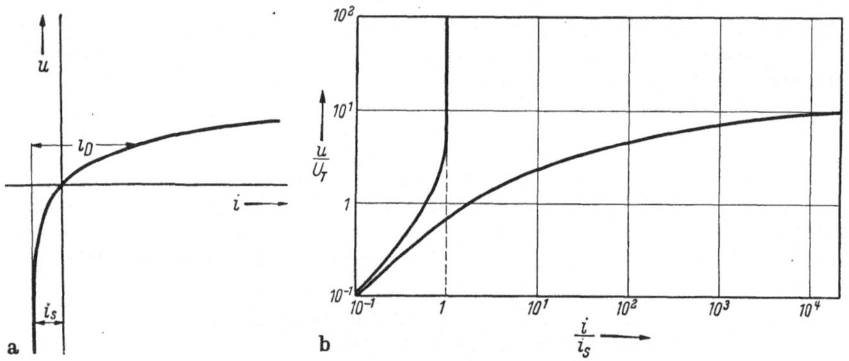

Abb. 2/23. Die Kennlinie eines idealen *pn*-Überganges
a) lineare Darstellung; b) logarithmische Darstellung

Das *psn*-Ventil

R. N. Hall und W. C. Dunlap haben mit dem *psn*-Ventil (Abb. 2/24) einen Gleichrichter geschaffen, der die vorerwähnten Nachteile des *pn*-Ventils nicht mehr aufweist. Zwischen stark dotierten *p*- und *n*-Schichten ist eine schwach dotierte Zone s_p eingeschoben. Die Sperrfähigkeit wird durch den $s_p n$-Übergang bestimmt, der infolge der geringen Dotierung auf der s_p-Seite dort auch eine geringe Raumladung und damit eine hohe Zener-Spannung besitzt. Für den Leitvorgang stehen aus den hochdotierten Gebieten reichlich Ladungsträger zur Verfügung, um die s_p-Zone zu versorgen und den Bahnwiderstand klein zu halten. Um dieses Ziel sicher zu erreichen, darf die s_p-Zone nicht größer sein als die Diffusionslänge L. Bisher ist es jedoch nur für Silizium gelungen, derartige Anordnungen zu verwirklichen, indem z. B. in ein gering *p*-dotiertes Si auf der einen Seite Phosphor und damit eine *n*-Schicht und auf der anderen Seite Bor und damit eine starke *p*-Leitung hervorruft. In Abb. 2/52 sind die Kennlinien eines *pn*-Ventils und eines *psn*-Ventils eingetragen.

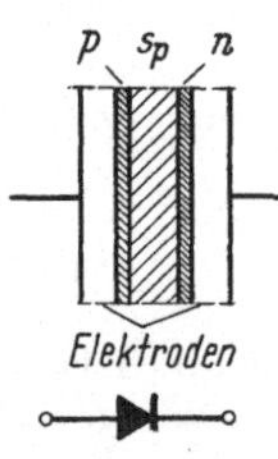

Abb. 2/24. Schematische Darstellung eines *psn*-Ventils

Die statische Kennlinie einer Halbleiterdiode. Vergleicht man die statische Kennlinie einer Halbleiterdiode (Abb. 2/25) und die Kennlinie eines *p*-*n*-Überganges (Abb. 2/23), so erhält man nur in der Umgebung des Nullpunktes Übereinstimmung, bei größeren Beanspruchungen bestehen dagegen erhebliche Abweichungen. Der Grund dafür ist darin zu suchen, daß die Kennlinie des *p*-*n*-Überganges nur die Vorgänge in der Sperrschicht beschreibt, während in einer realen Diode beiderseits der Sperrschicht auch noch Halbleitermaterial vorhanden ist, dessen Bahnwiderstand r_S bei größeren Strömen merkbar wird. Außerdem überlagert sich im Sperrbereich ein mit der Sperrspannung proportional ansteigender Sperrstrom, der durch einen Isolationswiderstand r_p parallel zur Sperrschicht hervorgerufen wird. Bei höheren Sperrspannungen tritt dann außerdem ein starker Sperrstromanstieg auf, der als Zeichen für eine Überbeanspruchung der Diode gelten kann (ZENER-Gebiet). Um hohe Sperrfestigkeit zu erreichen, muß das Halbleitermaterial hochohmig sein (wenig Störstellen) und soll nicht zu dünne Sperrschichtdicke besitzen (geringe Feldstärke!).

Temperaturabhängigkeit. Da die Eigenleitung exponentiell mit wachsender Temperatur ansteigt, so nimmt auch der Sperrstrom ex-

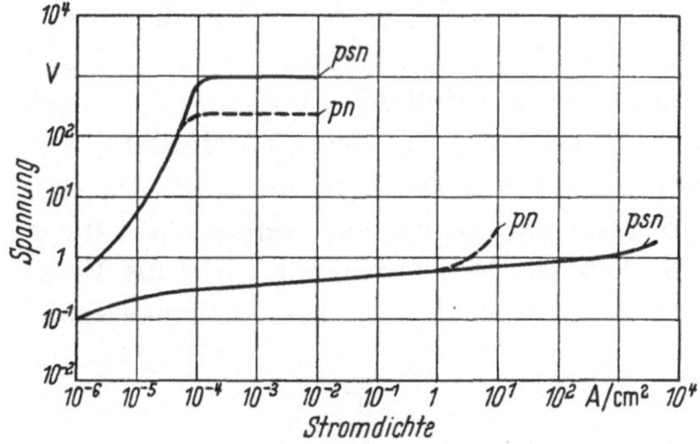

Abb. 2/25. Kennlinien von Si-Ventilen

ponentiell zu. Damit wird die obere Temperaturgrenze der Halbleiterventile eine betrieblich sehr wichtige Größe, die sorgfältig beachtet werden muß.

Das dynamische Verhalten. Bei zeitlichen Änderungen treten neben den durch die statische Kennlinie definierten Strömen noch zusätzliche Ströme auf, die ihre Ursache zum Teil in den Konzentrationsänderungen und zum Teil in Speichereffekten der Ladungsträger im Halbleiter haben.

Im Stromrichterbetrieb treten besonders die Speichereffekte der Ladungsträger hervor:

Lochspeichereffekt bei n-leitendem Material und
Elektronenspeichereffekt in p-leitendem Material.

Eine momentane Umpolung der an einer Diode liegenden Spannung hat einen Nachstrom zur Folge, dessen Spitze vom di/dt des vorher in Leitrichtung fließenden Stromes abhängt und anschließend rasch exponentiell abklingt. Die rasche Abnahme des Nachstromes ruft in den Induktivitäten des angeschlossenen Stromkreises Spannungen hervor, die sich der normalen Sperrspannung überlagern und deshalb durch Dämpfungsglieder (z. B. *RC*) beseitigt werden müssen.

Ersatzschaltbild. Abb. 2/26 zeigt das Ersatzschaltbild einer Halbleiterdiode.

Die Halbleitertriode. *Der Schalttransistor.* Abb. 2/27 zeigt links den prinzipiellen Aufbau einer Halbleitertriode eines *Schalttransistors.* Er besteht aus einem Einkristall, in welchem sich z. B. zwischen zwei dicken n-leitenden Gebieten eine sehr dünne (≈ 30 bis $80\,\mu$) p-leitende Schicht befindet (n-p-n-Transistor). Bei dicker p-Schicht ergäbe sich nur die Gegeneinanderschaltung von 2 p-n-Übergängen, ohne besondere Wirkung. Wenn dagegen die p-Schicht *(Basis)* so dünn ist, daß die vom *Emitter* über den Übergang in die p-Schicht eintretenden Elektronen sofort in den Einfluß des Überganges gelangen, so werden sie auch weiter in das n-Gebiet *(Kollektor)* befördert. Da am Kollektor eine relativ hohe Spannung liegt, so kann im Ausgangskreis eine erheblich größere Leistung abgegeben werden, als im Steuerkreis des Emitters erforderlich ist. Der Transistor wirkt als Verstärker. Analoge Vorgänge erhält man bei Änderung des Aufbaues (pnp-Transistor).

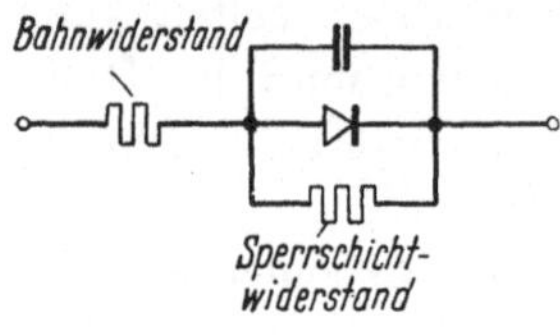

Abb. 2/26. Ersatzschaltbild eines Halbleiterventils

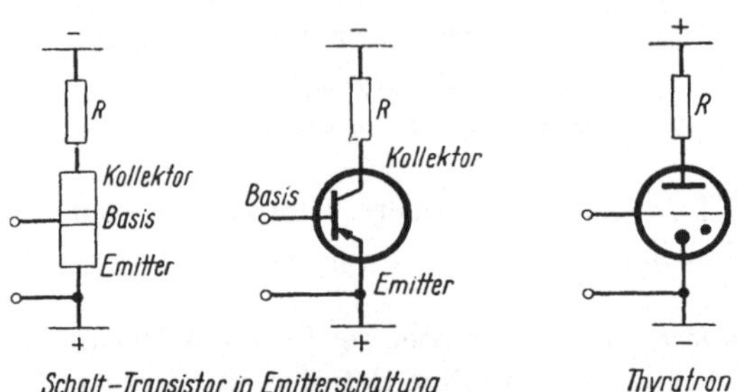

Abb. 2/27. Vergleichende Darstellung von Schalttransistor und Thyratron

In der Stromrichtertechnik wird der Transistor nicht als Stromverstärker, sondern als Schalter verwendet. Abb. 2/27 zeigt rechts das Schaltzeichen und zum Vergleich eine Röhre.

Das Halbleiter-Thyratron. Abb. 2/28a zeigt eine von W. Shockley, M. Sparks und G. K. Teal (1951) vorgeschlagene $pnpn$-Anordnung, welche aus einem Si- oder Ge-Einkristall dadurch hergestellt wird, daß man zuerst in einem p-leitenden Material durch Diffusion von Donatoren eine n-Zone bildet; sodann legiert man oberflächlich geeignete Stoffe zu und erhält damit auf der n-Zone noch eine p-Schicht und auf der p-Zone noch eine n-Schicht. Verbindet man zuerst nur die beiden äußeren Schichten p_1 und n_2 mit einem Stromkreis, so erhält man die in Teilbild c für $i_{Tor} = 0$ dargestellte Kennlinie. Bei $u < u_Z$ verhält sich das *pnpn*-Ventil wie eine *pn*-Diode im Sperrbereich. Bei u_Z erfolgt eine „Zündung"; das Thyratron durchläuft einen Bereich mit stark negativem Widerstand und verbleibt schließlich in einem Zustand sehr guter Leitfähigkeit, wobei der Strom durch den äußeren Widerstand R begrenzt wird. Wenn man dem Tor (im englischen Sprachgebrauch „gate" genannt) einen Steuerstrom zuführt, dann kann man die Höhe der Zündspannung u_Z beeinflussen und erhält damit ein Ventil, dessen Verhalten demjenigen eines Gasentladungs-Thyratrons sehr ähnelt.

Nach dieser allgemeinen Übersicht sollen nun noch einige Angaben über die *Polykristallinen-Halbleiter* folgen.

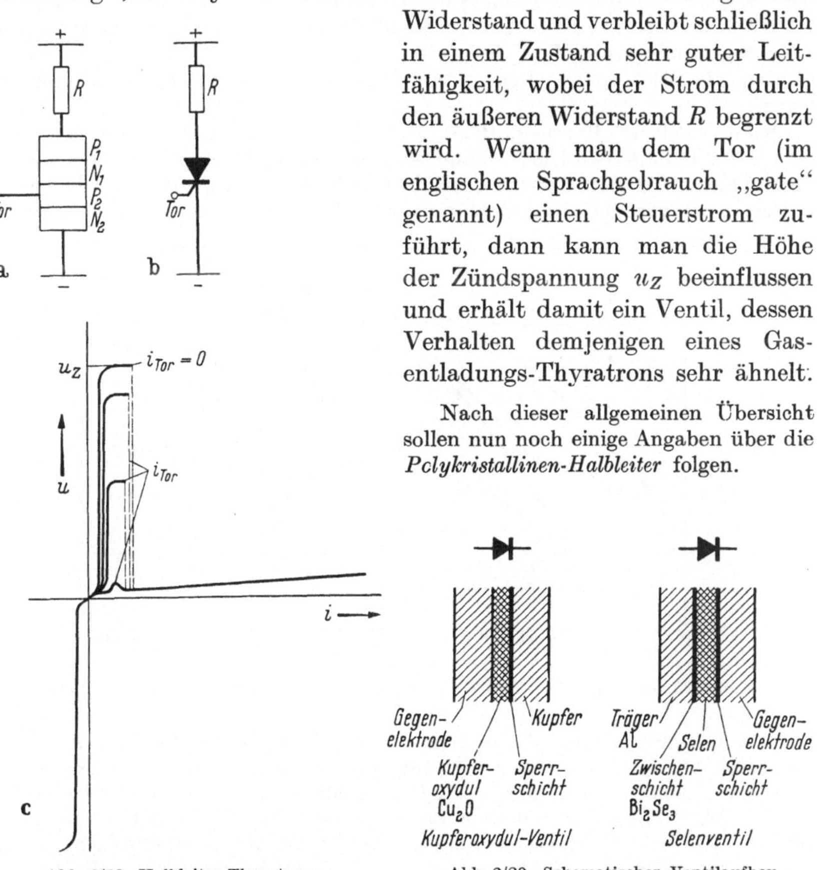

Abb. 2/28. Halbleiter-Thyratron
a) Schematische Darstellung; b) Schaltzeichen; c) Kennlinien

Abb. 2/29. Schematischer Ventilaufbau

Kupferoxydul-Ventile. Von L. O. Grondahl 1923 entdeckt, jetzt nur noch Anwendung in der Meßtechnik.

Aufbau. Abb. 2/29 zeigt die räumliche Anordnung der einzelnen Materialschichten. Die Sperrschicht bildet sich zwischen dem Mutterkupfer und der Kupferoxydulschicht. Als Material für die Gegenelektrode wird Graphit, Blei, Nickel und Silber verwendet.

Herstellung. Chilekupfer wird bei etwa 1000 °C oxydiert, sodann wird bei $\approx$ 500 °C der für die Leitfähigkeit des Kupferoxyduls erforderliche Sauerstoffüberschuß erzeugt und schließlich der Gleichgewichtszustand durch einen Abschreckprozeß eingefroren.

Die Kennlinie. Der Verlauf der Kennlinie wird im Leitbereich durch

$$u = u_s + r \cdot j \tag{2/28}$$

angenähert. Dabei bezeichnet u_s[V] die sogenannte „Schleusenspannung“ ($u_s \approx 0{,}25$ bis 0,3 V für Cu_2O) und $r\,[\Omega\text{cm}^2]$ den Ohmschen „Bahnwiderstand“ ($r \approx 2$ bis $5\,\Omega\text{cm}^2$). Im Sperrbereich hängt die Kennlinie fast ausschließlich von der Sperrschicht ab, im Durchlaßbereich hat dagegen, insbesondere bei höheren Stromdichten, die Dicke der Oxydschicht einen deutlichen Einfluß auf den Bahnwiderstand.

Selenventile (E. Presser, 1925). *Aufbau* (Abb. 2/29) *und Herstellung.* Selen sehr hoher Reinheit wird im Vakuum aufgeheizten und geeignet vorbehandelten Trägerplatten (Al mit Wismut oder Fe mit Nickelschicht, um den Übergangswiderstand zu vermindern) in der hexagonalen Modifikation aufgedampft (Schicht-

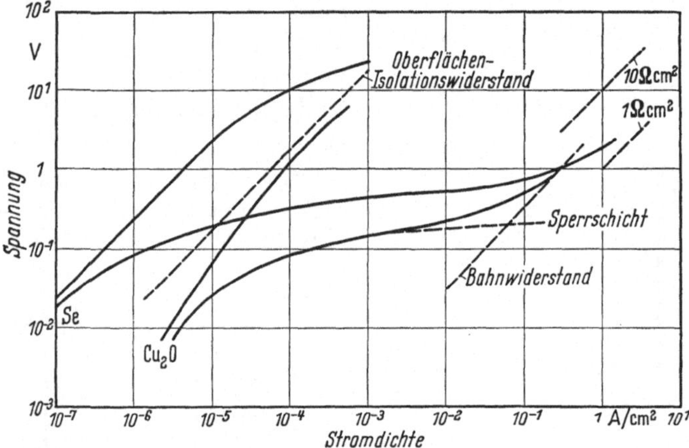

Abb. 2/30. Logarithmische Darstellung der Kennlinien von Se- und Cu_2O-Ventilen

dicke $\approx 0{,}1$ mm). Durch Wärmebehandlung (oberhalb 200 °C) wird die Leitfähigkeit verbessert. Schließlich wird die Gegenelektrode aufgespritzt, die in der Regel aus einem Eutektikum von Kadmium mit Zinn oder Wismut oder beiden besteht. Durch Reaktion mit dem Selen entsteht eine Kadmiumselenidschicht, die als n-Leiter in Kontakt mit dem p-leitenden Selen eine Sperrschicht bildet, welche eine elektrische Richtwirkung besitzt. Nachdem die Selengleichrichter in dieser Weise hergestellt sind, werden sie noch einer elektrischen Behandlung („Formierung“) unterworfen, um die elektrischen Eigenschaften zu verbessern.

Die Kennlinie. Die Kennlinie kann im Durchlaßbereich durch folgende Gleichungen beschrieben werden (K. Seethaler, 1957):

$$\text{Ventiltemperatur } 20\ °\text{C:}\ u = 0{,}65 + 1{,}4\,j,$$
$$\text{Ventiltemperatur } 85\ °\text{C:}\ u = 0{,}53 + 1{,}1\,j.$$

Ein Vergleich der Kennlinien in Abb. 2/30 zeigt deutlich die höhere Belastbarkeit der Selenventile, weshalb sich diese für Leistungsgleichrichter mittlerer Leistung allgemein durchgesetzt und den Kupferoxydulgleichrichter verdrängt haben. Indessen ist bei manchen Anwendungen folgende nachteilige Eigenschaft der Selenventile zu beachten:

Das Kupferoxydulventil kann längere Zeit in Durchlaßrichtung Strom führen, ohne daß sich die Sperrfunktion ändert; der Selengleichrichter verliert dagegen bei längerer Stromführung in Durchlaßrichtung oder bei längeren stromlosen Pausen und ohne Sperrspannung seine Sperrfähigkeit und muß sich erst bei Anlagen einer Sperrspannung wieder neu formieren.

Dynamisches Verhalten. Kapazität für Se und Cu_2O: $C \approx 0{,}01\,\mu F/cm^2$ (von der Sperrspannung abhängig, da diese die Dicke der Sperrschicht beeinflußt). Frequenzgrenze $\approx 10^5$ Hz.

Tabelle 2/5. *Technische Daten von Halbleiterventilen*

Nenndaten	Kupferoxydul Cu_2O	Selen Se	Germanium Ge	Silizium Si	Dimension
Sperrspannung (Scheitelwert)	8	25	150	600	V
Sperrstromdichte (Mittelwert)	0,1	0,3	5	0,03	$\frac{mA}{cm^2}$
Leitstromdichte (Mittelwert)	0,075	0,1	100	100	$\frac{A}{cm^2}$
Leitspannung (Scheitelwert)	0,6	1,2	0,65	1,2	V
Betriebstemperatur (Höchstwert)	55	75	50	140	°C

d) Unechte Richtelemente

Der Kontaktumformer (F. Koppelmann, 1941). Als Kontaktumformer wird ein Gerät bezeichnet, welches in der Regel 6 oder 12 metallische Kontaktpaare besitzt, die mittels eines mechanischen Getriebes von einem Motor betätigt werden und synchron zum angeschlossenen Wechselstromnetz Schalthandlungen vollführen. Damit die Kontakte eine ausreichende Lebensdauer besitzen, muß der Schaltvorgang lichtbogenfrei erfolgen; dies wird durch Verwendung von oben erwähnten „Schaltdrosseln" erreicht, welche nicht nur eine Einschaltstufe zwecks Änderung der Gleichspannung, sondern auch eine „Ausschaltstufe" im Stromverlauf erzeugen, wodurch das Öffnen der Kontakte praktisch stromlos erfolgen kann. Die Länge der Ausschaltstufe muß so bemessen sein ($\approx$ 1 ms), daß auch bei starken Laständerungen (Nennlast bis Grundlast) die Kontakte stets nur den Stufenstrom zu unterbrechen brauchen (E. Rolf).

Während des Stromdurchganges werden die Kontakte mit großer Kraft (etwa 100 kg) gegeneinander gepreßt, um die Verluste möglichst klein zu halten. Der Übergangswiderstand an den Kontakten beträgt etwa $3 \cdot 10^{-5}$ Ohm. Der Effektivwert des Kontaktstromes konnte bis etwa 6,6 kA gesteigert werden. Kontaktumformer werden bis zu Gleichspannungen von etwa 850 V verwendet. Der Gesamtwirkungsgrad von Kontaktumformeranlagen beträgt dabei $\approx$ 97% und ist im wesentlichen durch die Verluste im Transformator und in den Schaltdrosseln bestimmt.

Für Meßzwecke verwendet man einen Synchronschalter ohne Schaltdrosseln, welcher unter der Firmenbezeichnung „Vektormesser" bekannt geworden ist (F. Koppelmann, 1948).

Weitere Formen von mechanischen Stromrichtern seien unter Hinweis auf die diesbezügliche Literatur nur kurz erwähnt:

a) Der *Rollstromrichter*, bei welchem an Stelle der Abhebekontakte aufeinander abrollende Kontakte die Stromrichtung bewirken (E. Marx, 1954),

b) der *elektromagnetisch gesteuerte Gleichrichter* („Schaltgleichrichter"), welcher je Phase je eine „Schaltpatrone" mit einem parallelgeschalteten elektronischen Ventil besitzt (F. KESSELRING, 1956).

Flüssigkeitsventile. J. HARTMANN hat 1919 einen sogenannten *Wellenstrahlgleichrichter* entwickelt, wobei ein Quecksilberstrahl (von $\approx$ 4 mm Durchmesser und einer Strömungsgeschwindigkeit von $\approx$ 6 m/s) als bewegliches Schaltelement benützt wird. Der Quecksilberstrahl führt einen Erreger-Wechselstrom ($\approx$ 100 A) und wird in einem magnetischen Feld ($\approx$ 5000 Gauß) periodisch abgelenkt; dies führt zu einer sinusförmigen Strahlbewegung mit Schaltvorgängen zwischen feststehenden Elektroden.

In einer abgewandelten Form wird ein Flüssigkeitsstromrichter („*Turbostromrichter*") neuerdings als Gleich- und Wechselrichter für elektrische Zugbeleuchtung, als Notstromaggregat usw. verwendet. Dabei ist der rotierende Quecksilberstrahl mit dem zugehörigen Antriebsmotor in ein dichtes, mit Schutzgas gefülltes Gehäuse eingeschlossen und dadurch der Oxydation durch den Luftsauerstoff entzogen (H. BÖHM).

Marxsches Ventil. E. MARX (1932) hat für Großkraftübertragungen mit Gleichstrom sehr hoher Spannung ein Lichtbogenventil entwickelt, welches auch in Versuchsanlagen erprobt wurde (A. ERK, 1947): Zwischen zwei Metallelektroden kann periodisch zu beliebigem Zeitpunkt ein Lichtbogen gezündet werden. Da keine echte Ventilwirkung vorliegt, so muß beim Strom-Nulldurchgang für Löschung gesorgt werden. Zu diesem Zweck wird Preßluft zwischen die Elektroden geblasen und damit eine sehr wirksame Entionisierung erreicht.

Sperrspannung: 100 bis 200 kV,
Nennstromstärke: 200 A,
Brennspannung: 100 bis 150 V.

2.4 Gleichstromseitige Bauelemente

a) Gleichstromdrossel (Kathodendrossel)

Eine Kathodendrossel führt in der Regel einen welligen Gleichstrom, d. h., ihrem Gleichstrom sind Wechselströme überlagert. Um eine Sättigung des Eisenkernes durch den Gleichanteil des Stromes zu vermeiden, versieht man ihn mit einem Luftspalt. Für die Ermittlung der günstigsten Abmessungen einer solchen „Glättungsdrossel" hat W. HARTEL (1939) einen analytischen Weg angegeben, wobei die FRÖHLICHsche Formel $B = \frac{h}{\alpha + \beta h}$ (Induktion B, magnetische Feldstärke h, $\alpha = 1{,}5 \cdot 10^{-4}$, $\beta = 0{,}68 \cdot 10^{-4}$ für Dyn IV-Blech) zur Beschreibung der Magnetisierungskurve verwendet wird. Für die Drosselinduktivität erhält man die Beziehung

$$L = L_0 \Lambda = f(\bar{I}),$$

wobei $L_0 = 0{,}4 \pi w^2 \frac{q}{\delta} \cdot 10^{-8}$ [H] die Induktivität ohne Vormagnetisierung (w ... Windungszahl, q [cm²] Eisenquerschnitt, δ [cm] Luftspalt) und Λ eine Hilfsgröße bezeichnet, deren Zahlenwert aus Abb. 2/31 abgelesen werden kann. Λ hängt, wie man sieht, nur von der Gleichstrom-Vormagnetisierung $\bar{I}_w$ und vom relativen Luftspalt δ/l ab. Die Zahlenwerte gelten für normales Dynamoblech (Dyn IV, VDE 6400). Die für eine optimale Drosselbemessung erforderlichen Größen können Abb. 2/32 entnommen werden.

Eine Glättungsdrossel kann in sehr guter Näherung durch eine ideale Induktivität abgebildet werden, da die Eisen- und Kupferverluste relativ klein sind.

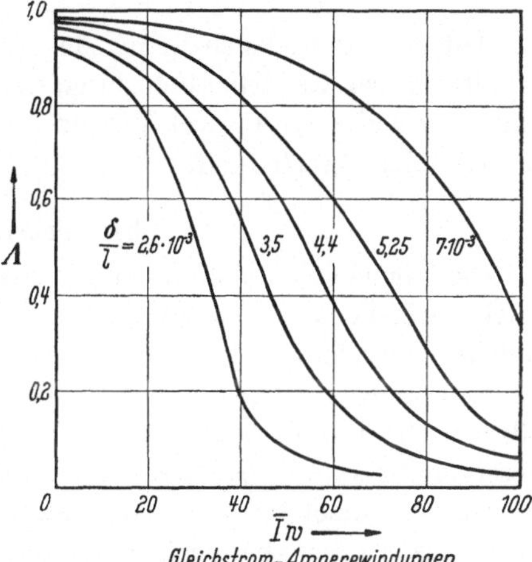

Abb. 2/31. Hilfsgröße Λ für die Induktivität von Glättungsdrosseln in Abhängigkeit von den Gleichstrom-AW für verschiedene Luftspalte δ und Eisenlängen l

Die gleiche glättende Wirkung besitzen diejenigen Induktivitäten, die nicht in konzentrierter Bauweise, sondern als *Leitungsinduktivitäten* vorhanden sind. Die Größen dieser Induktivitäten sind von der Form und den Abmessungen der Leitungsführung abhängig und können mittels der folgenden Formeln ermittelt werden: Geometrische Form der Strombahn:

1. Kreis:

$$L = 4\pi R\left[\ln\frac{R}{\varrho} - 0{,}33\right]\cdot 10^{-9} \quad [\mathrm{H}] \tag{2/29}$$

(R [cm] Halbmesser, 2ϱ [cm] Leiterdicke).

2. Rechteck:

$$L = \left\{4\left[a\ln\frac{2ab}{\varrho(a+p)} + b\ln\frac{2ab}{\varrho(b+p)} - 2(a+b-p)\right] + (a+b)\right\}\cdot 10^{-9} \quad [\mathrm{H}] \tag{2/30}$$

mit $p = \sqrt{a^2+b^2}$ und den Seitenlängen a und b [cm].

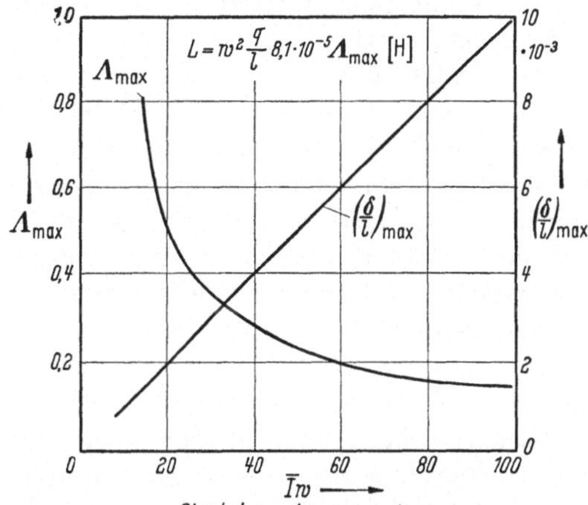

Abb. 2/32. Bestwerte für die Drosselinduktivität $L = 8{,}1\cdot 10^{-5}\,\Lambda_{\max}\, w^2\, q/l$ [H] und den relativen Luftspalt $\left(\frac{\delta}{l}\right)_{\max}$ in Abhängigkeit von den Gleichstrom-Amperewindungen (Dyn IV-Blech)

3. Zwei parallele Leiter (Hin- und Rückleitung) mit Abstand a [cm] und Länge l [cm]:

$$L = 4l\left[\ln\frac{a}{\varrho} + 0{,}25\right] \cdot 10^{-9} \quad [\mathrm{H}]. \tag{2/31}$$

Auf die Berücksichtigung der Leitungsinduktivitäten im Ersatzschaltbild sei ausdrücklich hingewiesen, weil diese in den üblichen Anlagenschaltbildern, welche nur die konzentrierten Reaktanzen enthalten, nicht erscheinen.

b) Verbraucher

Die Gleichstromverbraucher werden in passive Verbraucher, d. h. solche, welche keine Energiequellen enthalten, und aktive Verbraucher, welche Energiequellen besitzen, unterschieden. Es wird sich bei der näheren Betrachtung der verschiedenen Verbraucher ergeben, daß fast alle durch eine Gegenspannung abgebildet werden können. Bei den passiven Verbrauchern wird dabei nur der Spannungsabfall von Lichtbögen gekennzeichnet, bei den aktiven Verbrauchern ist jedoch eine mechanisch oder chemisch erzeugte Gegen-EMK vorhanden.

Passive Verbraucher. *Ohmsche Belastung.* Diese ist in der modernen Energietechnik nur selten vorhanden, z. B. bei Belastung mit Glühlampen, Wasserwiderständen u. ä. Bei den Glühlampen ist zu beachten, daß der Widerstand im kalten Zustand nur etwa 5 bis 10% des betriebswarmen Wertes beträgt, so daß der Einschaltstrom daher kurzzeitig das Vielfache des Nennstromes erreicht. Gleichstromnetze mit ausgeprägter Glühlampenlast (Lichtnetze) werden daher vorteilhaft mittels gittergesteuerter Stromrichter hochgefahren. Ebenso wird bei Beleuchtungseinrichtungen die Helligkeit der Lampen mittels gittergesteuerter Stromrichter stufenlos gesteuert.

Andere Beispiele findet man in der Stromversorgung der Hochvakuumröhren von Nachrichtensendern. Für diese Zwecke muß die Gleichspannung weitgehend oberwellenfrei sein, wozu besondere Glättungseinrichtungen vorgesehen werden. Die Stromspannungskennlinie der Hochvakuumröhren wurde bereits früher erörtert.

Induktive Belastung. Unter einer induktiven Belastung sollen im folgenden die Erregerwicklungen von elektrischen Maschinen oder Magneten verstanden werden. Diese besitzen zwar auch einen Ohmschen Widerstand, jedoch ist dieser im allgemeinen von untergeordneter Bedeutung. Während früher Stromrichter nur für die Erregung von Synchronmotoren, Phasenschiebern oder kleinen Generatoren verwendet wurden, so ist man neuerdings dazu übergegangen, auch die Erregung sehr großer Generatoren (an Stelle von Erregermaschinen [R. Modlinger]) und Reversierwalzwerkmotoren durch Stromrichter zu versorgen. Dabei wird der Stromrichter besonders wegen seiner vorzüglichen Eigenschaft als Stellglied bei schwierigen Regelaufgaben verwendet. Das gleiche gilt für die Speisung von großen Magnetspulen, wie sie für die Beschleunigerapparaturen der Kernphysik Verwendung finden (E. H. LUDWIG et all, 1959).

Lichtbögen (E. SCHRÖTER). Gleichstromgespeiste Lichtbögen werden für verschiedene Zwecke verwendet. Sie besitzen daher auch verschiedene Eigenschaften:

Schweißlichtbögen. Der Gleichstrom-Schweißlichtbogen hat in der Regel eine Länge von 2 bis 5 mm und brennt zwischen der metallischen, blanken oder ummantelten Schweißelektrode und dem Werkstück. Die Lichtbogenspannung beträgt etwa 15 bis 24 V für blanke Elektroden und 24 bis 26 V für ummantelte Elektroden. Da der Schweißlichtbogen im üblichen Arbeitsbereich eine schwach fallende Kennlinie besitzt, muß der speisende Stromrichter eine stark fallende Kennlinie mit relativ kleinem Kurzschlußstrom besitzen, um einen definierten Arbeitspunkt zu erzielen.

Lichtbögen für Bogenlampen. Die Brennspannung beträgt etwa 20 bis 50 V, je nach der verwendeten Kohlenart (Reinkohlen: 50 V, Effekt- oder Dochtkohlen: 35 V). Der Kurzschlußstrom soll etwa 1,8- bis 2facher Nennstrom sein, d. h., der Stromrichter soll gleichfalls eine sehr steile Kennlinie besitzen.

Lichtbögen zur Erzeugung von Azetylen. Lichtbogenöfen werden von Methan mit einer Geschwindigkeit von etwa 1000 m/s durchströmt. Weil der bei der chemischen Reaktion entstehende Wasserstoff im wesentlichen die Stromleitung bestimmt, muß ein solcher Ofen aus Gründen der stabilen Betriebsführung mit Gleichstrom gespeist werden. Zugeführte Leistung ≈ 7 MW, $\bar{U} \approx 7{,}8$ kV, $\bar{I} = 850$ bis 900 A. Der Lichtbogen hat eine fallende Charakteristik und einen chemischen Wirkungsgrad von 50 bis 60% (P. BAUMANN),

Aktive Verbraucher. *Elektrochemische Verbraucher.* Erzwingt man eine chemische Reaktion, indem man einer Elektrolysezelle, bestehend aus einem Elektrolyten (Ionenleiter) zwischen zwei metallischen Elektroden (Elektronenleiter), elektrische Energie zuführt, so spricht man von Elektrolyse. Nach FARADAY ist dabei die Menge der bei der Elektrolyse entstehenden Zersetzungsprodukte der für den Prozeß erforderlichen Elektrizitätsmenge proportional. Man unterscheidet sogenannte wässerige Elektrolysen mit einer Betriebstemperatur unter 100 °C und Schmelzflußelektrolysen, bei denen sich der Elektrolyt in schmelzflüssigem Zustand auf einer Temperatur von 800 bis 1000 °C befindet. Elektrolyseanlagen sind in der Regel aus einer größeren Anzahl von Zellen aufgebaut, deren Ersatzschaltbild Abb. 2/33a zeigt. Dabei stellt $\bar{U}$ die Summe der elektrolytischen Zellenspannungen, $\bar{E}$ die Summe der Gegenspannungen (Polarisationsspannungen) der einzelnen Zellen, R den Ver-

Tabelle 2/6. *Zellenspannung und Energiebedarf für verschiedene Elektrolysen (Richtwerte)*

	Schmelzflußelektrolysen		Wässerige Elektrolysen			
	Aluminium	Magnesium	Kupfer	Zink	Chlor	Wasserstoff
Zellenspannung	4,1–6,5 V	7,0–7,5 V	1,9–2,4 V	3,6–3,8 V	3,25–4,7 V	1,9–2,6 V
Energiebedarf	≈ 20000 kWh/t	17500 kWh/t	150–300 kWh/t	4300 kWh/t	3700–4500 kWh/t	4,3–5,3 kWh/m³ (H2)

lustwiderstand und L die Induktivität der meist sehr großen Leiterschleife dar. Obwohl die Zellenspannungen je nach Konstruktion, Formationszustand und Alter gewissen Schwankungen unterworfen sind, so kann man doch gewisse charakteristische Richtwerte angeben, die in Tab. 2/6 für verschiedene Elektrolysen zusammengestellt sind (F. Ott, 1953).

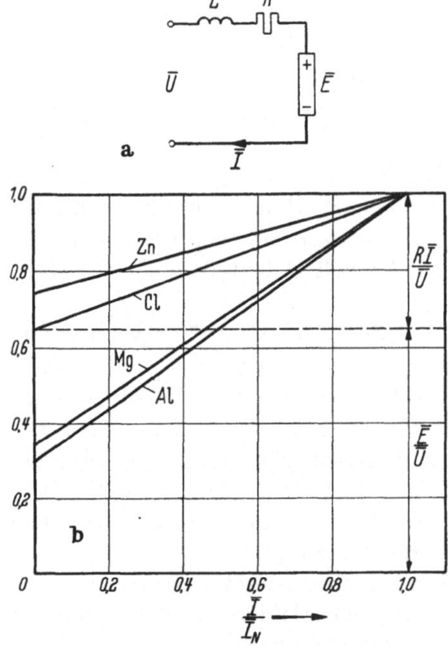

Abb. 2/33. a) Ersatzschaltbild einer Elektrolyse; b) Kennlinien von Elektrolyseuren

Die Schmelzflußelektrolysen zeigen während des Betriebes beim sogenannten „Anodeneffekt" starke Spannungsänderungen; die Ofenspannung springt dabei infolge Funkenbildung an den Anoden von 5 auf 25 bis 50 V.

Akkumulatoren. Analoge Verhältnisse wie bei Elektrolysen ergeben sich bei Akkumulatoren, welche elektrische Energie in Form von chemischer Energie speichern. Es gilt ebenfalls das Ersatzschaltbild Abb. 2/33a, wobei jedoch die Induktivität der Leiterschleife vernachlässigt werden kann. Die Zellenspannung ist vom Ladezustand abhängig und in Abb. 2/34 für Bleiakkumulatoren dargestellt. Die Energiespeicherung erfolgt wegen gewisser „irreversibler" Prozesse nicht verlustlos (Wirkungsgrad ≈ 70 bis 75%), wobei der innere Widerstand außerdem vom Ladezustand und der Betriebsdauer abhängt (H. Braun, 1956).

Gleichstrom-Nebenschlußmotoren. Die Drehzahl n des Nebenschlußmotors ist bei konstantem Erregerfeld nahezu konstant, sie sinkt nur wenig mit zunehmender Belastung ab. Das Feld Φ wird für eine bestimmte

Grunddrehzahl bemessen. Drehzahlerhöhung erfolgt durch Feldschwächung, Drehzahlverminderung durch Herabsetzen der Ankerspannung $\bar{U}$ gemäß der Beziehung:

$$n = \text{prop}(\bar{U} - \bar{I}R)/\bar{\Phi}. \qquad (2/32)$$

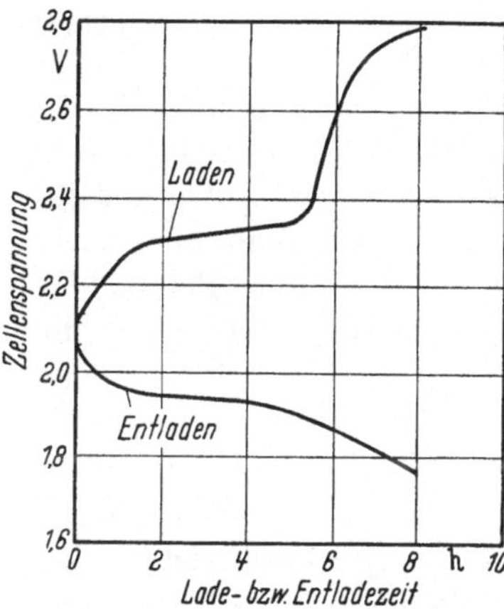

Abb. 2/34. Zellenspannung eines Bleiakkumulators beim Laden und Entladen

Abb. 2/35 zeigt links das Ersatzschild für den *stationären Betriebszustand*, dessen Kenngrößen einer graphischen Darstellung von L. Fuchs

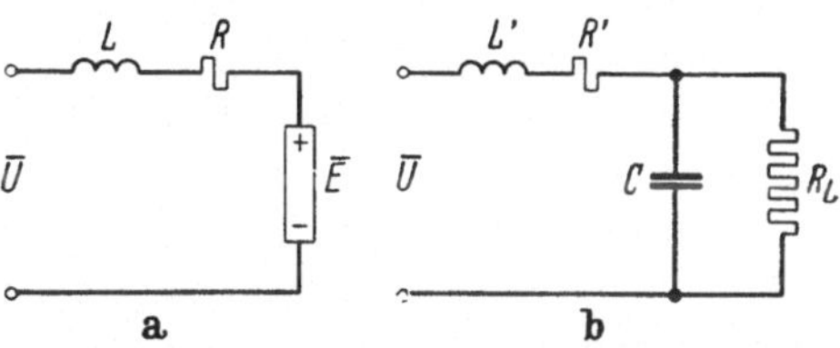

Abb. 2/35. Ersatzschaltbilder der Gleichstromnebenschlußmaschine mit konstanter Felderregung a) stationärer, b) nichtstationärer Betriebszustand

(Abb. 2/36) entnommen werden können. Die Zahlenwerte stammen von ausgeführten Maschinen und dürfen als gebräuchliche Richtwerte gelten.

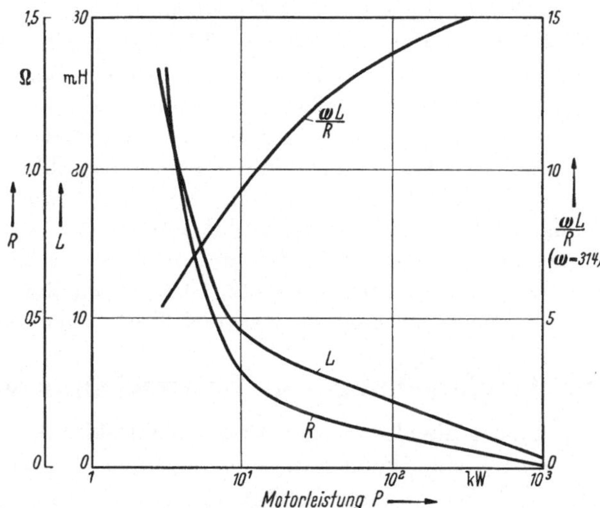

Abb. 2/36. Ankerwiderstand R und Ankerinduktivität L von Gleichstrom-Nebenschlußmotoren in Abhängigkeit von der Motorleistung

Im Bedarfsfall kann die Ankerinduktivität einer bestimmten Maschine mittels der empirischen Beziehungen

$$L = K_1 \cdot \frac{\bar{U}_N}{I_N} \frac{30}{v_a} \quad [\text{mH}] \qquad (2/33)$$

$$L = K_2 \cdot \frac{\bar{U}_N}{I_N\, n \sqrt{p^3}} \quad [\text{H}] \qquad (2/34)$$

berechnet werden ($K_1 = 1{,}2 \ldots 2$; $\bar{U}_N$ [V] Ankernennspannung; I_N [A] Ankernennstrom; v_a [m/s] Ankerumfangsgeschwindigkeit) und $K_2 \approx 6$, p Polpaarzahl, n [U/min] Drehzahl). Bei der Messung der Ankerinduktivität erhält man etwas verschiedene Werte, je nachdem man mit Gleichstrom oder Wechselstrom von 50 Hz bzw. 300 Hz mißt. Bei 300 Hz mißt man etwa halb so große Induktivitätswerte wie bei Gleichstrom. Wie aus der Gl. (2/34) hervorgeht, haben Langsamläufer eine größere, Schnelläufer eine kleinere Ankerinduktivität. Bei Maschinen mit mittlerer Drehzahl benützt man zur Abschätzung oftmals $L \approx \bar{U}_N/\bar{I}_N$ [mH].

Im *nichtstationären Betrieb* ist ein modifiziertes Ersatzschaltbild (Abb. 2/35b) zu verwenden: Der Kondensator C entspricht als elektrischer Energiespeicher den Schwungmassen der bewegten Teile des Motors und den damit verbundenen (angetriebenen) Arbeitsmaschinen. Seine Größe ermittelt man, indem man elektrische Energie $^1/_2\, CU^2$ und kinetische Energie $^1/_2\, \Theta\omega^2$ gleichsetzt und berücksichtigt, daß 1 [mkg] = 9,81 [Ws] gilt [R 2,1]

$$C \approx 1{,}8\, n^{0,5}\, P^{1,5} \cdot \bar{U}^{-2} \quad [\text{F}] \qquad (2/35)$$

mit Drehzahl n [U/min], Leistung P [kW], Spannung $\bar{U}$ [V].

Reihenschlußmotoren. Für den Reihenschlußmotor gilt grundsätzlich das gleiche Ersatzschaltbild wie für den Nebenschlußmotor, es ist jedoch zu beachten, daß bei der Reihenschaltung auch die Feldwicklung im Gleichstromkreise liegt, deren Induktivität sehr viel größer als diejenige des Ankers ist. Dadurch entfällt die beim Nebenschlußmotor erforderliche besondere Gleichspannungsquelle für die Feldwicklung und außerdem genügt in der Regel deren Induktivität für die Glättung des Gleichstromes, ohne daß besondere Glättungsdrosseln vorgesehen werden müssen. Der über Stromrichter gespeiste Gleichstrom-Reihenschlußmotor wird vorzugsweise für Lokomotiven und Triebwagen verwendet.

3. Die Vereinfachung von Ersatzschaltungen

Nachdem nunmehr die elektrischen Ersatzschaltbilder der einzelnen Bauelemente ermittelt sind, können diese in der durch die gestellte Aufgabe bestimmten Weise zusammengefügt werden. Bei diesem Schritt wird man erneut kritisch prüfen müssen, welche weiteren Vereinfachungen im Sinne einer bequemeren Rechnung noch zulässig sind. Im Zweifelsfalle wird man zuerst einen möglichst elementaren Lösungsweg beschreiten und später die Zulässigkeit dieses Vorgehens durch eine strengere Rechnung kontrollieren.

In der Regel wird man z. B. im Wechselstromkreis nur die induktiven Widerstände berücksichtigen und die Ohmschen und kapazitiven vernachlässigen. Nur in bestimmten Fällen, wo der Einfluß der höheren Harmonischen untersucht wird, pflegt man von dieser Regel abzuweichen (K. AYMANNS, 1937, R. JÖTTEN u. L. LEBRECHT, 1956). Da dieses Vorgehen in der Elektrotechnik durchaus üblich ist, z. B. bei der Berechnung von Kurzschlußströmen in Wechselstromnetzen, so können verschiedene bewährte Verfahren direkt übernommen werden. Ein solches stellt z. B. die Verwendung von „bezogenen" Größen dar, die nachstehend kurz erwähnt werden sollen.

3.1 Die bezogenen Reaktanzspannungen

In der Wechselstromtechnik werden oft Impedanzen oder Reaktanzen mit Vorteil durch ihren „bezogenen" Spannungsabfall gekennzeichnet („per unit-System"); darunter versteht man den bei Nennstrom entstehenden Spannungsabfall, welcher auf die Nennspannung bezogen und häufig auch als die Kurzschluß- oder Streuspannung bezeichnet wird.

a) Wechselstromnetz und Primärdrosseln

Bezeichnet man mit I_N den primären Nennstrom, mit U_N die primäre Nennspannung und mit $X = \omega L$ die primäre Reaktanz, dann erhält man für die bezogene Reaktanzspannung:

$$\varepsilon_n = \frac{X I_N}{U_N} = \frac{X N_N}{U_N^2}. \tag{3/1}$$

Häufig wird an Stelle der Reaktanz die Kurzschlußleistung des Netzes $N_K = U_N^2/X$ angegeben. Dann erhält man mittels der Nennscheinleistung $N_N = I_N \cdot U_N$

$$\varepsilon_n = \frac{N_N}{N_K}. \tag{3/2}$$

Bei Drehstromnetzen erhält man gleichlautende Ausdrücke, wenn man mit u_N die Sternspannung und mit I_N den Leiterstrom (Nenndaten) bezeichnet. Im amerikanischen Schrifttum wird auf die verkettete Spannung $V = U\sqrt{3}$ bezogen, womit obige Beziehung

$$X_{\text{pu}} = \frac{N_N}{V_N^2} X = \frac{N_N}{3\,U_N^2} X \tag{3/3}$$

lautet und X_{pu} die „per unit-Reaktanz" bezeichnet.

b) Stromrichtertransformator

Bezeichnet man mit X_t die auf die Primärseite bezogene Reaktanz des Stromrichtertransformators, so ergibt sich in analoger Weise:

$$\varepsilon_X = \frac{X_t I_{pN}}{U_{pN}} = \frac{X_{tN} N_{tN}}{U_{pN}^2} = \frac{N_{tN}}{N_{tK}}. \tag{3/4}$$

Diese Beziehung ist unmißverständlich bei Transformatoren, die auf der Sekundärseite nur je 1 Wicklung auf jedem Schenkel besitzen. Da diese Voraussetzung jedoch bei verschiedenen Stromrichterschaltungen nicht erfüllt ist, so wird diesbezüglich auf die Kapitel 10 bis 13 verwiesen. Die Kurzschlußspannung ε_t setzt sich aus der Ohmschen Spannung ε_R (Kurzschlußverlust) und der Streuspannung ε_X zusammen:

$$\varepsilon_t = \sqrt{\varepsilon_X^2 + \varepsilon_R^2}. \tag{3/5}$$

Für $\varepsilon_t > 5\%$ kann $\varepsilon_t = \varepsilon_X$ gesetzt werden.

c) Sekundärseitige Wechselstromdrosseln

Für Anodendrosseln, Steuerdrosseln, Schaltdrosseln kann mit Hilfe der Sternspannung U_{sN} und des Phasenstromes I_{sN} die Reaktanz der Luftinduktivität X_s in bezogener Schreibweise angegeben werden:

$$\varepsilon_s = \frac{X_s I_{sN}}{U_{sN}}. \tag{3/6}$$

Dadurch, daß die Reaktanzen durch ihre bezogenen Streuspannungen und die Leistung ausgedrückt werden, läßt sich der Rechenaufwand verringern und auch sofort die Kurzschlußleistung beurteilen.

3.2 Die netzseitige Ersatzschaltung

Bei der Berechnung von Stromrichterschaltungen pflegt man das Wechselstromnetz, das häufig recht kompliziert aufgebaut ist, durch einen Ersatzgenerator mit entsprechender Reaktanz zu ersetzen. Die dabei zu beachtenden Regeln sind folgende (H. Happoldt):

a) Parallelschaltung

Bei Parallelschaltung von Generatoren oder Transformatoren mit *gleicher Streuspannung* werden die Einzelleistungen zu einer Summentypenleistung addiert: $N = N_1 + N_2$. Bei Parallelschaltung von Generatoren *verschiedener Streuspannung* werden die Einzelleistungen zuerst auf einheitliche Streuspannung umgerechnet und dann zu einer Summentypenleistung addiert. Die Umrechnung von der Leistung N_2 (mit der Streuspannung ε_{q2}) erfolgt auf die Streuspannung ε_{q1} mittels:

$$N'_{2N} = N_{2N} \frac{\varepsilon_{q1}}{\varepsilon_{q2}}. \tag{3/7}$$

Die Gesamtleistung beträgt dann

$$N = N_1 + N'_2$$

mit einer gesamten Kurzschlußleistung von

$$N_K = \frac{N_{1N} + N'_{2N}}{\varepsilon_{q1}} =: \frac{N_{1N}}{\varepsilon_{q1}} + \frac{N_{2N}}{\varepsilon_{q2}}. \tag{3/8}$$

b) Reihenschaltung

Bei Reihenschaltung von Generatoren und Transformatoren *gleicher Typen-Leistung* werden die Streuspannungen addiert (Generatorstreuspannung ε_q, Transformatorstreuspannung ε_t)

$$\varepsilon = \varepsilon_q + \varepsilon_t. \tag{3/9}$$

Bei Reihenschaltung von Generatoren und Transformatoren *verschiedener Typen-Leistung* wird die Streuspannung ($\approx$ Kurzschlußspannung des Transformators) zuerst auf die Generatorleistung umgerechnet: $\varepsilon_t' = \varepsilon_t \frac{N_q}{N_t}$ und dann zu der Streuspannung des Generators hinzugezählt:

$$\varepsilon_q' = \varepsilon_q + \varepsilon_t'. \tag{3/10}$$

ε_q' = Streuspannung eines Ersatzgenerators mit der Typen-Leistung N_q, welcher die gleiche Reaktanz besitzt wie die Reihenschaltung eines Generators und eines Transformators.

Wenn mit einem Generator oder Transformator (mit der Typen-Leistung N und der Spannung U) eine Leitung oder eine Drossel (mit der induktiven Reaktanz X) in Reihe geschaltet wird, ergibt sich für deren Streuspannung:

$$\varepsilon_l \quad \text{oder} \quad \varepsilon_d = \frac{X\,N}{U^2}$$

und für die resultierende Streuspannung der Reihenschaltung:

$$\varepsilon = (\varepsilon_q \quad \text{oder} \quad \varepsilon_t) + (\varepsilon_l \quad \text{oder} \quad \varepsilon_d). \tag{3/11}$$

3.3 Die gleichstromseitige Ersatzschaltung

Die Ableitung der Ersatzschaltbilder für die verschiedenen Verbraucher ergab das bemerkenswerte Ergebnis, daß sie sich auf wenige Typen zurückführen ließen:

1. Rein Ohmschen Widerstand (Glühlampen, Vakuumröhren, ...),
2. rein induktiven Widerstand (Magnetwicklungen),
3. konstanten Spannungsabfall (Lichtbögen),
4. Gegenspannung in Reihe mit Ohmschen und induktivem Widerstand, wobei in vielen Fällen der Ohmsche gegenüber dem induktiven Widerstand vernachlässigt werden kann (Motoren und Elektrolysen).

Beachtet man außerdem noch die wirtschaftliche Bedeutung der einzelnen Verbraucher, wobei natürlich die Elektrolysen und Motoren weit vorn stehen, so ergibt sich zusammenfassend der Schluß, daß wohl die Reihenschaltung von Drossel und Gegenspannung als das wichtigste Ersatzschaltbild der Verbraucher anzusehen ist. Diese Feststellung gilt um so mehr, weil damit gleichzeitig die Verbrauchertypen Drossel und Gegenspannung als Grenzfälle ebenfalls mitbehandelt werden. Im

Ersatzschaltbild vertritt eine Gleichspannung sowohl die Brennspannung der Lichtbögen wie auch die Gegenspannung der Elektrolysen. Obwohl es physikalisch zwei völlig verschiedene Gegebenheiten sind, ist im stationären und ungestörten Betrieb (intakte Ventileigenschaften!) diese Darstellung völlig einwandfrei.

Der Stromrichter mit rein Ohmschem Verbraucher, welcher früher Gegenstand ausführlicher Untersuchungen war, verliert damit viel von seiner ehemaligen Bedeutung und wird im folgenden nur noch aus didaktischem Interesse behandelt. Die schaltungstechnische Analyse der Verbraucher hat sich damit bereits als nützlich erwiesen, da sie uns befähigt, die weiteren Untersuchungen der verschiedenen Stromrichterschaltungen mit dem größtmöglichen Nutzen für die praktische Anwendung durchzuführen.

Der Stromrichter befindet sich stets zwischen zwei Netzen mit verschiedener Stromart. Die bisherigen Bemühungen, um zu möglichst einfachen und übersichtlichen Ersatzschaltungen zu gelangen, bezogen sich nur auf die mit dem Stromrichter verbundenen Wechselstrom- oder Gleichstromnetze. Für den Stromrichter selbst, d. h. den Transformator mit den Ventilen, müssen erst noch die verschiedenen Schaltungen gründlich untersucht werden, bevor deren Vereinfachung erörtert werden kann. Dieser Aufgabe sind die folgenden Kapitel gewidmet.

II. Einpulsstromrichter

4. Die Berechnungsverfahren für Stromrichternetzwerke

4.1 Allgemeines über elektrische Netzwerke

Die meisten Darstellungen der theoretischen Elektrotechnik behandeln lineare, passive Netzwerke mit konzentrierten Schaltelementen. Dafür wurde eine Theorie entwickelt, welche von ganz allgemeinen geometrischen Betrachtungen (Topologie) ausgehend die Prinzipien der Dualität, der Superposition und die KIRCHHOFFschen Gleichungen liefert. Als zweckmäßigste Schreibweise darf wohl diejenige mittels Matrizen gelten, welche auch Zuordnungen und Vorzeichenregeln (M. J. O. STRUTT, 1955) liefert, die andernfalls durch Übereinkunft festgelegt werden. Man kann daher mit Recht feststellen, daß der heutige Stand der Methoden zur Beschreibung von Netzwerken und Schwingungsvorgängen durch die Topologie der Streckenkomplexe und die Matrizenrechnung gekennzeichnet ist[1].

Sobald jedoch ein Netzwerk auch noch nichtlineare Schaltelemente besitzt, gelten die Rechenregeln für lineare Netzwerke nicht mehr: Ströme und Spannungen verschiedener Frequenz überlagern sich nicht mehr linear, und das komplexe Rechnungsverfahren kann nicht mehr angewendet werden.

[1] In diesem Sinne aufgebaute Lehrbücher sind die bekannte „Theorie der linearen Wechselstromschaltungen“ von W. CAUER und die „Introductory Circuit Theory“ von E. A. GUILLEMIN.

4.2 Elektrische Netzwerke mit nichtlinearen Schaltelementen

Ein elektrisches Netzwerk wird als linear bezeichnet, wenn das Verhalten jedes seiner Schaltelemente durch eine algebraische, eine Differential- oder Integralgleichung vom 1. Grad bestimmt wird. Ein Netzwerk wird dagegen nichtlinear genannt, wenn seine abhängigen Veränderlichen sowie deren Ableitungen oder Integrale mit höherer Potenz oder transzendental auftreten. Strenggenommen sind demnach alle elektrischen Netzwerke als nichtlinear zu bezeichnen — eine Feststellung, welche sich auch schon bei der Ableitung der Ersatzschaltbilder der Bauelemente ergab.

Indessen pflegt man, um die Rechnungen möglichst einfach und übersichtlich zu halten, überall wo es nur angängig ist, die nichtlinearen Einflüsse zu vernachlässigen und die Gleichungen zu linearisieren. In vielen Fällen sind solche Vereinfachungen nicht nur zulässig, ja sie sind oftmals geradezu notwendig, um das Wesentliche hervortreten zu lassen, und die imponierenden Ergebnisse, welche auf diesem Wege erhalten wurden, sowie die umfangreiche Theorie solcher linearer Netzwerke (Theorien der Vierpole, Leitungen, Siebschaltungen, Kettenleiter usw.) rechtfertigen dieses Vorgehen durchaus.

So einfach und elegant diese lineare Behandlung der Netzwerke auch ist, sie liefert natürlich stets nur eine Teillösung. Sie vermag über wichtige Fragen, wie z. B. die Amplitude eines selbsterregten Systems, keine Auskunft zu geben. Darüber hinaus gibt es Netzwerke mit so ausgeprägt nichtlinearen Elementen, daß es von vornherein aussichtslos erscheint, dieselben mittels linearen Gleichungen beschreiben zu wollen: als solche Elemente werden Spulen mit Eisenkernen und alle Richtelemente zu gelten haben.

Zur Untersuchung solcher nichtlinearer Netzwerke wurden verschiedene mathematische Methoden entwickelt:

Analytische Verfahren. Diese werden bevorzugt bei der exakten Untersuchung allgemeingültiger Fragen angewendet.

Graphische Verfahren. Diese eignen sich besonders für die Behandlung konkreter Beispiele und finden ihre Ergänzung in den Analogie-Rechenmaschinen. Hierher gehören vor allem die Verfahren der MÖLLERschen *Schwingkennlinien* und der BARKHAUSENschen *Richtkennlinien.* Das erste wird bei Röhrengeneratoren zur Ermittlung der Amplitude, das zweite bei Gleichrichtern mit einem Ventil beliebiger Kennlinie zur Feststellung der Gleichstromstärke benützt.

Quasilineare Verfahren. Wichtig ist die Feststellung, daß man die wesentlichen qualitativen Ergebnisse lediglich aus der Tatsache der Nichtlinearität erhalten kann. Der jeweilige Verlauf der Kennlinie ist bei solchen grundsätzlichen Betrachtungen von durchaus untergeordneter Bedeutung. Man wird also die Kennlinie vorzugsweise so anzunähern suchen, daß das Rechnungsverfahren möglichst einfach und übersichtlich wird. Als ein solches bietet sich die Annäherung durch stückweise gerade oder geknickte Kennlinien an.

Im folgenden sollen diese drei Verfahren näher betrachtet werden:

a) Analytische Verfahren

Hierbei hat man zwei verschiedene Problemgruppen zu unterscheiden:

1. Elektrische Kreise mit Elementen, deren Parameter zeitlich periodisch schwanken und
2. Kreise, Elementen, deren Eigenschaften mit von der Stromstärke oder der Spannungshöhe abhängen.

G. DUFFING (1918) hat dementsprechend die „anharmonischen“ Schwingungen in quasiharmonische (mit periodisch veränderlichen Parametern) und pseudoharmonische (mit beliebiger Nichtlinearität) unterschieden.

Zu der *ersten Gruppe* gehören periodisch schwankende Selbstinduktivitäten (bei elektrischen Maschinen infolge ausgeprägter Pole oder Zahnung des Eisenkörpers), schwankende Widerstände (z. B. beim TIRRILL-Regler) usw. Verschiedentlich sind auch Probleme der zweiten Gruppe nach den Methoden der ersten Gruppe behandelt worden. So hat z. B. H. WINTHER-GÜNTHER die stromabhängige Induktivität einer Eisendrossel durch eine periodisch schwankende ersetzt und dadurch ein pseudoharmonisches Problem auf ein quasiharmonisches reduziert. Über die Lösung solcher Probleme besteht eine umfangreiche Literatur (B. v. d. POL, M. J. O. STRUTT, 1952, A. ERDÉLYI, F. AIGNER u. C. L. KOBER usw.), in welcher unter anderem die Theorien der Induktionsmaschinen, der Röhrengeneratoren, der Verstärker, der Modulation und Demodulation behandelt wurden.

Die Probleme der *zweiten Gruppe* bieten mathematisch noch erheblich größere Schwierigkeiten, weshalb man hierbei noch durchaus am Anfang steht. Obwohl Lord RAYLEIGH bereits 1883 das Problem der nichtlinearen Schwingungsgleichung erfolgreich behandelte und später insbesondere B. v. D. POL entscheidende Fortschritte machte, blieben die mathematischen Schwierigkeiten, in den meisten Fällen immer noch zu groß, um eine verbreitete Anwendung der Lösungsmethoden zu ermöglichen.

In praktischen Fällen wird man von diesen analytischen Methoden kaum Gebrauch machen, da bereits die näherungsweise Beschreibung der tatsächlichen nichtlinearen Kennlinien durch entsprechende Gleichungen in der Regel zu unhandlichen Ausdrücken und großem Rechenaufwand führt. Es ist daher verständlich, daß man in der Praxis fast ausschließlich graphische Methoden gewählt bzw. solche Näherungsverfahren bevorzugt hat, bei welchen der spezielle Kennlinienverlauf ignoriert werden kann.

b) Graphische Verfahren

Zu den graphischen Lösungsverfahren von nichtlinearen Netzwerken sind die erwähnten Arbeiten von B. v. D. POL zu zählen, bei welchen die Lösung der Differentialgleichung mittels eines von H. POINCARÉ angegebenen und von A. LIÉNARD erweiterten graphischen Verfahrens erhalten wird. Obwohl dieses Lösungsverfahren bei der Untersuchung von Schwingungen in nichtlinearen Kreisen häufig angewendet wird, soll es hier lediglich erwähnt, jedoch nicht näher behandelt werden, weil es für Stromrichter bisher noch keine Anwendung gefunden hat.

Als charakteristische graphische Verfahren sollen vielmehr die *Schwingkennlinien-* und *Richtkennlinienverfahren* gelten, von denen im folgenden die von H. BARKHAUSEN eingeführte Untersuchung von Stromrichterkreisen mit Hilfe der Richtkennlinien ausführlicher beschrieben werden soll. Eine solche Richtkennlinie kann für eine vorgegebene Kennlinie eines beliebigen Ventils entweder berechnet oder gemessen werden. Die Form der Kennlinie kann daher beliebig sein. Um jedoch unsere Darstellung möglichst einfach und übersichtlich zu gestalten, soll hier nur eine sehr einfache Ventilkennlinie, nämlich eine geradlinig geknickte Kennlinie, betrachtet werden.

Eine solche geknickte Kennlinie ist in Abb. 4/1 dargestellt und zeigt im Bereich der Sperrspannungen vollständige Sperrung, im Bereich der Durchlaßspannungen dagegen nur unvollkommene Leitfähigkeit, die im Ersatzschaltbild (Abb. 4/2) durch den Widerstand r gekennzeichnet wird. An den Wechselstromklemmen ist die Spannung $u = \mathfrak{U} \sin \vartheta$ wirksam. Gleichstromseitig ist ein Belastungswiderstand R und parallel dazu ein Kondensator C von solcher Größe vorgesehen, daß man mit einer zeitlich konstanten Gleichspannung $\bar{U}$ rechnen kann.

Schließt man den Belastungswiderstand R kurz, dann wird $\bar{U} = 0$ und man erhält für den Mittelwert des gleichstromseitig fließenden Stromes, des Kurzschlußstromes $\bar{I}_K$, gemäß Abb. 4/3:

$$\bar{I}_K = \frac{1}{\tau}\int_0^{\tau} i\,d\vartheta = \frac{1}{\pi}\int_0^{\pi/2} \hat{\imath}\cos\vartheta\,d\vartheta = \frac{\hat{\imath}}{\pi} = \frac{\mathfrak{U}}{r\pi}, \qquad (4/1)$$

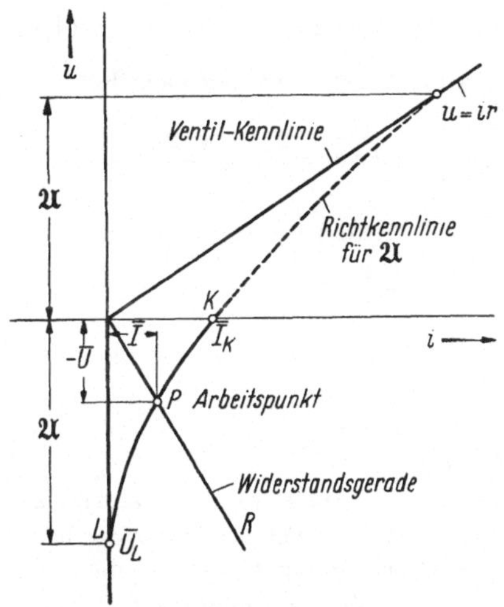

Abb. 4/1. Die geradlinig geknickte Ventilkennlinie und die Richtkennlinie (nach H. Barkhausen)

wobei die Zeit $\vartheta = \omega t$ vom Scheitel des Strompulses aus gezählt wird. Wird andererseits der Belastungswiderstand sehr groß gewählt ($R = \infty$), dann ergibt sich der *Leerlauf*zustand und der Kondensator lädt sich bis auf den Scheitelwert der Wechselspannung auf:

$$\bar{U}_L = \mathfrak{U}. \qquad (4/2)$$

Zwischen diesen beiden Grenzfällen liegen alle anderen Belastungsfälle: Das Ventil wird nur in demjenigen Zeit-

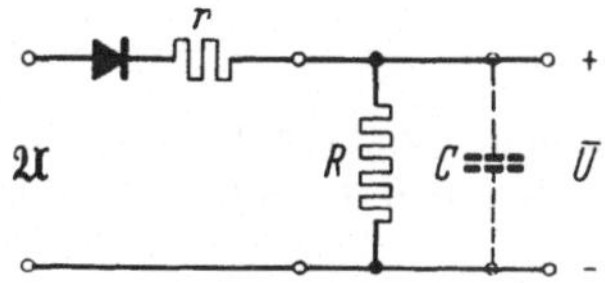

Abb. 4/2. Schaltung zur Aufnahme von Richtkennlinien

bereich Strom führen können, in welchem die Wechselspannung die Gleichspannung $\bar{U}$ überwiegt. Mit

$$\cos\xi = \bar{U}/\mathfrak{U} \qquad (4/3)$$

erhält man für den Gleichstrom

$$\bar{I} = \frac{1}{\pi}\hat{\imath}\int_0^{\xi}[\cos\vartheta - \cos\xi]\,d\vartheta = \bar{I}_K[\sin\xi - \xi\cos\xi] \qquad (4/4)$$

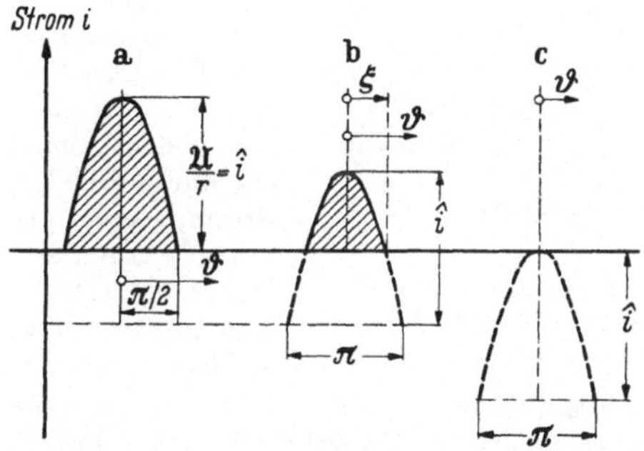

Abb. 4/3. Zeitlicher Verlauf des gleichgerichteten Stromes für verschiedene Widerstände R
a) Kurzschluß ($R = 0$); b) Widerstand R; c) Leerlauf ($R = \infty$)

und für den Belastungswiderstand

$$R = \frac{\overline{U}}{\overline{I}} = \frac{\mathfrak{U}\cos\xi}{\frac{\mathfrak{U}}{r\pi}(\sin\xi - \xi\cos\xi)} = \frac{r\pi}{\operatorname{tg}\xi - \xi} \tag{4/5}$$

bzw. für die gleichstromseitige Leistung

$$\overline{P} = \overline{U}\,\overline{I} = \frac{\mathfrak{U}^2}{2r\pi}[\sin 2\xi - \xi(1 + \cos 2\xi)]. \tag{4/6}$$

Berechnet man die Amplitude der Grundwelle des Wechselstromes nach FOURIER

$$\mathfrak{J}_1 = \frac{2}{\pi}\int_0^{\xi} i(\vartheta)\cos\vartheta\, d\vartheta = \frac{2\hat{\imath}}{\pi}\int_0^{\xi}[\cos\vartheta - \cos\xi]\cos\vartheta\, d\vartheta = \frac{2\xi - \sin 2\xi}{2\pi}\,\frac{\mathfrak{U}}{r}, \tag{4/7}$$

so kann man sofort die wechselstromseitig zugeführte Leistung angeben:

$$P = \frac{\mathfrak{U}\,\mathfrak{J}_1}{2} = \frac{\mathfrak{U}^2}{2r}\,\frac{2\xi - \sin 2\xi}{2\pi}. \tag{4/8}$$

Das Verhältnis von gleichstromseitiger „Nutzleistung" $\overline{N}$ zu wechselstromseitiger Leistung P ergibt den Wirkungsgrad des Richtvorganges:

$$\eta = \frac{\overline{P}}{P} = \frac{2\sin 2\xi - 2\xi(1 + \cos 2\xi)}{2\xi - \sin 2\xi}. \tag{4/9}$$

Wertet man die vorstehenden Beziehungen aus, so erhält man die in Abb. 4/4 dargestellten Kurven, aus denen folgendes abgelesen werden kann: Bei vorgegebener Wechselspannung erhält man die größte Gleichstromleistung $\overline{P}$, wenn man $r/R = 0{,}3$ bis $0{,}5$ wählt, wobei der Wirkungsgrad $\eta \approx 50\%$ beträgt. Im Leerlauf $\left(\frac{R}{r} = \infty\right)$ ergibt sich für den Wirkungsgrad $\eta = 1$.

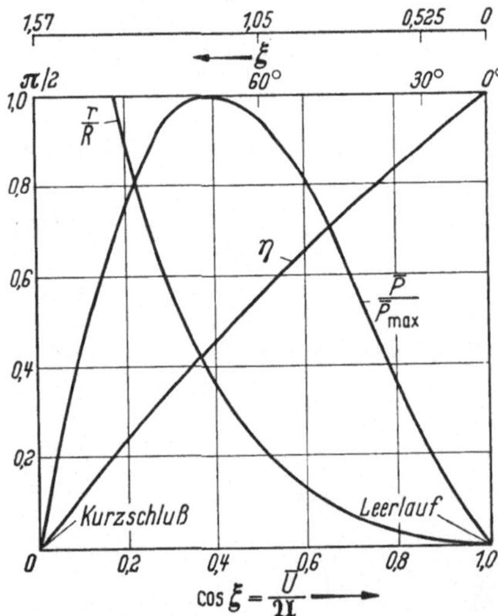

Abb. 4/4. Leistung $\overline{P}$ und Wirkungsgrad η einer Gleichrichteranordnung nach Abb. 4/2

Diese Feststellung ist insbesondere für alle Leistungsstromrichter von grundlegender Bedeutung: um einen günstigen Wirkungsgrad zu erzielen, wird man möglichst in der Nähe des Leerlaufzustandes arbeiten bzw. den Ventilwiderstand r möglichst zu verringern suchen. Bezugspunkt für die Spannungsmessung ist die Kathode des Richtelementes. Ist die Anode positiver als die Kathode, so fließt bei gleichstromseitigem Kurzschluß ein durch die Kennlinie bestimmter Strom, dessen arithmetischer Mittelwert $\overline{I}_K$ auf der Abszisse durch den Punkt K festgelegt ist. Im gleichstromseitigen Leerlauf lädt sich der Kondensator auf (Betriebspunkt L auf der Ordinate). Trägt man in Abb. 4/1 die zu einer bestimmten Wechselspannungsamplitude $\mathfrak{U}$ gehörigen Richtwerte $\overline{U}$ und $\overline{I}$ auf, dann erhält man die sogenannte „Richtkennlinie". Für einen beliebigen Belastungswiderstand R erhält man im Schnitt der Widerstandsgeraden und der Richtkennlinie den Arbeitspunkt P. Dieses elementare Verfahren ermöglicht, die Rückwirkung des Gleichstromes auf das Richtelement, die Verschiebung des ,,Arbeitspunktes", zu berücksichtigen. Indessen sieht man sofort, daß dieses Verfahren nur anwendbar ist, wenn durch einen sehr großen Kondensator alle Schwankungen der Gleichspannung beseitigt werden.

Wenn, wie bisher vorausgesetzt, sich eine Gleichspannung so ausbildet, daß sie als Gegenspannung wirkt, so gilt der in Abb. 4/1 voll ausgezogene Kurventeil der Richtkennlinie. Wenn dagegen durch besondere Mittel die Gleichspannung entgegengesetzt gepolt ist, wodurch ein dauernder ,,Ruhestrom" durch das Richtelement getrieben wird, so gilt der punktierte Teil der Richtkennlinie. Die bisherige Betrachtung liefert zwei Grenzfälle:

1. *Spannungsabfall des Richtelementes* $\geqq$ *Gleichspannung* $\left(U_v \geqq U,\ \frac{R}{r} \approx 0\right)$.

Dieser Fall liegt vor, wenn ein Hochvakuumventil verwendet wird oder wenn gleichstromseitig nahezu *Kurzschluß* besteht. Sehr geringer Wirkungsgrad. Derartige Stromrichter wurden früher in der Nachrichten- und Meßtechnik in großem Umfang verwendet. Das Verhalten des Stromrichters ist ausschließlich von der Kennlinie des verwendeten Richtelementes und dem eingestellten Arbeitspunkt abhängig. Wechselstrom- und Gleichstromkreis beeinflussen sich gegenseitig nicht und sind durch das Richtelement völlig ,,entkoppelt".

2. *Spannungsabfall des Richtelementes* $\ll$ *Gleichspannung* $\left(U_v \ll U,\ \frac{R}{r} \approx \infty\right)$.

Der Stromrichter wird in der Nähe des *Leerlaufs* betrieben. In diesem Falle ist die Kennlinie des Ventils ohne Einfluß und man kann für die Rechnung ein ideales Ventil annehmen. Sehr guter Wirkungsgrad. Dieser Fall wird bei allen Stromrichtern angestrebt und bei denjenigen der Energietechnik in nahezu idealer Weise erreicht.

Die beiden Grenzfälle können zwar mathematisch exakt behandelt werden, sie stellen jedoch Idealisierungen dar, und die praktisch vorkommenden Fälle werden immer zwischen den beiden Extremen liegen. Demgemäß wird auch stets, wenn man die Vorgänge in voller Allgemeinheit und genau betrachtet, die Ventilkennlinie einen gewissen Einfluß haben und eine gegenseitige Beeinflussung zwischen Wechsel- und Gleichstromkreis auftreten, wodurch die Berechnungen von Stromrichterproblemen sehr verwickelt werden. Glücklicherweise liegen die Verhältnisse bei den allermeisten praktischen Problemen der Energietechnik derart, daß man sich in der Nähe des Leerlaufs befindet und demgemäß bei der Rechnung den Kennlinienverlauf weitgehend unberücksichtigt lassen kann. Dadurch ist man auch berechtigt, die in den Ersatzschaltbildern angegebenen Näherungen zu verwenden. Es sei jedoch angemerkt, daß diese Voraussetzung bei Stromrichtern mit gleichstromseitigem Kurzschluß nicht mehr erfüllt ist. Wenn man trotzdem auch in diesem Betriebszustand mit idealen verlustfreien Ventilen rechnet, dann erhält man zu große Kurzschlußströme. Glücklicherweise halten sich zwar die Fehler im allgemeinen in erträglichen Grenzen — weil sich Ohmsche und induktive Spannungsabfälle vektoriell addieren und der induktive Spannungsabfall in der Regel die Brennspannung weit übertrifft —, bei präzisen Untersuchungen wird man jedoch entweder eine genauere Rechenmethode oder ein experimentelles Verfahren (Modellversuch) anwenden müssen. Auf solche Verfahren wird in Kap. 27 hingewiesen werden.

Damit ist die Richtigkeit und gleichzeitig der Gültigkeitsbereich von Rechnungsverfahren erkennbar geworden, die neuerdings fast ausschließlich für die Berechnung von Stromrichternetzwerken verwendet werden und die nachstehend näher beschrieben werden sollen, den quasilineare Rechnungsverfahren.

c) Quasilineare Verfahren

Die Knickkennlinien. Das Rechnen mit den realen Kennlinien ist, wie angedeutet wurde, durchaus nicht einfach und verlangt in der Regel beträchtlichen mathematischen Aufwand. Dabei ist zu beachten, daß mathematische Untersuchungen vorzugsweise dem Auffinden von Gesetzmäßigkeiten, d. h. allgemeingültigen Formeln und Zusammenhängen gelten. Insofern wird man danach streben, die mathematische Durchführung möglichst einfach und übersichtlich zu halten, um die Bedeutung der einzelnen Operationen sowie auch das Ergebnis richtig deuten zu können. Dazu kommt, daß seitens der Industrie eine starke Tendenz besteht, die Kennlinien der Richtelemente ständig zu verbessern, wodurch die Verluste und die Verzerrungen immer weiter verringert werden. Das bedeutet ein Streben nach dem idealen Ventil! Wenn dieses Ziel derzeit auch noch nicht erreicht ist, so gibt es doch bereits eine große Zahl von Anwendungsfällen, wo die Berechnung unter Annahme eines idealen Ventils in sehr guter Annäherung gilt: sobald z. B. bei Quecksilberdampf-Stromrichtern die Gleichspannung größer als 2000 V oder bei Siliziumdioden größer als 200 V ist, beträgt der Spannungsabfall während der Leitdauer nur noch etwa 1% und liegt damit im üblichen Rahmen der Meßgenauigkeit von Betriebsinstrumenten. Mit einer idealen Ventilkennlinie zu rechnen heißt daher nicht nur die Vorgänge äußerst klar und einfach darstellen, sondern auch die zu erwartende technische Entwicklung vorwegnehmen. Analoges gilt für die Kennlinien von Steuerdrosseln. Auch hier hat die Entwicklung Werkstoffe hervorgebracht, die in sehr guter Annäherung durch Knickkennlinien beschrieben werden können.

Das Rechnen mit geknickten Kennlinien kann, soweit es sich um Vorgänge längs der stückweise geraden Kennlinien handelt, in voller Allgemeinheit *linear* durchgeführt werden. Die Übergänge an den Knickstellen müssen jedoch folgerichtig als *Schaltvorgänge* unter sorgfältiger Beachtung der Grenzbedingungen und der Ausgleichsvorgänge ausgeführt werden. Ein Schaltelement mit gekrümmter Kennlinie kann demnach durch eine Zusammenschaltung von mehreren linearen Zweipolen ersetzt werden, deren jeder bei bestimmten, den Knickstellen entsprechenden Spannungs- oder Stromwerten zu- oder abgeschaltet bzw. kurzgeschlossen wird.

Mit diesem Vorgehen ist die Berechnung von nichtlinearen Netzwerken auf die Berechnung einer Folge von Schaltvorgängen zurückgeführt. Dieses Verfahren hat sich bei der Berechnung von Stromrichterschaltungen vollständig durchgesetzt und wird auch in zunehmendem Maße für andere nichtlineare Probleme angewendet. Seine Durchführung hat den Vorzug sehr großer Einfachheit und Übersichtlichkeit und liefert die Ergebnisse in völliger Allgemeinheit, ohne irgendwelche, durch spezielle Kurvenformen bestimmte Einschränkungen.

Im folgenden wird für die Untersuchung von Stromrichterschaltungen ausschließlich dieses Verfahren der geknickten Kennlinie verwendet werden. Da es sich jedoch um relativ einfache Schaltungen handeln wird, so werden vereinfachende Hilfsmittel, wie LAPLACE-Transformationen, Matrizen, symmetrische Komponenten usw., nicht angewendet werden, vielmehr wird lediglich auf die diesbezügliche Literatur verwiesen (J. MÜLLER-STROBEL, E. UHLMANN, 1946, L. S. DZUNG).

Entsprechend den praktischen Bedürfnissen werden durchweg Schaltungen mit erzwungener, sinusförmiger Wechsel*spannung* behandelt werden und erst am Schluß werden einige Fälle mit erzwungenen Wechsel*strom*quellen an Hand der Arbeiten von L. SCHÜLER und E. KÜBLER Erwähnung finden. Verzerrungen und Unsymmetrien der Wechselspannungen mögen unberücksichtigt bleiben; auf ein diesbezügliches Rechenverfahren mit Operatoren von W. M. GOODHUE soll lediglich verwiesen werden.

Damit ist der Weg zur Berechnung von Stromrichterschaltungen der Energietechnik bereits klar vorgezeichnet; lediglich der Vollständigkeit halber soll noch ein von H. RODER und H. MARKO angegebenes Rechenverfahren der Nachrichtentechnik erwähnt werden, das die Verbindung zur Vierpoltheorie herstellt.

4.3 Die Berechnung von Stromrichterschaltungen

Die bisherigen, allgemeinen Betrachtungen zeigten bereits deutlich die Vorteile, welche das Rechnen mit Knickkennlinien besitzt. Die folgende Darstellung wird daher ausschließlich von diesem Rechenverfahren Gebrauch machen, insbesondere auch deshalb, weil es sich gleichermaßen für die Beschreibung von Ventilen wie auch Steuerdrosseln eignet.

Als Richtelemente werden ausschließlich *ideale Ventile* (mit und ohne Gittersteuerung) den Ersatzschaltungen und den Rechnungen zugrunde gelegt werden. Der Übergang zu den realen Ventilen wird mittels deren Ersatzschaltbildern gefunden, wobei die Verlustwiderstände oder Spannungsabfälle im Belastungszweig einzufügen sind. Ist dann für eine solche Ersatzschaltung der zeitliche Verlauf von Strom und Spannung (ideale Werte) ermittelt, dann erhält man die an der gleichstromseitigen Last entstehende Spannung, indem man von dem idealen Wert den Ventil-Spannungsabfall subtrahiert.

Für das ideale Ventil sind zwei Schaltzeichen eingeführt worden: für das ungesteuerte Ventil ist ein Halbleiterzeichen, für das gesteuerte Ventil ein Röhrenschaltzeichen gewählt worden, um deutlich zwischen gesteuerten und ungesteuerten Ventilen unterscheiden zu können.

In der Stromrichterliteratur findet man für durchaus Gleiches verschiedene Bezeichnungen, so spricht man von einem Stromflußwinkel, einer Brenndauer, einer Einschaltdauer, einer Durchlaßdauer usw. und meint in jedem Falle dasselbe, nämlich diejenige Zeitdauer, in welcher das Richtelement leitend ist. Im folgenden werden vorzugsweise solche Bezeichnungen gebraucht, die allgemein verwendbar sind, wie etwa für die soeben erwähnte Zeitdauer das Wort: *Leitdauer*. Dieses kann durchaus der bisher allgemein verwendeten Bezeichnung *Sperrdauer* gleichwertig erachtet werden. Da das gittergesteuerte Gasentladungsventil schaltungstechnisch die größte Bedeutung hat (infolge seiner vielfältigeren Eigenschaften), so ist es nur natürlich, wenn auch die Nomenklatur auf dieses abgestellt wird und die Bezeichnungen wie Zünden, Löschen allgemein verwendet werden.

Die *Definitionen* werden möglichst in Übereinstimmung mit den „Recommendations for Mercury-arc Convertors" der IEC (International Electrotechnical Commission) gebracht. Demgemäß bezeichnet die Pulszahl p das Verhältnis der Grundfrequenz der Welligkeitsspannungen der ungeglätteten Gleichspannung zu der Netzfrequenz f. Die Bezeichnung Pulszahl ersetzt damit den früher verwendeten doppeldeutigen Ausdruck Phasenzahl.

Um eine möglichst leicht lesbare *Schreibweise* zu erhalten, werden nach DIN 5483 alle Augenblickswerte mit Kleinbuchstaben, alle arithmetischen Mittelwerte mit überstrichenen lateinischen Großbuchstaben und alle Zeiger (bei sinusförmigem Zeitgesetz) mit großen Frakturbuchstaben geschrieben. Effektivwerte werden durch lateinische Großbuchstaben bezeichnet (vgl. Verzeichnis der verwendeten Formelzeichen).

Im übrigen wird der *graphischen Darstellung* des zeitlichen Verlaufs der verschiedenen Größen große Bedeutung beigemessen, da diese für den vorliegenden Zweck einige wichtige Vorteile besitzt: sie ist anschaulich, leicht verständlich und liefert das Ergebnis in der gleichen Form, wie es bei Beobachtungen mit dem *Oszillographen* erscheint. Für den praktischen Gebrauch ist es daher nützlich, kariertes Schreibpapier zu benützen, weil dann Sinuslinien auch ohne besonderes zeichnerisches Talent sofort mit der freien Hand sauber und maßstäblich richtig gezeichnet werden können, wenn man die Zeitachse in Abschnitte von je $\Delta\vartheta = 30°$ teilt und beachtet, daß:

$$\vartheta = 0, \quad \sin\vartheta = 0;$$
$$\vartheta = 30°, \quad \sin\vartheta = 0{,}5;$$
$$\vartheta = 90°, \quad \sin\vartheta = 1{,}0 \quad \text{usw. gilt.}$$

Mit diesen Festsetzungen und Hinweisen sind nunmehr alle Voraussetzungen getroffen, um mit der analytischen Untersuchung der Stromrichterschaltungen beginnen zu können.

5. Ungesteuerte Einpulsstromrichter

5.1 Einfache Belastungen

Die einfachsten Stromrichterschaltungen erhält man, wenn man wechselstromseitig eine ideale Wechselspannungsquelle, gleichstromseitig einen idealen Verbraucher (rein Ohmschen Widerstand) oder eine ideale Reaktanz anordnet.

a) Rein Ohmsche Last

Abb. 5/1 zeigt eine Reihenschaltung von 3 idealen Schaltelementen: eine ideale Wechselspannungsquelle, ein ideales Ventil und ein rein Ohmscher Widerstand. Als Pfeilrichtung des Stromes wird die Leitrichtung des Ventils gewählt.

Der zeitliche Verlauf der Wechselspannung e wird rein sinusförmig vorausgesetzt:

$$e = E\sqrt{2}\sin\omega t = \hat{e}\sin\vartheta, \quad (5/1)$$

wobei E den Effektivwert, $\hat{e}$ den Scheitelwert und u den Spannungsabfall am Ohmschen Widerstand bezeichnet. Da das Ventil nur dann leitend ist, wenn seine Anode positiv ist (in bezug auf die Kathode), so folgt aus dem vorausgesetzten Spannungsverlauf, daß

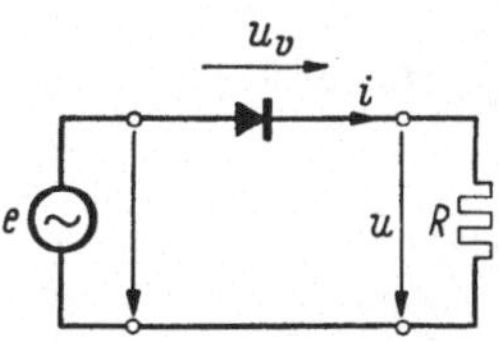

Abb. 5/1. Einpulsstromrichter mit rein ohmscher Belastung

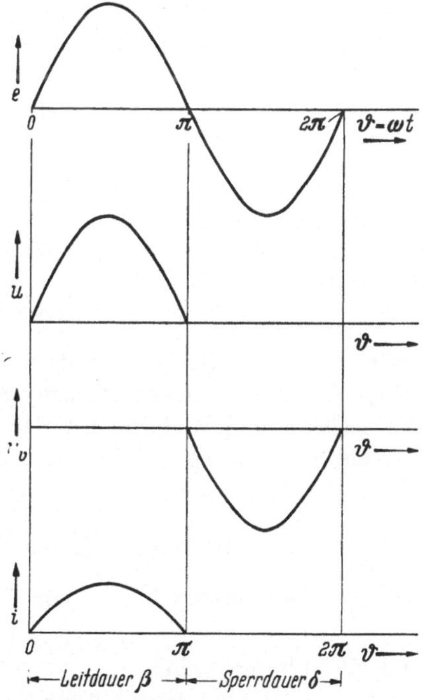

Abb. 5/2. Zeitlicher Verlauf von Strom und Spannung beim Einpulsstromrichter mit rein ohmscher Belastung

das Ventil während der einen Halbwelle leitend und während der anderen sperrend ist (Spannungsabfall am Ventil u_v). Abb. 5/2 zeigt den zeitlichen Verlauf von Strom und Spannung sowie die Länge von Leit- und Sperrdauer. Den zwei verschiedenen Funktionen des Ventils entsprechend müssen für den Stromkreis auch zwei verschiedene Gleichungen angeschrieben werden; es gilt

1. während der Leitdauer $(0 < \vartheta < \pi): i = e/R,$ (5/2)
2. während der Sperrdauer $(\pi < \vartheta < 2\pi): i = 0.$ (5/3)

Während der Sperrdauer liegt die gesamte Wechselspannung am Ventil (Sperrspannung). Leitdauer β und Sperrdauer δ sind gleich lang.

$$\beta = \delta = \pi .$$

Abb. 5/2 zeigt deutlich, daß sowohl im Wechselstrom- wie im Gleichstromkreis ein Halbwellenstrom fließt, der einen Gleichanteil mit überlagerten Wechselströmen besitzt und demgemäß als „Mischstrom" (DIN 40113) zu bezeichnen ist. Um die einzelnen Anteile zu trennen, vollzieht man die FOURIER-Analyse, deren Ergebnis im vorliegenden Falle sowohl für den Strom als auch für die Gleichspannung gilt, weil beide den gleichen zeitlichen Verlauf besitzen. Da bei Stromrichtern mit erzwungener Wechselspannung auch die gleichgerichtete Spannung in erster Näherung als eine erzwungene Spannung betrachtet werden kann, so wird hier und im folgenden die FOURIER-Analyse für die gleichgerichtete *Spannung* durchgeführt werden. Diese ist eine periodische Zeitfunktion

$$u(t) = u(t + T)$$

mit der Periode $T = 2\pi/\omega$. Demgemäß läßt sich der zeitliche Verlauf von u in Form einer unendlichen Reihe anschreiben

$$u(t) = \bar{U} + \sum_{1}^{\infty} U_n \sqrt{2} \sin(n\omega t + \varphi_n), \tag{5/4}$$

wobei $\bar{U}$ den arithmetischen Mittelwert, U_n den Effektivwert der n-ten Oberwelle und φ_n deren Phasenverschiebungswinkel (in bezug auf die Wechselspannung e) bedeuten. Da sich jede phasenverschobene sinusförmige Schwingung in 2 Komponenten mit einer gegenseitigen Phasenverschiebung von 90° zerlegen läßt, so gilt auch

$$u(t) = B_0 + \sum_{1}^{\infty} A_n \sin n\omega t + \sum_{1}^{\infty} B_n \cos n\omega t \tag{5/5}$$

mit den Beziehungen für die Amplituden

$$U_n \sqrt{2} = [A_n^2 + B_n^2]^{1/2} \tag{5/6}$$

und die Phasenwinkel

$$\tan \varphi_n = B_n / A_n , \tag{5/7}$$

wobei sich die Koeffizienten

$$\left.\begin{aligned} B_0 &= \frac{1}{2\pi} \int_0^{2\pi} u(t)\, d\omega t, \\ A_n &= \frac{1}{\pi} \int_0^{2\pi} u(t) \sin n\omega t \cdot d\omega t \quad \text{für} \quad n = 1, 2, \ldots, \\ B_n &= \frac{1}{\pi} \int_0^{2\pi} u(t) \cos n\omega t \cdot d\omega t \quad \text{für} \quad n = 1, 2, \ldots . \end{aligned}\right\} \tag{5/8}$$

aus den Orthogonalitätsrelationen der trigonometrischen Funktionen unmittelbar ergeben.

Im besonderen erhält man für den *arithmetischen Mittelwert* der gleichgerichteten Spannung, der im folgenden „Gleichspannung" genannt wird,

$$\bar{U} = B_0 = \frac{1}{T}\int_0^T u(t)\,dt = \frac{1}{2\pi}\int_0^\pi E\sqrt{2}\sin\omega t\,d\omega t = E\sqrt{2}\cdot\frac{1}{\pi}. \qquad (5/9)$$

Für die Fourier-Koeffizienten ergibt sich analog:

$$\left.\begin{aligned} A_1 &= \frac{\hat{e}}{\pi}\int_0^\pi \sin^2\omega t\cdot d\omega t = \frac{\hat{e}}{\pi}\cdot\frac{\pi}{2},\\ A_n &= \frac{\hat{e}}{\pi}\int_0^\pi \sin\omega t\cdot\sin n\omega t\cdot d\omega t = 0,\\ B_1 &= \frac{\hat{e}}{\pi}\int_0^\pi \sin\omega t\cdot\cos\omega t\cdot d\omega t = 0,\\ B_n &= \frac{\hat{e}}{\pi}\int_0^\pi \sin\omega t\cdot\cos n\omega t\cdot d\omega t\\ &= \frac{\hat{e}}{\pi}\cdot\frac{-2}{n^2-1} \quad \text{für} \quad n = 2, 4, 6\ldots \end{aligned}\right\} \qquad (5/10)$$

bzw. nach (5/6) und (5/7)

$$\left.\begin{aligned} &U_1\cdot\sqrt{2} = A_1 = E\sqrt{2}\cdot\frac{1}{2}; \quad \tan\varphi_1 = \frac{B_1}{A_1} = 0; \quad \varphi_1 = 0,\\ &U_n\cdot\sqrt{2} = B_n = -E\sqrt{2}\,\frac{2/\pi}{n^2-1};\\ &\tan\varphi_n = \frac{B_n}{A_n} = -\infty; \quad \varphi_n = -\pi/2. \end{aligned}\right\} \qquad (5/11)$$

Damit lautet die Fourier-Reihe der gleichgerichteten Spannung:

$$\begin{aligned} u &= E\sqrt{2}\left[\frac{1}{\pi} + \frac{1}{2}\sin\omega t - \frac{2}{\pi}\cdot\frac{1}{3}\cos 2\omega t - \frac{2}{\pi}\frac{1}{15}\cos 4\omega t\ldots\right]\\ &= \bar{U}\left[1 + \frac{\pi}{2}\sin\omega t - \frac{2}{3}\cos 2\omega t - \frac{2}{15}\cos 4\omega t - \cdots\right]. \qquad (5/12) \end{aligned}$$

Da man öfters die Effektivwerte der dem Gleichspannungsmittelwert überlagerten Wechselspannungen benötigt, so sind deren Zahlenwerte in Tab. 5/1 zusammengestellt.

Die Fourier-Analyse zeigt, daß die gleichgerichtete Spannung $u(t)$ aus deren arithmetischen Mittelwert $\bar{U}$ und einer unendlichen Reihe von Wechselspannungen zusammengesetzt ist. Da die Frequenzen dieser

Tabelle 5/1. *Effektivwerte U_n der gleichgerichteten Spannung, bezogen auf den arithmetischen Mittelwert $\bar{U}$*

n	1	2	3	4	5	6	7	8	9	10
$U_n/\bar{U}$	1,1107	0,4714	0	0,0943	0	0,0404	0	0,0224	0	0,0143

Wechselspannungen in rationalen Verhältnissen stehen, pflegt man von „harmonischen Oberschwingungen" zu sprechen. Die niedrigste dieser Frequenzen f_1 steht mit der Frequenz der speisenden Wechselspannung f (Netzfrequenz) durch die Beziehung

$$f_1 = p \cdot f \tag{5/13}$$

in Verbindung, wobei p die Pulszahl des Stromrichters bedeutet.

Da diese Mischung von Gleich- und Wechselgrößen für die Stromrichtertechnik kennzeichnend ist, sollen diese Verhältnisse etwas näher betrachtet werden. Der einfachste Fall einer Superposition lautet: $u = \bar{U} + U_1\sqrt{2}\sin\omega t$.

Bildet man den Effektivwert[1]

$$U = \sqrt{\frac{1}{T}\int_0^T u^2(t)\,dt},$$

so muß man zuerst quadrieren: $u^2 = \bar{U}^2 + U_1^2(1 - \cos 2\,\omega t) + 2\,\bar{U}\,U_1\sqrt{2}\sin\omega t$. Bei der Integration fallen dann die zeitabhängigen Glieder weg, und es verbleibt

$$U = \sqrt{\bar{U}^2 + U_1^2}\,.$$

Im Falle der FOURIER-Reihe (5/4) hat man analog zu verfahren und erhält

$$U = \sqrt{\bar{U}^2 + \sum U_n^2}\,, \tag{5/14}$$

wobei man $U_\sim = \sqrt{\sum U_n^2}$ als *Effektivwert der Oberwellenspannungen* (oder „Welligkeits-Effektivwert") bezeichnet.

Dieser läßt sich mittels der in Tab. 5/1 befindlichen Zahlenwerte sofort ermitteln. Bei geringen Genauigkeitsansprüchen geht man dabei am einfachsten graphisch vor. Wie in Abb. 5/3 dargestellt, geht man von der Grundwelle U_1 aus und addiert die erste Harmonische U_2, indem man diese im rechten Winkel anfügt und derart $[U_1^2 + U_2^2]^{1/2}$ erhält. Hierzu addiert man in gleicher Weise dann die folgenden Oberwellenspannungen und erhält schließlich

$$U_\sim \approx \bar{U} \cdot 1{,}2\,. \tag{5/15}$$

[1] Der quadratische Mittelwert, die Wurzel aus dem Mittelwert der Quadrate der Augenblickswerte, kennzeichnet die Wärmewirkung (den „Effekt", wie man früher sagte) des Stromes; man nennt ihn daher den „Effektivwert" des Stromes. [Meßinstrumente für arithmetische Mittelwerte: Drehspulinstrumente] [Meßinstrumente für effektive Mittelwerte: Dreheiseninstrumente]

Dieses Ergebnis kann man auch noch auf einem anderen Wege und überdies erheblich genauer erhalten. Man geht dazu von der obigen Beziehung $U = [\bar{U}^2 + U_{\sim}^2]^{1/2}$ aus und berechnet zuerst den Effektivwert der gleichgerichteten Spannung U:

$$U = \sqrt{\frac{1}{T}\int_0^T u^2(t)\,dt} = \left[\frac{1}{2\pi}\int_0^{\pi}\left(E\sqrt{2}\sin\omega t\right)^2\cdot d\omega t\right]^{1/2} = E/\sqrt{2} \qquad (5/16)$$

und damit

$$U_{\sim} = [U^2 - \bar{U}^2]^{1/2} = \left[\frac{E^2}{2} - \bar{U}^2\right]^{1/2} = \left[\frac{\pi^2}{4} - 1\right]^{1/2}\bar{U} = 1{,}211\cdot\bar{U}. \qquad (5/17)$$

Den arithmetischen Mittelwert des Stromes $\bar{I}$ und den Effektivwert I errechnet man mittels

$$i = u/R = \hat{e}\sin\vartheta/R \qquad (5/18)$$

aus den Gln. (5/9) und (5/16). Ihr Verhältnis ergibt sich zu

$$I = \bar{I}\,\pi/2. \qquad (5/19)$$

Mit diesen Zahlenwerten sind die Spannungs- und Stromverhältnisse festgelegt. Eine besonders anschauliche Kennzeichnung gelingt mit dem Begriff der „Welligkeit". Diese wird sowohl für die Spannung wie auch für den Strom angewendet, wobei man z. B. als *Spannungswelligkeit* W_u das Verhältnis des Effektivwertes der Oberwellenspannungen $U_{\sim}$ zum arithmetischen Mittelwert der Gleichspannung $\bar{U}$ bezeichnet:

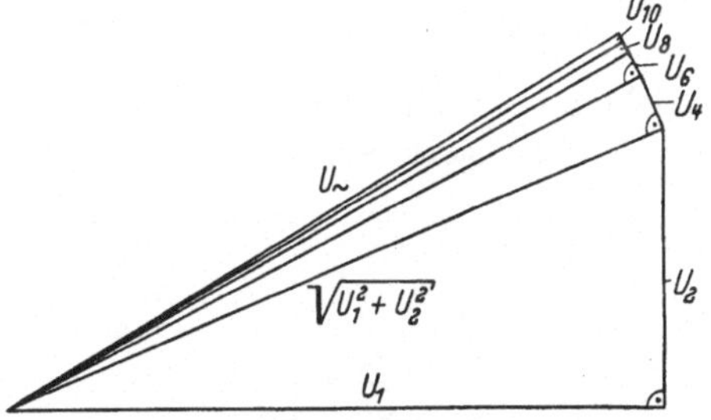

Abb. 5/3. Graphische Ermittlung des Effektivwertes der Oberwellenspannungen $U_{\sim}$

$$W_u = \frac{U_{\sim}}{\bar{U}} = 1{,}211. \qquad (5/20)$$

Da der Strom den gleichen zeitlichen Verlauf besitzt wie die gleichgerichtete Spannung, so gilt im vorliegenden Falle: $W_i = W_u$.

b) Rein induktive Belastung

Während der Leitzeit liegt die Wechselspannung e an der gleichstromseitigen Induktivität L und der Strom ist durch

$$e = L\frac{di}{dt}$$

bestimmt. Damit ist bereits die für die in Abb. 5/4 dargestellte Schaltung gültige Differentialgleichung gewonnen

$$\frac{di}{dt} = \frac{\hat{e}}{L}\sin\omega t,$$

deren Integration

$$i = -\frac{\hat{e}}{\omega L}\cos\omega t + K$$

liefert. Da im Zündzeitpunkt

$$\omega t = 0 : i = 0$$

gilt, so erhält man mit dieser Anfangsbedingung für die Integrationskonstante $K = \frac{\hat{e}}{\omega L}$ und für den Stromverlauf

$$i = \frac{\hat{e}}{\omega L} [1 - \cos \omega t], \tag{5/21}$$

der in Abb. 5/5 graphisch dargestellt und durch eine Leitdauer $\beta = 2\pi$ gekennzeichnet ist. Aus der gleichen Abbildung liest man sofort den arithmetischen Mittelwert ab:

$$\bar{I} = E\sqrt{2}/\omega L, \tag{5/22}$$

welchem ein einwelliger Wechselstrom überlagert ist:

$$I_1 = \frac{E}{\omega L}, \quad \varphi_1 = -90^\circ. \tag{5/23}$$

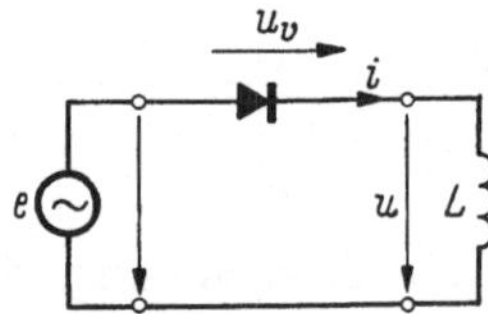

Abb. 5/4. Einpulsstromrichter mit rein induktiver Belastung

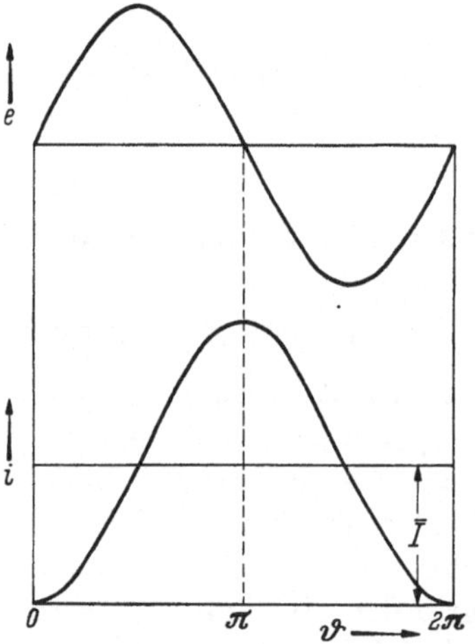

Abb. 5/5. Zeitlicher Verlauf von Strom und Spannung beim Einpulsstromrichter mit rein induktiver Belastung

Eine Fourier-Analyse ist hier überflüssig, da keine weiteren Oberwellen auftreten. Demgemäß ist auch $I_\sim = I_1 = E/\omega L$ bzw. $I_\sim = \bar{I}/\sqrt{2}$.

Für den Effektivwert des gleichgerichteten Stromes erhält man

$$I = \sqrt{\bar{I}^2 + I_\sim^2} = \bar{I} \cdot 1{,}225. \tag{5/24}$$

Die Spannung an der Induktivität ist eine reine Wechselspannung, deren arithmetischer Mittelwert natürlich verschwindet:

$$\bar{U} = 0. \tag{5/25}$$

Demgemäß ist die Spannungswelligkeit

$$W_u = \infty, \tag{5/26}$$

während die Stromwelligkeit

$$W_i = I_\sim/\bar{I} = 0{,}707 \tag{5/27}$$

beträgt.

c) Rein kapazitive Belastung

Die Anordnung der drei idealen Schaltelemente zeigt Abb. 5/6. Wie in den vorhergehenden Beispielen, liegt während der Leitzeit die Wechselspannung am Verbraucher, d. h. in diesem Falle am Kondensator:

$$u = \hat{e} \sin \omega t .$$

Da die Spannungsänderung den Ladestrom i einer Kapazität bestimmt,

$$i = C\, du/dt ,$$

so ergibt sich bei sinusförmiger Wechselspannung

$$i = \hat{e}\, \omega\, C \cos \omega t . \qquad (5/28)$$

Wie Abb. 5/7 zeigt, tritt nur ein einziger Stromstoß auf, durch welchen die Kapazität auf den Scheitelwert der Wechselspannung aufgeladen wird. Die erzeugte Gleichspannung $\bar{U} = E\sqrt{2}$ ist sodann zeitlich völlig konstant, die Spannungswelligkeit verschwindet.

$$W_u = 0 . \qquad (5/29)$$

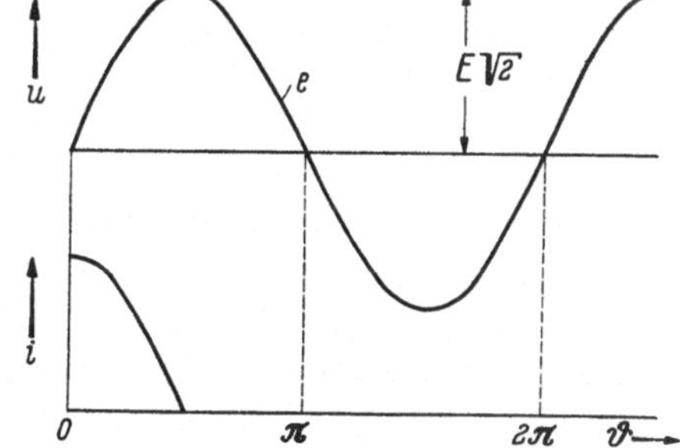

Abb. 5/6. Einpulsstromrichter mit rein kapazitiver Belastung

Abb. 5/7. Zeitlicher Verlauf von Strom und Spannung beim Einpulsstromrichter mit rein kapazitiver Belastung

Die Leitdauer beträgt in der Ladeperiode $\beta = \pi/2$; in den folgenden Perioden bleibt das Ventil gesperrt. Dabei wird das Ventil mit einer in Abb. 5/7 gut ersichtlichen Sperrspannung (Differenz zwischen Kondensatorspannung $\bar{U} = E\sqrt{2}$ und speisender Wechselspannung e) beansprucht, deren Scheitelwert

$$\hat{u}_v = 2\hat{e} = 2\bar{U}$$

beträgt.

Da der Ladevorgang nur aus einem einzigen Stromstoß besteht, d. h. sich nicht periodisch wiederholt (nichtstationärer Vorgang), so entfallen die Betrachtungen über Mittelwertbildung und FOURIER-Analyse.

d) Kaskadenschaltungen

Von den bisher betrachteten Einpulsschaltungen kommt dem kapazitiven Belastungsfall besondere praktische Bedeutung zu, weil dabei eine völlig oberwellenfreie Gleichspannung erzeugt wird. Diese Schaltung wird in der Meßtechnik bei dem sogenannten „Scheitelvoltmeter" angewendet, wobei das Voltmeter parallel zum Kondensator liegt. Es sind jedoch auch sogenannte „Kaskadenschaltungen" entwickelt worden, bei denen mehrere kapazitive Einpulsstromrichter in Reihe geschaltet sind und die vorzugsweise für die Erzeugung sehr hoher Gleichspannungen (für die Speisung von Röntgenröhren, Prüfeinrichtungen und kernphysikalische Forschungszwecke) verwendet werden.

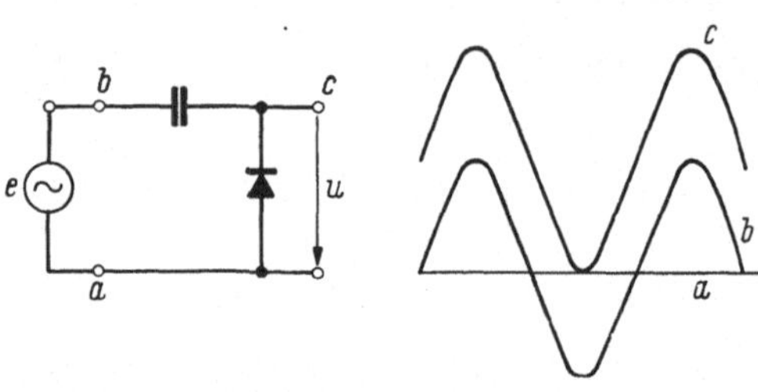

Abb. 5/8. VILLARD-Schaltung und Potentialverlauf der Punkte *a*, *b*, *c*

Bei der Betrachtung der Kaskadenschaltungen geht man vorteilhaft von einer Variante der oben erwähnten kapazitiv belasteten Einpulsschaltung, der sogenannten VILLARD-Schaltung (Abb. 5/8) aus. Bei dieser Schaltung erscheint die erzeugte Gleichspannung nicht am Kondensator C, sondern als Sperrspannung des Ventils. Die gleichgerichtete Spannung besteht aus einem Gleichspannungsanteil $\bar{U} = E\sqrt{2}$ und einem überlagerten, netzfrequenten Wechselspannungsanteil $u_{\sim} = E\sqrt{2}\sin\omega t$.

Speist man mit der Ausgangsspannung u der VILLARD-Schaltung ein kapazitiv belastetes Ventil (Abb. 5/9), so erhält man eine oberwellenfreie

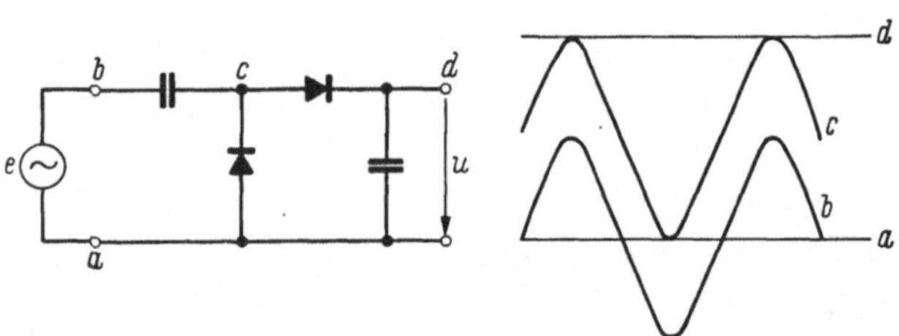

Abb. 5/9. VILLARD-Schaltung mit nachgeschaltetem Gleichrichter und Potentialverlauf der Punkte *a*, *b*, *c*, *d*

Gleichspannung von der Größe $\bar{U} = 2\,\hat{e}$, womit eine Verdoppelung der Gleichspannung gegenüber dem üblichen Einpulsstromrichter erreicht ist. Die Vorgänge in den beiden VILLARD-Schaltungen sind wohl mittels der graphischen Darstellungen über den zeitlichen Verlauf des Potentials an den verschiedenen Punkten ohne weiteres verständlich.

Schließt man mehrere derartige VILLARD-Schaltungen in geeigneter Weise hintereinander, wie es in Abb. 5/10 gezeigt ist, dann erhält man in Abb. 5/10a die sogenannte unsymmetrische Kaskadenschaltung, die von H. GREINACHER angegeben und von D. COCKROFT, E. T. S. WALTON und A. Bouwers in die Praxis eingeführt wurde. Die vorstehende elementare Beschreibung der Kaskadenschaltung gilt nur im Leerlauf. Sobald eine solche Anordnung merklich belastet wird, werden die Verhältnisse wesentlich komplizierter, wobei auch ihre Welligkeit rasch zunimmt. Eine bemerkenswerte Verbesserung stellt die von W. Heilpern (1955) angegebene symmetrische Kaskadenschaltung (Abb. 5/10b) dar, welche sich durch sehr kleine Welligkeit auszeichnet. Über Kas-

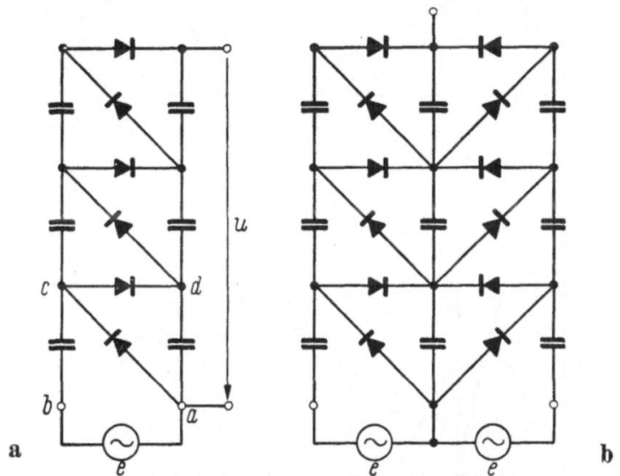

a b

Abb. 5/10. Dreistufige Kaskadenschaltungen
a) unsymmetrische, b) symmetrische Schaltung

kadenschaltungen besteht eine ausführliche Literatur, aus welcher die zusammenfassenden Darstellungen von E. Baldinger, H. Greinacher (1953) und H. Verse (1947, 1949) erwähnt seien.

5.2 Gemischte Belastungen

a) Parallelschaltung von Widerstand und Kapazität

Infolge der Parallelschaltung von Kapazität und Ohmschem Widerstand (Abb. 5/11) fließt während der *Leitzeit* ein Strom, welcher sowohl die Kapazität C auflädt als auch den Ohmschen Widerstand R speist:

$$i = i_C + i_R.$$

In der *Sperrzeit* wird der Kondensator durch den Ohmschen Widerstand entladen:

$$i_C = -i_R.$$

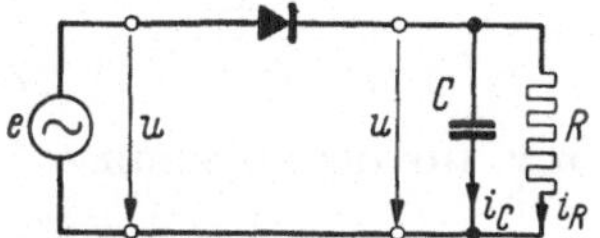

Abb. 5/11. Einpulsstromrichter mit ohmscher und kapazitiver Belastung

In der Regel wird jedoch der Kondensator während der Sperrdauer nur zu einem kleinen Teil entladen, so daß beim Beginn der nächsten positiven Halbwelle der Stromrichter erst dann zünden kann, wenn die speisende Spannung die noch vorhandene Ladespannung des Kondensators übersteigt.

Man erkennt, daß auch bei dieser Schaltung ein „Einschaltvorgang" stattfindet und sich der Dauerzustand in der Regel erst nach mehreren Perioden einstellt. Der Einschaltvorgang, welcher im wesentlichen durch die Aufladung des Kondensators bedingt ist, erfolgt in weitgehend ähnlicher Weise wie in 5/1c bereits beschrieben wurde. Im folgenden soll daher lediglich der ***stationäre Zustand*** untersucht werden. Dazu müssen

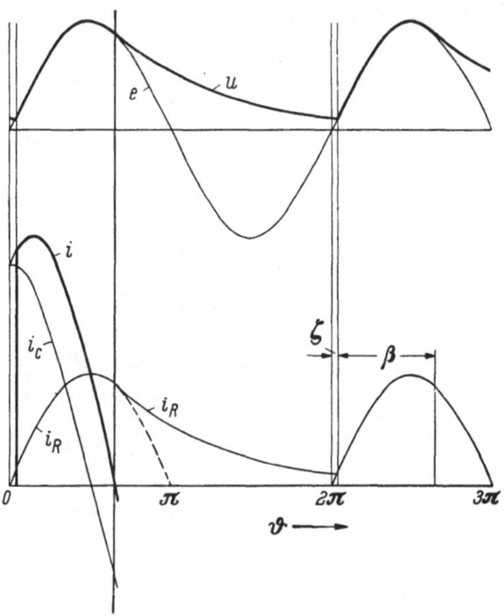

Abb. 5/12. Zeitlicher Verlauf von Spannung und Strom eines Einpulsstromrichters mit ohmscher und kapazitiver Belastung

zuerst die Vorgänge während der Leit- bzw. Sperrdauer sauber getrennt und schließlich mittels der Grenzbedingungen im Zünd- und Löschzeitpunkt wieder miteinander verknüpft werden.

Während der *Leitzeit* ergibt sich für die einzelnen Zweigströme:

$$i_R = \frac{\hat{e}}{R} \sin \omega t,$$

$$i_C = C \frac{de}{dt} = \omega C \hat{e} \cos \omega t$$

bzw. für deren Summe

$$i = E\sqrt{2}\left(\frac{1}{R}\sin\omega t + \omega C \cdot \cos\omega t\right)$$

$$= E\sqrt{2}\sqrt{R^{-2} + (\omega C)^2} \cdot \sin(\omega t + \operatorname{arc\,tan} \omega CR) \quad (5/30)$$

mit

$$\tan\varphi = \omega CR, \quad (5/31)$$

indem man die Komponenten nach den bekannten Regeln [R 5/1] der Wechselstromtechnik zusammensetzt.

Der *Löschwinkel* $\omega t = \zeta + \beta$ (s. Abb. 5/12) ist durch die Bedingung definiert, daß am Ende der Leitzeit der Ventilstrom i verschwindet:

$$i = i_R + i_C = 0,$$

woraus man für den Löschwinkel

$$\zeta + \beta = \operatorname{arc\,tan}(-\omega C R) \qquad (5/32)$$

erhält. Da R, C und ω positive Größen sind, muß $(\zeta + \beta)$ im 2. Quadranten liegen: $90° < (\zeta + \beta) < 180°$. In dem Maße, als C verringert wird, nähert man sich dem Falle einfacher Ohmscher Belastung, wobei $(\zeta + \beta) \to 180°$ geht. Der Löschwinkel $(\zeta + \beta)$ ist in Abb. 5/13 in Abhängigkeit von $\omega C R$ graphisch dargestellt.

Im Löschzeitpunkt beginnt die *Sperrzeit*, in welcher der Kondensator über den Widerstand R entladen wird. Ausgehend von der Spannungsgleichheit $u_C = u_R$ bzw.

$$\frac{d i_R}{dt} + \frac{1}{CR} i_R = 0$$

wird der Stromverlauf durch

$$i_R = A \exp\left(-\frac{\omega t}{\omega C R}\right)$$

beschrieben, wobei die Integrationskonstante A durch die *Stetigkeitsbedingung im Löschzeitpunkt* definiert ist. Diese besagt, daß im Löschzeitpunkt der Strom, welcher während der Leitzeit in den Widerstand R fließt, gleich sein muß dem Entladestrom des Kondensators im gleichen Zeitpunkt.

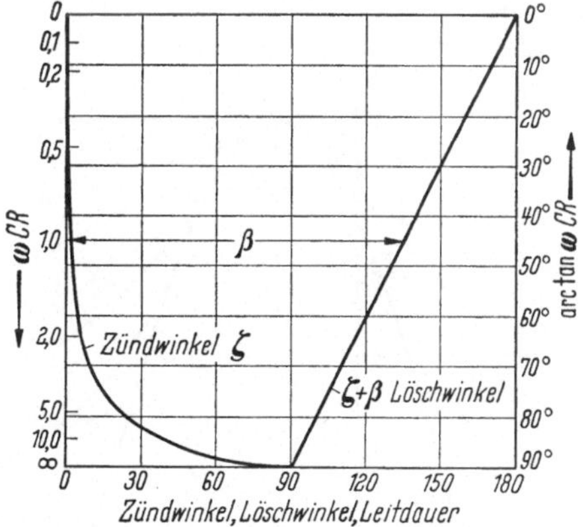

Abb. 5/13. Zündwinkel, Löschwinkel und Leitdauer in Abhängigkeit von $\omega C R$

$$\frac{E\sqrt{2}}{R} \sin(\zeta + \beta) = A \exp\left(-\frac{\zeta + \beta}{\omega C R}\right).$$

Daraus ergibt sich A, womit für den Entladestrom während der Sperrdauer geschrieben werden kann

$$i_R = \frac{E\sqrt{2}}{R} \sin(\zeta + \beta) \exp\left(-\frac{\omega t - (\zeta + \beta)}{\omega C R}\right). \qquad (5/33)$$

Den in dieser Gleichung noch enthaltenen Löschwinkel $(\zeta + \beta)$ kann man mittels seiner Bestimmungsgleichung (5/32) eliminieren und erhält dann [R 5/2]

$$i_R = \frac{E\sqrt{2}}{\sqrt{R^2 + \left(\frac{1}{\omega C}\right)^2}} \exp\left[\frac{\operatorname{arc\,tan}(-\omega C R) - \omega t}{\omega C R}\right].$$

Das *Ende der Sperrdauer* ist identisch mit dem Beginn der nächsten Leitdauer ($\omega t = 2\pi + \zeta$) und ist dadurch bestimmt, daß die Speisespannung e der Kondensatorspannung u gleich wird; für den *Zündwinkel* ζ erhält man damit:

$$\sin\zeta = \sin(2\pi + \zeta) = \sin(\zeta + \beta)\exp\left[-\frac{2\pi - \beta}{\omega CR}\right]. \qquad (5/34)$$

Die vorstehende Gleichung ist transzendental und kann nicht explizite angeschrieben werden. Man kann jedoch, indem man den Spannungsverlauf für einige bestimmte Werte von ωCR berechnet, leicht den jeweiligen Schnittpunkt zwischen dem exponentiell abfallenden und dem sinusförmigen Kurventeil bestimmen (Abb. 5/14). Die derart ermittelten Zündwinkel sind zusammen mit dem durch (5/32) gegebenen Löschwinkel in Abb. 5/13 graphisch dargestellt. Die Differenz zwischen den beiden Winkeln liefert die Leitdauer.

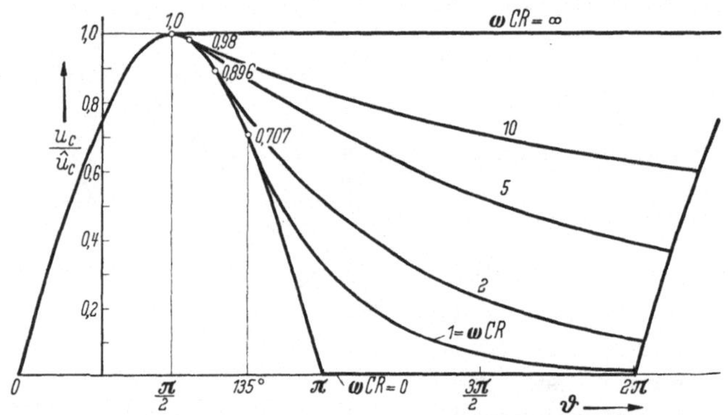

Abb. 5/14. Zeitlicher Verlauf der Kondensatorspannung

Nachstehend sind die Bestimmungsgleichungen für die verschiedenen Ströme zusammengestellt, wobei für die *Leitzeit:* $\zeta \leqq \omega t \gtreqless (\zeta + \beta)$ und die *Sperrzeit:* $(\zeta + \beta) \leqq \omega t \gtreqless (2\pi + \zeta)$ gilt.

Strom im Ohmschen Widerstand:

Leitzeit: $i_R = \frac{E\sqrt{2}}{R}\sin\omega t,$

Sperrzeit: $$i_R = \frac{E\sqrt{2}}{\sqrt{R^2 + (\omega C)^{-2}}}\exp\left[\frac{\arctan(-\omega CR) - \omega t}{\omega CR}\right].$$

Kondensatorstrom:

Leitzeit: $$i_C = E\sqrt{2}\,\omega C\cos\omega t,$$

Sperrzeit: $$i_C = -\frac{E\sqrt{2}}{\sqrt{R^2 + (\omega C)^{-2}}}\exp\left[\frac{\arctan(-\omega CR) - \omega t}{\omega CR}\right].$$

Ventilstrom:

Leitzeit: $i = E\sqrt{2}\sqrt{R^{-2} + (\omega C)^2}\sin[\omega t + \arctan(\omega C R)]$

Sperrzeit: $i = 0$.

Der Ausdruck für den Gleichstrom lautet:

$$\bar{I}_R = \frac{1}{2\pi}\left[\int\limits_{\zeta}^{\zeta+\beta}\frac{E\sqrt{2}}{R}\sin\vartheta\cdot d\vartheta + \right.$$

$$\left. + \int\limits_{\zeta+\beta}^{2\pi+\zeta}\frac{E\sqrt{2}}{\sqrt{R^2+(\omega C)^{-2}}}\exp\left[\frac{\arctan(-\omega C R) - \vartheta}{\omega C R}\right]\cdot d\vartheta\right],$$

woraus nach Integration [R 5/3]

$$\bar{I}_R = \frac{E\sqrt{2}}{2\pi}\sqrt{(R)^{-2} + (\omega C)^2}\,(1 - \cos\beta) \tag{5/35}$$

erhalten wird.

Die Einflüsse, welche durch Veränderungen der Größe des Kondensators oder des Widerstandes hervorgerufen werden, werden durch eine dimensionslose Schreibweise besonders deutlich. Aus

$$\bar{I}_R\frac{R}{E\sqrt{2}} = \frac{1}{2\pi}\sqrt{1 + (\omega C R)^2}\,(1 - \cos\beta)$$

erhält man den Einfluß von Kapazitätsänderungen und aus

$$\bar{I}_R\cdot\frac{\frac{1}{\omega C}}{E\sqrt{2}} = \frac{1}{2\pi}\sqrt{1 + \left(\frac{1}{\omega C R}\right)^2}\,(1 - \cos\beta)$$

den Einfluß der Veränderung des Belastungswiderstandes auf den Gleichstrom. Der arithmetische Mittelwert $\bar{I}_R$ des Gleichstromes im Belastungswiderstand R wächst mit zunehmendem C und nähert sich dem Wert $E\sqrt{2}/R$ als einem Grenzwert, wenn $\omega C R$ gegen ∞ geht. Die diesbezüglichen graphischen Darstellungen sind in Abb. 5/15 enthalten. Der Strom geht für den Fall $R = 0$ gegen ∞, da in der obigen Ableitung die Verluste im Gleichrichter und die Impedanzen der Wechselstromquelle vernachlässigt wurden. Für $R = \infty$ ergibt sich der bereits vorstehend behandelte andere Grenzfall einer rein kapazitiven Belastung eines Einpulsstromrichters.

Die durch den Stromrichter fließenden Ströme nehmen um so mehr den Charakter kurzer Stromstöße an, als man bestrebt ist, einen möglichst konstanten Gleichstrom mit kleiner Welligkeit im Belastungswiderstand R zu erzielen. Diese Betriebsart ist jedoch für die Stromrichterventile nicht sehr vorteilhaft und für Gasentladungsgefäße mit

Oxydkathode geradezu gefährlich, da durch die hohen Scheitelströme die Kathodenlebensdauer verringert werden kann.

Der zeitliche Verlauf der gleichgerichteten Spannung wird durch 2 Gleichungen beschrieben:

a) Leitzeit: $u = E\sqrt{2}\sin\omega t,$

b) Sperrzeit: $u = E\sqrt{2}\sin(\zeta + \beta)\exp\left[-\frac{\omega t - (\zeta + \beta)}{\omega C R}\right].$

Demgemäß muß man bei der Harmonischen Analyse für jeden der obigen Zeitabschnitte eine gesonderte Berechnung durchführen und die dabei erhaltenen Oberwellen schließlich addieren.

b) Parallelschaltung von Widerstand und Induktivität

Legt man eine Wechselspannung e an die in Abb. 5/16 dargestellte Stromrichteranordnung, so fließt durch das Ventil ein Strom i, der sich verzweigt und in der Induktivität den Anteil i_L, im Widerstand den Anteil i_R besitzt:

$$i = i_L + i_R.$$

Während der *Leitzeit* sind diese Ströme voneinander unabhängig und nur durch die treibende Wechselspannung bestimmt [Gln. (5/18), (5/21)],

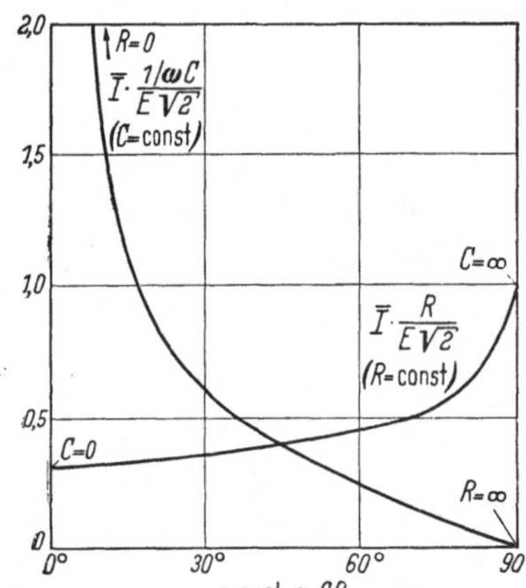

Abb. 5/15. Abhängigkeit des Gleichstromes $\bar{I}$ von der Größe des Kondensators C bzw. des Widerstandes R

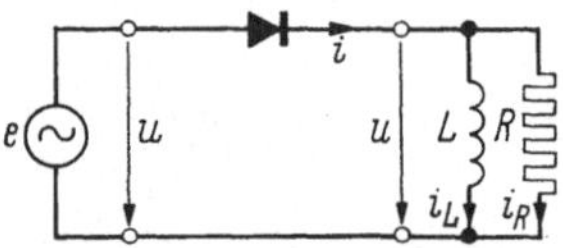

Abb. 5/16. Einpulsstromrichter mit ohmscher und induktiver Belastung in Parallelschaltung

deren Verlauf in Abb. 5/17a dargestellt ist. Die Leitdauer ist (wie immer in Stromrichterschaltungen) durch die zeitliche Differenz zwischen Zünd- und Löschzeitpunkt bestimmt, in denen $i = 0$ gilt. Im vorliegenden Falle gilt im *Löschzeitpunkt* (ωt_1):

$$\frac{E\sqrt{2}}{R}\sin\omega t_1 + \frac{E\sqrt{2}}{\omega L}(1 - \cos\omega t_1) = 0$$

bzw.

$$\frac{R}{\omega L} = \frac{\sin\omega t_1}{\cos\omega t_1 - 1}.$$

Während der *Sperrzeit* gilt

$$u_L = u_R$$

bzw.

$$L\frac{di}{dt'} + R i = 0$$

mit der Lösung

$$i = A e^{-Rt'/L}.$$

Für die Spannung gilt entsprechend

$$u_R = i R = A R e^{-Rt'/L}.$$

Da im Löschzeitpunkt die Spannung den Betrag

$$u = E\sqrt{2}\sin\omega t_1$$

hat, so ist damit bereits die Integrationskonstante bestimmt und man erhält

$$u_L = u_R = E\sqrt{2}\sin\omega t_1 e^{-Rt'/L} \tag{5/36}$$

mit $t' = t - t_1$. Während der Sperrzeit wird ein Teil der in der Induktivität L gespeicherten Energie im Widerstand vernichtet; die Spannung sinkt exponentiell.

Im Zeitpunkt t_2 wird die Spannung e positiver als u, die Spannung an der Last, infolgedessen kann das Ventil wieder zünden. Zündbedingung:

$$\sin\omega t_1 e^{-R(t_2 - t_1)/L} = \sin\omega t_2.$$

Die *nächste Leitzeit* beginnt also nicht im Nulldurchgang der Wechselspannung e, sondern bereits früher; außerdem fließt im Zeitpunkt t_2 in der Drossel ein Strom i_0. Für die Ströme kann man schreiben ($t > t_2$):

$$i_R = \frac{\hat{e}}{R}\sin\omega t,$$

$$i_L = \frac{\hat{e}}{\omega L}[1 - \cos\omega t] + i_0.$$

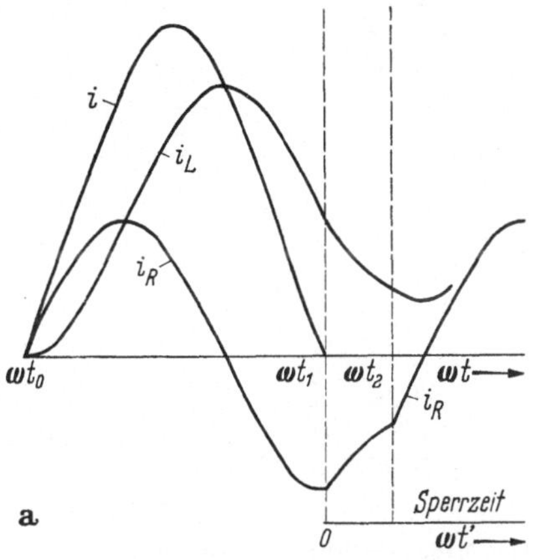

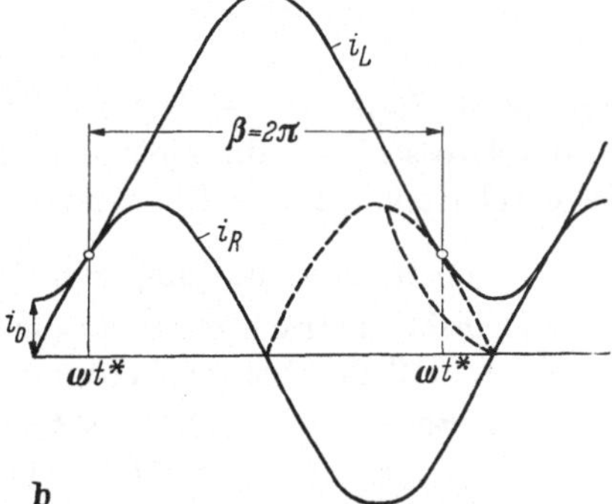

Abb. 5/17. Zeitlicher Verlauf der Ströme, falls zu Beginn stromloser Zustand besteht a) Beginn; b) Dauerzustand

Damit ist deutlich geworden, daß auch die vorliegende Schaltung erst nach einem Einschaltvorgang in den stationären Zustand gelangt. Im folgenden wird der *eingeschwungene Zustand* betrachtet. Während der Leitzeit gelten die vorstehenden Gleichungen. Daraus erhält man für den *Löschzeitpunkt* t_1 ($i = i_R + i_L = 0$):

$$\frac{R}{\omega L} = \frac{\sin\omega t_1 + i_0 R/E\sqrt{2}}{\cos\omega t_1 - 1}$$

und für den Zündzeitpunkt t_2:

$$\frac{R}{\omega L} = \frac{\sin \omega t_2 + i_0 R/E\sqrt{2}}{\cos \omega t_2 - 1}.$$

Die beiden Gleichungen für Zünd- und Löschzeitpunkt sind gleichlautend, was auch verständlich ist, da es sich ja in beiden Fällen um einen Punkt auf der Sinuslinie handelt; das bedeutet aber $t_2 = t_1$, d. h., im stationären Zustand stellt sich eine Leitdauer von $\beta = 2\pi$ ein (Abb. 5/17 b). Um den zu diesem Zustand gehörigen Winkel $t^* = t_1 = t_2$ sowie den Strom i_0 zu erhalten, ermittelt man in den vorstehenden Gleichungen den Maximalwert von i_0 als Funktion von ωt^*:

$$\tan \omega t^* = -\frac{\omega L}{R}.$$

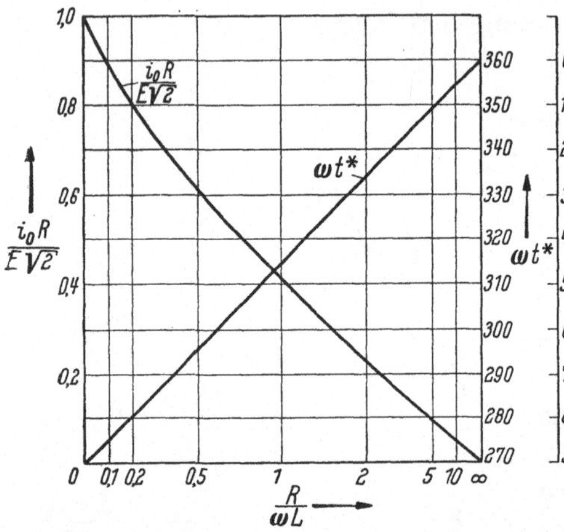

Abb. 5/18. Gleichstrom i_0 (im stationären Zustand) in Abhängigkeit von der Größe der Schaltelemente des Gleichstromkreises

Indem man damit in obige Gleichung eingeht, erhält man die in Abb. 5/18 dargestellten Zahlenwerte. Es sei hervorgehoben: Während der Strom in der Drossel stets die gleiche Richtung hat, fließt im Widerstand ein Wechselstrom von der Frequenz der speisenden Wechselspannung.

c) Reihenschaltung von Widerstand und Induktivität

Die bisher betrachteten Parallelschaltungen waren dadurch gekennzeichnet, daß der Strom während der Leitdauer jedem Schaltelement durch die speisende Wechselspannung aufgezwungen wurde. Im vorliegenden Falle (Abb. 5/19) erhält man für den Strom während der *Leitdauer* die *Differentialgleichung*

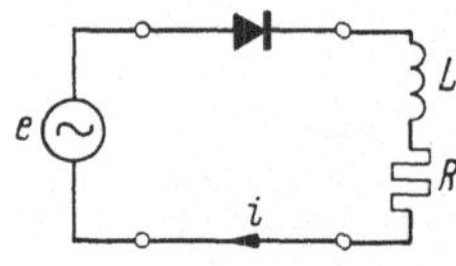

Abb. 5/19. Einpulsstromrichter mit ohmscher und induktiver Belastung in Reihenschaltung

$$e = L\frac{di}{dt} + iR,$$

deren vollständige Lösung sich aus 2 Anteilen ($i = i_Z + i_F$) zusammensetzt:

1. dem *erzwungenen Lösungsanteil* i_Z, welcher den Verlauf im Dauerzustand kennzeichnet, und
2. dem Ausgleichsvorgang oder dem *freien Lösungsanteil* i_F, welcher erforderlich ist, um physikalisch unmögliche Unstetigkeiten an Reaktanzen zu vermeiden.

Um den *erzwungenen Lösungsanteil* zu erhalten, verwendet man vorteilhaft die komplexe Schreibweise und setzt für

$$e = E\sqrt{2}\sin\omega t = Im[\mathfrak{E}\, e^{j\omega t}], \quad \text{bzw.} \quad i_Z = Im[\mathfrak{J}\, e^{j\omega t}],$$

wobei ω die erzwungene Kreisfrequenz bedeutet. Geht man damit in die obige Differentialgleichung, so ergibt sich unter Fortlassen des Faktors $e^{j\omega t}$

$$[j\omega L + R]\mathfrak{J} = \mathfrak{E} \quad \text{bzw.}$$

$$i_Z = Im\left[\frac{\mathfrak{E}}{R + j\omega L}e^{j\omega t}\right] = \frac{E\sqrt{2}}{|\mathfrak{R}|}\sin(\omega t - \varphi) \tag{5/37}$$

mit $\tan\varphi = \frac{\omega L}{R}$ und $|\mathfrak{R}| = \sqrt{R^2 + (\omega L)^2} = Z$.

Dies ist die Teillösung für den eingeschwungenen Zustand. Für den *Einschaltvorgang* (oder den transienten Vorgang) geht man von der homogenen Differentialgleichung aus, bei welcher keine äußere Spannung aufgezwungen ist:

$$\frac{di}{dt} + \frac{R}{L}i = 0.$$

Zur Lösung dieser Gleichung macht man einen ähnlichen Ansatz wie oben für den stationären Fall:

$$i_F = A\,e^{pt},$$

wobei p eine *komplexe* Größe (die sogenannte „natürliche" Frequenz des betrachteten Kreises) darstellt[1]. Durch Einsetzen erhält man

$$p + \frac{R}{L} = 0$$

und damit

$$i_F = A\,e^{-Rt/L}, \tag{5/38}$$

womit man die allgemeine Lösung der Differentialgleichung bereits anschreiben kann:

$$i = i_Z + i_F = \frac{E\sqrt{2}}{Z}\sin(\omega t - \varphi) + A\,e^{-Rt/L}.$$

Die Integrationskonstante A ist aus den Randbedingungen, im vorliegenden Falle z. B. aus der Anfangsbedingung:

$$t = 0 : i = 0$$

zu bestimmen:

$$A = -\frac{E\sqrt{2}}{Z}\sin(-\varphi),$$

[1] Die Verwendung des Buchstabens p ist in der Operatorenrechnung so allgemein üblich, daß dieses Symbol auch hier verwendet wird. Eine Verwechslung mit der Pulszahl p darf wohl als ausgeschlossen gelten.

womit man für den *Strom während der Leitdauer* $(0 < \omega t < \beta)$

$$i = \frac{E\sqrt{2}}{\sqrt{R^2 + (\omega L)^2}} [\sin(\omega t - \varphi) + \sin\varphi\, e^{-Rt/L}] \qquad (5/39)$$

und während der *Sperrdauer* $(\beta < \omega t < 2\pi)$

$$i = 0$$

erhält. Betrachtet man L als konstant und R als veränderlich, so ergibt sich für $R = 0$ der bereits oben betrachtete Grenzfall, der hier als „Kurzschluß" mit dem Index K bezeichnet werden soll:

$$i_K = \frac{E\sqrt{2}}{\omega L} [1 - \cos\omega t]. \qquad (5/21)$$

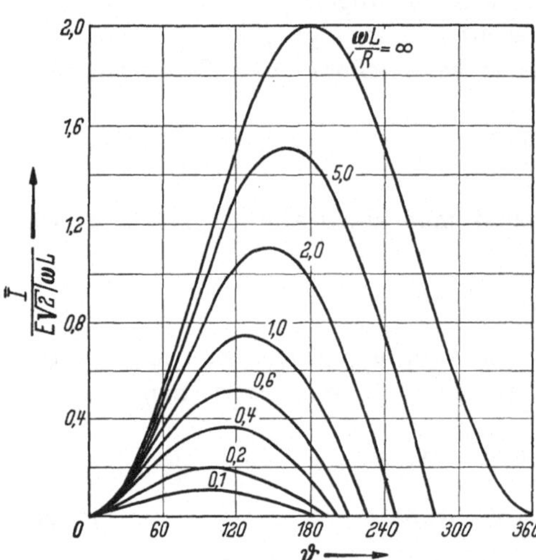

Abb. 5/20. Stromverlauf für verschiedene Werte von $\omega L/R$.

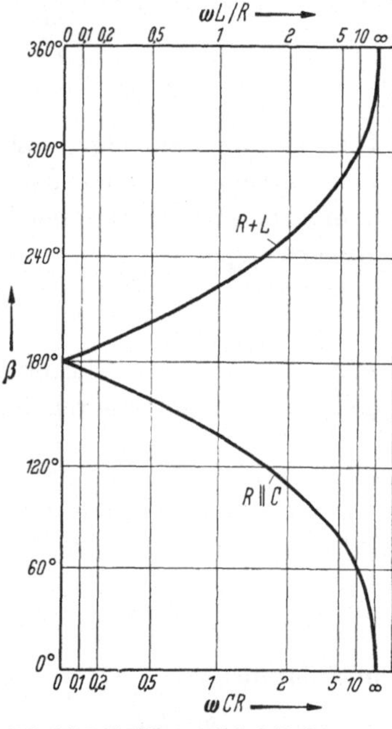

Abb. 5/21. Leitdauer β bei Reihen- und Parallelschaltung

In Abb. 5/20 ist der Stromverlauf für verschiedene Werte von $\frac{\omega L}{R}$ graphisch dargestellt, wobei die rein Ohmsche und die rein induktive Belastung die Grenzfälle bilden.

Die Leitdauer β erhält man aus der Löschbedingung $(i = 0)$:

$$\sin\left(\beta - \arctan\frac{\omega L}{R}\right) + \sin\left(\arctan\frac{\omega L}{R}\right) e^{-R\beta/\omega L} = 0, \qquad (5/40)$$

wobei diese transzendente Gleichung graphisch gelöst werden muß. Für $\omega L/R < 1$ wird $e^{-R\beta/\omega L} \ll 1$, wodurch sich die Näherungsgleichung

$$\beta \approx \pi + \arctan\frac{\omega L}{R}$$

ergibt (Abb. 5/21 Kurve $R + L$).

Der arithmetische Mittelwert des gleichgerichteten Stromes wird am einfachsten gemäß

$$\bar{I} = \frac{1}{2\pi}\int_0^\beta \left[\frac{E\sqrt{2}}{R}\sin\omega t - \frac{\omega L}{R}\frac{di}{d\omega t}\right] d\omega t = \frac{E\sqrt{2}}{\omega L}\frac{\omega L}{R}\frac{1-\cos\beta}{2\pi} \tag{5/41}$$

abgeleitet, wobei der zweite Term unter dem Integral verschwindet, weil i für die beiden Integrationsgrenzen gleich Null ist.

Im Kurzschluß ($R = 0$) gilt (5/22)

$$\bar{I}_K = \frac{E\sqrt{2}}{\omega L},$$

und damit $\frac{\omega L}{R}\frac{1-\cos\beta}{2\pi} = 1$. Da an der Induktivität keine Gleichspannung entstehen kann, so betrachtet man nur die Spannung am Ohmschen Widerstand, deren Mittelwert sofort aus (5/41) folgt:

$$\bar{U} = \bar{I}R = \frac{E\sqrt{2}}{2\pi}[1 - \cos\beta].$$

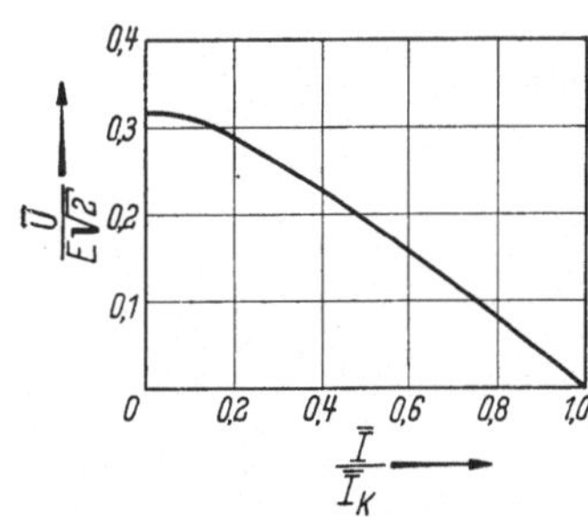

Abb. 5/22. Kennlinie einer Reihenschaltung von L und R

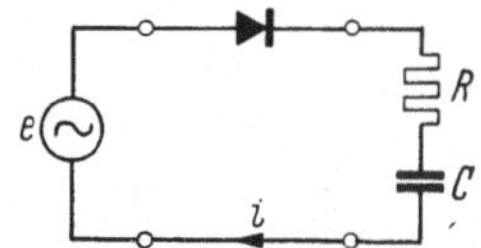

Abb. 5/23. Einpulsstromrichter mit ohmscher und kapazitiver Belastung in Reihenschaltung

Die vorstehenden Gleichungen kann man zusammenfassen

$$\left.\begin{aligned} \frac{\bar{U}}{E\sqrt{2}} &= \frac{1}{2\pi}[1-\cos\beta], \\ \frac{\bar{I}}{\bar{I}_K} &= \frac{\omega L}{R}\frac{1}{2\pi}[1-\cos\beta], \end{aligned}\right\} \tag{5/42}$$

womit man die in Abb. 5/22 dargestellte „Belastungskennlinie" zeichnen kann. Der funktionale Zusammenhang zwischen $\bar{U}$ und $\bar{I}$ kann nur mittels einer Hilfsgröße (dem Parameter β) dargestellt werden. Derartige Gleichungen, denen wir im folgenden noch öfter begegnen werden, nennt man „Parametergleichungen".

Abschließend sei noch eine Bemerkung zu der Entstehung der Ausgleichströme angebracht. Wie die diesbezügliche Differentialgleichung bereits zeigte, handelt es sich um keine von außen her wirkende Energiequellen, vielmehr sind es lediglich Speicherungen der Reaktanzen, welche hierbei ins Spiel gesetzt werden.

d) Reihenschaltung von Widerstand und Kapazität

Während der Leitzeit des Ventils gilt für die in Abb. 5/23 dargestellte Schaltung die Integralgleichung

$$R i + \frac{1}{C}\int i\,dt = \hat{e}\sin\omega t.$$

Indem man wieder wie oben vorgeht, erhält man für den erzwungenen Strom

$$i_Z = \frac{E\sqrt{2}}{\sqrt{R^2 + \left(\frac{1}{\omega C}\right)^2}}\sin(\omega t - \varphi)$$

mit
$$\tan\varphi = \frac{1}{R\omega C}$$

und für den freien Strom

$$i_F = A\,e^{pt}$$

mit $p = -\frac{1}{RC}$.

Daraus ergibt sich für den Gesamtstrom

$$i = i_Z + i_F$$

und mit der Anfangsbedingung $t = 0 : u_c = 0$

$$i = \frac{E\sqrt{2}}{\sqrt{R^2 + \left(\frac{1}{\omega C}\right)^2}}\left[\sin(\omega t + \varphi) - \frac{1}{\omega R C}\cos\varphi\, e^{-\frac{t}{RC}}\right]. \tag{5/43}$$

Die Kondensatorspannung $u_c = \frac{1}{C}\int i\,dt$ steigt gemäß

$$\frac{u_c}{E\sqrt{2}} = \frac{1}{\sqrt{1 + (\omega C R)^2}}\left[\cos\varphi\, e^{-t/RC} - \cos(\omega t + \varphi)\right] \tag{5/44}$$

an, wobei in der folgenden Periode die Zündung erst dann erfolgen kann, wenn die Wechselspannung e so groß geworden ist wie die Kondensatorspannung. Der Ladevorgang des Kondensators ist demnach in der Regel auf einige Perioden erstreckt, bis die Kondensatorspannung dem Scheitelwert der Wechselspannung gleicht:

$$u_{c\,\max} = E\sqrt{2}.$$

Das Ventil bleibt dann dauernd stromlos. Es liegt hier wieder ein einmaliger Einschaltvorgang vor.

e) Vergleichende Betrachtung

Die bisherigen Beispiele von gleichstromseitigen Belastungen von Einpulsstromrichtern zeigten gewisse Schaltungseigenschaften, die an die bekannten Reziprozitäten (oder Dualitäten) der klassischen Wechselstromlehre erinnern. Im besonderen zeigen sich folgende Entsprechungen:

Parallelschaltung R, C Reihenschaltung R, L.

Diese beiden Schaltungen sind (im stationären Zustand) für einen solchen Vergleich besonders gut geeignet. In Abb. 5/21 ist die Abhängigkeit der Leitdauer der beiden Schaltungen von $\frac{\omega L}{R}$ bzw. $\omega C R$ dargestellt. Man findet die Aussage bestätigt, daß ein Kondensator C, welcher mit dem Widerstand R die Zeitkonstante RC besitzt, die Leitdauer des Ventils im gleichen Maß verkürzt, wie sie eine Induktivität mit der Zeitkonstante $\frac{L}{R}$ verlängert. Im Grenzfall erhält man für rein induktive Last: $\beta = 2\pi$ und für rein kapazitive Last: $\beta = 0$.

Die beiden anderen Schaltungen:

Parallelschaltung R, L Reihenschaltung R, C

sind durch ausgeprägte Einschaltvorgänge gekennzeichnet. Im stationären Zustand ist die Leitdauer bei der Parallelschaltung: $\beta = 2\pi$ ($\bar{I} = \max$), bei Reihenschaltung: $\beta = 0$ ($\bar{U} = \max$). Insofern bieten sie zu einem Vergleich weniger Gelegenheit wie die beiden vorerwähnten Schaltungen.

Die volle Übersicht über die dualen Beziehungen erhält man erst dann, wenn man auch die Speisung aus Wechselstromquellen in Betracht zieht. Da eine derartige Erweiterung der Betrachtungen zu weit führen würde, mögen obige Andeutungen genügen.

f) Einpulsstromrichter mit „Nullanoden"-Ventil

Einpulsstromrichter mit rein induktiver oder mit ohmisch-induktiver Belastung in Reihenschaltung sind durch große Welligkeit des gleichgerichteten Stromes gekennzeichnet. Der Stromverlauf ist lückenhaft und daher für viele Zwecke ungeeignet. Eine wesentliche Verbesserung kann dadurch erreicht werden (M. Steenbeck, DRP 655484, 1931), daß man die Rücklieferung der in der Drossel gespeicherten Energie an das Wechselstromnetz verhindert, indem man ein sogenanntes „Nullanoden"-Ventil der Belastung parallel schaltet. (Der Name dieses zusätzlichen Ventils wird sofort verständlich, wenn man analog aufgebaute Mehrpulsschaltungen betrachtet, weil dort das Ventil an den Nullpunkt des Transformators angeschlossen

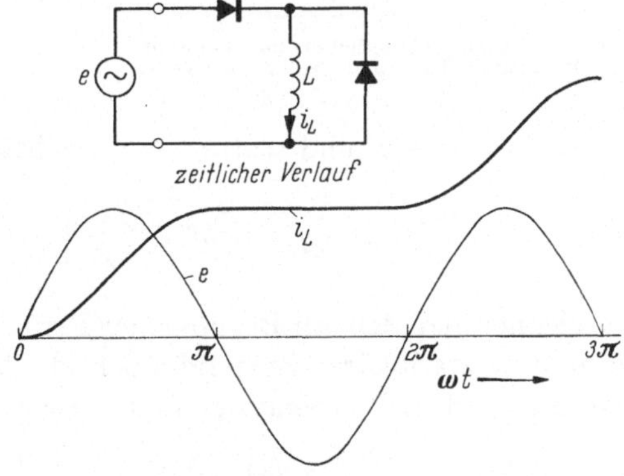

Abb. 5/24. Einpulsstromrichter mit induktiver Belastung und Nullanoden-Ventil

wird [J. v. ISSENDORFF u. W. HARTEL, 1954].) Im prinzipiell einfachsten Fall (Abb. 5/24) mit *rein induktiver Belastung* wird in der positiven Wechselspannungshalbwelle der Drossel Energie zugeführt. Wenn sich die Spannung umkehrt, fließt der Strom in der gleichen Richtung und Stärke über das Null-Ventil weiter, bis zu Beginn der nächsten positiven Halbwelle eine weitere Energiezufuhr einsetzt (W. D. COCKRELL).

Berücksichtigt man neben der Drossel auch den praktisch immer vorhandenen Ohmschen Widerstand (Abb. 5/25), so erhält man für den Stromverlauf während der Leitdauer (vgl. 5/39)

$$i_L = \frac{E\sqrt{2}}{Z}\left[\sin(\omega t - \varphi) + \sin\varphi \cdot e^{-\frac{R}{L}t}\right].$$

Mit der Annahme $R \ll \omega L$ wird $\sin\varphi = \sin\operatorname{arc}\tan\frac{\omega L}{R} = 1$ und die Leitdauer endet im Zeitpunkt $\omega t = \pi$, wobei der Strom den Betrag $i = i_{\max} = \frac{E\sqrt{2}}{Z}\left[1 + e^{-\frac{R}{\omega L}\pi}\right]$ erreicht.

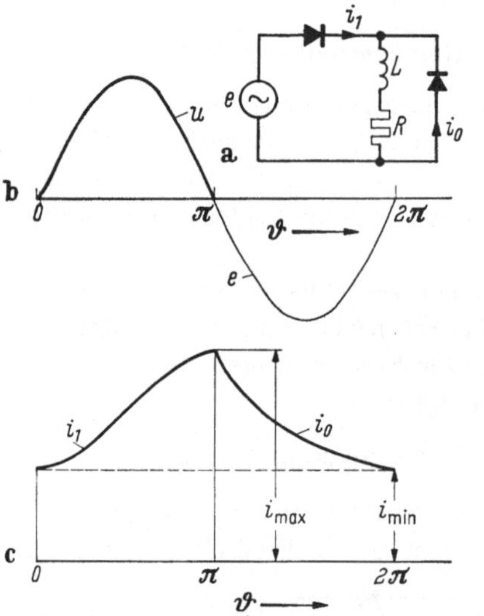

Abb. 5/25. Einpulsstromrichter mit ohmscher und induktiver Last und Nullanoden-Ventil

Während der Sperrzeit klingt der Strom exponentiell ab:

$$i = i_{\max} e^{-\frac{R}{L}t'}$$

mit $\omega t' = \omega t - \pi$ und beträgt im nächsten Zündzeitpunkt $\omega t = 2\pi$.

$$i = i_{\max} e^{-\frac{R}{\omega L}\pi} = \frac{E\sqrt{2}}{Z}\left[1 + e^{-\frac{R\pi}{\omega L}}\right] e^{-\frac{R\pi}{\omega L}}. \qquad (5/45)$$

Bezeichnet man den am Beginn einer Periode fließenden Strom mit $i_{\min}$, so muß im stationären Zustand am Ende der Periode der gleiche Strom erreicht werden. Während der Leitdauer gilt dann

$$i = \frac{E\sqrt{2}}{Z}\left[e^{-\frac{R}{L}t} - \cos\omega t\right] + i_{\min} e^{-\frac{R}{L}t} \qquad (5/46)$$

im Löschzeitpunkt:

$$\omega t = \pi : i = \frac{E\sqrt{2}}{Z}\left[1 + e^{-\frac{R\pi}{\omega L}}\right] + i_{\min} e^{-\frac{R\pi}{\omega L}} = i_{\max} \qquad (5/47)$$

im nächsten Zündzeitpunkt:

$$\omega t = 2\pi : i = \left[\frac{E\sqrt{2}}{Z}\left(1 + e^{-\frac{R\pi}{\omega L}}\right) + i_{\min} e^{-\frac{R\pi}{\omega L}}\right] e^{-\frac{R\pi}{\omega L}} = i_{\min},$$

woraus $i_{\min}$ folgt:

$$i_{\min} = \frac{E\sqrt{2}}{Z} \frac{1 + e^{-\frac{R\pi}{\omega L}}}{e^{+\frac{R\pi}{\omega L}} - e^{-\frac{R\pi}{\omega L}}} \tag{5/48}$$

Die gleichgerichtete Spannung u hat den gleichen Verlauf wie bei rein Ohmscher Belastung. Der Stromverlauf setzt sich aus 2 gleich langen Abschnitten zusammen: während der Leitzeit führt das Hauptventil den Strom i_1 und während der Sperrzeit führt das Nullanoden-Ventil den Strom i_0.

5.3 Ungesteuerter Einpulsstromrichter mit Gegenspannung

a) Ohmsche Strombegrenzung

H. Helmholtz hat 1853 mitgeteilt, wie man bei der Berechnung der Ströme in elektrischen Netzwerken mit mehreren Spannungsquellen

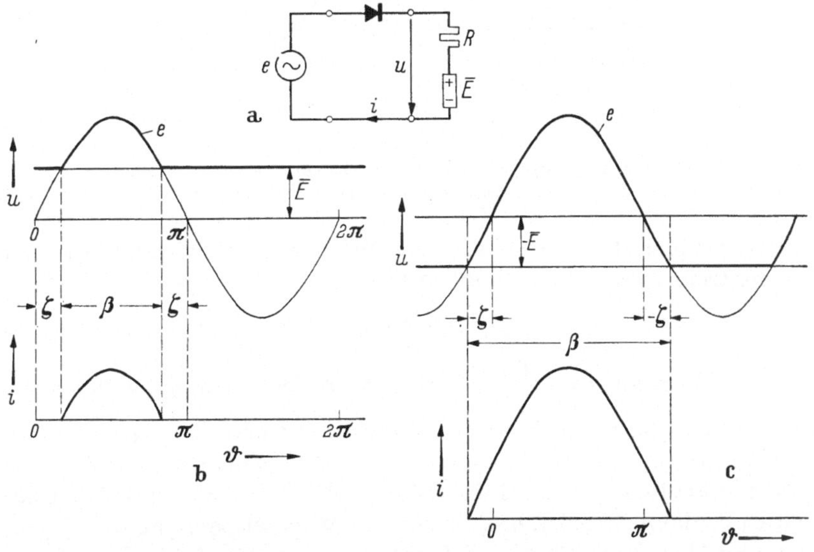

Abb. 5/26. Ungesteuerter Einpulsstromrichter mit Gleichspannungsquelle und Ohmschem Widerstand
a) Schaltung; b) zeitlicher Verlauf bei Gegenspannung; c) zeitlicher Verlauf bei Mitspannung

vorzugehen hat: man berechnet, indem man jeweils alle Spannungsquellen bis auf eine Null setzt, für diese die zugehörige Stromverteilung und erhält den tatsächlichen Stromverlauf, indem man alle Teilströme addiert *(Überlagerungsgesetz)*. Geht man in dieser Weise auch bei der in Abb. 5/26 dargestellten Schaltung vor, so erhält man für die Wechselspannung den Strom

$$i' = \frac{e}{R}$$

und für die Gleichspannung den Strom

$$i'' = -\frac{\bar{E}}{R},$$

wobei die Zählrichtung beachtet werden muß. Die Gleichspannung besitzt ein positives Vorzeichen, wenn sie als „Gegenspannung", ein

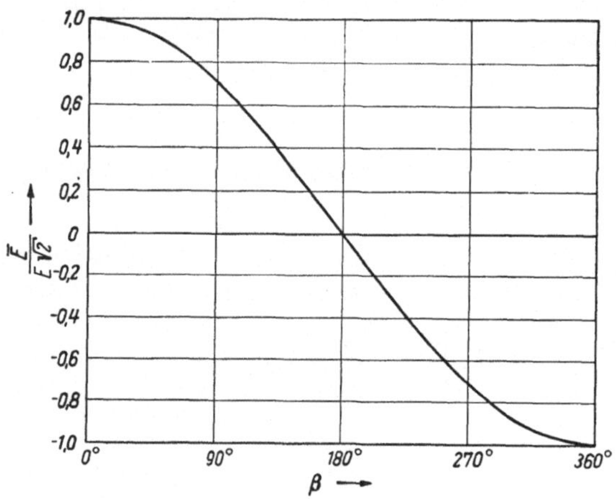

Abb. 5/27. Ungesteuerter Einpulsstromrichter mit ohmscher Strombegrenzung. Leitdauer β in Abhängigkeit von dem Verhältnis der Gleichspannung $\bar{E}$ zum Scheitelwert der Wechselspannung $E\sqrt{2}$

negatives Vorzeichen, wenn sie als „Mitspannung" wirksam ist. Der Gesamtstrom i ergibt sich durch Addition

$$i = i' + i'' = \frac{E\sqrt{2}}{R}[\sin\omega t - g] \qquad (5/49)$$

mit der Abkürzung $g = \frac{\bar{E}}{E\sqrt{2}}$. Wünscht man den Spannungsabfall eines realen Ventils (z. B. die Brennspannung eines Gasentladungsventils) zu berücksichtigen, so addiert man diesen zu der Gegenspannung. Wie man aus der graphischen Darstellung (Abb. 5/26b) sofort erkennt, kann das Ventil nur dann Strom führen, wenn die Wechselspannung die Gegenspannung überwiegt. Zünd- und Löschzeitpunkt sind durch Spannungsgleichheit bestimmt:

$$\sin\zeta = g = \frac{\bar{E}}{E\sqrt{2}}. \qquad (5/50)$$

Da alle Zeitabschnitte bzw. die diesen entsprechenden Winkel vom Nulldurchgang der sinusförmigen Wechselspannung e aus gezählt werden, so erhält man bei Mitspannung $-\bar{E}$ auch einen negativen Zündwinkel $-\zeta$ (vgl. Abb. 5/26c).

Die Leitdauer β ergibt sich zu

$$\beta = \pi - 2\zeta = \pi - 2\arcsin g$$

und ist in Abb. 5/27 graphisch dargestellt.

Durch Integration erhält man den Gleichstrom (arithmetischen Mittelwert) $\bar{I}$:

$$\bar{I} = \frac{1}{2\pi}\int_{\zeta}^{\pi-\zeta} i\,d\vartheta = \frac{E\sqrt{2}}{2\pi R}\int_{\zeta}^{\pi-\zeta} (\sin\omega t - g)\,d\vartheta = \frac{E\sqrt{2}}{\pi R}\left[\sqrt{1-g^2} - g\arccos g\right]. \tag{5/51}$$

Durch Veränderung des Widerstandes R oder der Gleichspannung $\bar{E}$ kann man die Größe des Gleichstromes $\bar{I}$ beeinflussen. In der Praxis wird das Verhältnis $\bar{E}/E\sqrt{2}$ in der Regel dadurch geändert, daß man die Größe der Wechselspannung mittels des Übersetzungsverhältnisses des Transformators (Stufentransformator) verändert. Den Zusammenhang zwischen $\bar{I}$ und der Gleichspannung $\bar{E}$ nennt man die *Kennlinie* des Stromrichters (Abb. 5/28). Solange $|\bar{E}| < |E\sqrt{2}|$ ist, erhält man einen „lückenhaften" Stromverlauf mit $\beta < 2\pi$. Für $g < -1$, wenn die Mitspannung größer ist als der Scheitelwert der Wechselspannung, fließt ein ununterbrochener Strom der Größe $\bar{I} = \bar{E}/R$. Die Kennlinie in Abb. 5/28 hat daher bei $g = -1$ eine Tangente mit der Gleichung: $\bar{I}R = \bar{E}$. Die dem Widerstand zugeführte Leistung stammt im Bereich $+1 > g > 0$ aus der Wechselspannungsquelle, im Bereich $0 > g > -1$ aus beiden Quellen und im Bereich $-1 > g$ lediglich aus der Gleichspannungsquelle.

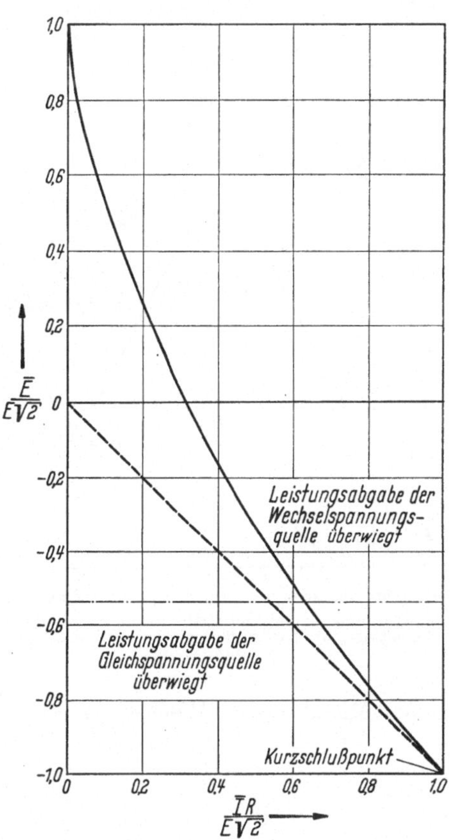

Abb. 5/28. Kennlinie eines ungesteuerten Einpulsstromrichters mit Gleichspannungsquelle $\bar{E}$ und ohmschem Widerstand

Im Grenzfall, wenn $g = -1$ und $\beta = 2\pi$ ist, ist die Leistungsabgabe während der positiven Halbwelle gerade gleich der Leistungsaufnahme während der negativen Halbwelle. In diesem Grenzfall wird die Leistungsbilanz ausschließlich von der Gleichspannungsquelle bestritten. — Wenn dagegen die Gleichspannung als Gegenspannung geschaltet ist, wird ihr durch den Gleichstrom i laufend Energie aus der Wechselspannungsquelle zugeführt. Zur Leistungsbilanz sei noch bemerkt: Durch Übereinkunft ist festgelegt worden, daß bei Leistungsabgabe einer Stromquelle der Strom von deren positiven Pol wegfließt; umgekehrt erfolgt Leistungsaufnahme, wenn der Strom zur positiven Klemme hinfließt, mit anderen Worten, es kommt darauf an, welches Vorzeichen das Produkt von Spannung und Strom während der Leitdauer besitzt. Da jedoch bei Stromrichtern die Richtung und damit das Vorzeichen des Stromes stets festliegt, so reduziert sich die obige Leistungsbetrachtung darauf, daß man den arithmetischen Mittelwert der Wechselspannung während der Leitdauer ermittelt:

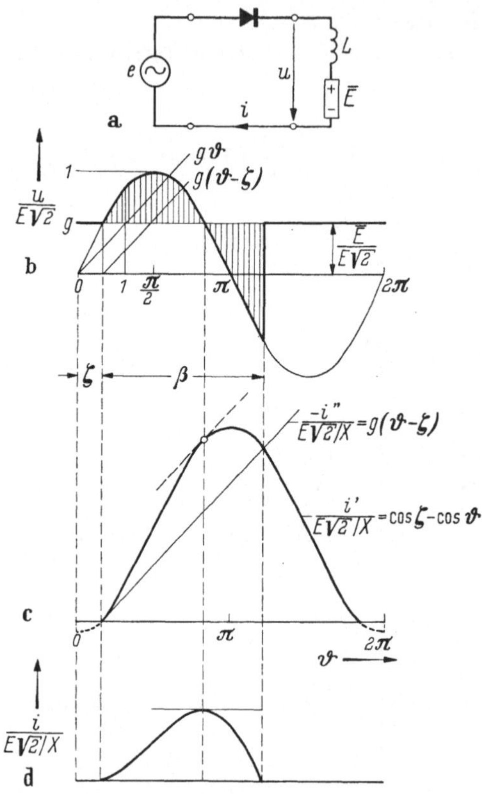

Abb. 5/29. Ungesteuerter Einpulsstromrichter mit Gegenspannung $\bar{E}$ und induktiver Strombegrenzung
a) Schaltung; b) Spannungsverlauf; c) Hilfskonstruktion; d) Stromverlauf

$$\bar{U} = \frac{1}{2\pi} \int_{\alpha}^{\alpha+\beta} e\, d\vartheta .$$

b) Induktive Strombegrenzung

Indem man wieder die Teilströme ermittelt, erhält man gemäß Abb. 5/29 für den *Wechselstromanteil* i':

$$\hat{e} \sin \omega t = L\, di'/dt$$

bzw.
$$i' = \frac{E\sqrt{2}}{\omega L}\int\limits_{\zeta}^{\omega t} \sin\omega t \cdot d\omega t = \frac{E\sqrt{2}}{\omega L}[\cos\zeta - \cos\omega t] \qquad (5/52)$$

für den *Gegenstromanteil* i'':
$$-\bar{E} = L\,di''/dt$$
bzw.
$$i'' = -\frac{\bar{E}}{\omega L}[\omega t - \zeta] \qquad (5/53)$$

und für den *Gesamtstrom* $i = i' + i''$
$$i = \frac{E\sqrt{2}}{\omega L}[\cos\zeta - \cos\omega t - g(\omega t - \zeta)]\,. \qquad (5/54)$$

Da der Zündzeitpunkt durch die Spannungsgleichung $\hat{e}\sin\zeta = \bar{E}$ bestimmt ist, erhält man aus den beiden Ausgangsgleichungen
$$\omega t = \zeta : \frac{di'}{dt} = -\frac{di''}{dt}\,,$$
d. h., die beiden Ströme haben im Zündzeitpunkt die gleiche Anstiegsgeschwindigkeit, was sich graphisch dadurch ausdrückt, daß $-i''$ die Tangente zu i' im Zündzeitpunkt bildet. Eliminiert man ζ, so lautet Gl. (5/54):
$$i = \frac{E\sqrt{2}}{\omega L}\left[\sqrt{1 - g^2} - \cos\omega t - g(\omega t - \operatorname{arc\,sin} g)\right]. \qquad (5/55)$$

Da im Löschzeitpunkt $\omega t = \zeta + \beta : i = 0$ gilt, so kann man daraus die *Leitdauer* β ermitteln [R 5/4]
$$\frac{g}{\sqrt{1 - g^2}} = \frac{1 - \cos\beta}{\beta - \sin\beta}\,. \qquad (5/56)$$

Zur Auswertung dieser Gleichung setzt man nach Müller-Lübeck (1935) vorübergehend $g = \sin x$, dann wird $\frac{g}{\sqrt{1 - g^2}} = \tan x$, was für die numerische Auswertung insofern nützlich ist, weil dann tabellierte Werte verwendet werden können. Das Ergebnis dieser Auswertung ist in Abb. 5/30 graphisch dargestellt. Da die Induktivität die Leitdauer (gegenüber Ohmscher Strombegrenzung) verlängert, so ist bei $g = 0$ bereits $\beta = 2\pi$ erreicht und damit ein stabiler Betrieb nur bei Gegenspannung möglich. Für eine Mitspannung würde sich Kurzschluß ergeben.

Bei der graphischen Darstellung verwendet man vorteilhaft normierte Größen (H.-P. Eggenberger). Die Spannungen sind in Abb. 5/29 auf $E\sqrt{2}$ und die Ströme auf $E\sqrt{2}/\omega L$ bezogen worden. Der zeitliche Verlauf der Spannung u ist dadurch gekennzeichnet, daß die von $e - \bar{E}$ gebildeten (schraffierten) Flächen gleich groß sein müssen. Errichtet man bei 1 rad $\equiv 57{,}296°$ eine Senkrechte auf die Zeitachse und legt eine Gerade durch den Schnittpunkt mit der Gegenspannungsgeraden g und den Nullpunkt ($\vartheta = 0$), so erhält man den Verlauf von $g \cdot \vartheta$. Eine Parallele durch $\vartheta = \zeta$ ergibt sogleich den Verlauf $g(\vartheta - \zeta)$. Damit kann man bereits den Verlauf des normierten Gegenstromes $-i''$ anzeichnen, denn dieser wird durch eine Gerade dargestellt, welche die gleiche Neigung zur Zeitachse besitzt wie die beiden vorerwähnten Spannungsgeraden:

$$-\frac{i''}{E\sqrt{2}/\omega L} = +g(\vartheta - \zeta).$$

Zeichnet man nun noch den Verlauf des Wechselstromanteiles ein:

$$\frac{i'}{E\sqrt{2}/\omega L} = \cos\zeta - \cos\vartheta,$$

der sich aus $(1 - \cos\vartheta)$ durch Verschiebung der Zeitachse ohne weiteres

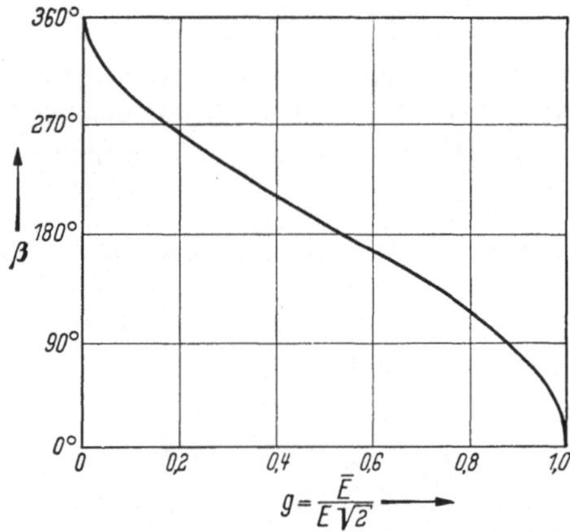

Abb. 5/30. Leitdauer β in Abhängigkeit vom Gegenspannungsverhältnis g

ergibt, so liefert die Differenz der beiden Teilströme ($i = i' - (-i'')$) den gesuchten Strom

$$\frac{i}{E\sqrt{2}/\omega L} = \cos\zeta - \cos\vartheta - g(\vartheta - \zeta). \qquad (5/57)$$

Den Gleichstrommittelwert $\bar{I}$ erhält man durch Integration von (5/55):

$$\bar{I} = \frac{1}{2\pi}\int\limits_{\zeta}^{\zeta+\beta} i\,d\vartheta = \frac{E\sqrt{2}}{\omega L}\,\frac{1}{2\pi}\left[\frac{1}{g}(1 - \cos\beta) - g\,\frac{\beta^2}{2}\right]. \qquad (5/58)$$

Im Grenzfall, wenn $g = 0$, erreicht der Strom seinen Höchstwert

$$\bar{I}_K = \frac{E\sqrt{2}}{\omega L}.$$

Die graphische Darstellung des Gleichstromes $\bar{I}$ in Abhängigkeit vom Gegenspannungsverhältnis g zeigt Abb. 5/31. Der aus Gegenspannung und Induktivität bestehende Gleichstromkreis ist, wie bei der Ableitung der Ersatzschaltbilder gezeigt wurde, von sehr großer praktischer Bedeutung: er gilt als näherungsweise Nachbildung von Gleichstrommotoren und elektrolytischen Zellen. Da überdies Mehrpulsstromrichter im sogenannten „lückenhaften Betrieb" den gleichen Stromverlauf zeigen wie einige parallel arbeitende phasenverschobene Einpulsstromrichter, so ist die in Abb. 5/31 dargestellte Kennlinie von grundlegender Bedeutung und wird noch wiederholt erwähnt werden.

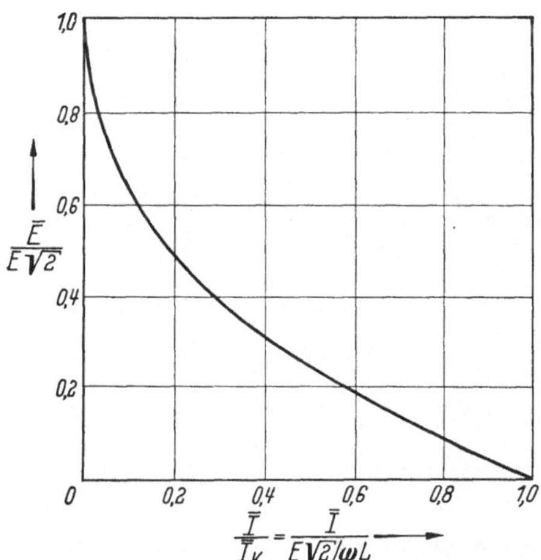

Abb. 5/31. Kennlinie des ungesteuerten Einpulsstromrichters mit Gegenspannung $\bar{E}$ und rein induktiver Strombegrenzung

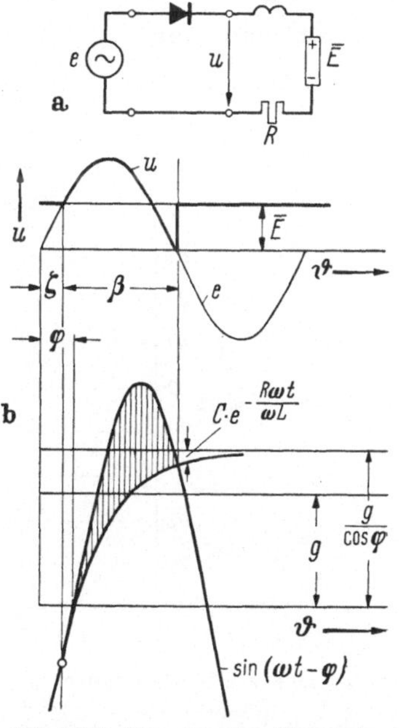

Abb. 5/32. Ungesteuerter Einpulsstromrichter mit Gegenspannung und ohmisch-induktiver Strombegrenzung
a) Schaltung; b) zeitlicher Verlauf von Strom und Spannung

c) Ohmsche und induktive Strombegrenzung

Indem man das Überlagerungsgesetz auch auf die in Abb. 5/32 dargestellte Schaltung anwendet, erhält man unter Heranziehung von (5/37) für den Wechselstromanteil i_Z' und $i_Z'' = -\bar{E}/R$ für den Gleichstromanteil. Für den erzwungenen Strom $i_Z = i_Z' + i_Z''$:

$$i_Z = \frac{\hat{e}}{Z} \sin(\omega t - \varphi) - \frac{\bar{E}}{R}.$$

Den *freien Strom* erhält man aus (5/38) und somit für den gesamten Strom $i = i_Z + i_F$

$$i = \frac{E\sqrt{2}}{Z} \sin(\omega t - \varphi) - \frac{\bar{E}}{R} + A\, e^{-Rt/L}. \qquad (5/59)$$

Die Zündung ($\omega t = \zeta : i = 0$) liefert die Integrationskonstante:

$$A = \left[\frac{E}{R} - \frac{E\sqrt{2}}{Z}\sin(\zeta - \varphi)\right] e^{\frac{R\zeta}{\omega L}},$$

womit der Stromverlauf bestimmt ist:

$$i = \frac{E\sqrt{2}}{Z}\left[\sin(\omega t - \varphi) - \sin(\zeta - \varphi)\, e^{\frac{R}{\omega L}(\zeta - \omega t)}\right] + \\ + \frac{E}{R}\left[e^{\frac{R}{\omega L}(\zeta - \omega t)} - 1\right]. \tag{5/60}$$

Bedenkt man, daß

$$\frac{1}{Z} = \frac{1}{R}\,\frac{1}{\sqrt{1 + \tan^2\varphi}} = \frac{\cos\varphi}{R}$$

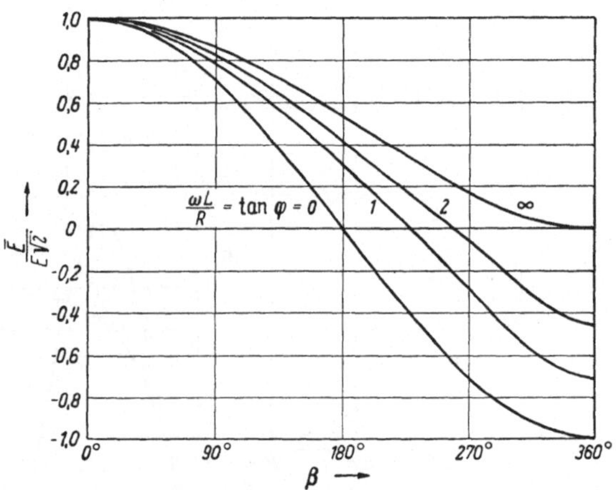

Abb. 5/33 Leitdauer β eines ungesteuerten Einpulsstromrichters mit Gleichspannung $\overline{E}$ und ohmisch-induktiver Strombegrenzung

geschrieben werden kann, so läßt sich obige Gleichung noch übersichtlicher anordnen (E. H. VEDDER u. K. P. PUCHLOWSKI):

$$\frac{i}{E\sqrt{2}/Z} = \sin(\omega t - \varphi) - \frac{g}{\cos\varphi} + \left[\frac{g}{\cos\varphi} - \sin(\zeta - \varphi)\right] e^{\frac{R}{\omega L}(\zeta - \omega t)}$$

$$= \sin(\omega t - \varphi) - \frac{g}{\cos\varphi} + C e^{-\frac{\omega t}{\omega L/R}},$$

wenn man mit $C = \left[\frac{g}{\cos\varphi} - \sin(\zeta - \varphi)\right] e^{\frac{R\zeta}{\omega L}}$ bezeichnet.

Diese 3 rechts stehenden Ausdrücke lassen sich gut graphisch darstellen, s. Abb. 5/32. Der Stromverlauf kann in einfacher Weise dadurch ermittelt werden, daß man den Verlauf von $\sin(\omega t - \varphi)$ und $\frac{g}{\cos\varphi} - C e^{-\frac{R\omega t}{\omega L}}\Big)$ aufträgt und die Differenz (schraffierte Fläche) bildet.

Die Leitdauer β läßt sich wieder aus der Definition finden, daß bei $\vartheta = \zeta + \beta : i = 0$ sein muß. Die sich daraus ergebende Gleichung

$$\frac{\frac{g}{\cos\varphi} - \sin(\zeta - \varphi + \beta)}{\frac{\cos\varphi}{g} - \sin(\zeta - \varphi)} = e^{-\frac{\beta}{\tan\varphi}}$$

wurde ausgewertet und in Abb. 5/33 graphisch dargestellt. Es zeigt sich, daß bei $\beta = 2\pi$ etwa $g \approx \cos\varphi$ gilt und die durch den Parameter $\tan\varphi$ gekennzeichneten Leitwinkel β zwischen den früher ermittelten Grenzfällen (rein Ohmsche und rein induktive Strombegrenzung) liegen.

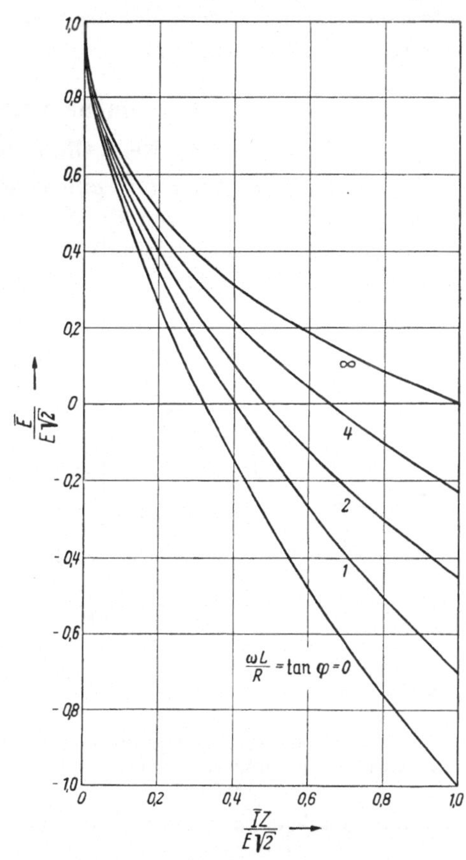

Abb. 5/34. Kennlinien eines ungesteuerten Einpulsstromrichters mit Gleichspannungsquelle $\bar{E}$ und ohmisch-induktiver Strombegrenzung

Um den *Gleichstrom* $\bar{I}$ zu erhalten, muß man nicht (5/60) integrieren, sondern kann einen bequemeren Weg wählen, indem man berücksichtigt, daß $\bar{I} = \bar{U}/R$ ist, mit

$$\bar{U} = \frac{1}{2\pi} \int\limits_{\zeta}^{\zeta+\beta} \hat{e}(\sin\vartheta - g)\, d\vartheta .$$

Die Integration liefert

$$\frac{\bar{I}Z}{E\sqrt{2}} = \frac{\bar{U}}{E\sqrt{2}\cos\varphi} = \frac{1}{2\pi}\,\frac{1}{\cos\varphi}\left[\sqrt{1-g^2}\,(1-\cos\beta) - g(\beta - \sin\beta)\right], \quad (5/61)$$

deren zahlenmäßige Auswertung in Abb. 5/34 eingetragen wurde. Auch hier erscheinen die oben behandelten einfacheren Schaltungen als Grenzfälle und erlauben eine bequeme Kontrolle in bezug auf die Richtigkeit des gewonnenen Resultats.

6. Gesteuerte Einpulsstromrichter

Wie bereits erwähnt, stehen zwei verschiedene steuerbare Bauelemente zur Verfügung: das gittergesteuerte Gasentladungsventil und die Steuerdrossel. Es ist zu erwarten, daß infolge des physikalisch völlig verschiedenen Steuermechanismus die beiden Steuerelemente in Stromrichterschaltungen auch in verschiedener Weise wirken. Es wird deshalb im folgenden nicht zu vermeiden sein, daß einige Schaltungen, und zwar diejenigen mit Gegenspannung, doppelspurig behandelt werden müssen.

6.1 Einfache Belastungen

a) Rein Ohmsche Last

Eine Einpulsschaltung mit *gittergesteuertem Ventil* ist in Abb. 6/1 dargestellt. In bezug auf den Richtvorgang gilt, daß die Zündung willkürlich um den Winkel α („Zündverzögerungswinkel") verzögert werden kann. Während der *Leitdauer* ($\alpha < \vartheta < \pi$) gilt:

$$i = e/R \tag{5/2}$$

und während der *Sperrdauer* $(\pi < \vartheta < 2\pi + \alpha): i = 0\,.$ (5/3)

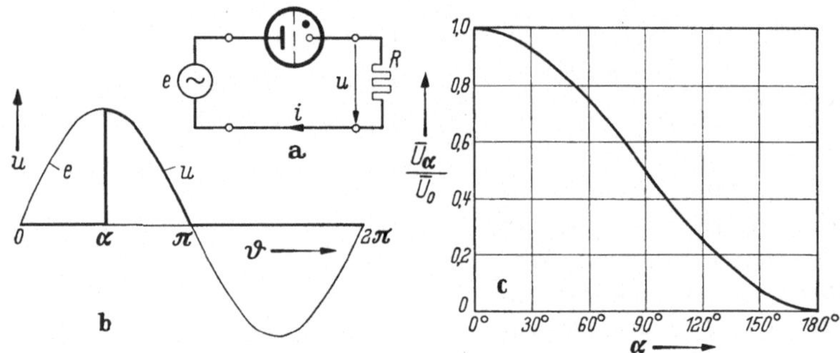

Abb. 6/1. Einpulsstromrichter mit gittergesteuertem Ventil und Ohmscher Last
a) Schaltung; b) zeitlicher Verlauf der gleichgerichteten Spannung; c) Steuerkennlinie

Für die Gleichspannung $\bar{U}$ (arithmetischer Mittelwert) ergibt sich

$$\bar{U} = \frac{1}{2\pi}\int\limits_{\alpha}^{\pi} \hat{e}\sin\vartheta\cdot\mathrm{d}\,\vartheta = \frac{E\sqrt{2}}{2\pi}(1+\cos\alpha)\,. \tag{6/1}$$

Bezeichnet man die Gleichspannung des ungesteuerten Stromrichters (= Gleichspannung bei $\alpha = 0$) mit $\bar{U}_0\left(=\frac{E\sqrt{2}}{\pi}\right)$ und die des gesteuerten mit $\bar{U}_\alpha$, so kann man den in Teilbild c dargestellten Zusammenhang („Kennlinie bei Gittersteuerung") auch

$$\frac{\bar{U}_\alpha}{\bar{U}_0} = \frac{1+\cos\alpha}{2} \tag{6/2}$$

schreiben.

Verwendet man eine *Steuerdrossel* in Reihe mit einem ungesteuerten Ventil (Abb. 6/2), so erhält man zwar den gleichen Stromverlauf wie bei Gittersteuerung, der Vorgang wird jedoch teils von der Steuerdrossel, teils vom Ventil beeinflußt, so daß eine nähere Betrachtung wünschenswert erscheint.

Mittels der Vormagnetisierung wird der Arbeitspunkt auf dem *ungesättigten* Ast der Drosselkennlinie festgelegt (Magnetverstärker, welche nach diesem Prinzip arbeiten, nennt man spannungssteuernde MV oder MV mit Sättigungswinkelsteuerung). In Abb. 6/2b ist damit die magnetische Flußverkettung Ψ_0 im Zeitpunkt $\vartheta = 0$ bestimmt. Mit ansteigender Spannung ändert sich die Flußverkettung Ψ gemäß

$$\Delta\Psi = \int_0^t u_L\,dt = \frac{E\sqrt{2}}{\omega}(1 - \cos\omega t). \qquad (6/3)$$

Da einer Spannungshalbwelle mit dem Scheitelwert $E\sqrt{2}$ die größtmögliche Änderung der Flußverkettung $\Delta\Psi_{max}$ entspricht, $\Delta\Psi_{max} = \frac{2E\sqrt{2}}{\omega}$, so erhält man für den zeitlichen Verlauf von Ψ

$$\Psi = \Psi_0 + \Delta\Psi = \pm\Psi_0 + \Delta\Psi_{max}\frac{(1 - \cos\omega t)}{2}. \qquad (6/4)$$

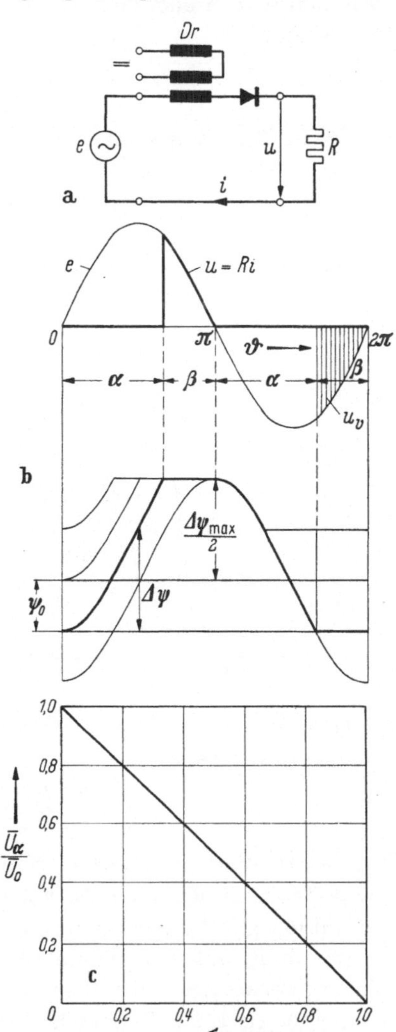

Abb. 6/2. Einpulsstromrichter mit Steuerdrossel und Ohmscher Last
a) Schaltbild; b) zeitlicher Verlauf der Spannungen und der Flußverkettung bei idealer Magnetkennlinie; c) Steuerkennlinie

Solange die Drossel ungesättigt ist, übernimmt sie die gesamte Sperrfunktion; gelangt sie in Sättigung, fließt ein nur durch R begrenzter Strom (Leitdauer). Kehrt die Wechselspannung e ihr Vorzeichen, so wird die Drossel entsättigt, sie übernimmt wieder für einen gewissen Zeitraum (Drosselsperrdauer $= \alpha$) die gesamte Spannung und erst wenn wieder der ursprüngliche, durch die Vormagnetisierung definierte Arbeitspunkt erreicht ist, übernimmt das Ventil weiterhin die Sperrspannung (Ventilsperrdauer $2\pi - 2\alpha - \beta$).

Würde man die Wirkung der Steuerdrossel wie bei der Gittersteuerung durch den Steuerwinkel α kennzeichnen, so erhielte man für die „Steuerkennlinie" ebenfalls die Beziehung (6/2). Es ist jedoch bei Steuerdrosseln üblich, die relative Vormagnetisierung $\sigma = \frac{\Delta\Psi}{\Delta\Psi_{\max}}$ als Kenngröße einzuführen, welche dem Vormagnetisierungsstrom direkt proportional ist. Zwischen dem Steuerwinkel α und der Vormagnetisierung besteht dann die Beziehung

$$\sigma = \frac{\Delta\Psi}{\Delta\Psi_{\max}} = \frac{1-\cos\alpha}{2} \tag{6/5}$$

welche in (6/2) eingesetzt eine Gleichung zwischen der Gleichspannung

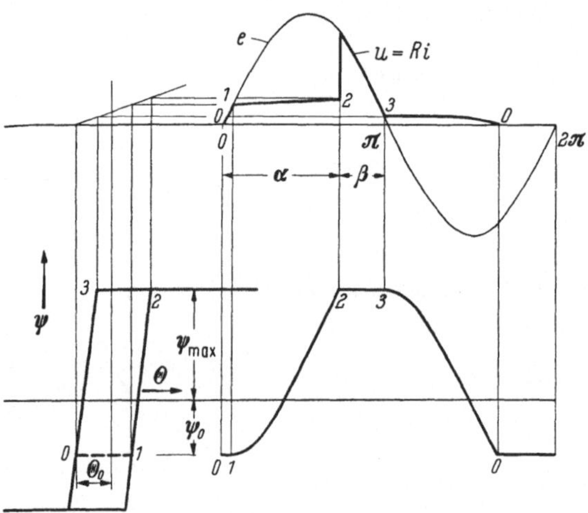

Abb. 6/3. Einpulsstromrichter mit Steuerdrossel. Zeitlicher Verlauf von Spannung und Flußverkettung bei Magnetisierungskennlinie mit Hysteresisschleife

bei Teilaussteuerung und der Vormagnetisierung der Steuerdrossel liefert („Drossel-Steuerkennlinie"):

$$\frac{U_\alpha}{U_0} = 1 - \sigma\,. \tag{6/6}$$

Der lineare Verlauf dieser in Abb. 6/2c dargestellten Kennlinie ist für mannigfache Aufgaben sehr vorteilhaft. Abb. 6/3 zeigt den zeitlichen Verlauf der gleichgerichteten Spannung $u = R\,i$ und der Flußverkettung für den Fall, daß ein Magnetkern mit einer ausgeprägten Hysteresisschleife verwendet wird, deren charakteristische Punkte mit Zahlen bezeichnet sind. Zu Beginn besitzt die Steuerdrossel eine Vormagnetisierung $-\Theta_0$ und der Arbeitspunkt befindet sich im Punkte 0. Er wandert von dort nach 1, wobei die Flußverkettung Ψ_0 konstant bleibt und die Drossel keine Spannung übernimmt. Der Stromverlauf wird demnach durch $i = e/R$ bestimmt. Der Arbeitspunkt wandert sodann auf der rechten Flanke der Magnetisierungskennlinie nach 2 und übernimmt dabei praktisch die gesamte Spannung e, da in der Regel $\omega L \gg R$

gilt. Im Punkte 2 ist die Steuerdrossel völlig gesättigt, und nun bestimmt der Ohmsche Widerstand den Stromverlauf, bis im Punkte 3 die Rückmagnetisierung beginnt, die wieder zum Punkte 0 führt.

In Wirklichkeit werden die Verhältnisse noch dadurch beeinflußt, daß die Halbleiterventile einen endlichen Sperrstrom führen, wodurch eine zusätzliche Rückmagnetisierung bewirkt wird. Um jedoch das Wesentliche nicht durch Nebensächliches überwuchern zu lassen, wird für die folgenden Untersuchungen stets eine hysteresefreie Magnetkennlinie und ideale Ventile vorausgesetzt.

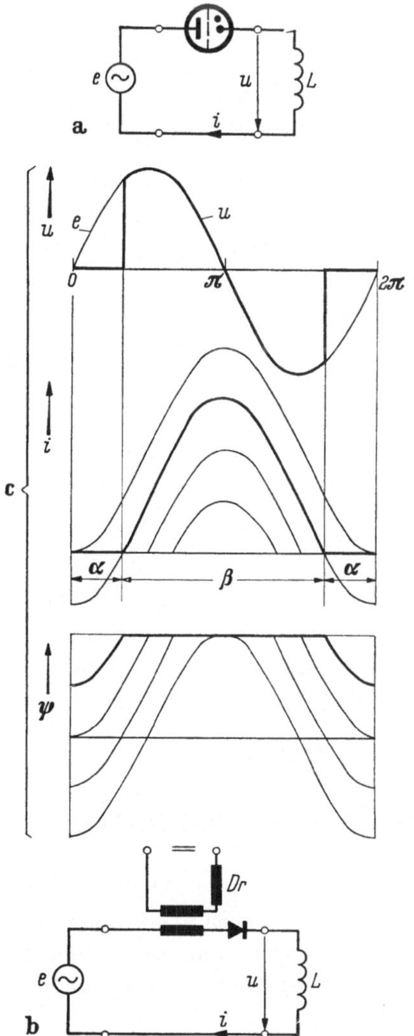

Abb. 6/4. Einpulsstromrichter a) mit gittergesteuertem Ventil, b) mit Steuerdrossel und rein induktiver Last
a) Schaltung; b) Schaltung; c) zeitlicher Verlauf von Spannung, Strom und Flußverkettung

b) Rein induktive Belastung

Sowohl für gittergesteuertes Ventil wie für Regeldrossel, Abb. 6/4, ergeben sich in bezug auf die Verhältnisse im Gleichstromkreis völlig gleiche Verhältnisse. Für den Strom i erhält man

$$i = \frac{E\sqrt{2}}{\omega L}\int\limits_{\alpha}^{\omega t} \sin\omega t \cdot d\omega t = \frac{E\sqrt{2}}{\omega L}[\cos\alpha - \cos\omega t], \quad (6/7)$$

d. h. den in Abb. 6/4c für einige Zündverzögerungswinkel ($\alpha = 0, 60, 120°$) dargestellten Verlauf.

Für den arithmetischen Mittelwert erhält man

$$\bar{I} = \frac{1}{2\pi}\int\limits_{\alpha}^{2\pi-\alpha} i\, d\omega t = \frac{E\sqrt{2}}{\omega L}\frac{1}{\pi}[(\pi-\alpha)\cos\alpha + \sin\alpha] \quad (6/8)$$

und damit als Gittersteuerkennlinie die in Abb. 6/5a enthaltene Kurve. Diese Kennlinie zeigt die Abhängigkeit des Gleichstromes $\bar{I}$ vom Steuerwinkel, da an einer idealen Drossel keine Gleichspannung entstehen kann. Um das Verständnis für die Arbeitsweise der Steuerdrossel zu erleichtern, ist ebenfalls der zeitliche Verlauf der Flußverkettung Ψ dargestellt.

Man erkennt deutlich, daß die speisende Wechselspannung während der Sperrzeit an der Steuerdrossel den Verlauf der Flußverkettung erzwingt und während der Leitdauer den Verlauf des gleichgerichteten Stromes i bestimmt. Ersetzt man wieder, wie im vorangegangenen Fall,

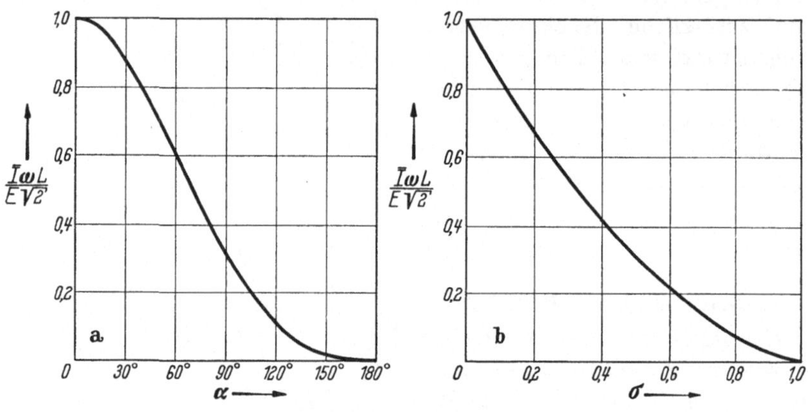

Abb. 6/5. Steuerkennlinien
a) Gittersteuerung; b) Drosselsteuerung

den Steuerwinkel α durch die Vormagnetisierung σ ($\cos\alpha = 1 - 2\,\sigma$), so erhält man für die Drosselsteuerkennlinie

$$\frac{I\,\omega\,L}{E\sqrt{2}} = \frac{1}{\pi}\left\{[\pi - \arccos(1 - 2\sigma)]\,(1 - 2\sigma) + 2\sqrt{\sigma - \sigma^2}\right\} \qquad (6/9)$$

bzw. den in Abb. 6/5b dargestellten Kurvenverlauf.

c) Rein kapazitive Belastung

Dieser Fall soll nicht näher betrachtet werden, da er, wie bereits oben gezeigt wurde, nur aus einem Einschaltladevorgang besteht, der bei gesteuertem Betrieb zu einem Spannungssprung am Kondensator führt.

6.2 Belastungen mit Gegenspannung

a) Ohmsche Strombegrenzung

Bei den einfachen Belastungen ergab sich zwar für jedes Steuerorgan eine besondere Steuerkennlinie, der Stromverlauf im Gleichstromkreis war jedoch in beiden Fällen gleich.

In Schaltungen mit Gegenspannung zeigen dagegen die beiden Steuerorgane (gittergesteuertes Ventil und Steuerdrossel) völlig verschiedenes Verhalten, weshalb die Untersuchung für jedes Steuerelement gesondert durchgeführt werden muß.

Gittergesteuertes Ventil. Für die in Abb. 6/6 dargestellte Schaltung kann sofort das in 5/3a erhaltene Ergebnis (5/49) für den Stromverlauf übernommen werden. Bei der Berechnung des Gleichstrommittelwertes $\bar{I}$ muß indessen noch die Zündverzögerung berücksichtigt werden.

$$\bar{I} = \frac{1}{2\pi}\int\limits_{\alpha}^{\pi-\zeta} i \cdot d\vartheta = \frac{E\sqrt{2}}{R}\,\frac{1}{2\pi}\left[\cos\alpha + \sqrt{1-g^2} - g\,(\pi - \alpha - \arcsin g)\right]. \quad (6/10)$$

Die graphische Darstellung dieses Zusammenhanges (Abb. 6/7), der Abhängigkeit des Gleichstromes $\bar{I}$ von der Gegenspannung $\bar{E}$ und dem Steuerwinkel α, ergibt eine Kurvenschar mit der Kennlinie des ungesteuerten Ventils als Grenzkurve. Die Stromstärke $\bar{I}$ ist sowohl von der Größe der Gegenspannung $\bar{E}$ als auch vom Steuerwinkel abhängig. Verringert man die Gegenspannung, so wächst für einen bestimmten Aussteuerungswinkel der Strom $\bar{I}$ und damit die von der Wechselstromseite nach der Gleichstromseite gelieferte Leistung. Im Grenzfall, wenn $\bar{E} = 0$ wird, erhält man die bei rein Ohmscher Belastung ermittelten Verhältnisse (6/1 a).

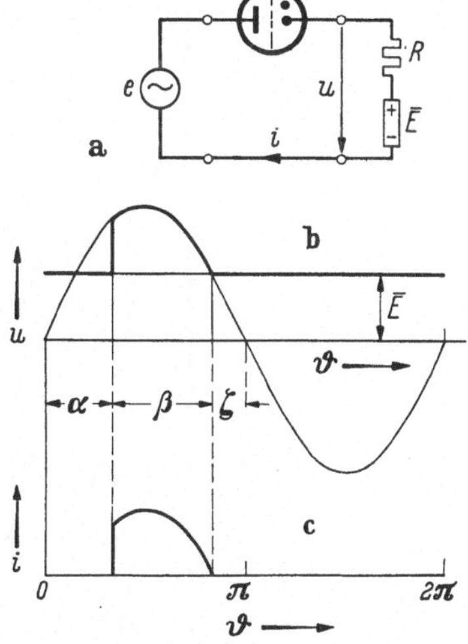

Abb. 6/6. Gittergesteuerter Einpulsstromrichter mit Gegenspannung und Ohmscher Strombegrenzung
a) Schaltung; b) zeitlicher Verlauf der gleichgerichteten Spannung u; c) Stromverlauf

Wenn man nun diese Betrachtung nicht bei $g = 0$ beendet, sondern in den Bereich $g < 0$ fortsetzt, indem man die Gleichspannung umpolt, so erhält man eine weitere Zunahme der Stromstärke — und bei geeigneter Teilaussteuerung eine Änderung der Richtung des Leistungsflusses. Bei starker Teilaussteuerung wird der arithmetische Mittelwert des Wechselspannungsverlaufes während der Leitdauer negativ. Da der Ventilstrom seine Richtung unabhängig vom Aussteuerungswinkel unverändert beibehält, so ergibt sich dann ein negatives Leistungsprodukt: Die Wechselspannungsquelle nimmt Energie auf! Der Bereich, in welchem dies möglich ist, ist sofort anzugeben, da dort $\alpha \geqq \pi + \arcsin g$ ($\arcsin g$ ist negativ, da g negativ ist!) gelten muß. In Abb. 6/7 ist der Bereich, der vorstehender Bedingung genügt, durch eine strichpunktierte Linie abgegrenzt. In dem derart gekennzeichneten Bereich ist Leistungsabgabe an die Wechselspannungsquelle möglich, der Stromrichter arbeitet als Wechselrichter.

Läßt man die Gleichspannung so weit wachsen, daß sie dem Scheitelwert der Wechselspannung gleicht ($g = -1$), so ist die theoretische

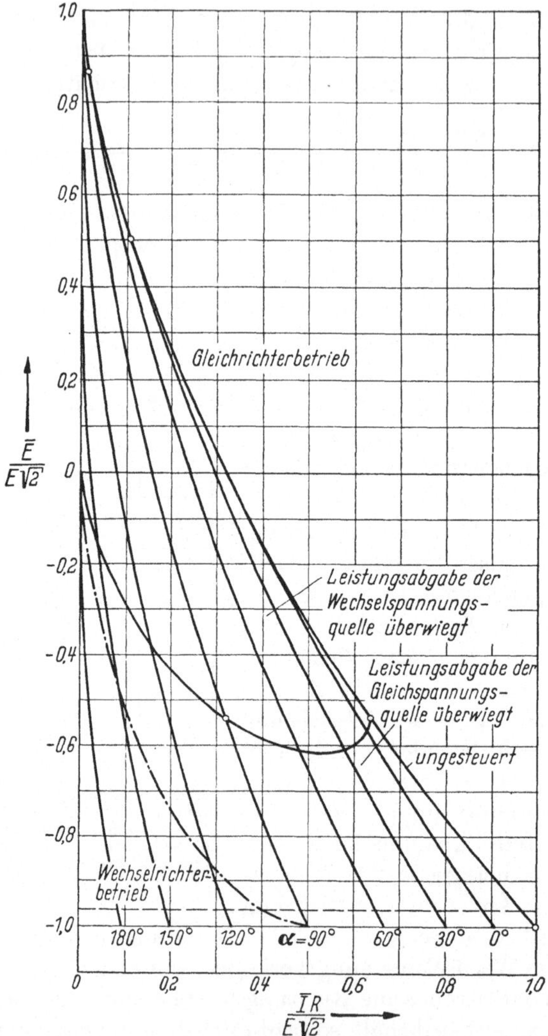

Abb. 6/7. Kennlinien des gittergesteuerten Einpulsstromrichters mit Gleichspannungsquelle und Ohmscher Strombegrenzung

Grenze des Stromrichterbetriebes erreicht, wobei der Strom (Abb. 6/6c) durch die Summe der beiden Spannungen $e + \bar{E}$ bestimmt ist und vom Zündpunkt α bis zum Löschpunkt $\omega t = \frac{3\pi}{2}$ fließt. Vom Löschzeitpunkt beginnend wächst die Spannung $(e + \bar{E})$ wiederum an. Wünscht man einen bestimmten Zündzeitpunkt festzuhalten, so muß von $\vartheta = \frac{3\pi}{2}$ bis zum nächsten Zündpunkt durch Gittersperrung der Stromfluß verhindert werden. Diese Forderung kann jedoch mit den üblichen gittergesteuerten Gasentladungsventilen nicht erfüllt werden, weil deren Gitter erst nach Ablauf der sogenannten „Freiwerdezeit" nach dem Erlöschen der Entladung fähig sind, die geforderte Gittersperrung durchzuführen, d. h. die Zündung einer Entladung bei positiver Anode mittels eines negativen Gitters zu verhindern. Um dem Ventil diese erforderliche Freiwerdezeit für die Entionisierung der Steuergitterumgebung zu gewähren, darf man die Gleichspannung nur so weit steigern, daß $e + \bar{E}$ während der geforderten Freiwerdezeit t_F noch negativ bleibt. Da im allgemeinen $\omega t_F \gtreqless 15°$ ist, so kann man den praktischen Stromrichterbereich bis $g \geqq -0{,}966$ erstrecken. Da bei Überschreiten dieser (in Abb. 6/7 für $\omega t_F =$ gestrichelt eingetragenen) Grenze die Gittersteuerung unwirksam wird, nennt man den einzuhaltenden Abstand den „Respektabstand".

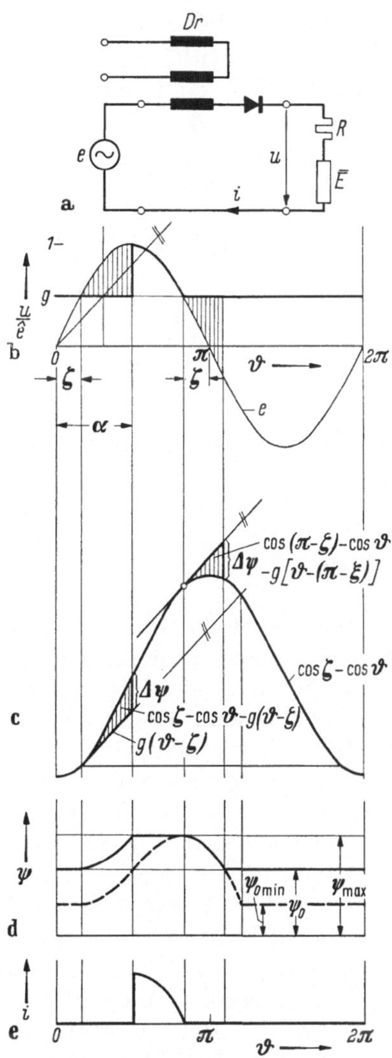

Abb. 6/8. Drosselgesteuerter Einpulsstromrichter mit Gegenspannung und Ohmscher Strombegrenzung
a) Schaltung; b) Spannungsverlauf; c) Hilfskonstruktionen; d) Flußverkettung; e) Stromverlauf

Steuerdrossel. Bei einem *gittergesteuerten Ventil* ist der *Zündzeitpunkt* lediglich durch die Potentialsteuerung des Gitters bestimmt, d. h. von den elektrischen Daten des Entladungskreises *unabhängig*. Bei einer *Steuerdrossel* ist dagegen der Schaltzeitpunkt von der *Gegenspannung abhängig*, da die Sperr*spannungszeitfläche* mittels der Vormagnetisierung willkürlich beeinflußt, d. h. gesteuert wird. Da bei konstantem Steuerbefehl diese *Fläche* konstant gehalten wird, muß sich demnach bei Änderungen im Belastungskreis, d. h. Änderungen der Gegenspannung $\bar{E}$, die Sperrdauer der Drossel ebenfalls ändern. Um dieser Besonderheit der Steuerdrossel gerecht zu werden, soll daher zuerst die Beziehung zwischen Steuerfläche $\Delta\Psi$ und Steuerwinkel α ermittelt werden.

Spannungszeitfläche und Flußänderung sind, wie aus Abb. 6/8 abgelesen werden kann, durch

$$\Delta\Psi = \frac{E\sqrt{2}}{\omega}\int\limits_{\zeta}^{\alpha}(\sin\omega t - g)\,d\omega t = \frac{E\sqrt{2}}{\omega}[\cos\zeta - \cos\alpha - g(\alpha - \zeta)]$$

verknüpft. Bezieht man auf die größtmögliche Änderung der Flußverkettung ($g = 0, \alpha = \pi$) : $\Delta\Psi_{\max} = \frac{2E\sqrt{2}}{\omega}$, so erhält man für die relative Änderung der Flußverkettung

$$\sigma = \frac{\Delta\Psi}{\Delta\Psi_{\max}} = \frac{1}{2}[\cos\zeta - \cos\alpha - g(\alpha - \zeta)]. \qquad (6/11)$$

Am Ende der Leitdauer ($\vartheta = \pi - \zeta$) wird die Steuerdrossel wieder rückmagnetisiert:

$$\frac{\Delta\Psi}{\Delta\Psi_{\max}} = \frac{1}{2}\int\limits_{\pi-\zeta}^{\vartheta}(\sin\vartheta - g)\,d\vartheta = \frac{1}{2}\{\cos(\pi - \zeta) - \cos\vartheta - g[\vartheta - (\pi - \zeta)]\}. \qquad (6/12)$$

Die graphische Darstellung dieser Flußänderungen zeigt Abb. 6/8: Für die Aufmagnetisierung ergibt sich wieder die Differenz zwischen der Sinuslinie $\cos\zeta - \cos\vartheta$ und der Geraden $g(\vartheta - \zeta)$; der Unterschied zu Abb. 5/29 besteht lediglich darin, daß die Flußänderung bei $\vartheta = \alpha$ abbricht, weil der Magnetkern in Sättigung gerät. Für die Abmagnetisierung geht man von der Tangente $g \cdot [\vartheta - (\pi - \zeta)]$ aus, welche im Punkt $\vartheta = \pi - \zeta$ an die Sinuslinie errichtet wird. Die Rückmagnetisierung ist beendet, wenn der gleiche Differenzwert für $\Delta\Psi$ erreicht ist. Zuerst zeichnet man (Teilbild c) den Kurvenverlauf $\cos\zeta - \cos\vartheta$ an, der ein Teil der Kurve $(1 - \cos\vartheta)$ ist. Im vorliegenden Falle beginnt der Kurventeil beim Winkel ζ und endet beim Winkel α, wo die Drossel in Sättigung gerät. Der Gegenspannungseinfluß wird durch die Gerade $g(\vartheta - \zeta)$ dargestellt. Die Differenz zwischen den beiden Linien liefert die Änderung der Flußverkettung, die in Teilbild d noch besonders herausgezeichnet ist. Sobald die Steuerdrossel gesättigt ist, fließt der Strom i wie beim vorerwähnten Fall der Gittersteuerung. Im Zeitpunkt $\pi - \zeta$ herrscht wieder Spannungsgleichheit, der gleichgerichtete Strom wird Null und die Steuerdrossel wird von der Sperrspannung entmagnetisiert. In Teilbild b sind die von der Steuerdrossel gesperrten Spannungszeitflächen schraffiert. Der Klammerausdruck für die zeitliche Änderung der Flußverkettung Ψ (6/12) wird in Teilbild c durch die Differenz zwischen der $(1 - \cos\vartheta)$-Kurve und ihrer Tangente im Punkte $\pi - \zeta$ gebildet. Die Rückmagnetisierung beginnt im Zeitpunkt $\pi - \zeta$ und dauert so lange, bis Ψ wieder auf den ursprünglichen Wert Ψ_0 zurückgekehrt ist. Bei $\Psi_{0\,\mathrm{min}}$ ist $i = 0$ und der Fluß hat den durch einen unterbrochenen Linienzug dargestellten Verlauf. Läßt man bei konstanter Steuerfläche ($\sigma = \mathrm{const}$) die Gegenspannung schwanken, so ändert sich

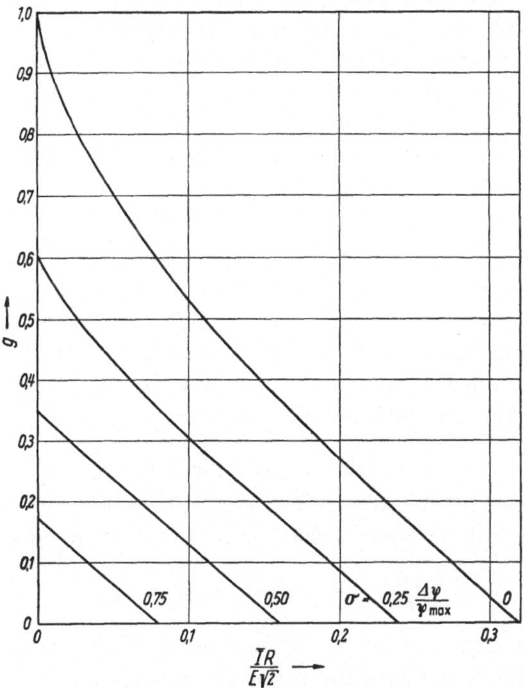

Abb. 6/9. Betriebskennlinien für Gegenspannung und Ohmsche Strombegrenzung, Steuerung mit Steuerdrossel

der Zündwinkel α. Indem man nunmehr σ in die Gleichung für den Gleichstrom $\bar{I}$ einführt [R 6/1], erhält man

$$\frac{R\bar{I}}{E\sqrt{2}} = \frac{1}{\pi}\left[\sqrt{1-g^2} - g \arccos g - \sigma\right]. \tag{6/13}$$

Die graphische Darstellung dieser Gleichung zeigt Abb. 6/9. Im *Leerlauf* wird die oberhalb der Gegenspannung liegende Wechselspannungsfläche vollständig von der Steuerdrossel gesperrt, und für diesen Grenzfall vereinfacht sich Gl. (6/11), wegen $\alpha = \pi - \zeta$, zu

$$\sigma = \cos\zeta - g\left(\frac{\pi}{2} - \zeta\right) = \sqrt{1-g^2} - g\left(\frac{\pi}{2} - \arcsin g\right). \tag{6/14}$$

Für die *gesättigte* Steuerdrossel ergibt sich die Kurve ($\sigma = 0$), welche bereits für den ungesteuerten Stromrichter gefunden wurde (Abb. 5/28).

Die anderen Kurven werden, wie aus dem Vergleich der Gln. (5/51) und (6/13) hervorgeht, durch Parallelverschiebung (um den Betrag σ/π) aus der Grenzkurve erhalten. Polt man die Gleichspannungsquelle um, so muß darauf geachtet werden, daß die Steuerdrosseln stets wieder rückmagnetisiert werden. Im Gegenspannungsbetrieb ergab sich daraus keinerlei Schwierigkeit, weil die Sperrdauer stets $\geqq \pi$ betrug. Die für die Rückmagnetisierung zur Verfügung stehende Spannungszeitfläche bestimmt den maximalen Zündverzögerungswinkel. Durch Gleichsetzen der beiden Spannungszeitflächen für Auf- und Abmagnetisierung erhält man die Bedingung für α_{max}:

$$\int_{+\zeta}^{\alpha_{max}} (\sin\vartheta - g)\,d\vartheta = -\int_{\pi-\zeta}^{2\pi+\zeta} (\sin\vartheta - g)\,d\vartheta\,,$$

daraus $-\cos\alpha_{max} - g\,\alpha_{max} = \sqrt{1-g^2} + g(\arcsin g + \pi)$ und damit die Grenze für den Stromrichterbetrieb. Bei unvollständiger Rückmagnetisierung geht die Drossel in Sättigung, wodurch der Stromrichter seine Steuerung einbüßt. Die Tatsache, daß kein Wechselrichterbetrieb und im Mitspannungsbereich auch kein stabiler Leerlaufbetrieb möglich ist, erklärt, warum Einpulsstromrichter mit Steuerdrosseln im Mitspannungsbereich keine praktische Verwendung finden.

b) Induktive Strombegrenzung

Gittergesteuertes Ventil. Indem man in analoger Weise wie beim ungesteuerten Fall vorgeht, erhält man für den Stromverlauf:

$$i = \frac{E\sqrt{2}}{\omega L}[\cos\alpha - \cos\vartheta + g(\alpha - \vartheta)]\,, \tag{6/15}$$

wobei vorausgesetzt ist, daß $\alpha > \zeta$, ansonsten die Steuerung unwirksam ist. Zur graphischen Darstellung des Stromverlaufs bei Gleichrichterbetrieb (Abb. 6/10b) knüpft man ebenfalls an den ungesteuerten Fall an. Wie dort bildet man zuerst die durch den Gleichstromanteil der Gegenspannung bestimmte Tangente an die $(1-\cos\vartheta)$-Linie im natürlichen Zündzeitpunkt $\vartheta = \zeta$. Durch Parallelverschiebung der Gegenstromgeraden bis in den durch die Gittersteuerung bedingten Zündzeitpunkt $\vartheta = \alpha$ erhält man dann wieder den gleichgerichteten Strom als Differenz zur $(1-\cos\vartheta)$-Linie (schraffierte Fläche). Im Löschzeitpunkt $(\vartheta = \alpha + \beta)$ gilt $i = 0$ und für die *Leitdauer* β der in Abb. 6/10 dargestellte Zusammenhang

$$g\,\beta = \cos\alpha - \cos(\alpha + \beta)\,. \tag{6/16}$$

Wird die gleichstromseitige Spannungsquelle umgepolt, so gelangt man sofort in den *Wechselrichterbetrieb*. Der Grund ist darin zu suchen, daß die ideale Drossel keine Leistung verbraucht. Die Leistung wird nur zwischen den beiden Energiequellen ausgetauscht. Der zeitliche Verlauf

(s. Abb. 6/10c) von Strom und Spannung wird graphisch in völlig analoger Weise gewonnen, indem man wieder berücksichtigt, daß die Spannung an der Drossel eine reine Wechselspannung sein muß. Der zulässige Höchstwert des Stromes fließt dann, wenn der Löschzeitpunkt mit dem Schnittpunkt von $-\bar{E}$ und der sinusförmigen Wechselspannung zusammenfällt (unterbrochene Stromkurve). Überschreitet man diese Grenze, so sinkt der Strom nicht auf Null ab, sondern

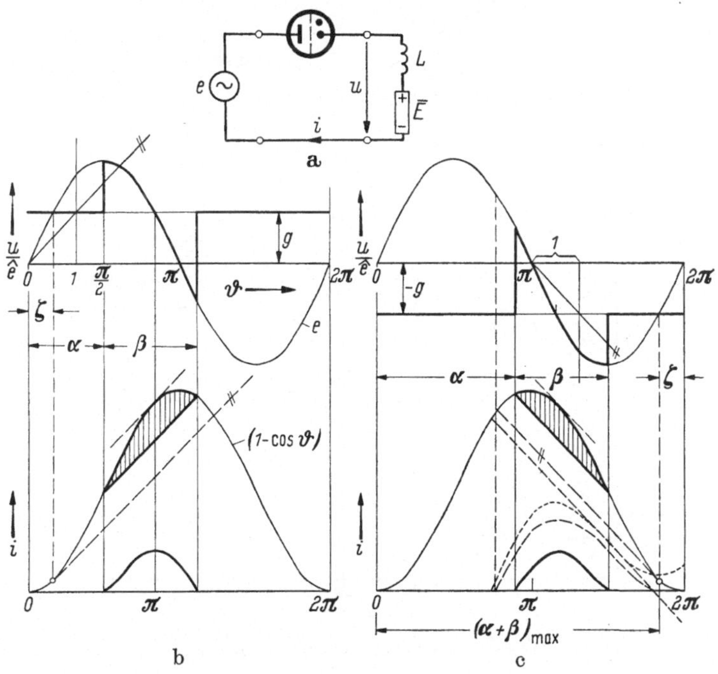

Abb. 6/10. Gittergesteuerter Einpulsstromrichter mit Gegenspannung und induktiver Strombegrenzung

steigt nach einer Absenkung weiter an (punktierter Stromverlauf): der Wechselrichter fällt „außer Tritt" und die Gleichstromquelle ist kurzgeschlossen. Bei idealem Ventil ($t_F = 0$) ist die Grenze des Wechselrichterbereiches durch

$$\beta_{\max} = 2\pi - \alpha - \zeta = 2\pi - \alpha - \arcsin g \qquad (6/17)$$

gegeben und in Abb. 6/11 gestrichelt eingetragen. Diese Grenzkurve für $\beta_{\max}$ besitzt einen spiegelbildlichen Verlauf zu der den ungesteuerten Betrieb kennzeichnenden Kurve. Für reale Ventile muß man jedoch noch die erwähnte Freiwerdezeit t_F berücksichtigen, wodurch $\beta_{\max}$ um etwa 20 bis 30° verringert wird.

Damit kann man nunmehr den Gleichstrom berechnen

$$\bar{I} = \frac{1}{2\pi}\int_{\alpha}^{\alpha+\beta} i\cdot d\vartheta = \frac{E\sqrt{2}}{\omega L}\,\frac{1}{2\pi}\left[\beta\cos\alpha + \sin\alpha - \sin(\alpha+\beta) - g\,\frac{\beta^2}{2}\right]. \quad (6/18)$$

In Abb. 6/12 ist der Verlauf dieser „*Betriebskennlinien*" für verschiedene Aussteuerungswinkel α dargestellt. Für die Kurven $\alpha < \pi/2$ wird ein

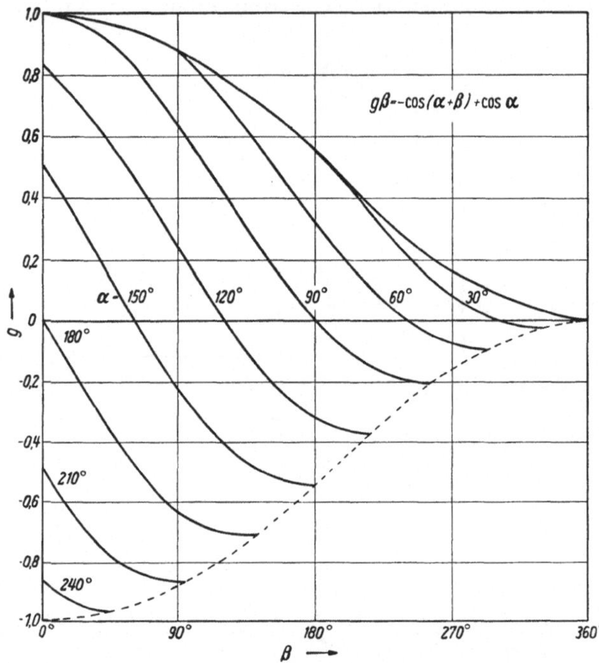

Abb. 6/11. Abhängigkeit der Leitdauer β vom Gegenspannungsverhältnis g für verschiedene Steuerwinkel α. (Rein induktive Strombegrenzung)

Teil der Kennlinie von der Grenzkurve für ungesteuerten Betrieb ($g = \sin\zeta$) gebildet. Für $\alpha < \zeta$ ist die Gittersteuerung unwirksam und der Stromrichter arbeitet wie im ungesteuerten Betrieb. Durch Umpolung der Gleichspannungsquelle gelangt man in den *Wechselrichterbetrieb*, dessen Arbeitsbereich etwa symmetrisch zum Gleichrichtergebiet liegt. Da die Drossel eine verlustlose Strombegrenzung ermöglicht, so spielt diese Anordnung in der Praxis eine wichtige Rolle. Bei der Erörterung des „lückenhaften Betriebes" der Mehrpulsstromrichter wird noch wiederholt darauf zurückgekommen werden.

Steuerdrossel. Die Schaltung enthält 2 in Reihe geschaltete Induktivitäten (Abb. 6/13). Ihr Einfluß auf den Stromkreis muß also einen Zeitraum umfassen, der bei ζ beginnend bis dahin reicht, wo die in den Drosseln gespeicherte Energie wieder abgegeben ist. In Teilbild c ist diese Dauer graphisch ermittelt durch den Schnittpunkt $\zeta + \delta$ der in ζ

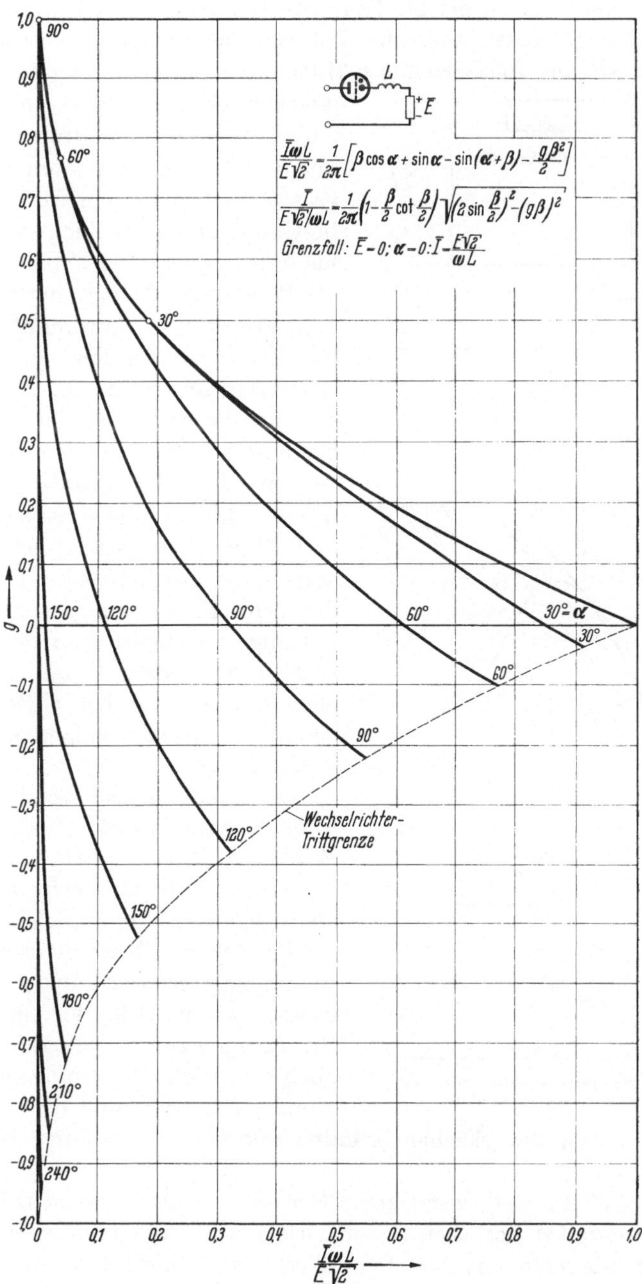

Abb. 6/12. Stromrichterkennlinien. Gegenspannung $\overline{E}$ und rein induktive Strombegrenzung

an die $(1 - \cos\vartheta)$-Kurve gelegte Tangente. Während dieses Zeitraumes ist teils die Steuerdrossel, teils die Belastungsinduktivität wirksam. In Teilbild c ist eine diesbezügliche Hilfskonstruktion durchgeführt, die deutlich erkennen läßt, daß von ζ bis $\zeta + \alpha$ die Steuerdrossel sperrt, von α bis $\alpha + \beta$ die Steuerdrossel gesättigt ist und L den Verlauf von i bestimmt und schließlich von $\alpha + \beta$ bis $\delta + \zeta$ wieder die Steuerdrossel die Sperrung während ihrer Rückmagnetisierung übernimmt. Erst von $\zeta + \delta$ bis 2π liegt die Sperrspannung am Ventil. In Teilbild c sind die die Änderung der Flußverkettung kennzeichnenden Differenzen zwischen den beiden maßgeblichen Linien [$(1 - \cos\vartheta)$-Kurve und Gegenstromgerade] schraffiert angedeutet. In Teilbild d ist dann der zeitliche Verlauf der Flußverkettung nochmals gesondert dargestellt. Der Strom i hat den gleichen Verlauf wie bei Gittersteuerung und bedarf keiner weiteren Erläuterung.

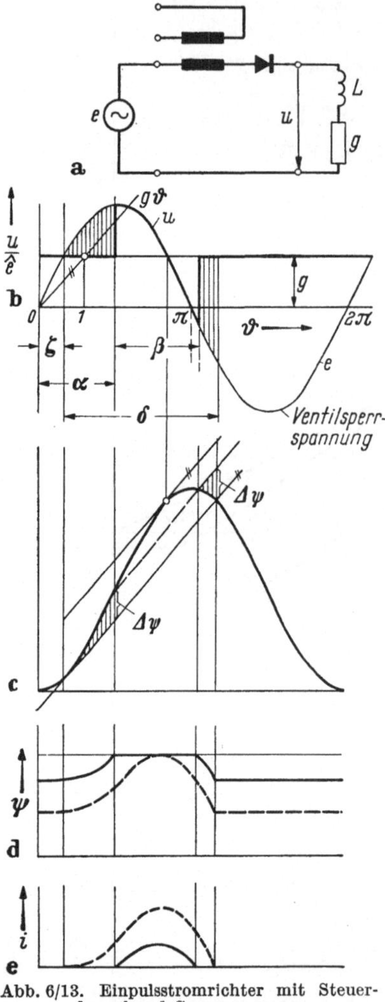

Abb. 6/13. Einpulsstromrichter mit Steuerdrossel und Gegenspannung

Die Steuerdrossel benötigt für ihren magnetischen Zyklus den Winkel δ. Dieser darf, sollen die Vorgänge stationär bleiben, höchstens den Wert 2π erreichen.

Im *Leerlauf* liegt die treibende Spannung vollständig an der Steuerdrossel, wie im Falle der Ohmschen Strombegrenzung. Demgemäß gilt auch die gleiche Beziehung zwischen σ und g (Gl. 6/11) und die Abb. 6/9 und 6/14 haben die gleichen Schnittpunkte der Kennlinien mit der Ordinate.

Im Grenzfall $g = 0$, wenn keine Gegenspannung vorhanden ist, hat das Zeitintervall δ bei allen Aussteuerungswinkeln unveränderlich die Dauer 2π, wie man aus Abb. 6/4 abliest. Der Winkel δ ist aus den erwähnten Gründen gleich lang wie die Leitdauer im ungesteuerten Fall (vgl. Abb. 5/30). Würde man die Gegenspannung umpolen und Wechselrichterbetrieb durchzuführen versuchen, wie es vorstehend für Gittersteuerung beschrieben wurde, so wäre wegen $\delta > 2\pi$ kein stationärer Betrieb mehr möglich. Der Einpulsstromrichter mit Steuerdrossel kann also *nur* im Gleichrichterbetrieb verwendet werden. Seine Betriebskennlinie erhält man aus (6/18). Hierbei muß nur vom Zündverzögerungswinkel α auf $\sigma = \frac{\Delta\Psi}{\Delta\Psi_{max}}$, die relative Steuerfläche der Drossel, umgerechnet werden.

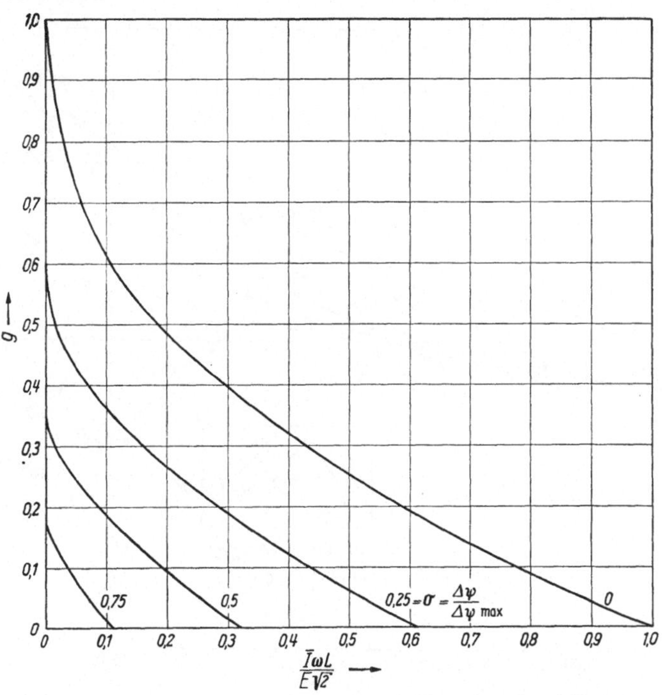

Abb. 6/14. Kennlinien eines Einpulsstromrichters mit Steuerdrossel und Gegenspannung

Wie bereits früher angedeutet wurde, spielen die hier behandelten Schaltungen mit Steuerdrosseln nicht nur in der Stromrichtertechnik, sondern auch bei Magnetverstärkern (Transduktoren) eine grundlegende Rolle. Ihre Kenntnis ist demnach von allgemeinem Interesse.

c) Ohmisch-induktive Strombegrenzung

Die Berechnung erfolgt in gleicher Weise wie für den ungesteuerten Betrieb. Man kann für den Stromverlauf von i, die dort abgeleitete Gl. (5/60) sofort verwenden, wenn man nur den natürlichen Zündwinkel ζ durch den Zündverzögerungswinkel α ersetzt:

$$i = \frac{E\sqrt{2}}{Z}\left[\sin(\omega t - \varphi) - \frac{g}{\cos\varphi} + \left(\frac{g}{\cos\varphi} - \sin(\alpha - \varphi)\right) e^{+\frac{R}{\omega L}(\alpha - \omega t)}\right], \quad (6/19)$$

wobei $\tan\varphi = \frac{\omega L}{R}$ ist. Vorteilhaft drückt man (wie oben) den Gleichstrom durch $\bar{I} = \bar{U}/R$ aus, wobei man für die Gleichspannung sofort

$$\bar{I}\,R = \frac{E\sqrt{2}}{2\pi}\int\limits_{\alpha}^{\alpha+\beta}(\sin\omega t - g)\,d\omega t = \frac{E\sqrt{2}}{2\pi}\left[\cos\alpha - \cos(\alpha+\beta) - g\beta\right] \quad (6/20)$$

anschreiben kann.

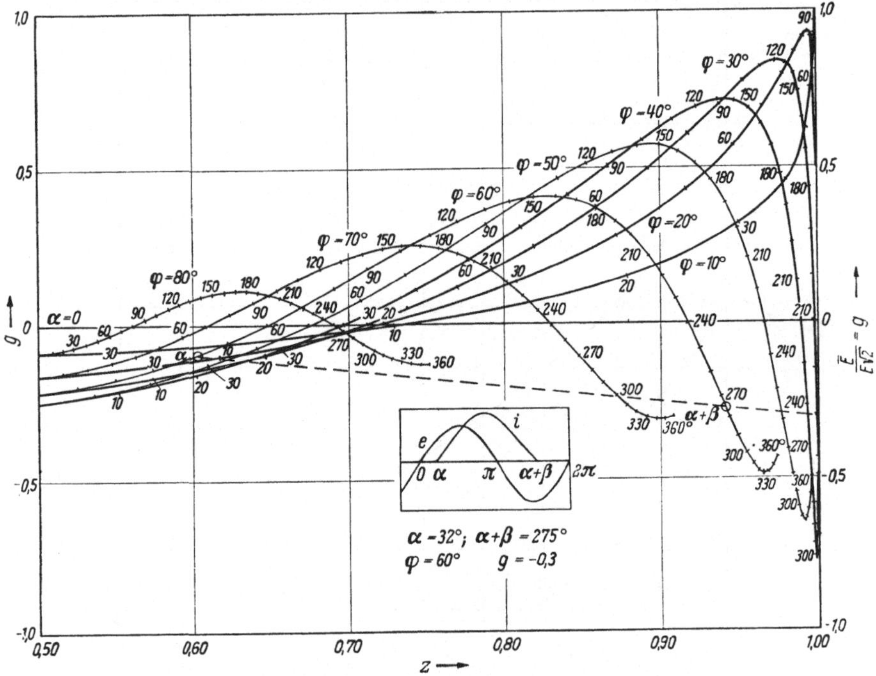

Abb. 6/15. Nomogramm zur Bestimmung des Löschwinkels $(\alpha+\beta)$. Auf der Abszisse ist die Hilfsgröße $z = e^{\alpha\cot\varphi}(1+e^{\alpha\cot\varphi})^{-1}$ aufgetragen

Für die *Leitdauer* ergibt sich aus der Löschbedingung: $(\vartheta = \alpha + \beta : i = 0)$ eine transzendentale Gleichung

$$\sin(\alpha+\beta-\varphi) - \frac{g}{\cos\varphi} + \left[\frac{g}{\cos\varphi} - \sin(\alpha-\varphi)\right]e^{-\beta\cot\varphi} = 0, \quad (6/21)$$

deren Lösung entweder graphisch oder mittels einer elektronischen Rechenmaschine erhalten werden kann. Da β von g, φ und α abhängt, so ist die Darstellung in Form eines von L. A. Finzi und R. R. Jackson (1954) gezeichneten Nomogramms vorteilhaft (Abb. 6/15). Da bei ohmisch-induktiver Strombegrenzung ebenfalls Wechselrichterbetrieb möglich ist, so umfaßt die Skala für g nicht nur positive, sondern auch negative Zahlenwerte. An einem Beispiel $\left(\varphi = \operatorname{arc\,tan} \frac{\omega L}{R} = 60°,\ \alpha = 32°\ g = -0{,}3\right)$ ist der praktische Gebrauch ersichtlich: man verbindet zwei Punkte durch eine Gerade [1. den auf einer Kurve befindlichen (φ und α festlegenden) Punkt und 2. den g bestimmenden Punkt] und erhält im Schnitt mit der durch $\varphi = \text{const}$ gekennzeichneten Kurve den Löschwinkel $(\alpha + \beta)$ unmittelbar gemäß der Parameterskala. Im erwähnten Beispiel findet man: $\alpha + \beta = 275°$. Kann man im Wechselrichterbetrieb keinen Schnittpunkt bilden, weil g einen zu großen negativen Wert besitzt, so bedeutet diese Feststellung, daß kein stabiler Betrieb möglich ist. Soweit es um die Vorgänge während der Leitdauer geht, die in den vorstehenden Gleichungen beschrieben wurden, sind diese von der Art des Steuerorgans unabhängig, also sowohl für Gittersteuerung wie auch für Drosselsteuerung gültig. Die Verhältnisse während der Sperrdauer sind dagegen wieder von dem verwendeten Steuerorgan abhängig und sollen anschließend getrennt behandelt werden.

Gittergesteuertes Ventil. Die Betriebskennlinien werden durch Gl. (6/20) beschrieben. Der ungesteuerte Betrieb ist in Abb. 5/34 dargestellt worden. Von dort wird man also bereits eine Grenzkurve des Betriebsdiagramms entnehmen können. Sodann wird man erwarten können, daß die gesuchte Kennlinienschar zwischen den in den Abb. 6/7 und 6/12 dargestellten Kurven liegt. Durch Vergleich dieser beiden Diagramme findet man, daß die Leerlaufgeraden, die Ordinaten, übereinstimmen, was auch sofort verständlich ist, wenn man sich daran erinnert, daß im Leerlauf die Zündung gerade im Schnittpunkt der Gleichspannung mit der abnehmenden Flanke der Wechselspannung liegt:

$$\alpha = \pi - \zeta = \pi - \arcsin g .$$

Bei rein induktiver Strombegrenzung war im gesamten Mitspannungsbereich Wechselrichterbetrieb möglich. Bei Ohmscher Strombegrenzung dagegen nur in der Nähe der Leerlaufgeraden. Daraus wird man den Schluß ziehen, daß man bei beabsichtigtem Wechselrichterbetrieb $\frac{L}{R}$ möglichst groß machen soll. (H. BADR hat mit Hilfe einer digitalen Rechenmaschine für verschiedene Werte von φ und α insgesamt 189 Betriebskennlinien berechnet.)

Steuerdrossel. Auch hier geht man von Gl. (6/20) für die Betriebskennlinien aus, ersetzt jedoch α durch σ. Obwohl genaue Zahlenrechnungen mittels obiger Gleichungen für jeden beliebigen Fall durchführbar sind, soll hier ebenfalls nur eine Abschätzung vorgenommen werden. Im Leerlauf erhält man dann ebenfalls die in den Abb. 6/9 und 6/14 bereits eingetragenen Betriebspunkte. Die Verhältnisse sind hier noch einfacher als bei Gittersteuerung, weil Wechselrichterbetrieb schon in den oben betrachteten Grenzfällen unmöglich war und daher auch hier unberücksichtigt bleiben kann.

III. Zwei- und Dreipulsstromrichter

7. Allgemeines über Zweipulsstromrichter

7.1 Elementare Betrachtung

a) Die beiden Schaltungsarten

Zweipulsstromrichter sind dadurch gekennzeichnet, daß innerhalb einer Wechselstromperiode zwei gleichgerichtete Strompulse durch den Gleichstromkreis fließen. Um dies zu ermöglichen, müssen beide Wechselstromhalbwellen zur Stromlieferung nach der Gleichstromseite herangezogen werden. Schaltungstechnisch bieten sich zur Lösung dieser Aufgabe zwei verschiedene Wege:

α) **Die Mittelpunktschaltung** (P. COOPER HEWITT, 1904). Versieht man die Sekundärwicklung eines einphasigen Transformators in der Mitte mit einer Anzapfung, so erhält man in bezug auf diesen Mittelpunkt oder Nullpunkt ein zweiphasiges System, dessen Spannungen zwar gleich große Absolutwerte, jedoch verschiedenes Vorzeichen, d. h. eine Phasenverschiebung von 180°, besitzen:

$$e_1 = -e_2 .$$

Verbindet man die Klemmen der Sekundärwicklung über je ein Ventil mit dem Pluspol des Gleichstromkreises (Abb. 7/1a) und den Nullpunkt mit dem Minuspol, so erhält man einen Zweipulsstromrichter in Mittelpunktschaltung, dessen kennzeichnendes Merkmal die Phasenverdoppelung mit Hilfe des Transformators ist.

β) **Die Brückenschaltung** (CH. POLLAK, 1897). Schließt man an jeden Pol des Wechselstromnetzes 2 Ventile mit entgegengesetzter Durchlaßrichtung an, so entsteht, wie in Abb. 7/1b dargestellt, eine aus Richtelementen gebildete Brücke, in welcher jeweils zwei Ventile je Halbwelle stromführend sind. Man kann sich die Brückenschaltung aus 2 in Reihe geschalteten Mittelpunktschaltungen entstanden denken. Diese Deutung ist dann besonders naheliegend, wenn man der Brückenschaltung ebenfalls einen Transformator zuordnet, dessen Sekundärwicklung eine Mittelpunktanzapfung besitzt. Bei der graphischen Darstellung des zeitlichen Verlaufs der Ströme und Spannungen bildet dann dieser Nullpunkt den natürlichen Bezugspunkt. In welcher Weise die 4 Ventile wirken, ist aus Abb. 7/1b unmittelbar abzulesen und bedarf keiner weiteren Erläuterung. Die gleichgerichtete Spannung wird durch die Hüllkurve der beiden Phasenspannungen oberhalb und unterhalb der Zeitlinie gebildet. Im praktischen Gebrauch wird allerdings in der Regel das Potential der negativen Gleichstromklemme festgehalten. Zeichnet man unter dieser Bedingung den Spannungsverlauf der anderen (positiven) Gleichstromklemme sowie des Transformator-Nullpunktes, so ergibt sich die erzeugte Gleichspannung als die Summe der beiden Teilgleichrichter.

Bei Verwendung des gleichen Transformators erhält man demnach in der Brückenschaltung eine doppelt so große Gleichspannung wie in

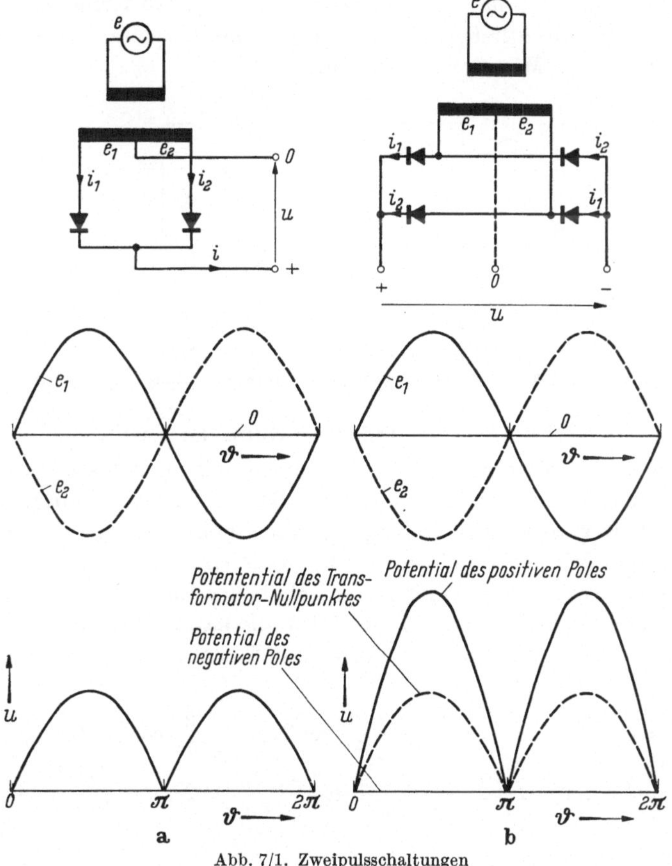

Abb. 7/1. Zweipulsschaltungen

der Mittelpunktschaltung. Umgekehrt benötigt man für eine bestimmte Gleichspannung bei der Brückenschaltung einen Transformator mit der halben Sekundärspannung wie bei Mittelpunktschaltung. Diesen Fall kennzeichnen auch die beiden in Abb. 7/2 dargestellten *Ersatzschaltungen*, die in ihrer Funktion als äquivalent zu betrachten sind und die den folgenden Betrachtungen zugrunde gelegt werden sollen.

Die *Mittelpunktschaltung* hat den Vorteil, daß man nur 2 Richtstrecken benötigt und mehranodige Entladungsventile mit gemeinsamer

Kathode verwendet werden können. Die Ventile werden allerdings mit dem doppelten Scheitelwert der Wechselspannung in Sperrichtung beansprucht. Als *Vorteil* der *Brückenschaltung* ist zu erwähnen: Die maximale Sperrspannung der Ventile kann nicht größer als der Höchstwert der Gleichspannung, bzw. der Scheitelwert der Wechselspannung werden. Der *Nachteil* ist dagegen, daß für diese Zweipulsschaltung 4 Ventile erforderlich sind und daß der Gleichstrom jeweils 2 in Reihe geschaltete Richtelemente durchfließen muß, wodurch die doppelten Verluste entstehen wie in der Mittelpunktschaltung.

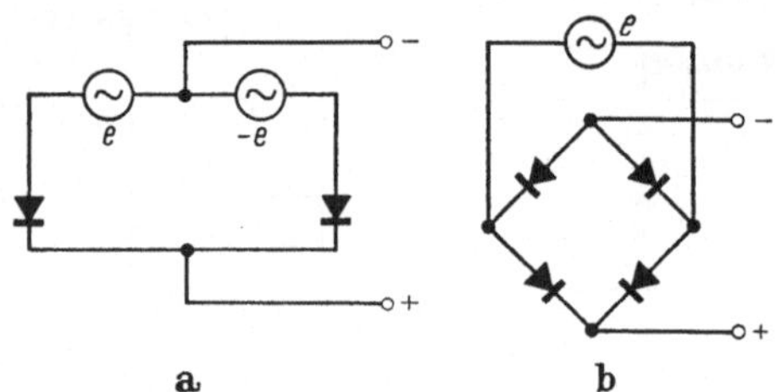

Abb. 7/2. Ersatzschaltbilder zu Abb. 7/1
a) Mittelpunktschaltung; b) Brückenschaltung

b) Leerlauf und rein Ohmsche Last

Unter der Annahme einer sehr hochohmigen Belastung auf der Gleichstromseite und Vernachlässigung aller wechselstromseitigen Reaktanzen erhält man für die gleichgerichtete Spannung u eines Zweipulsstromrichters den in Abb. 7/1a und b dargestellten Verlauf, der aus den Halbwellen zweier um 180° phasenverschobener Einpulsstromrichter zusammengesetzt werden kann. Jede Halbwelle kann, wie es beim Einpulsstromrichter abgeleitet wurde, in Form einer FOURIER-Reihe angeschrieben werden.

$$u_1 = E\sqrt{2}\left(\frac{1}{\pi} + \frac{1}{2}\sin\omega t - \frac{2}{3\pi}\cos 2\omega t - \frac{2}{15\pi}\cos 4\omega t \ldots\right) \qquad (7/1)$$

$$u_2 = u_1(\omega t + \pi) = E\sqrt{2}\left(\frac{1}{\pi} - \frac{1}{2}\sin\omega t - \frac{2}{3\pi}\cos 2\omega t - \frac{2}{15\pi}\cos 4\omega t \ldots\right). \qquad (7/2)$$

Dabei unterscheiden sich die beiden Gleichungen nur in bezug auf das Vorzeichen des Grundfrequenzterms; die höheren Harmonischen besitzen wegen $\cos 2(\omega t + \pi) = \cos 2\omega t$ das gleiche Vorzeichen.

Addiert man die beiden Halbwellen, so erhält man für die gleichgerichtete Spannung des Zweipulsstromrichters

$$u = u_1 + u_2 = E\sqrt{2}\left(\frac{2}{\pi} - \frac{4}{3\pi}\cos 2\omega t - \frac{4}{15\pi}\cos 4\omega t \ldots\right)$$
$$= \bar{U}\left[1 - \frac{2}{3}\cos 2\omega t - \frac{2}{15}\cos 4\omega t \ldots\right] \qquad (7/3)$$

mit dem arithmetischen Mittelwert

$$\bar{U} = E\sqrt{2}\cdot\frac{2}{\pi}. \qquad (7/4)$$

Indem man mittels

$$U^2 = \frac{1}{\pi}\int_0^\pi (E\sqrt{2}\sin\vartheta)^2\cdot d\vartheta = E^2$$

den Effektivwert der Gleichspannung berechnet, zeigt sich, daß dieser dem Effektivwert der speisenden Wechselspannung gleich ist, wie es auch sein muß, da ja negative Vorzeichen beim Quadrieren verschwinden.

$$U = E. \qquad (7/5)$$

Damit kann man unter Verwendung der unter (5/1a) angegebenen Gleichung sofort die Spannungswelligkeit

$$W_u = \sqrt{\frac{U^2 - \bar{U}^2}{\bar{U}^2}} = 0{,}48 \qquad (7/6)$$

anschreiben. Da bei rein Ohmscher Belastung Spannung und Strom den gleichen Verlauf besitzen, so ergibt sich auch für die Stromwelligkeit

$$W_i = 0{,}48. \qquad (7/7)$$

Die Welligkeit wird dadurch kleiner, daß unter den der Gleichspannung überlagerten Wechselspannungen die der Netzfrequenz entsprechende Grundwelle fehlt; alle anderen Frequenzen sind in relativ gleicher Größe und Anzahl wie beim Einpulsstromrichter vorhanden.

c) Rein induktive Belastung

Im Falle einer rein Ohmschen Last arbeiten die beiden Ventile völlig unbeeinflußt voneinander wie Einpulsstromrichter und der gleichgerichtete Strom wird durch Superposition der beiden Ventilströme erhalten. Versucht man bei rein induktiver Last ebenso vorzugehen, indem man die vom Einpulsstromrichter her bekannten Ventilströme überlagert, so scheitert dieser Versuch daran, daß im vorliegenden Falle jedes Ventil eine Leitdauer von $\beta = 2\pi$ besitzt, daß also beide Ventile über die gesamte Periode leitend sind, wodurch offensichtlich ein durch keine Impedanzen begrenzter Kurzschluß für die Wechselstromquelle entsteht.

Daraus muß der Schluß gezogen werden, daß die beim Einpulstromrichter zulässige Zusammenfassung aller Impedanzen auf der Gleichstromseite beim Zweipulsstromrichter nicht mehr statthaft ist und daß die Ersatzschaltungen von Abb. 7/2 offenbar eine Erweiterung und Überprüfung erfahren müssen.

d) Die Kommutierung

Die einfachste Erweiterung des Ersatzschaltbildes stellt die Aufteilung der Reaktanz in einen wechselstromseitigen und einen gleichstromseitigen Anteil dar. Abb. 7/3 zeigt eine solche Aufteilung für die Mittelpunktschaltung, wobei L_s als Sekundär- oder Anodendrossel und L_g als Gleichstrom- oder Kathodendrossel bezeichnet werden. Die gleichstromseitige Belastung ist dabei, wie im vorhergehenden Beispiel, als rein induktiv vorausgesetzt, wobei der in der Kathodendrossel fließende Strom i sich aus den Ventilströmen i_1 und i_2 zusammensetzt.

Nimmt man gemäß dem bisherigen Vorgehen vorerst einmal an, daß sich die beiden Ventilströme gegenseitig nicht beeinflussen und in der Kathodendrossel einfach überlagern (eine Annahme, die indessen noch zu überprüfen sein wird, weshalb auch in den nachstehenden Gleichungen die Ströme mit einem ′ versehen werden), so kann der zeitliche Verlauf der Ventilströme (vgl. 5/1 b) ($\omega L \equiv X$)

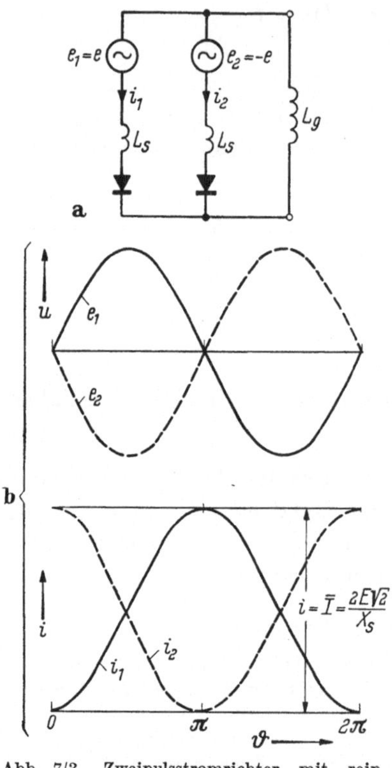

Abb. 7/3. Zweipulsstromrichter mit rein induktiver Last
a) Schaltbild; b) zeitlicher Verlauf der Ströme und Spannungen

$$i_1' = \frac{E\sqrt{2}}{X_s + X_g}(1 - \cos\omega t),$$

$$i_2' = \frac{E\sqrt{2}}{X_s + X_g}[1 - \cos(\omega t + \pi)]$$

sowie die Leitdauer der Ventile

$$\beta = 2\pi$$

sofort angegeben werden. Dieses Ergebnis zeigt, daß die beiden Ventile über die volle Periode und demgemäß gleichzeitig Strom führen.

Der bisherige Lösungsversuch, welcher jeweils nur einen Umlauf (um die zu einer Phasenspannung e gehörigen Masche) berücksichtigte, würde den Stromverlauf zutreffend beschrieben haben, wenn die beiden Ventile abwechselnd leiten würden. Hier liegt indessen der Fall vor, daß beide Ventile gleichzeitig leiten und demgemäß die Spannungsgleichung auch für diejenige Masche aufzustellen ist, welche die beiden Spannungsquellen, die beiden Ventile und die beiden Anodendrosseln enthält:

$$2e = 2L_s \frac{di_c}{dt},$$

wobei der Strom mit i_c bezeichnet sei und die Zählrichtung von i_1 besitzen soll. Aus Symmetriegründen bleibt dabei die Kathodendrossel strom- und spannungslos. Der in dem erwähnten Kreis fließende Strom ist lediglich durch die Summe der speisenden Wechselspannungen und der Anodenreaktanzen bestimmt:

$$I_c = \frac{E}{X_s}. \tag{7/8}$$

Der zeitliche Verlauf der durch diesen „Kurzschlußstrom des Transformators“ I_c bestimmten Ventilströme gehorcht wiederum dem obigen Zeitgesetz, weil ja jedes Ventil durch seine Richtwirkung einen Einschaltvorgang erzwingt:

$$\left.\begin{aligned} i_{1_c} &= \frac{E\sqrt{2}}{X_s}[1 - \cos\omega t], \\ i_{2_c} &= \frac{E\sqrt{2}}{X_s}[1 - \cos(\omega t + \pi)]. \end{aligned}\right\} \tag{7/9}$$

Abb. 7/3 zeigt den zeitlichen Verlauf dieser Ströme und der zugehörigen Wechselspannungen: jeder Ventilstrom besteht aus einem Gleichstrom ($E\sqrt{2}/X_s$), welchem ein Wechselstrom mit Netzfrequenz überlagert ist. Da die Leitdauer der Ventile über die ganze Periode reicht, so gilt auch in der ganzen Periode nur der für gleichzeitige Stromleitung der Ventile abgeleitete Stromverlauf: $i_1 = i_{1c}$, $i_2 = i_{2c}$. Damit entfällt jedoch die Anwendbarkeit der obigen Gleichungen für separate Stromführung (i_1', i_2'), ebenso wie die Möglichkeit, mittels L_g die Größe der Ventilströme beeinflussen zu können.

Dieser Vorgang gleichzeitiger Stromführung von 2 oder mehreren Ventilen ist für Mehrpulsstromrichter von grundlegender Bedeutung: er kennzeichnet die Verhältnisse beim Übergang des gleichgerichteten Stromes von dem einen zum zeitlich folgenden Ventil, der sogenannten „*Kommutierung*". Da sich dabei während der Kommutierungsdauer, die im folgenden mit dem Buchstaben μ bezeichnet werden soll, die Stromführung der beiden Ventile zeitlich überlappt, so spricht man auch von einer „Überlappungsdauer"[1]. Im vorliegenden Beispiel handelt es sich um einen Grenzfall: der gesamte Stromverlauf $\beta = 2\mu = 2\pi$ wird ausschließlich durch den Kommutierungsvorgang beherrscht, während die einfache Stromführung der einzelnen Ventile völlig unterdrückt wurde. Dieser Grenzfall kommt im Kurzschlußzustand von Mehrpulsstromrichtern jedoch regulär vor (wenn auch unter den praktischen Verhältnissen die Ventilverluste diesen idealen Grenzfall nicht ganz erreichen lassen) und besitzt demnach grundlegende Bedeutung.

Wie man aus der graphischen Darstellung unmittelbar abliest, ergänzen sich die beiden Ventilströme zu einem zeitlich völlig konstanten Gleichstrom

$$i = i_1 + i_2 = \bar{I} = \frac{2E\sqrt{2}}{X_s},$$

der natürlich an der Kathodenreaktanz keinen Spannungsabfall hervorruft: $u = 0$; $\bar{U} = 0$. Damit ist folgende Erkenntnis gewonnen: Bei

[1] In den IRC Recommendations wird der Überlappungswinkel mit u bezeichnet. In der Literatur ist ebenfalls der Buchstabe $ü$ häufig verwendet worden. Nach dem Vorgehen von E. GERECKE wird hier der Buchstabe μ benützt, da er in der Form sehr ähnlich ist und dabei deutlich macht, daß man die Überlappungsdauer im Winkelmaß angibt. Eine Verwechslung mit der magnetischen Permeabilität ist wohl nicht zu befürchten.

Zweipuls- und offenbar auch allen anderen Mehrpulsstromrichtern können die Ventile sowohl separat als auch gemeinsam Strom führen. Demgemäß müssen auch für jeden der beiden Betriebszustände besondere Gleichungen aufgestellt werden. Bei deren Lösung ist dann darauf zu achten, daß auch die jeweiligen Grenzbedingungen (in den Zünd- und Löschzeitpunkten der Ventile) erfüllt werden. Der Fall gemeinsamer Stromführung (Kommutierung) stellt einen Kurzschluß der wechselstromseitigen Stromquellen dar und ist demgemäß entscheidend von der Größe der Wechselstromreaktanzen abhängig. Bei rein induktiver Beschaltung wird die Größe des Gleichstromes ausschließlich durch die Wechselstromreaktanzen begrenzt. Es bedarf keiner besonderen Begründung, daß obiges Ergebnis für die Brücken- und die Mittelpunktschaltung gleichermaßen gilt.

7.2 Genauere Betrachtung

a) Die Rolle der wechselstromseitigen Reaktanzen

Betrachtet man nochmals die Zweipulsschaltungen von Abb. 7/1, so entdeckt man 3 verschiedene Stromformen: der Primärstrom des Transformators muß offensichtlich ein *reiner Wechselstrom* sein — von den Ventilströmen wissen wir, daß sie *pulsartigen Verlauf* besitzen, wobei Gleich- und Wechselanteil etwa von gleicher Größe sind — und schließlich ist der Strom im Lastkreis ein *Gleichstrom* mit überlagerten Oberwellen. Mittelpunkt- und Brückenschaltung unterscheiden sich dabei insofern, als bei der Mittelpunktschaltung die Ventilströme auch noch durch die Sekundärwicklungen des Transformators fließen, während bei der Brückenschaltung die Addition der Ventilströme (bzw. Subtraktion, wegen der verschiedenen Zählrichtung) bereits außerhalb erfolgt und die Sekundärwicklung von einem reinen Wechselstrom durchflossen wird.

Infolge der verschiedenen Stromform ergeben sich auch für die Induktivitäten auf der Gleich- und auf der Wechselstromseite verschiedene Wirkungen: Auf der Gleichstromseite erzeugen nur die Oberwellen, auf der Wechselstromseite jedoch auch die Grundwelle des Stromes induktive Spannungsabfälle, wodurch die Wechselstromreaktanzen auch für die Gleichstromseite strombegrenzend wirken, da ja der Gleichstrom höchstens die Summe der Kurzschlußströme erreichen kann. Damit erhebt sich die Frage, ob das Schaltbild 7/3, welches nur die Ventilkreise und keinen reinen Wechselstromkreis besitzt, überhaupt eine zutreffende Abbildung einer Zweipuls-Stromrichterschaltung darstellt, eine Frage, die im folgenden überprüft werden soll. — Die Frage, welchen Einfluß der Aufbau und die Schaltung des Transformators besitzt, soll dagegen vorerst zurückgestellt und erst im Teil IV: Stromrichtertransformatoren behandelt werden.

b) Das Gleichungssystem

Um die Frage nach dem richtigen Ersatzschaltbild beantworten zu können, werden zuerst die für die Originalschaltung geltenden Gleichungen aufgestellt und sodann diejenige Ersatzschaltung gesucht, die diese Gleichungen ebenfalls befriedigt. Die Übereinstimmung von Originalschaltung und ihrem Ersatzschaltbild ist dann offenbar durch das Vorhandensein eines gemeinsamen Gleichungssystems vollständig gesichert. Die Originalschaltung ist in Abb. 7/4a dargestellt, welche aus Abb. 7/1 durch Hinzufügen von Reaktanzen hervorgeht und deren Transformator ein Übersetzungsverhältnis $ü = 1$ zwischen der Primär-

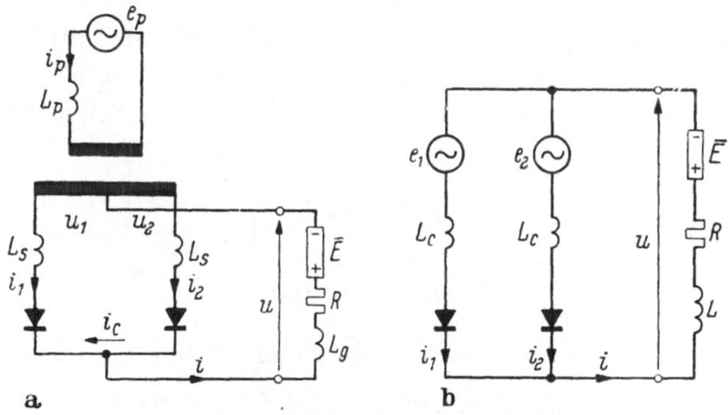

Abb. 7/4. Zweipulsstromrichter in Mittelpunktschaltung
a) allgemeines Schaltbild; b) Normalschaltbild

wicklung und jeder Sekundärwicklung besitzen soll ($u_p = u_1 = -u_2$). Dieses Schaltbild wird später noch durch verkettete Transformatorreaktanzen vermehrt werden.

Wie bei der Untersuchung der Kommutierung gefunden wurde, müssen für die Zeitabschnitte der einfachen und der gemeinsamen Stromführung der Ventile getrennte Gleichungen angeschrieben werden. Zur deutlichen Unterscheidung soll der gleichgerichtete Strom i bei einfacher Stromführung (außerhalb der Kommutierung) mit dem Index I und bei gemeinsamer Stromführung (während der Kommutierung) mit II bezeichnet werden.

Bei *einfacher Stromführung* (I) sei das Ventil 1 allein stromführend

$$i_1 = i_{\mathrm{I}},$$

außerdem gelte bei vernachlässigtem Magnetisierungsstrom des Transformators

$$i_p = i_{\mathrm{I}}$$

und für den Primärkreis

$$e_p - X_p \frac{di_p}{d\vartheta} = u_1,$$

womit die Gleichung

$$u = u_1 - X_S \frac{d i_{\mathrm{I}}}{d\vartheta} = e_p - (X_p + X_s) \frac{d i_{\mathrm{I}}}{d\vartheta}$$

folgt. Da für den Gleichstromkreis (bei $R = 0$)

$$u = \bar{E} + X_g \frac{d i_{\mathrm{I}}}{d\vartheta}$$

geschrieben werden kann, so erhält man schließlich die erste der gesuchten Gleichungen:

$$e_p - \bar{E} = (X_p + X_s + X_g) \frac{d i_{\mathrm{I}}}{d\vartheta}. \tag{7/10}$$

Während der Kommutierung (II) sind beide Ventile stromführend, wodurch für den Transformator sekundärseitig ein Kurzschluß mit dem Strom i_c entsteht und der Gleichstrom i zu gleichen Teilen über beide Ventile fließt. Für die Ventilströme folgt daraus

$$\left.\begin{aligned} i_1 &= \frac{i_{\mathrm{II}}}{2} - i_c, \\ i_2 &= \frac{i_{\mathrm{II}}}{2} + i_c, \end{aligned}\right\} \tag{7/11}$$

wobei im Zündzeitpunkt des Ventils 2 der Strom $i_2 = 0$ und daher $i_c = -\frac{i_{\mathrm{II}}}{2}$, am Ende der Überlappung $i_2 = i_{\mathrm{II}}$ und damit $i_c = +\frac{i_{\mathrm{II}}}{2}$ gilt. Für den Netzstrom des einphasigen Dreiwicklungstransformators wird

$$i_p = i_1 - i_2 \tag{7/12}$$

gesetzt. Für den Wechselstromkreis gilt:

$$e_p - X_p \frac{d i_p}{d\vartheta} = u_1$$

und für die Ventilkreise:

$$\left.\begin{aligned} u &= u_1 - X_s \frac{d i_1}{d\vartheta} = u_1 - \frac{X_s}{2} \frac{d i_{\mathrm{II}}}{d\vartheta} + X_s \frac{d i_c}{d\vartheta}, \\ u &= u_2 - X_s \frac{d i_2}{d\vartheta} = u_2 - \frac{X_s}{2} \frac{d i_{\mathrm{II}}}{d\vartheta} - X_s \frac{d i_c}{d\vartheta}. \end{aligned}\right\} \tag{7/13}$$

Wegen $u_1 = -u_2$ ergibt die Addition dieser beiden Gleichungen:

$$2u = -X_s \frac{d i_{\mathrm{II}}}{d\vartheta},$$

und da andererseits $u = \bar{E} + X_g \frac{d i_{\mathrm{II}}}{d\vartheta}$ ist, so findet man

$$\bar{E} = -\left(X_g + \frac{X_s}{2}\right) \frac{d i_{\mathrm{II}}}{d\vartheta} \tag{7/14}$$

und damit die zweite Gleichung.

Subtrahiert man obige Gleichungen und berücksichtigt $u_1 - u_2 = 2u_1$ und $i_c = \frac{i_2 - i_1}{2}$, so erhält man die dritte und letzte Gleichung

$$e_p = -(2X_p + X_s)\frac{di_c}{d\vartheta} = \left(X_p + \frac{X_s}{2}\right)\frac{d}{d\vartheta}(i_1 - i_2). \tag{7/15}$$

Damit ist das gesuchte Gleichungssystem gefunden, womit nun in ähnlicher Weise, wie es oben für den Einpulsstromrichter durchgeführt wurde, die Vorgänge bei verschiedener Belastung und Aussteuerung untersucht werden können. Dabei ist jedoch zu bedenken, daß die Zahl der Variablen durch das Hinzukommen der primären und sekundärseitigen Reaktanzen erheblich vermehrt wurde und der Arbeitsaufwand den praktischen Nutzen nur teilweise rechtfertigen würde.

Um die Analyse der Zweipulsschaltungen möglichst übersichtlich und ökonomisch durchführen zu können, wird daher ein von K. Potthoff, K. Müller-Lübeck (1935) u. a. angegebener Weg gewählt, die Vielfalt der Schaltungen auf eine sogenannte „Grundschaltung" oder „Normalschaltung" zurückzuführen. Man nennt dieses Vorgehen auch die „Reduktion der Schaltungen".

c) Die Reduktion der Schaltungen

Es soll nun gezeigt werden, wie man von der Originalschaltung zu einer einfacheren und für die Rechnung bequemeren Ersatzschaltung gelangt. Dabei sei angemerkt, daß die folgenden Überlegungen ganz allgemein für beliebige gleichstromseitige Belastung gelten. Um dies recht deutlich auszudrücken, werden obige Gln. (7/10), (7/14), (7/15) für eine gleichstromseitige Belastung mit Gegenspannung $\bar{E}$, Ohmschen Widerstand R und Kathodendrossel L_g nochmals angeschrieben.

Während der Kommutierung (II) gilt

$$2e_p = +(2X_p + X_s)\frac{d}{d\vartheta}(i_1 - i_2) \tag{7/15}$$

$$-\bar{E} = R\,i_{\mathrm{II}} + \left(X_g + \frac{X_s}{2}\right)\frac{di_{\mathrm{II}}}{d\vartheta} \tag{7/14}$$

und außerhalb der Kommutierung (I):

$$e_p - \bar{E} = (X_p + X_s + X_g)\frac{di_{\mathrm{I}}}{d\vartheta} + R\,i_{\mathrm{I}}. \tag{7/10}$$

Will man sich die volle Freiheit in bezug auf die Art der gleichstromseitigen Belastung bewahren, dann darf sich offenbar eine Vereinheitlichung nicht auf die Größen $\bar{E}$, R, X_g beziehen. Da selbstverständlich auch e_p unberührt bleiben muß, so konzentriert sich die Aufmerksamkeit auf die Reaktanzen X_p und X_s. Man erkennt, daß sich für die beabsichtigte Schaltungsreduktion 2 Möglichkeiten bieten, je nachdem, welche Reaktanz man zu eliminieren wünscht. In Abb. 7/4b ist diejenige *Normal-*

schaltung dargestellt, welche den primären Wechselstromkreis eliminiert und eine enge Verwandtschaft zu den Einpulsschaltungen besitzt. Für die Normalschaltung gilt wegen $e = e_1 = -e_2$ während der Kommutierung (II):

$$2e = +X_c \frac{d}{d\vartheta}(i_1 - i_2), \tag{7/16}$$

$$-\bar{E} = R\, i_{\text{II}} + \left(X + \frac{X_c}{2}\right)\frac{d i_{\text{II}}}{d\vartheta}. \tag{7/17}$$

Außerhalb der Kommutierung (I):

$$e - \bar{E} = (X_c + X)\frac{d i_{\text{I}}}{d\vartheta} + R\, i_{\text{I}}. \tag{7/18}$$

Vergleicht man nun die beiden Gleichungstripel, so folgt

$$\left.\begin{aligned} X_c &= 2X_p + X_s, \\ X &= X_g - X_p, \end{aligned}\right\} \tag{7/19}$$

womit gezeigt ist, daß unter Verwendung dieser Relationen eine vollständige Übereinstimmung zwischen Original- und Ersatzschaltung erreicht ist.

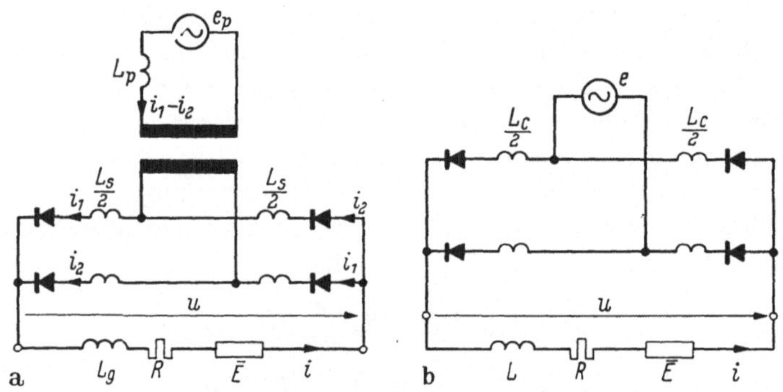

Abb. 7/5. Zweipulsstromrichter in Brückenschaltung
a) allgemeines Schaltbild; b) Normalschaltbild

Analoge Beziehungen erhält man für die in Abb. 7/5 dargestellte *Brückenschaltung*. Indem man in der oben durchgeführten Art vorgeht, erhält man die folgenden Gleichungen. Dabei ist zu beachten, daß beide Ventilgruppen gleichzeitig kommutieren und dabei die 4 Induktivitäten $L_s/2$ resultierend den Spannungsabfall $\frac{X_s}{2}\frac{d i_p}{d\vartheta}$ ergeben. Außerhalb der Kommutierung führen dagegen jeweils nur 2 Ventile Strom, an deren Induktivitäten L_s dann, weil sie in Reihe von dem Strom i durchflossen werden, der Spannungsabfall $X_s \frac{d i}{d\vartheta}$ entsteht.

Während der Kommutierung (II):

$$e = \left(X_p + \frac{X_s}{2}\right) \frac{d}{d\vartheta}(i_1 - i_2), \tag{7/20}$$

$$-\bar{E} = \left(X_g + \frac{X_s}{2}\right) \frac{d i_{II}}{d\vartheta} + R i_{II}. \tag{7/21}$$

Außerhalb der Kommutierung (I):

$$e - \bar{E} = (X_p + X_s + X_g) \frac{d i_I}{d\vartheta} + R i_I. \tag{7/22}$$

Auch hier lassen sich die vorerwähnten Vereinfachungen vornehmen, die ebenfalls zu den Relationen (7/19) führen.

Gegensinnig verkettete Sekundärdrosseln. Wie in Kap. 10 noch ausführlich gezeigt wird, kann ein Transformator durch verkettete und un-

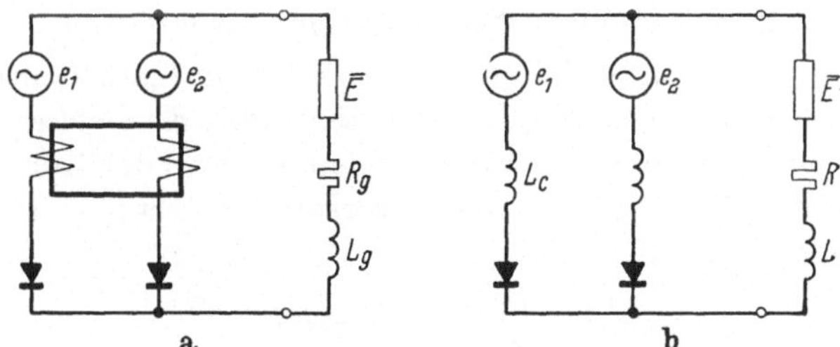

Abb. 7/6. Zweipulsstromrichter mit verketteten Sekundärdrosseln
a) Originalschaltung; b) reduzierte Schaltung

verkettete Reaktanzen gekennzeichnet werden. Es soll nun an Hand von Abb. 7/6 gezeigt werden, wie verkettete Reaktanzen durch unverkettete ersetzt werden können. Um das Wesentliche hervorzuheben wird eine ideale magnetische Verkettung ohne Streuflüsse betrachtet. Führt die Drossel nur einseitig Strom, dann hat die Wicklung die Reaktanz $\frac{1}{2} X_A$; werden dagegen die beiden Wicklungen im Kurzschluß von den beiden Spannungen e_1 und e_2 gespeist, dann beträgt die Wicklungsreaktanz X_A [vgl. (10/23) und Abb. 10/2]. Es gilt
außerhalb der Kommutierung (I):

$$e - \bar{E} = R i_I + \left(\frac{X_A}{2} + X_g\right) \frac{d i_I}{d\vartheta}, \tag{7/23}$$

während der Kommutierung (II):

$$-\bar{E} = R i_{II} + X_g \frac{d i_{II}}{d\vartheta}, \tag{7/24}$$

$$2e = X_A \frac{d}{d\vartheta}(i_1 - i_2). \tag{7/25}$$

Vergleicht man wieder mit den Gln. (7/16), (7/17), (7/18), so findet man

$$X_c = X_A,$$
$$X = X_g - X_A/2. \tag{7/26}$$

Ein Vergleich mit (7/19) lehrt, daß sich verkettete Drosseln und Primärdrosseln in gleicher Weise in der Normalschaltung abbilden lassen, woraus geschlossen werden kann, daß diese beiden Drosselarten auch in ihrer Wirkung äquivalent sind.

Damit ist über die Zweipulsschaltungen eine gewisse allgemeine Übersicht gewonnen und die Reduktion auf eine einfache Normalschaltung durchgeführt, wobei die Reaktanzverteilung mittels der Kennzahl x angegeben wird:

$$x = \frac{2X + X_c}{X_c} = \frac{2X_g + X_s}{2X_p + X_s}. \tag{7/27}$$

Im folgenden wird stets die Normalschaltung der Rechnung zugrunde gelegt werden.

d) Schaltungen mit einseitigen Reaktanzen

Schaltungen, die entweder nur Primär- oder nur Kathodenreaktanzen besitzen, zeigen ein besonderes Verhalten: *ihre Kommutierung erfolgt momentan.* Dieser Sachverhalt kann aus den während der Kommutierung geltenden Gln. (7/16), (7/17) sofort verstanden werden. Indem man $X_s = 0$ setzt, verbleibt:

$$X_g \frac{di}{d\vartheta} = -(\bar{E} + Ri), \tag{7/28}$$

$$X_p \frac{di_p}{d\vartheta} = e. \tag{7/29}$$

Multipliziert man diese Gleichungen mit ihrer Stromstärke, so erhält man Leistungsgleichungen, welche ein *Kriterium für allmähliche Kommutierung* (K. Potthoff, 1928) darstellen:

$$\frac{X_g}{2} \frac{d(i^2)}{d\vartheta} = -[\dot{\bar{E}} i + R i^2], \tag{7/30}$$

$$\frac{X_p}{2} \frac{d(i_p^2)}{d\vartheta} = e i_p. \tag{7/31}$$

Diese Gleichungen können folgendermaßen gedeutet werden:

1. Die im Gleichstromkreis während der Kommutierung verbrauchte Energie (man beachte das negative Vorzeichen des Ausdrucks rechts vom Gleichheitszeichen) wird von der *Kathodendrossel geliefert.*
2. Die vom Netz während der Kommutierung gelieferte Energie wird in der *Primärdrossel gespeichert.*

Der Transformator ist während der Kommutierung kurzgeschlossen und daher energetisch ohne Einfluß. Der Stromrichter kann im Kommutierungszeitbereich in zwei unabhängige Kreise zerlegt werden. Ein allmählicher Stromübergang (mit endlicher Kommutierungsdauer) ist nur möglich, wenn Primärdrossel *und* Kathodendrossel vorhanden sind. Wenn eine dieser Drosseln fehlt, erfolgt momentaner Stromübergang. Der Stromverlauf ist dabei durchaus verschieden, je nachdem welche Induktivität fehlt.

a) Primärinduktivität fehlt, nur Kathodeninduktivität vorhanden: Wie Abb. 7/7 zeigt, erfolgt die Kommutierung im *Nulldurchgang der Spannung* bei endlichen Stromwerten. Im unteren Teil ist der Verlauf des Gleichstromes i und der beiden Teilströme i_1 und i_2 dargestellt. [Mit $L_p = 0$ und $e = 0$ sind Gl. (7/16), (7/17) für beliebige

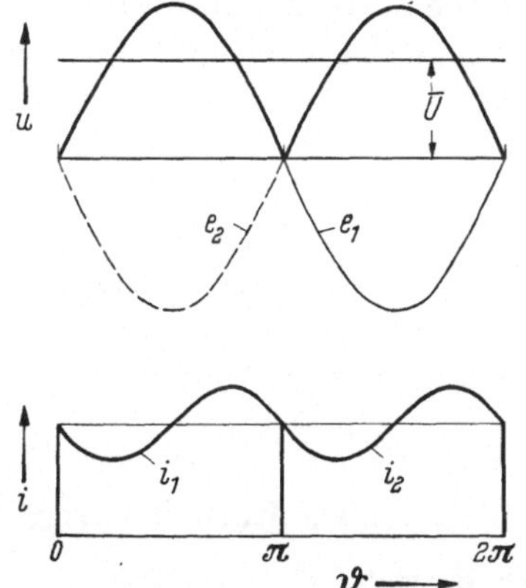

Abb. 7/7. Zeitlicher Verlauf von gleichgerichteter Spannung u und Gleichstrom i eines Zweipulsstromrichters, welcher nur eine Kathodendrossel enthält

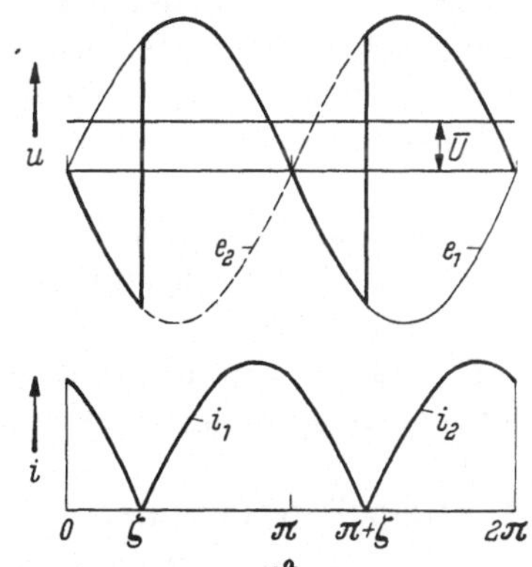

Abb. 7/8. Zeitlicher Verlauf von Gleichstrom und Gleichspannung eines Zweipulsstromrichters, welcher nur eine Primärdrossel besitzt

Werte von i_p und $\frac{d i_p}{d \vartheta}$ erfüllt.] Die vorhandene Kathodendrossel kann während der Kommutierung einen endlichen Gleichstromwert aufrechterhalten; die Kommutierung selbst muß jedoch wegen der fehlenden Primärinduktivität ($I_c = \infty$) momentan erfolgen.

b) Primärinduktivität vorhanden, Kathodeninduktivität fehlt: Die Kommutierung erfolgt (vgl. Abb. 7/8) im *Nullwert des Stromes*, da im Gleichstromkreis (wegen $L = 0$) keine Speicherenergie zur Verfügung steht und Gl. (7/28), (7/29) nur erfüllt werden, wenn der Strom verschwindet. Die Zündung wird durch den Spannungsabfall an der Primärdrossel um den Winkel ζ verzögert. Eine ausführlichere Darstellung befindet sich in Kap. 8 unter 2 b 3.

8. Die klassischen Zweipulsschaltungen

Die Untersuchung von Einpulsschaltungen hat gelehrt, daß die Gleichungen für den zeitlichen Verlauf von Strom und Spannung aus Kreis- und Exponentialfunktionen aufgebaut sind. Die Auswertung derartiger Gleichungen unter Berücksichtigung ihrer Grenzbedingungen im Zünd- und Löschzeitpunkt ist jedoch stets mühsam und bereitet häufig sogar analytische Schwierigkeiten (J. Barbey), weshalb man danach streben wird, die rechnerisch unbequemen Exponentialfunktionen („Dämpfungsglieder") zu vermeiden. Dies gelingt dadurch, daß man dafür sorgt, daß der Exponent, welcher bei induktiven Stromkreisen von der Form $Rt/\omega L$ ist, verschwindet, wofür sich zwei Möglichkeiten bieten:

a) Man vernachlässigt alle Ohmschen Widerstände: $R = 0$,
b) man wählt eine unendlich große Kathodeninduktivität: $\omega L = \infty$.

Da es in der Regel völlig ausreichend ist, die in der Praxis auftretenden Fragen im Rahmen dieser beiden Näherungen zu lösen und deren Gebrauch allgemein üblich wurde, so sollen Schaltungen, die in der erwähnten Weise idealisiert wurden, als „klassische" Schaltungen bezeichnet werden.

Da bei unendlich großer Kathodendrossel im Gleichstromkreis ein vollkommen glatter Gleichstrom fließt und die Berechnung sowohl für Ohmschen Belastungswiderstand R als auch für Gegenspannung (wegen $\bar{E} = \bar{I}R$) gilt, so wird diese Näherungsrechnung in der Praxis und auch im folgenden bevorzugt verwendet.

8.1 Zweipulsstromrichter mit unendlich großer Kathodendrossel

a) Ungesteuerter Betrieb

Die bisherige Betrachtung der Zweipulsstromrichter führte zu zwei verschiedenen Ersatzschaltbildern (Abb. 7/4 u. 7/5), wovon das eine für die Mittelpunkt-, das andere für die Brückenschaltung gilt.

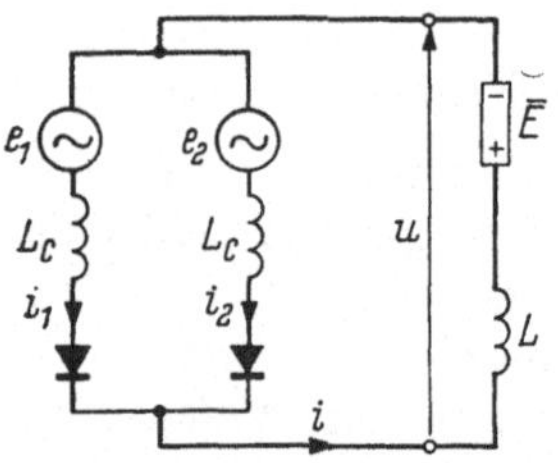

Abb. 8/1. Schaltbild der klassischen Zweipulsstromrichter

Wie im Kap. 7 gezeigt wurde, sind die für diese beiden Schaltungen geltenden Gleichungen völlig gleichlautend, so daß eine ganz einheitliche Beschreibung möglich ist. Der folgenden Berechnung wird die in Abb. 8/1 enthaltene Schaltung zugrunde gelegt, wobei die Größe der den Kommutierungsvorgang beeinflussenden „Anodendrosseln" L_c durch Gl. (7/19) bestimmt ist. Damit sind alle Vorbereitungen getroffen, um nunmehr an die Beschreibung der Vorgänge direkt herangehen zu können.

Im Sinne einer möglichst einfachen und klaren Darstellung soll jedoch nicht sofort volle Allgemeinheit angestrebt, sondern zuerst mit dem *ungesteuerten Betrieb* begonnen werden. In Abb. 8/2 sind einige charakteristische Betriebszustände graphisch dargestellt: Der Leerlauf ist durch Teilbild a gekennzeichnet. Dieser Betriebszustand wurde schon in 7.1 b behandelt (Abb. 7/1). Steigert man den Gleichstrom bis etwa sein Nennwert erreicht ist, so erhält man unter normalen Verhältnissen (d. h. bei den üblichen Wechselstromreaktanzen) die in Teilbild b gezeichneten Verhältnisse. Die Überlappungsdauer beträgt etwa $\mu_0 = 30°$.

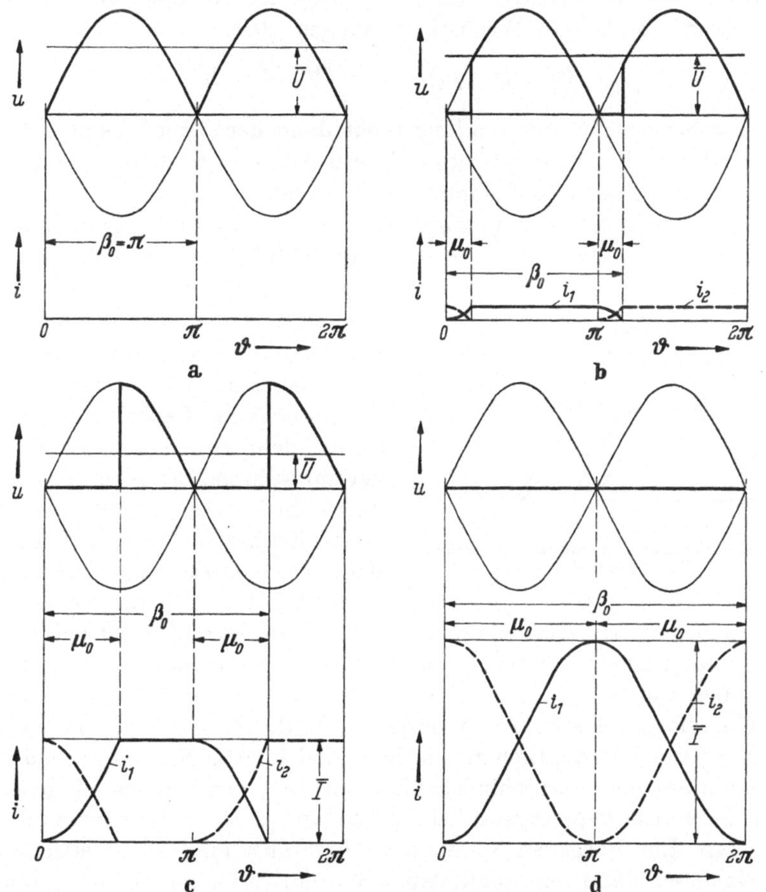

Abb. 8/2. Zeitlicher Verlauf von Strom und Spannung eines ungesteuerten Zweipulsstromrichters mit unendlich großer Gleichstromdrossel

Bei ungesteuertem Betrieb ($\alpha = 0$) sollen die Kenngrößen, wie z. B. der Überlappungswinkel den Index 0 erhalten. Bei Beschreibungen von ungesteuerten Stromrichtern kann auch, falls Mißverständnisse ausgeschlossen sind, der Index 0 weggelassen werden. Wenn jedoch Gleichungen angeschrieben werden, in welchen Kenngrößen des ungesteuerten und des gesteuerten Betriebes vorkommen, so muß auf sorgfältige Indexschreibweise geachtet werden. Da die folgenden Gleichungen des ungesteuerten Betriebes später noch öfter auch im Zusammenhang mit den Verhältnissen bei Teilaussteuerung gebraucht werden, so soll der Index berücksichtigt werden. Während dieses Winkelbereiches μ_0 erfolgt die Kommutierung, d. h. der Strom i wechselt von Ventil 1 nach Ventil 2 bzw. umgekehrt, und die gleichgerichtete Spannung ist dem Mittelwert der beiden Wechselspannungen gleich

$$(0 < \vartheta < \mu_0): \quad u = \frac{e_1 + e_2}{2} = 0 .$$

Nach vollzogener Stromwendung fließt dann der Strom bis zum Ende der Halbperiode lediglich über ein Ventil. Bei $\vartheta = \pi$ zündet das zweite Ventil und die nächste Kommutierung beginnt.

Bei weiterer Stromsteigerung erhält man bei c die Verhältnisse bei Überlast und schließlich bei d den Kurzschluß. Mit steigender Stromstärke verlängert sich die Überlappungsdauer μ_0, weil die Kommutierungsgeschwindigkeit durch die wechselstromseitigen Reaktanzen lastunabhängig festliegt. Man erkennt deutlich, daß der Stromverlauf während der Kommutierung durch den oben bereits beschriebenen Kurzschlußstrom i_c bestimmt wird. Im Grenzfall, im Kurzschluß, erreicht die Überlappungsdauer ihren Höchstwert ($\mu_0 = \pi$) und die beiden Ventile sind gleichzeitig über die ganze Periode leitend — ein Betrieb, der bereits unter 7.1d beschrieben wurde.

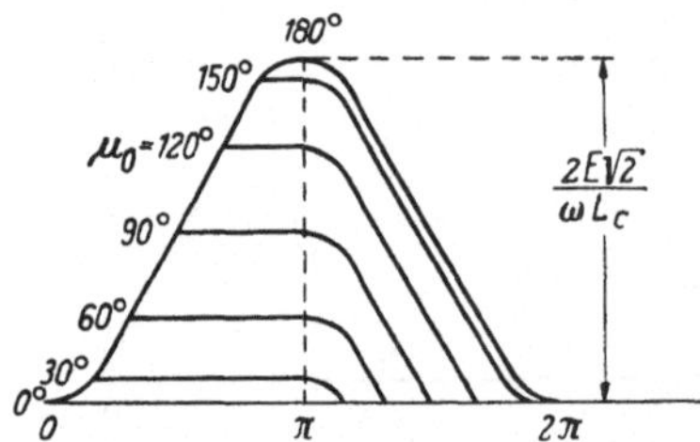

Abb. 8/3. Ventilstromverlauf für verschiedene Überlappungswinkel μ_0

Um die graphische Darstellung des zeitlichen Verlaufs der Ventilströme besonders deutlich zu machen, sind in Abb. 8/3, ausgehend von dem Verlauf des Kurzschlußstromes, mehrere Ventilströme eingezeichnet, deren Überlappungswinkel μ_0 sich um je 30° voneinander unterscheiden. Das Vorgehen ist aus der Abbildung unmittelbar ersichtlich.

Nachdem damit ein qualitatives Bild entworfen ist, sollen nun noch die quantitativen Beziehungen festgelegt werden. Zuerst der zeitliche Verlauf der Ventilströme während der Kommutierung:

$$i_1 = I_c \sqrt{2}\,(1 - \cos\omega t)$$

und

$$i_2 = \bar{I}_0 - i_1 ,$$

weil sich ja der Gleichstrom aus den beiden Ventilströmen zusammensetzt: $i = \bar{I}_0 = i_1 + i_2$.

Am *Ende der Kommutierung* ($\omega t = \mu_0$) wird

$$i_1 = \bar{I}_0 = I_c \sqrt{2}\,(1 - \cos\mu_0) , \tag{8/1}$$

womit der Gleichstrom in Abhängigkeit von μ_0 mit dem (im allgemeinen als unveränderlich vorgegebenen) Kommutierungs-Kurzschlußstrom $I_c = E/X_c$ verknüpft wird und man obige Ventilströme auch schreiben kann:

$$\left.\begin{aligned} i_1 &= \frac{1-\cos\omega t}{1-\cos\mu_0}\bar{I}_0\,, \\ i_2 &= \frac{\cos\omega t - \cos\mu_0}{1-\cos\mu_0}\bar{I}_0\,. \end{aligned}\right\} \tag{8/2}$$

Im Grenzfall (Kurzschluß) erhält man für den Gleichstrom ($\mu_0 = \pi$)

$$\bar{I}_{0K} = 2\,I_c\sqrt{2} = 2\,E\sqrt{2}/X_c\,. \tag{8/3}$$

Während der Kommutierung ($0 < \vartheta < \mu_0$) gilt

$$u = e - \omega L_c \frac{d i_c}{d\vartheta} = e - \Delta u = 0\,,$$

weil beim Zweipulsstromrichter der induktive Spannungsabfall Δu gerade der Wechselspannung e gleich ist. Bei $p > 2$ werden sich andere Beziehungen ergeben. Infolge dieses Spannungsabfalles muß die Gleichspannung bei Belastung $\bar{U}_{0\mu}$ [der 1. Index bezeichnet den Steuerwinkel α, der 2. Index den Überlappungswinkel μ; die Reihenfolge der Indizes ist leicht zu merken, da sie mit ihrer Stellung im Alphabet und auch mit dem zeitlichen Ablauf (zuerst Zündung und dann Überlappung) übereinstimmt] kleiner sein als die Leerlaufspannung $\bar{U}_{00}$. (Man kann den Leerlauf auch durch den Index L andeuten: $\bar{U}_{00} = \bar{U}_{0L}$)

$$\bar{U}_{0\mu} = \bar{U}_{00} - \Delta\bar{U}_0\,.$$

Die Leerlaufspannung war bereits oben (7/4) ermittelt worden:

$$\bar{U}_{00} = E\sqrt{2}\,\frac{2}{\pi}\,.$$

Die Gleichspannung bei Belastung erhält man zu:

$$\bar{U}_{0\mu} = \bar{U}_{00} - \frac{\omega L_c}{\pi}\int_0^{\mu} d i_c = \bar{U}_{00} - \frac{1}{\pi}\omega L_c \bar{I}_0\,. \tag{8/4}$$

Hebt man auf der rechten Seite $\bar{U}_{00}$ heraus, so erhält man mit

$$\frac{\frac{1}{\pi}X_c\bar{I}_0}{\bar{U}_{00}} = \frac{\bar{I}_0}{2\,E\sqrt{2}/X_c} = \frac{\bar{I}_0}{\bar{I}_{0K}}$$

$$\frac{\bar{U}_{0\mu}}{\bar{U}_{00}} = 1 - \frac{\bar{I}_0}{\bar{I}_{0K}}\,. \tag{8/5}$$

Diese Gleichung beschreibt die *Betriebskennlinie*. Aus (8/1) und (8/3) erhält man

$$\frac{\bar{I}_0}{\bar{I}_{0K}} = \frac{1-\cos\mu_0}{2}\,, \tag{8/6}$$

und indem man dies in (8/5) einsetzt,

$$\frac{\bar{U}_{0\mu}}{\bar{U}_{00}} = \frac{1 + \cos\mu_0}{2}. \tag{8/7}$$

Es ist auch nützlich, den induktiven Spannungsabfall $\Delta\bar{U}_0$ auf die Leerlaufspannung zu beziehen und $d_0 = \frac{\Delta\bar{U}_0}{\bar{U}_{00}}$ als „relativen Spannungsabfall“ zu bezeichnen:

$$d_0 = \frac{\Delta\bar{U}_0}{\bar{U}_{00}} = \frac{1 - \cos\mu_0}{2} = \bar{I}_0/\bar{I}_{0K}. \tag{8/8}$$

Stellt man die rechnerisch ermittelten Betriebspunkte der Tab. 8/1 graphisch dar, dann findet man, daß alle Betriebspunkte eines ungesteuerten Zweipulsstromrichters auf der Verbindungsgeraden zwischen Leerlaufpunkt und Kurzschlußpunkt liegen, wie es auch die Gl. (8/5)

Tabelle 8/1. *Kennzahlen des ungesteuerten Zweipulsstromrichters*

β	μ_0	$\cos\mu_0$	$\frac{\bar{U}_{0\mu}}{\bar{U}_0} = \frac{1+\cos\mu_0}{2}$	$\frac{\bar{I}_0}{\bar{I}_{0K}} = \frac{1-\cos\mu_0}{2}$
°el	°el			
180	0	1,00	1,00	0
210	30	0,866	0,935	0,065
240	60	0,500	0,75	0,25
270	90	0	0,50	0,50
300	120	−0,500	0,25	0,75
330	150	−0,866	0,065	0,935
360	180	−1,00	0	1,00

fordert. Abb. 8/4 zeigt die Betriebskennlinie des ungesteuerten Zweipulsstromrichters mit dem Überlappungswinkel μ_0 als Parameter.

b) Gesteuerter Betrieb

Wenn an die Stelle der ungesteuerten Ventile nunmehr solche mit *Gittersteuerung* gesetzt oder wenn zusätzlich zu den ungesteuerten Ventilen noch *Steuerdrosseln* eingebaut werden, kann man die Zündung willkürlich verzögern und damit die Eigenschaften des Stromrichters erheblich erweitern, wie dies bereits beim Einpulsstromrichter erörtert wurde. Da im voraus nicht beurteilt werden kann, ob Gittersteuerung und Drosselsteuerung in jedem Falle die gleiche Wirkung haben, so wird eine getrennte Betrachtung vorgenommen, derart, daß zuerst nur die Gittersteuerung untersucht und abschließend die Besonderheiten bei Drosselsteuerung erwähnt werden.

Im *Leerlauf* ergeben sich für verschiedene Zündverzögerungswinkel die in Abb. 8/5 dargestellten Kurvenzüge für den zeitlichen Verlauf der gleichgerichteten Spannung. Der ungesteuerte Betriebszustand ($\alpha = 0$) st bereits bekannt und bedarf keiner weiteren Erläuterung. Bei Teilaussteuerung ist jedoch ein wichtiges Merkmal zu beachten: Die unendlich große Kathodendrossel erzwingt einen dauernden Gleichstrom, d. h., es kann nicht vorkommen, daß keines der beiden Ventile stromführend ist. Bei rein Ohmschem Gleichstromkreis würde jedes Ventil nur so lange leiten, als die zugehörige Phasenspannung positiv ist. Bei sehr großer Gleichstromdrossel speichert diese so lange Energie, als die gleichgerichtete Spannung u positiver ist als ihr arithmetischer Mittelwert, und sie gibt diese Energie wieder ab, sobald u negativer ist als $\bar{U}$. Diese Feststellung erklärt zwanglos, warum während der Zündverzögerung des einen Ventils das andere unbedingt noch leitend sein muß.

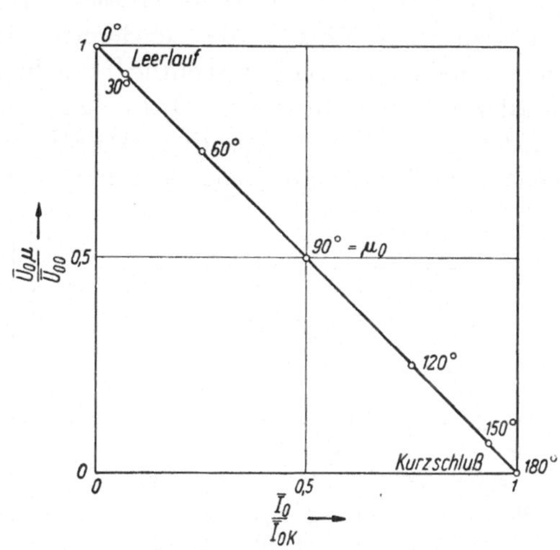

Abb. 8/4. **Betriebskennlinie für ungesteuerten Zweipulsstromrichter mit $L_g = \infty$**

Die Gleichspannungskurven setzen sich daher aus Teilen der beiden Wechselspannungen von der Dauer $\beta = \pi$ zusammen. Bei $\alpha = 90°$ besitzt die gleichgerichtete Spannung einen zur Zeitachse symmetrischen Verlauf, derart, daß der arithmetische Mittelwert $\bar{U}_{\alpha 0} = 0$ wird. Für noch

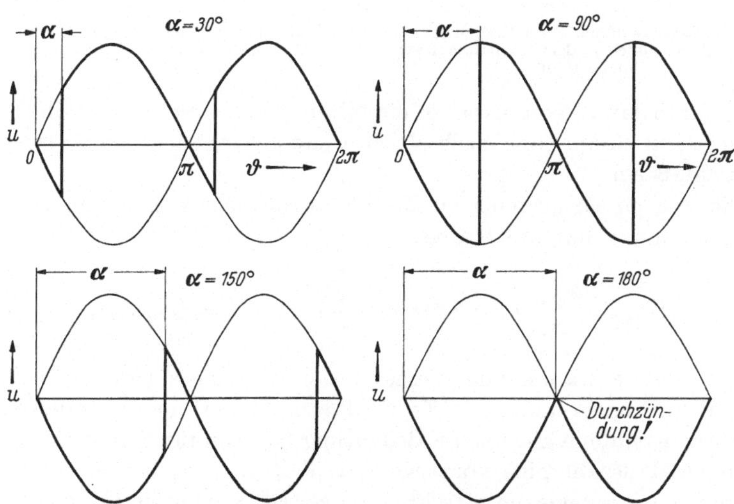

Abb. 8/5. Zeitlicher Verlauf der gleichgerichteten Spannung u eines gesteuerten Zweipulsstromrichters im Leerlauf (unendlich große Gleichstromdrossel)

größere Steuerwinkel wird dann der Mittelwert $\bar{U}_{\alpha_0}$ sogar negativ und der Stromrichter gelangt in den vom Einpulsstromrichter her bereits bekannten Wechselrichterbetrieb. Diesen Wechselrichterbetrieb darf man indessen nicht bis $\alpha = 180°$ ausdehnen, da alle Ventile gewisse Trägheiten haben (Entladungsventile brauchen z. B. die erwähnte „Freiwerdezeit", um ihre volle Gittersteuerfähigkeit nach der Entladung wiederzuerlangen). Wechselrichter darf man daher nur bis an die sogenannte „Trittgrenze" betreiben und muß von $\alpha = 180°$ einen gewissen

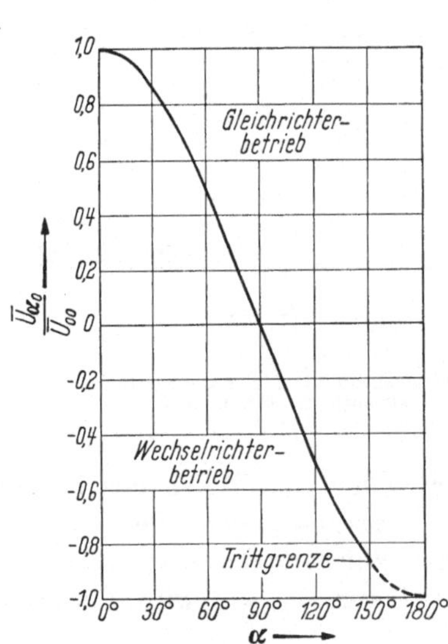

Abb. 8/6. Steuerkennlinie eines Zweipulsstromrichters mit unendlich großer Gleichstromdrossel im Leerlauf

Abb. 8/7. Strom- und Spannungsverlauf bei Teilaussteuerung und Überlappung

„Respektabstand" von etwa 20° einhalten. Überschreitet man die Trittgrenze, dann „kippt" der Wechselrichter, und es tritt der bereits erwähnte Kurzschluß ein.

Die von einem gesteuerten Zweipulsstromrichter gebildete mittlere Gleichspannung hat die Größe:

$$\bar{U}_{\alpha_0} = \frac{E\sqrt{2}}{\pi}\int_{\alpha}^{\pi+\alpha} \sin\vartheta \, d\vartheta = \frac{E\sqrt{2}}{\pi} \cdot 2\cos\alpha = \bar{U}_{00}\cos\alpha\,. \qquad (8/9)$$

Die graphische Darstellung dieses Zusammenhanges (Abb. 8/6) nennt man die „Steuerkennlinie". Es wird sich später noch herausstellen, daß diese Kennlinie allgemeine Bedeutung hat und für Stromrichter mit beliebiger Pulszahl gilt, vorausgesetzt, daß $L = \infty$ besteht. Belastet man einen ausgesteuerten Stromrichter, so tritt wieder die *Kommutierung* in Erscheinung. Wie Abb. 8/7 zeigt, ist auch bei Teilaussteuerung die

Spannung $u = 0$ während der Kommutierung und der Stromverlauf durch den Kurzschlußstrom i_c gegeben. (Es ist vorteilhaft, den zeitlichen Verlauf von Strom und Spannung zur Übung für eine Anzahl von verschiedenen Betriebszuständen aufzuzeichnen.) Für den zeitlichen Verlauf der Ventilströme erhält man:

$$i_1 = I_c \sqrt{2}\,(\cos\alpha - \cos\omega t)\,,$$
$$i_2 = \bar{I} - i_1\,.$$

Am Ende der Kommutierung ($\omega t = \alpha + \mu$) wird

$$i_1 = \bar{I} = I_c \sqrt{2}\,[\cos\alpha - \cos(\alpha + \mu)]\,, \tag{8/10}$$

womit man für die Ventilströme schreiben kann:

$$\left.\begin{aligned} i_1 &= \frac{\cos\alpha - \cos\omega t}{\cos\alpha - \cos(\alpha+\mu)} \cdot \bar{I}\,, \\ i_2 &= \frac{\cos\omega t - \cos(\alpha+\mu)}{\cos\alpha - \cos(\alpha+\mu)} \cdot \bar{I}\,. \end{aligned}\right\} \tag{8/2a}$$

Bei konstantem Gleichstrom $\bar{I}$ erfolgt demnach die Kommutierung bei Teilaussteuerung rascher als bei ungesteuertem Betrieb, wie man auch aus der Gleichsetzung von (8/1) und (8/10) ersieht.

Die Gleichung

$$\cos\alpha - \cos(\alpha + \mu) = 1 - \cos\mu_0 \tag{8/11}$$

beschreibt die Abhängigkeit des Kommutierungswinkels μ vom Zündwinkel α durch die Festlegung, daß die bei der Kommutierung entstehende Fläche (aus dem induktiven Spannungsabfall an der Reaktanz X_c und der Überlappungsdauer μ) eine vom Steuerwinkel unabhängige Größe besitzt. Bei der graphischen Darstellung dieses Zusammenhanges in Abb. 8/8 findet man, daß die bei $\alpha = 0$ mit μ_0 beginnenden Kurven alle die gleiche Tangente $\left(\text{nämlich } \frac{d\mu}{d\alpha} = -1\right)$ besitzen, daß im Schnitt mit der Geraden: $\mu_{\min} = \pi - 2\alpha$ das Minimum $\left(\mu_{\min} = \pi - 2 \operatorname{arc\,cos} \frac{1 - \cos\mu_0}{2}\right)$ auftritt und schließlich bei der Begrenzungsgeraden $\mu_{\max} = \pi - \alpha$ wieder μ_0 erreicht wird. Die Begrenzung des Kennlinienfeldes ist durch den Maximalwert des Löschwinkels bestimmt. Die Kurven für μ haben einen zu $\mu_{\min}$ schiefsymmetrischen Verlauf.

Bei Belastung verringert sich die Gleichspannung $\bar{U}_{\alpha\mu}$ gegenüber der Leerlaufspannung $\bar{U}_{\alpha 0}$ um den Betrag $\Delta\bar{U}$,

$$\bar{U}_{\alpha\mu} = \bar{U}_{\alpha 0} - \Delta\bar{U}$$

infolge der bei der Kommutierung verlorenen Spannungsfläche:

$$\Delta\bar{U} = E\sqrt{2}\,\frac{1}{\pi}\int\limits_{\alpha}^{\alpha+\mu} \sin\vartheta\, d\vartheta = E\sqrt{2}\,\frac{1}{\pi}\,[\cos\alpha - \cos(\alpha+\mu)]\,,$$

welche auf die Leerlaufspannung $\bar{U}_{00}$ bezogen, den relativen Spannungsabfall d ergibt:

$$d = \frac{\Delta \bar{U}}{\bar{U}_{00}} = \frac{\cos\alpha - \cos(\alpha + \mu)}{2}. \tag{8/12}$$

Mit Gl. (8/11) kann man dafür auch

$$d = \frac{1 - \cos\mu_0}{2}$$

schreiben, woraus erhellt, daß der relative Spannungsabfall eine vom Aussteuerungswinkel unabhängige Größe besitzt.

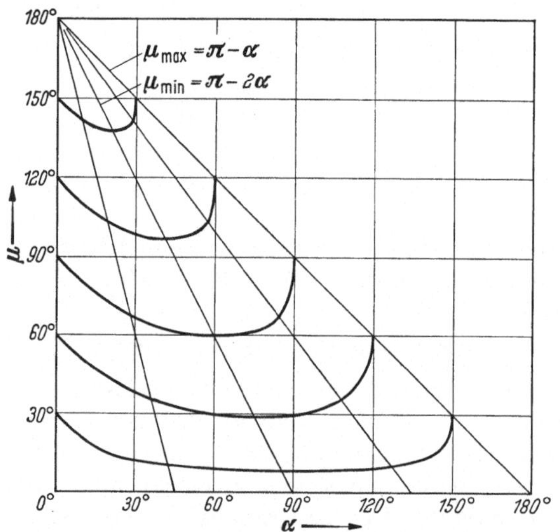

Abb. 8/8. Überlappungswinkel μ in Abhängigkeit vom Steuerwinkel α

Für die *Gleichspannung* erhält man bei Belastung:

$$\frac{\bar{U}_{\alpha\mu}}{\bar{U}_{00}} = \frac{\cos\alpha + \cos(\alpha + \mu)}{2} \tag{8/13}$$

und für den Gleichstrom $\bar{I}$, indem man diesen, Gl. (8/10), auf $\bar{I}_{0K}$ den Kurzschlußstrom im ungesteuerten Betrieb bezieht:

$$\frac{\bar{I}}{\bar{I}_{0K}} = \frac{\cos\alpha - \cos(\alpha + \mu)}{2}. \tag{8/14}$$

Daraus kann man drei Kennlinienscharen ableiten, für welche

$\alpha =$ const (konstanter Zündwinkel),
$\alpha + \mu =$ const (konstanter Löschwinkel),
$\mu =$ const (konstanter Überlappungswinkel)

gilt. Wenn nämlich α den Zündwinkel des einen Ventils kennzeichnet, so bezeichnet $\alpha + \mu$ den Löschwinkel des anderen Ventils. Die Gleichungen für diese Kennlinien erhält man leicht durch Addition bzw. Subtraktion der vorstehenden Gleichungen. In der Praxis besitzt die Kennlinienschar $\alpha = \text{const}$ naturgemäß die größte Bedeutung. Ihre Gleichung lautet:

$$\frac{\bar{U}_{\alpha\mu}}{\bar{U}_{00}} = \cos\alpha - \frac{\bar{I}}{\bar{I}_{0K}}. \qquad (8/15)$$

Für die zweite Geradenschar ($\alpha + \mu = \text{const}$) kann man ebenfalls sofort

$$\frac{\bar{U}_{\alpha\mu}}{\bar{U}_{00}} = \cos(\alpha + \mu) + \frac{\bar{I}}{\bar{I}_{0K}} \qquad (8/16)$$

anschreiben. Die dritte Kennlinienschar ermittelt man aus den Gln. (8/15) und (8/16), indem man

$$\cos(\alpha + \mu) = \cos\alpha\cos\mu - \sin\alpha\sin\mu$$

einsetzt und dann diese nurmehr μ enthaltende Gleichung auswertet [R 8,1]. Man erhält die Beziehung

$$\frac{(\bar{U}_{\alpha\mu}/\bar{U}_{00})^2}{(1+\cos\mu)/2} + \frac{(\bar{I}/\bar{I}_{0K})^2}{(1-\cos\mu)/2} = 1\,, \qquad (8/17)$$

welche durch ihre Ähnlichkeit mit Gleichung $\frac{x^2}{a^2} + \frac{y^2}{b^2} = 1$ sofort als *Ellipsengleichung* identifiziert werden kann. Die Feststellung, daß die Gleichungen für $\alpha = \text{const}$ und $\alpha + \mu = \text{const}$ durch Geradenscharen und die Gleichung für $\mu = \text{const}$ durch eine Ellipsenschar abgebildet wird, ist allgemeingültig und trifft auch bei Stromrichtern mit höherer Pulszahl zu. In Abb. 8/9 sind die drei Kennlinienscharen graphisch dargestellt. In Tab. 8/2 sind die Zahlenwerte der Ellipsenhalbachsen angegeben.

Tabelle 8/2
Halbachsen der Überlappungsellipsen

μ	$\sqrt{\frac{1+\cos\mu}{2}}$	$\sqrt{\frac{1-\cos\mu}{2}}$
0	1,00	0
30	0,967	0,255
60	0,866	0,500
90	0,707	0,707
120	0,500	0,866
150	0,255	0,967
180	0	1,00

In Abb. 8/9 ist Gl. (8/15) als fallende Geradenschar und Gl. (8/16) als ansteigende Geradenschar dargestellt. Der Löschwinkel ist bestimmt durch: $2\pi - (\alpha + \beta) = \pi - (\alpha + \mu)$. Die Ordinate bilden die auf $\bar{U}_{0L}$ bezogenen Spannungen $\bar{U}_{\alpha\mu}$ die Abszisse die Stromwerte $\bar{I}$, bezogen auf den Kurzschlußstrom $\bar{I}_{0K}$. Das *Betriebsdiagramm* umfaßt die Gesamtheit der Betriebskennlinien, wobei die Ordinate im besonderen den *Leerlauf*betrieb charakterisiert. Die Abszisse (Kurzschlußgerade für $\bar{U} = 0$) trennt den Gleichrichter- vom Wechselrichterbetriebsbereich und man erkennt, daß nur im Leerlauf diese beiden Bereiche durch den Zündverzögerungswinkel $\alpha = 90°$ begrenzt werden. Bei Belastung verschiebt sich diese Grenze zu kleineren Aussteuerungswinkeln. Gl. (8/17) zeigte, daß die Kurven gleicher Überlappung die Form von Ellipsen besitzen müssen. In Abb. 8/9 sind diese Kennlinien eingetragen mit den in Tab. 8/2 angegebenen Halbachsen. Das Betriebsdiagramm ist zur

Abszisse symmetrisch, wobei allerdings im Wechselrichterbereich der oben erwähnte Respektabstand zu beachten ist.

Die ausführliche Beschreibung der verschiedenen Betriebszustände und ihre graphische Darstellung im Betriebsdiagramm wurde deshalb durchgeführt, weil der Zweipulsstromrichter mit großer Kathodendrossel als Prototyp des Mehrpulsstromrichters gelten kann: Er zeigt alle charakteristischen Eigenschaften, jedoch in der einfachsten Form, so daß eine besonders übersichtliche Ableitung und Darstellung möglich ist. Komplikationen, wie sie bei höheren Pulszahlen infolge mehrfacher Kommutierung auftreten, spielen hier noch keine Rolle. Ebenso gelten die erwähnten Beziehungen unabhängig davon, ob die anodenseitigen Impedanzen magnetisch verkettet oder nicht verkettet sind oder ob sie im Primärkreis des Transformators eingebaut sind. Der Grund, weshalb auch die magnetische Verkettung der Anodendrossel keinen Einfluß auf das Betriebsverhalten ausübt, liegt darin, daß infolge der großen Kathodendrossel ein glatter Gleichstrom fließt

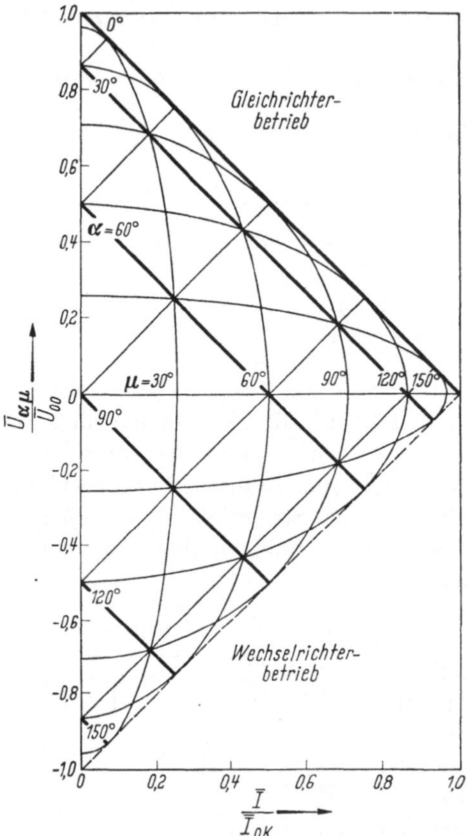

Abb. 8/9. Gleichstromseitiges Betriebsdiagramm des gittergesteuerten Zweipulsstromrichters mit unendlich großer Kathodendrossel

und demgemäß in den kommutierungsfreien Zeiten keine Spannungsabfälle an den anodenseitigen Induktivitäten auftreten. Da dort also kein Spannungsabfall entsteht, kann auch durch eine magnetische Kopplung keine Spannung im anderen Ventilzweig induziert und dadurch der Zündzeitpunkt beeinflußt werden. Die gleiche Überlegung gilt für eine im Primärkreis eingeschaltete Induktivität.

Die Situation ändert sich jedoch sofort, wenn die Kathodendrossel nicht sehr groß ist. In diesem Falle werden die Verhältnisse vielfältiger und sollen im folgenden betrachtet werden.

8.2 Zweipulsstromrichter ohne Ohmsche Widerstände

Vernachlässigt man die Ohmschen Widerstände in der Schaltung, so erhält man den oben erwähnten zweiten Grenzfall, bei welchem die Exponentialglieder ebenfalls verschwinden. Die Lösung dieser Aufgabe wurde im wesentlichen durch M. DEMONTVIGNIER (1932) und K. E. MÜLLER-LÜBECK (1929) durchgeführt. Über die Größe der Induktivitäten, insbesondere der Kathodendrossel, soll keine einschränkende Vorschrift bestehen. Im Falle einer geringen gleichstromseitigen Speicherleistung fließt der gleichgerichtete Strom unter bestimmten Umständen „lückenhaft", d. h., solange die Gegenspannung $\bar{E}$ größer ist als der arithmetische Mittelwert $\bar{U}$ der gleichgerichteten Spannung, besteht der Gleichstrom aus einer Folge von einzelnen Stromimpulsen. Diese „lückenhafte" Betriebsart sei zunächst betrachtet:

a) Der Bereich des lückenhaften Stromes

Wie die Bezeichnung aussagt, bilden die Ventilströme keinen ununterbrochenen Gleichstrom, sondern eine lückenhafte Pulsfolge mit einer Leitdauer $\beta \lessgtr \pi$. Demgemäß können sich die Ventilströme auch nicht gegenseitig beeinflussen und das Verhalten des Zweipulsstromrichters entspricht vollkommen demjenigen von 2 parallel arbeitenden Einpulsstromrichtern mit einer gegenseitigen Phasenverschiebung von 180°. Es ist deshalb unnötig, den zeitlichen Verlauf der Ströme nochmals abzuleiten, da die in 6.1b und 6.2b ermittelten Resultate sofort auf den vorliegenden Betriebsfall übertragen werden können, wenn man nur beachtet, daß die obigen Gleichstromwerte verdoppelt werden müssen, weil ja 2 Einpulsstromrichter parallel arbeiten. Als Schaltbild gilt wieder die in Abb. 8/1 wiedergegebene Anordnung, wobei jedoch die Kathodendrossel von beliebiger Größe sein kann. Man erhält so die folgenden Parametergleichungen: (Dabei bedeuten $g = \bar{E}/E\sqrt{2}$ und $\omega(L_c + L) = X_c + X$, die Summe aller während der Leitdauer in Reihe geschalteten Induktivitäten. L_p und L_s werden wie oben angegeben durch L_c und L ausgedrückt.)

1. Ungesteuerter Betrieb:

   Relative Gegenspannung: $g = \sin\zeta$,

   Gleichstrom: $$\bar{I} = \frac{E\sqrt{2}}{X_c + X}\,\frac{1}{\pi}\left[\frac{1}{g}(1 - \cos\beta) - g\,\beta^2/2\right]. \qquad (8/18)$$

2. Gesteuerter Betrieb:

   Relative Gegenspannung: $g = \frac{1}{\beta}[\cos\alpha - \cos(\alpha + \beta)]$,

   Gleichstrom:

$$\bar{I} = \frac{E\sqrt{2}}{X_c + X}\,\frac{1}{\pi}[\sin\alpha - \sin(\alpha + \beta) + \beta\cos\alpha - g\,\beta^2/2] \qquad (8/19)$$

bzw. nach einigen Umformungen (vgl. 6/2b):

Relative Gegenspannung: $g = \frac{2}{\beta} \sin \frac{\beta}{2} \sin \left(\alpha + \frac{\beta}{2}\right)$

Gleichstrom:

$$\bar{I} = \frac{E\sqrt{2}}{X_c + X} \frac{1}{\pi} \left(1 - \frac{\beta}{2} \cot \frac{\beta}{2}\right) \sqrt{\left(2 \sin \frac{\beta}{2}\right)^2 - \left(g\beta\right)^2}. \quad (8/20)$$

Davon beschreibt die zweite Gleichungsgruppe *Kennlinien konstanter Leitdauer β*, deren Form man dadurch, daß man (8/20) quadriert, sofort als *Ellipsen* ermittelt:

$$\left(\frac{g}{\frac{2}{\beta} \sin \frac{\beta}{2}}\right)^2 + \left(\frac{\frac{\bar{I}}{E\sqrt{2}/(X_c + X)}}{\frac{2}{\pi}\left(\sin \frac{\beta}{2} - \frac{\beta}{2} \cos \frac{\beta}{2}\right)}\right)^2 = 1 . \quad (8/21)$$

An der *Grenze* des *lückenhaften Betriebes* muß aus Symmetriegründen die Leitdauer $\beta = \pi$ betragen. Um die an der Grenze liegenden Betriebspunkte leicht erkennen zu können, werden die zugehörigen Kenngrößen mit dem Index G (als „Grenzwerte“) bezeichnet. Im einzelnen erhält man an der Lückgrenze folgende Daten:

Für die relative Gegenspannung:

$$g_G = \frac{2}{\pi} \cos \alpha$$

und für den Gleichstrom

$$\bar{I}_G = \frac{E\sqrt{2}}{X_c + X} \frac{2}{\pi} \sin \alpha ,$$

welcher für ($g_G = 0$; $\alpha = \pi/2$) seinen Höchstwert

$$\bar{I}_{G_{max}} = \frac{E\sqrt{2}}{X_c + X} \frac{2}{\pi} = \frac{\bar{U}_{00}}{X_c + X}$$

erreicht.

Bezieht man, um einen bequemen Vergleich der Kennlinien bei verschiedenen Betriebsverhältnissen zu ermöglichen,

$$g = \frac{E}{E\sqrt{2}} = \frac{E}{\bar{U}_{00}} \frac{2}{\pi}$$

und die Ströme auf den Grenzstrom $\bar{I}_{G_{max}}$, so kann man die Ellipsengleichung

$$\left(\frac{E/\bar{U}_{00}}{G}\right)^2 + \left(\frac{\bar{I}/\bar{I}_{G_{max}}}{H}\right)^2 = 1 \quad (8/22)$$

schreiben, mit der Spannungshalbachse

$$G = \left(\frac{\pi}{2} \sin \frac{\beta}{2}\right) \Big/ \beta/2$$

und der Stromhalbachse

$$H = \sin \frac{\beta}{2} - \frac{\beta}{2} \cos \frac{\beta}{2} .$$

Für bestimmte Leitdauern β ergeben sich für die Ellipsenhalbachsen die in Tab. 8/3 angegebenen Zahlenwerten.

Die zugehörigen Ellipsen sind in Abb. 8/10 dargestellt, wobei wegen der gewählten Bezugsgrößen die Grenzkurve $\beta = \pi$ als Kreis erscheint.

Tabelle 8/3. *Ellipsenhalbachsen G und H für verschiedene Leitdauern β*

Leitdauer β	180°	150°	120°	90°	60°	30°	0°
Spannungshalbachse G =	1	1,16	1,29	1,414	1,50	1,55	1,57
Stromhalbachse H =	1	0,626	0,335	0,152	0,047	0,006	0

Versucht man nun in diesem Koordinatensystem die Betriebskennlinien einzuzeichnen, so erkennt man, daß 3 verschiedene Arten zu unterscheiden sind:

Kennlinien für ungesteuerten Betrieb,
Kennlinien für gittergesteuerte Ventile (α = const),
Kennlinie für Steuerdrosseln (σ = const).

Alle diese Kennlinien können mit den erwähnten Maßstabsänderungen direkt vom Einpulsstromrichter übernommen werden. In Abb. 8/10 sind die *Betriebskennlinien für Gittersteuerung* dargestellt. Es ergibt sich, wie schon beim Einpulsstromrichter beobachtet wurde, ein Bereich ($\alpha < \zeta$), in welchem nicht der Steuerwinkel α, sondern der durch die Gegenspannung $\bar{E}$ bestimmte Zündwinkel ζ das Betriebsverhalten definiert („Freilaufbereich“). Dieser Bereich ist im stationären Betrieb auf hohe Gegenspannungen und kleine Steuerwinkel α beschränkt und kann dadurch abgegrenzt werden, daß man die für die beiden Betriebsarten zutreffenden Gleichungen:

a) lückenhafter Betrieb mit Gegenspannungseinfluß: $g = \sin\zeta$ und

b) lückenloser Betrieb mit Gittersteuerung: $\dfrac{\bar{U}_{\alpha 0}}{E\sqrt{2}} = \dfrac{2}{\pi}\cos\alpha$

einander gleichsetzt. Weil an der Grenze der beiden Arbeitsbereiche $\zeta = \alpha$ und $\bar{E} = \bar{U}_{\alpha 0}$ sein muß, erhält man

$$\tan\alpha = \frac{2}{\pi}$$

bzw.

$$\alpha = 32^\circ\,30'.$$

In Abb. 8/10 besitzt dieser wichtige Betriebspunkt (F) die Koordinaten: $\dfrac{E}{\bar{U}_{00}} = \cos(32^\circ 30') = 0{,}843$ und $\dfrac{I}{\bar{U}_{00}/(X_c + X)} = \sin(32^\circ 30') = 0{,}537$. Im übrigen sind die Betriebskennlinien α = const des lückenhaften Betriebsbereiches aus Abb. 6/12 übernommen worden.

Außerhalb des den lückenhaften Betrieb umschließenden Grenzkreises herrscht lückenloser Betrieb, dessen Kennlinien vorläufig durch (unterbrochene) horizontale Geraden angedeutet sind; sie werden anschließend eingehender behandelt werden. Verwendet man *Steuerdrosseln*, so ergeben sich Kennlinien, die ebenfalls vom Einpulsstrom-

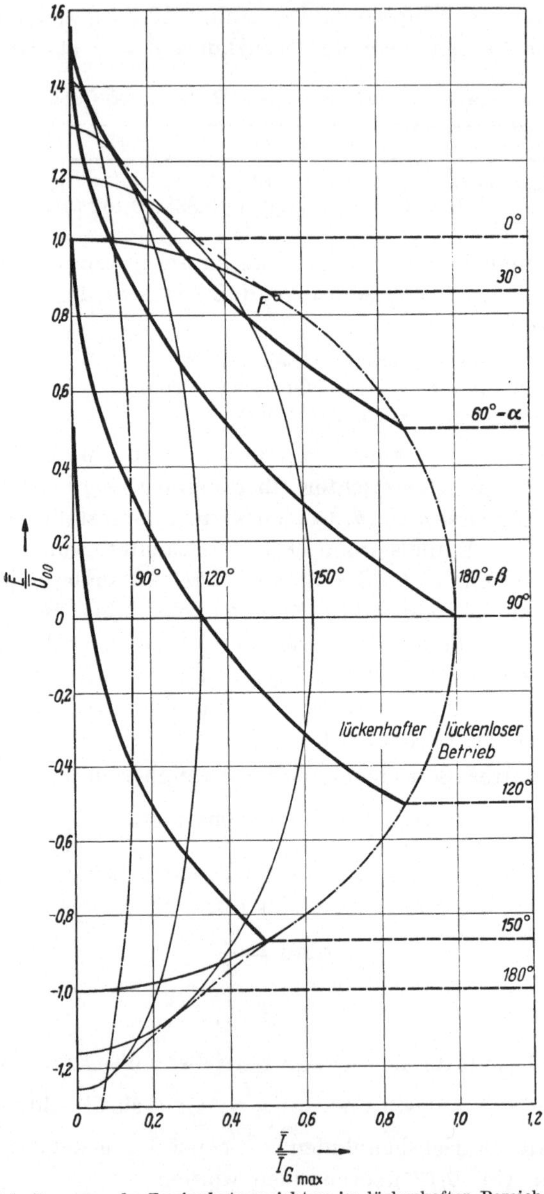

Abb. 8/10. Betriebsdiagramm des Zweipulsstromrichters im lückenhaften Bereich (Gittersteuerung)

richter (Abb. 6/14) nach Maßstabsänderung übernommen werden können. Daß die Kennlinien einen merklich flacheren Verlauf aufweisen wie bei

Gittersteuerung, hängt mit der bereits früher erwähnten Tatsache zusammen, daß sich bei Drosselsteuerung der Zündwinkel mit abnehmender Gegenspannung verringert.

Damit soll die Beschreibung des lückenhaften Betriebes beendet und zum lückenlosen Betrieb übergegangen werden.

b) Der Bereich des lückenlosen Stromes

Die Beschreibung der klassischen Schaltungen konnte bisher in einer bemerkenswert einfachen Weise erfolgen, weil bei dem ersten Grenzfall mit unendlich großer Kathodendrossel nur die Vorgänge während der Kommutierung und bei dem zweiten Grenzfall ($R = 0$) nur der lückenhafte Betrieb, also der kommutierungsfreie Betrieb, maßgeblich waren. Im folgenden müssen aber die Vorgänge sowohl während der Kommutierung als auch außerhalb derselben für die Beschreibung herangezogen werden. Um der schwierigeren Aufgabenstellung von vornherein einen genügend übersichtlichen Berechnungsweg zu sichern, sei zuerst nur der *ungesteuerte Betrieb* behandelt.

Als Schaltbild sei wieder die in Abb. 8/1 dargestellte Ersatzschaltung gewählt. *Während der Kommutierung* (Index II) gilt (7/19)

$$\left.\begin{aligned} e &= \frac{X_c}{2}\frac{d}{d\vartheta}(i_1 - i_2)\,, \\ -\bar{E} &= \left(X + \frac{X_c}{2}\right)\frac{d}{d\vartheta}(i_1 + i_2)\,. \end{aligned}\right\} \tag{8/23}$$

Durch Integration [R 8,2] erhält man für die Ventilströme:

$$\left.\begin{aligned} i_1 &= \frac{E\sqrt{2}}{X_c}\left[\cos\zeta - \cos\vartheta + \frac{g}{x}(\zeta - \vartheta)\right], \\ i_2 &= \frac{E\sqrt{2}}{X_c}\left[\cos\vartheta - \cos(\zeta + \mu_0) + \frac{g}{x}(\zeta + \mu_0 - \vartheta)\right], \end{aligned}\right\} \tag{8/24}$$

wobei ζ den Zündwinkel, $g = \dfrac{\bar{E}}{E\sqrt{2}}$ und $x = \dfrac{2X + X_c}{X_c}$ bezeichnen. Damit ergibt sich für den in Abb. 8/11 dargestellten, gleichgerichteten Strom

$$i_{\mathrm{II}} = i_1 + i_2 = \frac{E\sqrt{2}}{X_c}\left[\cos\zeta - \cos(\zeta + \mu_0) + \frac{g}{x}(2\zeta - 2\vartheta + \mu_0)\right]. \tag{8/25}$$

Außerhalb der Kommutierung (Index I) gilt der Ansatz

$$e - \bar{E} = (X_c + X)\frac{d i_{\mathrm{I}}}{d\vartheta}. \tag{8/26}$$

Für die *Zündung* gelten die beiden Gleichungen:

$$\text{(I)}: \quad e(\pi + \zeta) - \bar{E} = (X_c + X)\frac{d i_{\mathrm{I}}}{d\vartheta}, \tag{8/27}$$

$$\text{(II)}: \quad e(\pi + \zeta) = \frac{X_c}{2}\frac{d i_{\mathrm{II}}}{d\vartheta}, \tag{8/28}$$

weil im Zündaugenblick für das zündende Ventil $\frac{d i_2}{d\vartheta} = 0$ gilt, wodurch $i_1 = i_{\mathrm{II}}$ wird. Aus diesen beiden Gleichungen folgt

$$\frac{E\sqrt{2}\sin\zeta}{X_c/2} = \frac{E\sqrt{2}}{X_c + X}(\sin\zeta + g)$$

und schließlich $\sin\zeta = \frac{g}{x}$.

Aus Abb. 8/11 liest man die folgenden Grenzbedingungen ab:

$$\left.\begin{aligned} &\text{a) Zündzeitpunkt: } i_{\mathrm{II}}(\zeta) = i_{\mathrm{I}}(\pi + \zeta), \\ &\text{b) Löschzeitpunkt: } i_{\mathrm{II}}(\zeta + \mu_0) = i_{\mathrm{I}}(\zeta + \mu_0). \end{aligned}\right\} \tag{8/29}$$

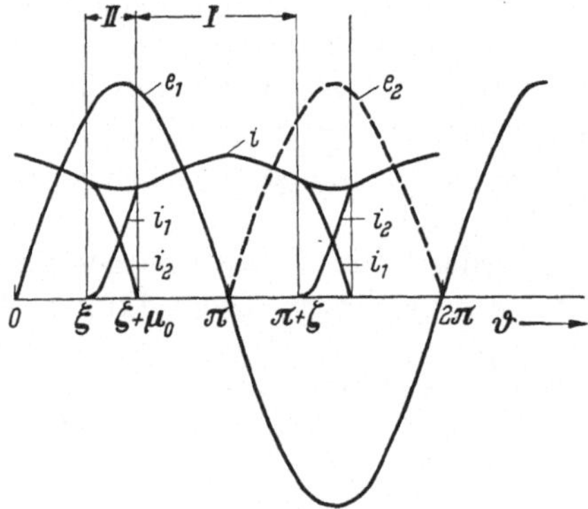

Abb. 8/11. Zeitlicher Verlauf von Strom und Spannung eines ungesteuerten Zweipulsstromrichters

Damit gewinnt man den Stromverlauf in der überlappungsfreien Zeit [R 8,3]

$$i_{\mathrm{I}} = \frac{E\sqrt{2}}{X_c + X}\left[x\,\frac{\cos\zeta - \cos(\zeta + \mu_0)}{2} - \cos\vartheta + g\left(\zeta - \vartheta + \frac{\pi + \mu_0}{2}\right)\right] \tag{8/30}$$

und die Bestimmungsgleichung für die Überlappungsdauer μ_0

$$\tan\zeta = \frac{1 + \cos\mu_0}{x\pi + \mu_0 + \sin\mu_0}, \tag{8/31}$$

deren Zahlenwerte der graphischen Darstellung, Abb. 8/12, entnommen werden können. Um den arithmetischen Mittelwert $\bar{I}$ zu erhalten, muß man nun noch die beiden Ströme über ihren Gültigkeitsbereich integrieren:

$$\bar{I} = \frac{1}{\pi}\left[\int_{\zeta}^{\zeta+\mu_0} i_{\mathrm{II}}\,d\vartheta + \int_{\zeta+\mu_0}^{\pi+\zeta} i_{\mathrm{I}}\,d\vartheta\right]$$

und erhält [R 8,4] mit $\bar{I}_{0K} = \frac{2E\sqrt{2}}{X_c}$ (Kurzschlußstrom) und $\frac{X_c}{X_c + X} = \frac{2}{1 + x}$ die *Gleichungen für die Betriebskennlinie:*

$$\frac{I}{I_{0K}} = \frac{1}{\pi(1+x)}\left[\frac{\cos\zeta - \cos(\zeta+\mu)}{2}(x\pi+\mu) + \sin\zeta + \sin(\zeta+\mu)\right], \quad (8/32)$$

$$\frac{E}{U_{00}} = g\frac{\pi}{2} = \frac{\pi}{2}x\sin\zeta\,. \quad (8/33)$$

Die Besonderheiten eines derartigen Stromrichterbetriebes werden am besten an Hand einiger Beispiele erkannt. Zu diesem Zwecke wird x von 0 bis ∞ variiert und dabei folgende Beispiele betrachtet:

1. $x = \infty$ (unendlich große Kathodendrossel). Der Zündwinkel (8/31) bleibt unabhängig von der Gegenspannung: $\zeta = 0$, und für den

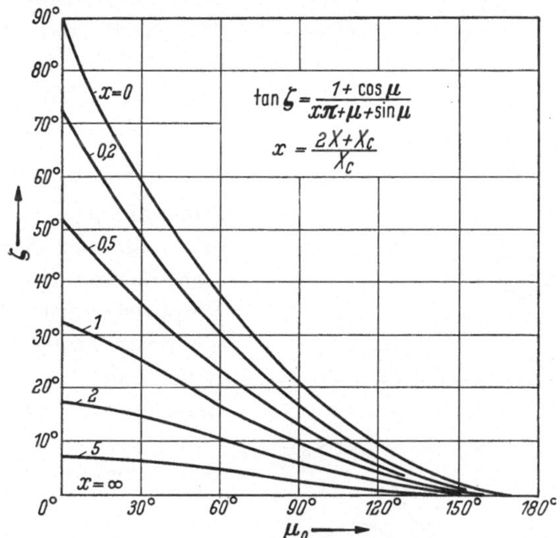

Abb. 8/12. Zündwinkel ζ in Abhängigkeit vom Überlappungswinkel μ_0 für verschiedene Reaktanzverhältnisse x

Überlappungswinkel μ_0 ergibt sich durch Grenzübergang [R 8,5]

$$\cos\mu_0 = g\pi - 1\,; \quad (8/34)$$

damit folgt für die Spannung und den Strom

$$\left.\begin{aligned}\frac{E}{U_{00}} &= \frac{\pi}{2}\cdot g = \frac{1+\cos\mu_0}{2}\,,\\ \frac{I}{I_{0K}} &= \frac{1-\cos\mu_0}{2}\end{aligned}\right\} \quad (8/35)$$

bzw. für die Betriebskennlinie

$$\frac{E}{U_{00}} = 1 - \frac{I}{I_{0K}} \quad (8/36)$$

die bereits wohlbekannten Beziehungen (8/5), (8/6), (8/7).

2. $x = 1$ (unverkettete Anodendrosseln). Da nur unverkettete Anodendrosseln und keine Primär- oder Kathodeninduktivitäten vorhanden sein sollen, so reduziert sich die Schaltung auf 2 parallel arbeitende (um den Winkel π phasenverschobene) Einpulsstromrichter mit Gegenspannung $\bar{E}$ und induktiver Strombegrenzung, die sich gegenseitig in keiner Weise beeinflussen. Man kann demnach die in 5.3 b ermittelten Ergebnisse unmittelbar auf den vorliegenden Fall übertragen. In Abb. 8/13 ist der zeitliche Verlauf des Ventilstromes i_1 und des gleichgerichteten Stromes i für einige charakteristische Werte von g dargestellt. Man erkennt deutlich, daß in Übereinstimmung mit den Zahlenwerten von Abb. 8/12 an der Lückgrenze $\left(g = 0{,}537;\ \frac{E}{U_{00}} = 0{,}843\right)$ der Zündwinkel $\zeta = 32°\,30'$ und die Leitdauer $\beta = \pi$ beträgt. Den Zusammenhang mit dem Einpulsstromrichter zeigt auch die Betrachtung der Gl. (8/37). Setzt man nämlich für die Leitdauer $\beta = \pi + \mu_0$ in Gl. (8/31) ein, so erhält man die Beziehung (5/56)

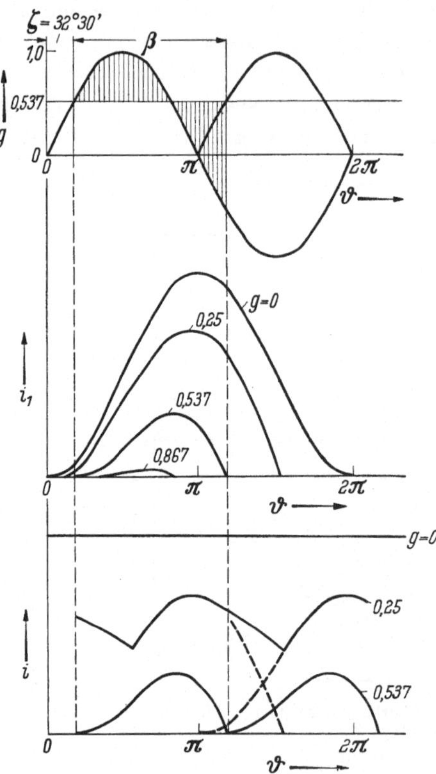

Abb. 8/13. Ventilstrom i_1 und gleichgerichteter Strom i eines Zweipulsstromrichters mit Anodendrosseln ($x = 1$)

$$\frac{1 - \cos\beta}{\beta - \sin\beta} = \frac{g}{\sqrt{1 - g^2}}. \qquad (8/37)$$

Desgleichen erhält man aus (8/32) nach einigen Umformungen

$$\frac{I}{2E\sqrt{2}/X_c} = \frac{1}{2\pi}\left[\frac{1}{g}(1 - \cos\beta) - g\frac{\beta^2}{2}\right] \qquad (8/38)$$

und

$$\frac{E}{U_{00}} = g\frac{\pi}{2}. \qquad (8/39)$$

Im Kurzschluß wird $g = 0$, $\beta = 2\pi$, damit der Klammerausdruck in (8/38) gleich 1 und

$$\bar{I}_{0K} = \frac{2E\sqrt{2}}{X_c}. \qquad (8/40)$$

3. $x = 0$ (Primärdrossel allein). Wie bereits früher erläutert wurde, ist wegen der fehlenden Kathodenreaktanz nur momentane Kommutierung möglich. Im lückenlosen Bereich gilt daher $\beta = \pi$, $\mu_0 = 0$. Die bisher verwendete Gleichung für den Zündwinkel ζ liefert in diesem Grenzfall kein brauchbares Ergebnis und muß deshalb ersetzt werden: Aus der Überlegung, daß an der Primärdrossel keine Gleichspannung entstehen kann ($\int (e - \bar{E})dt = 0$), folgt

$$\cos\zeta = g\frac{\pi}{2}. \qquad (8/41)$$

Der Stromverlauf kann aus (8/30) übernommen werden, da ja die beiden Ströme abwechselnd fließen und den Zündzeitpunkt gegenseitig bestimmen. Die graphische Bestimmung des Stromverlaufs erfolgt ähnlich wie für den Einpulsstromrichter beschrieben, jedoch mit der Zusatzbedingung, daß die Leitdauer jedes Ventils nur $\beta = \pi$ betragen darf. Abb. 8/14 zeigt die zu verschiedenen Zündwinkeln gehörigen Stromkurven, deren zeitlicher Verlauf graphisch mittels des bei den Einpulsstromrichtern beschriebenen Verfahrens erhalten werden kann. Für den Gleichstrom erhält man aus (8/30)

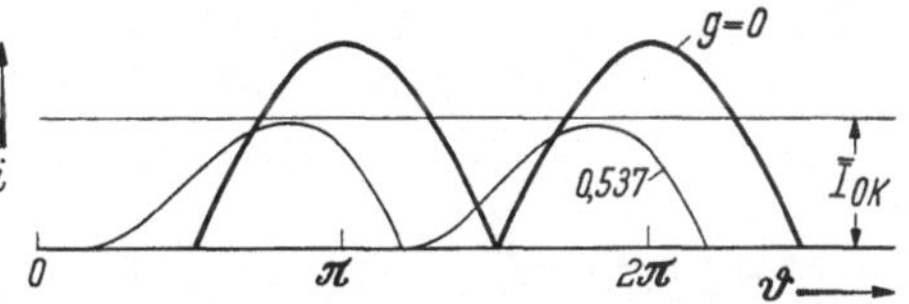

Abb. 8/14. Gleichgerichteter Strom i eines Zweipulsstromrichters mit Primärdrosseln ($x = 0$)

$$\frac{\bar{I}}{2E\sqrt{2}/X_c} = \frac{2}{\pi}\sin\zeta\,. \qquad (8/42)$$

Im Kurzschluß ($g = 0$) wird $\zeta = \frac{\pi}{2}$ und damit

$$\bar{I}_{0K} = \frac{2E\sqrt{2}}{X_c}\cdot\frac{2}{\pi}. \qquad (8/43)$$

Gesteuerter Betrieb. Da der Rechnungsgang durchaus gleichartig verläuft, wie er soeben für den ungesteuerten Betrieb durchgeführt wurde, so mögen die folgenden Hinweise genügen:

Der gleichgerichtete Strom verläuft *während der Kommutierung* gemäß (8/25):

$$i_{\mathrm{II}} = \frac{E\sqrt{2}}{X_c}\left[\cos\alpha - \cos(\alpha+\mu) + \frac{g}{x}(2\alpha - 2\vartheta + \mu)\right] \qquad (8/44)$$

und *außerhalb der Kommutierung* gemäß (8/30):

$$i_{\mathrm{I}} = \frac{2E\sqrt{2}}{X_c(1+x)}\left[\frac{\cos\alpha - \cos(\alpha+\mu)}{2}\,x - \cos\vartheta + g\left(\alpha - \vartheta + \frac{\pi}{2} + \frac{\mu}{2}\right)\right]. \qquad (8/45)$$

Für die Überlappungsdauer μ erhält man aus den Grenzbedingungen [analog (8/29)]

$$\cos\alpha + \cos(\alpha+\mu) = g\left(\pi + \frac{\mu}{x}\right) \qquad (8/46)$$

und für den *Gleichstrom* $\bar{I}$

$$\bar{I} = \frac{2\,E\sqrt{2}}{\pi\,X_c\,(1+x)}\left[\frac{\cos\alpha - \cos(\alpha+\mu)}{2}(\mu + \pi x) + \sin\alpha + \sin(\alpha+\mu)\right], \tag{8/47}$$

wobei für die *Gegenspannung* (8/33) gilt

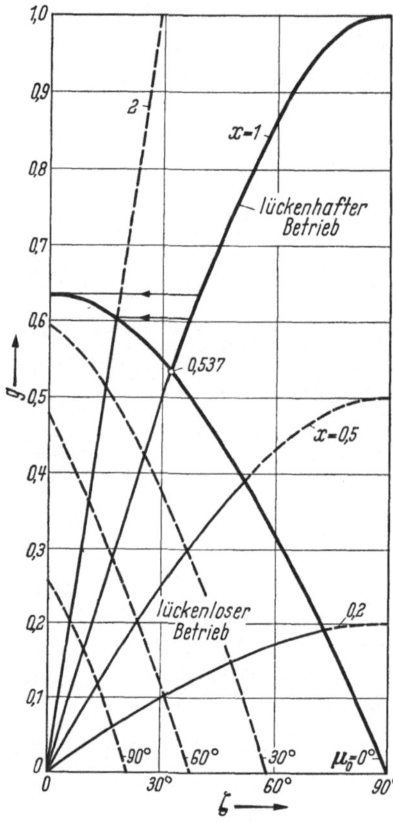

Abb. 8/15. Zündwinkel ζ eines ungesteuerten Zweipulsstromrichters für verschiedenes Reaktanzverhältnis x in Abhängigkeit von der Größe der Gegenspannung $g = \bar{E}/\hat{e}$

$$\frac{\bar{E}}{U_{00}} = g\,\frac{\pi}{2}$$

und mit (8/46)

$$\frac{\bar{E}}{U_{00}} = \frac{\cos\alpha + \cos(\alpha+\mu)}{2 + \frac{2}{\pi}\frac{\mu}{x}} \tag{8/48}$$

zu setzen ist.

Bildet man für (8/47) und (8/48) die Grenzübergänge für $x \to \infty$, so erhält man die oben abgeleiteten Ausdrücke (8/13) und (8/14) für unendlich große Kathodendrossel. Indem man in diese für Gittersteuerung abgeleiteten Formeln mit der Gl. (6/5) eingeht, erhält man die für *Steuerdrosseln* zutreffenden Beziehungen.

Abb. 8/15 zeigt die Abhängigkeit des Zündwinkels ζ von der relativen Gegenspannung g. Man unterscheidet 3 verschiedene Bereiche:

1. Lückenhafter Betrieb. Der Zündwinkel ist lediglich von dem Gegenspannungsverhältnis g abhängig. Von $g = 1$ bis $g = 0{,}537$ gilt $g = \sin\zeta$, wobei für $x > 1$ schon bei $g = \frac{2}{\sqrt{\pi^2 + 4/x^2}}$ ein unstetiger Übergang in den lückenlosen Betrieb erfolgt. Diese sprunghafte Änderung des Zündwinkels führt gelegentlich zu unstabilenBetriebsverhältnissen!DieSchnittpunkte der Kurve $g = \frac{2}{\pi}\cos\zeta$ mit der Kurvenschar: $g = x\sin\zeta$ erhält man, indem man ζ eliminiert: $g = \left(\frac{\pi^2}{4} + \frac{1}{x^2}\right)^{-\frac{1}{2}}$.

2. Betrieb in der Lückgrenze. Wenn der Einfluß der Wechselstromreaktanzen vorherrscht ($x < 1$), dann bildet sich zwischen dem lückenhaften und dem lückenlosen Betriebsbereich noch ein weiterer Bereich aus: die Zündung wird durch den an den Primärreaktanzen entstehenden Spannungsabfall verzögert, während die Leitdauer konstant bleibt ($\beta = \pi$). Die Zündverzögerung ζ stellt sich dabei als

Funktion der Gegenspannung derart ein,

$$g_G = \frac{2}{\pi} \cos\zeta$$

daß sich die durch $e - E$ gebildeten Spannungszeitflächen an den Reaktanzen zu Null ergänzen.

3. Lückenloser Betrieb. Für $g < \frac{2}{\sqrt{\pi^2 + 4/x^2}}$ gemäß der Beziehung: $g = x \sin\zeta$. Da dieser Betrieb durch einen Überlappungswinkel μ näher gekennzeichnet wird, so ist dieser aus Abb. 8/12 entnommen und für einige Werte gestrichelt eingetragen worden.

c) Gesamter Bereich

Obwohl es sich für die analytische Behandlung als notwendig erwies, die Vorgänge im lückenhaften und lückenlosen Betrieb getrennt zu behandeln —, muß nunmehr in Form der *Betriebskennlinien* wieder ihre Zusammenfassung erfolgen.

Ungesteuerter Betrieb. Der Gleichstrom $\bar{I}$ war im lückenhaften Bereich als Funktion des Zündwinkels ζ und der Leitdauer β, und im lückenlosen Bereich in Abhängigkeit von ζ und des Überlappungswinkels μ angeschrieben worden. Diese formale Ungleichheit kann mittels $\beta = \pi + \mu$ leicht beseitigt werden. In Abb. 8/16 sind die für einige charakteristische Werte von x gültigen Betriebskennlinien graphisch dargestellt. Man erkennt sofort die für $x = \infty$ geltende Gerade, welche indessen nur den lückenlosen Betrieb kennzeichnet. Im lückenhaften Bereich gehört zu dieser Kennlinie ebenfalls eine Gerade, die allerdings mit dem Ordinatenabschnitt $\frac{E}{U_{00}} = 1{,}00$ bis $1{,}57$ zusammenfällt und deshalb in der Regel unbeachtet bleibt. Auch die Kennlinie für $x = 1$ ist in ihrem Verlauf durchaus bekannt und kann vom Einpulsstromrichter übernommen werden. Um ihre zentrale Bedeutung richtig ermessen zu können, empfiehlt sich die nochmalige Betrachtung von Abb. 8/15. Man sieht deutlich, daß die Kennlinien für $x > 1$ aus dem lückenhaften Betrieb unvermittelt in den lückenlosen Betrieb übergehen. Die Grenze zwischen diesen beiden Betriebsarten ist in Abb. 8/16 deutlich gekennzeichnet. Bei $x < 1$ schließt sich an den lückenhaften Betrieb ein Arbeitsbereich längs der Lückgrenze mit momentaner Kommutierung, wobei die Kennlinien längs Ellipsen verlaufen. Schließlich folgt der lückenlose Betriebsbereich. Es ist für die praktische Anwendung überaus vorteilhaft, daß die Kennlinien für $x = \infty$ und $x = 3$ nicht allzu stark voneinander abweichen. Bedenkt man, daß üblicherweise der Nenngleichstrom bei etwa $0{,}1 \cdot \bar{I}_{0K}$ liegt, dann äußert sich die Abweichung lediglich in einer etwas größeren Kennliniensteilheit im Bereich: Lückgrenze bis Nennstrom. Gegenüber dem Falle $x = \infty$ erscheint der induktive Spannungsabfall bei $x = 3$ um den Faktor 1,5 vergrößert.

Alle Kennlinien besitzen im lückenhaften Bereich einen ähnlichen Verlauf, wobei lediglich der Strommaßstab geändert erscheint, da Änderungen von x auch $X_c + X = X_c \frac{x+1}{2}$ und damit $\bar{I}$ beeinflussen. Auch bei Betrieb längs der Lückgrenze ergeben sich ähnliche Ellipsen, deren große Achse im Punkte $\frac{E}{U_{00}} = 1$ endet und deren kleine Achse x — abhängig ist. Indessen erstreckt sich dieser Betriebsbereich mit momentaner Kommutierung nur bei $x = 0$ bis $\bar{E} = 0$. Diese Kennlinie ist auch durch einen merklich kleineren Kurzschlußstrom gekennzeichnet, während dieser bei allen übrigen x durch $\bar{I}_{0\mathrm{K}} = 2\,E\,\sqrt{2}/X_c$ gegeben ist.

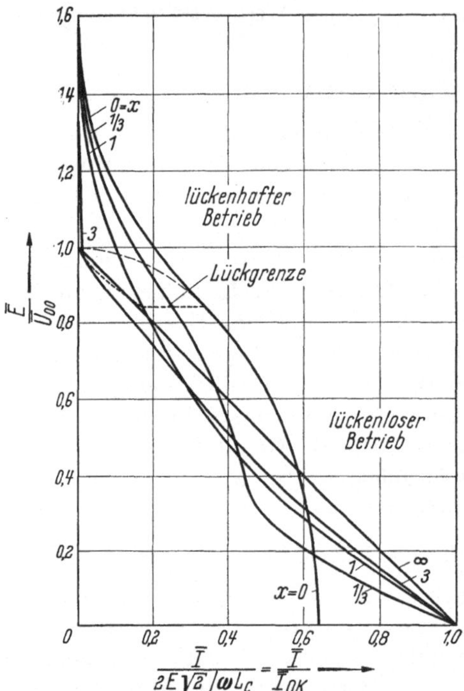

Abb. 8/16. Betriebskennlinien für ungesteuerte Zweipulsstromrichter mit verschiedenem Reaktanzverhältnis x

Gesteuerter Betrieb. Da sich bei gesteuertem Betrieb, an Stelle der einfachen Kennlinien des ungesteuerten Betriebes, Betriebsdiagramme mit Kennlinienscharen ergeben, so ist eine einheitliche Darstellung ähnlich Abb. 8/16 ohne Einbuße der Klarheit leider nicht möglich. Es sollen daher die Betriebsdiagramme für die 3 wichtigsten Werte von x (nämlich $x = \infty$, 1, 0) gesondert betrachtet werden. Von diesen ist dasjenige für $x = \infty$ bereits in Abb. 8/9 dargestellt und erörtert worden, so daß sich eine nochmalige Behandlung erübrigt. Ähnliches gilt von $x = 1$ (nur Anodendrosseln): Abb. 8/17 zeigt das Betriebsdiagramm für Gittersteuerung, das lediglich durch Änderung der Koordinatenmaßstäbe aus Abb. 6/12 hervorgegangen ist. Es ist Gleich- und Wechselrichterbetrieb möglich. Zur besseren Beurteilung des Stromverlaufes sind in Abb. 8/17 auch die Ellipsen konstanter Leitdauer eingetragen. Der an die Ordinate angrenzende Arbeitsbereich für $\beta < 180°$ hat lückenhaften Stromverlauf. Die Ellipse für $\beta = 180°$ bildet die Lückgrenze. Für den praktischen Gebrauch müssen derartige Kennlinien mit einem so ausgedehnten lückenhaften Bereich und einem so ausgeprägten Spannungs-

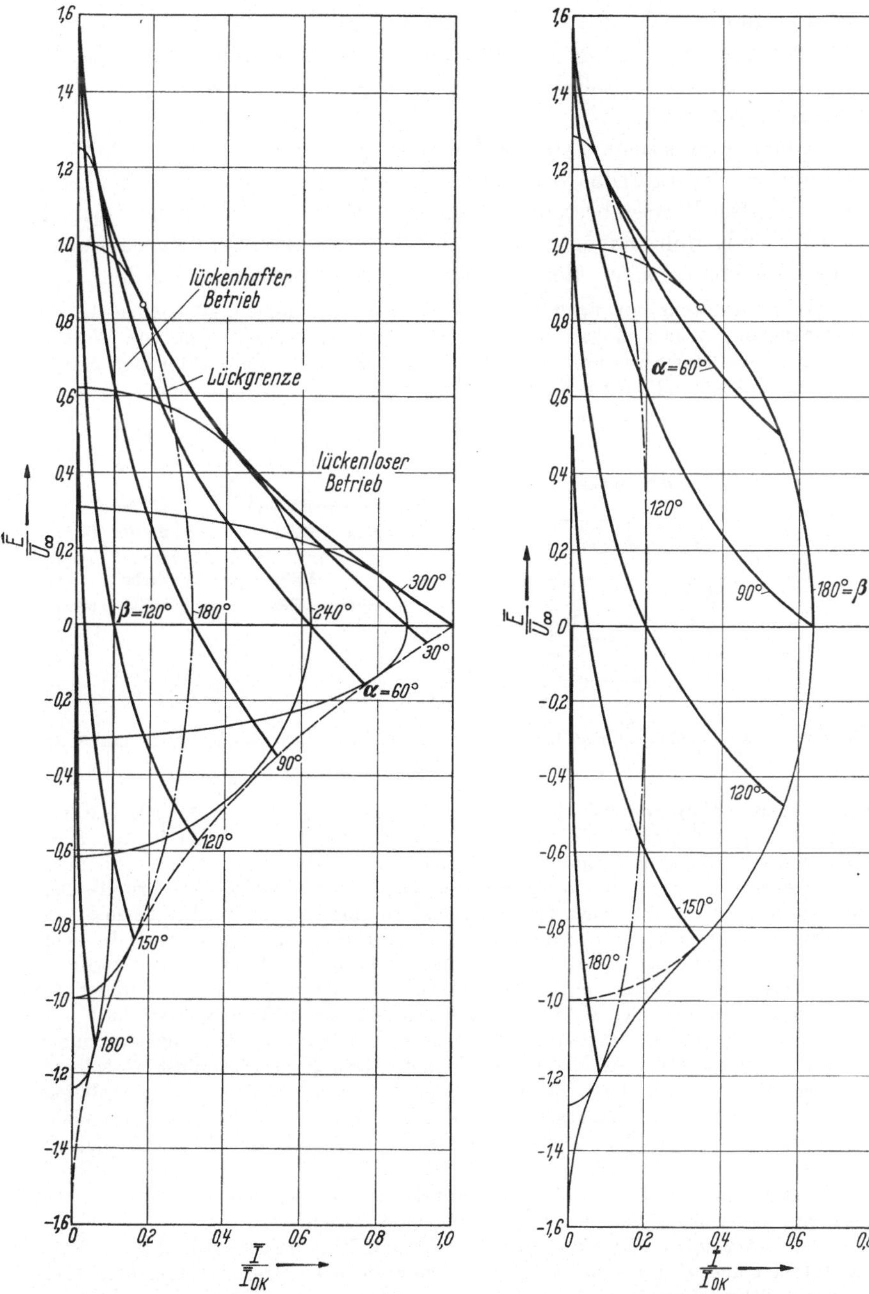

Abb. 8/17. Betriebsdiagramm eines gittergesteuerten Zweipulsstromrichters ohne Ohmsche Widerstände und einer Reaktanzverteilung $x = 1$

Abb. 8/18. Betriebsdiagramm eines gittergesteuerten Zweipulsstromrichters mit einem Reaktanzverhältnis $x = 0$

anstieg in der Nähe des Leerlaufs als sehr ungünstig bezeichnet werden. Da demgemäß derartige Schaltungen auch nur geringe praktische Bedeutung besitzen, so soll die Erörterung ihrer Eigenschaften nicht weitergeführt werden.

Noch ungünstiger sind die Betriebseigenschaften bei Reaktanzverteilung $x = 0$ (nur Primärdrosseln), wo im gesamten Diagramm (Abb. 8/18) lückenhafter Betrieb besteht und nur an der Begrenzung $\beta = 180°$ erreicht wird. Der Kennlinienverlauf kann daher durch bloße Maßstabsänderung aus dem lückenhaften Bereich von Abb. 8/10 gewonnen werden.

Wird die Steuerung mittels *Steuerdrosseln* vorgenommen, so können diese in verschiedener Weise eingeschaltet werden: als *Primärdrosseln*, die von Wechselstrom durchflossen werden, und als *Sekundärdrosseln*, die pulsförmige Ströme führen. Bei sekundärseitigem Einbau der Steuerdrosseln wird man am ehesten

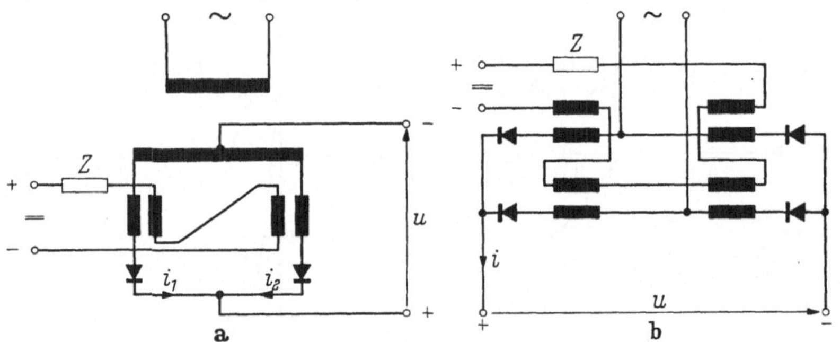

Abb. 8/19. Mittelpunkt- (a) und Brückenschaltung (b) von Zweipulsstromrichtern mit Steuerdrosseln

eine Übereinstimmung mit der Wirkung der gittergesteuerten Ventile erwarten können. Infolgedessen wird diese Anordnung der Steuerdrosseln, die in Abb. 8/19a und b für Mittelpunkt- und Brückenschaltung ersichtlich ist, zuerst behandelt. Die Steuerwicklungen sind so geschaltet, daß sich die induzierten Grundwellenspannungen zu Null ergänzen. Die höheren Harmonischen verursachen einen Strom, dessen Größe durch die Impedanz Z des Steuerkreises bestimmt wird. In hochohmigem Steuerkreise genügt oft schon der Ohmsche Widerstand, um diesen induzierten Oberwellenstrom genügend klein zu halten. Schaltungen dieser Art werden im deutschen Schrifttum als „spannungssteuernde Magnetverstärker" bzw. „Magnetverstärker mit Sättigungswinkelsteuerung" und in der angloamerikanischen Literatur als „Amplistat" bezeichnet. (Der Name „Amplistat" soll andeuten, daß es sich um ein ruhendes (nicht bewegtes) Analogon zur *Amplidyne*, der als rotierenden Verstärker wirkenden Gleichstrommaschine, handelt.) W. SCHILLING (1951) hat auf eine gewisse „Analogie" zwischen den Magnetverstärkern mit Sättigungswinkelsteuerung und den Stromrichtern mit Zündwinkelsteuerung hingewiesen. In bezug auf die bei Verwendung von Steuerdrosseln gültigen Betriebsdiagramme läßt sich folgendes sagen:

Bei *lückenhaftem Betrieb* können die für den Einpulsstromrichter gefundenen Kennlinien übernommen werden; es sind nur die bei Gittersteuerung bereits erwähnten Maßstabsänderungen anzubringen. Bei *lückenlosem Betrieb* soll lediglich der Grenzfall $x = \infty$ wegen seiner praktischen Bedeutung betrachtet werden. Abb. 8/20 zeigt den Verlauf der gleichgerichteten Spannung u, der Ströme i_1 und i_2

und den an der Steuerdrossel der Phase 1 entstehenden Spannungsabfall u_{SD}. Wie schon beim Einpulsstromrichter gefunden wurde, muß die Steuerdrossel während einer Periode einen vollen magnetischen Zyklus durchlaufen, d. h., sie muß in ihren zu Beginn der Periode vorhandenen magnetischen Zustand wieder zurückkehren. Im Sperrspannungsverlauf heißt dies, daß in Vorwärts- und Rückwärtsrichtung eine gleich große Spannungs-Zeitfläche der Drossel aufgeprägt werden muß. Diese Forderung führt sofort zu der Feststellung, daß mit Steuer-

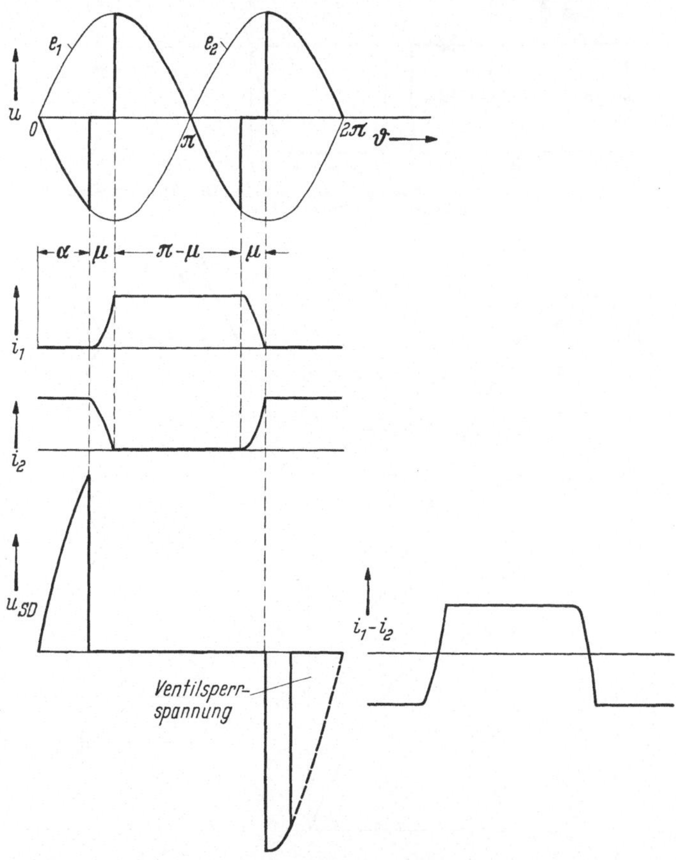

Abb. 8/20. Zeitlicher Verlauf von gleichgerichteter Spannung u, Ventilströmen i_1 und i_2 und Sperrspannung der Steuerdrosseln SD eines Zweipulsstromrichters mit unendlich großer Kathodendrossel

drosseln *kein Wechselrichterbetrieb* möglich ist, weil dabei keine ausreichende Rückmagnetisierung durchgeführt werden kann. Für den Gleichrichterbetrieb gilt die obere Hälfte des Betriebsdiagramms Abb. 8/9.

Verwendet man die Steuerdrosseln *primärseitig* (Abb. 8/21), so werden sie von Wechselstrom durchflossen. Sie werden dabei über eine Drossel durch den Steuergleichstrom I_{St} im entgegengesetzten Sinne vormagnetisiert und ihre Arbeitspunkte weit ins Sättigungsgebiet der Magnetisierungskennlinien verlegt. Dieses Vorgehen steht in krassem Gegensatz zu der bisher betrachteten Arbeitsmethode der Steuerdrosseln, bei welcher der Arbeitspunkt auf dem steilen (ungesättigten) Teil der

Magnetisierungskennlinie lag, und soll an Hand von Abb. 8/22 näher erläutert werden. Im Schrifttum wird diese Schaltung als „Stromsteuernder Magnetverstärker“ oder „Magnetverstärker mit Strombegrenzungssteuerung“ bezeichnet.

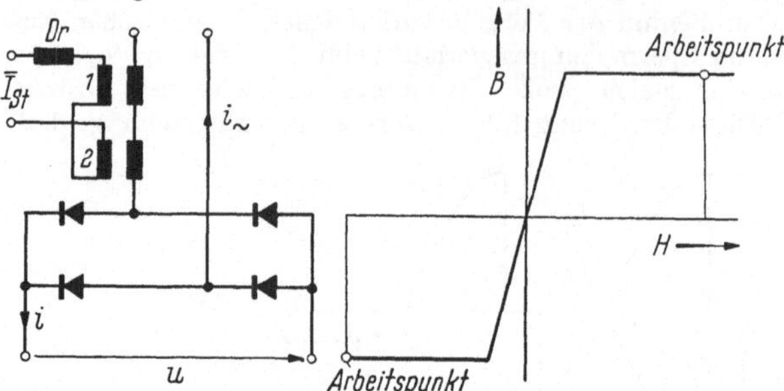

Abb. 8/21. Zweipulsstromrichter mit primären Steuerdrosseln. Die Steuerdrosseln *1* und *2* sind gegensinnig vormagnetisiert

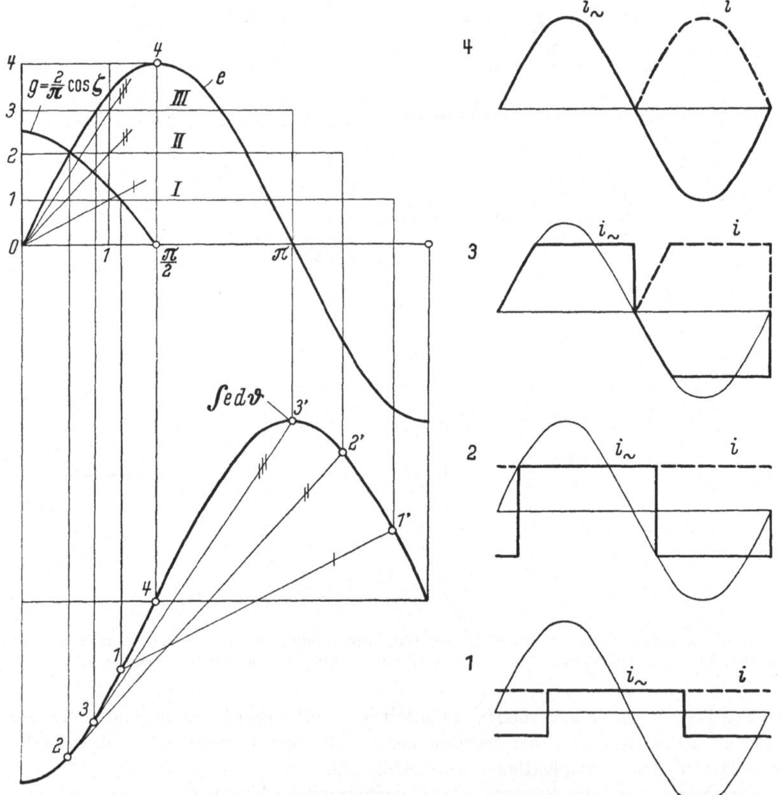

Abb. 8/22. Zweipulsstromrichter mit primären (stromsteuernden) Steuerdrosseln

Die Form des Wechselstromes wird, da nur der Fall einer sehr großen Kathodendrossel ($x = \infty$) behandelt werden soll, nahezu rechteckförmig sein. Die Kommutierung soll vorerst unbeachtet bleiben.

Bei der Betrachtung der Schaltung geht man vorteilhaft von dem Zustand vollkommener Sättigung beider Drosseln (Steuer-AW > Scheitelwert der Arbeits-AW) aus. Dann werden die Steuerdrosseln nur eine kleine (bei idealen Steuerdrosseln: verschwindend kleine) Primärreaktanz darstellen, im übrigen aber den Stromrichter nicht nennenswert beeinflussen. Es ergeben sich Verhältnisse, wie sie oben für den ungesteuerten Fall bereits ausführlich beschrieben wurden: $\bar{I} = \frac{\bar{U}}{R}$; wobei $\bar{U} \approx \bar{U}_{00} = E\sqrt{2} \cdot \frac{2}{\pi}$ beträgt (μ vernachlässigt!). Der sinusförmige Strom ist in Phase mit der Wechselspannung. Verringert man die Steuer-AW, so wird bei Gleichheit mit dem Scheitelwert der Arbeits-AW der ungesättigte Zustand der Drosseln erreicht und von diesen eine Sperrwirkung ausgeübt. Die Sperrdauer der Drosseln kann mittels der in Abb. 8/22 dargestellten graphischen Methode erhalten werden. Es gelten dabei die schon in Abb. 5/29 benutzten Überlegungen. Da die beiden Drosseln entgegengesetzt vormagnetisiert und mit den Arbeitswicklungen in Reihe geschaltet sind, so sind sie abwechselnd in je einer der beiden Halbwellen wirksam, während die andere Drossel gleichzeitig gesättigt ist. Aus Symmetriegründen kann jede Drossel höchstens 180° lang sperren. Im Bereich $g = 0{,}537$ stellen sich daher durchaus ähnliche Verhältnisse ein, wie sie vom ungesteuerten Gleichrichter mit $x = 0$ her bekannt sind, nämlich eine vom Gleichstromkreis bestimmte Zündverzögerung, deren Winkel ζ durch

$$\cos\zeta = g \cdot \frac{\pi}{2}$$

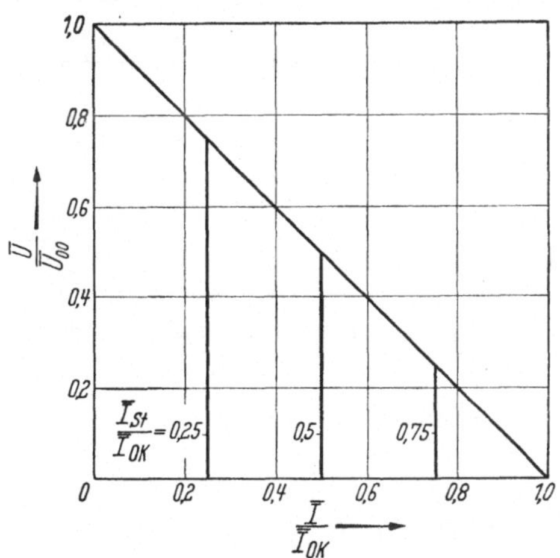

Abb. 8/23. Betriebskennlinien eines Zweipulsstromrichters mit stromsteuernden Steuerdrosseln

bestimmt ist. Indessen werden hier die Verhältnisse noch dadurch beeinflußt, daß der Scheitelwert des Arbeitsstromes $\hat{i} = \bar{I}$ durch die Größe des Steuerstromes $\bar{I}_{St}$ beeinflußt werden kann. Infolgedessen kann auch der Gleichstrom, selbst im Kurzschluß, keinen höheren Wert als den durch den Steuerstrom festgelegten annehmen. Man erhält demgemäß Betriebskennlinien (Abb. 8/23), die durch eine ausgeprägte „Strombegrenzung" gekennzeichnet sind. Derartige Kennlinien sind für gewisse Verbraucher sehr erwünscht und stellen auch in bezug auf den Überstromschutz eine interessante Lösung dar. Da jedoch solche Steuerdrosseln sowohl für den Laststrom als auch einen Steuerstrom mit gleicher AW-Zahl bemessen sein müssen, so ist ihre Typenleistung relativ groß.

9. Dreipulsstromrichter

In Kap. 7 war gezeigt worden, daß jede Zweipuls-Originalschaltung mit beliebiger Verteilung von verketteten und unverketteten Reaktanzen auf eine äquivalente Normalschaltung zurückgeführt werden kann, welche nur noch die Ventilzweige und den Gleichstromkreis umfaßt und daher viel bequemer analysiert werden kann. Für Dreipulsstromrichter soll hier auf die Ableitung der Normalschaltung verzichtet werden — sie wird in Kap. 10 in allgemeiner Form durchgeführt werden —, die Untersuchung ihrer Eigenschaften kann unmittelbar an Hand von Abb. 9/1 erfolgen.

9.1 Die Normalschaltung

Für die in Abb. 9/1 dargestellte Normalschaltung kann man sofort folgende Gleichungen anschreiben:

Außerhalb der Kommutierung (I):

$$e_1 - \bar{E} = (X_c + X)\frac{di}{d\vartheta}. \tag{9/1}$$

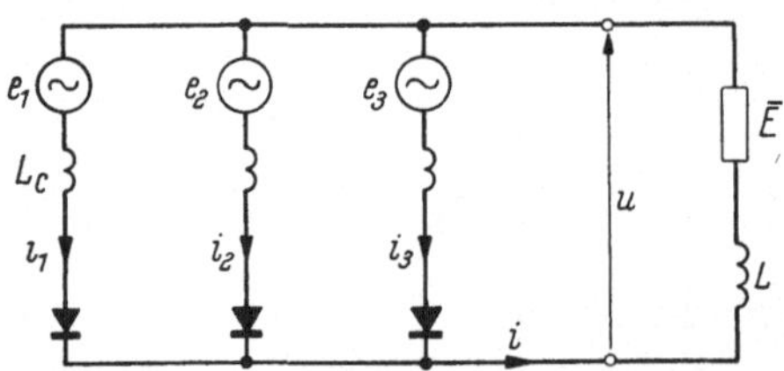

Abb. 9/1. Normalschaltbild eines Dreipulsstromrichters

Während der Kommutierung (II):

$$\left.\begin{aligned} e_1 &= X_c\frac{di_1}{d\vartheta} + u, \\ e_2 &= X_c\frac{di_2}{d\vartheta} + u \end{aligned}\right\} \tag{9/2}$$

mit $\qquad u = \bar{E} + X\frac{di}{d\vartheta}$

und $\qquad i_1 + i_2 = i.$

Die Addition ergibt

$$\frac{e_1 + e_2}{2} - \bar{E} = \left(\frac{X_c}{2} + X\right)\frac{di}{d\vartheta} \tag{9/3}$$

und Subtraktion

$$e_1 - e_2 = X_c\frac{d}{d\vartheta}(i_1 - i_2), \tag{9/4}$$

womit für die Normalschaltung das vollständige Gleichungssystem gefunden ist.

9.2 Die Betriebskennlinie im ungesteuerten Betrieb

Die Untersuchung soll sich wie beim Zweipulsstromrichter nur auf diejenigen Grenzfälle erstrecken, die eine geschlossene Beschreibung zulassen ($L = \infty$ und $R = 0$).

a) Unendlich große Kathodendrossel ($L = \infty$)

Da die Schaltung bereits untersucht wurde, kann sofort mit der Berechnung der Betriebsgrößen begonnen werden. In Abb. 9/2 ist der Verlauf der gleichgerichteten Spannung u im Leerlauf dargestellt, deren arithmetischer Mittelwert gemäß

$$\bar{U}_{00} = \frac{E\sqrt{2}}{2\pi/3}\int_{-\pi/3}^{+\pi/3}\cos\vartheta\cdot d\vartheta = \frac{3\sqrt{3}}{2\pi}\cdot E\sqrt{2} = 0{,}828\cdot E\sqrt{2} \tag{9/5}$$

erhalten wird. Dabei wurde die Zeitzählung beim Höchstwert der Phasenspannung begonnen — ein Vorgehen, das bei höheren Pulszahlen Vorteile besitzt und deshalb im folgenden angewendet wird. Für den Effektivwert der gleichgerichteten Spannung erhält man

$$U_{00} = 0{,}841 \cdot E\sqrt{2}\,, \tag{9/6}$$

womit man bereits die Spannungswelligkeit angeben kann:

$$W_u = \sqrt{\frac{U^2}{\bar{U}^2} - 1} = 0{,}187. \tag{9/7}$$

Dabei wird jedoch deutlich, daß mit zunehmender Pulszahl die beiden Spannungswerte U und $\bar{U}$ einander immer näher kommen und demgemäß die Welligkeitsberechnung nach obiger Gleichung immer geringere Genauigkeit ergibt. Bei höheren Pulszahlen wird daher die Welligkeit mittels der FOURIER-Analyse berechnet werden.

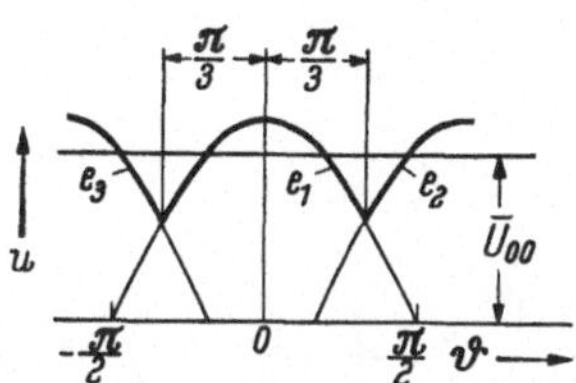

Abb. 9/2. Zeitlicher Verlauf der Phasenspannungen e_1, e_2, e_3 und der gleichgerichteten Spannung u

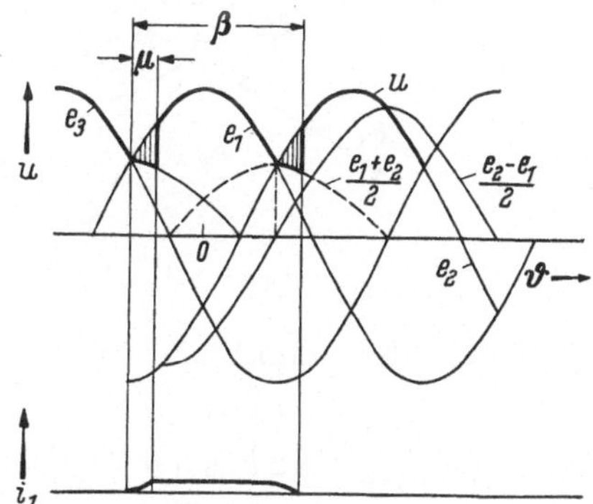

Abb. 9/3. Zeitlicher Verlauf von gleichgerichteter Spannung u und Ventilstrom i_1

Vergrößert man nun vom Leerlauf ausgehend allmählich den Belastungsstrom, so tritt die Kommutierung immer stärker in Erscheinung. Die gleichgerichtete Spannung u hat während der Kommutierung gemäß (9/2) die Größe

$$u = \frac{e_1 + e_2}{2} - \frac{X_c}{2}\frac{di}{d\vartheta}.$$

Da wegen $L = \infty$ die Stromänderung verschwindet $\left(\frac{di}{d\vartheta} = 0\right)$, so ergibt sich, daß u gerade dem arithmetischen Mittel aus den an der Kommutierung beteiligten Phasenspannungen entspricht

$$u = \frac{e_1 + e_2}{2} = \frac{E\sqrt{2}}{2}\cos\left(\vartheta - \frac{\pi}{3}\right).$$

Der zeitliche Verlauf dieser Spannung und seine Zeigerdarstellung ist in Abb. 9/3 und 9/4 ersichtlich. Die Differenz zwischen der Phasenspannung e_2 und u entspricht dem induktiven Spannungsabfall an der

Reaktanz X_c und beträgt die Hälfte zwischen den Phasenspannungen:

$$e_2 - \frac{e_1 + e_2}{2} = \frac{e_2 - e_1}{2} = -\frac{\sqrt{3}}{2} E \sqrt{2} \cos\left(\vartheta + \frac{\pi}{6}\right)$$

$$= \frac{\sqrt{3}}{2} E \sqrt{2} \sin\left(\vartheta - \frac{\pi}{3}\right). \tag{9/8}$$

Da die Zündung des Ventils der Phase 2 im Zeitpunkt $\frac{\pi}{3}$ erfolgt und bis zum Zeitpunkt $\frac{\pi}{3} + \mu_0$ dauert, so erhält man für den arithmetischen

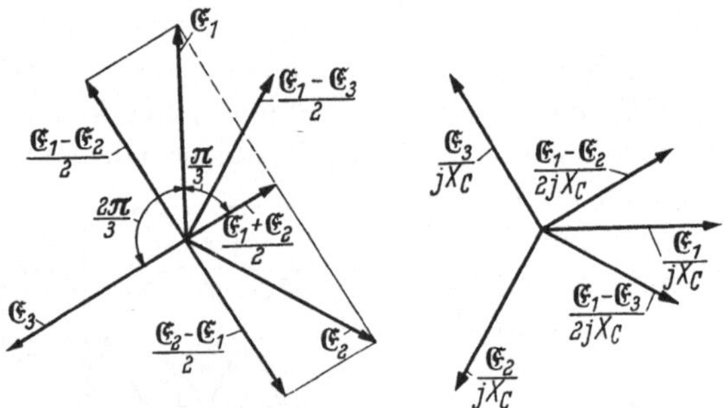

Abb. 9/4. Zeigerdarstellungen

Mittelwert des induktiven Spannungsabfalls

$$\Delta \bar{U} = -\frac{3}{2\pi}\frac{\sqrt{3}}{2} E \sqrt{2} \int_{\pi/3}^{\pi/3+\mu_0} \cos\left(\vartheta + \frac{\pi}{6}\right) d\vartheta = -\frac{3}{2\pi}\frac{\sqrt{3}}{2} E \sqrt{2} \left[\sin\left(\mu + \frac{\pi}{2}\right) - \sin\frac{\pi}{2}\right]$$

$$= \frac{3}{2\pi}\frac{\sqrt{3}}{2} E \sqrt{2} \cdot (1 - \cos\mu_0) = \bar{U}_{00} \frac{1 - \cos\mu_0}{2}. \tag{9/9}$$

Mittels der Transformation $x = \vartheta - \frac{\pi}{3}$ hätte man auch

$$\Delta \bar{U} = \frac{3}{2\pi}\frac{\sqrt{3}}{2} E \sqrt{2} \int_0^{\mu_0} \sin x \, dx = \bar{U}_{00} \frac{1 - \cos\mu_0}{2}$$

schreiben können, womit man zum gleichen Ergebnis gekommen wäre. Für die Gleichspannung $\bar{U}$ erhält man die vom Zweipulsstromrichter her bekannte Gleichung

$$\frac{\bar{U}}{\bar{U}_{00}} = 1 - \frac{\Delta \bar{U}}{\bar{U}_{00}} = \frac{1 + \cos\mu_0}{2}. \tag{9/10}$$

Um den zu dem Überlappungswinkel μ_0 gehörigen Gleichstrom $\bar{I}$ zu finden, muß man den Kommutierungsstrom i_c kennen. Aus der Gl. (9/4) ergibt sich für diesen

$$\frac{di_c}{d\vartheta} = \frac{d}{d\vartheta}\frac{i_2 - i_1}{2} = \frac{e_2 - e_1}{2 X_c}$$

und mit (9/8)

$$i_c = \frac{\sqrt{3}\,E\,\sqrt{2}}{2\,X_c} \int\limits_{\pi/3}^{\frac{\pi}{3}+\vartheta} \sin\left(\vartheta - \frac{\pi}{3}\right) \cdot d\vartheta + K$$

$$= \frac{\sqrt{3}}{2\,X_c} E\,\sqrt{2}\,(1 - \cos\vartheta) + K\,.$$

Gemäß den Gln. (7/11): $i_1 = \frac{\bar{I}}{2} - i_c$ und $i_2 = \frac{\bar{I}}{2} + i_c$ hat der Kommutierungsstrom am Anfang der Überlappung den Wert $i_c = -\frac{\bar{I}}{2} = K$ und am Ende $i_c = +\frac{\bar{I}}{2}$, so daß die ganze Differenz gleich $\bar{I}$ ist:

$$\bar{I} = \frac{\sqrt{3}\,E\,\sqrt{2}}{2\,X_c} \int\limits_{\pi/3}^{\pi/3+\mu_0} \sin\left(\vartheta - \frac{\pi}{3}\right) d\vartheta = \frac{\sqrt{3}\,E\,\sqrt{2}}{2\,X_c} [1 - \cos\mu_0]\,. \quad (9/11)$$

Damit kann zwar die Größe des Gleichstromes $\bar{I}$ bereits berechnet werden, für die beabsichtigte graphische Darstellung der Kennlinie in bezogenen Maßstäben ist $\bar{I}$ jedoch noch auf den *Kurzschlußstrom* $\bar{I}_K$ zu beziehen, der die gleiche prinzipielle Bedeutung für die Kennzeichnung einer Schaltung besitzt wie die Leerlaufspannung.

Es sind 2 verschiedene Arten von Kurzschlüssen auf der Sekundärseite zu unterscheiden:

1. Kurzschluß zwischen zwei Phasen. Wie man aus Abb. 9/1 abliest, ergibt sich für die Größe des Wechselstromes bei Kurzschluß zweier Phasen der Kommutierungsstrom

$$I_c = E\,\sqrt{3}/2\,X_c\,. \quad (9/12)$$

2. Kurzschluß aller drei Phasen. Schließt man alle drei Phasenspannungen über die Richtelemente kurz, so entsteht ein symmetrischer Kurzschluß, wobei es belanglos ist, ob auch der Gleichstromkreis angeschlossen ist. Es ergeben sich die in Abb. 9/5 dargestellten Kurzschlußströme, welche einen Gleich- und einen Wechselanteil besitzen

$$i_{1K} = \frac{E\,\sqrt{2}}{X_c} \cdot [1 - \cos\omega t]\,,$$

$$i_{2K} = \frac{E\,\sqrt{2}}{X_c} \cdot \left[1 - \cos\left(\omega t - \frac{2\pi}{3}\right)\right],$$

$$i_{3K} = \frac{E\,\sqrt{2}}{X_c} \cdot \left[1 - \cos\left(\omega t - \frac{4\pi}{3}\right)\right].$$

Es handelt sich dabei gewissermaßen um 3 Einpulsstromrichter, die gleichstromseitig parallel geschaltet sind. Die Leitdauer jedes Ventils beträgt dabei $\beta = 2\pi$.

Die Summe dieser 3 Ventilströme bildet einen reinen Gleichstrom, da sich die Wechselanteile der 3 Ventilströme zu Null ergänzen:

$$\bar{I}_{0K} = 3\,\frac{E\sqrt{2}}{X_c}\,. \tag{9/13}$$

Dieser im Gleichstromkreis fließende Kurzschlußstrom ist der größte Strom, der betriebsmäßig auftreten kann.

Führt man nun diesen Kurzschlußstrom in obige Gleichung ein, so ergibt sich für den Zusammenhang zwischen Gleichstrom $\bar{I}$ und Überlappungswinkel μ_0

$$\frac{\bar{I}}{\bar{I}_{0K}} = \frac{1}{\sqrt{3}}\,\frac{1-\cos\mu_0}{2}\,. \tag{9/14}$$

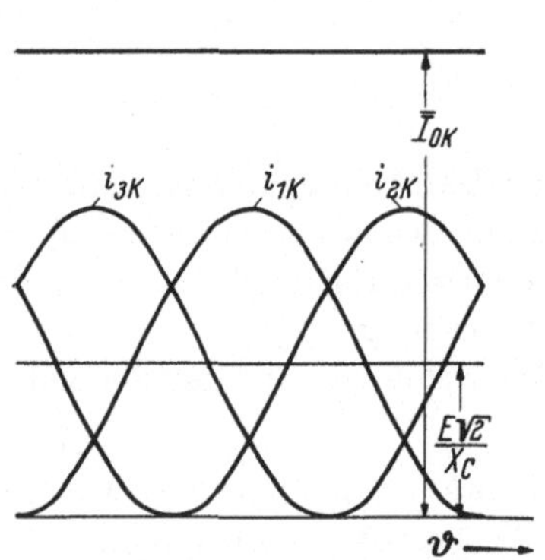

Abb. 9/5. Ventilströme und Gleichstrom bei gleichstromseitigem Kurzschluß

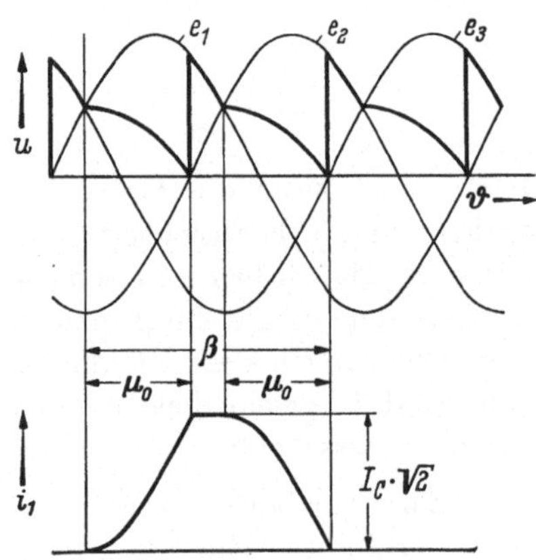

Abb. 9/6. Verlauf der gleichgerichteten Spannung u und des Ventilstromes i_1 bei $\mu_0 = 90°$ ($\bar{U}/\bar{U}_{00} = 0{,}50$; $\bar{I}/\bar{I}_{0K} = 0{,}288$)

Eliminiert man aus (9/10) und (9/14) den Überlappungswinkel, so erhält man die *Betriebskennlinie im Bereich einfacher Kommutierung:*

$$\frac{\bar{U}}{\bar{U}_{00}} = 1 - \sqrt{3}\,\frac{\bar{I}}{\bar{I}_{0K}}\,, \tag{9/15}$$

welche jedoch nur bis $\mu_0 = 90°$ gültig ist, weil bei größeren Überlappungswinkeln zeitweise alle 3 Ventile Strom führen und damit andersartige Betriebsverhältnisse entstehen. Abb. 9/6 zeigt gerade den Grenzfall ($\mu_0 = 90°$), bis zu welchem einfache Kommutierung stattfindet.

Vergrößert man den Belastungsstrom, so gelangt man in den *Bereich der mehrfachen Kommutierung,* dessen Vorgänge sich von denen bei einfacher Überlappung erheblich unterscheiden und daher eingehender betrachtet werden sollen. Während im Arbeitsbereich der einfachen Kommutierung Zeitabschnitte aufeinander folgten, bei denen 1 bzw. 2 Ventile gleichzeitig Strom führten, so ist der Arbeitsbereich der doppelten Kommutierung dadurch gekennzeichnet, daß 2 bzw. 3 Ventile gleichzeitig Strom führen. Um im folgenden einen Betriebszustand eindeutig festlegen zu können, wird mit m die Anzahl der gleichzeitig Strom führenden Ventile bezeichnet. Im Falle der gleichzeitigen Stromführung von allen drei Ventilen ($m = 3$) besteht offenbar der bereits betrachtete Fall des gleichstromseitigen Kurzschlusses aller drei Transformatorphasen, wobei der arithmetische Mittelwert der Gleichspannung natürlich Null ist. Während der Stromführung von 2 Ventilen ($m = 2$) ist die Gleichspannung durch den arithmetischen Mittelwert der betreffenden Transformatorphasenspannungen gegeben. Bei der Berechnung der Gleichspannung im Bereich der zweifachen Kommutierung genügt es daher, lediglich über die noch verbleibenden Spannungsflächen zu integrieren.

Bei der Vergrößerung des Überlappungswinkels über 90° setzt die Zündung der Ventile statt im Schnittpunkt der Phasenspannungen bereits 30° früher, nämlich im Nulldurchgang der Phasenspannung ein. In Abb. 9/7 ist diese Stromführung aller 3 Ventile deutlich daran erkennbar, daß die Gleichspannung während dieser Zeit den Betrag Null hat. (Der Gleichspannungsverlauf wird lückenhaft.) Da anschließend wieder nur 2 Ventile leiten, so ergibt sich an der Grenze des einfachen und zweifachen Kommutierungsbereiches ein Gebiet, in welchem der Stromverlauf anfangs lückenhaft ist bzw. sogenannte „*Vorläufer*“ besitzt. Abb. 9/7 zeigt denjenigen Betriebszustand, bei welchem der Ventilstrom gerade wieder lückenlos fließt. Die Länge des Zeitintervalls, in welchem alle 3 Ventile Strom führen, beträgt 15°. Der Ventilstrom setzt sich aus Teilen der beiden Kurzschlußströme $I_K = E/X_c$ und I_c zusammen, deren Amplituden sich wie $\frac{I_K}{I_c} = \frac{2}{\sqrt{3}} = 1{,}16$ verhalten.

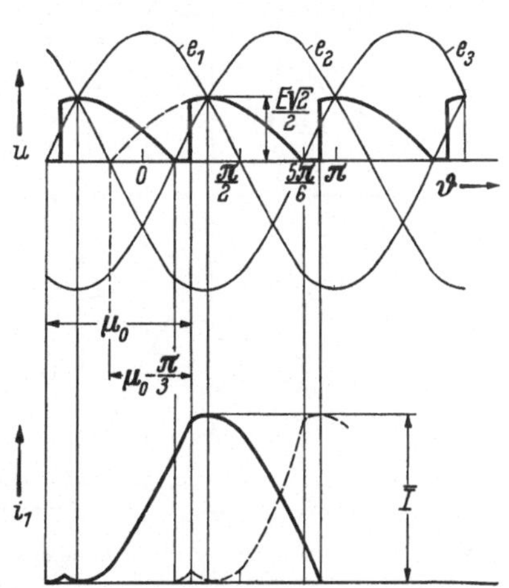

Abb. 9/7. Gleichgerichtete Spannung u und Ventilstrom i_1 zu Beginn der doppelten Kommutierung

Vergrößert man die Stromstärke noch weiter, so erhält man die in Abb. 9/8 dargestellten Verhältnisse, bei denen die gleichgerichtete Spannung einen noch stärker lückenhaften Verlauf besitzt, und schließlich den Kurzschlußzustand (Abb. 9/5). Um den Überblick über das Betriebsverhalten eines Stromrichters bei mehrfacher Kommutierung zu erleichtern, empfiehlt es sich, ein *Leitschema* aufzustellen, welches die Zünd- und Löschzeitpunkte der Ventile für alle Betriebszustände zeigt.

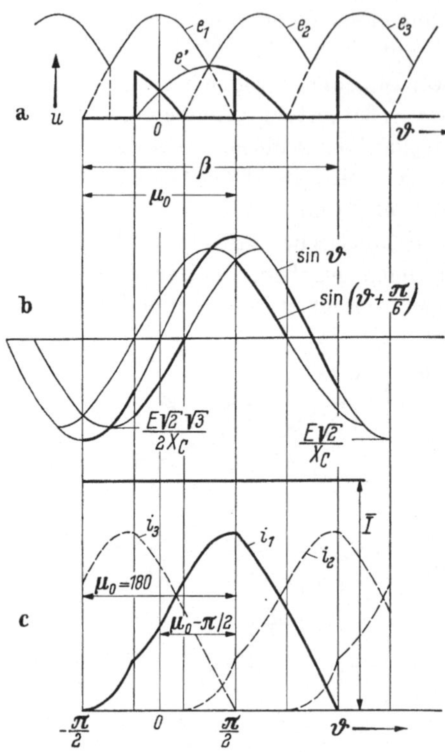

Abb. 9/8. Betriebszustand bei einer Leitdauer von $\beta = 300°$

a) Gleichgerichtete Spannung u; b) Verlauf der Kurzschlußströme; c) Ventilströme

In Abb. 9/9 ist auf einer Zeitachse von der Länge einer Periode zuerst die Leitdauer von Ventil 1 im Leerlauf eingetragen worden. Sodann wurde durch vertikale Linien die Zündung und durch schräge Linien das Löschen der Ventile angedeutet: es ergeben sich Bereiche, in denen nur 1 Ventil leitet bzw. 2 Ventile miteinander kommutieren. Sobald die Überlappung $\mu_0 = 90°$ erreicht hat, springen die Zündpunkte um $30°$ nach vorn und verbleiben im Nulldurchgang der betreffenden Phasenspannung, bis der Kurzschluß bei $\beta = 2\pi$ erreicht ist. Durch verschiedene Schraffur sind die Bereiche verschiedener Ventilbeteiligung markiert.

Um den arithmetischen Mittelwert der gleichgerichteten Spannung zu bilden, muß man, wie aus den Abb. 9/7 und 9/8

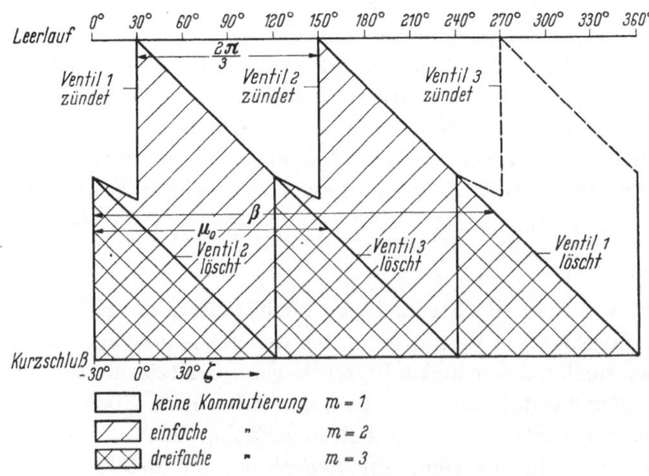

Abb. 9/9. Leitschema des ungesteuerten Dreipulsstromrichters

ersichtlich ist, über die bei einfacher Kommutierung auftretende sinusförmige Spannung

$$e' = \frac{E\sqrt{2}}{2}\sin\left(\vartheta + \frac{\pi}{6}\right) = \frac{E\sqrt{2}}{2}\cos\left(\vartheta - \frac{\pi}{3}\right)$$

integrieren, wobei das Zeitintervall aus Abb. 9/9 abgelesen werden kann:

$$\bar{U} = \frac{3}{2\pi}\frac{E\sqrt{2}}{2}\int\limits_{-\frac{\pi}{2}+\mu_0}^{+5\pi/6}\sin\left(\vartheta + \frac{\pi}{6}\right)d\vartheta = \frac{3}{2\pi}E\sqrt{2}\,\frac{1+\cos\left(\mu_0 - \frac{\pi}{3}\right)}{2}. \quad (9/16)$$

Bezieht man wieder auf die Leerlaufspannung $\bar{U}_{00}$, so findet man schließlich

$$\frac{\bar{U}}{\bar{U}_{00}} = \frac{1}{\sqrt{3}}\,\frac{1+\cos(\mu_0 - \pi/3)}{2}. \quad (9/17)$$

Den Gleichstrom $\bar{I}$ ermittelt man unter Beachtung der Tatsache, daß $\bar{I}$ infolge der unendlich großen Kathodendrossel zeitlich konstant sein muß. Es genügt daher, einen günstigen Zeitpunkt auszuwählen und dafür die Strombilanz aufzustellen. Ein solcher Zeitpunkt ist z. B. $\vartheta = \mu_0 - \frac{\pi}{2}$, der Löschpunkt für Ventilstrom i_3. Unter Zuhilfenahme des Leitschemas und des zugehörigen Verlaufs der Kurzschlußströme Abb. 9/8) kann man anschreiben:

$$\frac{\bar{I}}{E\sqrt{2}/X_c} = i_1\left(\vartheta = \mu_0 - \frac{\pi}{2}\right) + i_2\left(\vartheta = \mu_0 - \frac{\pi}{2}\right)$$

$$= 2\left[1 - \cos\left(\mu_0 - \frac{2\pi}{3}\right)\right] + \frac{\sqrt{3}}{2}\sin\left(\frac{4\pi}{3} - \mu_0\right) + \sin\left(\mu_0 - \frac{\pi}{2}\right) - \sin\frac{\pi}{6}.$$

Addiert man diese Anteile, so erhält man mit $\bar{I}_{0K} = 3E\sqrt{2}/X_c$:

$$\frac{\bar{I}}{\bar{I}_{0K}} = \frac{1-\cos(\mu_0 - \pi/3)}{2}. \quad (9/18)$$

Indem man die beiden vorstehenden Gleichungen zusammenfaßt, ergibt sich für die Kennlinie im Bereich der mehrfachen Kommutierung

$$\frac{\bar{U}}{\bar{U}_{00}} = \frac{1}{\sqrt{3}}\left(1 - \frac{\bar{I}}{\bar{I}_{0K}}\right). \quad (9/19)$$

Die graphische Darstellung der durch (9/15) und (9/19) bestimmten Betriebskennlinie zeigt Abb. 9/10, wobei längs der Kennlinie die Überlappungswinkel μ_0 als Parameter eingetragen sind. Der Schnittpunkt der beiden Geraden kennzeichnet die in Abb. 9/7 dargestellten Verhältnisse. Damit ist der erste Grenzfall hinreichend beschrieben und es kann zum zweiten Grenzfall ($R = 0$) übergegangen werden.

b) Keine Ohmschen Widerstände

Hier kann weitgehend von den Ergebnissen der Zweipulsstromrichter Gebrauch gemacht werden. Im *Bereich des lückenhaften Stromes* gilt, analog zu (8/18):

$$\left.\begin{aligned} g &= \sin\zeta\,, \\ \bar{I} &= \frac{E\sqrt{2}}{X_c + X}\,\frac{3}{2\pi}\left[\frac{1}{g}\,(1-\cos\beta) - g\,\beta^2/2\right]. \end{aligned}\right\} \qquad (9/20)$$

Die Grenze des lückenhaften Betriebes ist durch

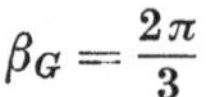

$$\beta_G = \frac{2\pi}{3}$$

bestimmt. Diese stellt sich für $x = 1$ (nur Anodendrosseln) unter den in Abb. 9/11 dargestellten Verhältnissen ein. Für die Lückgrenze gilt offenbar die Bedingung, daß das Integrale der Spannungszeitfläche an der Anodendrossel verschwinden muß:

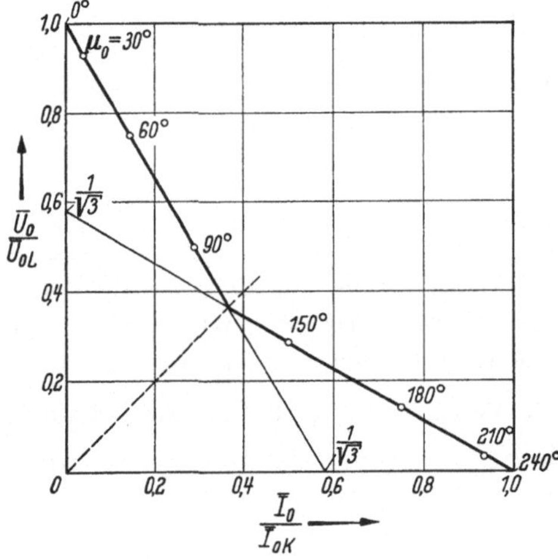

Abb. 9/10. Betriebskennlinie des *ungesteuerten* Dreipulsstromrichters mit $L_g = \infty$

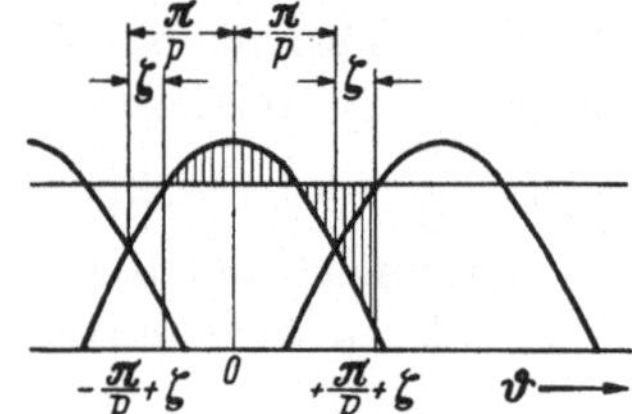

Abb. 9/11. Spannungsverlauf an der Lückgrenze für $x=1$ (schraffierte Flächen = Spannung an der Anodendrossel)

$$\int\limits_{-\frac{\pi}{p}+\zeta}^{+\frac{\pi}{p}+\zeta} (\cos\vartheta - g)\,d\vartheta = 0\,.$$

Die Integration liefert

$$g = \frac{p}{\pi}\sin\frac{\pi}{p}\cos\zeta\,. \qquad (9/21)$$

Weil für den Zündwinkel ζ außerdem (Abb. 9/11)

$$g = \sin\left(\frac{\pi}{2} - \frac{\pi}{p} + \zeta\right) = \cos\left(\zeta - \frac{\pi}{p}\right) \qquad (9/22)$$

gilt, so erhält man aus (9/21) und (9/22)

$$\tan\zeta = \frac{p}{\pi} - \cot\frac{\pi}{p} \qquad (9/23)$$

eine Beziehung, welche in dieser allgemeinen Form für p-Pulsstromrichter gilt und die in der Tab. 9/1 enthaltenen Zahlenwerte liefert.

Tabelle 9/1. *Zündwinkel ζ und Gegenspannungsverhältnis g an der Lückgrenze für verschiedene Pulszahlen p*

p	2	3	6
ζ	32°30′	20°40′	10°10′
g	0,537	0,773	0,941
$\frac{p}{\pi}\sin\frac{\pi}{p} = \frac{\bar{U}_{00}}{E\sqrt{2}}$	0,638	0,828	0,955

Man erkennt deutlich, daß mit zunehmender Pulszahl der Bereich des lückenhaften Stromes rasch kleiner wird. In Abb. 9/12 sind die Gln. (9/21) und (9/22) graphisch dargestellt. Mit abnehmender Gegenspannung wandert bei $x = 1$ der Zündpunkt vom Scheitel der Sinusspannung ($\zeta = 60°$ bei $g = 1$) nach dem Schnittpunkt der Phasenspannungen ($\zeta = 0$). Für $x > 1$ beobachtet man wieder eine unstetige Zündpunktänderung im Intervall $0{,}828 > g > 0{,}773$. Bei $x < 1$ ist zwischen dem lückenhaften Betrieb und dem lückenlosen Betrieb ein Arbeitsbereich mit $\beta = \text{const} = 2\pi/3$ eingeschaltet, wobei der Zündwinkel der Beziehung $\zeta = \text{arc}\cos g\pi/(p\sin\pi/p)$ gehorcht. Im übrigen herrschen durchaus die gleichen Verhältnisse wie beim Zweipulsstromrichter (Abb. 8/16).

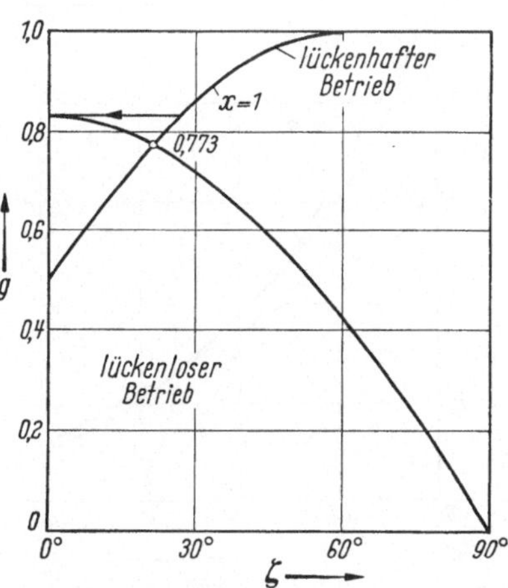

Abb. 9/12. Zündwinkel eines ungesteuerten Dreipulsstromrichters für verschiedenes Reaktanzverhältnis in Abhängigkeit von der Größe der Gegenspannung $g = \bar{E}/\hat{e}$

Für den *Bereich des lückenlosen Stromes* könnte man nun die beim Zweipulsstromrichter durchgeführte Berechnung nochmals für eine Dreipulsschaltung wiederholen. Man kann jedoch auch einen bequemeren Weg wählen und sich den gewünschten Überblick dadurch verschaffen, daß man die beim Zweipulsstromrichter erkannten Gesetzmäßigkeiten auf den vorliegenden Fall anwendet. Für ein solches Vorgehen bieten sich auch sofort die 2 Extremfälle $x = 1$ und $x = \infty$ an. Kennt man aber erst diese 2 Fälle, dann fällt es nicht mehr schwer, ein Bild der gesamten Situation zu entwerfen.

Für den Fall $x = \infty$, einer unendlich großen Kathodendrossel, wurden oben bereits die entsprechenden Gleichungen abgeleitet. Der Fall $x = 1$

(nur Anodendrosseln) war dadurch ausgezeichnet, daß die einzelnen Ventilströme völlig unabhängig voneinander flossen. In diesem Falle können offenbar beliebig viele Ventile parallel arbeiten — jedes mit einem Stromverlauf, wie er bei einem Einpulsstromrichter auftritt. Für den Strom im Gleichstromkreis kann man demnach sofort schreiben

$$\frac{I}{p\,E\sqrt{2}/X_c} = \frac{1}{2\pi}\left[\frac{1}{g}(1-\cos\beta) - g\beta^2/2\right]. \tag{9/24}$$

Im Kurzschlußfalle $g = 0$, $\beta = 2\pi$ wird der Klammerausdruck gleich 1 und der Kurzschlußstrom erreicht

$$\bar{I}_{0K} = \frac{p\,E\sqrt{2}}{X_c}, \tag{9/25}$$

den gleichen Betrag wie bei unendlich großer Kathodendrossel. Wie man sieht, läßt sich das Verhalten der Stromrichter in einem durchaus ausreichenden Maße beurteilen, so daß eine weitere Detailrechnung unnötig wird. In Abb. 9/13 sind die erwähnten Kennlinien graphisch dargestellt, um das Gesagte deutlich zu machen. Dabei fällt auf, daß sich die Linien für $x = \infty$ und $x = 1$ im Vergleich zum Zweipulsstromrichter erheblich genähert haben, und da bereits oben festgestellt wurde, daß die praktisch wichtigen Anwendungen wohl ausschließlich zwischen diesen beiden Kurven liegen, so bestätigt dieser Befund die Berechtigung der bisherigen Praxis, wonach man bei höheren Pulszahlen nur mehr den Grenzfall $x = \infty$ zu untersuchen pflegt. Aus dem gleichen Grunde werden auch die folgenden Untersuchungen für $p = 6$ nur noch für unendlich große Kathodendrossel durchgeführt werden.

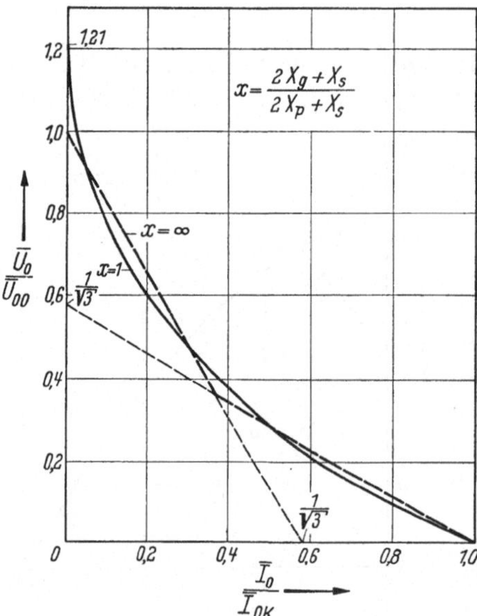

Abb. 9/13. Betriebsdiagramm eines Dreipulsstromrichters, welcher nur Reaktanzen besitzt

9.3 Betriebsdiagramm für gesteuerten Betrieb und unendlich große Glättungsdrossel

a) Gittersteuerung

Bei Teilaussteuerung ist die *Leerlauf*-Gleichspannung durch

$$\bar{U}_{\alpha 0} = \bar{U}_{00} \cdot \cos\alpha$$

gegeben. Belastet man den Stromrichter, so ändert sich die Gleichspannung $\bar{U}$ in Abhängigkeit vom Überlappungswinkel μ und im *Bereich* der *einfachen Kommutierung* (Anzahl der kommutierenden Ventile $m = 2$) erhält man die für beliebiges p geltende Gleichung

$$\frac{\bar{U}}{\bar{U}_{c0}} = \frac{1}{2}\left[\cos\alpha + \cos(\alpha + \mu)\right]. \qquad (9/26)$$

Für den Zusammenhang zwischen der Gleichstromstärke $\bar{I}$ und dem Kommutierungswinkel gilt ebenfalls für beliebiges p

$$\bar{I} = I_c\sqrt{2}\left[\cos\alpha - \cos(\alpha + \mu)\right]. \qquad (9/27)$$

Weil jedoch für den Dreipulsstromrichter (9/12), (9/13)

$$I_c\sqrt{2} = \frac{\bar{I}_{0K}}{2\cdot\sqrt{3}}$$

gefunden wurde, so schreibt man besser

$$\frac{\bar{I}}{\bar{I}_{0K}} = \frac{1}{\sqrt{3}\cdot 2}\left[\cos\alpha - \cos(\alpha + \mu)\right]. \qquad (9/28)$$

Indem man aus den vorstehenden Gln. (9/26) und (9/28) durch Addition den Überlappungswinkel μ eliminiert, erhält man die Gleichung für die *Betriebskennlinien bei konstantem Steuerwinkel im Bereich der einfachen Kommutierung:*

$$\frac{\bar{U}}{\bar{U}_{00}} = \cos\alpha - \sqrt{3}\,\frac{\bar{I}}{\bar{I}_{0K}}. \qquad (9/29)$$

Durch Subtraktion erhält man die Kennlinien für $(\alpha + \mu) = \text{const}$:

$$\frac{\bar{U}}{\bar{U}_{00}} = \cos(\alpha + \mu) + \sqrt{3}\,\frac{\bar{I}}{\bar{I}_{0K}} \qquad (9/30)$$

als Kennlinien konstanten Löschwinkels. Schließlich kann man auch aus den Gln. (9/26) und (9/28) die *Kennlinien für konstante Überlappungswinkel* ermitteln:

$$\frac{(\bar{U}/\bar{U}_{00})^2}{(1 + \cos\mu)/2} - \frac{(\bar{I}/\bar{I}_{0K})^2}{(1 - \cos\mu)/6} = 1\,, \qquad (9/31)$$

welche wieder Ellipsen sind. Für den Überlappungswinkel $\mu = 120°$ wird für die gewählten Maßstäbe die Ortskurve ein Kreis, welcher gleichzeitig die Grenze zwischen einfacher und doppelter Kommutierung bildet.

Tabelle 9/2. *Die Halbachsen der Überlappungsellipsen*

μ	$\sqrt{\frac{1+\cos\mu}{2}}$	$\sqrt{\frac{1-\cos\mu}{6}}$
0°	1,00	0
30°	0,967	0,148
60°	0,866	0,290
90°	0,707	0,407
120°	0,500	0,500

Um den zeitlichen Verlauf von gleichgerichteter Spannung und Ventilstrom gut verstehen und im Gedächtnis behalten zu können, scheint es kein besseres Mittel zu geben, als diese Kurven selbst zur Übung abzuleiten.

Bei der *mehrfachen Kommutierung* (Anzahl der stromführenden Ventile $m = 2$ und 3) ergeben sich durchaus ähnliche Verhältnisse wie beim ungesteuerten Betrieb; es ist jedoch zu beachten, daß das beim ungesteuerten Stromrichter beobachtete Vorspringen des Zündzeitpunktes hier nicht erfolgen kann, da der Steuerwinkel bei gittergesteuerten Stromrichtern zeitlich unverrückbar festgelegt ist. Die Betriebskennlinie des ungesteuerten Gleichrichters (Abb. 9/10) und diejenige des gittergesteuerten Stromrichters für $\alpha = 0$ (Abb. 9/16) sind deshalb im Bereich der zweifachen Kommutierung verschieden. Insbesondere erreicht aus dem gleichen Grunde der Kurzschlußstrom bei Gittersteuerung nur den Betrag

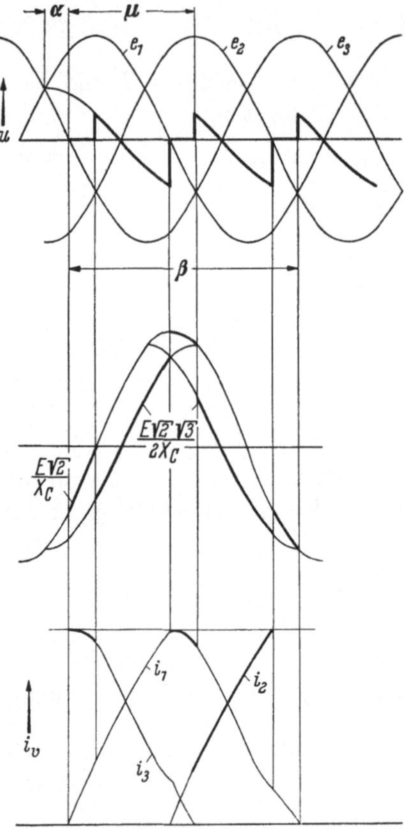

Abb. 9/14. Strom- und Spannungsverlauf im Bereich mehrfacher Kommutierung ($\alpha = 30°$, $\mu = 150°$)

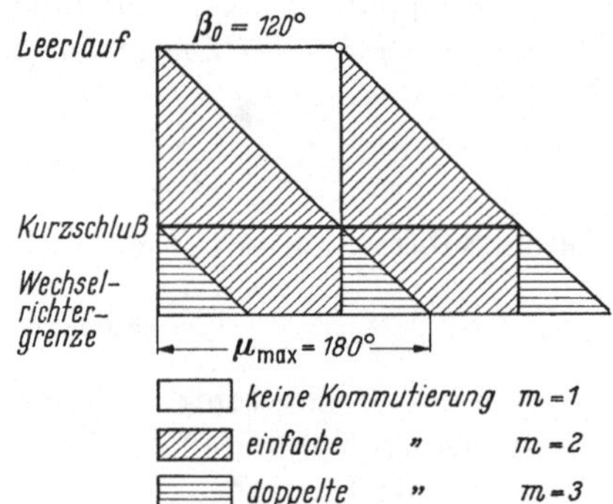

Abb. 9/15. Leitschema bei Gittersteuerung ($\alpha = 30°$)

$$(\bar{I}_K)_{\alpha=0=\mathrm{const}} = \bar{I}_{0K}\frac{\sqrt{3}}{2} = \bar{I}_{0K}\cdot 0{,}866\,.$$

Aus Abb. 9/14 liest man für die Gleichspannung ab:

$$\bar{U} = \frac{E\sqrt{2}}{2}\,\frac{3}{2\pi}\int\limits_{-\frac{\pi}{3}+\mu+\alpha}^{\pi+\alpha}\cos\left(\vartheta - \frac{\pi}{3}\right)d\vartheta$$

bzw.

$$\frac{\bar{U}}{\bar{U}_{00}} = \frac{1}{2\sqrt{3}}\left[\sin\left(\alpha + \frac{2\pi}{3}\right) - \sin\left(\alpha + \mu - \frac{2\pi}{3}\right)\right]. \qquad (9/32)$$

Aus der gleichen Abbildung findet man für den Gleichstrom:

$$\frac{I}{I_{0K}} = \frac{1}{3}\left[\cos\left(\alpha + \frac{\pi}{6}\right) - \cos\left(\alpha + \mu - \frac{\pi}{2}\right) + \sin\left(\alpha + \mu - \frac{2\pi}{3}\right) - \sin\alpha\right] +$$
$$+ \frac{1}{2\sqrt{3}}\left[\cos\left(\alpha + \mu - \frac{2\pi}{3}\right) - \cos\left(\alpha + \frac{2\pi}{3}\right)\right],$$

welche man durch eine elementare Zwischenrechnung in

$$\frac{I}{I_{0K}} = \frac{1}{2}\left[\cos\left(\alpha + \frac{\pi}{6}\right) - \cos\left(\alpha + \mu - \frac{\pi}{6}\right)\right] \tag{9/33}$$

überführen kann. Indem man die beiden vorstehenden Gleichungen addiert, erhält man die Kennliniengleichung für konstanten Steuerwinkel α

$$\frac{U}{U_{00}} = \frac{1}{\sqrt{3}}\left[\cos\left(\alpha + \frac{\pi}{6}\right) - \frac{I}{I_{0k}}\right], \tag{9/34}$$

die für $\alpha = -30°$ in Gl. (9/19) übergeht, welche den ungesteuerten Gleichrichterbetrieb beschreibt. Subtrahiert man (9/33) von (9/32), so findet man für den Löschwinkel $(\alpha + \mu)$ die Parametergleichung:

$$\frac{U}{U_{00}} = \frac{1}{\sqrt{3}}\left[\cos\left(\alpha + \mu - \frac{\pi}{6}\right) + \frac{I}{I_{0k}}\right]. \tag{9/35}$$

Jede dieser Gleichungen beschreibt eine Geradenschar, die den Betrieb bei mehrfacher Kommutierung kennzeichnet und in Abb. 9/16 eingetragen ist.

In Abb. 9/15 ist das Leitschema für den Gittersteuerwinkel $\alpha = 30°$ dargestellt. Zum leichteren Verständnis sind auch die wichtigsten Grenzfälle (Leerlauf, Kurzschluß, Wechselrichtergrenze) markiert.

Abschließend sei noch auf die Betriebsverhältnisse im *Kurzschluß* eingegangen. Ausgehend vom ungesteuerten Gleichrichter, dessen Zündung im Nulldurchgang der Phasenspannungen erfolgt (vgl. Abb. 9/9), ist in Abb. 9/17 die Leitdauer β in Abhängigkeit vom Zündwinkel α dargestellt und in Gebiete einfacher ($m = 1$) und mehrfacher ($m = 2, 3$) Stromführung unterteilt. Der Ventilstrom ist bei $m = 1$ infolge der großen Glättungsdrossel zeitlich konstant, bei $m = 2$ durch den Kurzschlußstrom zweier Phasen $E\sqrt{6}/2\,X_c$ und bei $m = 3$ durch den dreiphasigen Kurzschlußstrom $E\sqrt{2}/X_c$ bestimmt. Mittels des Leitschemas kann man nun sehr leicht den zeitlichen Verlauf der Ventilströme (Teilbild c) ermitteln. Trotz der verschiedenartigen Form ergeben die 3 Ventilströme jeweils einen vollkommen konstanten Gleichstrom $\bar{I}_K$. Da dessen Größe in Abhängigkeit vom Steuerwinkel α wissenswert ist, so ist $\bar{I}_K$ in Abb. 9/18 dargestellt. Die Kennlinie setzt sich aus 2 Teilen zusammen. Für $30° > \alpha > 90°$ ist der Scheitelwert eines Ventilstromes gleich dem Kurzschlußstrom. Für kleinere Winkelwerte bilden jeweils 3 Ventilströme den Kurzschlußstrom. Dabei ist zu beachten, daß beim Dreipulsstromrichter mit großer Kathodendrossel diese Kurzschlußverhältnisse

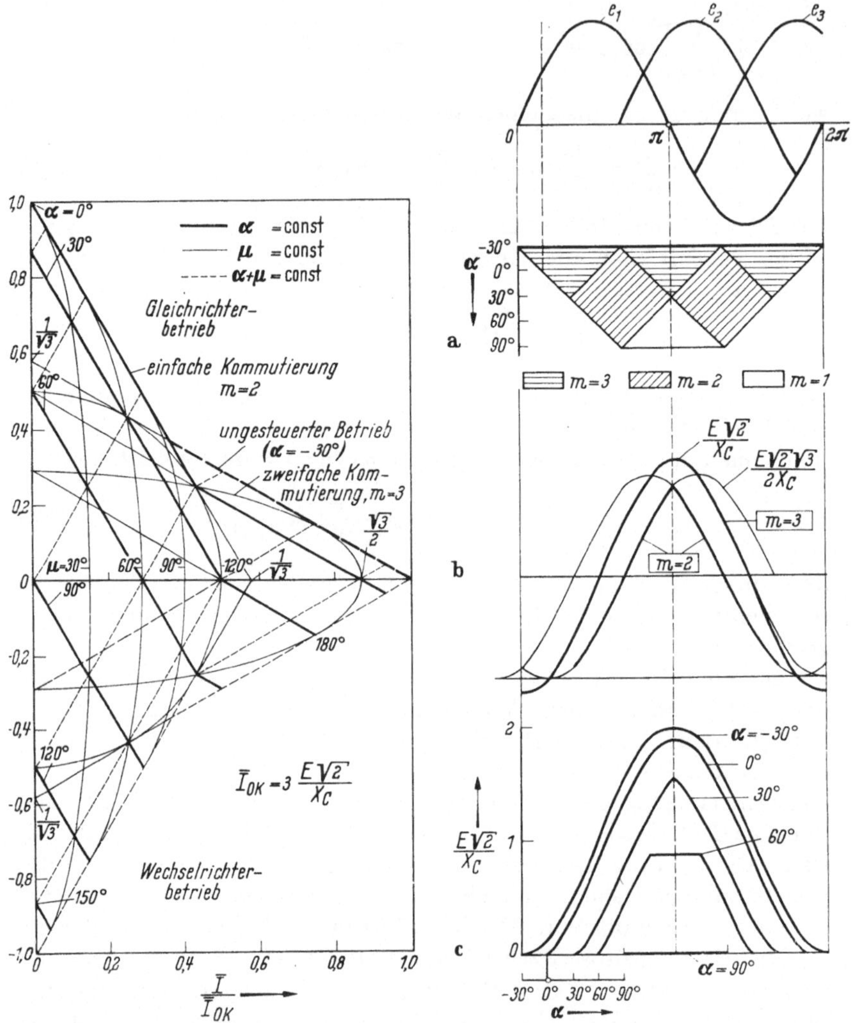

Abb. 9/16. Betriebsdiagramm eines Dreipulsstromrichters mit großer Kathodendrossel

Abb. 9/17. Der gittergesteuerte Dreipulsstromrichter im Kurzschluß (bei großer Kathodendrossel)
a) Leitschema; b) Kurzschlußströme; c) Ventilströme

ganz allgemeine Gültigkeit besitzen, unabhängig davon, ob die strombegrenzenden Reaktanzen sekundär oder primär oder im Wechselstromnetz angeordnet sind.

b) Steuerdrosseln

Beschränkt man sich auf die praktisch wichtigste Schaltungsvariante, nämlich die Anordnung der Steuerdrosseln auf der Sekundärseite (Abb. 9/19), so erhält man für den Fall $x = \infty$ ein Betriebsdiagramm, das im Gleichrichterbereich wiederum mit dem der Gittersteuerung

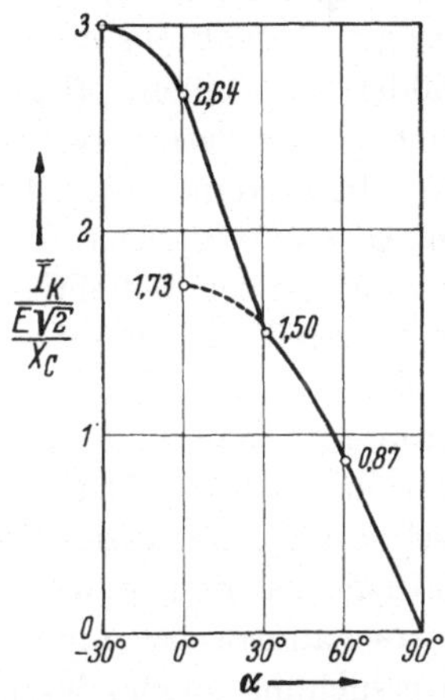

Abb. 9/18. Kurzschlußstromstärke $\overline{I}_K$ bezogen auf den Scheitelwert des Transformator-Kurzschlußstromes $E\sqrt{2}/X_C$ bei verschiedenen Zündwinkeln α. (Der Zündwinkel $\alpha = 30°$ kennzeichnet den ungesteuerten Gleichrichter)

Abb. 9/19. Dreipulsstromrichter mit Steuerdrosseln

identisch ist. Da für eine Rückmagnetisierung nicht genügend Zeit vorhanden wäre, entfällt wieder, wie bei der Zweipulsschaltung, die Möglichkeit eines Wechselrichterbetriebes.

IV. Stromrichtertransformatoren

10. Allgemeines über unsymmetrisch belastete Drosseln und Transformatoren

An dieser Stelle soll die Betrachtung der Schaltungen unterbrochen werden, um eine Frage eingehend zu untersuchen, die bisher aus mehreren Gründen zurückgestellt wurde — die Frage der *magnetischen Verkettungen.*

Die Theorie der magnetisch verketteten Kreise wurde historisch zuerst für den Einphasentransformator entwickelt und sodann für den symmetrischen Betrieb auf den mehrphasigen Transformator und die mehrphasige Drossel übertragen. Dieser symmetrische Betrieb ist sehr einfach zu übersehen und ermöglicht eine Reduktion des Berechnungsverfahrens auf die Vorgänge in nur einer Phase. In vielen Fällen (so z. B. bei einphasiger Last und bei fast allen Störungen, d. h. Kurzschlüssen zwischen einem Teil der Phasenleiter untereinander oder gegen den Nullpunkt) treten jedoch unsymmetrische Belastungen auf, die je nach der magnetischen und elektrischen Kopplung, d. h. je nach Kernbauart und Schaltung, zu verschiedenen Stromverteilungen führen. Um solche Netzverhältnisse ebenfalls mittels eines einphasigen Verfahrens berechnen oder in einem einphasigen Netzmodell abbilden zu können, pflegt man die Ströme derartiger unsymmetrisch belasteter Drehstromsysteme in ihre symmetrische Komponenten, d. h. ein „Mitsystem", ein „Gegensystem" und ein „Nullsystem" zu zerlegen. Dieses Verfahren, das sich in der elektrischen Energieübertragungstechnik großer Beliebtheit erfreut, besitzt indessen einen unbequemen Nachteil: die Ersatzschaltbilder der symmetrischen Komponenten sind nicht allgemeingültig, sie gelten vielmehr immer nur für einen bestimmten Schaltzustand des zu untersuchenden Netzes. Dieser Nachteil ist wohl auch der Grund, weshalb dieses Berechnungsverfahren bei den schon im ungestörten Betrieb grundsätzlich unsymmetrisch belasteten Transformatoren, nämlich den Stromrichtertransformatoren, bisher nur ausnahmsweise angewandt wurde. Im folgenden soll daher für die Untersuchung allgemeingültiger Zusammenhänge in Stromrichterschaltungen das klassische Verfahren zur Beschreibung magnetisch verketteter Kreise benützt werden.

Stromrichtertransformatoren, deren Sekundärwicklung in einer einfachen Sternschaltung ausgeführt ist, wobei der Gleichstrom als Nullleiterstrom dem Sternpunkt zugeführt wird, müssen zweifellos als unsymmetrisch belastet bezeichnet werden. (In der älteren Stromrichterliteratur findet man auch die Bezeichnung „unhomogene" Belastung.) Anders verhält es sich mit den Stromrichtertransformatoren, deren Sekundärwicklung eine kompliziertere Schaltung (Zickzackschaltung oder Gabelschaltung) besitzt oder den Transformatoren für die Brückenschaltungen, die praktisch als symmetrisch belastet zu betrachten sind.

Mit diesen Vorbemerkungen ist der im folgenden zu betrachtende Fragenkreis angedeutet. Um beim Einfachen zu beginnen, sollen zuerst die verketteten Drosseln behandelt werden.

10.1 Unsymmetrisch belastete Drosseln

a) Der magnetische Kreis

Für die Beschreibung magnetischer Kreise pflegt man formal durchaus ähnlich wie bei elektrischen Kreisen vorzugehen. Man berechnet z. B. analog zum Ohmschen Gesetz, durch das Hopkinsonsche Gesetz

$$\Pi = \Phi R_m \tag{10/1}$$

den magnetischen Fluß Φ aus der magnetischen Spannung Π und dem magnetischen Widerstand R_m. Für jeden Knotenpunkt der magnetischen Kreise gilt (entsprechend dem 1. Kirchhoffschen Gesetz)

$$\Sigma \Phi = 0 \qquad (10/2)$$

und für alle Maschen gilt (entsprechend dem 2. Kirchhoffschen Gesetz)

$$\Sigma \Pi = \Theta\,, \qquad (10/3)$$

wobei Θ als magneto-motorische Kraft oder Durchflutung bezeichnet wird, deren Größe durch die Amperewindungen iw, welche die Fläche einer betrachteten Masche des magnetischen Kreises durchstoßen

$$\Theta = \Sigma iw \qquad (10/4)$$

bestimmt ist, womit auch bereits die Verbindung mit dem elektrischen Kreis hergestellt ist. Indem man (10/4) in (10/1) einführt, schreibt man diese Gleichung gewöhnlich

$$\Sigma \Phi\, R_m = \Sigma iw\,. \qquad (10/5)$$

Der magnetische Widerstand wird analog zum elektrischen Widerstand durch

$$R_m = \frac{l}{\mu F} \qquad (10/6)$$

definiert, wobei μ die absolute Permeabilität ($\mu_0 = 1{,}257 \cdot 10^{-8} \left[\frac{\Omega\mathrm{s}}{\mathrm{cm}}\right]$ Permeabilität des leeren Raumes), l [cm] die Länge des vom magnetischen Fluß durchströmten Raumes und F [cm^2] dessen Querschnitt bezeichnet. Die drei Kenngrößen der magnetischen Kreise haben demnach die Dimensionen: Φ [Vs], Π [A] und $R_m \left[\frac{1}{\Omega\mathrm{s}}\right]$. Bei der Behandlung konkreter Fälle ist zu bedenken, daß in einem magnetischen Kreis der magnetische Widerstand des Eisenkernes praktisch gegen den Widerstand von Luft weitgehend vernachlässigt werden kann. R_m wird daher im wesentlichen durch die Luftspalte bestimmt. Bei den üblichen Flußdichten $\Phi/F \gtrless 10^{-4} \left[\frac{\mathrm{Vs}}{\mathrm{cm}^2}\right]$ kann man die Permeabilität μ von Eisen etwa 2000mal derjenigen von Luft setzen. Daraus folgt, daß ein Luftspalt von 1 mm den gleichen magnetischen Widerstand besitzt wie ein Eisenkern von 2 m Länge (gleichen Querschnitt vorausgesetzt).

Eine weitere Verbindung zwischen magnetischen und elektrischen Kreisen stellt das Faradaysche Induktionsgesetz dar

$$e = -w \frac{d\Phi}{dt}\,, \qquad (10/7)$$

welches die in einer Spule mit w Windungen induzierte EMK e mit der zeitlichen Änderung des magnetischen Flusses Φ verknüpft. Im folgenden wird aber stets der induktive *Spannungsabfall* der Spule betrachtet und daher

$$u = w \frac{d\Phi}{dt}$$

geschrieben. Da jedoch für magnetische Kreise $\Sigma \Phi = 0$ gilt, so folgt daraus

$$\Sigma u = w \frac{d}{dt} \Sigma \Phi = 0\,, \qquad (10/8)$$

wonach auch die Summe der Wechselspannungen eines magnetischen Kreises Null sein muß.

Auch hier sind noch andere Schreibweisen gebräuchlich, wobei man z. B.

$$w \Phi = \Psi$$

als Flußverkettung bezeichnet und damit das Induktionsgesetz

$$u = \frac{d\Psi}{dt} \tag{10/9}$$

schreibt, oder indem man

$$\Psi = L\,i$$

setzt, wobei L die Selbstinduktion der Wicklung bedeutet, und damit

$$u = L\frac{di}{dt} \tag{10/10}$$

erhält.

Berücksichtigt man noch (10/5), so ergibt sich für die Selbstinduktion

$$L = \frac{\Psi}{i} = \frac{w\Phi}{i} = \frac{w^2}{R_m} \quad [\Omega\,\mathrm{s}]\,. \tag{10/11}$$

Mit Hilfe dieser Gesetzmäßigkeiten sollen nun die magnetisch verketteten Kreise untersucht werden, wobei zuerst vollständige magnetische Verkettung (keine Streuung) vorausgesetzt wird.

b) Ideale Verkettungen (W. Schilling, 1938)

Obwohl elektrische und magnetische Kreise eine weitgehende Analogie zeigen, so besteht doch zwischen ihnen ein bemerkenswerter Unterschied. Die elektrischen Leiter besitzen nämlich gegenüber den elektrischen Isolatoren einen Leitfähigkeitsunterschied von etwa 10^{20}. Die magnetischen Leiter (z. B. ferromagnetischen Materialien) unterscheiden sich dagegen im Leitvermögen von den magnetischen Isolatoren (z. B. Luft) nur etwa um den Faktor 10^2 bis 10^4. Dazu kommt, daß der magnetische Kreis in der Regel aus einzelnen Blechen aufgebaut wird, wodurch kleine Luftspalte entstehen und die magnetische Leitfähigkeit des Eisenkernes noch weiter vermindert wird. Ein Teil des magnetischen Flusses verläuft deshalb außerhalb des Eisenkernes und schließt sich durch die Luft als sogenannter Streufluß.

Um indessen unsere Betrachtung möglichst übersichtlich zu halten, sollen zuerst alle nebensächlichen Einflüsse, wie die Streuung in den magnetischen und die Ohmschen Widerstände in den elektrischen Kreisen, vernachlässigt werden. Die von den Wicklungen erzeugten magnetischen Flüsse sollen demnach alle verketteten Wicklungen vollständig durchdringen. Unter diesen Voraussetzungen sollen nun die Verkettungen mehrphasiger elektrischer Kreise behandelt werden, deren p speisende Spannungsquellen ein symmetrisches System mit

$$\sum_{i=1}^{p} e_i = 0 \tag{10/12}$$

bilden. Im folgenden wird bei allgemeiner Schreibweise den elektrischen Zweigen der laufende Indexbuchstabe i und den magnetischen Zweigen (den Schenkeln der Kerntransformatoren) der Indexbuchstabe k zugeordnet.

Zweiphasige Drosseln. Beginnt man mit zweiphasigen Systemen, so können für eine Drossel mit Gegenkopplung (die Flüsse sind entgegengerichtet!) an Hand von Abb. 10/1a gemäß (10/2) und (10/3) folgende Gleichungen angeschrieben werden:

$$\Phi_1 + \Phi_2 = 0\,, \tag{10/13}$$

$$(\Phi_1 - \Phi_2)\, R_m = (i_1 - i_2)\, w\,, \tag{10/14}$$

wobei R_m den magnetischen Widerstand je Schenkel und w die Windungszahl einer Wicklung bedeuten. Aus obigen Gleichungen findet man

$$\Phi_1 = \frac{i_1 - i_2}{2} \frac{w}{R_m}\,, \tag{10/15}$$

$$\Phi_2 = \frac{i_2 - i_1}{2} \frac{w}{R_m}\,. \tag{10/16}$$

Zu diesen Flüssen gehören die Spannungen

$$u_1 = w\frac{d\Phi_1}{dt} = \frac{w^2}{R_m}\frac{d}{dt}\left(i_1 - \frac{1}{2}\sum_1^2 i_i\right) = L\frac{di_1}{dt} + M\frac{di_2}{dt} =$$

$$= (L - M)\frac{di_1}{dt} + M\frac{d}{dt}(i_1 + i_2)\,, \tag{10/17}$$

$$u_2 = w\frac{d\Phi_2}{dt} = \frac{w^2}{R_m}\frac{d}{dt}\left(i_2 - \frac{1}{2}\sum_1^2 i_i\right) = L\frac{di_2}{dt} + M\frac{di_1}{dt}$$

$$= (L - M)\frac{di_2}{dt} + M\frac{d}{dt}(i_1 + i_2)\,, \tag{10/18}$$

wobei

$$L = w^2/2\,R_m \tag{10/19}$$

als Selbstinduktivität und

$$M = -\,w^2/2\,R_m \tag{10/20}$$

als gegenseitige Induktivität bezeichnet werden.

Diese Beziehungen kann man auch unmittelbar anschreiben, wenn man bedenkt, daß bei *einseitiger* Erregung $i_1 w$ den Fluß Φ_1 durch beide Schenkel treiben muß:

$$L = \frac{w}{i_1}\,\Phi_1 = \frac{w}{i_1}\cdot\frac{w\,i_1}{2\,R_m} = \frac{w^2}{2\,R_m}\,.$$

Analog findet man für

$$M = -\frac{w}{i_2}\,\Phi_2 = -\frac{w}{i_2}\,\frac{w\,i_2}{2\,R_m} = -\frac{w^2}{2\,R_m}\,.$$

Das Verhältnis M/L pflegt man als Kopplungskoeffizient zu bezeichnen, welches im vorliegenden Falle (ideale Gegenkopplung) den Zahlenwert -1 besitzt. Setzt man zu Beginn einen *symmetrischen Schaltzustand* voraus, bei welchem alle Phasenschalter geschlossen sind, so ergibt sich

$$\sum_{1}^{2} i_{i_A} = i_{1_A} + i_{2_A} = 0\,,$$

wobei der Index A den allphasigen Anschluß kennzeichnet. Da aus Symmetriebedingungen der Nulleiter stromlos ist, so ist es belanglos, ob der Nulleiterschalter geschlossen ist. Für den symmetrischen Anschluß vereinfachen sich damit die Gln. (10/15) und (10/16) zu

$$\Phi_{1_A} = i_{1_A} \cdot \frac{w}{R_m}\,; \qquad \Phi_{2_A} = i_{2_A} \cdot \frac{w}{R_m}$$

und

$$\left.\begin{aligned} u_{1_A} &= w\frac{d\Phi_{1_A}}{dt} = \frac{w^2}{R_m}\frac{di_{1_A}}{dt} = L_A\frac{di_{1_A}}{dt} = e_1\,,\\ u_{2_A} &= w\frac{d\Phi_{2_A}}{dt} = \frac{w^2}{R_m}\frac{di_{2_A}}{dt} = L_A\frac{di_{2_A}}{dt} = e_2\,, \end{aligned}\right\} \qquad (10/21)$$

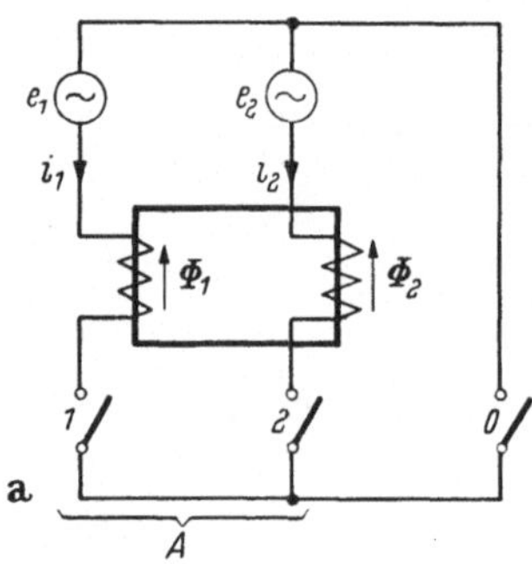

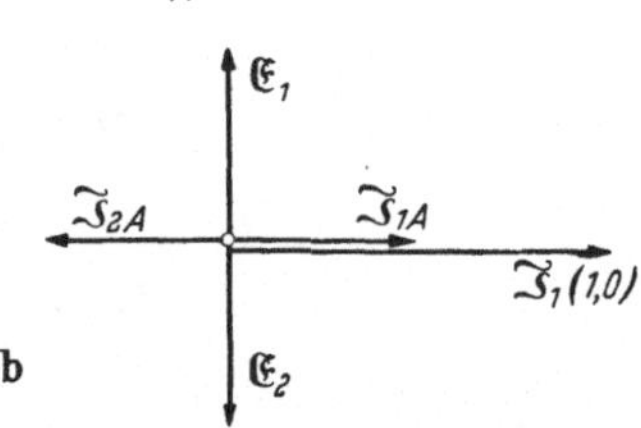

Abb. 10/1. Schaltbild (a) eines zweiphasigen, magnetisch verketteten Kreises (A Phasenschalter, O Sternpunktschalter) und Zeigerdiagramm (b)

wonach sowohl die Spannungen als auch die Ströme und Flüsse ein symmetrisches System bilden. Dabei kompensieren sich die magnetischen Beeinflussungen der beiden Zweige gegenseitig ($\sum i_{i_A} = 0$) und der Stromkreis verhält sich so als sei keine magnetische Verkettung vorhanden. Die Selbstinduktivität je Zweig hat die Größe

$$L_A = L - M = \frac{w^2}{R_m}\,. \qquad (10/22)$$

Setzt man für die Größen einen sinusförmigen Verlauf voraus, so kann man sie wie in Abb. 10/1 b durch Zeiger und obige Gleichungen mit $\omega L_A = X_A$

$$\mathfrak{J}_{1_A} = \frac{\mathfrak{E}_1}{jX_A} \qquad \mathfrak{J}_{2_A} = \frac{\mathfrak{E}_2}{jX_A} \qquad (10/23)$$

schreiben.

Mittels diesen, im folgenden als bekannt vorausgesetzten symmetrischen Größen, können nunmehr auch die *unsymmetrischen Schaltzustände* beschrieben werden, indem man jeweils gemäß des 2. KIRCHHOFF-Satzes die Summe aller EMK und Spannungsabfälle längs einer Masche bildet. Bezeichnet man die Spannung am Nulleiterschalter mit $u(0)$, so gelten die Gleichungen

$$\left.\begin{aligned} u(0) &= e_1 - X_A\frac{d}{d\vartheta}\Big(i_1 - \frac{1}{2}\sum i_i\Big)\,,\\ u(0) &= e_2 - X_A\frac{d}{d\vartheta}\Big(i_2 - \frac{1}{2}\sum i_i\Big)\,. \end{aligned}\right\} \qquad (10/24)$$

Nimmt man dann noch die Gleichung über Symmetrie der Speisespannungen $\sum e_i = 0$ und eine Gleichung für die Stromverzweigung hinzu, so können die gesuchten Drosselströme leicht ermittelt werden. Das Vorgehen soll nun an einem Beispiel erläutert werden. Der Schaltzustand wird dabei durch die Zahlenangaben der *geschlossenen* Schalter gekennzeichnet werden.

Schaltzustand (1,0).

Aus $i_2 = 0$ folgt

$$u(0) = e_1 - \frac{1}{2} X_A \frac{d i_1}{d \vartheta} = 0$$

und damit bereits das Ergebnis

$$\frac{d i_1}{d \vartheta} = \frac{2 e_1}{X_A}$$

bzw. in der Zeigerschreibweise

$$\mathfrak{J}_1 = 2 \frac{\mathfrak{E}_1}{j X_A} = 2 \mathfrak{J}_{1_A}. \tag{10/25}$$

Bei einseitigem Anschluß der verketteten Drossel ist der Phasenstrom i_1 doppelt so groß wie bei symmetrischem Anschluß. Man kann auch sagen, daß im vorliegenden Falle nur die Selbstinduktivität der Wicklung 1 wirksam ist, welche $L = L_A/2$ beträgt. In Abb. 10/1b ist der Stromzeiger zur eindeutigen Kennzeichnung mit $\mathfrak{J}_1\,(1,0)$ bezeichnet worden.

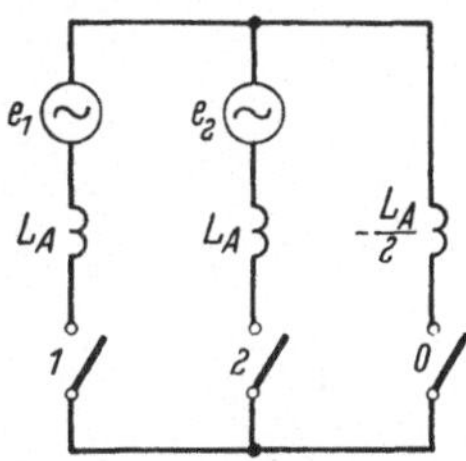

Abb. 10/2. Ersatzschaltbild einer zweiphasigen, verketteten Drossel

Die gewonnenen Ergebnisse können auch unmittelbar aus der Ersatzschaltung Abb. 10/2 abgelesen werden, welche in den Phasenzweigen die Induktivitäten L_A und im Nulleiter die Gegeninduktivität $M = -L_A/2$ besitzt.

Dreiphasige Drosseln. Aus Abb. 10/3a findet man

$$\Phi_1 + \Phi_2 + \Phi_3 = 0, \tag{10/26}$$

$$\left.\begin{aligned} (\Phi_1 - \Phi_2) R_M &= (i_1 - i_2) w, \\ (\Phi_1 - \Phi_3) R_M &= (i_1 - i_3) w. \end{aligned}\right\} \tag{10/27}$$

Addiert man die beiden letzten Gleichungen, so erhält man mit (10/26) $2\Phi_1 - \Phi_2 - \Phi_3 = 3\Phi_1$, und damit für die Flüsse

$$\Phi_k = \frac{2 i_1 - i_2 - i_3}{3} \frac{w}{R_m} = \left(i_k - \frac{1}{3}\sum_1^3 i_i\right) \frac{w}{R_m} \tag{10/28}$$

als die allgemeinen Gleichungen für einen dreiphasigen, magnetisch verketteten Kreis. Flußänderungen bewirken die Spannungen [vgl. (10/17)]

$$u_k = w \frac{d\Phi_k}{dt} = \frac{w^2}{R_m} \frac{d}{dt}\left(i_k - \frac{1}{3}\sum_{i=1}^3 i_1\right) = (L - M) \frac{d i_k}{dt} + M \frac{d}{dt}\sum_{i=1}^3 i_i, \tag{10/29}$$

wobei k für 1,2,3 steht und den k-ten Schenkel kennzeichnet. Durch Koeffizientenvergleich erhält man $M = -w^2/3\ R_m$ und $L = 2w^2/3\ R_m$.

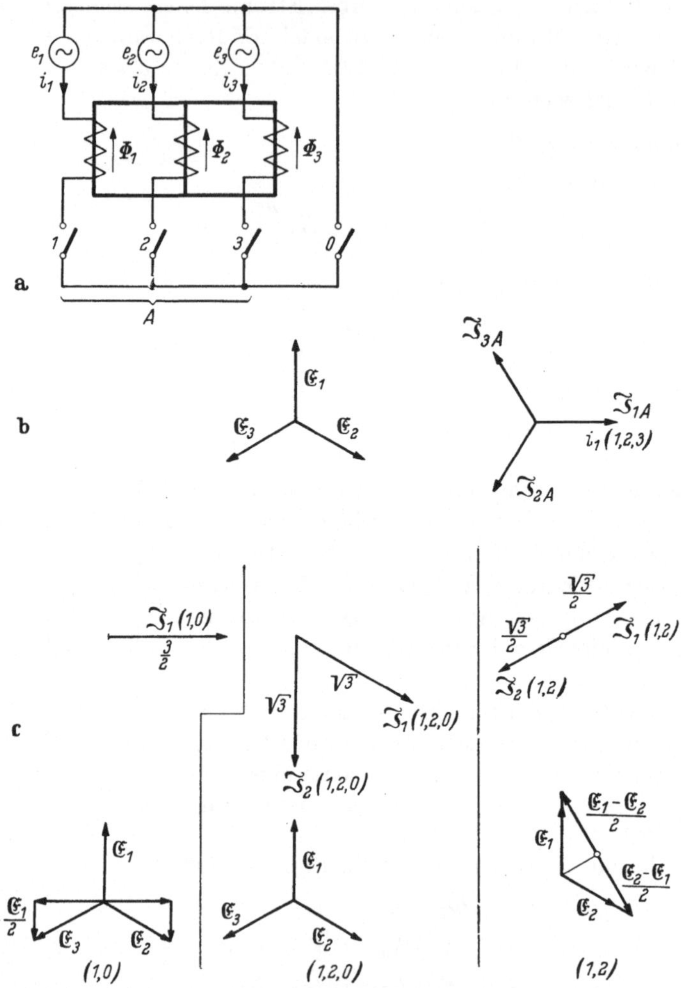

Abb. 10/3. Schaltbild eines dreiphasigen, magnetisch verketteten Kreises und Zeigerdiagramme (c) für verschiedene Schaltzustände

Bei *symmetrischem* Anschluß (Index A) gelten in allgemeiner Schreibweise die Gleichungen:

$$\sum_{i=1}^{3} i_{i_A} = 0 \qquad (10/30)$$

und

$$\Phi_{k_A} = i_{k_A} w/R_m ,$$

$$u_{k_A} = w \frac{d\Phi_{k_A}}{dt} = \frac{w^2}{R_m} \frac{di_{k_A}}{dt} = L_A\, di_{k_A}/dt = e_k . \qquad (10/31)$$

Für sinusförmigen Verlauf können diese Größen ebenfalls durch Zeiger dargestellt (Abb. 10/3b) und die Ströme

$$\mathfrak{J}_{k_A} = \frac{\mathfrak{E}_k}{j X_A} \tag{10/32}$$

geschrieben werden.

Mit diesen symmetrischen Kenngrößen kann nun wieder die Stromverteilung bei unsymmetrischen Schaltzuständen dadurch bestimmt werden, daß man die Symmetrie der Speisespannungen ($\Sigma e_i = 0$) voraussetzt und die beiden KIRCHHOFF-Sätze anwendet. Im folgenden sollen einige unsymmetrische Schaltzustände dreiphasiger Drosseln untersucht werden:

Schaltzustand (1,0). (Schalter 1 und 0 geschlossen, 2 und 3 offen.) Aus

$$i_2 = i_3 = 0$$

folgt

$$u(0) = 0 = e_1 - \frac{2}{3} X_A \frac{di_1}{d\vartheta},$$

und damit für den Phasenstrom i_1

$$\frac{di_1}{d\vartheta} = \frac{3}{2} \frac{e_1}{X_A} \quad \text{bzw.} \quad \mathfrak{J}_1(1,0) = \frac{3}{2} \mathfrak{J}_{1_A} \tag{10/33}$$

bzw. für die Selbstinduktivität einer Wicklung mit dreischenkligem Kern: $L = \frac{2}{3} L_A$.

Schaltzustand (1,2,0).

Mit $i_3 = 0$ ergibt sich

$$u(0) = 0 = e_1 - \frac{2}{3} X_A \frac{di_1}{d\vartheta} + \frac{1}{3} X_A \frac{di_2}{d\vartheta},$$

$$0 = e_2 + \frac{1}{3} X_A \frac{di_1}{d\vartheta} - \frac{2}{3} X_A \frac{di_2}{d\vartheta}.$$

Subtrahiert man diese beiden Spannungsgleichungen, so erhält man

$$e_1 - e_2 = X_A \left(\frac{di_1}{d\vartheta} - \frac{di_2}{d\vartheta}\right),$$

und addiert man, so folgt

$$3(e_1 + e_2) = X_A \left(\frac{di_1}{d\vartheta} + \frac{di_2}{d\vartheta}\right).$$

Aus diesen beiden Gleichungen liest man bereits das Resultat ab $\left(4 e_1 + 2 e_2 = 2 X_A \frac{di_1}{d\vartheta}\right)$ oder

$$\frac{di_1}{d\vartheta} = \frac{2 e_1 + e_2}{X_A}$$

bzw.

$$\mathfrak{J}_1(1,2,0) = 2 \mathfrak{J}_{1_A} + \mathfrak{J}_{2_A} = \sqrt{3}\, \mathfrak{J}_{1_A} e^{-j 30°}. \tag{10/34}$$

Die Flüsse der beiden stromführenden Schenkel schließen sich über den dritten, stromlosen Schenkel.

Schaltzustand (1,3,0).

Analog zu (1,2,0) erhält man

$$\mathfrak{J}_1(1,3,0) = 2\,\mathfrak{J}_{1_A} + \mathfrak{J}_{3_A} = \sqrt{3}\,\mathfrak{J}_{1_A}\,e^{j30^\circ} \tag{10/35}$$

Schaltzustand (1,2).

Für die Ströme gilt

$$i_1 = -i_2; \qquad i_3 = 0$$

und für die Spannungen:

$$u(0) = e_1 - X_A \frac{di_1}{d\vartheta} = e_2 + X_A \frac{di_1}{d\vartheta},$$

woraus

$$\frac{di_1}{d\vartheta} = \frac{e_1 - e_2}{2\,X_A} \quad \text{bzw.} \quad \mathfrak{J}_1(1,2) = \frac{1}{2}(\mathfrak{J}_{1_A} - \mathfrak{J}_{2_A}) \tag{10/36}$$

folgt. Das Ergebnis ist sofort verständlich, wenn man bedenkt, daß die beiden Ströme entgegengesetzt gleich sind. Im dritten Schenkel ergänzen sich die Flüsse zu Null, weshalb dieselben AW erforderlich sind wie bei allphasigem Anschluß. In Abb. 10/3c sind die Zeiger für die unsymmetrischen Schaltzustände graphisch dargestellt. Obschon die einzelnen Diagramme keiner Erläuterung bedürfen, sei noch kurz die Länge der Zeiger in einigen Fällen ermittelt.

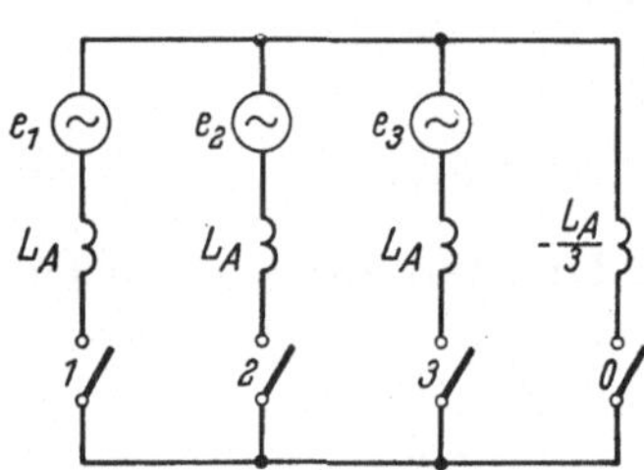

Abb. 10/4. Ersatzschaltbild einer dreiphasigen, verketteten Drossel

Mit

$$\mathfrak{J}_{2_A} = \mathfrak{J}_{1_A}\,e^{-j2\pi/3} = -\frac{1}{2}\,\mathfrak{J}_{1_A}\left(1 + j\sqrt{3}\right)$$

kann man die Zeiger nur durch $\mathfrak{J}_{1_A}$ ausdrücken:

$$\mathfrak{J}_1(1,2,0) = 2\,\mathfrak{J}_{1_A} + \mathfrak{J}_{2_A} = \mathfrak{J}_{1_A}\left(\frac{3}{2} - j\frac{\sqrt{3}}{2}\right), \tag{10/37}$$

$$\mathfrak{J}_1(1,2) = \frac{1}{2}(\mathfrak{J}_{1_A} - \mathfrak{J}_{2_A}) = \mathfrak{J}_{1_A}\left(\frac{3}{4} + j\frac{\sqrt{3}}{4}\right), \tag{10/38}$$

woraus sofort deren Länge folgt

$$|\mathfrak{J}_1(1,2,0)| = \mathfrak{J}_{1_A}\sqrt{3}, \tag{10/37a}$$

$$|\mathfrak{J}_1(1,2)| = \mathfrak{J}_{1_A}\frac{\sqrt{3}}{2}. \tag{10/38a}$$

Abschließend zeigt Abb. 10/4 die Ersatzschaltung der dreiphasigen Drossel.

Sechsphasige Drosseln. In Abb. 10/5 ist das Schaltbild eines *sechsphasigen*, magnetisch mittels eines dreischenkligen Kernes *verketteten Kreises* dargestellt. Damit sind jedem magnetischen Zweig zwei Wicklungen zugeordnet; die Indizes müssen nunmehr sorgfältig beachtet werden. Für die Berechnung der Ströme können die Gleichungen des

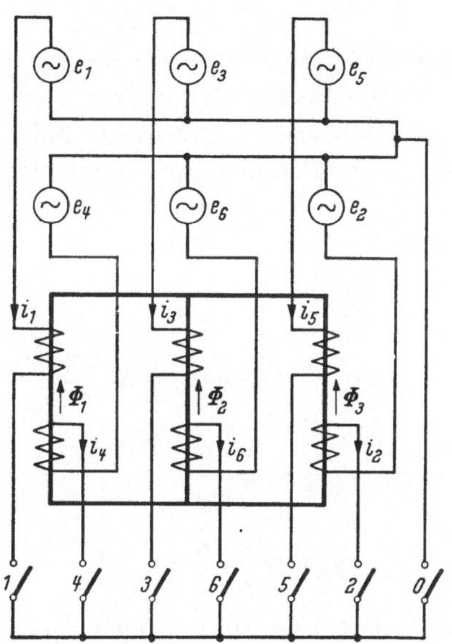

Abb. 10/5. Sechsphasiger, magnetisch verketteter Kreis

dreiphasigen Kreises verwendet werden, wenn man nur berücksichtigt, daß $\Delta i_1 = i_1 - i_4$ an Stelle von i_1 usw. zu setzen ist. Man erhält:

$$\Phi_k = \frac{w}{R_m}\left[\Delta i_k - \frac{1}{3}\sum_1^3 \Delta i_k\right] \tag{10/39}$$

und

$$u_k = \frac{w^2}{R_m}\frac{d}{dt}\left[\Delta i_k - \frac{1}{3}\sum_1^3 \Delta i_k\right]. \tag{10/40}$$

Bei *allphasigem symmetrischem Anschluß* [Schaltzustand (1,2,3,4,5,6) und $\sum_1^3 \Delta i_k = 0$] ergeben sich mit $X_A = \omega w^2/R_m$ aus $\mathfrak{E}_1 = j X_A (\mathfrak{J}_{1_A} - \mathfrak{J}_{4_A})$ bzw. $\mathfrak{E}_4 = -\mathfrak{E}_1 = j X_A (\mathfrak{J}_{4_A} - \mathfrak{J}_{1_A})$ usw. die Gleichungen $\mathfrak{J}_{1_A} = -\mathfrak{J}_{4_A}$ usw. Wegen $\Delta i_{k_A} = 2\, i_{k_A}$ folgt $u_k = \frac{w^2}{R_m} \cdot 2 \frac{d i_k}{d\vartheta} = 2 X_A \frac{d i_k}{d\vartheta}$ und damit die Ströme

$$\mathfrak{J}_{1_A} = \frac{\mathfrak{E}_1}{2 j X_A}, \tag{10/41}$$

mit deren Hilfe anschließend wieder einige unsymmetrische Schaltzustände berechnet werden sollen; vorerst soll jedoch noch der *dreiphasige symmetrische Anschluß* betrachtet werden, der durch den Index K gekennzeichnet wird. In diesem Falle erhält man die gleiche Beziehung, die sich für die dreiphasige Drossel bei allphasigem Anschluß ergab:

$$\mathfrak{J}_{k_K} = \frac{\mathfrak{E}_k}{j X_A} = 2\,\mathfrak{J}_{k_A}\,. \tag{10/42}$$

Bei dreiphasigem Anschluß ist der Phasenstrom doppelt so groß wie bei sechsphasigem Anschluß. Da der Magnetkern stets in gleicher Weise erregt werden muß, so ist dieses Ergebnis als Folge der erforderlichen AW-Zahl sehr plausibel. Im Hinblick auf die praktische Bedeutung, die diesem dreiphasigen Anschluß zukommt, werden im folgenden beide Ströme ($\mathfrak{J}_{k_K}$ und $\mathfrak{J}_{k_A}$) verwendet werden.

Schaltzustand (1,0).

Aus

$$u(0) = 0 = e_1 - \frac{2}{3} X_A \frac{d i_1}{d\vartheta}$$

folgt

$$\frac{d i_1}{d\vartheta} = \frac{3}{2}\,\frac{e_1}{X_A}$$

bzw.

$$\mathfrak{J}_1(1,0) = \frac{3}{2}\,\mathfrak{J}_{1K} \tag{10/43}$$

die gleiche Beziehung wie bei der dreiphasigen Drossel.

Schaltzustand (1,6,0).

$$i_2 = i_3 = i_4 = i_5 = 0\,.$$

Aus

$$u(0) = 0 = e_1 - X_A \frac{d}{d\vartheta}\left[i_1 - \frac{1}{3}(i_1 - i_6)\right]$$

und

$$u(0) = 0 = e_6 - X_A \frac{d}{d\vartheta}\left[i_6 - \frac{1}{3}(i_6 - i_1)\right]$$

folgt durch Addition und Subtraktion

$$e_1 + e_6 = e_1 - e_3 = X_A \frac{d}{d\vartheta}(i_1 + i_6)\,,$$

$$e_1 - e_6 = e_1 + e_3 = \frac{1}{3} X_A \frac{d}{d\vartheta}(i_1 - i_6)\,,$$

woraus [analog zu dem Schaltzustand (1,2,0) der dreiphasigen Drossel]

$$\frac{d i_1}{d\vartheta} = \frac{2\,e_1 + e_3}{X_A} \quad \text{bzw.} \quad \mathfrak{J}_1(1,6,0) = 2\,\mathfrak{J}_{1K} + \mathfrak{J}_{3K} = 4\,\mathfrak{J}_{1A} + 2\,\mathfrak{J}_{3A} \tag{10/44}$$

folgt.

Schaltzustand (1,6).

Die Stromgleichung

$$i_1 + i_6 = 0$$

und die Spannungsgleichung

$$e_1 - X_A \frac{d}{d\vartheta}\left[i_1 - \frac{1}{3}(i_1 - i_6)\right] = e_6 - X_A \frac{d}{d\vartheta}\left[i_6 - \frac{1}{3}(i_6 - i_1)\right]$$

liefern

$$\left.\begin{aligned} \frac{di_1}{d\vartheta} &= \frac{3}{2}\frac{e_1 - e_6}{X_A} \\ \text{bzw.}\qquad \mathfrak{J}_1(1,6) &= -\frac{3}{2}\mathfrak{J}_{5K}, \end{aligned}\right\} \qquad (10/45)$$

d. h. eine Reaktanz von $X = \frac{1}{3} X_A$ je Phase.

Schaltzustand (1,4).

Ausgehend von

$$i_1 + i_4 = 0$$

und

$$e_1 = -e_4$$

findet man

$$\frac{di_1}{d\vartheta} = \frac{3}{8}\frac{e_1 - e_4}{X_A} \quad \text{bzw.} \quad \mathfrak{J}_1(1,4) = \frac{3}{4}\mathfrak{J}_{1K} = \frac{3}{2}\mathfrak{J}_{1A} \qquad (10/46)$$

und eine Reaktanz von $X = \frac{4}{3} X_A$ je Phase.

Schaltzustand (1,3).

Dieser Schaltzustand ist gleichwertig mit dem Schaltzustand (1,2) der dreiphasigen Drossel und daher durch

$$X = X_A \qquad (10/47)$$

gekennzeichnet.

Schaltzustand (1,2).

Dieser Schaltzustand ergibt die gleiche Flußverteilung wie der Schaltzustand (1,6), d. h. eine Reaktanz

$$X = \frac{1}{3} X_A. \qquad (10/48)$$

Schaltzustand (1,2,3).

Die Stromgleichung lautet:

$$i_1 + i_2 + i_3 = 0.$$

Mit

$$i_5 = -i_2 \quad \text{und} \quad e_5 = -e_2$$

folgen die Spannungsgleichungen

$$e_1 - e_3 = X_A \frac{d}{d\vartheta}(i_1 - i_3),$$

$$e_1 + e_2 = X_A \frac{d}{d\vartheta}(i_1 + i_2),$$

$$e_3 + e_2 = X_A \frac{d}{d\vartheta}(i_3 + i_2).$$

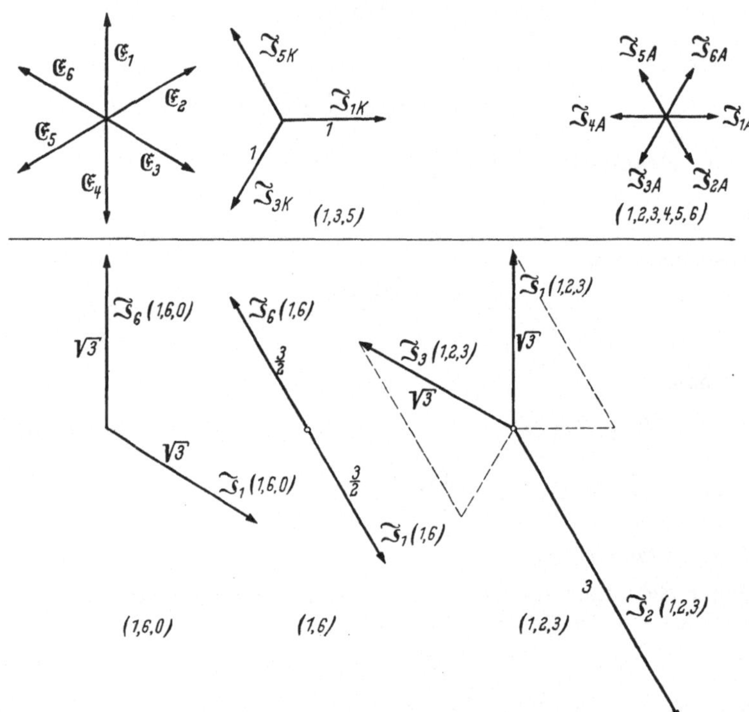

Abb. 10/6. Sechsphasiger, magnetisch verketteter Kreis: Zeigerdiagramme für symmetrische und unsymmetrische Schaltzustände

Aus diesen Gleichungen erhält man mit $e_1 + e_3 - e_2 = 0$

$$\left.\begin{aligned} \frac{d i_2}{d\vartheta} &= 3\,\frac{e_2}{X_A} &&\text{bzw.}\quad \mathfrak{J}_2(1,2,3) = -3\,\mathfrak{J}_{5K},\\ \frac{d i_1}{d\vartheta} &= \frac{e_1 - 2\,e_2}{X_A} &&\text{bzw.}\quad \mathfrak{J}_1(1,2,3) = \mathfrak{J}_{1K} + 2\,\mathfrak{J}_{5K},\\ \frac{d i_3}{d\vartheta} &= \frac{e_3 - 2\,e_2}{X_A} &&\text{bzw.}\quad \mathfrak{J}_3(1,2,3) = \mathfrak{J}_{3K} + 2\,\mathfrak{J}_{5K}. \end{aligned}\right\} \qquad (10/49)$$

Die Zeigerdiagramme in Abb. 10/6 geben das Ergebnis der vorstehenden Rechnungen anschaulich wieder und sind ohne weiteres verständlich.

Sie sollen lediglich durch die Bestimmung der Absolutwerte der Zeigerlängen ergänzt werden.

Mit

$$\mathfrak{J}_{3K} = \mathfrak{J}_{1K}\, e^{-j2\pi/3} = -\frac{1}{2}\mathfrak{J}_{1K}(1 + j\sqrt{3})$$

und

$$\mathfrak{J}_{5K} = \mathfrak{J}_{1K}\, e^{j2\pi/3} = \frac{1}{2}\mathfrak{J}_{1K}(-1 + j\sqrt{3})$$

kann man die Stromzeiger

$$\mathfrak{J}_1(1,6) = \frac{3}{2}(\mathfrak{J}_{1K} + \mathfrak{J}_{3K}) = \mathfrak{J}_{1K}\left(\frac{3}{4} - j\frac{3\sqrt{3}}{4}\right) = \mathfrak{J}_{1A}\left(\frac{3}{2} - j\frac{3\sqrt{2}}{2}\right),$$

$$\mathfrak{J}_1(1,2,3) = \mathfrak{J}_{1K} + 2\,\mathfrak{J}_{5K} = \mathfrak{J}_{1K}(j\sqrt{3}) = 2\,\mathfrak{J}_{1A}(j\sqrt{3}),$$

$$\mathfrak{J}_2(1,2,3) = -3\,\mathfrak{J}_{5K} = \mathfrak{J}_{1K}\left(\frac{3}{2} - j\frac{3\sqrt{3}}{2}\right) = \mathfrak{J}_{1A}(3 - j3\sqrt{3}),$$

$$\mathfrak{J}_3(1,2,3) = \mathfrak{J}_{3K} + 2\,\mathfrak{J}_{5K} = \mathfrak{J}_{1K}\left(-\frac{3}{2} + j\frac{\sqrt{3}}{2}\right) = \mathfrak{J}_{1A}(-3 + j\sqrt{3})$$

schreiben, woraus für die Zeigerlängen

$$|\mathfrak{J}_1(1,6)| = |\mathfrak{J}_{1K}|\cdot\frac{3}{2}; \qquad (10/45\text{a})$$

$$|\mathfrak{J}_1(1,2,3)| = |\mathfrak{J}_3(1,2,3)| = |\mathfrak{J}_{1K}|\cdot\sqrt{3}; \qquad (10/49\text{a})$$

$$|\mathfrak{J}_2(1,2,3)| = |\mathfrak{J}_{1K}|\cdot 3$$

folgt.

Für die Stromrichtertechnik sind die Schaltzustände (1,6) und (1,2,3) von besonderer Bedeutung, weil sie die Vorgänge bei der einfachen und zweifachen Kommutierung kennzeichnen. Aus dem Zeigerdiagramm wie auch aus den vorstehenden Gleichungen liest man für den Schaltzustand (1,2,3) ab, daß zwar alle 3 Ströme $\mathfrak{J}_{5K}$-Anteile besitzen, daß sich diese aber des verschiedenen Vorzeichens wegen zu Null ergänzen. Wenn alle 3 Phasen gleichzeitig Strom führen, so ist der Strom der mittleren Phase gleich der Summe der Ströme der beiden Nachbarphasen.

Schaltzustände bei 2 getrennten Sternpunkten

Schaltzustand (1,3 + 6,2).

Wenn von jedem der beiden speisenden Dreiphasensysteme jeweils 2 Phasen, z. B. (1,3) und (6,2) an die sechsphasige Drossel angeschlossen sind, so muß in den 3 Schenkeln eine Flußverteilung wie bei einem symmetrischen dreiphasigen Anschluß entstehen.

Da in einem solchen Falle $\Sigma i_{i_K} = 0$ gilt, so kann man aus Abb. 10/7 für den magnetischen Kreis

$$\mathfrak{J}_{1_K} = \mathfrak{J}_1 - \frac{1}{3}(\mathfrak{J}_1 + \mathfrak{J}_3 - \mathfrak{J}_2 - \mathfrak{J}_6),$$

$$\mathfrak{J}_{5_K} = -\mathfrak{J}_2 - \frac{1}{3}(\mathfrak{J}_1 + \mathfrak{J}_3 - \mathfrak{J}_2 - \mathfrak{J}_6),$$

$$\mathfrak{J}_{3_K} = \mathfrak{J}_3 - \mathfrak{J}_6 - \frac{1}{3}(\mathfrak{J}_1 + \mathfrak{J}_3 - \mathfrak{J}_2 - \mathfrak{J}_6)$$

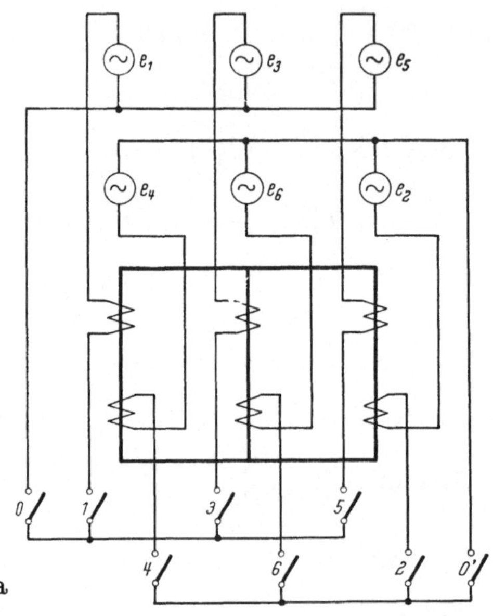

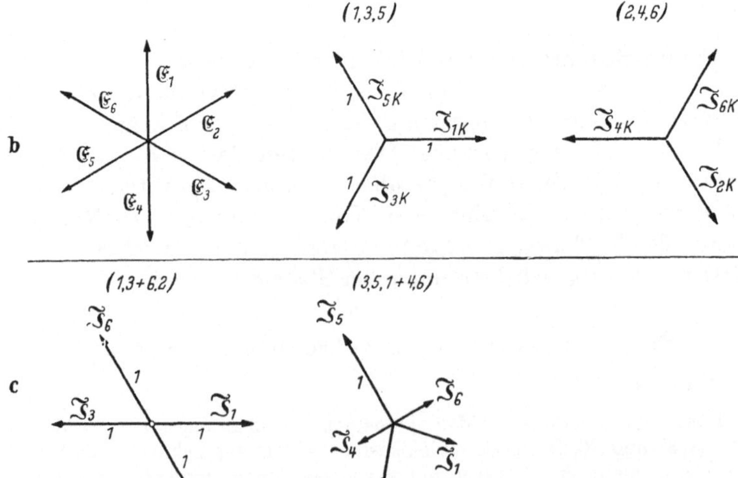

Abb. 10/7. Doppeldreiphasiger, magnetisch verketteter Kreis und Zeigerdiagramme
a) Schaltung; b) symmetrische Schaltzustände; c) unsymmetrische Schaltzustände

anschreiben. Daraus folgt mit $\mathfrak{J}_1 + \mathfrak{J}_3 = 0$ und $\mathfrak{J}_2 + \mathfrak{J}_6 = 0$:

$$\mathfrak{J}_{1_K} - \mathfrak{J}_{5_K} = \mathfrak{J}_1 - \mathfrak{J}_6; \qquad \mathfrak{J}_{1_K} - \mathfrak{J}_{3_K} = 2\,\mathfrak{J}_1 + \mathfrak{J}_6; \qquad \mathfrak{J}_{5_K} - \mathfrak{J}_{3_K} = \mathfrak{J}_1 + 2\,\mathfrak{J}_6$$

und schließlich

$$\left.\begin{aligned} &\mathfrak{J}_1\,(1,3+6,2) = +\mathfrak{J}_{1_K}; \qquad \mathfrak{J}_3\,(1,3+6,2) = -\mathfrak{J}_{1_K}, \\ &\mathfrak{J}_6\,(1,3+6,2) = +\mathfrak{J}_{5_K}; \qquad \mathfrak{J}_2\,(1,3+6,2) = -\mathfrak{J}_{5_K}. \end{aligned}\right\} \tag{10/50}$$

Da für die Erregung des mittleren Schenkels $\mathfrak{J}_3 - \mathfrak{J}_6 = \mathfrak{J}_{3_K}$ folgt, so besteht tatsächlich eine symmetrische Erregung. In gleicher Weise erhält man für einige andere Schaltzustände die nachfolgenden Ströme in der Phase 1:

$$\left.\begin{aligned} &\mathfrak{J}_1\,(5,1+4,6) = -\mathfrak{J}_{5_K}; \qquad \mathfrak{J}_1\,(5,1+6,2) = \mathfrak{J}_{1_K}; \\ &\mathfrak{J}_1\,(1,3+6,2) = \mathfrak{J}_{1_K}; \qquad \mathfrak{J}_1\,(1,3+2,4) = -\mathfrak{J}_{3_K}, \end{aligned}\right\} \tag{10/51}$$

womit deutlich wird, daß der Phasenwinkel des Zeigers $\mathfrak{J}_1$ durch den Schaltzustand stark beeinflußt wird. Offensichtlich tritt eine solche Phasenbeeinflussung immer dann auf, wenn auch die zweite Wicklung, welche sich auf dem gleichen Schenkel wie die betrachtete befindet, Strom führt.

Schaltzustand (3,5,1 + 4,6).

Es wird wieder symmetrische Flußverteilung vorausgesetzt; dann folgt daraus:

$$\mathfrak{J}_{1_K} = \mathfrak{J}_1 - \mathfrak{J}_4 - \frac{1}{3}[\mathfrak{J}_1 + \mathfrak{J}_3 + \mathfrak{J}_5 - \mathfrak{J}_4 - \mathfrak{J}_6];$$

$$\mathfrak{J}_{3_K} = \mathfrak{J}_3 - \mathfrak{J}_6 - \frac{1}{3}[\mathfrak{J}_1 + \mathfrak{J}_3 + \mathfrak{J}_5 - \mathfrak{J}_4 - \mathfrak{J}_6];$$

$$\mathfrak{J}_{5_K} = \mathfrak{J}_5 - \frac{1}{3}[\mathfrak{J}_1 + \mathfrak{J}_3 + \mathfrak{J}_5 - \mathfrak{J}_4 - \mathfrak{J}_6]$$

und mit $\mathfrak{J}_1 + \mathfrak{J}_3 + \mathfrak{J}_5 = 0$, $\mathfrak{J}_4 + \mathfrak{J}_6 = 0$

$$\mathfrak{J}_{1_K} = \mathfrak{J}_1 - \mathfrak{J}_4; \qquad \mathfrak{J}_{3_K} = \mathfrak{J}_3 - \mathfrak{J}_6; \qquad \mathfrak{J}_{5_K} = \mathfrak{J}_5, \tag{10/52}$$

woraus das in Abb. 10/7 dargestellte Zeigerbild folgt.

Schaltzustände bei 3 getrennten Mittelpunkten

Die dreifach-zweiphasige Drossel (Abb. 10/8) geht durch Verbindung der 3 Mittelpunkte in das sechsphasige System von Abb. 10/5 über. Dabei ist auch ein Teil der möglichen Schaltzustände unmittelbar von dort abzulesen, z. B. gilt

$$\mathfrak{J}_1\,(1,4) = \frac{3}{4}\,\mathfrak{J}_{1_K}, \tag{10/53}$$

wobei die Ströme bei Kurzschluß je einer Wicklung je Schenkel (1,0 + 3,0′ + 5,0″) bzw. (2,0″ + 4,0 + 6,0′) wegen $\Sigma i_{i_k} = 0$ den Strömen bei dreiphasigem symmetrischem Kurzschluß $\mathfrak{J}_{k_K}$ gleichen

$$\mathfrak{J}_1\,(1,0+3,0+5,0'') = \mathfrak{J}_{1_K} \quad \text{usw.}$$

Schaltzustand (1,4 + 3,6).

Indem man die Spannungsabfälle in den Wicklungen nach (10/36) anschreibt und i_1 durch $(i_1 - i_4)$ bzw. i_2 durch $(i_3 - i_6)$ ersetzt und $i_1 = -i_4$; $i_3 = -i_6$;

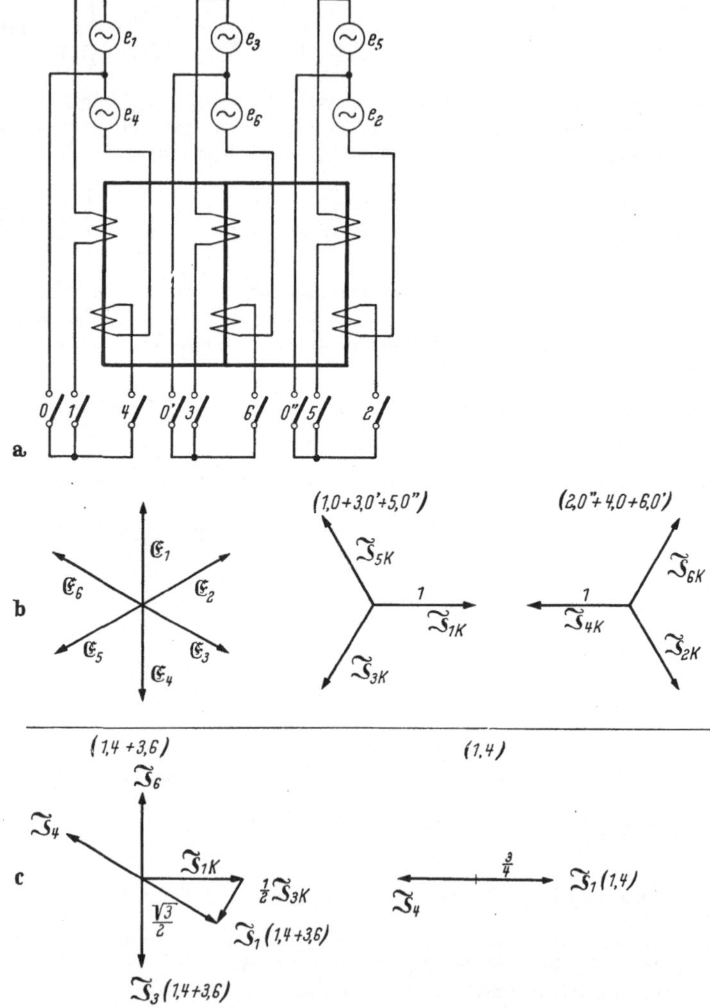

Abb. 10/8. Dreifachzweiphasiger, magnetisch verketteter Kreis und Zeigerdiagramme
a) Schaltung; b) symmetrische Schaltzustände; c) unsymmetrische Schaltzustände

$i_5 = i_2 = 0$ berücksichtigt, erhält man mit

$$X_A \frac{d}{d\vartheta}\left(i_k - \frac{1}{3}\sum_1^3 i_i\right) = X_A \frac{d}{d\vartheta}\left[\frac{4}{3}i_1 - \frac{2}{3}i_3\right] \quad \text{usw.:}$$

$$\left.\begin{aligned}\mathfrak{I}_1(1,4+3,6) &= \mathfrak{I}_{1_K} + \frac{1}{2}\mathfrak{I}_{3_K} \qquad \mathfrak{I}_4 = -\mathfrak{I}_1,\\ \mathfrak{I}_3(1,4+3,6) &= \mathfrak{I}_{3_K} + \frac{1}{2}\mathfrak{I}_{1_K} \qquad \mathfrak{I}_6 = -\mathfrak{I}_3.\end{aligned}\right\} \tag{10/54}$$

In Abb. 10/8 sind diese Zeiger graphisch dargestellt. Für

$$\mathfrak{I}_1(1,4+3,6) = \mathfrak{I}_{1_K}\frac{1}{4}[3 - j\sqrt{3}]$$

erhält man die Zeigerlänge

$$|\mathfrak{I}_1| = \sqrt{3}/2\cdot|\mathfrak{I}_{1_K}|. \tag{10/54a}$$

Faßt man die bisherigen Betrachtungen über ideale Verkettungen zusammen, so kann man die Ergebnisse folgendermaßen ausdrücken:

1. Bei symmetrischem Anschluß verhalten sich verkettete Drosseln wie unverkettete Reaktanzen der Größe X_A bzw. $2X_A$.
2. Bei ein- und zweiphasigem Anschluß können verkettete Drosseln ebenfalls als unverkettete Reaktanzen dargestellt werden, wobei jedoch deren Größe von der Art der Drossel und Schaltung abhängt.

Tabelle 10/1. *Reaktanzen verketteter Drosseln bei verschiedenen Schaltzuständen* ($X_A = \omega w^2/R_m$)

$\mathfrak{r}$	p	Schaltzustand	Reaktanz/Phase X/X_A
2	2	(1, 0)	$\frac{1}{2}$
		(1, 2)	1
3	3	(1, 0)	$\frac{2}{3}$
		(1, 2), (1, 3)	1
		(1, 2, 3)	1
3	6	(1, 0)	$\frac{2}{3}$
		(1, 2), (1, 6)	$\frac{1}{3}$
		(1, 3), (1, 5)	1
		(1, 4)	$\frac{4}{3}$
		(1, 3, 5)	1
		(1, 2, 3, 4, 5, 6)	2

Bezeichnet man mit p die Phasenzahl und mit $\mathfrak{r}$ die Anzahl der Magnetschenkel, so erhält man für die Drosselreaktanz die nebenstehenden Tabellenwerte, wobei nur diejenigen Schaltzustände aufgenommen wurden, welche keine zusätzliche Phasenverschiebung zur Folge haben.

Speist man schließlich von einer Stromquelle die *parallel geschalteten Wicklungen* einer verketteten Drossel, wie es in Abb. 10/9 dargestellt ist, so findet man aus den Gleichungen:

$$X\frac{d}{d\vartheta}\left(i_1 - \frac{1}{3}\sum i_i\right) = X\frac{d}{d\vartheta}\left(i_2 - \frac{1}{3}\sum i_i\right) = X\frac{d}{d\vartheta}\left(i_3 - \frac{1}{3}\sum i_1\right),$$

daß der Gesamtstrom in 3 gleiche Anteile aufgeteilt wird,

$$i_1 = i_2 = i_3$$

und die obigen Klammerausdrücke verschwinden.

Daraus folgt, daß bei einer *idealen* verketteten Drossel und gleichphasiger Speisung der Wicklungen kein induktiver Spannungsabfall auftritt.

c) Reale Verkettungen

Nachdem im vorangegangenen Abschnitt die magnetischen Verkettungen unter idealisierten Verhältnissen betrachtet wurden, soll nun noch der Einfluß von Streuflüssen, des Jochflusses Φ_j und der Wicklungsstreuflüsse Φ_σ, an Hand von Abb. 10/10 beschrieben werden.

Berücksichtigt man vorerst nur den *Jochfluß* Φ_j, der sich über den Luftraum schließt, so erhält man für die Flüsse Φ_1 und Φ_2 die Knotenpunktbedingung:

$$\Phi_1 + \Phi_2 = \Phi_j . \quad (10/55)$$

Durch Addition der Maschengleichungen, in denen r_m den magnetischen Widerstand des Jochflußweges bezeichnet,

$$\Phi_1 R_m + \Phi_j r_m = i_1 w$$
$$\Phi_2 R_m + \Phi_j r_m = i_2 w$$

erhält man für den Jochfluß

$$\Phi_j = \frac{w}{R_m + 2 r_m} (i_1 + i_2) .$$

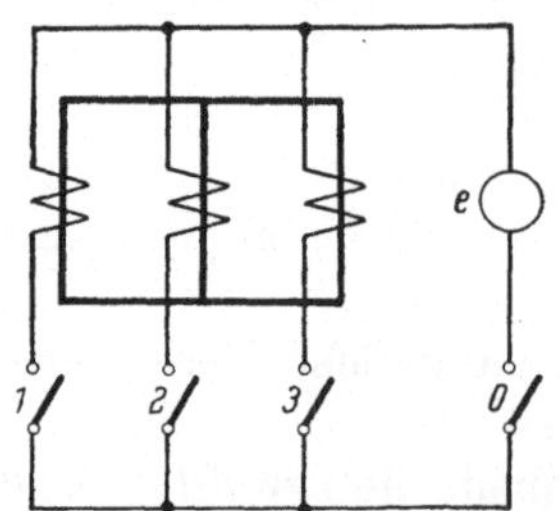

Abb. 10/9. Parallel geschaltete verkettete Drosseln

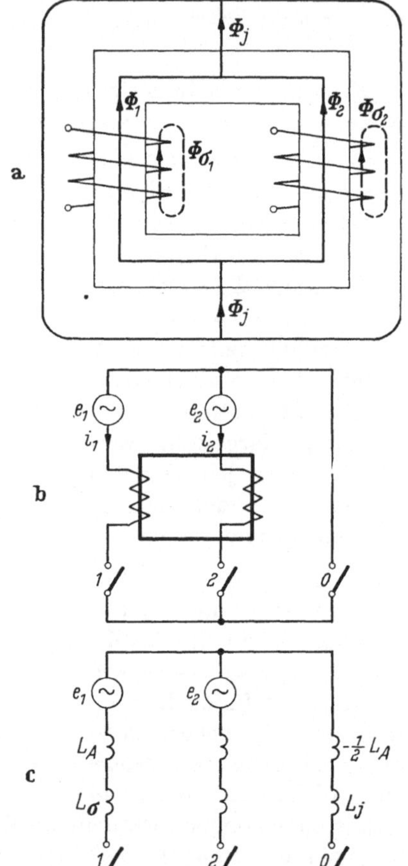

Abb. 10/10. Magnetisch verketteter Kreis mit Streuflüssen (Φ_j Jochfluß, Φ_σ Wicklungsstreufluß) a) Flußverlauf; b) Schaltung; c) Ersatzschaltbild

Setzt man diesen Ausdruck wieder oben ein, ergibt sich

$$\Phi_1 = \frac{w}{R_m}\left[i_1 - \frac{r_m}{R_m + 2 r_m}(i_1 + i_2)\right]$$
$$= \frac{w}{R_m}\left[i_1 - \frac{1}{2}\sum_1^2 i_i + \frac{1}{2}\Phi_j\right]$$

bzw. für die Spannung an der Wicklung 1

$$u_1 = w\frac{d\Phi_1}{dt} = \frac{w^2}{R_m}\frac{d}{dt}\left[i_1 - \frac{r_m}{R_m + 2\,r_m}(i_1 + i_2)\right]$$
$$= (L - M)\frac{di_1}{dt} + M\frac{d}{dt}(i_1 + i_2)\,. \qquad (10/56)$$

Durch Koeffizientenvergleich erhält man für die gegenseitige Induktivität:

$$M = -\frac{w^2}{R_m}\frac{r_m}{R_m + 2\,r_m} \qquad (10/57)$$

und für die Selbstinduktion

$$L = \frac{w^2}{R_m}\frac{R_m + r_m}{R_m + 2\,r_m}\,. \qquad (10/58)$$

Bei symmetrischem Schaltzustand ($i_1 + i_2 = 0$) ergibt sich

$$L_A = L - M = w^2/R_m\,. \qquad (10/59)$$

Als Ersatzschaltbild einer solchen Verkettung mit Jochfluß bietet sich die Reihenschaltung ($M = M_{ideal} + L_j$) einer idealen Verkettung mit der Gegeninduktivität $M_{ideal} = -\frac{w^2}{2\,R_m}$ (10/20) und einer Jochinduktivität L_j an, deren Größe leicht aus (10/57) gefunden wird:

$$L_j = \frac{w^2}{2\,(R_m + 2\,r_m)} \approx \frac{w^2}{4\,r_m} \quad (\text{für } r_m \gg R_m)\,. \qquad (10/60)$$

Man kann daher für den Spannungsabfall auch schreiben:

$$u_1 = \frac{w^2}{R_m}\frac{d}{dt}\left[i_1 - \frac{1}{2}\sum_1^2 i_i\right] + \frac{w^2}{2\,(R_m + 2\,r_m)}\frac{d}{dt}\sum_1^2 i_i$$
$$= X_A\frac{d}{d\vartheta}\left[i_1 - \frac{1}{2}\sum i_i\right] + X_j\frac{d}{d\vartheta}\sum i_i\,. \qquad (10/61)$$

Das positive Vorzeichen von L_j drückt aus, daß es sich beim Jochfluß um eine Verkettung *gleichgerichteter* Flüsse handelt, wie Abb. 10/10a auch deutlich zeigt.

Wiederholt man vorstehende Untersuchung für eine *dreiphasige Verkettung,* so erhält man für die k-te Phase die Beziehung:

$$u_k = \frac{w^2}{R_m}\frac{d}{dt}\left[i_k - \frac{r_m}{R_m + 3\,r_m}\sum_{i=1}^3 i_i\right]$$
$$= X_A\frac{d}{d\vartheta}\left[i_k - \frac{1}{3}\sum_1^3 i_i\right] + X_j\frac{d}{d\vartheta}\sum i_i \qquad (10/62)$$

mit den Induktivitäten:

$$L_A = \frac{w^2}{R_m} \qquad (10/63)$$

und

$$L_j = \frac{w^2}{3\,(R_m + 3\,r_m)}\,. \qquad (10/64)$$

Falls die einzelnen Wicklungen *Streuflüsse* Φ_σ aufweisen, dann ergeben sich zusätzliche Spannungsabfälle

$$u_{\sigma_k} = w \frac{d\Phi_{\sigma_k}}{dt} = L_\sigma \frac{di_k}{dt}, \tag{10/65}$$

die im Ersatzschaltbild 10/10c durch unverkettete Streuinduktivitäten L_σ abgebildet werden.

10.2 Unsymmetrisch belastete Transformatoren

Im folgenden wird das Verhalten von unsymmetrisch belasteten Transformatoren beschrieben, wobei die Darstellungsweise der Vierpoltheorie angewendet wird, um zu (auf die Sekundärseite reduzierte) Normalschaltungen zu gelangen und damit den Anschluß an die früheren Kapitel zu erhalten.

a) Einphasentransformatoren

In der Fachliteratur der Starkstromtechnik wird bei Transformatoren in der Regel gleicher Wicklungssinn und gleiche Zählrichtung in den Wicklungen in bezug auf den gemeinsamen Fluß (Hauptfluß) vorausgesetzt. Dabei bekommen die Leistungen der primären und sekundären Wicklungen verschiedene Vorzeichen, was insofern folgerichtig ist, als die Primärwicklung Leistung aufnimmt und die Sekundärwicklung Leistung abgibt.

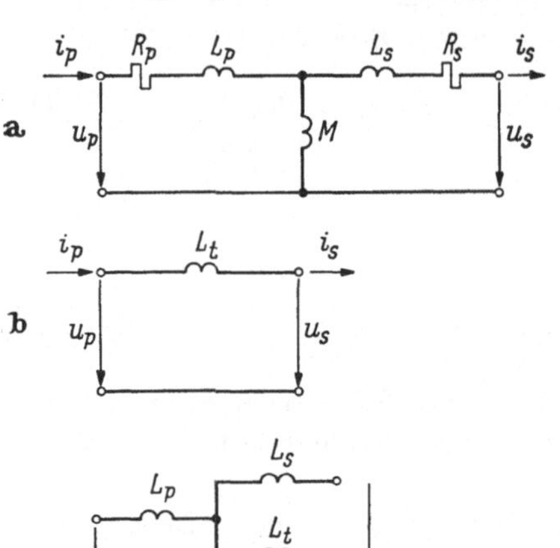

Abb. 10/11. Ersatzschaltbilder einphasiger Transformatoren

a) Zweiwicklungstransformator mit Magnetisierungsreaktanz; b) Zweiwicklungstransformator ohne Magnetisierungsreaktanz; c) Dreiwicklungstransformator ohne Magnetisierungsreaktanzen

Für den vorliegenden Zweck ist es jedoch vorteilhafter, die Vierpoldarstellung der Nachrichtentechnik zu benützen und den beiden Transformatorwicklungen entgegengesetzte Zählrichtungen zuzuordnen. In diesem Falle ergibt sich für die Leistungen der beiden Wicklungen ein positives Vorzeichen. In Abb. 10/11 ist ein solches Ersatzschaltbild eines Zweiwicklungstransformators dargestellt. Um das Übersetzungsverhältnis $ü$ zu eliminieren, kann man entweder alle primären Größen auf die Sekundärseite beziehen (weil die Primärseite bei der Reduktion der Schaltung wegfallen soll) oder $ü = 1$ setzen. Im folgenden soll der bequemeren Schreibweise wegen in allen einfachen Fällen $\ddot{u} = 1$ geschrieben werden. Es gelten dann die Gleichungen

$$\left.\begin{aligned} u_p &= i_p R_p + L_p \frac{d i_p}{dt} + M \frac{d}{dt}(i_p - i_s), \\ u_s &= -i_s R_s - L_s \frac{d i_s}{dt} + M \frac{d}{dt}(i_p - i_s). \end{aligned}\right\} \qquad (10/66)$$

Abb. 10/11 zeigt eine klare Trennung zwischen den stromunabhängigen Reaktanzen des Längszweiges und der nichtlinearen Magnetisierungsreaktanz des Querzweiges. Vernachlässigt man den Magnetisierungsstrom

$$i_m = i_p - i_s, \qquad (10/67)$$

so reduziert sich der Vierpol auf den Längszweig. Von der Längsimpedanz wird übrigens wegen $R_p \ll X_p$ und $R_s \ll X_s$ üblicherweise nur der imaginäre Anteil berücksichtigt (Abb. 10/11b):

$$X_t = X_p + X_s. \qquad (10/68)$$

Versieht man den Einphasentransformator mit einer Tertiärwicklung, so kann ein solcher Dreiwicklungstransformator, wie R. Willheim (1930), W. Ostendorf (1939) u. a. gezeigt haben, bei Vernachlässigung des Magnetisierungsstromes durch den in Abb. 10/11c dargestellten Fünfpol nachgebildet werden:

$$\left.\begin{aligned} u_s &= u_p - L_p \frac{d i_p}{dt} - L_s \frac{d i_s}{dt}, \\ u_t &= u_p - L_p \frac{d i_p}{dt} - L_t \frac{d i_t}{dt}. \end{aligned}\right\} \qquad (10/69)$$

b) Mehrphasentransformatoren

Um bei der Beschreibung der zahlreichen mehrphasigen Transformatoren rationell vorzugehen, wird zuerst der dreiphasige Transformator ausführlich behandelt und sodann die gewonnenen Ergebnisse sinngemäß auf andere Transformatoren übertragen. Dabei werden wie üblich die Ohmschen Widerstände vernachlässigt und nur die induktiven Reaktanzen berücksichtigt. Eine vollständige Berechnung unter Einbeziehung der Ohmschen Widerstände wurde von J. Pachner (1942) durchgeführt.

1. Dreiphasige Kerntransformatoren. Der Betrachtung sei ein dreischenkliger Kerntransformator zugrunde gelegt, in dessen Sekundärwicklungen Pulsströme fließen, während die Primärwicklungen nur reine Wechselströme führen. Unter der Wirkung des dem Nullpunkt der Sekundärwicklung zufließenden Gleichstromes können sich die 3 Schenkelflüsse (Φ_1, Φ_2, Φ_3) nicht wie bei üblichen Netztransformatoren zu Null ergänzen, sondern bilden einen Jochfluß Φ_j aus:

$$\Phi_1 + \Phi_2 + \Phi_3 = \Phi_j. \qquad (10/70)$$

Bezeichnet man mit w die Windungszahl, R_m den magnetischen Widerstand eines Schenkels und mit r_m denjenigen des Jochflusses, so gilt für den magnetischen Kreis

$$\left.\begin{aligned} R_m \Phi_1 + r_m \Phi_j &= w(i_{p_1} - i_{s_1}), \\ R_m \Phi_2 + r_m \Phi_j &= w(i_{p_2} - i_{s_2}), \\ R_m \Phi_3 + r_m \Phi_j &= w(i_{p_3} - i_{s_3}). \end{aligned}\right\} \qquad (10/71)$$

Addiert man diese Gleichungen und beachtet (10/70), so erhält man für den Jochfluß

$$\Phi_j = \frac{w}{R_m + 3\,r_m} \sum_{i=1}^{3} (i_{p_i} - i_{s_i}) \quad i = 1, 2, 3 \qquad (10/72)$$

und für die Schenkelflüsse

$$\Phi_k = \frac{w}{R_m} \left[(i_{p_k} - i_{s_k}) - \frac{r_m}{R_m + 3\,r_m} \sum_{i=1}^{3} (i_{p_i} - i_{s_i}) \right] \qquad (10/73)$$

bzw.

$$\Phi_k = \frac{w}{R_m} \left[(i_{p_k} - i_{s_k}) - \frac{1}{3} \sum_{i=1}^{3} (i_{p_i} - i_{s_i}) \right] + \frac{1}{3} \Phi_j, \qquad (10/73\text{a})$$

wobei k für 1,2,3 steht.

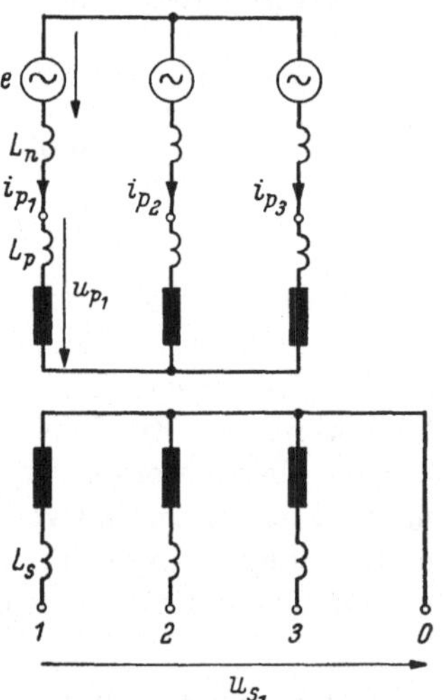

Abb. 10/12. Schaltbild eines dreiphasigen Transformators in Stern/Stern-Schaltung, mit belastbarem Nullpunkt sekundärseitig

Die Vernachlässigung des Magnetisierungsstromes ist gleichbedeutend mit idealer Leitfähigkeit des magnetischen Kreises, was man durch $R_m = 0$ zum Ausdruck bringt. Damit jedoch Φ_k trotzdem einen endlichen Wert behält, muß der Klammerausdruck in (10/73a) verschwinden, woraus für die Ströme

$$i_{p_k} = i_{s_k} + \frac{1}{3} \sum_{i=1}^{3} (i_{p_i} - i_{s_i}) \qquad (10/74)$$

und für die Flüsse

$$\Phi_k = \frac{1}{3} \Phi_j \qquad (10/75)$$

folgt. Diese Beziehung reicht jedoch für die Bestimmung der Primärströme bei vorgegebenen Sekundärströmen noch nicht aus; es muß noch die Schaltung der Primärwicklung definiert werden.

Bei primärer *Sternschaltung* (Abb. 10/12) müssen sich die Primärströme zu Null ergänzen:

$$\sum_{k=1}^{3} i_{p_k} = 0. \qquad (10/76)$$

Geht man damit in (10/74) und bedenkt, daß der Nulleiterstrom i_0 der Summe der sekundären Phasenströme gleicht: $i_0 = \sum_{i=1}^{3} i_{s_i}$, so erhält man für die Primärströme die Gleichung:

$$i_{p_k} = i_{s_k} - i_0/3\,, \tag{10/77}$$

welche deutlich erkennen läßt, daß auf jedem Schenkel ein Amperewindungsbetrag von $-i_0/3$ nicht ausgeglichen ist und daher einen Jochfluß erzeugt.

Im Falle der in Abb. 10/13 vorgesehenen *Dreieckschaltung* muß die Bedingung

$$\sum_{k=1}^{3} u_{p_k} = 0 \tag{10/78}$$

erfüllt sein, welche man auch $\sum_{i=1}^{3} \frac{d}{d\vartheta}(\Phi_k) = 0$ schreiben kann. Setzt man aus (10/75) ein, so folgt $\frac{d}{d\vartheta}\Phi_j = 0$ und nach Integration

$$\Phi_j = \text{const}\,,$$

d. h., daß bei primärer Dreieckschaltung nur ein zeitlich konstanter Jochfluß bestehen kann; Wechselanteile können sich nicht ausbilden, weil die Primärwicklung als Kurzschluß wirkt. Aus (10/72) folgt unmittelbar

$$\sum_{i=1}^{3}{}' (i_{p_i} - i_{s_i}) = \text{const} = K\,, \tag{10/79}$$

womit man in (10/74) einsetzen kann

$$i_{p_k} = i_{s_k} + K\,. \tag{10/80}$$

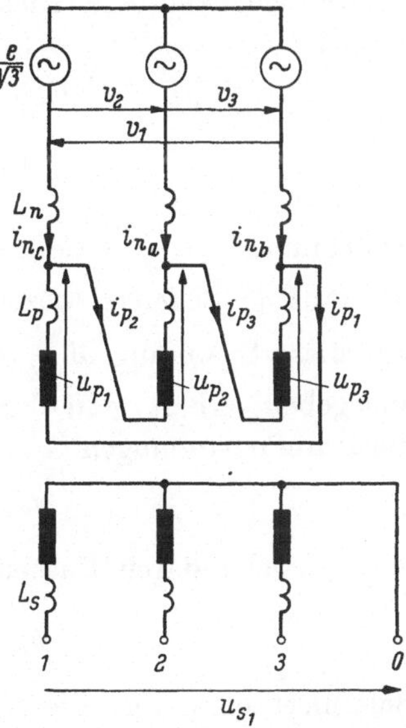

Abb. 10/13. Schaltbild eines dreiphasigen Transformators in Ring/Stern-Schaltung, mit belastbarem Nullpunkt sekundärseitig

Da die Primärströme der Wechselstrombedingung

$$\frac{1}{2\pi}\int_0^{2\pi} i_{p_k}\, d\vartheta = 0$$

genügen müssen und für die Sekundärströme

$$\frac{1}{2\pi}\int_0^{2\pi} i_{s_k}\, d\vartheta = \frac{\bar{I}}{3}$$

gilt, so folgt durch Integration von (10/80): $\frac{1}{2\pi}\int_0^{2\pi} K\, d\vartheta = -\bar{I}/3$

$$K = -\frac{\bar{I}}{3}\,.$$

Primär- und Sekundärströme unterscheiden sich demnach nur um einen konstanten Stromanteil, nämlich den dritten Teil des arithmetischen Mittelwertes des Nulleiterstromes:

$$i_{p_k} = i_{s_k} - \frac{1}{3}\bar{I}. \tag{10/81}$$

Nachdem die sekundären Ströme i_{s_k} als bekannt vorausgesetzt und die primären Ströme i_{p_k} nach (10/77) und (10/81) berechnet werden können, sollen jetzt noch die primären und sekundären Phasenspannungen bestimmt werden.

Die Schenkelflüsse (10/73a) induzieren in den Wicklungen die Spannungen

$$w\frac{d\Phi_k}{dt} = X_A \frac{d}{d\vartheta}\left[(i_{p_k} - i_{s_k}) - \frac{1}{3}\sum_{i=1}^{3}(i_{p_i} - i_{s_i})\right] + \\ + \frac{1}{3}X_j \frac{d}{d\vartheta}\sum_{i=1}^{3}(i_{p_i} - i_{s_i}), \tag{10/82}$$

wobei mit $X_A = \frac{\omega w^2}{R_m}$ die Leerlaufreaktanz und mit $X_j \approx \frac{\omega w^2}{3 r_m}$ die Jochreaktanz je Schenkel bezeichnet wird. Beim Einphasentransformator war diese Spannung $M\frac{d}{dt}(i_p - i_s)$ geschrieben worden. Wie in (10/67) angegeben, erhält man durch Berücksichtigung der Streuspannungen die Primärspannungen

$$u_{p_k} = L_p \frac{d i_{p_k}}{dt} + w\frac{d\Phi_k}{dt} \tag{10/83}$$

und die sekundären Phasenspannungen

$$u_{s_k} = w\frac{d\Phi_k}{dt} - L_s \frac{d i_{s_k}}{dt}. \tag{10/84}$$

Summiert man über die primären Phasenspannungen, so findet man

$$\sum_{k=1}^{3} u_{p_k} = (X_p + X_j)\frac{d}{d\vartheta}\sum_{k=1}^{3} i_{p_k} - X_j \frac{d}{d\vartheta}\sum_{k=1}^{3} i_{s_k}, \tag{10/85}$$

weil die Summe der induzierten Spannungen an der idealen Verkettung verschwinden muß.

Die folgende Betrachtung muß wieder für die beiden Schaltungen der Primärwicklung getrennt durchgeführt werden. Bei primärer *Sternschaltung* nach Abb. 10/12 ist der Transformator über die Reaktanzen X_n mit den speisenden Spannungsquellen e_k verbunden, welche ein symmetrisches System bilden:

$$\sum e_k = 0. \tag{10/86}$$

Der Umlauf um zwei Maschen liefert

$$e_1 - e_2 = X_n \frac{d}{d\vartheta}(i_{p_1} - i_{p_2}) + u_{p_1} - u_{p_2},$$

$$e_2 - e_3 = X_n \frac{d}{d\vartheta}(i_{p_1} - i_{p_3}) + u_{p_1} - u_{p_3}.$$

Addiert man diese Gleichungen und berücksichtigt (10/76) und (10/86), so findet man für die Primärspannungen

$$u_{p_k} = e_k - X_n \frac{d i_{p_k}}{d\vartheta} + \frac{1}{3}\sum_1^3 u_{p_k} \tag{10/87}$$

und mit (10/86) und (10/78) für die Sekundärspannungen

$$u_{s_k} = e_k - (X_n + X_p)\frac{d}{d\vartheta}\left[i_{s_k} - \frac{1}{3}\sum_1^3 i_{s_i}\right] - X_s \frac{d i_{s_k}}{d\vartheta} - \frac{X_j}{3}\frac{d}{d\vartheta}\sum_1^3 i_{s_i}. \tag{10/88}$$

Für primäre *Ringschaltung* folgt aus Abb. 10/13 für die verketteten Spannungen v_k, welche den Effektivwert E haben sollen, damit $\ddot{u} = 1$ gewahrt bleibt

$$v_k = X_n \frac{d}{d\vartheta}(3\, i_{p_k} - \sum_1^3 i_{p_i}) + u_{p_k} \tag{10/89}$$

und für die Sekundärspannungen

$$u_{s_k} = v_k - 3\, X_n \frac{d}{d\vartheta}\left(i_{s_k} - \frac{1}{3}\sum_1^3 i_{s_i}\right) - (X_p + X_s)\frac{d i_{s_k}}{d\vartheta}, \tag{10/90}$$

weil aus (10/81): $\frac{d i_{p_k}}{d\vartheta} = \frac{d i_{s_k}}{d\vartheta}$ folgt.

Bei primärer Ringschaltung erzwingt der Nulleitergleichstrom einen Jochgleichfluß, der in der Normalschaltung unberücksichtigt bleibt. Die Streureaktanzen des Transformators gehen unverkettet ein, $X_t = X_p + X_s$. Die Netzreaktanz muß mittels der üblichen Stern-Dreieck-Transformation eingeführt werden:

$$X_n \frac{d i_{n_k}}{d\vartheta} = 3\, X_n \frac{d}{d\vartheta}\left(i_{p_k} - \frac{1}{3}\sum_1^3 i_{p_i}\right).$$

Bei primärer Ringschaltung tritt die magnetische Verkettung des Transformators nicht in Erscheinung.

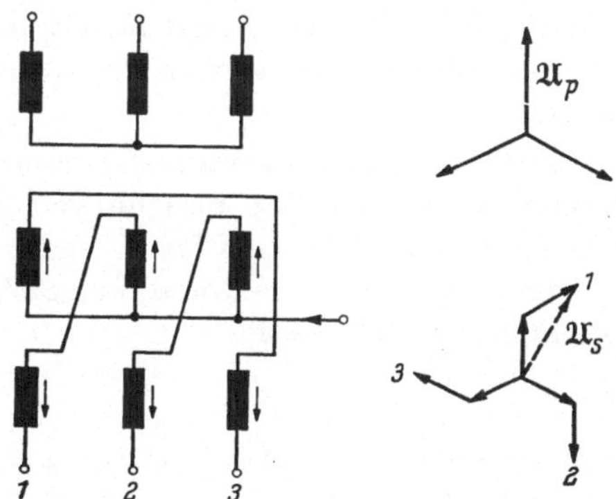

Abb. 10/14. Dreiphasiger Kerntransformator in Stern/Zickzackschaltung und zugehöriges Zeigerdiagramm

Wählt man für die *Sekundärwicklung* eine *Zickzackschaltung* (Abb. 10/14), so sind auf jedem Schenkel zwei sekundäre Teilwicklungen mit gleichen Windungszahlen angeordnet. Mit den bisherigen Bezeichnungen kann man für den magnetischen Kreis die Gleichung

$$R_m \Phi_k + r_m \Phi_j = w\,(i_{p_k} - i_{s_k} + i'_{s_k}) = w\,(i_{p_k} - \Delta\, i_{s_k}) \qquad k = 1, 2, 3$$

anschreiben. Der Index ′ bezeichnet dabei die auf dem gleichen Schenkel befindliche zweite Teilwicklung. Für den Jochfluß erhält man

$$\Phi_j = \frac{w}{R_m + 3\, r_m} \sum_1^3 i_{p_\iota},$$

weil bei der Summenbildung $\Sigma \Delta i_{s_K}$ verschwindet. Geht man damit wieder in die Ausgangsgleichung, so findet man für die Schenkelflüsse

$$\Phi_k = \frac{w}{R_m}\left[i_{p_k} - \Delta i_{s_k} - \frac{1}{3}\sum_1^3 i_{p_\iota} + \frac{R_m}{3\,(R_m + 3\, r_m)}\sum_1^3 i_{p_\iota}\right]$$

und für $R_m = 0$ die Primärströme

$$i_{p_k} - \frac{1}{3}\sum_1^3 i_{p_\iota} = \Delta i_{s_k}.$$

Für *primäre Sternschaltung* ($\Sigma\, i_{p_k} = 0$) folgt dann

$$i_{p_k} = \Delta i_{s_k}, \tag{10/91}$$

wonach die Primärströme direkt aus der Differenz der Sekundärströme (der auf dem zugehörigen Schenkel befindlichen Teilwicklungen) hervorgehen.

Für *primäre Ringschaltung* findet man ebenfalls

$$i_{p_k} = \Delta i_{s_k}. \tag{10/92}$$

Bei Zickzackschaltungen herrscht demnach stets Gleichgewicht der Amperewindungen, so daß sich kein Jochfluß ausbilden kann.

Dieses Resultat folgt auch rein anschaulich aus Abb. 10/14: da auf jedem Schenkel zwei Sekundärwicklungen mit verschiedener Stromrichtung aufgebracht sind, so kompensieren sich die Gleichstrom-AW zu Null.

2. Zweiphasige Kerntransformatoren. Die für dreiphasige Transformatoren abgeleiteten Beziehungen können nun unter Benützung der obigen Grundgleichungen für die magnetischen Verkettungen sofort auf zweiphasige Transformatoren umgeschrieben werden. Man erhält für *primäre Sternschaltung*

$$i_{p_k} = i_{s_k} - \frac{i_0}{2}, \tag{10/93}$$

$$u_{s_k} = e_k - (X_n + X_p)\frac{d}{d\vartheta}\left[i_{s_k} - \frac{1}{2}\sum_1^2 i_{s_\iota}\right] - \frac{1}{2} X_j \frac{d}{d\vartheta}\sum_1^2 i_{s_\iota} - X_s \frac{d i_{s_k}}{d\vartheta} \tag{10/94}$$

und für *primäre Ringschaltung*

$$i_{p_k} = i_{s_k} - \frac{I_0}{2} \tag{10/95}$$

$$u_{s_k} = v_k - 2\, X_n \frac{d}{d\vartheta}\left[i_{s_k} - \sum_1^2 i_{s_\iota}\right] - (X_p + X_s)\frac{d i_{s_k}}{d\vartheta}. \tag{10/96}$$

3. Sechsphasige Kerntransformatoren. Diese besitzen auf einem dreischenkligen Eisenkern primär eine dreiphasige und sekundär eine sechsphasige Wicklung. Die Gleichungen für die magnetischen Kreise liefern für die Schenkelflüsse

$$\Phi_k = \frac{w}{R_m}\left[(i_{p_k} - \Delta\, i_{s_k}) - \frac{1}{3}\sum_1^3 (i_{p_k} - \Delta\, i_{s_k})\right] + \frac{1}{3}\Phi_j$$

und für den Jochfluß

$$\Phi_j = \frac{w}{R_m + 3\,r_m}\sum_1^3 (i_{p_k} - \Delta\, i_{s_k})\,,$$

wobei Δi_{s_k} die Differenz der sekundärseitigen AW je Schenkel bedeutet (z. B.: $\Delta i_{s1} = i_{s1} - i_{s4}$). Bei Vernachlässigung des Magnetisierungsstromes folgt dann für die Ströme:

$$i_{p_k} - \Delta\, i_{s_k} - \frac{1}{3}\sum_1^3 (i_{p_k} - \Delta\, i_{s_k}) = 0\,.$$

Für *primäre Sternschaltung* liefert $\Sigma\, i_{p_k} = 0$ für die Primärströme

$$i_{p_k} = \Delta\, i_{s_k} - \frac{1}{3}\sum_1^3 \Delta\, i_{s_k} \tag{10/97}$$

und für die Sekundärspannungen

$$u_{s_k} = e_k - (X_n + X_p)\frac{d}{d\vartheta}\left[\Delta\, i_{s_k} - \frac{1}{3}\sum_1^3 \Delta\, i_{s_k}\right] - X_s\frac{d i_{s_k}}{d\vartheta} - \\ - \frac{1}{3} X_j \frac{d}{d\vartheta}\sum_1^3 \Delta\, i_{s_k}\,. \tag{10/98}$$

Bei *primärer Dreieckschaltung* folgt aus $\Sigma\, u_{p_k} = 0$:

$$\frac{d}{d\vartheta}\Phi_j = \frac{d}{d\vartheta}\sum_1^3 (i_{p_k} - \Delta\, i_{s_k}) = 0$$

und damit für die Primärströme

$$i_{p_k} = \Delta\, i_{s_k} \tag{10/99}$$

und für die Sekundärspannungen

$$u_{s_k} = v_k - 3\,X_n\frac{d}{d\vartheta}\left[\Delta\, i_{s_k} - \frac{1}{3}\sum_1^3 \Delta\, i_{s_k}\right] - X_p\frac{d}{d\vartheta}\Delta\, i_{s_k} - X_s\frac{d i_{s_k}}{d\vartheta}\,. \tag{10/100}$$

c) Die Normalschaltung

Die einfachste Normalschaltung erhält man, wenn man nur noch die p Sekundärkreise abbildet, welche die netzseitigen Stromquellen und Reaktanzen in übersetzter Form mit enthalten. Um die Normalschaltungen deutlich aus den obigen Gleichungen hervorgehen zu lassen, sollen diese für den *dreiphasigen* Transformator nochmals angeschrieben werden. Für primäre *Sternschaltung* gilt

$$u_{s_k} = e_k - (X_n + X_p)\frac{d}{d\vartheta}\left(i_{s_k} - \frac{1}{3}\sum_1^3 i_{s_i}\right) - \frac{1}{3}X_j\frac{d}{d\vartheta}\sum i_{s_i} - X_s\frac{d i_{s_k}}{d\vartheta} \tag{10/101}$$

und für primäre *Ringschaltung*:

$$u_{s_k} = v_k - 3X_n \frac{d}{d\vartheta}\left(i_{s_k} - \frac{1}{3}\sum_1^3 i_{s_i}\right) - (X_s + X_p)\frac{d i_{s_k}}{d\vartheta}. \quad (10/102)$$

Diese Gleichungen für die sekundären Phasenspannungen enthalten jeweils eine EMK und Spannungsabfälle von verketteten und unverketteten Drosseln, woraus unmittelbar die in Abb. 10/15 dargestellten Normalschaltungen folgen. Bei primärer Sternschaltung erscheint die Jochinduktivität im Nulleiter. Die übrigen Induktivitäten liegen in den Phasenleitungen: die sekundären Induktivitäten sind unverkettet, die Netzinduktivitäten in jedem Falle verkettet; bei den primären Induktivitäten richtet sich die Kopplung nach der Schaltung der Primärwicklung. Erinnert man sich, daß eine dreiphasige magnetische Ver-

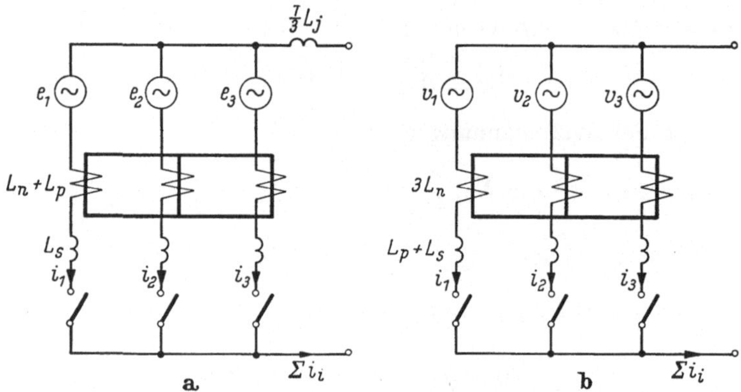

Abb. 10/15. Normalschaltungen von Dreiphasen-Transformatoren
a) primäre Sternschaltung; b) primäre Dreieckschaltung

kettung auch durch unverkettete Induktivitäten abgebildet werden kann (Abb. 10/4), so ist damit die Übereinstimmung der Schaltungen von Abb. 9/1 und Abb. 10/15 hergestellt; man braucht nur zu beachten, daß in Abb. 9/1 die negativen Kopplungsinduktivitäten mit der Gleichstromdrossel L_g zu der Induktivität L zusammengefaßt wurden.

Die Normalschaltungen der Sechspulsstromrichter können dagegen wie in Abb. 10/16 nur mittels magnetischen Verkettungen aufgebaut werden. Damit ist auch der didaktische Grund aufgedeckt, warum die magnetischen Kreise untersucht werden mußten, bevor die Analyse der Sechspulsschaltungen erfolgen konnte. Zusammenfassend stellt man bei allen Schaltungen den grundlegenden Einfluß der magnetischen Verkettungen fest; bei Zwei- und Dreipulsstromrichtern können sie jedoch in so einfacher Weise durch die beschriebene Reduktion der Reaktanzen berücksichtigt werden, daß sie im Schaltbild explizite nicht in Erscheinung treten.

Derartige Normalschaltungen können nun auch ohne weiteres für andere Transformatorschaltungen angezeichnet werden. In Abb. 10/16 sind beispielsweise zwei sechsphasige Schaltungen dargestellt, welche den Gln. (10/98) und (10/100) gehorchen und je eine sechsphasige verkettete Drossel gemäß Gl. (10/40) besitzen; bei primärer Dreieckschaltung sind außerdem noch 3 einphasige Verkettungen der Primärreaktanzen vorhanden, wobei $\Delta i_{s1} = i_{s1} - i_{s4} = 2\left[i_{s1} - \frac{1}{2}(i_{s1} + i_{s4})\right]$ gilt. Da diese magnetischen Verkettungen durch lauter gleichartige Reaktanzen ge-

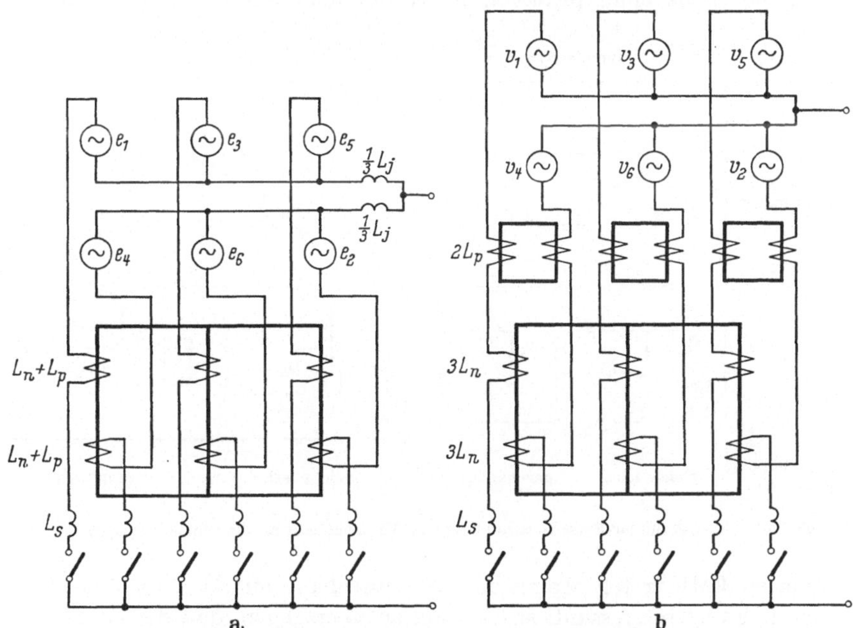

Abb. 10/16. Normalschaltungen von Sechsphasen-Transformatoren
a) primäre Sternschaltung; b) primäre Dreieckschaltung

kennzeichnet sind, so kann man von *Normalschaltungen mit homogener Reaktanzverteilung* sprechen. Die Ströme, welche beim Kurzschluß einiger Phasen fließen, entsprechen im Stromrichterbetrieb den Kurzschlußströmen während der Kommutierung. Da diese Ströme bereits im Abschnitt „ideale Verkettungen" ermittelt wurden, so braucht auf diese Frage nicht mehr eingegangen werden.

Tab. 10/1 zeigte deutlich, wie sich die verketteten Reaktanzen je nach Schaltzustand ändern. Die folgenden Schaltungsanalysen werden daher, wie schon bei $p = 2$ und 3 (vgl. Abb. 7/6 und 9/1), ausschließlich mit der *unverketteten Kommutierungsreaktanz* X_C durchgeführt. X_C wird bei *einfacher* Kommutierung definiert.

Das Ergebnis der Untersuchung über unsymmetrisch belastete Transformatoren ist in Abb. 10/17 nochmals in seinen wesentlichen Merkmalen zusammengefaßt. Die den Zweiwicklungstransformator kennzeichnenden (einphasigen) Vierpole sind identisch mit den Abb. 10/11 und 10/15. Für den Dreiwicklungstransformator wurden sowohl gleichphasige als auch gegenphasige Sekundärwicklungen betrachtet. Bei gleichphasigen Sekundärwicklungen gelten bei symmetrischer Last die Gln. (10/69) und Abb. 10/11. Bei unsymmetrischer Last muß noch eine magnetische Verkettung hinzukommen. Bei gegenphasigen Sekundärspannungen müssen an die Stelle einer primären EMK nunmehr sekundärseitig 2 gegen-

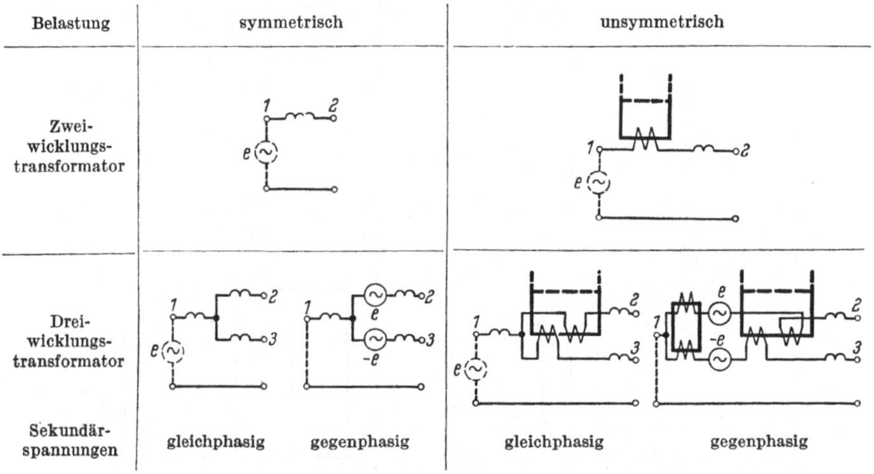

Belastung	symmetrisch		unsymmetrisch	
Zwei-wicklungs-transformator				
Drei-wicklungs-transformator				
Sekundär-spannungen	gleichphasig	gegenphasig	gleichphasig	gegenphasig

Abb. 10/17. Transformator-Ersatzschaltbilder unter Vernachlässigung des Magnetisierungsstromes

phasige EMK treten, womit der Zusammenhang mit Abb. 10/16 sichtbar wird. Es ist interessant, sich davon zu überzeugen, daß der einphasige Dreiwicklungstransformator und der zweiphasige Zweiwicklungstransformator das gleiche Normalschaltbild besitzen.

Damit ist einerseits das Problem der magnetischen Verkettung in eine einfache mathematische Formulierung gefaßt worden und andererseits der direkte Anschluß an die für die Zwei- und Dreipulsstromrichter angegebenen Ersatzschaltbilder gefunden. Es ist nun möglich, die Berechnung der verschiedenen Stromrichterschaltungen von einem einheitlichen Standpunkt aus durchzuführen, was im folgenden geschehen soll.

11. Ein- und zweiphasige Stromrichtertransformatoren

11.1 Transformatoren für Einpulsstromrichter

Obwohl die Vorgänge in Einpulsstromrichtern bei verschiedenen Belastungen bereits ausführlich untersucht wurden, muß nun noch der Einfluß des Transformators und die Kurvenform des Primärstromes betrachtet werden, wobei vom einfachsten Belastungsfall, nämlich der rein Ohmschen Belastung, ausgegangen werden soll.

a) Die Ermittlung des Primärstromes

In Abb. 11/1 ist das Ersatzschaltbild der zu untersuchenden Schaltung dargestellt. Bei Netztransformatoren berechnet man im allgemeinen den Primärstrom unter Vernachlässigung des Magnetisierungsanteiles. Wenn man beim Einpulsstromrichter-Transformator in gleicher Weise vorgeht und den so berechneten Primärstrom mit i'_p bezeichnet, dann erhält man

$$i'_p = i_s\,, \qquad (11/1)$$

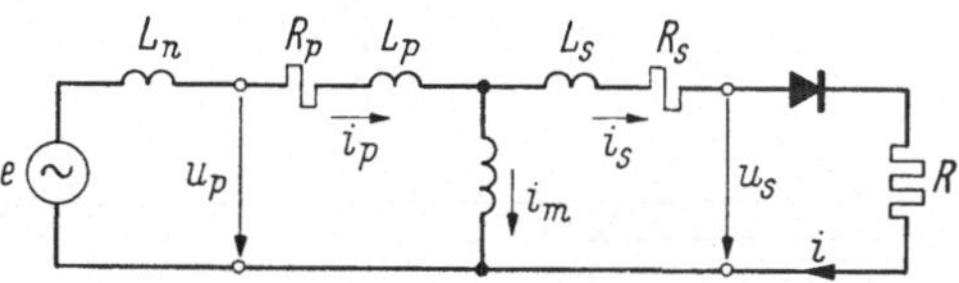

Abb. 11/1. Ersatzschaltbild eines Einpulsstromrichters mit Transformator und Ohmscher Belastung

wobei der Sekundärstrom i_s aus einem Gleichanteil $\bar{I}_s$ und einem Wechselanteil $i_{s\sim}$ besteht

$$i_s = \bar{I}_s + i_{s\sim}\,, \qquad (11/2)$$

d. h., es würde primär ein Gleichstrom fließen müssen, was im Dauerzustand unmöglich ist, da ja die primär vorhandene Energiequelle nur einen Wechselstrom abzugeben vermag. Mathematisch pflegt man diese Wechselstrombedingung ($i_p = i_{p\sim}$) durch

$$\int_0^{2\pi} i_p \, d\vartheta = 0 \qquad (11/3)$$

zu kennzeichnen.

Beim Einpulsstromrichter fällt demnach dem Magnetisierungsstrom eine entscheidende Aufgabe zu, denn nur mit seiner Hilfe kann der Primärstrom zu einem reinen Wechselstrom ergänzt werden. Der Magnetisierungsstrom i_m muß jedoch ebenfalls wie der Sekundärstrom einen Gleich- und einen Wechselanteil enthalten

$$i_m = \bar{I}_m + i_{m\sim}\,. \qquad (11/4)$$

Indem man den Primärstrom i_p aus dem übertragenen Sekundärstrom ($i'_p = i_s$) und dem Magnetisierungsstrom ($i''_p = i_m$) zusammensetzt, erhält man

$$i_p = i_s + i_m = \bar{I}_s + i_{s\sim} + \bar{I}_m + i_{m\sim} = i_{p\sim}, \qquad (11/5)$$

woraus für den Gleichanteil des Magnetisierungsstromes

$$\bar{I}_m = -\bar{I}_s \tag{11/6}$$

und

$$i_p = i_{s\sim} + i_{m\sim} \tag{11/7}$$

für den Primärstrom folgt.

Die vorstehenden Gleichungen beschreiben den Endzustand beim Einschaltvorgang. Da sich der Magnetisierungsstrom infolge der magnetischen Trägheit nicht sofort in voller Größe ausbilden kann, so fließt im Einschaltaugenblick ein Primärstrom wie unter (11/1) angegeben. Allmählich entwickelt sich dann die erwähnte Gleichstromkomponente des Magnetisierungsstromes, bis sie schließlich die durch (11/6) bestimmte Größe erreicht. Der Gleichanteil des Magnetisierungsstromes ist demnach von grundlegender Bedeutung für den Einpulsstromrichter und seine Entstehung soll an Hand von Abb. 11/2 noch etwas näher betrachtet werden.

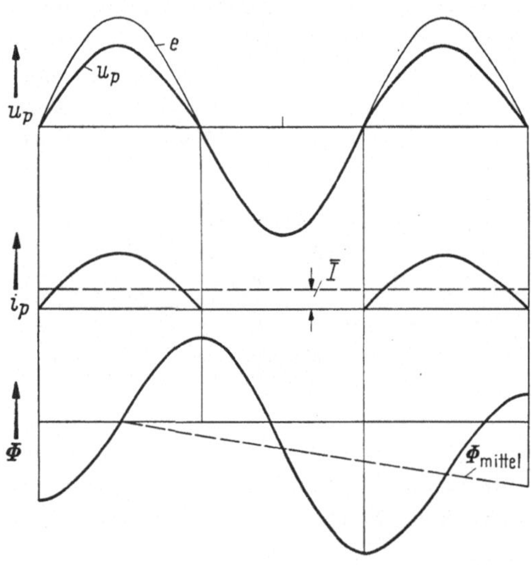

Abb. 11/2. Entstehung einer Flußverschiebung (Wanderung des Arbeitspunktes) beim Einschalten eines Einpulsstromrichters mit rein Ohmscher Last

Im Einschaltaugenblick fließt ein Primärstrom, der den gleichen zeitlichen Verlauf wie der Sekundärstrom besitzt. Dieser Strom ruft an dem im Primärkreis vorhandenen Ohmschen Widerstand einen Spannungsabfall hervor, derart, daß die Spannung an der Induktivität des Eisenkreises während der negativen Halbwelle die volle Amplitude, während der positiven Halbwelle dagegen eine um den Ohmschen Spannungsabfall verringerte Amplitude, besitzt. Da der magnetische Fluß von dieser verzerrten Spannung bestimmt wird, so bildet sich der in Abb. 11/2 dargestellte Flußverlauf aus, bei welchem die ansteigenden Flanken flacher als die absteigenden Flanken sind, so daß eine Verschiebung des Mittelwertes stattfindet, und der Magnetisierungsstrom einen Gleichanteil erhält. Diese Verschiebung kommt erst zum Stillstand, wenn der Gleichanteil des Magnetisierungsstromes dem Gleichanteil des übertragenen Stromes das Gleichgewicht hält und der Gleichspannungsanteil am Primärwiderstand verschwindet.

Es soll nun der primäre Stromverlauf im stationären Zustand, d. h. bei voll ausgebildeten Magnetisierungsstrom, ermittelt werden. Dazu kann von einem vereinfachten Ersatzschaltbild, wie es in Abb. 11/3 dargestellt ist, ausgegangen werden. Dieses enthält nur noch diejenigen Schaltelemente, welche die vorstehend beschriebene Flußverschiebung beeinflussen. Im primären Wechselstromkreis genügt es dann, lediglich den Ohmschen Widerstand R_p beizubehalten.

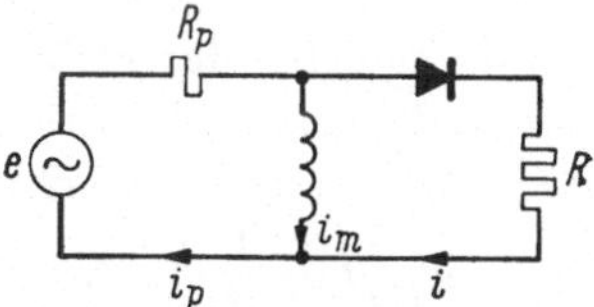

Abb. 11/3. Vereinfachtes Ersatzschaltbild

Die erwähnte Flußverschiebung ist übrigens von der Art der Magnetisierungskennlinie des Transformators unabhängig. Die Magnetisierungs-

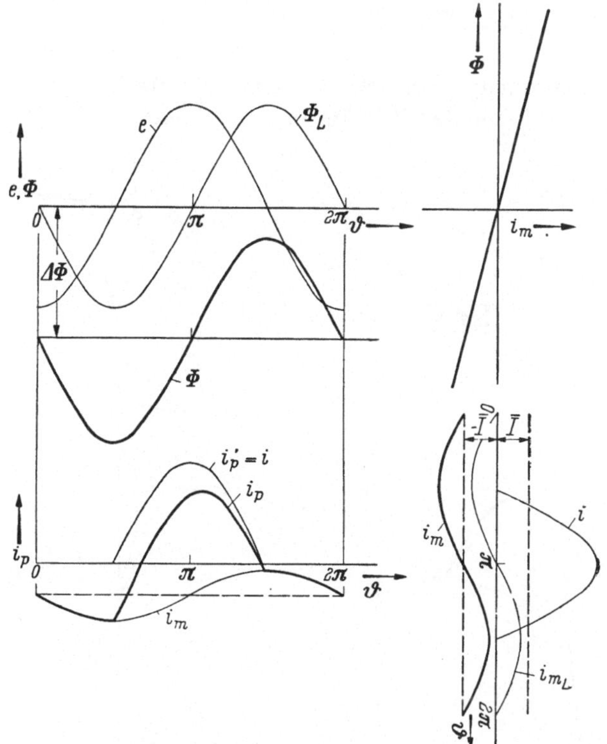

Abb. 11/4. Primärstrom i_p und Magnetisierungsstrom i_m eines Einpulsstromrichters, dessen Transformator eine lineare Magnetisierungskennlinie besitzt (Lufttransformator)

kennlinie bestimmt nur den zu einem bestimmten Fluß gehörenden Magnetisierungsstrom, wobei dieser Zusammenhang bei Lufttransformatoren linear, bei Transformatoren mit ferromagnetischem Kern nichtlinear verläuft. In den Abb. 11/4 und 11/6 wird der Magnetisierungsstrom für beide Fälle graphisch ermittelt.

In Abb. 11/4 wird vom Leerlauf ausgehend zuerst die speisende Spannung e, der dazugehörige Fluß Φ_L und mittels der geraden *Magnetisierungskennlinie* (Φ = prop i) der Leerlaufstrom i_{m_L} dargestellt. Sodann wird für den gleichgerichteten Strom i der arithmetische Mittelwert $\bar{I}$ ermittelt $\left(\bar{I} = \frac{1}{\pi}\hat{\imath}\right)$, womit bereits der Magnetisierungsstrom bei Belastung

$$i_m = -\bar{I} + i_{m_L}$$

bestimmt ist. Der Primärstrom wird schließlich durch Überlagerung von gleichgerichtetem Strom und Magnetisierungsstrom zu

$$i_p = i + i_m$$

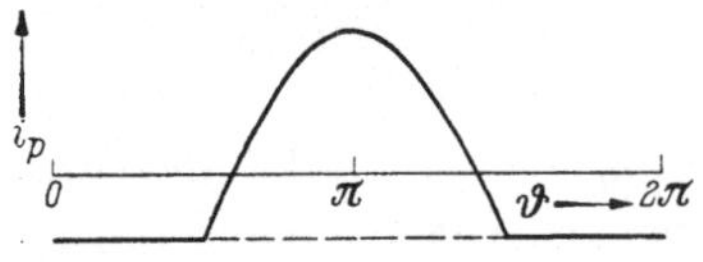

Abb. 11/5. Primärstrom i_p bei vernachlässigbar kleinem Wechselstromanteil des Magnetisierungsstromes i_m

erhalten. Man erkennt deutlich, daß eine sehr starke Flußverschiebung $\Delta\Phi$ erfolgen muß, um den Primärstrom i_p zu einem reinen Wechselstrom

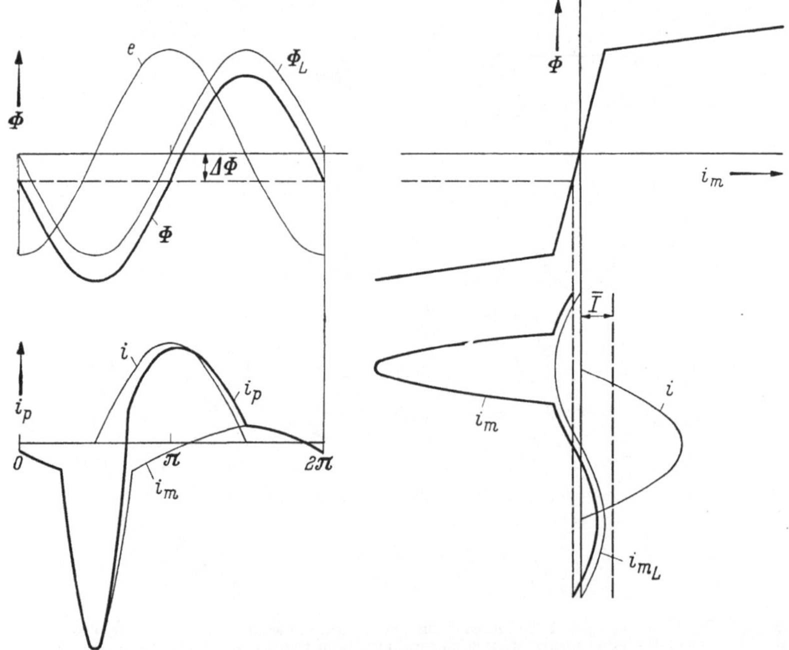

Abb. 11/6. Primärstrom i_p und Magnetisierungsstrom i_m eines Einpulsstromrichter-Transformators mit geknickter Magnetisierungskennlinie

zu machen. Vernachlässigt man, wie dies bei theoretischen Betrachtungen oft getan wird, den Wechselstromanteil des Magnetisierungsstromes, so reduziert sich dieser auf seinen Gleichanteil ($-\bar{I}$) und der Primärstrom erhält den in Abb. 11/5 dargestellten Verlauf.

In Abb. 11/6 wird die Flußverschiebung für eine *geknickte Magnetisierungskennlinie* ermittelt; hier kann die Flußverschiebung $\Delta\Phi$ sehr viel geringer sein als bei linearer Kennlinie, da im Sättigungsbereich eine sehr starke Steigerung des Magnetisierungsstromes einsetzt, wodurch wieder der geforderte Gleichanteil entsteht:

$$\frac{1}{2\pi}\int_0^{2\pi} i_m \, d\vartheta = -\bar{I} = -\frac{1}{2\pi}\int_0^{2\pi} i \, d\vartheta \,.$$

Der Gleichanteil des unsymmetrischen Magnetisierungsstromes kompensiert den Gleichanteil des übertragenen Sekundärstromes. Der Primärstrom i_p ist demnach ohne Gleichanteil und wieder ein reiner Wechselstrom. Obwohl der Primärstrom i_p alles andere als sinusförmig ist und demgemäß auch die den Fluß Φ erzwingende Spannung $e - R \cdot i_p$ von der Sinusform abweicht, wird man den Fluß in guter Näherung als sinusförmig betrachten können. Wie bereits erwähnt, werden bei Integralgrößen Oberwelleneinflüsse bzw. Verzerrungen der erzeugenden Funktion stark verschliffen und dafür die Grundwelle hervorgehoben.

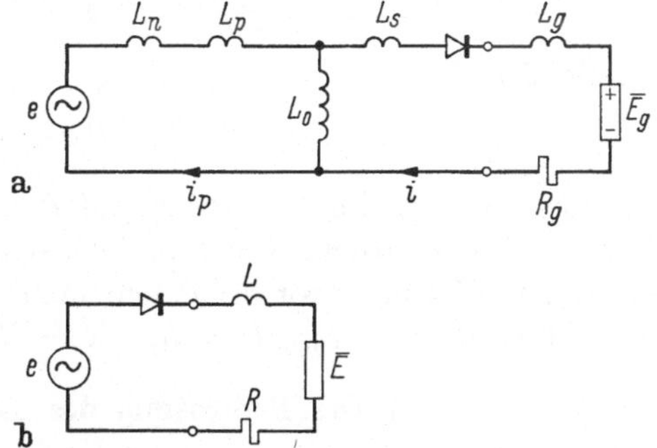

Abb. 11/7. Reduktion der Schaltung eines Einpulsstromrichters
a) vollständige Schaltung; b) reduzierte Schaltung

b) Die Reduktion der Schaltung

Nachdem der Magnetisierungsstrom und der Primärstrom bei rein Ohmscher Last ausführlich abgeleitet wurden, kann auf entsprechende Betrachtungen bei anderen Belastungsarten verzichtet werden. Es sei dagegen versucht, die ausführliche Schaltung von Abb. 11/1 so zu vereinfachen, daß einerseits die in Kap. 5 und 6 durchgeführten Untersuchungen unmittelbar angewendet und andererseits die Einflüsse der Transformator- und Netzreaktanzen dennoch berücksichtigt werden können. In Abb. 11/7a ist die zu vereinfachende Schaltung dargestellt. Für die 2 Maschen können folgende Gleichungen angeschrieben werden:

$$e = (X_n + X_p)\frac{di_p}{d\vartheta} + X_0 \frac{d}{d\vartheta}(i_p - i)\,,$$

$$e = (X_n + X_p)\frac{di_p}{d\vartheta} + (X_s + X_g)\frac{di}{d\vartheta} + R_g i + \bar{E}_g,$$

wobei das Übersetzungsverhältnis des Transformators wie üblich $\ddot{u} = 1$ gesetzt ist. Eliminiert man i_p aus der zweiten Gleichung und setzt in der ersten Gleichung ein, so erhält man

$$e = (\bar{E}_g + R_g i)\left(1 + \frac{X_n + X_p}{X_0}\right) + \left[(X_s + X_g)\left(1 + \frac{X_n + X_p}{X_0}\right) + \right.$$
$$\left. + (X_n + X_p)\right]\frac{di}{d\vartheta}.$$

Setzt man in dieser Gleichung

$$\left.\begin{aligned} \bar{E} &= \bar{E}_g\left(1 + \frac{X_n + X_p}{X_0}\right), \\ R &= R_g\left(1 + \frac{X_n + X_p}{X_0}\right), \\ X &= (X_s + X_g)\left(1 + \frac{X_n + X_p}{X_0}\right) + X_n + X_p, \end{aligned}\right\} \quad (11/8)$$

so läßt sich diese

$$e = \bar{E} + Ri + X\frac{di}{d\vartheta}$$

schreiben, womit die Schaltung auf den in Abb. 11/7b dargestellten einfachen Kreis zurückgeführt ist. Vernachlässigt man den Wechselanteil des Magnetisierungsstromes, indem man $X_0 = \infty$ setzt, so vereinfacht sich (11/8) zu $\bar{E} = \bar{E}_g$; $R = R_g$; $X = X_n + X_p + X_s + X_g$.

c) Die Bemessung des Transformators

Während bei gewöhnlichen Leistungstransformatoren die Scheinleistung der Primärwicklung $N_p = U_p I_p$ derjenigen der Sekundärwicklung $N_s = U_s I_s$ gleich ist, sind bei Stromrichtertransformatoren diese beiden Scheinleistungen in der Regel ungleich groß. Im besonderen ergibt sich für die Transformatoren der Einpulsstromrichter, Ohmsche Last vorausgesetzt, mit $I_s = \bar{I}\cdot\pi/2$ (5/19) und $U_s = E = \bar{U}_0\pi/\sqrt{2}$ (5/9),

$$N_s = \frac{\pi^2}{2\sqrt{2}}\bar{U}_0\bar{I} = 3{,}49\,\bar{U}_0\bar{I}. \quad (11/9)$$

Für den Primärstrom gilt (11/7)

$$i_p = i_{s\sim} + i_{m\sim} = i - \bar{I} + i_{m_L},$$

wobei i_{m_L} den Leerlauf-Magnetisierungsstrom bezeichnet. Damit folgt für den Effektivwert des Primärstromes:

$$I_p^2 = \frac{1}{2\pi}\int_0^{2\pi}[i - \bar{I} + i_{m_L}]^2\,d\vartheta = [R\,11, 1,] = I^2 - \bar{I}^2 + I_{m_L}^2. \quad (11/10)$$

Mit (5/19) findet man für den Primärstrom

$$I_p = \sqrt{\left(\frac{\pi^4}{4} - 1\right)\bar{I}^2 + I_{m_e}^2} = \sqrt{1 + j_{m_L}^2}\cdot 1{,}21\,\bar{I}, \quad (11/11)$$

mit $\sqrt{\frac{\pi^2}{4} - 1} = 1{,}21$ und $\mathfrak{j}_{m_L} = \frac{I_{m_L}}{1{,}21 \cdot \bar{I}} \approx \frac{I_{m_L}}{I_p}$

als relativen Leerlaufstrom. Da dieser bei normalen Transformatoren kleiner als 10% bleibt, so kann der Leerlaufstrom in der Regel vernachlässigt und

$$I_p \approx 1{,}21\,\bar{I} \qquad (11/12)$$

geschrieben werden. Mit $U_p = E$ findet man für die Scheinleistung der Primärwicklung

$$N_p = \frac{\pi}{\sqrt{2}} \sqrt{\frac{\pi^2}{4} - 1}\,\sqrt{1 + \mathfrak{j}_{m_L}^2}\,\bar{U}_0 \bar{I} \approx 2{,}69\,\bar{U}_0 \bar{I} \qquad (11/13)$$

und schließlich für die Typenleistung des Transformators

$$N_t = \frac{1}{2}(N_p + N_s) = 3{,}09\,\bar{U}_0 \bar{I}\,, \qquad (11/14)$$

d. h., die Scheinleistung des Transformators N_t ist 3,09mal größer als die Gleichstromleistung $\bar{U}_0\bar{I}$. Man erkennt die dadurch bedingte unwirtschaftliche Situation bei Einpulsstromrichtern, welche weitgehend zur Anwendung von Mehrpulsstromrichtern geführt hat.

11.2 Transformatoren für Zweipulsstromrichter

Die phänomenologische Untersuchung der Zweipulsschaltungen hat gelehrt, daß der Transformator bei der Brückenschaltung lediglich zur Spannungsübersetzung dient, daß er jedoch bei allen Mittelpunktschaltungen schon deshalb unentbehrlich ist, weil er einen belastbaren Mittelpunkt für das Wechselstromsystem schafft. Es ist demgemäß zu erwarten, daß sich die Transformatoren dieser beiden Schaltungsgruppen auch in ihren Eigenschaften grundlegend voneinander unterscheiden werden, weshalb sie getrennt betrachtet werden sollen.

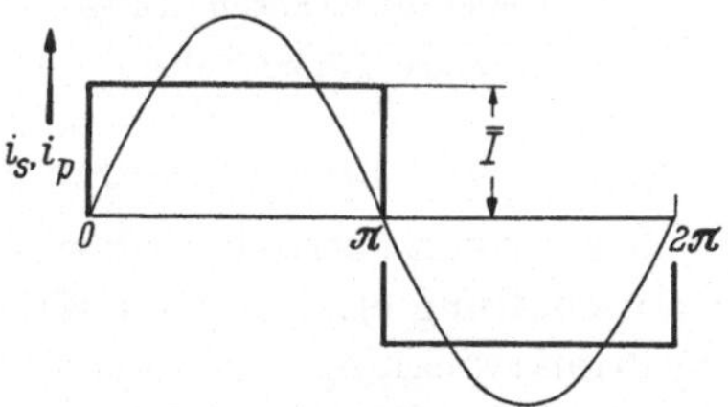

Abb. 11/8. Stromverlauf in einem Stromrichtertransformator einer Zweipulsbrückenschaltung

a) Transformatoren für die Brückenschaltung

Wie in Kap. 7 ausführlich erörtert wurde, führt die Sekundärwicklung des Transformators einen reinen Wechselstrom (Abb. 11/8). Demgemäß ist der Transformator symmetrisch belastet. Seine Dimensionierung kann in der für Netztransformatoren üblichen Weise erfolgen.

Bei *großer Glättungsdrossel* ergibt sich (ohne Überlappung) für den Effektivwert des Sekundärstromes:

$$I_s = \bar{I}\,. \qquad (11/15)$$

Setzt man die Spannung an der Sekundärwicklung gleich E, so entsteht eine Leerlaufgleichspannung $\bar{U}_0 = E\sqrt{2}\cdot\frac{2}{\pi}$, womit man für die Scheinleistung der Sekundärwicklung

$$N_s = E\,I_s = \frac{\pi}{2\sqrt{2}}\bar{U}_0\bar{I} = 1{,}11\,\bar{U}_0\bar{I} \tag{11/16}$$

erhält. Da für das Übersetzungsverhältnis $\ddot{u} = 1$ die Primärspannung ebenfalls E beträgt und $I_p = I_s$ gilt, so folgt $N_p = N_s$ und damit für die Transformatortypenleistung

$$N_t = 1{,}11\,\bar{U}_0\bar{I}\,. \tag{11/17}$$

Bei rein Ohmscher Last erhält man dagegen

$$I_s = I_p = \frac{\pi}{2\sqrt{2}}\bar{I} = 1{,}11\,\bar{I} \tag{11/18}$$

und

$$N_t = N_p = N_s = \frac{\pi^2}{8}\bar{U}_0\bar{I} = 1{,}23\,\bar{U}_0\bar{I}\,. \tag{11/19}$$

Eine Glättungsdrossel verringert demnach nicht nur die im allgemeinen unerwünschte Gleichstromwelligkeit, sie verkleinert auch etwas die Transformatortypenleistung. Die Kommutierungsreaktanz kann man sofort anschreiben:

$$\left.\begin{aligned} &\text{primäre Sternschaltung:} && X_c = X_s + X_p + X_n\,,\\ &\text{primäre Ringschaltung:} && X_c = X_s + X_p + 2X_n\,. \end{aligned}\right\} \tag{11/20}$$

b) Transformatoren für Mittelpunktschaltungen

Bei unsymmetrisch belasteten Transformatoren mit sekundärer Sternschaltung ergeben sich verschiedene Verhältnisse, je nachdem, ob die Primärwicklung Stern- oder Ringschaltung besitzt. Obwohl in jedem Falle ein Jochfluß durch die sekundären Ströme erregt wird, kann sich dieser nur bei primärer Sternschaltung voll ausbilden, bei primärer Ringschaltung stellt diese eine kurzgeschlossene Dämpferwicklung dar. Bei Stromrichtertransformatoren mit sekundärer Zickzackwicklung entsteht unabhängig von der Schaltung der Primärwicklung kein Jochfluß. Diese den magnetischen Kreis kennzeichnenden Unterschiede legen damit auch eine entsprechende Einteilung der Mittelpunktschaltungen nahe.

Primäre Sternschaltung (Abb. 11/9). Für die Primär- bzw. Netzströme ergibt sich gemäß (10/93):

$$\left.\begin{aligned} i_{n_1} &= i_{p_1} = i_{s_1} - \frac{i_{s_1} + i_{s_2}}{2} = \frac{1}{2}(i_{s_1} - i_{s_2})\,,\\ i_{n_2} &= i_{p_2} = i_{s_2} - \frac{i_{s_1} + i_{s_2}}{2} = \frac{1}{2}(i_{s_2} - i_{s_1})\,, \end{aligned}\right\} \tag{11/21}$$

und damit die in Abb. 11/10 sowohl für rein Ohmsche Last als auch unendlich große Kathodendrossel dargestellte Amperewindungsverteilung bzw. bei gleichen Windungszahlen auch der Stromverlauf. Man erkennt deutlich, daß sich auf jedem Schenkel ein Amperewindungsüberschuß von $-\frac{i_s}{2}$ ergibt, der einen entsprechenden Jochfluß zur Folge hat.

Abb. 11/9b zeigt das die Sternschaltung kennzeichnende Normalschaltbild. Der Jochfluß kann durch eine gemeinsame Induktivität der Größe $L_j/2$ veranschaulicht werden. Da der gleichgerichtete Strom i durch diese Induktivität fließt, wirkt sie wie eine Glättungsdrossel. Die in Abb. 11/10a dargestellten Sinus-

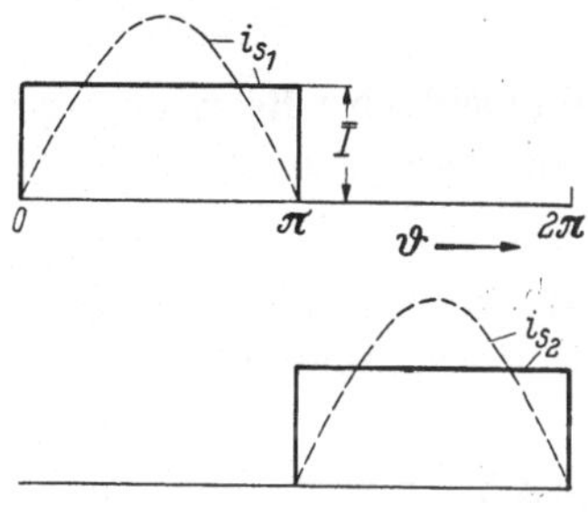

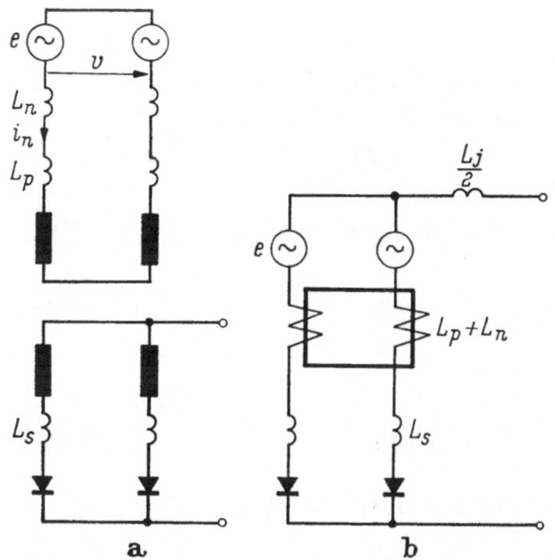

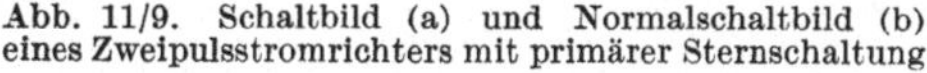

Abb. 11/9. Schaltbild (a) und Normalschaltbild (b) eines Zweipulsstromrichters mit primärer Sternschaltung

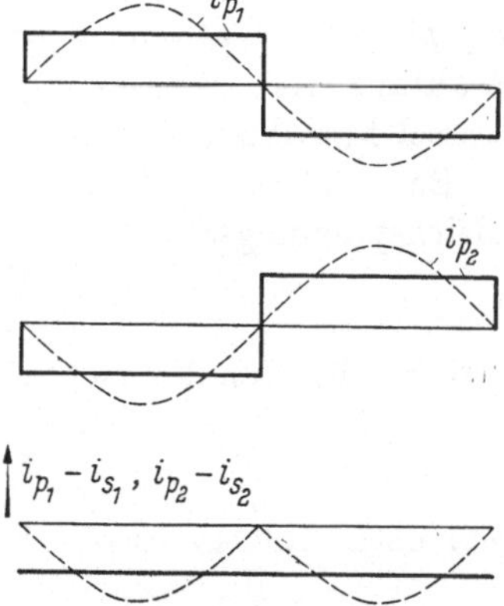

Abb. 11/10. Stromverlauf bei Zweipulsstromrichtern mit primär in Stern geschaltetem Transformator

--- rein Ohmsche Last; — große Drossel

halbwellen werden daher nur dann auftreten, wenn die Jochreaktanz X_j klein ist gegen den Ohmschen Widerstand des Gleichstromkreises. Die den Jochfluß erregende Stromdifferenz eines Schenkels $i_{p_k} - i_{s_k}$ ist aus einem Gleichanteil und einem Wechselanteil doppelter Netzfrequenz zusammengesetzt. Setzt man, wie üblich, die Sekundärströme nach Größe und zeitlichem Verlauf als gegeben voraus, so sind mit (10/93) die Primärströme bestimmt. Die Sekundärspannungen findet man aus (10/94)

$$u_{s_k} = e_k - (X_n + X_p)\frac{d}{d\vartheta}\left[i_{s_k} - \frac{1}{2}\sum i_{s_i}\right] - \frac{1}{2}X_j\frac{d}{d\vartheta}\sum i_{s_i} - X_s\frac{d i_{s_k}}{d\vartheta}. \tag{11/22}$$

In Abb. 11/9b tritt
$$X_A = X_p + X_n$$
als verkettete Reaktanz bei allphasigem Anschluß und X_s als unverkettete Sekundärreaktanz auf. Die Gleichspannung des ungesteuerten Zweipulsstromrichters beträgt im Leerlauf
$$\bar{U}_0 = E\sqrt{2}\cdot\frac{2}{\pi} \tag{11/23}$$
und sinkt bei Belastung (große Glättungsdrossel vorausgesetzt) mit dem Gleichstrom $\bar{I}$ auf
$$\frac{\bar{U}}{\bar{U}_0} = 1 - \frac{\bar{I}}{\bar{I}_K} \tag{11/24}$$
ab, welcher Ausdruck mit $X_c = X_s + X_A$, der Kommutierungsreaktanz je Phase, und (8/4)
$$\frac{\bar{U}}{\bar{U}_0} = 1 - \frac{X_c}{2E\sqrt{2}}\bar{I} \tag{11/25}$$
geschrieben werden kann.

Der Vergleich mit den in Kap. 10 abgeleiteten Beziehungen zeigt, daß während der Kommutierung so gerechnet werden kann, als ob X_c *ungekoppelte* Reaktanzen wären. Außerhalb der Kommutierung ist die Reaktanz $X_s + (X_A + X_j)/2$ wirksam, wozu noch die Gleichstromdrossel hinzukommt.

Bei großer Glättungsdrossel gilt für den normierten induktiven Gleichspannungsabfall
$$d = \frac{X_c}{2E\sqrt{2}}\bar{I} = \bar{I}/\bar{I}_K \tag{11/26}$$
und für die Nennkurzschlußspannung
$$\varepsilon = \frac{X_c I_p}{E} = \frac{X_c \bar{I}}{2E}, \tag{11/27}$$
weil nach Abb. 11/10 der Effektivwert des Primärstromes
$$I_p = \frac{\bar{I}}{2} \tag{11/28}$$
beträgt. Damit erhält man
$$\frac{d}{\varepsilon} = \frac{1}{\sqrt{2}}. \tag{11/29}$$
Für den Effektivwert des Sekundärstromes liest man für große Glättungsdrosseln
$$I_s = \bar{I}/\sqrt{2} \tag{11/30}$$
ab und erhält damit für die Scheinleistungen des Transformators:
$$N_s = 2E I_s = \frac{\pi}{2}\bar{U}_0\bar{I} = 1{,}57\,\bar{U}_0\bar{I}, \tag{11/31}$$
$$N_p = 2E I_p = \frac{\pi}{2\sqrt{2}}\bar{U}_0\bar{I} = 1{,}11\,\bar{U}_0\bar{I}, \tag{11/32}$$
$$N_t = 1{,}34\,\bar{U}_0\bar{I}. \tag{11/33}$$

Obwohl hier und im folgenden die Ströme der Zwei- und Dreipulsstromrichter-Transformatoren des besseren Verständnisses wegen sowohl für rein Ohmsche Last als auch große Glättungsdrossel dargestellt werden, sollen die Effektivwerte der Ströme und die Scheinleistungen nur für den praktisch üblichen Fall der großen Glättungsdrossel berechnet werden.

Primäre Ringschaltung (Abb. 11/11). Da im Primärkreis grundsätzlich Ohmsche Widerstände vorhanden sein sollen, auch wenn sie aus Gründen der bequemeren Rechnung nicht explizite berücksichtigt werden, so kann dort kein Gleichstrom fließen. Weil i_p und i_s sich nur durch einen Gleichstromanteil unterscheiden, so ist offenbar $\frac{d i_p}{dt} = \frac{d i_s}{dt}$.

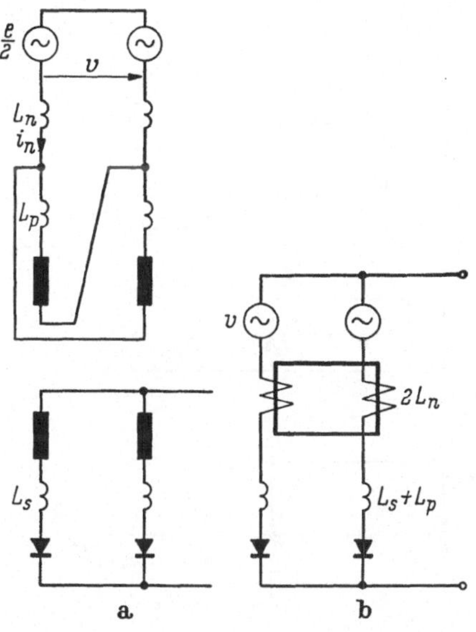

Abb. 11/11. Schaltbild (a) und Normalschaltbild (b) eines Zweipulsstromrichters mit primärer Ringschaltung

Der Primärstrom hat nach (10/95) die Form:

$$i_{p_1} = i_{s_1} - \bar{I}/2$$

bzw.

$$i_{p_2} = i_{s_2} - \bar{I}/2 .$$

In der Ringwicklung fließt ein Gleichstrom-Kreisstrom, der den Primärstrom zu einem reinen Wechselstrom ergänzt. Er stellt das Analogon zu der Gleichstromkomponente im Magnetisierungsstrom des Einpulsstromrichter-Transformators dar. Ebenso wie dieser ist er im Einschaltaugenblick noch nicht vorhanden, sondern wird etwas verzögert aufgebaut.

Für den Netzstrom findet man aus Abb. 11/11 a

$$i_{n_1} = i_{p_1} - i_{p_2} = i_{s_1} - i_{s_2}$$

$$i_{n_2} = i_{p_2} - i_{p_1} = i_{s_2} - i_{s_1} .$$

Aus der Gleichung für die Sekundärspannungen (10/96) liest man die verkettete Reaktanz der Normalschaltung

$$X_A = 2\,X_n$$

und die unverketteten Reaktanzen X_p und X_s ab. Mit

$$X_c = X_s + X_p + 2\,X_n \tag{11/34}$$

geht man in die Gleichungen für den normierten induktiven Spannungsabfall (11/26) und für die Nennkurzschlußspannung (11/27).

Für die Effektivwerte der Ströme erhält man für unendlich *große Glättungsdrossel* aus Abb. 11/12:

$$I_s = \frac{1}{\sqrt{2}} \bar{I}, \tag{11/35}$$

$$I_p = \frac{\bar{I}}{2}, \tag{11/36}$$

$$I_n = \bar{I}. \tag{11/37}$$

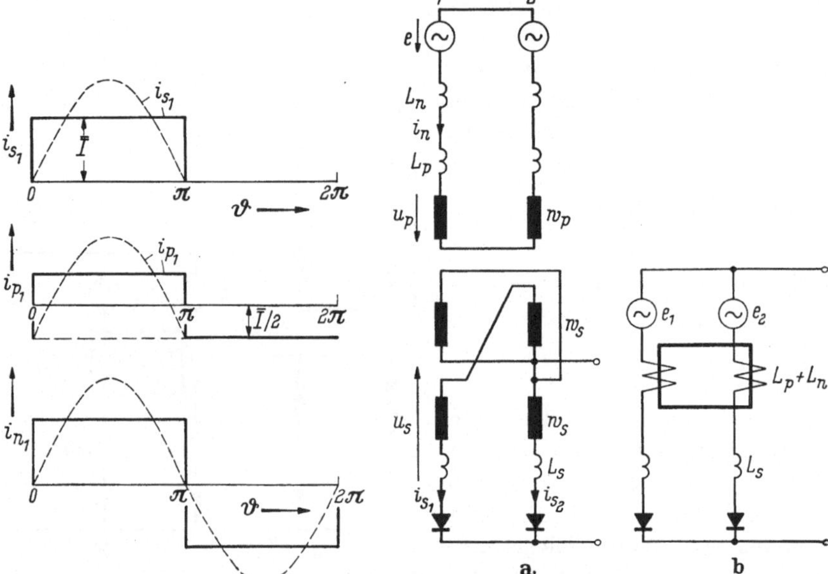

Abb. 11/12. Stromverlauf bei Zweipulsstromrichtern mit primär in Ring geschaltetem Transformator

Abb. 11/13. Schaltbild (a) und Normalschaltbild (b) eines zweiphasigen Transformators mit sekundärer Zickzackschaltung und primärer Sternschaltung

Damit erhält man

$$\frac{d}{\varepsilon} = \frac{1}{\sqrt{2}} \tag{11/38}$$

und die Transformatorscheinleistungen

$$N_s = 2\,E\,I_s = \frac{\pi}{2}\,\bar{U}_0 \bar{I} = 1{,}57\,\bar{U}_0 \bar{I}, \tag{11/39}$$

$$N_p = 2\,E\,I_p = \frac{\pi}{2\sqrt{2}}\,\bar{U}_0 \bar{I} = 1{,}11\,\bar{U}_0 \bar{I}, \tag{11/40}$$

$$N_t = 1{,}34\,\bar{U}_0 \bar{I}. \tag{11/41}$$

Sekundäre Zickzackschaltungen. Bei *primärer Sternschaltung* (Abb. 11/13) gilt nach (10/91)

$$i_{n_1} = i_{p_1} = (i_{s_1} - i_{s_2})\,\frac{w_s}{w_p}. \tag{11/42}$$

Das Übersetzungsverhältnis des Transformators sei auch im vorliegenden Falle

$$\ddot{u} = \frac{U_p}{U_s} = \frac{w_p}{2\,w_s} = 1\,,$$

woraus für die Windungszahlen

$$w_p = 2\,w_s \tag{11/43}$$

folgt. Die Sekundärspannung U_s setzt sich aus zwei gleich großen Teilspannungen zusammen, wobei zu bedenken ist, daß es sich um einen Dreiwicklungstransformator handelt:

$$u_{s_1} = e_1 - (X_n + X_p)\frac{d}{d\vartheta}\left[i_{s_1} - \frac{1}{2}\sum i_{s_i}\right] - X_s\frac{d\,i_{s_1}}{d\vartheta}\,, \tag{11/44}$$

weil $e_1 = -e_2$, $\sum \Delta i_{s_k} = 0$ und $i_{s1} - i_{s2} = 2\,i_{s1} - \sum i_{s_i}$ gilt. Damit kann man das Normalschaltbild 11/13b anzeichnen. Die Kommutierungsreaktanz ergibt sich zu

$$X_c = X_n + X_p + X_s\,. \tag{11/45}$$

Für den Effektivwert des Sekundärstromes folgt aus Abbildung 11/14: $I_s = \bar{I}/\sqrt{2}$ und

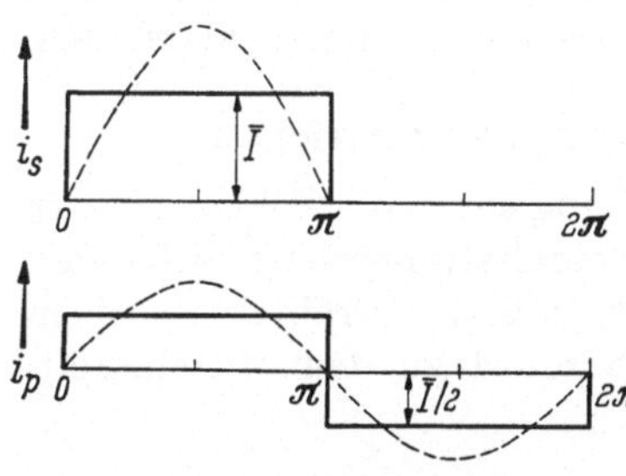

Abb. 11/14. Stromverlauf bei Zweipulsstromrichtern mit sekundär in Zickzack geschaltetem Transformator

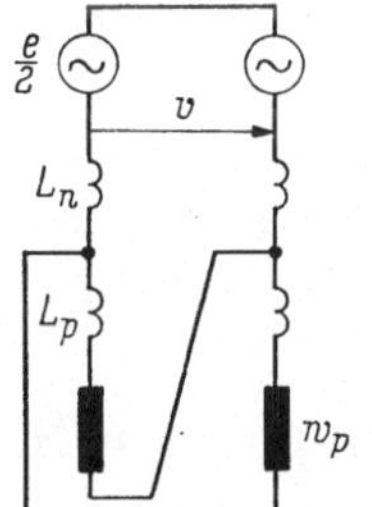

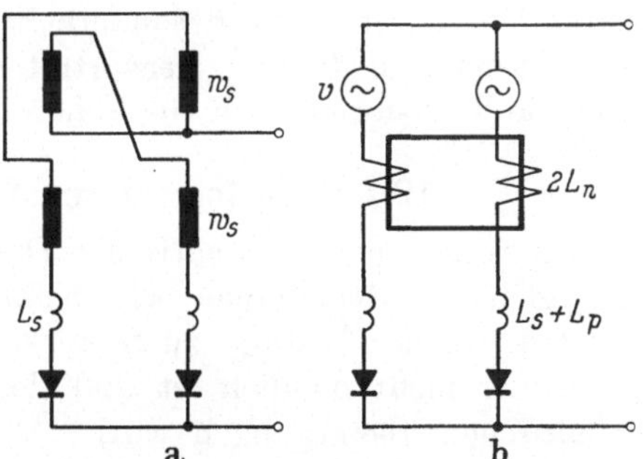

Abb. 11/15. Schaltbild (a) und Normalschaltbild (b) eines zweiphasigen Transformators mit primärer Ringschaltung und sekundärer Zickzackschaltung

damit für die Scheinleistung der Sekundärwicklungen:

$$N_s = 4\,\frac{E}{2}\,I_s = \frac{\pi}{2}\,\bar{U}_0\,\bar{I} = 1{,}57\,\bar{U}_0\,\bar{I}\,. \tag{11/46}$$

Für den Primärstrom erhält man gemäß (11/42) und (11/43) bzw. Abb. 11/13

$$I_p = \bar{I}\,\frac{w_s}{w_p} = \frac{1}{2}\,\bar{I}\,. \tag{11/47}$$

Damit folgt für die Scheinleistung der Primärwicklung

$$N_p = 2\,E\,I_p = \frac{\pi}{2\sqrt{2}}\,\bar{U}_0\bar{I} = 1{,}11\,\bar{U}_0\bar{I} \tag{11/48}$$

und für die Typenleistung des Transformators

$$N_t = 1{,}34\,\bar{U}_0\bar{I}\,. \tag{11/49}$$

Bei *primärer Ringschaltung* (Abb. 11/15a) sind die Primärströme durch (10/92) und die Sekundärspannungen durch

$$u_{s_1} = v_1 - 2\,X_n\frac{d}{d\vartheta}\left(i_{s_1} - \frac{1}{2}\sum i_{s_i}\right) - (X_s + X_p)\frac{d i_{s_1}}{d\vartheta} \tag{11/50}$$

bestimmt, woraus mit $v_1 = e_1$ unmittelbar das Normalschaltbild 11/15b und die Kommutierungsreaktanz

$$X_c = 2\,X_n + X_p + X_s \tag{11/51}$$

folgen. Da der Stromverlauf und das Übersetzungsverhältnis identisch gleich sind wie bei primärer Sternschaltung, so folgt daraus, daß die Transformatortypenleistung unabhängig von der primären Wicklungsanordnung durch (11/49) bestimmt wird.

12. Drei- und sechsphasige Stromrichtertransformatoren

Die Untersuchung der Transformatoren für Ein- und Zweipulsstromrichter hat deren Besonderheiten gegenüber den normalen Netztransformatoren deutlich hervortreten lassen. In gleicher Weise sollen nun die Transformatoren für höhere Phasenzahlen untersucht werden.

12.1 Transformatoren für Dreipulsstromrichter

Im Sinne einer systematischen Darstellung sollen die Schaltungen in der gleichen Reihenfolge wie beim Zweipulsstromrichter behandelt werden, wobei allerdings zu bemerken ist, daß eine Dreipuls-Brückenschaltung nicht möglich ist und deshalb sofort zu den Mittelpunktschaltungen übergegangen wird.

Mittelpunktschaltungen

a) Primäre Sternschaltung

In Abb. 12/1 sind die in den Regeln für Stromrichter festgelegten Schaltungen (VDE 0555: Schaltung A_2, B_2) dargestellt. Für die Netz- bzw. Primärströme gilt nach (10/77)

$$i_{n_1} = i_{p_1} = i_{s_1} - \frac{1}{3}\sum i_{s_i} = \frac{2}{3}\,i_{s_1} - \frac{1}{3}\,(i_{s_2} + i_{s_3}) \quad \text{usw.}$$

mit einer AW-Differenz von $-\frac{1}{3}(i_1 + i_2 + i_3) = -i/3$ je Schenkel, welche einen Jochfluß hervorruft. In Abb. 12/2 ist der Stromverlauf bei rein Ohmscher Belastung und bei großer Glättungsdrossel dargestellt. Für die Sekundärspannung war oben Gl. (10/88) abgeleitet worden, aus welcher unmittelbar die Normalschaltung (Abb. 12/1) mit der verketteten Reaktanz

$$X_A = X_p + X_n$$

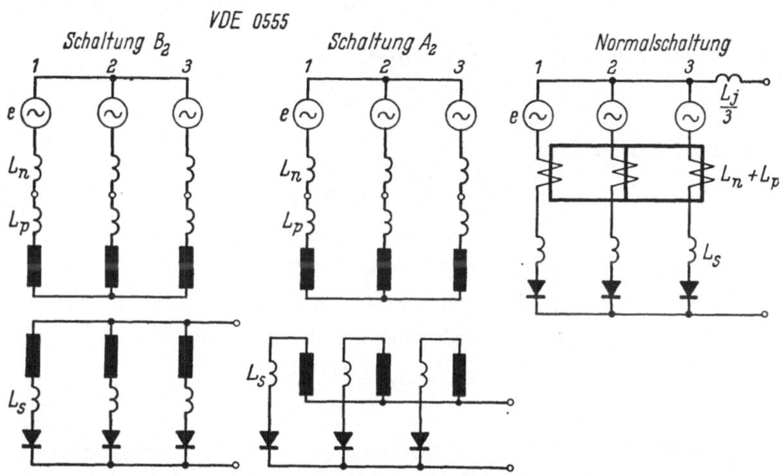

Abb. 12/1. Schaltbilder und Normalschaltbild von Dreipulsstromrichtern mit Transformatoren in Stern/Stern-Schaltung

folgt. Für die unverkettete Kommutierungsreaktanz ergibt sich bei einfacher Überlappung

$$X_c = X_s + X_p + X_n\,. \tag{12/1}$$

Die sekundäre Scheinleistung des Transformators ist mit $I_s = \bar{I}/\sqrt{3}$ und $E = \frac{2\pi}{3\sqrt{6}}\bar{U}_0$ durch

$$N_s = 3\,E\,I_s = \frac{\sqrt{2}\,\pi}{3}\bar{U}_0\bar{I} = 1{,}48\,\bar{U}_0\bar{I} \tag{12/2}$$

und die primäre Scheinleistung durch

$$N_p = 3\,E\,I_p = \frac{2\pi}{3\sqrt{3}}\bar{U}_0\bar{I} = 1{,}21\,\bar{U}_0\bar{I} \tag{12/3}$$

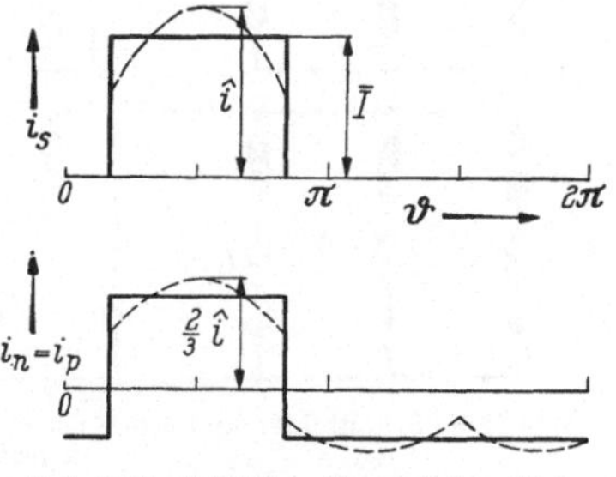

Abb. 12/2. Zeitlicher Verlauf der Ströme von Dreipulsstromrichtern

bestimmt, wobei sich der Effektivwert des Primärstromes unter Vernachlässigung der Überlappung zu

$$I_p = \sqrt{\frac{1}{2\pi}\int\limits_0^{2\pi} i^2\,d\vartheta} = \left[\frac{1}{2\pi}\left(\left(\frac{2}{3}\bar{I}\right)^2\frac{2\pi}{3} + \left(\frac{1}{3}\bar{I}\right)^2\frac{4\pi}{3}\right)\right]^{1/2}\bar{I} = \frac{\sqrt{2}}{3}\bar{I} \tag{12/4}$$

ergibt.

Für die Transformatortypenleistung folgt schließlich

$$N_t = 1{,}35\, \bar{U}_0 \bar{I}\,. \tag{12/5}$$

Für den spezifischen Spannungsabfall d findet man aus (9/5), (9/9), (9/11)

$$d = \frac{\Delta \bar{U}}{\bar{U}_{00}} = \sqrt{3}\,\frac{\bar{I}}{I_{0K}} = \frac{3}{2\pi}\,\frac{X_c \bar{I}}{\bar{U}_0} = \frac{X_c \bar{I}}{\sqrt{6}\,E} \tag{12/6}$$

und mit der Nennkurzschlußspannung:

$$\varepsilon = \frac{X_c I_p}{E}$$

erhält man schließlich

$$\frac{d}{\varepsilon} = \frac{\sqrt{3}}{2} = 0{,}866\,. \tag{12/7}$$

b) Primäre Dreieckschaltung

Abb. 12/3 zeigt die Schaltungen C_1 und D_1 nach VDE 0555. Die Primärströme gehorchen gemäß (10/81) der Gleichung:

$$i_{p_k} = i_{s_k} - \bar{I}/3$$

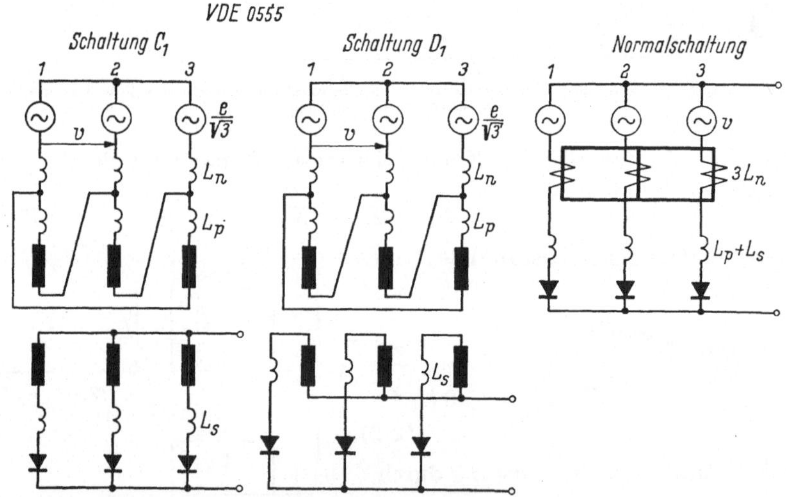

Abb. 12/3. Schaltbilder und Normalschaltbild von Dreipulsstromrichtern mit Transformatoren in primärer Ringschaltung

und sind in Abb. 12/4 graphisch dargestellt.

Die Netzströme ergeben sich aus den Primärströmen gemäß:

$$i_{n_1} = i_{p_1} - i_{p_3} = i_{s_1} - i_{s_3} \quad \text{usw.}$$

Für die Sekundärspannungen gilt (10/90), woraus man für die verkettete Reaktanz der Normalschaltung (Abb. 12/3)

$$X_A = 3\,X_n$$

und die Kommutierungsreaktanz

$$X_c = X_s + \frac{1}{2} X_p + 3\, X_n \qquad (12/8)$$

entnimmt. Für die Effektivwerte der Ströme und für die Scheinleistung des Transformators erhält man die gleichen Zahlenwerte, wie sie für die primäre Sternschaltung ermittelt wurden.

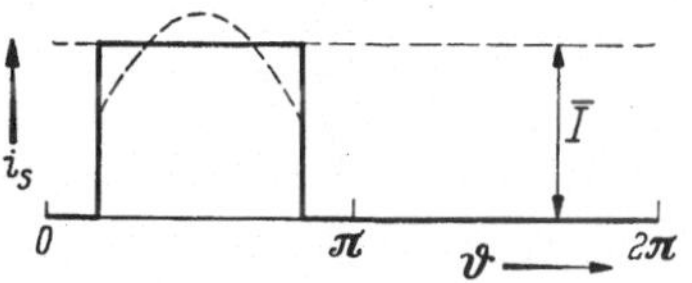

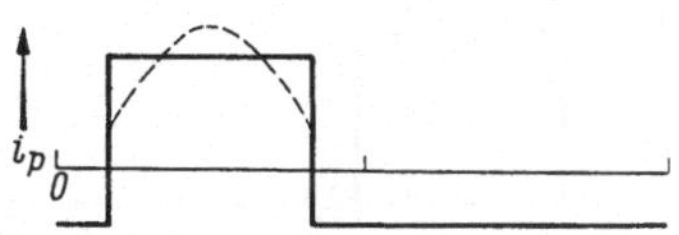

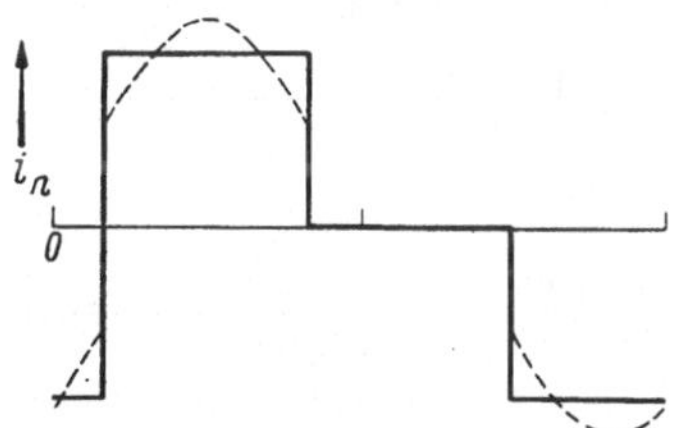

Abb. 12/4. Stromverlauf bei primärer Ringschaltung

c) Sekundäre Zickzackschaltung

Bei *primärer Sternschaltung* gilt für die Primärströme der in Abb. 12/5 dargestellten Schaltungen

$$i_{n_1} = i_{p_1} = (i_{s_1} - i_{s_3}) \frac{w_s}{w_p} \quad \text{usw.}$$

und aus dem Übersetzungsverhältnis

$$\ddot{u} = \frac{U_p}{U_s} = \frac{w_p}{\sqrt{3}\, w_s} = 1$$

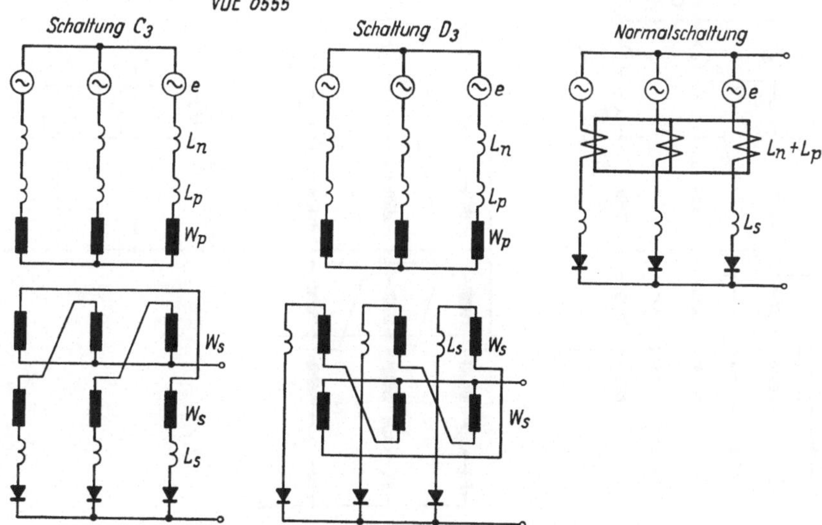

Abb. 12/5. Dreipulsstromrichter mit Transformatoren in sekundärer Zickzackschaltung und Normalschaltung

für die Windungszahlen

$$w_p = \sqrt{3}\, w_s . \qquad (12/9)$$

Geht man damit in die Gleichung für die Sekundärspannungen, so findet man durch Addition der beiden Teilspannungen

$$u_{s_1} = \frac{e_1 - e_2}{\sqrt{3}} - (X_n + X_p)\frac{d}{d\vartheta}\left(i_{s_1} - \frac{1}{3}\sum i_{s_i}\right) - X_s \frac{d i_{s_1}}{d\vartheta}, \qquad (12/10)$$

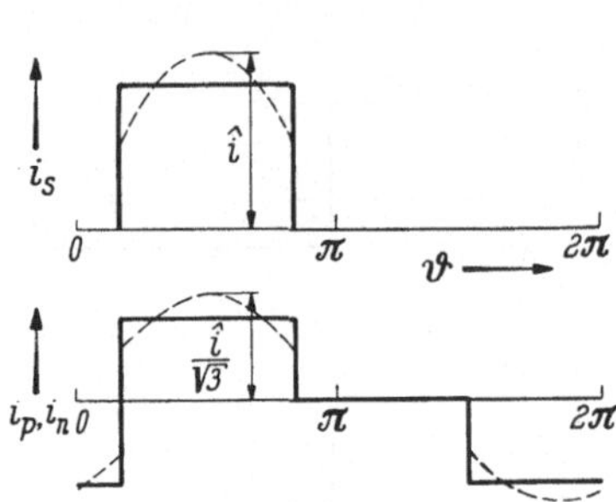

Abb. 12/6. Zeitlicher Verlauf der Ströme von Dreipulsstromrichtern. Primär Stern, sekundär Zickzack
– – – rein Ohmsche Last; — große Drossel

wobei $\quad -i_{p_1} + i_{p_3} = 3\left(i_{s3} - \frac{1}{3}\sum i_{s_i}\right)$ und das Übersetzungsverhältnis zu berücksichtigen ist. Bedenkt man, daß $\frac{|\mathfrak{E}_1 - \mathfrak{E}_2|}{\sqrt{3}} = |\mathfrak{E}|$ gilt, so kann man unter Vernachlässigung der durch die Zickzackschaltung bedingten Phasenverschiebung von 30° das Normalschaltbild 12/5 mit der Kommutierungsreaktanz

$$X_c = X_n + X_p + X_s \qquad (12/11)$$

zeichnen. Für die Effektivwerte der

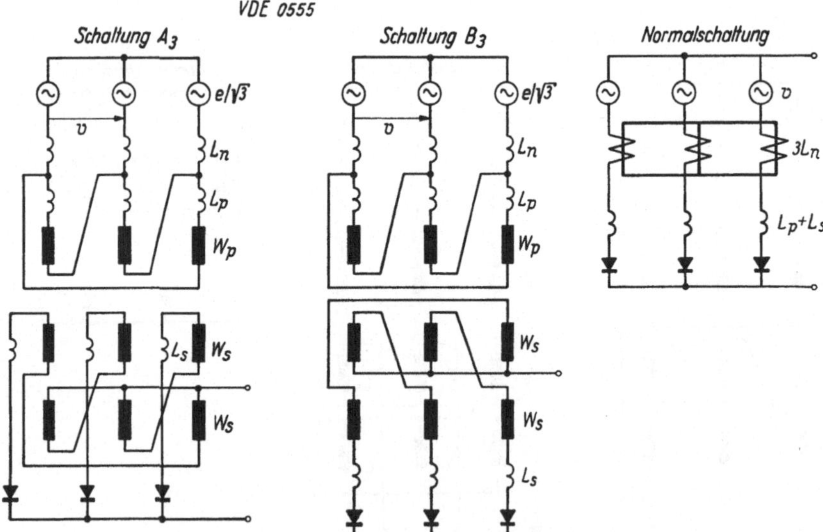

Abb. 12/7. Dreipulsstromrichter mit Transformatoren in sekundärer Zickzackschaltung und Normalschaltbild

Ströme erhält man aus Abb. 12/6

$$I_s = \frac{I}{\sqrt{3}} \quad \text{und} \quad I_n = I_p = \frac{\sqrt{2}}{3} I \qquad (12/12)$$

und für die Scheinleistungen

$$\left.\begin{aligned} N_s &= \frac{6}{\sqrt{3}} E I_s = \frac{2\sqrt{2}\pi}{3\sqrt{3}} \bar{U}_0 \bar{I} = 1{,}71\, \bar{U}_0 \bar{I}\,, \\ N_p &= 3 E I_p = \frac{2\pi}{3\sqrt{3}} \bar{U}_0 \bar{I} = 1{,}21\, \bar{U}_0 \bar{I}\,, \\ N_t &= 1{,}46\, \bar{U}_0 \bar{I}\,. \end{aligned}\right\} \qquad (12/13)$$

Bei *primärer Ringschaltung* (Abb. 12/7) findet man mit (10/81)

$$i_{n_1} = i_{p_1} - i_{p_3} = (i_{s_1} + i_{s_2} - 2\, i_{s_3}) \frac{w_s}{w_p} \quad \text{usw.}$$

$$u_{s_1} = \frac{v_1 - v_3}{\sqrt{3}} - 3\,(X_n + X_p) \frac{d}{d\vartheta} \times \left[i_{s_1} - \frac{1}{3} \sum i_{s_i} \right] - X_s \frac{d i_{s_1}}{d\vartheta} \qquad (12/14)$$

und für die Kommutierungsreaktanz

$$X_c = X_s + X_p + 3\, X_n\,. \qquad (12/15)$$

Im übrigen gelten dieselben Beziehungen für die Effektivwerte der Transformatorströme und der Scheinleistungen wie sie für die primäre Sternschaltung abgeleitet wurden. Für den Netzstrom folgt aus Abb. 12/8

$$I_n = \sqrt{3}\, I_p = \sqrt{\frac{2}{3}}\, \bar{I} = 0{,}82\, \bar{I}\,. \qquad (12/16)$$

Bei den Dreipulsstromrichtern erfordert demnach die Zickzackschaltung eine um etwa 8% größere Transformatortypenleistung als die sekundären Sternschaltungen.

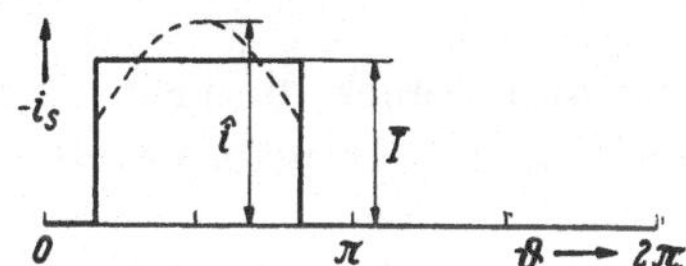

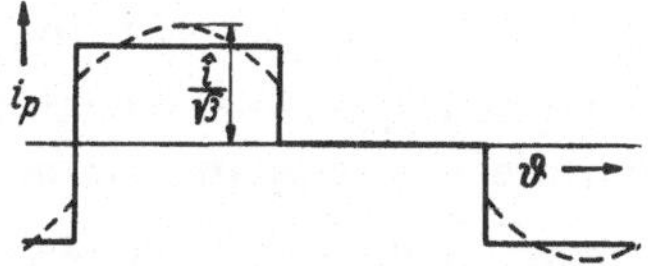

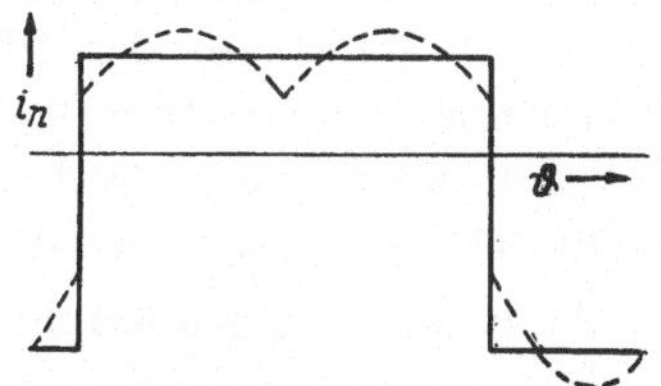

Abb. 12/8. Zeitlicher Verlauf der Ströme von Dreipulsstromrichtern. Primär Ringschaltung, sekundär Zickzackschaltung; --- rein Ohmsche Last; — große Glättungsdrossel

12.2 Transformatoren für Sechspulsstromrichter

Obwohl die Sechspulsstromrichter erst im nächsten Kapitel ausführlich behandelt werden, wird hier bereits die Untersuchung der zugehörigen Transformatoren vorgenommen. Dadurch ergibt sich der Vorteil des Zusammenhanges mit den übrigen Transformatoren, welcher sicher die Unbequemlichkeit der mehrfachen Hinweise auf das nächste Kapitel aufwiegt.

a) **Brückenschaltung** (vgl. Abschn. 13.1)

Die Sekundärwicklungen führen reinen Wechselstrom; der Transformator ist symmetrisch belastet. Für die Kommutierungsreaktanzen gilt bei primärer Sternschaltung: $X_c = X_s + X_p + X_n$, (12/17)

primärer Dreieckschaltung: $X_c = X_s + X_p + 3\,X_n$. (12/18)

Mit dem Effektivwert des sekundären Phasenstromes

$$I_s = \sqrt{\frac{2}{3}}\,\bar{I} \qquad (12/19)$$

und der effektiven Phasenspannung $E = \bar{U}_0 \frac{\pi}{3\sqrt{6}}$ erhält man die Scheinleistung der Sekundärwicklung

$$N_s = 3\,E\,I_s = \frac{\pi}{3}\bar{U}_0\bar{I} = 1{,}05\,\bar{U}_0\bar{I} \qquad (12/20)$$

und damit auch die primäre Scheinleistung $N_p = N_s$ sowie die Typenleistung des Transformators

$$N_t = 1{,}05\,\bar{U}_0\bar{I}\,. \qquad (12/21)$$

b) Doppelsternschaltungen

Stern-Doppelstern-Schaltung (vgl. Abschn. 14.1). Vernachlässigt man die Überlappung, dann gilt der in Abb. 12/9a dargestellte Stromverlauf. Jede Sekundärphase führt während $\frac{\pi}{3}$ den vollen Gleichstrom $\bar{I}$. Der Primärstrom ist durch (10/97) bestimmt; seine Form ergibt sich sofort aus der Überlegung, daß der einer Phasenwicklung zufließende Primärstrom stets durch die zwei anderen Wicklungen abfließen muß, daher dort nur die halbe Amplitude besitzen kann. Bildet man $i_{p_1} - (i_{s_1} - i_{s_4})$ usw., so findet man, daß auf jedem Schenkel ein Amperewindungsüberschuß von $\frac{1}{3}\,(i_{s1} + i_{s3} + i_{s5} - i_{s2} - i_{s4} - i_{s6})$ besteht, welcher einen *Jochwechselfluß* von der dreifachen Netzfrequenz hervorruft. Dieser Jochfluß induziert bei jeder Kommutierung einen zusätzlichen Spannungsabfall, weshalb man die Schaltung nur selten anwendet. Die sekundären Phasenspannungen liefert Gl. (10/98) (man vergleiche dazu die Normalschaltung Abb. 10/13a).

Die bei der Kommutierung von Phase 1 nach 2 bestehenden Verhältnisse wurden bei der idealen magnetischen Verkettung untersucht. Man erhält für die Kommutierungsreaktanz

$$X_c = \frac{1}{3}X_j + X_s + \frac{1}{3}(X_p + X_n), \qquad (12/22)$$

und für den induktiven Spannungsabfall (vgl. z. B. Abb. 15/15)

$$d = X_c\bar{I}/\sqrt{2}\,E\,. \qquad (12/23)$$

Hier wird die obige Bemerkung über den zusätzlichen Spannungsabfall, welcher durch die Jochreaktanz X_j verursacht wird, noch präziser ausgedrückt.

Den Primärstrom ermittelt man zu

$$I_p = \sqrt{\frac{1}{\pi}\int_0^\pi i^2\,d\vartheta} = \left[\frac{1}{\pi}\left(\frac{2}{3}\bar{I}\right)^2\frac{\pi}{3} + \left(\frac{1}{3}\bar{I}\right)^2\frac{2\pi}{3}\right]^{1/2} = \frac{\sqrt{2}}{3}\bar{I}. \qquad (12/24)$$

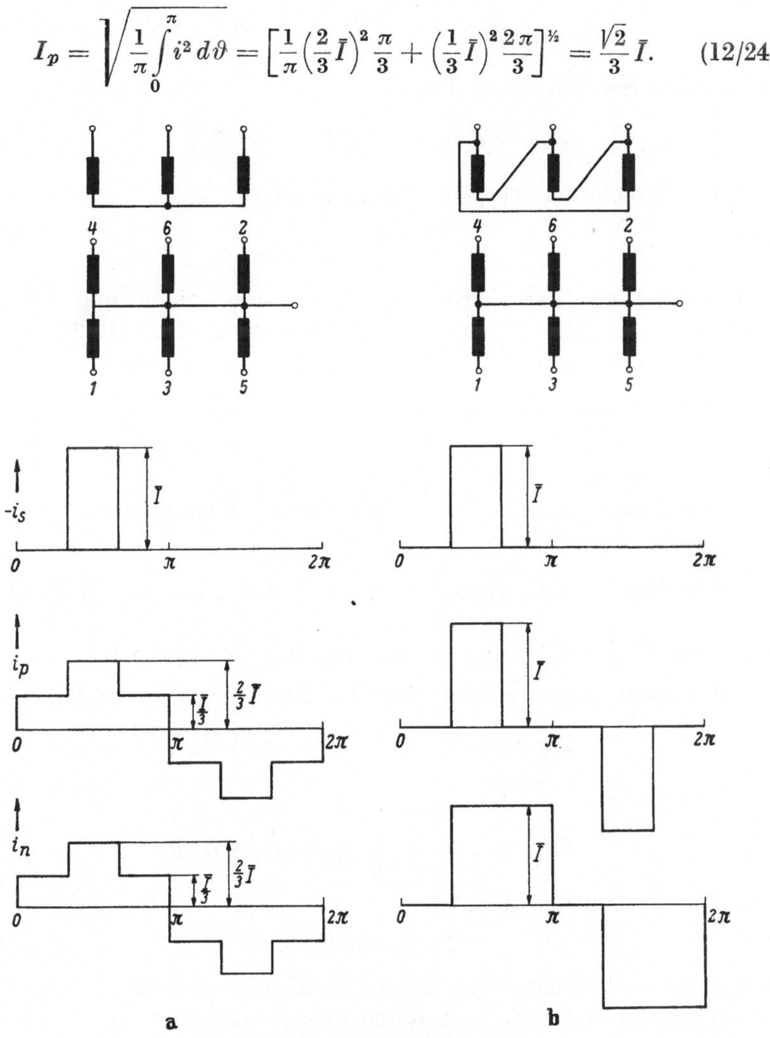

Abb. 12/9. Sechspuls-Mittelpunktschaltung
Sekundärstrom i_s, Primärstrom i_p und Netzstrom i_n bei unendlich großer Glättungsdrossel und vernachlässigter Überlappung

Bei dreiphasigem, symmetrischem Kurzschluß auf der Sekundärseite gilt für die Nennkurzschlußspannung

$$\varepsilon = \frac{X_c I_p}{E} = \frac{\sqrt{2}}{3}\,\frac{X_c \bar{I}}{E} \qquad (12/25)$$

und damit

$$\frac{d}{\varepsilon} = 1{,}5. \qquad (12/26)$$

Die sekundäre Scheinleistung des Transformators ist durch

$$N_s = 6\,E\,I_s = \frac{\pi}{\sqrt{3}}\bar{U}_0\bar{I} = 1{,}81\,\bar{U}_0\bar{I}\,, \tag{12/27}$$

die primäre Scheinleistung durch

$$N_p = 3\,E\,I_p = \frac{\pi}{3}\bar{U}_0\bar{I} = 1{,}05\,\bar{U}_0\bar{I} \tag{12/28}$$

und die Transformatortypenleistung durch

$$N_t = 1{,}43\,\bar{U}_0\bar{I} \tag{12/29}$$

gegeben.

Dreieck-Doppelstern-Schaltung (VDE 0555: Schaltung F_1). Die Schaltung zeigt Abb. 12/9b. Die Primärströme sind durch (10/99) und die Netzströme durch

$$i_{n_1} = i_{p_1} - i_{p_3} = i_{s_1} + i_{s_2} - i_{s_4} - i_{s_5} \quad \text{usw.}$$

bestimmt. Aus der Gleichung für die Sekundärspannungen (10/100) folgt die Normalschaltung Abb. 10/13b.

Bei einfacher Kommutierung gilt für die Kommutierungsreaktanz

$$X_c = X_s + X_p + X_n\,. \tag{12/30}$$

Der Sekundärstrom ist gemäß Abb. 12/9b durch $I_s = \frac{\bar{I}}{\sqrt{6}}$, der Primärstrom durch $I_p = \bar{I}/\sqrt{3}$ und der Netzstrom durch $I_n = \bar{I}\sqrt{\frac{2}{3}}$ bestimmt. Für die sekundäre Scheinleistung des Transformators ergibt sich

$$N_s = 6\,E\,I_s = \frac{\pi}{\sqrt{3}}\bar{U}_0\bar{I} = 1{,}81\,\bar{U}_0\bar{I}\,, \tag{12/31}$$

für die primäre Scheinleistung

$$N_p = 3\,E\,I_p = \frac{\pi}{\sqrt{6}}\bar{U}_0\bar{I} = 1{,}28\,\bar{U}_0\bar{I} \tag{12/32}$$

und für die Typenleistung

$$N_t = 1{,}55\,\bar{U}_0\bar{I}\,. \tag{12/33}$$

Wegen der verhältnismäßig großen Typenleistung bevorzugt man daher die sogenannte *Gabelschaltung*, deren Primärwicklung sowohl mit Stern- als auch Dreieckschaltung ausgebildet werden kann.

c) Gabelschaltungen

Stern-Gabelschaltung (VDE 0555 Schaltung F_3). Die Gabelschaltung kann man sich aus zwei dreiphasigen Zickzackschaltungen entstanden denken. Die äußeren Wicklungszweige führen über 60°, die inneren über 120° Strom. Die folgende Beschreibung gilt nur näherungsweise. Für eine exakte Darstellung müßte auf das Ersatzschaltbild des Vierwicklungstransformators zurückgegriffen werden.

Aus Abb. 12/10a liest man ab, daß in Gl. (10/75)

$$i_{s_1} \text{ durch } i_{s_1} + i_{s_2} - i_{s_4} - i_{s_5}, \qquad i_{s_2} \text{ durch } i_{s_3} + i_{s_4} - i_{s_1} - i_{s_6}$$

$$\text{und} \quad i_{s_3} \text{ durch } i_{s_5} + i_{s_6} - i_{s_2} - i_{s_3}$$

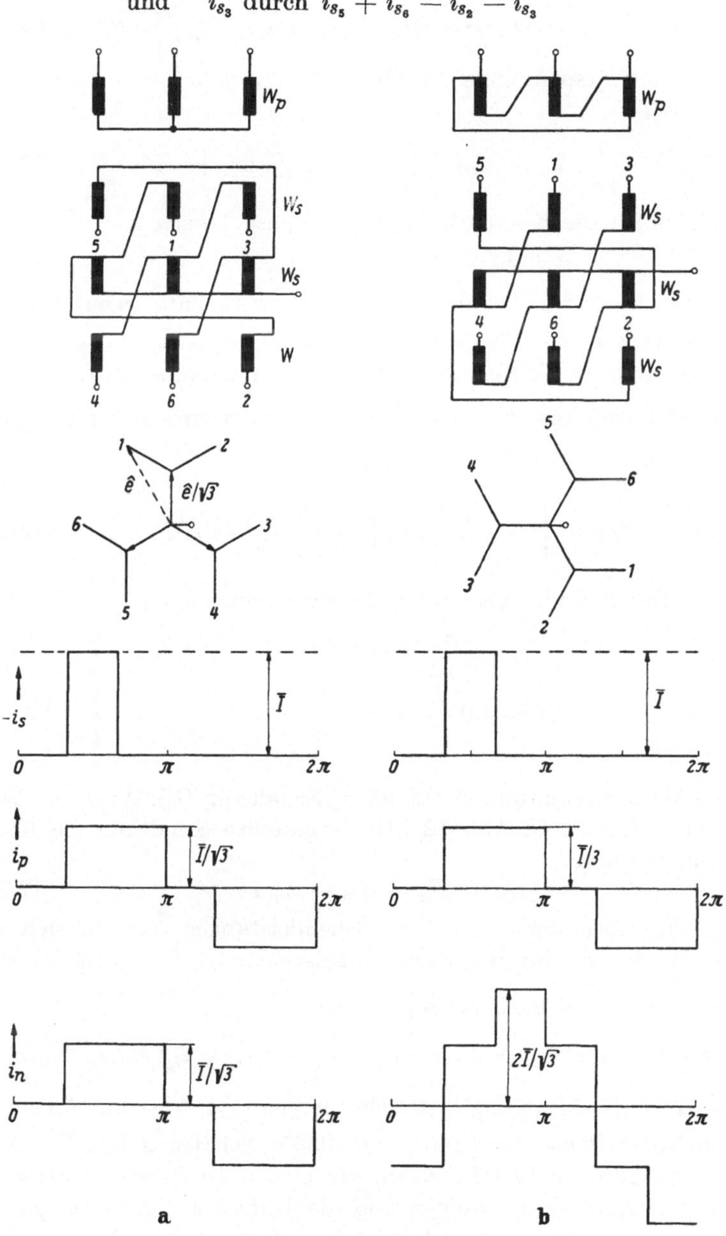

Abb. 12/10. Gabelschaltungen

zu ersetzen ist. Daraus folgt, daß auch die Gabelschaltung die Stromrichterbelastung in eine symmetrische Last verwandelt. Für Primär- und Netzströme gilt:

$$i_{n_1} = i_{p_1} = \Delta i_{s_1} \frac{w_s}{w_p} = (i_{s_1} + i_{s_2} - i_{s_4} - i_{s_5}) \frac{w_s}{w_p} \text{ usw.} \tag{12/34}$$

Für die Sekundärspannungen ergibt sich mit $ü = 1$ und $w_p/w_s = \sqrt{3}$ die Gleichung

$$u_{s_1} = \frac{e_1 - e_2}{\sqrt{3}} - \frac{3}{\sqrt{3}}(X_n + X_p)\frac{d}{d\vartheta}\left[\Delta i_{s_r} - \frac{1}{3}\sum \Delta i_{s_r}\right] - X_s \frac{d i_{s_1}}{d\vartheta}. \tag{12/35}$$

Daraus folgt für die Kommutierung von Phase 1 nach 2

$$X_c = X_s + X_p + X_n. \tag{12/36}$$

Der Effektivwert des Sekundärstromes beträgt auf einem äußeren Wicklungszweig $I_{s_a} = \bar{I}/\sqrt{6}$ und auf einem inneren $I_{s_i} = \bar{I}/\sqrt{3}$. Setzt man die sekundären Teilspannungen $E/\sqrt{3}$ zusammen, so ist die sekundäre Gesamtspannung $E = \bar{U}_0 \frac{\pi}{3\sqrt{2}}$. Die Primärströme sind gemäß Abb. 12/10 durch

$$I_p = \sqrt{\frac{1}{\pi}\int_0^\pi i_p^2 \, d\vartheta} = \sqrt{\frac{1}{\pi}\left(\frac{\bar{I}}{\sqrt{3}}\right)^2 \frac{2\pi}{3}} = \bar{I}\frac{\sqrt{2}}{3} \tag{12/37}$$

bestimmt. Damit findet man folgende Scheinleistungen:

$$\left.\begin{aligned} N_s &= 3\frac{E}{\sqrt{3}} I_{s_i} + 6\frac{E}{\sqrt{3}} I_{s_a} = \frac{\pi}{3\sqrt{2}}(1 + \sqrt{2})\,\bar{U}_0 \bar{I} = 1{,}79\,\bar{U}_0 \bar{I}, \\ N_p &= 3\,E\,I_p = \frac{\pi}{3}\bar{U}_0 \bar{I} = 1{,}05\,\bar{U}_0 \bar{I}, \\ N_t &= 1{,}42\,\bar{U}_0 \bar{I}. \end{aligned}\right\} \tag{12/38}$$

Dreieck-Gabelschaltung (VDE 0555, Schaltung G_3). Analoges Vorgehen liefert für die in Abb. 12/10b dargestellte Schaltung die Kommutierungsreaktanz

$$X_c = X_s + X_p + X_n. \tag{12/39}$$

Für die Transformatorströme und Scheinleistungen ergeben sich die gleichen Werte wie für die Stern-Gabelschaltung. Lediglich für den Netzstrom gilt abweichend $I_n = \sqrt{\frac{2}{3}}\,\bar{I}$ mit

$$i_{n_1} = i_{p_1} - i_{p_3} = (i_{s_1} + 2\,i_{s_2} + i_{s_3} - i_{s_4} - 2\,i_{s_5} - i_{s_6})\,w_s/w_p \quad \text{usw.}$$

d) Zweiphasige Saugdrosselschaltungen (vgl. Abschn. 15.1)

Stern-Doppelstern-Schaltung (VDE 0555: Schaltung F_2). Die Aufgabe der Saugdrossel besteht darin, die beiden Dreiphasensysteme zu einem Parallelbetrieb zu zwingen und die Differenz der beiden gleichgerichteten Spannungen zu übernehmen. Sowohl die Phasenströme

i_{s_1}, i_{s_3}, i_{s_5} wie auch i_{s_2}, i_{s_4}, i_{s_6} speisen je eines der beiden Dreipuls-Stromrichtersysteme, welche elektrisch gegeneinander um 180° verschoben sind (Abb. 12/11 a). Zu den bisherigen Reaktanzen tritt nun noch die Saugdrosselreaktanz hinzu, welche bei Erregung nur einer Wicklungs-

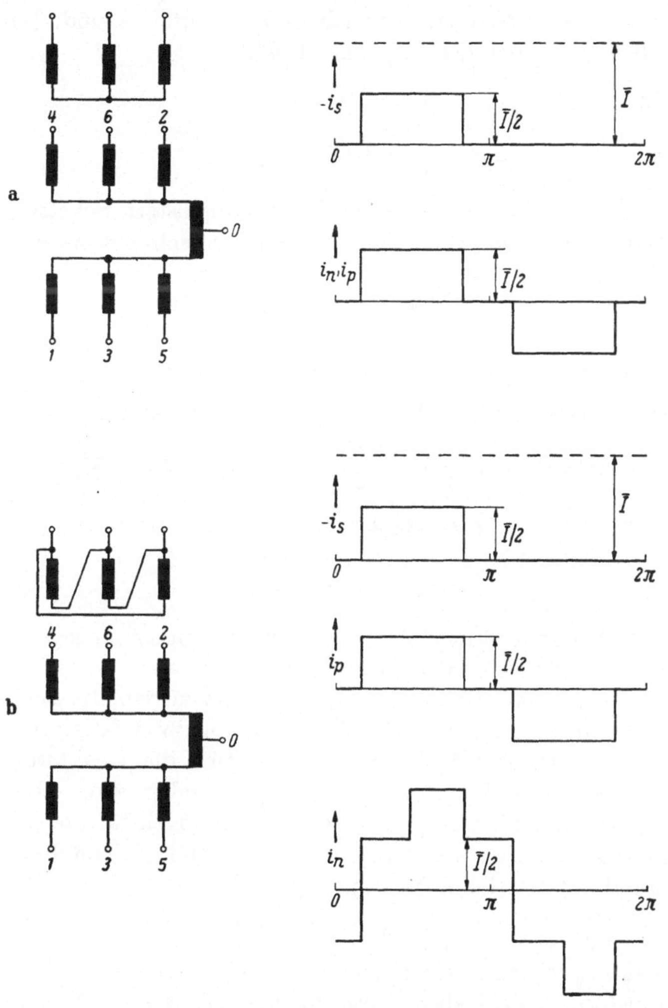

Abb. 12/11. Zweiphasige Saugdrosselschaltungen mit Primärwicklung
a) in Stern; b) in Dreieck

hälfte $\frac{1}{2} X_d$, bei beidseitiger Erregung $2\,X_d$ beträgt (vgl. Erörterung der idealen Verkettungen).

Passive Saugdrossel. Die Netz- und Primärströme erhält man, wie bei der Stern-Doppelstern-Schaltung aus (10/97).

An den beiden Saugdrosselhälften (verschiedenes Vorzeichen!) werden die Spannungen

$$\pm X_j \frac{d}{d\vartheta} \sum \Delta i_{s_k}$$

hervorgerufen, welche zu den sekundären Phasenspannungen u_{s_k} unter Beachtung des zutreffenden Vorzeichens hinzuzufügen sind. Damit ergeben sich unmittelbar die folgenden Reaktanzen:

verkettet: $X'_A = X_p + X_n$,

unverkettet: $X_d + \frac{1}{3} X_j + X_s$,

welche für $X_d = 0$ in diejenigen der Stern-Doppelstern-Schaltung übergehen. Man erkennt deutlich, daß die Saugdrosselreaktanz in gleicher Weise wie die Jochreaktanz wirkt.

Vom Leerlauf mit der Gleichspannung

$$\bar{U}'_0 = E\sqrt{2}\,\frac{3}{\pi} \tag{12/40}$$

ausgehend, erhält man für die Kommutierungsreaktanz je Phase

$$X'_c = X_d + \frac{1}{3} X_j + \frac{1}{3}(X_p + X_n) + X_s \approx X_d \tag{12/41}$$

für den induktiven Spannungsabfall

$$d' = \frac{p}{2\pi}\,\frac{X_c \bar{I}}{\bar{U}'_0} \approx \frac{X_d \bar{I}}{E\sqrt{2}}, \tag{12/42}$$

weil X_d im Kommutierungskreis liegt und voraussetzungsgemäß groß sein soll im Vergleich zu den übrigen Reaktanzen.

Aktive Saugdrossel. Geht man nun zur aktiven Saugdrossel über, so ist als wesentliches Merkmal die Aufteilung in zwei Kommutierungseinheiten festzustellen. Demgemäß ändern sich die Reaktanzen, weil nun nicht mehr die Reihenfolge $i_{s_1}, i_{s_2} \ldots i_{s_6}$, sondern zwei selbständige Reihen $i_{s_1}, i_{s_3}, i_{s_5}$ und $i_{s_2}, i_{s_4}, i_{s_6}$ in den Gleichungen für die Sekundärspannung einzusetzen sind, denen auch zwei Reihen von Reaktanzen (mit X_A und X_A^* bezeichnet) entsprechen:

$$X_A = X_A^* = X_p + X_n .$$

Diese Reaktanzen entsprechen völlig denjenigen eines Dreipuls-Stromrichtertransformators, insbesondere auch in bezug auf die Kommutierungsreaktanz

$$X_c = X_c^* = X_s + X_p + X_n . \tag{12/43}$$

Folgerichtig muß man auch den Spannungsabfall für jeden der beiden Dreipulsgleichrichter (mit $\bar{I}/2$!) getrennt betrachten.

$$d = \frac{3}{2\pi}\,\frac{X_c \cdot \bar{I}/2}{\bar{U}_0} = \frac{X_c \bar{I}}{2\sqrt{6}E} . \tag{12/44}$$

Der Primärstrom ergibt sich als Summe der Primärströme der beiden Dreiphasengleichrichter, deren $\frac{1}{3}\sum i_{s_t}$-Anteile sich gegenseitig zu Null ergänzen.

Für die Ströme liest man aus Abb. 12/11a ab:

$$I_s = \frac{1}{\sqrt{3}}\bar{I}/2 = 0{,}289\,\bar{I}\,, \tag{12/45}$$

$$I_n = I_p = \sqrt{\frac{2}{3}}\frac{\bar{I}}{2} = 0{,}408\,\bar{I} \tag{12/46}$$

und erhält mit $\bar{U}_0 = E\sqrt{2}\cdot\frac{3\sqrt{3}}{2\pi}$ folgende Bauleistungen

$$N_s = 6\,E\,I_s = \frac{\sqrt{2}\,\pi}{3}\bar{U}_0\bar{I} = 1{,}48\,\bar{U}_0\bar{I}\,, \tag{12/47}$$

$$N_p = 3\,E\,I_p = \frac{\pi}{3}\bar{U}_0\bar{I} = 1{,}05\,\bar{U}_0\bar{I}\,, \tag{12/48}$$

und damit die Transformatortypenleistung

$$N_t = 1{,}26\,\bar{U}_0\bar{I}\,. \tag{12/49}$$

Im Knickpunkt der Kennlinie müssen offenbar beide Gleichungen den gleichen Gleichspannungswert liefern:

$$\bar{U} = E\sqrt{2}\frac{3}{\pi} - \frac{3}{\pi}(X_d + X_s)\,\bar{I}_{Krit} = E\sqrt{2}\frac{3\sqrt{3}}{2\pi} - \frac{3}{4\pi}X_s\,\bar{I}_{Krit}\,.$$

Daraus kann die Stromstärke im Knickpunkt

$$\bar{I}_{Krit} = \frac{E\sqrt{2}\,(2-\sqrt{3})}{2\,X_d + \frac{3}{2}X_s} \approx \frac{E\sqrt{2}\cdot 0{,}27}{2\,X_d} \tag{12/50}$$

und die Saugdrosselreaktanz

$$2\,X_d = 0{,}38\,E/\bar{I}_{Krit}$$

bestimmt werden.

Bemessung der Saugdrossel. Der zeitliche Verlauf der Saugdrosselspannung ist in Abb. 15/2 dargestellt; sie ist eine Wechselspannung von der 3fachen Netzfrequenz. Für die Dimensionierung des Eisenkerns pflegt man den Effektivwert der äquivalenten Sinusspannung U_d anzugeben, wobei man davon ausgeht, daß die Spannungszeitflächen des tatsächlichen Spannungsverlaufs und der Ersatzspannung gleich sein sollen. Für $\mu_0 < \pi/6$ gilt:

$$U_d\sqrt{2}\frac{2}{\pi} = E\sqrt{2}\frac{3}{\pi}\left[2\int_0^{\pi/6}\sin\vartheta\,d\vartheta + \frac{\sqrt{3}}{2}\int_0^{\mu_0}\sin\vartheta\,d\vartheta\right]$$

$$= E\sqrt{2}\frac{6}{\pi}\left[1 - \frac{\sqrt{3}}{4}(1+\cos\mu_0)\right],$$

woraus für die Ersatzspannung

$$U_d = 3\,E\left[1 - \frac{\sqrt{3}}{4}\,(1 + \cos\mu_0)\right] \tag{12/51}$$

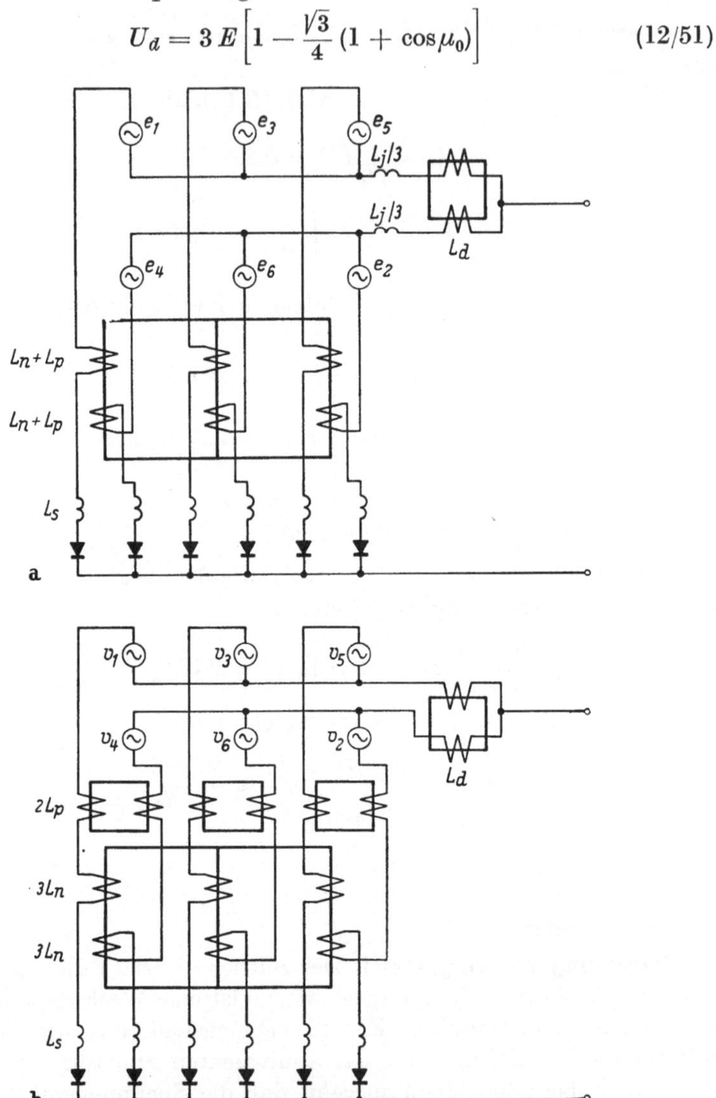

Abb. 12/12. Normalschaltungen der zweiphasigen Saugdrosselschaltung
a) primäre Sternschaltung; b) primäre Ringschaltung

und bei einem üblichen Überlappungswinkel ($\mu_0 = 20°$) $U_d \approx 0{,}48\,E = 0{,}41\,\overline{U}_0$ folgt. Damit kann man die Saugdrosseltypenleistung angeben (als Transformator bei Saugdrosselfrequenz).

$$N'_d = \frac{U_d}{2}\,I_d = 0{,}12\,\overline{U}_0\,\overline{I}\,, \tag{12/52}$$

wobei zu bedenken ist, daß der Fluß bei Saugdrosselfrequenz eine dreimal so hohe Spannung wie bei Netzfrequenz induziert und außerdem die Induktion nur etwa halb so groß sein darf wie bei Netzfrequenz (Eisenverluste steigen proportional $B^{1,6}$). Damit erhält man für die Saugdrosseltypenleistung bei Netzfrequenz

$$N_d = \frac{N'_d}{0{,}5 \cdot 3} = 0{,}08\, \bar{U}_0 \bar{I}\,. \tag{12/53}$$

Dreieck-Doppel-Sternschaltung (VDE 0555: G_2). *Passive Saugdrossel.* Die sekundären und primären Ströme zeigen den gleichen Verlauf wie bei primärer Sternschaltung (Abb. 12/11 b). Indem man wieder in der Gleichung für die sekundären Phasenspannungen noch die Saugdrosselspannung hinzufügt, erhält man für die Kommutierungsreaktanz:

$$X'_c = X_d + X_s + X_p + X_n \tag{12/54}$$

und für den Spannungsabfall

$$d' = \frac{p}{2\pi}\,\frac{X'_c \bar{I}}{\bar{U}'_0} \approx \frac{X_d \bar{I}}{E\sqrt{2}}\,. \tag{12/55}$$

Aktive Saugdrossel. Für die Reaktanzen der beiden Dreipulssysteme erhält man

$$X_c = X^*_c = X_s + X_p + 3\,X_n\,, \tag{12/56}$$

und damit den normierten Spannungsabfall

$$d = \frac{3}{2\pi}\,\frac{X_c}{\bar{U}_0}\,\frac{\bar{I}}{2} = \frac{X_c \bar{I}}{2\sqrt{6}\,E}\,. \tag{12/57}$$

Mit der Nennkurzschlußspannung

$$\varepsilon = \frac{X_c I_p}{E} = \sqrt{\frac{2}{3}}\,\bar{I}\,X_c/2\,E$$

folgt schließlich für beide Primärschaltungen

$$\frac{d}{\varepsilon} = \frac{1}{2} \tag{12/58}$$

In Abb. 12/12 a und b sind die Normalschaltungen für primäre Stern- und Ringschaltung dargestellt. Sie bedürfen keiner weiteren Erläuterung.

e) Dreiphasige Saugdrosselschaltung (vgl. Abschn. 15.2)

Primäre Sternschaltung (Abb. 12/13 a). Für die Primärströme und die Spannungen an den Saugdrosselwicklungen gelten bei *passiver Saugdrossel* die gleichen Beziehungen, wie sie für die zweiphasige Saugdrosselschaltung angeschrieben wurden.

Damit gilt für die Kommutierungsreaktanz

$$X'_c = X_d + \frac{1}{3} X_j + \frac{1}{3}(X_p + X_n) + X_s \approx X_d\,.$$

Bei *aktiver Saugdrossel* zerfällt das System in 3 Zweipulsstromrichter mit den Reaktanzen

$$X_A = X_A^{*} = X_A^{**} = X_p + X_n$$

und gemäß „ideale Verkettungen“, Schaltzustand (1,4)

$$X_c = \frac{4}{3}(X_p + X_n) + X_s. \qquad (12/59)$$

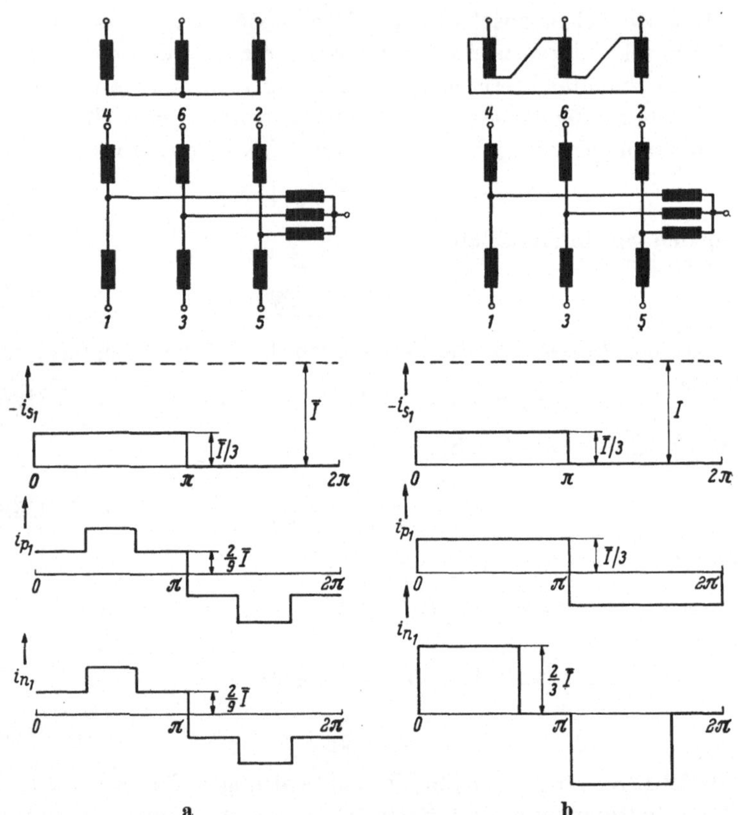

Abb. 12/13. Dreiphasige Saugdrosselschaltung, Primärwicklung a) in Stern; b) in Dreieck

Wie die Stromdifferenz $i_{p_1} - (i_{s_1} - i_{s_4})$ zeigt, ist der AW-Betrag von $\frac{1}{3}(i_{s_1} + i_{s_3} + i_{s_5} - i_{s_2} - i_{s_4} - i_{s_6})$ nicht ausgeglichen und erzeugt einen Jochwechselfluß von der dreifachen Netzfrequenz, dessen zusätzlicher Spannungsabfall die Schaltung für den praktischen Gebrauch ungeeignet erscheinen läßt. Die weitere Betrachtung wird sich daher der primären Dreieckschaltung zuwenden.

Primäre Dreieckschaltung (Abb. 12/13b und 12/14). Bei *passiver Saugdrossel* ist die Kommutierungsreaktanz

$$X_c' = X_n + X_p + X_s + X_d \approx X_d$$

wirksam, woraus mit der Leerlaufspannung $\bar{U}_0' = E\sqrt{2}\,\frac{3}{\pi}$ der Spannungsabfall

$$d' = \frac{p}{2\pi}\,\frac{X_c'\,\bar{I}}{\bar{U}_0'} \approx \frac{X_d\,\bar{I}}{E\sqrt{2}}$$

folgt.

Bei *aktiver Saugdrossel* erfolgt die Kommutierung nicht mehr über die Saugdrossel, sondern nur zwischen den zwei auf einem Schenkel befindlichen Phasen. Demgemäß lautet die Kommutierungsreaktanz

$$X_c = 4X_n + 2X_p + X_s. \tag{12/60}$$

Mit der Leerlaufspannung $\bar{U}_0 = E\sqrt{2}\,\frac{2}{\pi}$ erhält man für jeden der drei Zweipulsgleichrichter (mit $\bar{I}/3$!) den Spannungsabfall

$$d = \frac{2}{2\pi}\,\frac{X_c \cdot \bar{I}/3}{\bar{U}_0} = \frac{X_c\,\bar{I}}{6E\sqrt{2}}. \tag{12/61}$$

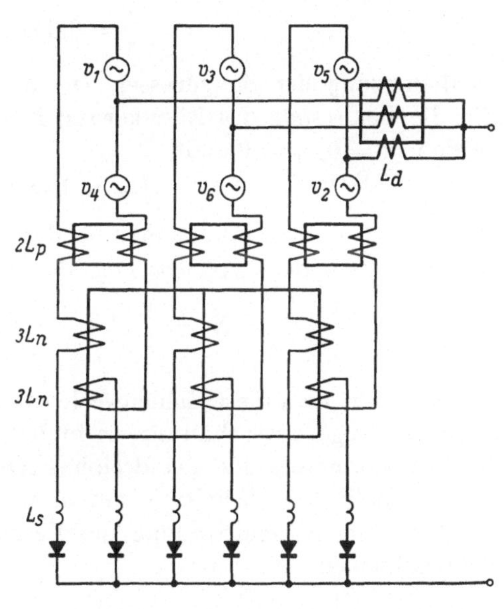

Abb. 12/14. Normalschaltung der dreiphasigen Saugdrosselschaltung (primäre Dreieckschaltung).

Für den Effektivwert des sekundären Phasenstromes erhält man

$$I_s = \frac{1}{\sqrt{2}}\,\frac{\bar{I}}{3} = 0{,}236\,\bar{I}. \tag{12/62}$$

Aus Abb. 12/13 liest man für den Primärstrom

$$I_p = \frac{\bar{I}}{3} \tag{12/63}$$

und für den Netzstrom

$$I_n = \sqrt{\frac{1}{\pi}\left(\bar{I}\,\frac{2}{3}\right)^2 \frac{2\pi}{3}} = \bar{I}\,\frac{2\sqrt{2}}{3\sqrt{3}} = \bar{I}\cdot 0{,}545 \tag{12/64}$$

ab. Damit findet man für die Dimensionierung des Transformators

$$\left.\begin{aligned} N_s &= 6E\,I_s = \frac{\pi}{2}\,\bar{U}_0\bar{I} = 1{,}57\,\bar{U}_0\bar{I}, \\ N_p &= 3E\,I_p = \frac{\pi}{2\sqrt{2}}\,\bar{U}_0\bar{I} = 1{,}11\,\bar{U}_0\bar{I}, \\ N_t &= 1{,}34\,\bar{U}_0\bar{I}. \end{aligned}\right\} \tag{12/65}$$

Beachtet man noch, daß die Nennkurzschlußspannung des Transformators für den dreiphasigen, symmetrischen Kurzschluß auf der Sekundärseite definiert ist,

$$\varepsilon = \frac{X_c I_p}{E},$$

so erhält man das Verhältnis

$$\frac{d}{\varepsilon} = 0{,}354. \tag{12/66}$$

Bemessung der Saugdrossel. Die äquivalente Sinusspannung U_d (für die Bemessung des Eisenkernes) kann für ungesteuerten Leerlaufbetrieb ($\alpha = 0$, $\mu = 0$) mit

$$U_d \approx 0{,}43\, E \tag{12/67}$$

abgeschätzt werden, woraus man bei der Saugdrosselfrequenz (zweifache Netzfrequenz!) die Typenleistung als Transformator

$$N_d' = \frac{3}{2}\, U_d I_d = 0{,}238\, \bar{U}_0 \bar{I} \tag{12/68}$$

erhält.

Vergleicht man diese Zahlenwerte mit den entsprechenden der zweiphasigen Saugdrosselschaltung, so findet man, daß die Typenleistungen des Transformators und der dreiphasigen Saugdrossel merklich größer sind, weshalb diese Schaltung nur in solchen Fällen angewendet wird, wo durch die Stromdrittelung die Verluste besonders stark reduziert werden können.

V. Sechspulsstromrichter

Stromrichter größerer Leistung werden üblicherweise in einer Sechspulsschaltung ausgeführt. Die Spannungswelligkeit beträgt dann bei ungesteuertem Betrieb nur etwa 4%, so daß die gleichgerichtete Spannung für die meisten Anwendungszwecke bereits als genügend glatt gelten kann und keine besonderen Glättungsmittel erfordert.

Für die verschiedenen Anwendungszwecke, wie auch um die Eigenschaften der verwendeten Ventile in günstigster Weise auszunützen, hat man 3 verschiedene Schaltungsgruppen entwickelt:

a) Reihen- und Brückenschaltungen,
b) Mittelpunktschaltungen,
c) Saugdrossel- und Stromteilerschaltungen.

Diese Schaltungen sollen zuerst eingehend betrachtet und abschließend miteinander verglichen werden, um ihre Besonderheiten und Vorteile deutlich hervorheben zu können. Bei Zwei- und Dreipulsstromrichtern wurde die Kommutierung als der entscheidende Vorgang zum tieferen

Verständnis der Mehrpulsstromrichter erkannt, wobei die Analyse dieses Vorganges wegen der Einfachheit der Stromverzweigungen direkt aus dem zeitlichen Verlauf der drei Phasenspannungen und der Kurzschlußströme durchgeführt werden konnte. Bei höheren Pulszahlen ist ein so einfaches Vorgehen nur noch unter besonderen Umständen anwendbar, z. B. wenn nur primäre oder nur sekundäre Reaktanzen vorhanden sind; im allgemeinen wird man die Kurzschlußströme, die bei den verschiedenen Kommutierungsmöglichkeiten auftreten, nach Größe und Phasenlage berechnen müssen und den Ventilstrom aus Teilabschnitten solcher Kommutierungsströme zusammensetzen.

Zur Ermittlung der Kommutierungs-Kurzschlußströme bei *unendlich großer Kathodendrossel* kann man den Gleichstromkreis von der übrigen Schaltung abtrennen und die an der Kommutierung beteiligten Ventile kurzschließen; alle anderen Ventile werden als vollständig sperrend vorausgesetzt. Damit ist die Ermittlung der Kommutierungsströme vorerst auf ein reines Wechselstromproblem zurückgeführt, welches, soweit es sich um magnetische Verkettungen handelt, mittels der Ergebnisse von Kap. 10 bequem gelöst werden kann. Mit X_c wird die Kommutierungsreaktanz je Phase bei *einfacher* Kommutierung bezeichnet.

13. Die Reihenschaltungen

In dieser Gruppe von Schaltungen erhält man die resultierende Pulszahl $p = 6$, indem man mehrere Stromrichter (2 Dreipulsstromrichter oder 3 Zweipulsstromrichter) in Reihe schaltet. Im folgenden werden die Eigenschaften derartiger Serieschaltungen sowie ihrer gebräuchlichen Modifikationen (z. B. die Latour-Schaltung) erörtert.

13.1 Die dreiphasige Reihenschaltung und die Dreiphasen-Brückenschaltung

Die Dreiphasen-Brückenschaltung kann man sich aus der dreiphasigen Reihenschaltung, einer Reihenschaltung von 2 Dreipulsstromrichtern, entstanden denken. Abb. 13/1 zeigt drei Schaltungsvarianten, welche diesen Übergang erkennen lassen. Die Variante a zeigt die Reihenschaltung zweier Dreipulsstromrichter mit einer Phasenverschiebung der sekundären Phasenspannungen von 180°, wodurch die Gesamtanordnung den Charakter eines Sechspulsstromrichters erhält. In Variante b sind die sekundären Phasenspannungen gleichphasig, die Ventile sind jedoch bei den beiden Sekundärwicklungen im entgegengesetzten Sinne angeschlossen, wodurch ebenfalls ein Sechspulsstromrichter entsteht. Es ist nun naheliegend, die beiden gleichphasigen Sekundärwicklungen durch eine einzige zu ersetzen und die Ventile an diese derart anzuschließen, daß die Sekundärwicklung der Variante c von Wechselströmen durchflossen wird. Die Brückenschaltung besitzt demnach gegenüber der Reihenschaltung den Vorteil, daß der Transformator einfacher und billiger ausgeführt werden kann, wogegen die 4 verschiedenen Kathodenpotentiale ihre praktische Anwendung bei mehranodigen Gasentladungsventilen ausschließen und auf Halbleiterventile, Kontaktumformer und einanodige Gasentladungsventile beschränken; bei Gasentladungsventilen ergibt sich dadurch übrigens auch ein gewisser Mehraufwand für die Hilfsbetriebe. Im übrigen zeigen die Reihen- und die Brückenschaltung gleichartiges Verhalten, so daß im folgenden nur die eine Variante, nämlich die Brückenschaltung, eingehender untersucht werden wird.

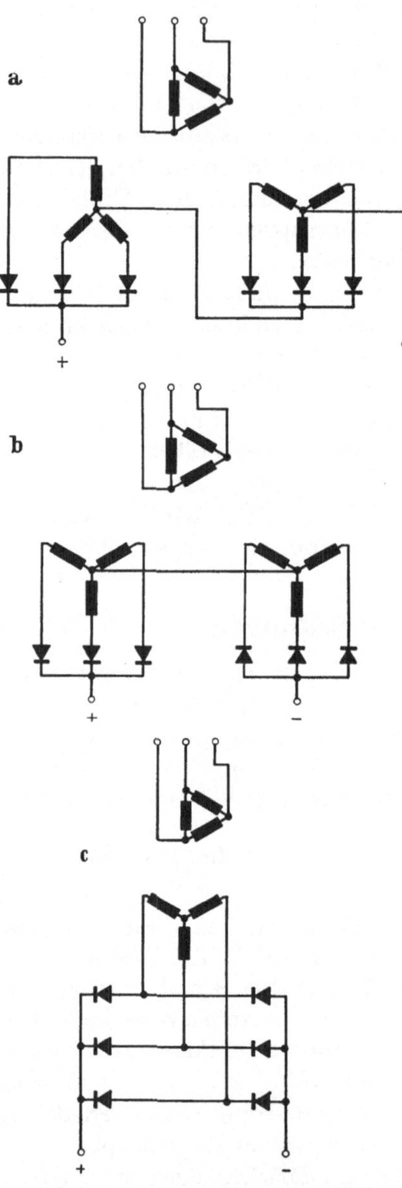

Abb. 13/1. Entwicklung der dreiphasigen Brückenschaltung aus der Reihenschaltung zweier Dreipulsstromrichter
a) dreiphasige Reihenschaltung (2 verschiedene Kathodenpotentiale); b) Reihenschaltung mit 4 verschiedenen Kathodenpotentialen; c) Brückenschaltung (4 verschiedene Kathodenpotentiale)

Zeichnet man das *Ersatzschaltbild* einer Brückenschaltung, so erhält man die in Abb. 13/2 dargestellten Anordnungen von Primär- und Sekundärinduktivitäten. Teilbild a läßt deutlich den Zusammenhang mit dem Dreiwicklungstrafo Abb. 13/1b und Abb. 10/14 erkennen; Teilbild b zeigt die übliche Darstellung. Die Primärinduktivitäten L_p kennzeichnen die Netz- und Transformatorreaktanzen; die Sekundärinduktivitäten L_s ersetzen Anoden-, Schalt- und Steuerdrosseln. Bei der Untersuchung der Eigenschaften dieser Schaltung beginnt man zweckmäßigerweise mit den Grenzfällen, indem man einmal die Primärinduktivitäten L_p und das andere Mal die Sekundärinduktivitäten L_s vernachlässigt und erst später das Problem in allgemeiner Form behandelt. Dabei wird wieder zuerst der ungesteuerte und anschließend der gesteuerte Betrieb untersucht werden.

a) Die Betriebskennlinien des ungesteuerten Betriebes

Im *Leerlauf* entsteht unabhängig von der Größe und der Anordnung der Wechselstromreaktanzen an den Klemmen des Gleichstromkreises

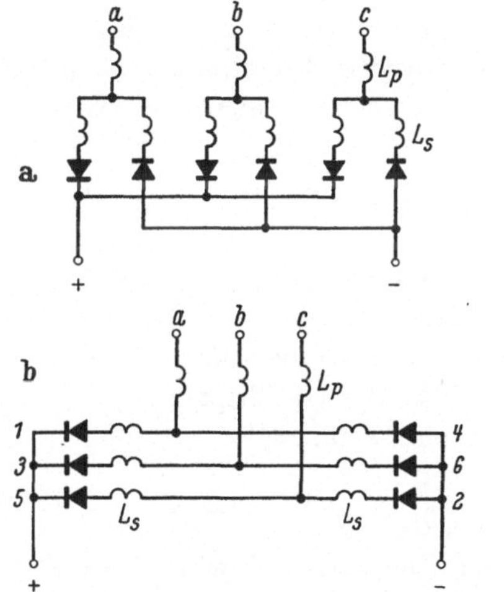

Abb. 13/2. Ersatzschaltbilder der dreiphasigen Brückenschaltung mit Primär- und Sekundärinduktivitäten

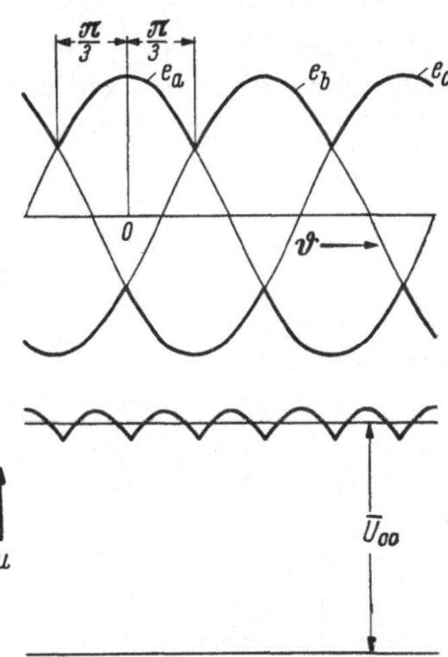

Abb. 13/3. Leerlaufgleichspannung eines ungesteuerten Stromrichters in Dreiphasen-Brückenschaltung

eine Spannung vom doppelten Betrag wie bei einem Dreipulsstromrichter [vgl. (9/16)], d. h. von der Größe

$$\bar{U}_L = \frac{\hat{e}}{\pi/3} \int_{-\pi/3}^{+\pi/3} \cos\vartheta \cdot d\vartheta = E\sqrt{2} \cdot \frac{3\sqrt{3}}{\pi} = E\sqrt{2} \cdot 1{,}65. \qquad (13/1)$$

Aus Abb. 13/3 geht unmittelbar hervor, wie die gleichgerichtete Spannung u als Summe der beiden Dreipulsstromrichter gebildet wird.

1. Grenzfall: $L_p = 0$. Die *Vernachlässigung der Primärinduktivitäten* ergibt Verhältnisse, wie sie der Reihenschaltung von 2 Dreipulsstromrichtern entsprechen, so daß dafür die diesbezügliche Betriebskennlinie sofort angezeichnet werden kann. Da in Kap. 9 für die graphischen Darstellungen relative Maßstäbe gewählt wurden, so gelten diese Kennlinien auch für beliebige Parallel- oder Serieschaltungen von gleichartigen Stromrichtern. Die Betriebskennlinien der Abb. 9/9 und 9/10 gelten demnach ebenfalls für ungesteuerte Stromrichter in dreiphasiger

Brückenschaltung ohne Primärdrosseln. Der zeitliche Verlauf der gleichgerichteten Spannung kann aus den in den Abb. 9/6 bis 9/9 gezeigten Kurven dadurch leicht gewonnen werden, daß unterhalb der Zeitachse noch der Spannungsbeitrag der zweiten Ventilgruppe, welcher bei einer Phasenverschiebung von 180° einen spiegelbildlichen Verlauf besitzt, hinzugefügt wird.

2. Grenzfall: $L_s = 0$. Die *Vernachlässigung der Sekundärinduktivitäten* vereinfacht die Schaltung ebenfalls beträchtlich; die dabei entstehenden Verhältnisse können jedoch nicht auf eine bereits betrachtete Schaltung zurückgeführt werden. Da sich bei größeren Überlappungswinkeln die einzelnen Ventilströme gegenseitig beeinflussen, so pflegt man drei verschiedene Betriebsbereiche zu unterscheiden (TH. WASSERRAB, 1941):

1. Betriebsbereich $\left(\text{Grenzen: } 2\frac{\bar{I} X_c}{E\sqrt{6}} = 0 \ldots 0{,}5;\ \frac{\bar{U}}{\bar{U}_L} = 1{,}0 \ldots 0{,}75\right)$.

In diesem Bereich beeinflussen sich die Ströme der beiden Ventilgruppen noch nicht. Es ergeben sich daher die gewohnten Verhältnisse. Belastet man den Gleichrichter, der wie üblich eine sehr große Drossel im Gleichstromkreis besitzen soll, so sinkt die Gleichspannung infolge des induktiven Spannungsabfalles ab (vgl. Abb. 13/4):

$$\frac{\bar{U}}{\bar{U}_L} = \frac{1}{2}(1 + \cos\mu_0). \qquad (13/2)$$

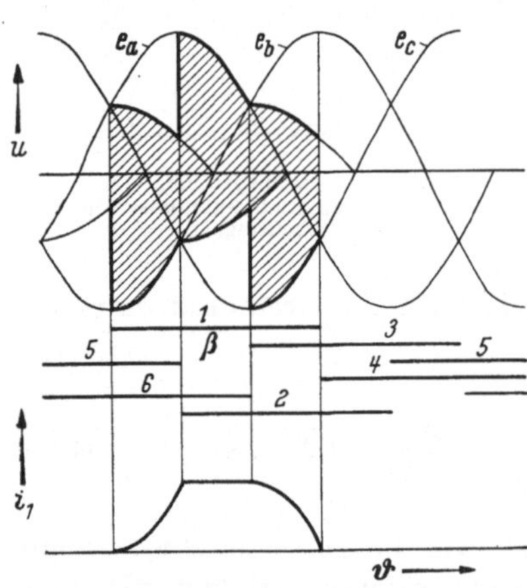

Abb. 13/4. Gleichgerichtete Spannung u, Ventilstrom i_1 und Leitdauer β im 1. Arbeitsbereich ($\beta = 180°$)

Der Gleichstrom $\bar{I}$ wird ebenfalls in bekannter Weise mittels des Überlappungswinkels μ_0 mit dem Kommutierungs-Kurzschlußstrom

$$I_c\sqrt{2} = \frac{E\sqrt{2}\sqrt{3}}{2X_c},$$

mit $X_c = \omega L_p$ in Beziehung gesetzt: $\bar{I} = I_c\sqrt{2}\,[1 - \cos\mu_0]$ oder

$$\frac{\bar{I} X_c}{E\sqrt{6}} = \frac{1 - \cos\mu_0}{2}. \qquad (13/3)$$

Diese beiden Beziehungen liefern sofort die Belastungs*kennlinie*

$$\frac{\bar{U}}{\bar{U}_L} = 1 - \frac{\bar{I} X_c}{E\sqrt{6}}, \qquad (13/4)$$

welche jedoch nur bis zu einem Überlappungswinkel $\mu_0 = 60°$ gilt. Bei Erreichen dieser Überlappung, welcher eine Leitdauer von $\beta_0 = 180°$ je Ventil entspricht, entstehen besondere Verhältnisse, weil diejenigen zwei Ventile, die an der gleichen Phase angeschlossen sind, sich gegenseitig in bezug auf die Stromführung beeinflussen. Die dadurch veränderten Betriebsverhältnisse charakterisieren den nächsten Betriebsbereich.

2. Betriebsbereich $\left(\text{Grenzen: } 2\frac{\bar{I}X_c}{E\sqrt{6}} = 0{,}5\ldots 0{,}866;\ \frac{\bar{U}}{\bar{U}_L} = 0{,}75\ldots 0{,}433\right)$.

Der Betrieb ist dadurch gekennzeichnet, daß die Stromführung jedes Ventils erst dann beginnen kann, wenn das zur gleichen Phase gehörige Gegenventil seine Stromführung beendet hat. Im zweiten Arbeitsbereich wird daher mit zunehmendem Gleichstrom der Zündzeitpunkt verzögert, ohne daß die Überlappung bzw. die Leitdauer verlängert wird ($\mu_0 = \pi/3 =$ const; $\beta_0 = \pi =$ const). Da die Kommutierung verzögert einsetzt und demzufolge bei größeren Kommutierungsspannungen erfolgt, wie Abb. 13/5 deutlich zeigt, so können bei unveränderter Überlappungsdauer größere Ströme kommutiert werden. Für Gleichspannung $\bar{U}$ und Gleichstrom $\bar{I}$ gelten daher Gleichungen, welche mit den für Teilaussteuerung abgeleiteten übereinstimmen (vgl. 13/19 und 13/20), wobei hier jedoch, der klaren Unterscheidung wegen, der Zündverzögerungswinkel mit ζ bezeichnet werden soll:

$$\frac{\bar{U}}{\bar{U}_L} = \frac{1}{2}\left[\cos\zeta + \cos\left(\zeta + \frac{\pi}{3}\right)\right], \tag{13/5}$$

$$\frac{\bar{I}X_c}{E\sqrt{6}} = \frac{1}{2}\left[\cos\zeta - \cos\left(\zeta + \frac{\pi}{3}\right)\right]. \tag{13/6}$$

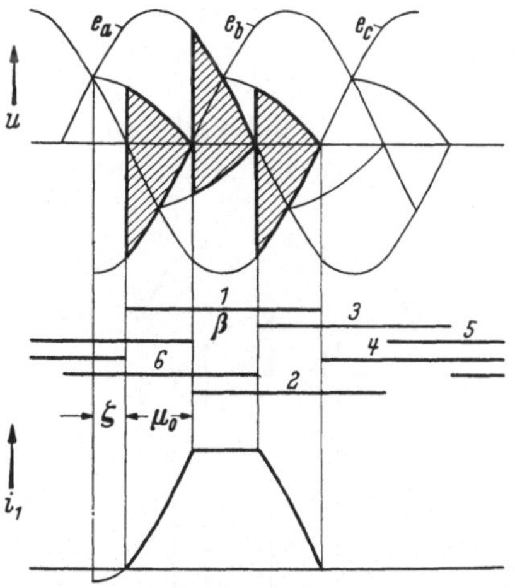

Abb. 13/5. Gleichgerichtete Spannung u, Ventilstrom i_1 und Leitdauer β im 2. Arbeitsbereich (β = const = 180°) (nur Primärreaktanzen)

Addiert man die beiden vorstehenden Gleichungen, so erhält man

$$\frac{\bar{U}}{\bar{U}_L} = \cos\zeta - \frac{\bar{I}X_c}{E\sqrt{6}}, \tag{13/7}$$

welche zwar bereits die Kennlinie beschreibt, jedoch noch den „anodischen" Zündverzögerungswinkel ζ enthält. Aus der Stromgleichung erhält man für diesen

$$\zeta = -\frac{\pi}{6} + \arcsin \bar{I}\,\frac{2X_c}{E\sqrt{6}} \tag{13/8}$$

und kann damit in die Kennliniengleichung (13/7) eingehen, die damit die Form einer Ellipsengleichung

$$\frac{4}{3}\left(\frac{\bar{U}}{\bar{U}_L}\right)^2 + \left(\frac{2\bar{I}X_c}{E\sqrt{6}}\right)^2 = 1 \tag{13/9}$$

annimmt. Die Halbachsen dieser Ellipse haben die Längen: $H = 1$ auf der Abszisse und $G = \sqrt{\frac{3}{4}} = 0{,}866$ auf der Ordinate.

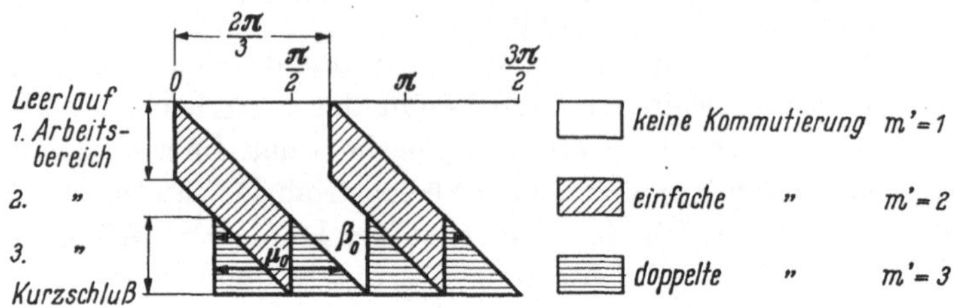

Abb. 13/6. Leitschema. Schematische Darstellung der Leitdauer

3. Betriebsbereich $\left(\text{Grenzen: } 2\,\frac{I\,X_c}{E\sqrt{6}} = 0{,}866\ldots 1{,}15;\ \frac{U}{U_L} = 0{,}43\ldots 0\right).$

Wenn die Zündverzögerung ζ auf 30° angewachsen ist, ändert sich das Betriebsverhalten nochmals, indem nunmehr der Zündverzögerungswinkel ζ konstant bleibt und wiederum der Überlappungswinkel μ_0 zunimmt. Aus der schematischen Darstellung von Abb. 13/6 ist ersichtlich, wie im dritten Arbeitsbereich die Leitdauer β_0 anwächst und dabei Bereiche mit doppelter Kommutierung entstehen. Bezeichnet man die Anzahl der gleichzeitig stromführenden Ventile einer *Kommutierungseinheit* mit m', so ist der Leerlauf durch $m' = 1$ und der Kurzschluß durch $m' = 3$ bestimmt. Ein Beispiel für den zeitlichen Verlauf von Strom und Spannung ist in Abb. 13/7 dargestellt. Für die Gleichspannung erhält man

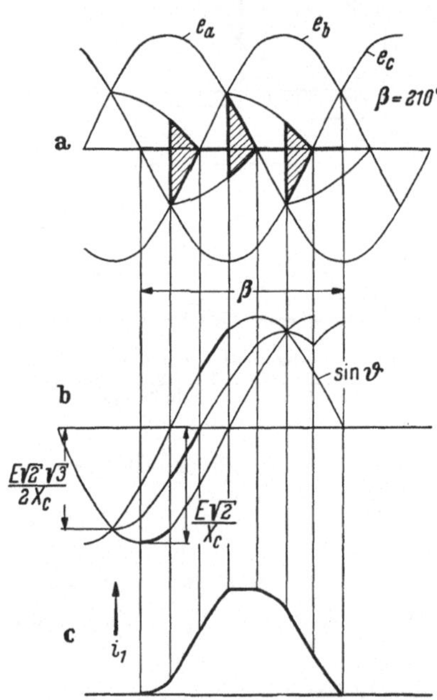

Abb. 13/7. Gleichgerichtete Spannung und Ventilstrom im 3. Arbeitsbereich
a) gleichgerichtete Spannung; b) Kommutierungs-Kurzschlußströme; c) Ventilstrom

$$\frac{U}{U_L} = \frac{\sqrt{3}}{2}\left[1 - \sin\left(\mu_0 - \frac{\pi}{6}\right)\right]. \tag{13/10}$$

Der Ventilstrom setzt sich während der Kommutierung aus mehreren Kurvenstücken zusammen (Teilbild c):

$$2\,\frac{I\,X_c}{E\sqrt{6}} = \frac{1}{\sqrt{3}} + \frac{1}{2}\sin\mu_0 - \frac{1}{2\sqrt{3}}\cos\mu_0 = \frac{1}{\sqrt{3}}\left[1 + \sin\left(\mu_0 - \frac{\pi}{6}\right)\right]. \tag{13/11}$$

Daraus gewinnt man wieder die Gleichung für die Betriebskennlinie

$$\frac{\bar{U}}{\bar{U}_L} = \sqrt{3} - 3\frac{\bar{I}X_c}{E\sqrt{6}}. \qquad (13/12)$$

Im *Kurzschluß* verschwindet die Gleichspannung $\bar{U} = 0$ und der Gleichstrom nimmt seinen Höchstwert

$$\bar{I}_{0K} = \frac{E\sqrt{2}}{X_c} = \frac{E\sqrt{2}\sqrt{3}}{2X_c}\,\frac{2}{\sqrt{3}}$$

$$= \frac{E\sqrt{6}}{2X_c}\cdot 1{,}15 \qquad (13/13)$$

an, wobei der Stromverlauf sich, wie in Abb. 13/8a dargestellt, aus 4 je 60° langen Kurvenabschnitten zusammensetzt und ausschließlich doppelte Kommutierung stattfindet. Wie man dem Leitschema Abb. 13/6 und auch der Leitdauerverteilung in Abbildung 13/8a entnimmt, befinden sich stets 2×2 Ventile in Kommutierung.

Im Kurzschluß des ungesteuerten Gleichrichters führt demnach jedes Ventil über 240° Strom, wobei der Stromverlauf durch 4 Abschnitte gekennzeichnet ist

1. Abschnitt: 0 bis 60°;

$$\mathfrak{J}_1(5{,}1 + 4{,}6) = -\frac{\mathfrak{U}_c}{X_p} = -\mathfrak{J}_{c_K},$$

2. Abschnitt: 60 bis 120°;

$$\mathfrak{J}_1(5{,}1 + 6{,}2) = \frac{\mathfrak{U}_a}{X_p} = \mathfrak{J}_{a_K},$$

3. Abschnitt: 120 bis 180°;

$$\mathfrak{J}_1(1{,}3 + 6{,}2) = \frac{\mathfrak{U}_a}{X_p} = \mathfrak{J}_{a_K},$$

4. Abschnitt: 180 bis 240°;

$$\mathfrak{J}_1(1{,}3 + 2{,}4) = -\frac{\mathfrak{U}_b}{X_p} = -\mathfrak{J}_{b_K}.$$

Dabei gilt nicht nur $\bar{U} = 0$, es verschwinden auch die augenblicklichen Gleichspannungsanteile.

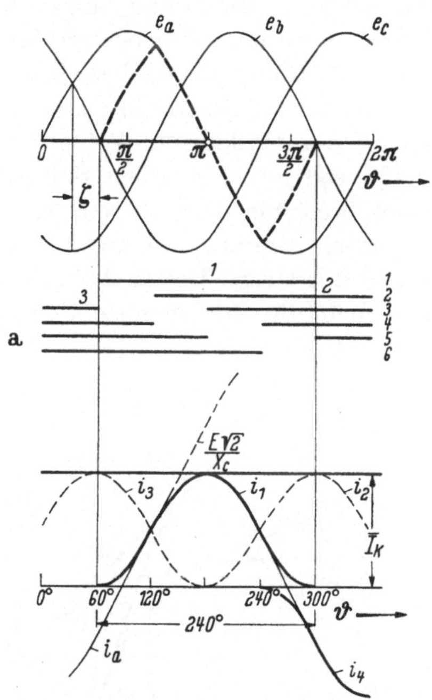

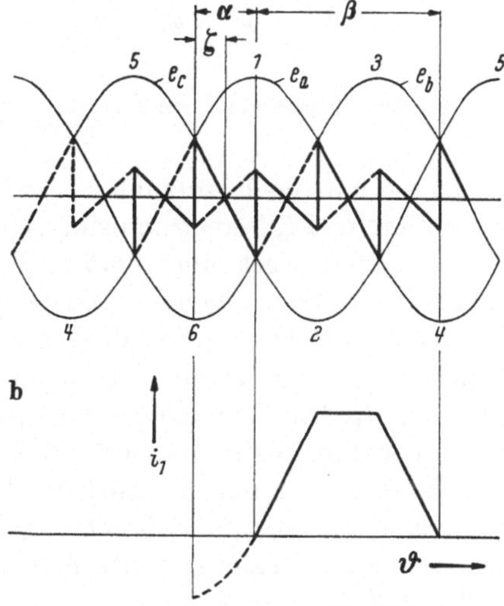

Abb. 13/8. Gleichgerichtete Spannung u, Leitdauer β und Ventilstromverlauf im Kurzschluß

$$\left(\bar{U} = 0,\quad \bar{I}_K = \frac{E\sqrt{2}}{X_c} = \frac{E\sqrt{6}}{2\,X_c}\cdot 1{,}15\right)$$

a) Kurzschluß des ungesteuerten Gleichrichters; b) Kurzschluß bei $\alpha = 60°$

Man könnte der Meinung sein, daß die 2 Ventile, die an jede Transformatorphase gegensinnig angeschlossen sind, nur über 180° Strom führen können und infolgedessen im Kurzschluß der in Abb. 13/8b dargestellte Betriebszustand bestehen müßte. Hierbei würde die positive Klemme des Gleichstromkreises den vollausgezogenen, die negative Klemme den punktierten Potentialverlauf aufweisen. Dieser Potentialverlauf zeigt jedoch deutlich, daß das ungesteuerte Ventil 1 bei $\zeta = 30°$ zündet, weil von dort an sein Anodenpotential (arithmetisches Mittel der Phasenspannungen a und b) sein Kathodenpotential (Phasenspannung c) übersteigt. Der in Abb. 13/8b dargestellte Betriebszustand gilt daher nicht für ungesteuerte Ventile, sondern für einen Zündverzögerungswinkel $\alpha = 60°$.

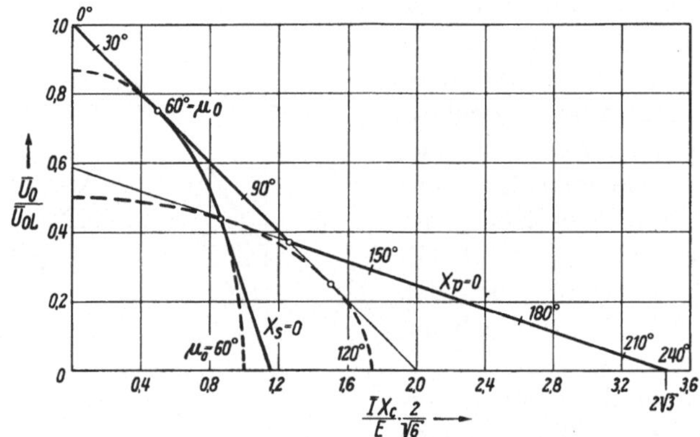

Abb. 13/9. Betriebskennlinien des *ungesteuerten* Sechspulsstromrichters in dreiphasiger Brückenschaltung

Es ist nun noch aufzuklären, wieso die 2 Ventilströme trotz ihrer Leitdauer von 240° einen sinusförmigen Phasenstrom ergeben. Abb. 13/8a läßt unmittelbar erkennen, daß zu Beginn und am Ende jeder Leitdauer die beiden gegensinnigen Ventile einer Phase während jeweils 60° gleichzeitig Strom führen und in diesem Zeitabschnitt die Differenz zwischen Ventil- und Phasenstrom von dem gegensinnigen Ventil geliefert wird: $i_a = i_1 - i_4$. Die Reihenfolge der Spannungen ist durch ihren zeitlichen Verlauf völlig bestimmt und ist für beide Ventilgruppen gleich. In Abb. 13/8 ist der den Ventilstrom bestimmende Spannungsverlauf als stark ausgezogener unterbrochener Linienzug eingetragen. Seine zeitliche Ableitung ergibt den Stromverlauf i_1. (Weitere Ausführungen vgl. 17.2d S. 315.)

In Abb. 13/9 sind die bisherigen Ergebnisse graphisch dargestellt: Bei fehlenden Primärdrosseln arbeiten die beiden Ventilgruppen völlig unbeeinflußt voneinander als 2 phasenverschobene Dreipulsstromrichter. Wenn dagegen nur Primärdrosseln vorhanden sind, wird mit wachsendem Strom die Kennlinie stärker abwärts gekrümmt. Der Kurzschlußstrom wird durch Primärdrosseln erheblich mehr begrenzt als durch gleich große Sekundärdrosseln. Eine analoge Feststellung wurde bereits beim Zweipulsstromrichter gefunden. Um beide Grenzfälle im gleichen Schaubild darstellen zu können, ist als Reaktanz X_c eingeführt worden, die entweder der Primärreaktanz oder der Sekundärreaktanz gleichgesetzt werden kann: $X_c = X_s$ oder $X_c = X_p$.

Allgemeiner Fall. *Primär- und Sekundärinduktivitäten.* Die beiden bisher untersuchten Grenzfälle zeigen in der Nähe des Kurzschlusses vollkommen verschiedenes Verhalten. Um die Verbindung zwischen diesen Extremen herzustellen werden im folgenden sowohl Primär- als auch Sekundärinduktivitäten berücksichtigt. Für die Kommutierungsinduktivität gilt

$$L_c = (L_p + L_s)$$

und für das Verhältnis der Induktivitäten wird die Abkürzung

$$k = L_p/(L_p + L_s) = X_p/X_c \quad (13/14)$$

eingeführt.

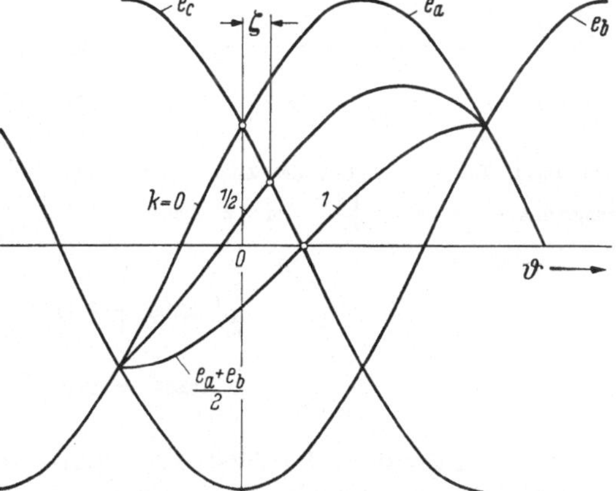

Abb. 13/10. Zündverzögerung ζ im 2. Arbeitsbereich als Funktion des Reaktanzverhältnisses k

Die Verhältnisse des *ersten Betriebsbereiches* bleiben natürlich von der Reaktanzverteilung unbeeinflußt. Die Verhältnisse im *zweiten Betriebsbereich* werden dagegen insofern modifiziert, als der Zündwinkel ζ nunmehr eine Funktion von k wird. Abb. 13/10 zeigt den Verlauf der Netzphasenspannungen e_a, e_b, e_c, welche für den Fall fehlender Netzreaktanzen auch mit den Phasenspannungen des Stromrichters übereinstimmen. Für diesen bisher allein betrachteten Fall erfolgt die Zündung im ungesteuerten Betrieb im Schnittpunkt der Netzphasenspannungen. Sind jedoch Netzreaktanzen vorhanden, an denen beim Kommutieren Spannungsabfälle entstehen, so erfolgt die Zündung später. In Abb. 13/10 ist die Anodenspannung von Ventil 1 für $k = 0$; 0,5 und 1 eingetragen. Wenn z. B. die Ventile 4 und 6 kommutieren und demgemäß die Zündung von Ventil 1 von dem Verhältnis $k = \frac{X_p}{(X_p + X_s)} = \frac{X_p}{X_c}$ abhängt, so ist der Zündverzögerungswinkel ζ durch die zeitliche Differenz zwischen dem Schnittpunkt der Phasenspannungen bei Primärreaktanz X_p zum Grenzfall des idealen Netzes $X_p = 0$ bestimmt. In Abb. 13/10 ist der Zündpunkt als Schnittpunkt zwischen der Anodenspannung von Ventil 1 (Phasenspannung e_a minus Spannungsabfall an X_p) und Phasenspannung e_c gegeben:

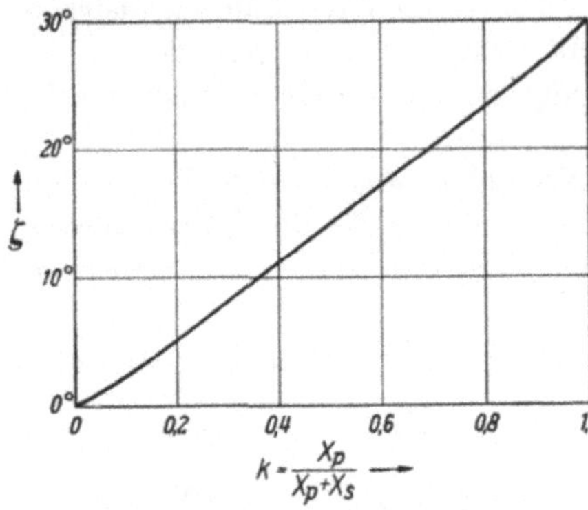

Abb. 13/11. Die Abhängigkeit des Zündverzögerungswinkels $\zeta = \operatorname{arc\,tan} \frac{\sqrt{3}\,k}{4-k}$ im 2. Arbeitsbereich

$$\sin(30+\zeta) - \frac{k}{2}\sqrt{3}\sin(60+\zeta) = \cos(60+\zeta),$$

woraus man für den maximalen Wert des Verzögerungswinkels

$$\tan\zeta = \frac{\sqrt{3}\,k}{4-k} = \frac{\sqrt{3}}{3+4X_s/X_p} \tag{13/15}$$

erhält, dessen Zahlenwerte aus Abb. 13/11 abgelesen werden können. Die zu ζ gehörigen Strom- und Spannungswerte kennzeichnen die Grenze des 2. Betriebsbereiches.

$$\left.\begin{aligned} \frac{U}{U_L} &= \frac{1}{2}\left[\cos\zeta + \cos\left(\zeta + \frac{\pi}{3}\right)\right], \\ \frac{I X_c}{E\sqrt{6}} &= \frac{1}{2}\left[\cos\zeta - \cos\left(\zeta + \frac{\pi}{3}\right)\right]. \end{aligned}\right\} \tag{13/16}$$

Bei wachsendem Gleichstrom wächst die Leitdauer, wobei dann vorerst ζ nicht weiter zunimmt, sondern auf dem durch k bestimmten

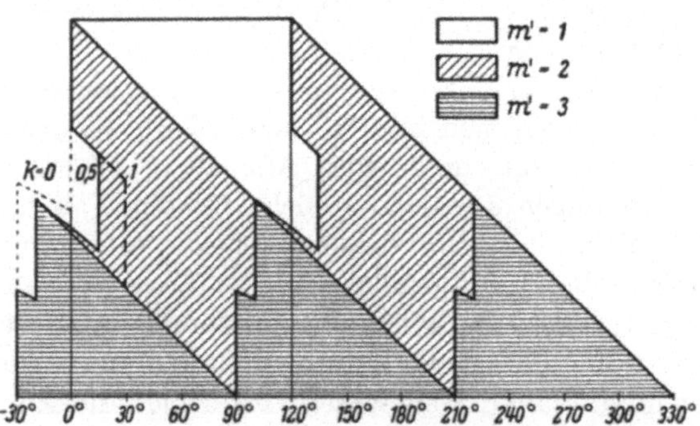

Abb. 13/12. Leitschema für $k = 0{,}5$

Wert verbleibt. Bei weiterer Verlängerung der Leitdauer erreicht man dann schließlich einen Betriebszustand, bei welchem gleichzeitig je 2 Ventile jeder Ventilgruppe kommutieren. Dadurch wird im 3. Betriebsbereich der Zündpunkt nochmals geändert, und zwar springt er, wie das von R. SCHNÖRR abgeleitete Leitschema Abb. 13/12 andeutet, nach vorn, wobei die Winkelverschiebung wieder von k abhängig ist.

$$\zeta = -\operatorname{arc\,tan} \frac{1}{\sqrt{3}} \frac{2-k}{2+k}. \quad (13/17)$$

Die Ableitung dieser Gleichung wird in [R 13,1] durchgeführt, die graphische Darstellung zeigt Abb. 13/13. Aus dem Leitschema geht außerdem hervor, daß der Zündwinkel bei weiterer Vergrößerung des Gleichstromes schließlich auf

$$\zeta = -30^\circ$$

übergeht und dort bis zum Kurzschluß verbleibt. Die Zündzeitpunkte der oben behandelten Grenzfälle sind in Abb. 13/12 ebenfalls eingetragen: $k = 0$: punktierte Geraden; $k = 1$: unterbrochene Geraden.

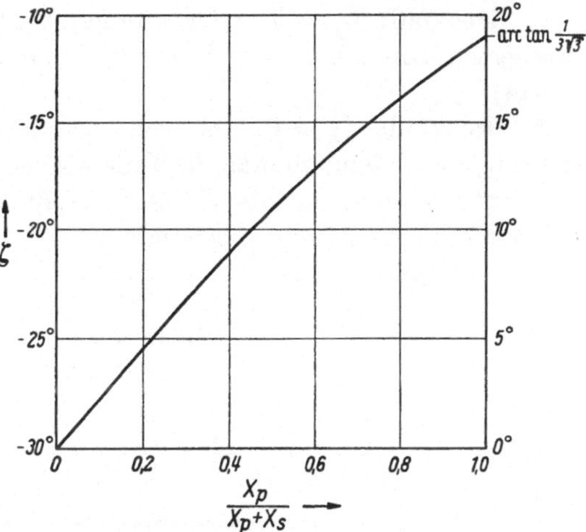

Abb. 13/13. Abhängigkeit des Zündwinkels ζ von der Reaktanzverteilung $\frac{X_p}{X_p + X_s}$ im 3. Arbeitsbereich

Für den stationären Kurzschlußstrom findet man die Beziehung

$$\bar{I}_K = \frac{3}{1+k} \frac{E\sqrt{2}}{X_p + X_s}, \quad (13/18)$$

die in Abb. 13/14 graphisch dargestellt ist. Der Grenzfall $k = 1$, mit $\bar{I}_K = \frac{E\sqrt{2}}{X}$, bildet einen Sonderfall, was auch darin zum Ausdruck kommt, daß im Kurzschluß nur 4 Ventile gleichzeitig Strom führen, während bei $k < 1$ stets 6 Ventile leiten. Eine ausführliche Untersuchung des gesamten Betriebsbereiches wurde von R. SCHNÖRR durchgeführt.

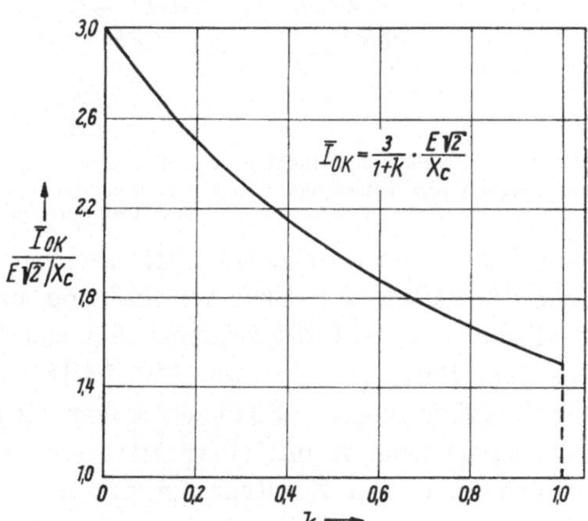

Abb. 13/14. Stationärer Kurzschlußstrom $\bar{I}_{0K}$ in Abhängigkeit vom Kopplungsfaktor $k = \frac{X_p}{X_p + X_s}$

b) Die Betriebsdiagramme des gesteuerten Betriebes

Es werden vorerst die beiden Grenzfälle ($L_p = 0$ und $L_s = 0$) betrachtet:

1. Grenzfall: $L_p = 0$. Hier können ebenfalls die Ergebnisse vom gesteuerten Dreipulsstromrichter übernommen werden (vgl. Abb. 9/13 u. 9/14).

2. Grenzfall: $L_s = 0$. Da sich verschiedene Betriebsverhältnisse ergeben, je nachdem, ob man die Teilaussteuerung mittels gittergesteuerten Ventilen oder mittels Steuerdrosseln vornimmt, so werden die beiden Methoden getrennt behandelt.

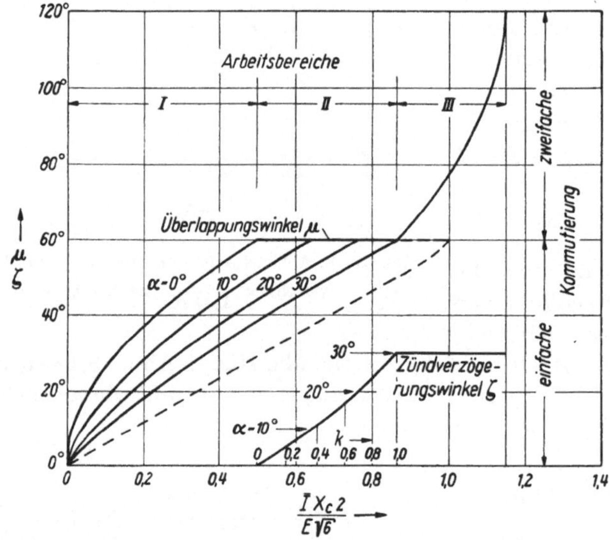

Abb. 13/15. Überlappungswinkel μ und Zündverzögerungswinkel ζ (bei Gleichrichterbetrieb) in Abhängigkeit vom Belastungsstrom $\bar{I}$ der Drehstrom-Brückenschaltung mit induktivem Lastkreis und Primärdrosseln

G i t t e r s t e u e r u n g. Die Gittersteuerung ändert zwar das grundsätzliche Verhalten der Brückenschaltung nicht; indessen treten gewisse Modifikationen auf, die zahlenmäßig aus Abb. 13/15 noch deutlicher als aus dem Betriebsdiagramm, Abb. 13/16, abgelesen werden können. Bei Zündverzögerung $\alpha = 30$ bis $60°$ gehen die Kennlinien mit zunehmendem Belastungsstrom unmittelbar aus dem ersten in den dritten Arbeitsbereich über. Für Zündverzögerung $\alpha > 60°$ liegen die Betriebskennlinien praktisch vollständig im ersten Arbeitsbereich, so daß es in den meisten Fällen vollauf genügt, die Kennlinien des 1. Arbeitsbereiches zu kennen:

$$\frac{\bar{U}}{\bar{U}_{0L}} = \frac{1}{2}\left[\cos\alpha + \cos(\alpha + \mu)\right], \qquad (13/19)$$

$$\frac{\bar{I}}{\bar{I}_{0K}} = \frac{\sqrt{3}}{2}\left[\cos\alpha - \cos(\alpha + \mu)\right], \qquad (13/20)$$

woraus

$$\frac{U}{U_{0L}} = \cos\alpha - \frac{1}{\sqrt{3}}\frac{I}{I_{0K}} \tag{13/21}$$

folgt. Für $\mu = 60°$ ergibt sich ein Kreis mit dem Radius $\sqrt{3}/2$. Alle weiteren Einzelheiten sind aus Abb. 13/16 abzulesen. In Abb. 13/15 verläuft zwischen dem Nullpunkt und dem Überlappungswinkel $\mu = 60$

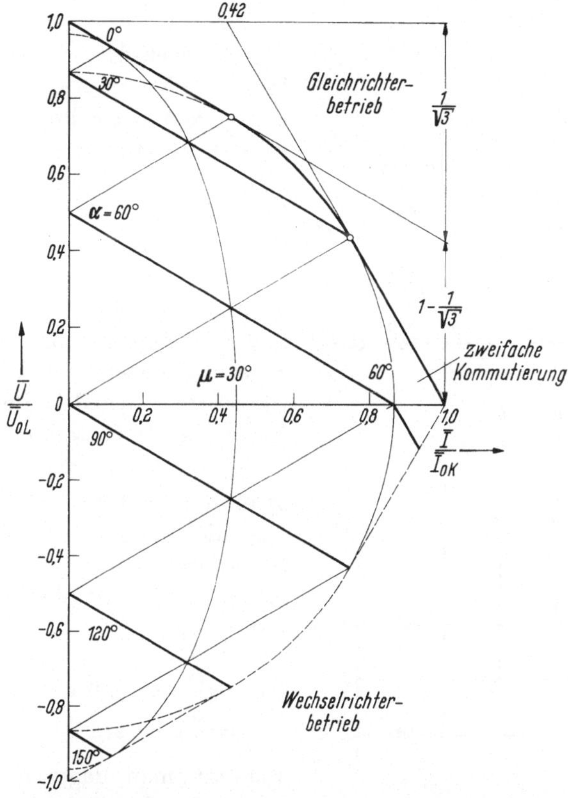

Abb. 13/16. Betriebsdiagramm des gittergesteuerten Sechspulsstromrichters in Dreiphasen-Brückenschaltung mit Primärdrosseln und sehr großer Glättungsdrossel

eine unterbrochene Linie, welche die Kurzschlußgerade (Abszisse) von Abb. 13/16 abbildet und damit den Bereich des Gleichrichterbetriebes erkennen läßt.

Bei der Gittersteuerung muß mit genügend langen ($> 60°$) positiven Gittersteuerspannungen gearbeitet werden. Da stets 2 Ventile in Reihenschaltung Strom führen, von denen zwar jedes 120° leitet, deren Zündung jedoch in Abständen von 60° erfolgt, so muß im lückenhaften Betrieb jedes Ventil im Abstand von 60° nach seiner Zündung zu nochmaligem Zünden bereit sein.

Drosselsteuerung. Bei der Drosselsteuerung werden die in Abb. 13/17 dargestellten Schaltungen unterschieden: a) Sechsdrosselschaltung, b) Dreidrosselschaltung, wobei die Drosseln im Prinzip entweder Spannungs- oder Stromsteuerung besitzen können. In der praktischen Anwendung werden in Sechsdrosselschaltung vorzugsweise spannungssteuernde Drosseln und in Dreidrosselschaltung stromsteuernde Drosseln benützt.

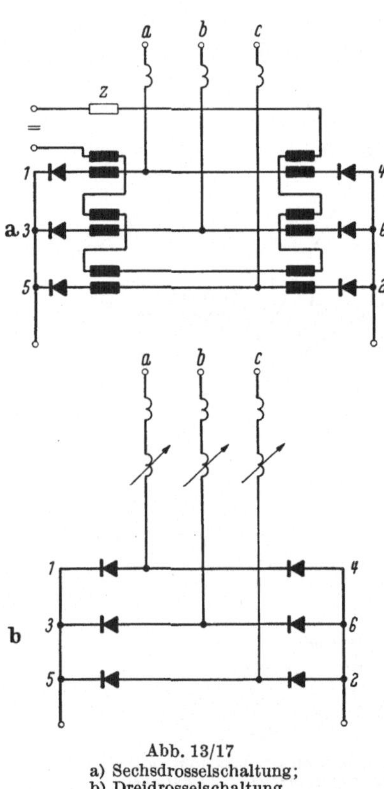

Abb. 13/17
a) Sechsdrosselschaltung;
b) Dreidrosselschaltung

Die Sechsdrosselsteuerung. Solange die Kommutierungsspannung über einen betrachteten Arbeitsbereich nach Amplitude und Phasenlage konstant bleibt, haben die Steuerdrosseln die gleiche Wirkung wie die Gittersteuerung. — Wenn sich dagegen die Kommutierungsspannung ändert, wie z. B. im 2. Arbeitsbereich infolge des Verzögerungswinkels ζ, so ergeben Steuerdrosseln andere Betriebskennlinien als die Gittersteuerung.

Im *Leerlauf* erhält man die Gleichspannung dadurch, daß man von $\bar{U}_{0_L}$ die Spannungszeitflächen der Steuerdrosseln abzieht. Bezeichnet man den Steuerwinkel mit α, so ergibt sich:

$$\bar{U}_{\alpha_L} = \bar{U}_{0_L} - \frac{3}{\pi} E \sqrt{6}\,[1 - \cos\alpha] = \bar{U}_{0_L} \cdot \cos\alpha\,. \qquad (13/22)$$

Benützt man dagegen zur Kennzeichnung des Steuervorganges die relative Vormagnetisierung $2\sigma = 1 - \cos\alpha$ (6/5), so kann man für die Leerlaufspannungen auch

$$\bar{U}_{\alpha_L} = \bar{U}_{0_L}(1 - 2\sigma) \qquad (13/23)$$

schreiben.

Obwohl Gl. (13/22) gleichlautend ist mit der für Gittersteuerung geltenden Beziehung, besteht doch ein grundlegender Unterschied: bei den Steuerdrosseln muß für eine vollständige Rückmagnetisierung gesorgt werden; diese Forderung beschränkt den Steuerbereich, so daß man in der Regel nur den Gleichrichterbereich benützen kann.

Im *1. Arbeitsbereich* muß dann noch wie üblich der induktive Spannungsabfall berücksichtigt werden:

$$\frac{U}{U_{0L}} = \cos\alpha - \frac{I X_c}{E\sqrt{6}}.$$

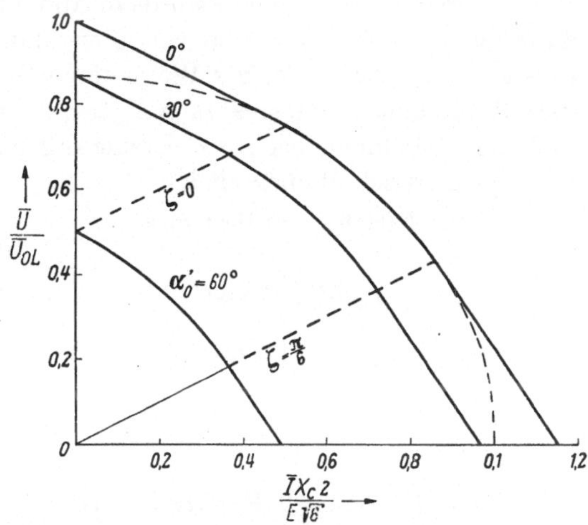

Abb. 13/18. Betriebsdiagramm einer Sechsdrosselschaltung. Mit sekundären *Steuerdrosseln* gesteuerte Drehstrom-Brückenschaltung mit induktiver Belastung und mit Primärdrosseln

Die beiden Ventilgruppen werden nur so lange einander gegenseitig nicht beeinflussen, als $\alpha + \mu < 60°$ bzw. die Leitdauer + Drosselsperrdauer $< 180°$ ist. Daraus ergibt sich für $(\alpha + \mu = 60°)$ die Grenze des 1. Arbeitsbereiches

$$\frac{U_{grenz}}{U_{0L}} = \frac{1}{2}\left[\cos\alpha + \frac{1}{2}\right] \text{ und}$$

$$\frac{I_{grenz} X_c}{E\sqrt{6}} = \frac{1}{2}\left[\cos\alpha - \frac{1}{2}\right],$$

d. h., die in Abb. 13/18 gestrichelte Gerade $(\zeta = 0)$. Vergrößert man den Gleichstrom, so gelangt man in den 2. Arbeitsbereich, der wie beim ungesteuerten Betrieb durch eine zusätzliche Zündverzögerung ζ und einen Überlappungswinkel $\mu = 60° = \text{const}$ gekennzeichnet ist. Bei verschwindendem Steuerwinkel, also unwirksamen Steuerdrosseln, erhält man in diesem Betriebszustand die in Abb. 13/5 dargestellten Verhältnisse. Steuert man jedoch aus, so wird jede Steuerdrossel erst dann ihre vorgeschriebene Spannungszeitfläche übernehmen, wenn die Spannung an der Drossel positiv geworden ist (Abb. 13/19). Das ist aber erst im Anschluß an den Winkel ζ möglich. Bezeichnet man den von der Steuerdrossel hervorgerufenen Zündverzögerungswinkel mit α', so gilt für den arithmetischen Mittelwert der gleichgerichteten Spannung

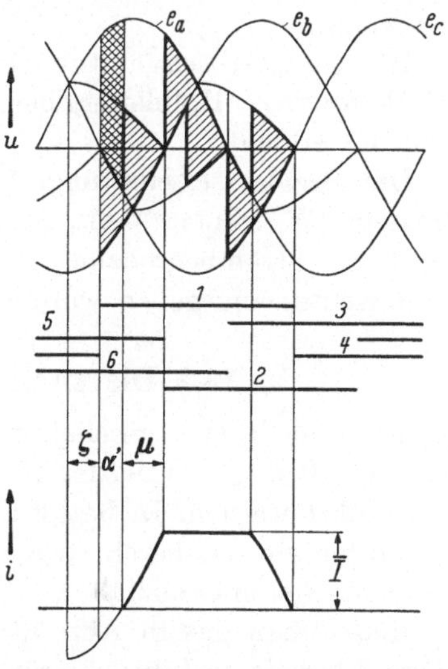

Abb. 13/19. Zeitlicher Verlauf von gleichgerichteter Spannung u und Ventilstrom i eines Stromrichters in Sechsdrosselschaltung und Teilaussteuerung (2. Arbeitsbereich)

$$\frac{U}{U_{0L}} = 1 - (1 - \cos\zeta) - (1 - \cos\alpha_0') - \\ - \frac{1}{2}\left[\cos(\zeta + \alpha') - \cos\left(\zeta + \alpha' + \frac{\pi}{3}\right)\right], \quad (13/24)$$

wobei von der Beziehung $\cos\zeta - \cos(\zeta + \alpha') = 1 - \cos\alpha_0'$ Gebrauch gemacht wurde. Der Winkel α_0' charakterisiert die vorgegebene Gleichstromvormagnetisierung und wurde in Abb. 13/18 als Parameter gewählt, da ja α' je nach der Größe von ζ veränderlich ist. Da eine Steuerdrossel in durchaus gleicher Weise einen Spannungsabfall erzeugt, wie dies die Kommutierungsreaktanz X_0 tut, so ist auch sofort verständlich, daß die Kennlinien bei Drosselsteuerung und bei ungesteuertem Betrieb geometrisch ähnlich sind.

Für den Gleichstrom liest man ab:

$$\bar{I} = \frac{E\sqrt{6}}{2X_c}\left[\cos(\zeta + \alpha') - \cos\left(\zeta + \alpha' + \frac{\pi}{3}\right)\right] \qquad (13/25)$$

und erhält damit für die Kennlinie

$$\frac{\bar{U}}{\bar{U}_{0L}} = \cos\zeta - (1 - \cos\alpha_0') - \frac{\bar{I}X_c}{E\sqrt{6}}. \qquad (13/26)$$

Trägt man μ und ζ als Funktionen von $\frac{\bar{I}X_c \cdot 2}{E\sqrt{6}}$ graphisch auf, so erhält man für $\alpha_0' = \text{const}$ die gleichen Kurven wie sie in Abb. 13/15 für den Gittersteuerwinkel α dargestellt sind.

Hat der Verzögerungswinkel die Größe $\zeta = 30°$ erreicht, so folgt bei weiterer Stromsteigerung der *3. Arbeitsbereich*, in welchem (ebenso wie bei Gittersteuerung) zweifache Kommutierung erfolgt, wodurch als Kennlinien Geraden mit der doppelten Neigung wie im 1. Arbeitsbereich entstehen.

Die Sechsdrosselschaltung hat insbesondere bei Kontaktumformern (D. R. Smith), Halbleitergleichrichtern und Magnetverstärkern Bedeutung erlangt.

Die Dreidrosselschaltung. Verwendet man stromsteuernde Steuerdrosseln (W. Dällenbach, 1957), so erhält man Kennlinien mit ausgeprägter Strombegrenzung durchaus ähnlich wie sie beim Zweipulsstromrichter angegeben wurden.

13.2 Die zweiphasige Reihenschaltung

Die in Reihe geschalteten Zweipulsstromrichter können, wie Abb. 13/20 zeigt, entweder in Mittelpunkt- oder in Brückenschaltung ausgeführt werden. In bezug auf die Vor- und Nachteile dieser beiden Varianten gilt das bereits früher Gesagte (7,1 a). Untersucht man zuerst den einfacheren Grenzfall, wenn *nur Sekundärreaktanzen* vorhanden sind, so findet man das in Abb. 13/21 a dargestellte Leitschema und die in Kap. 8 bereits ausführlich erörterten Betriebsverhältnisse. Die Betriebskennlinie ist eine *Gerade*, welche Leerlauf- und Kurzschlußpunkt miteinander verbindet.

Im zweiten Grenzfall, wenn *nur Netzreaktanzen* vorhanden sind (Abb. 10/8), erhält man durch Analyse des zeitlichen Strom- und

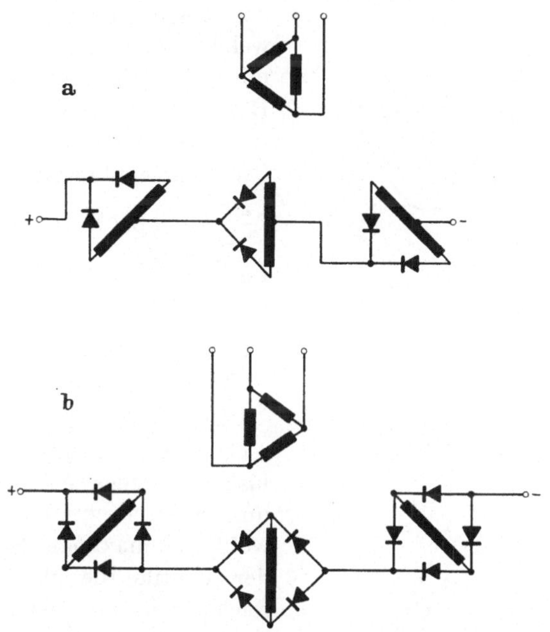

Abb. 13/20. Zweiphasige Reihenschaltungen
a) zweiphasige Mittelpunktschaltungen; b) zweiphasige Brückenschaltungen

Spannungsverlaufs bei verschiedener Belastung (und unendlich große Glättungsdrossel!) das in Abb. 13/21 b dargestellte Leitschema und eine Betriebskennlinie, welche mit derjenigen der Dreiphasen-Brückenschaltung, Abb. 13/9 ($X_s = 0$), übereinstimmt. Die Leitdauer beträgt im Leerlauf $\beta_L = 180°$, für Überlappungen $\mu_0 > 60°$ wird die Zündung verzögert und bleibt schließlich bis zum Kurzschluß bei $\zeta = 30°$. Der zeitliche Verlauf der gleichgerichteten Spannung u gleicht demjenigen der Dreiphasen-Brückenschaltung. Der zeitliche Verlauf der Ventilströme ist jedoch dadurch modifiziert, daß im vorliegenden Falle die Leitdauer um 60° länger ist. Abb. 13/22 zeigt die Ventilströme bei Kurzschluß, wobei die Kurzschlußströme durch (10/54) bestimmt sind und zu beachten

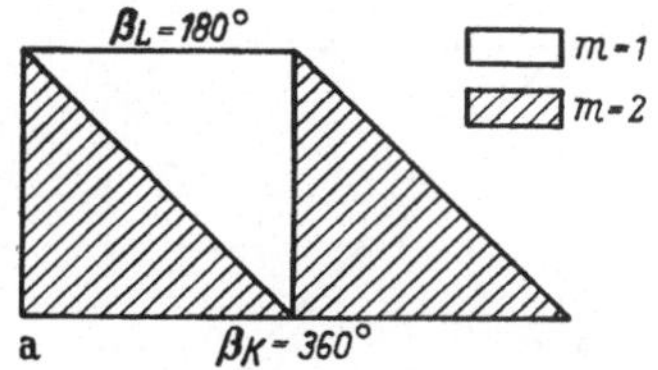

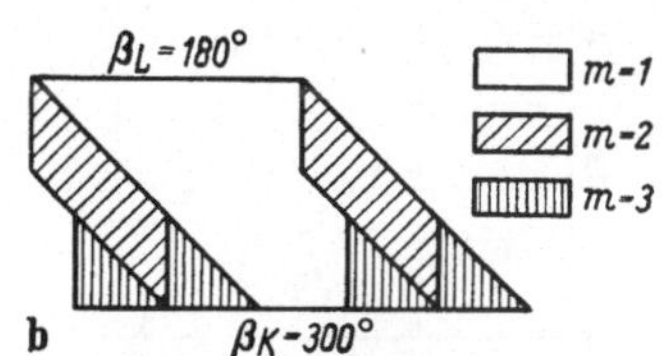

Abb. 13/21. Leitschemata der ungesteuerten zweiphasigen Reihenschaltung
a) nur Sekundärreaktanzen;
b) nur Netzreaktanzen

ist, daß bei einfacher Kommutierung $X_c = \frac{4}{3} X_A = 4 X_n$ (10/46) gilt.

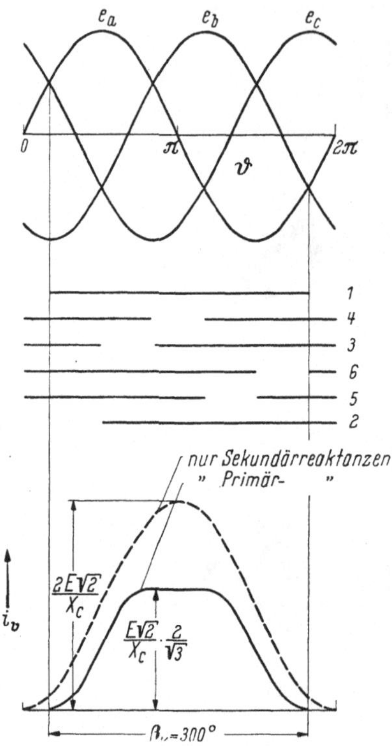

Abb. 13/22. Ventilströme bei Kurzschluß

In Abb. 13/23 sind die Kennlinien der beiden Grenzfälle dargestellt, welche sich in Übereinstimmung mit Abb. 8/9 und Abb. 13/16 zu Betriebsdiagrammen erweitern lassen. Der Kurzschlußstrom ist bei Sekundärreaktanzen durch $\bar{I}_{0K} = 2\frac{E\sqrt{2}}{X_c}$ und bei Netzreaktanzen durch $\bar{I}_{0K} = \frac{2E\sqrt{2}}{\sqrt{3}X_c}$ bestimmt.

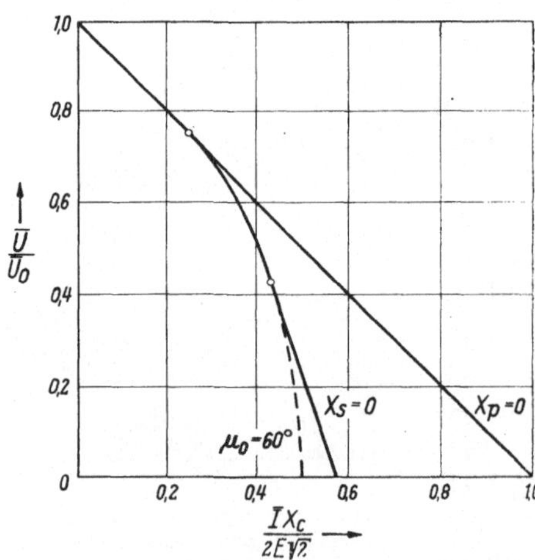

Abb. 13/23. Betriebskennlinien der zweiphasigen Reihenschaltung

13.3 Die Sechsphasen-Brückenschaltung (Latour-Schaltung)

Die in Abb. 13/24a dargestellte sechsphasige Brückenschaltung ist bisher vorzugsweise für Kontaktumformer verwendet worden. Obwohl die maximale Sperrspannung der Ventile die gleiche Größe erreicht wie in der dreiphasigen Brückenschaltung, so ist die Sperrspannung im Löschzeitpunkt erheblich geringer, was die Verwendung von relativ (d. h. in bezug auf die Höhe der Gleichspannung) kleinen Schaltdrosseln ermöglicht.

Abb. 13/24b läßt erkennen, wie sich die gleichgerichtete Spannung u aufbaut: der (sekundär im Polygon geschaltete) Transformator liefert die jeweils um 60° verschobenen Spannungen eines Sechsphasensterns. Bei $\beta = 60°$ erzeugt die mit dem Pluspol verbundene Ventilgruppe die obere, die mit dem Minuspol verbundene Ventilgruppe die untere Kontur. Die gleichgerichtete Spannung u besitzt Sechspulswelligkeit.

Im Leerlauf erhält man für die Gleichspannung $\bar{U}_{00}$:

$$\bar{U}_{00} = \frac{p}{2\pi} \int\limits_{-\pi/p}^{+\pi/p} 2\hat{e} \cos\vartheta \cdot d\vartheta = E\sqrt{2}\,\frac{6}{\pi} = E\sqrt{2} \cdot 1{,}91 . \qquad (13/27)$$

Man erkennt in Abb. 13/24 a deutlich, daß für die Spannungsbildung von u die Durchmesserspannung am Transformator (Effektivwert $2\,E$) in Betracht kommt. Die Besonderheiten dieser Schaltung, insbesondere in bezug auf die dreiphasige Brückenschaltung, sind zwar wiederholt Gegenstand eingehender Untersuchungen gewesen (F. Koppelmann, 1951, P. Schnecke, 1954), indessen soll hier auf diese Fragen im Hinblick auf die nur begrenzten Anwendungsmöglichkeiten nicht näher darauf eingegangen werden.

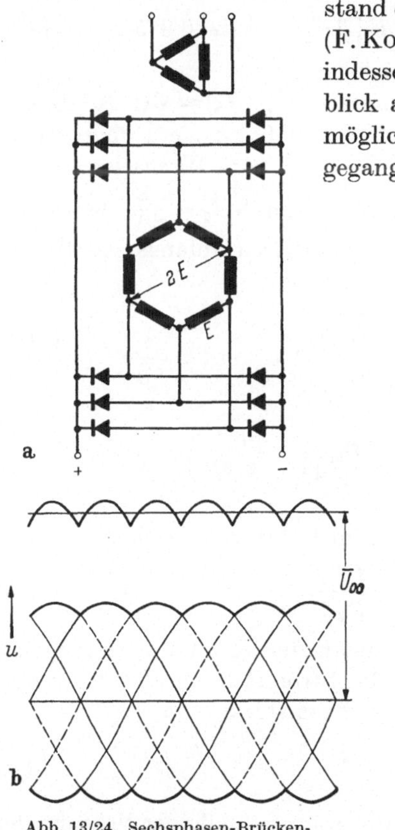

Abb. 13/24. Sechsphasen-Brückenschaltung (Latour-Schaltung)
a) Schaltbild; b) zeitlicher Verlauf der gleichgerichteten Spannung u im Leerlauf

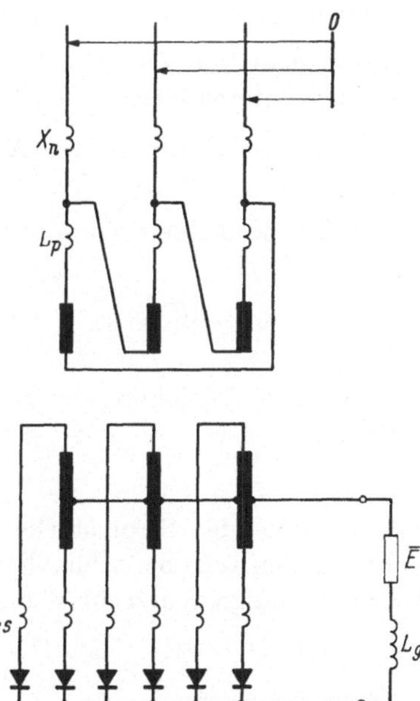

Abb. 14/1. Sechsphasen-Mittelpunktschaltung

14. Mittelpunktschaltungen

14.1 Die sechsphasige Mittelpunktschaltung

Abb. 14/1 zeigt eine sechsphasige Mittelpunktschaltung mit Sekundär-, Primär- und Netzreaktanzen und Abb. 10/16 b die zugehörige Ersatzschaltung. In der Regel sind alle drei Arten von Reaktanzen gleichzeitig vorhanden. Der einfacheren Betrachtung wegen wird jedoch bei der Analyse dieser Schaltung so vorgegangen, daß zuerst nur Sekundär- und sodann nur Primär- bzw. Netzreaktanzen vorausgesetzt werden.

a) Der ungesteuerte Betrieb

Im *Leerlauf* sind die Reaktanzen ohne Einfluß, daher gilt in jedem Falle für die Gleichspannung

$$\bar{U}_{0_L} = \frac{6}{2\pi}\hat{e}\int_{-\pi/6}^{\pi/6} \cos\vartheta\, d\vartheta = E\sqrt{2}\cdot\frac{3}{\pi} = E\sqrt{2}\cdot 0{,}955. \tag{14/1}$$

1. Grenzfall: nur Sekundärreaktanzen (L_p, $L_n = 0$). In diesem Falle vereinfacht sich das Schaltbild derart, daß nur die 6 Phasenspannungen und die Sekundärreaktanzen $X_s = X_c$ vom Wechselstromkreis übrigbleiben. Der Kommutierungsstrom ist durch $I_c = \frac{E}{2X_c}$ bestimmt. Belastet man den Gleichrichter, so kommutieren anfangs jeweils nur 2 Anoden miteinander. Zu der Stromstärke

$$\bar{I} = \frac{E\sqrt{2}}{2X_c}[1 - \cos\mu_0] \tag{14/2}$$

gehört der induktive Spannungsabfall

$$\Delta\bar{U} = \frac{\hat{e}\,3}{2\pi}\int_0^{\mu_0} \sin\vartheta\, d\vartheta = \frac{\bar{U}_{0L}}{2}[1 - \cos\mu_0]$$

und damit die Gleichung der Kennlinie im 1. Arbeitsbereich

$$\frac{\bar{U}}{\bar{U}_{0L}} = 1 - \frac{\bar{I}\,X_c}{E\sqrt{2}}. \tag{14/3}$$

Mit zunehmender Stromstärke nehmen an der Kommutierung immer mehr Anoden teil, bis schließlich bei der Stromführung aller 6 Anoden der vollständige Kurzschluß mit einer Stromstärke von

$$\bar{I}_{0_K} = \frac{6E\sqrt{2}}{X_c} \tag{14/4}$$

erreicht wird. Beim Dreipulsstromrichter war erstmalig der Vorgang der mehrfachen Kommutierung aufgetreten, allerdings in der verhältnismäßig einfachen Art der doppelten Kommutierung ($m = 3$). Beim Sechspulsstromrichter ohne Primärreaktanzen spielt infolge der größeren Phasenzahl die mehrfache Kommutierung eine sehr viel wichtigere Rolle und soll im folgenden in allgemeinerer Form behandelt werden. Die Darstellung folgt dabei den Arbeiten von W. Dällenbach und E. Gerecke (1924), D. C. Prince und F. B. Vogdes (1931), A. Glaser u. K. Müller-Lübeck (1935) u. a.

Wie bereits oben gezeigt wurde, ist die Größe der gleichgerichteten Spannung u durch den Mittelwert der an der Stromführung beteiligten Phasenspannungen (e_1 bis e_m) bestimmt:

$$u = \frac{1}{m} \sum_1^m e_x, \tag{14/5}$$

wobei m die Anzahl der gleichzeitig stromführenden Phasen bezeichnet. In Abb. 14/2a sind die Zeiger der resultierenden Wechselspannungen

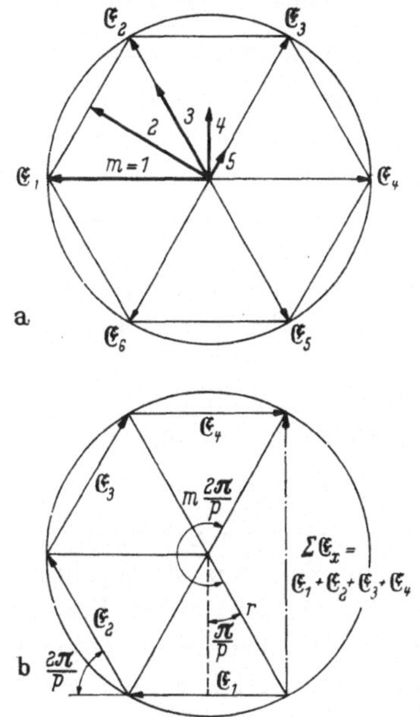

Abb. 14/2
a) Zeiger der resultierenden Wechselspannung bei m-facher Kommutierung eines Sechspulsstromrichters ohne Primärreaktanzen; b) Zeigersumme

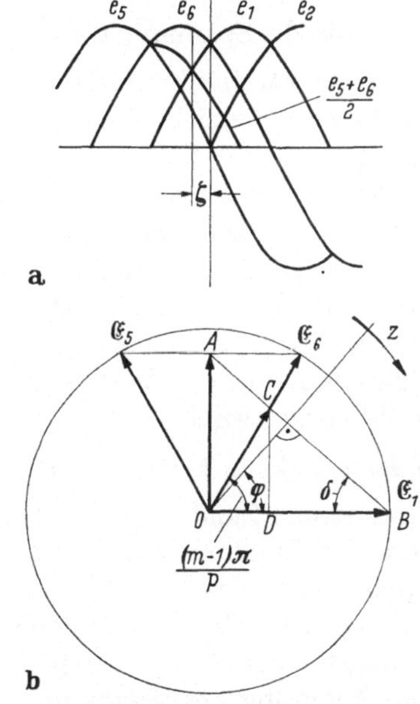

Abb. 14/3. Bestimmung des Zündpunktes bei mehrfacher Kommutierung
a) Spannungsverlauf; b) Zeigerdiagramm (für drei gleichzeitig stromführende Ventile, $m = 3$)

bei m-facher Kommutierung eingetragen, welche die gleichgerichtete Spannung u bilden. Für die Größe der Zeiger $\hat{e}_m$ erhält man die Beziehung

$$\frac{\hat{e}_m}{\hat{e}} = y = \frac{\sin m\,\pi/p}{m \sin \pi/p} \tag{14/6}$$

bzw. die in Tab. 14/1 angegebenen Zahlenwerte. Bildet man nämlich die Zeigersumme $\mathfrak{E}_1 + \mathfrak{E}_2 + \cdots$, so liegt das Ende des Summenzeigers auf dem Umfang eines Kreises (Abb. 14/2b), dessen Radius r durch $\frac{\hat{e}/2}{r} = \sin \pi/p$ bestimmt ist. Die Länge des Summenzeigers liest man ab:

$$\sum \hat{e}_x = 2\,r \sin \frac{m\,\pi}{p} = \frac{\hat{e} \sin m\,\pi/p}{\sin \pi/p} \tag{14/7}$$

und erhält damit die vorstehende Gleichung für $\hat{e}_m$. Damit kann auch unmittelbar der Zündzeitpunkt der einzelnen Ventile ermittelt werden. Da die Stromführung der Ventile einsetzt, wenn die Spannung der zugehörigen Transformatorphase positiver wird als die gleichgerichtete Spannung u, so zünden die Ventile im Leerlauf oder bei einfacher Kommutierung stets im Schnittpunkt der Phasenspannungen. Der Zündwinkel wird auch stets von diesem Zeitpunkt aus gemessen. Verlängert man, wie dies in Abb. 14/3a ersichtlich ist, die Kommutierung derart, daß die Phasenspannung e_1 bereits um den Winkel ζ *vor* dem Leerlauf-Zündpunkt die Spannung $u = \frac{e_6 + e_5}{2}$ schneidet, so wird bei ungesteuerten Stromrichtern die Zündung auch entsprechend früher erfolgen. Am einfachsten übersieht man diesen Zusammenhang an Hand des Zeigerdiagramms Abb. 14/3b. Im betrachteten Zeitpunkt sollen die Ventile 5 und 6 leitend sein. Der Zeiger der resultierenden Spannung ist durch OA gegeben. Das Ventil 1 kann sich offenbar erst dann ebenfalls an der Stromführung beteiligen, wenn die Augenblickswerte von u und e_1 gleich sind; d. h., wenn die Projektionen der beiden Zeiger auf die umlaufende Zeitgerade gleich groß sind. Das ist dann der Fall, wenn die Zeitgerade Z auf der Verbindungslinie von A nach B senkrecht steht. Der Winkel φ zwischen der Zeitgeraden Z und $\mathfrak{E}_1$ kennzeichnet dann den Zündzeitpunkt in bezug auf den Scheitel von e_1. Der Winkel $\delta = \frac{\pi}{2} - \varphi$ bestimmt den Zündzeitpunkt vom Nulldurchgang der Spannung e_1 aus. Durch die Zündung von Ventil 1 wird die Zahl der stromführenden Phasen erhöht, wobei OC den Zeiger der resultierenden Spannung $\mathfrak{E}_{m=3}$ darstellt. Es ist nur folgerichtig, daß C ebenfalls auf der Verbindungslinie AB liegt, da ja im Zündzeitpunkt $e_1 = u$ gilt, wodurch keine Änderung des Spannungsmittelwertes verursacht wird.

Die Größe des Winkels kann bequem ermittelt werden, indem man $\tan\delta$ bildet:

$$\tan\delta = \frac{CD}{BD} = \frac{OC\sin(m-1)\,\pi/p}{OB - OC\cos(m-1)\,\frac{\pi}{p}}$$

setzt man für $\frac{OC}{OB} = \frac{\hat{e}_m}{\hat{e}}$, so erhält man

$$\tan\delta = \cot\varphi = \frac{\sin\frac{m\pi}{p}\sin(m-1)\frac{\pi}{p}}{m\sin\frac{\pi}{p} - \sin\frac{m\pi}{p}\cos(m-1)\frac{\pi}{p}}. \qquad (14/8)$$

Weil jedoch $\varphi = \zeta + \frac{\pi}{p}$, so erhält man schließlich die in Tab. 14/1 eingetragenen Zahlenwerte und das in Abb. 14/4 dargestellte Leitdiagramm.

Da eine große Kathodendrossel vorausgesetzt ist, so kann die Berechnung des Ventilstromverlaufes nach einem besonders einfachen Verfahren (D. C. PRINCE u. F. B. VOGDES) erfolgen. Man benützt dabei die Tatsache, daß die Ströme in den einzelnen Phasen eines Stromrichters einen zeitlich völlig gleichartigen Verlauf besitzen müssen und lediglich

Tabelle 14/1

Resultierende Spannung $\hat{e}_m$, Zündwinkel ζ bei mehrfacher Kommutierung für $p = 6$

Anzahl der gleichzeitig stromführenden Phasen m	$y = \frac{\hat{e}_m}{\hat{e}}$	Zündwinkel ζ	Zündwinkel δ
1	1	0	60°
2	0,87	0	60°
3	0,666	−19° 6′	40° 54′
4	0,434	−36° 35′	28° 25′
5	0,20	−51° 3′	8° 57′
6	0	−60°	0°

zeitliche Verschiebungen um den Winkel $k\frac{2\pi}{p}$ $(k = 1 \ldots p)$ aufweisen. Ausgehend von der Gleichung

$$u = e_k - X_c \frac{d i_k}{d\vartheta}$$

gilt für den Zündpunkt (δ) des m-ten Ventils, nachdem vorher $m-1$ Ventile stromführend waren:

$$i_m(\delta) = 0,$$

$$i_{m-1}(\delta) = i_m + \frac{1}{X_c}\int\limits_{\delta+\frac{2\pi}{p}}^{\delta+\frac{2\pi}{p}\cdot 2} (e-u)\, d\vartheta,$$

$$i_1 = i_2 + \frac{1}{X_c}\int\limits_{\delta+\frac{2\pi}{p}(m-2)}^{\delta+\frac{2\pi}{p}\cdot(m-1)} (e-u)\, d\vartheta.$$

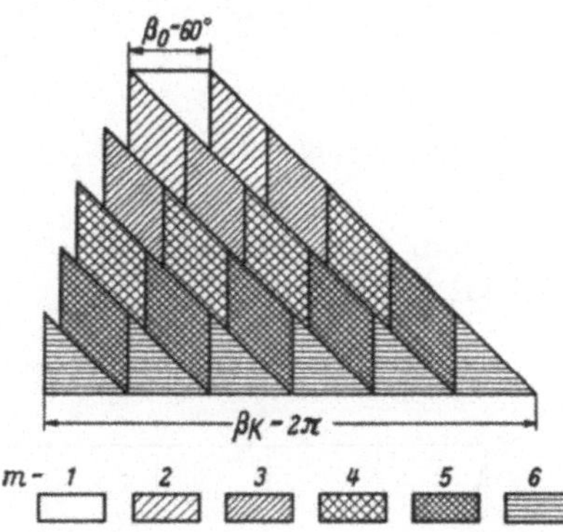

Abb. 14/4. Leitschema des ungesteuerten Sechspulsstromrichters in Mittelpunktschaltung $(X_p = 0)$

Addiert man die einzelnen Beiträge der Phasenströme, so erhält man den Gleichstrom $\bar{I}$ [R 14,1]

$$\bar{I} X_c = \sum_{k=1}^{m-1} (m-k)\, 2\,\hat{e} \sin\frac{\pi}{p} \left\{\sin\delta \cos(2k-1)\frac{\pi}{p} + \cos\delta \sin(2k-1)\frac{\pi}{p}\right\} -$$

$$- \frac{\pi}{p} m(m-1)\bar{U}. \tag{14/9}$$

Um diese Gleichung weiter vereinfachen zu können, wird wieder auf das Zeigerdiagramm Abb. 14/3b zurückgegriffen. Betrachtet man das

Dreieck OBC, so kann man für dieses den Kosinussatz anschreiben:

$$(\overline{CB})^2 = \hat{e}_m^2 + \hat{e}^2 - 2\hat{e}_m\,\hat{e}\cos(m-1)\frac{\pi}{p}$$

und erhält damit für die Strecke $\overline{CB}$:

$$\frac{\overline{CB}}{\hat{e}} = [1 + y^2 - 2y\cos(m-1)\pi/p]^{1/2},$$

womit man für den Winkel δ noch die folgenden Ausdrücke erhält:

$$\sin\delta = \frac{\overline{CD}}{\overline{CB}} = \frac{\overline{OC}\sin(m-1)\frac{\pi}{p}}{\overline{CB}} = \frac{y\sin(m-1)\frac{\pi}{p}}{\sqrt{1 + y^2 - 2y\cos(m-1)\frac{\pi}{p}}},$$

$$\cos\delta = \frac{\overline{DB}}{\overline{CB}} = \frac{\overline{OB} - \overline{OD}}{\overline{CB}} = \frac{1 - y\cos(m-1)\pi/p}{\sqrt{1 + y^2 - 2y\cos(m-1)\frac{\pi}{p}}}.$$

Summiert man nun in Gl. (14/9), so ergibt sich:

$$\sum_{k=1}^{m-1}(m-k)\cos(2k-1)\pi/p = \frac{\sin m\pi/p \cdot \sin(m-1)\pi/p}{2\sin^2\pi/p},$$

$$\sum_{k=1}^{m-1}(m-k)\sin(2k-1)\pi/p = \frac{m\sin\pi/p - \sin m\pi/p \cdot \cos(m-1)\pi/p}{2\sin^2\pi/p}.$$

Geht man nun mit diesen Teilresultaten wieder in Gl. (14/9), so erhält man [R 14,2]

$$\frac{U}{U_{00}} = \frac{m\sqrt{1 + y^2 - 2y\cos(m-1)\pi/p} - p\,I/I_{0K}}{m(m-1)\sin\pi/p}. \tag{14/10}$$

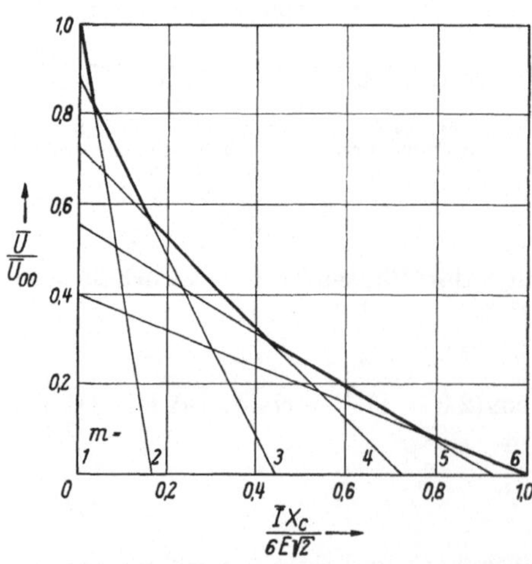

Abb. 14/5. Betriebskennlinie des ungesteuerten Sechsphasen-Stromrichters mit Sekundärreaktanzen

Durch diese Gleichung werden die durch m gekennzeichneten Kennlinienabschnitte beschrieben, deren Gleichungen in Tab. 14/2 angeschrieben und in Abb. 14/5 für den ungesteuerten Fall graphisch dargestellt sind. Verlängert man die Kennliniengeraden bis zum Schnitt mit den Koordinatenachsen, so erhält man die in Tab. 14/2 ebenfalls angegebenen Abschnitte.

Beim Übergang von einem Kennlinienabschnitt zum nächsten treten wieder die bei $p = 3$ erwähnten „Vorläufer“

im Ventilstrom auf. Wertet man übrigens Gl. (14/10) für $p = 3$ aus, so erhält man mit $m = 2$ Gl. (9/15) und mit $m = 3$ Gl. (9/19).

Man könnte nun noch, wie das für $p = 2$ und 3 durchgeführt wurde, die Ellipsen für $\mu = \text{const}$ berechnen und ebenfalls in Abb. 14/5 eintragen. Da ihre Kennlinie jedoch im ungesteuerten Betrieb keine weiteren Einsichten vermittelt, so wird sofort zum zweiten Grenzfall übergegangen.

Tabelle 14/2. *Kennliniengleichungen und Koordinatenabschnitte des sechsphasigen Stromrichters mit Sekundärreaktanzen*

Anzahl der kommutierenden Phasen	Kennlinie	Ordinatenabschnitt	Abszissenabschnitt
$m = 2$	$\frac{\bar{U}}{\bar{U}_{0L}} = 1 - 6 \cdot \frac{\bar{I}}{\bar{I}_{0K}}$	1,00	0,167
$m = 3$	$\frac{\bar{U}}{\bar{U}_{0L}} = 0{,}882 - 2 \cdot \frac{\bar{I}}{\bar{I}_{0K}}$	0,882	0,441
$m = 4$	$\frac{\bar{U}}{\bar{U}_{0L}} = 0{,}727 - 1 \cdot \frac{\bar{I}}{\bar{I}_{0K}}$	0,727	0,727
$m = 5$	$\frac{\bar{U}}{\bar{U}_{0L}} = 0{,}556 - 0{,}6 \frac{\bar{I}}{\bar{I}_{0K}}$	0,556	0,926
$m = 6$	$\frac{\bar{U}}{\bar{U}_{0L}} = 0{,}40 - 0{,}40 \frac{\bar{I}}{\bar{I}_{0K}}$	0,40	1,00

2. Grenzfall. Nur Netzreaktanzen. Setzt man nur Netzreaktanzen voraus, so erhält man bei geringer Belastung zuerst wieder eine lineare Kennlinie: Die Kommutierung erfolgt nur zwischen 2 Phasen, und der Kommutierungs-Kurzschlußstrom ist durch $I_c = E/2\,X_c = E/2\,X_n$ bestimmt. Die Ableitung der Beziehung $X_c = X_n$ erfolgte in Abschn. 12.2.

1. Arbeitsbereich: $m = 2$. Bei kleinem Belastungsstrom $\bar{I}$ erfolgt die Kommutierung, insoweit man den zeitlichen Verlauf der Ventilströme betrachtet, wie im Falle der Sekundärreaktanzen. Mit den bekannten Beziehungen $\frac{\bar{U}}{\bar{U}_{00}} = \frac{1 + \cos\mu_0}{2}$ und $\bar{I} = I_c\sqrt{2}\,(1 - \cos\mu_0)$ erhält man für die Kennlinie im 1. Arbeitsbereich

$$\frac{\bar{U}}{\bar{U}_{00}} = 1 - \frac{\bar{I}\,X_c}{E\sqrt{2}}. \qquad (14/11)$$

Ein grundlegender Unterschied besteht jedoch darin, daß während der Kommutierung als gleichgerichtete Spannung u die halbe Summe der beteiligten Phasenspannungen auftritt und am Folgeventil $(-\,u/2)$ ansteht. Das hat zur Folge, daß, solange ein bestimmtes Ventil leitet, das Folgeventil nicht zünden kann. Dadurch ist es möglich, daß der Bereich der einfachen Kommutierung bis $\mu_0 = 60°$ reicht, während bei $X_p = 0$ bereits bei $\mu_0 = 40°54'$ der Bereich $m = 3$ beginnt. In Abb. 14/6 ist dieser Betriebszustand dargestellt. Da die Überlappungsdauer nicht über $\mu_0 = 60°$ zunehmen kann, so wird bei weiterer Stromsteigerung, wie bereits bei der Brückenschaltung festgestellt wurde, die Zündung verzögert.

2. Arbeitsbereich. In Abb. 14/7 ist der zeitliche Verlauf der interessierenden Größen bei einem Zündverzögerungswinkel $\zeta = 30°$ dargestellt. Für die Gleichspannung liest man daraus ab:

$$\bar{U} = \hat{e}\frac{\sqrt{3}}{2}\frac{3}{\pi}\int\limits_{\zeta}^{\zeta+60°}\cos\vartheta\cdot d\vartheta = \bar{U}_{00}\cdot\frac{\sqrt{3}}{2}\cdot\sin(60° - \zeta). \qquad (14/12)$$

Da der Gleichstrom $\bar{I}$ dem Scheitelwert des Ventilstromes gleicht, so

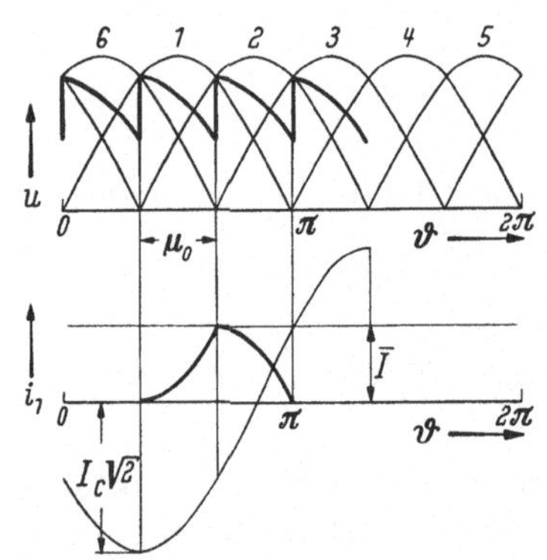

Abb. 14/6. Gleichgerichtete Spannung u und Ventilstrom i_1 an der Grenze des 1. Arbeitsbereiches ($\mu_0 = 60°$)

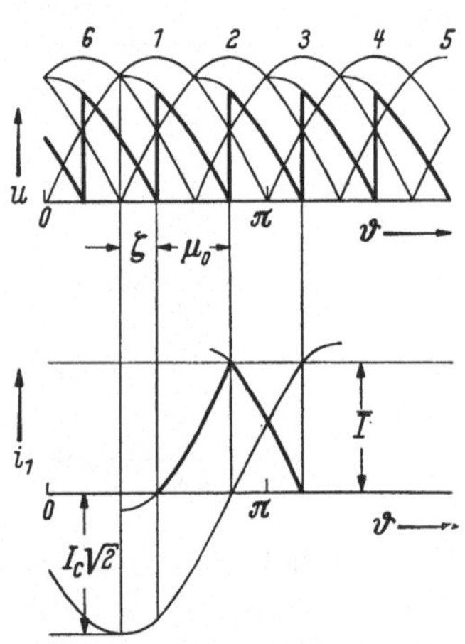

Abb. 14/7. Gleichgerichtete Spannung u und Ventilstrom i_1 bei lastabhängiger Zündverzögerung ($\zeta = 30°$)

findet man dafür, ebenfalls an Hand von Abb. 14/7,

$$\bar{I} = \frac{E\sqrt{2}}{2X_c}[\cos\zeta - \cos(\zeta + 60°)] = \frac{E\sqrt{2}}{2X_c}\cos(60° - \zeta), \qquad (14/13)$$

womit die Kennlinie im 2. Arbeitsbereich als *Ellipse* erkannt wird.

3. Arbeitsbereich. Der Zündwinkel ζ nimmt nicht weiter zu, sondern verharrt bei $\zeta = 30°$; dagegen wächst die Leitdauer von $\beta = 120°$ bis auf $\beta = 180°$ im Kurzschluß an. Im Kurzschluß führen 3 aufeinanderfolgende Phasen gleichzeitig Strom. Wie in Abschn. 10.1 näher erläutert wurde, entstehen in den Wicklungen der kurzgeschlossenen Phasen Ströme, welche in Abb. 14/8a in einem Zeigerdiagramm dargestellt sind. Das Ventil 1 führt zuerst 60° lang den Kurzschlußstrom der Phasen 5, 6, 1. Während dieses Zeitraumes sind die Phasenströme durch die 3 Zeiger $\mathfrak{J}_5$ (5,6,1), $\mathfrak{J}_6$ (5,6,1), $\mathfrak{J}_1$ (5,6,1) bestimmt. Während der nächsten 60° fließen Ströme mit den Zeigern $\mathfrak{J}_6$ (6,1,2), $\mathfrak{J}_1$ (6,1,2), $\mathfrak{J}_2$ (6,1,2), die untereinander wieder dieselbe Anordnung aufweisen, insgesamt aber gegenüber der vorerwähnten Zeigergruppe um 60° phasenverschoben sind. Dasselbe wiederholt sich schließlich für die Zeiger $\mathfrak{J}_1$ (1,2,3), $\mathfrak{J}_2$ (1,2,3), $\mathfrak{J}_3$ (1,2,3). Der Strom in Ventil 1 ist jeweils während 60° durch einen der zu Phase 1 gehörigen Stromzeiger bestimmt und in Abb. 14/8b in seinem zeitlichen Verlauf dargestellt. Die Gleichspannung ist dabei Null.

Die Ventilströme einer Phase und ihrer Gegenphase (z. B. i_1 u. i_4, vgl. Abb. 14/8 b) ergänzen sich nicht zu einem rein sinusförmigen Wechselstrom, sondern zeigen eine 3. Harmonische, welche sich nur infolge der primären Ringwicklung ausbilden kann. (Die gleiche Feststellung gilt für Abb. 13/22.)

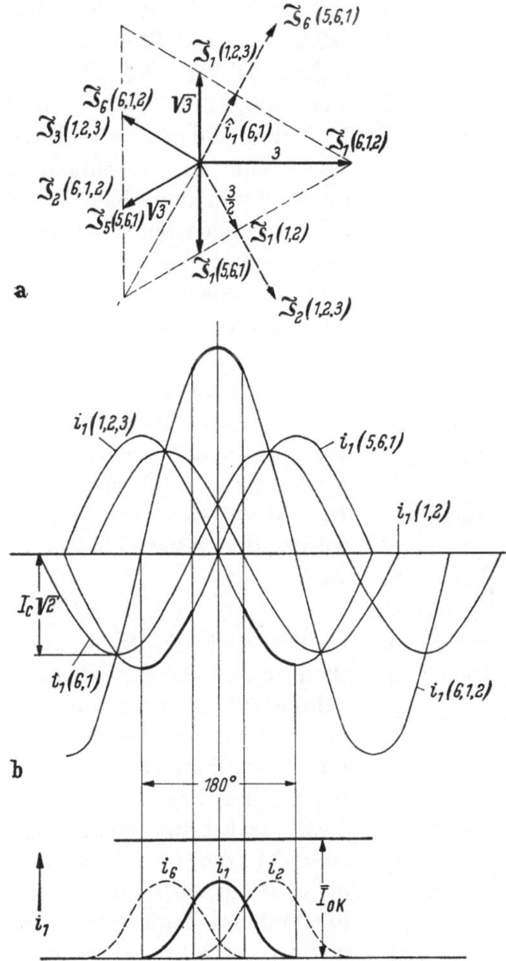

Abb. 14/8. Zeigerdiagramm (a) und zeitlicher Verlauf eines Ventilstromes (b) im Kurzschluß der Sechsphasen-Mittelpunktschaltung

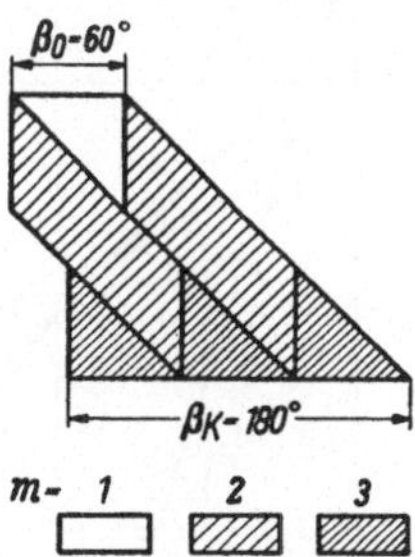

Abb. 14/9. Leitschema des ungesteuerten Sechspulsstromrichters in Mittelpunktschaltung (nur Netzreaktanzen)

Abb. 14/9 zeigt das Leitschema und die in Abb. 14/10 dargestellte Betriebskennlinie das Betriebsverhalten im Zusammenhang:

1. Arbeitsbereich von Leerlauf bis $\frac{U}{U_{00}} = 0{,}75$; $\frac{I X_c}{E\sqrt{2}} = 0{,}25$;
2. Arbeitsbereich, durch $\mu_0 = 60° =$ const gekennzeichnet, reicht bis $\frac{U}{U_{00}} = \frac{I X_c}{E\sqrt{2}} = 0{,}43$;
3. Arbeitsbereich bis zum Kurzschluß bei $\frac{I X_c}{E\sqrt{2}} = 0{,}577$.

Wenn man von den Zahlenwerten absieht und allein die Form der Kennlinie betrachtet, so findet man eine vollkommene Übereinstimmung mit den in Abb. 13/9 und 13/23 dargestellten Kennlinien. Dieser Befund wird aus Abb. 13/6, 13/21 b und 14/9 unmittelbar verständlich. Vergleicht man schließlich noch die beiden Kennlinien des ungesteuerten Sechsphasenstromrichters: Abb. 14/5 (nur Sekundärreaktanzen) und Abb. 14/10 (nur Netzreaktanzen) unter Beachtung der verschiedenen Strommaßstäbe, so erkennt man deutlich die strombegrenzende Wirkung der Netzreaktanzen. In Abb. 14/5 eingetragen, würde der Kurzschlußpunkt von Netzreaktanzen bei $\frac{I_{0K}\,X_c}{6E\sqrt{2}} = 0{,}083$ liegen.

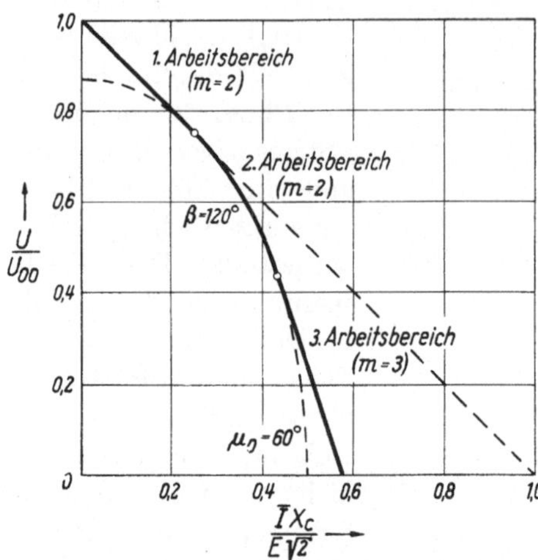

Abb. 14/10. Betriebskennlinie eines sechsphasigen Gleichrichters mit netzseitigen Reaktanzen

Praktische Fälle, in welchen sowohl Primär- als auch Sekundärreaktanzen vorkommen, werden wiederum zwischen den beiden betrachteten Grenzfällen liegen. Da überdies, wie bereits früher schon bemerkt, die Ohmschen Verluste die gleichzeitige Stromführung auf etwa $m = 5$ begrenzen, so wird in den meisten praktischen Fällen die Betriebskennlinie derjenigen gleichen, bei welcher nur Netzreaktanzen vorausgesetzt wurden. Diese Feststellung könnte den Schluß nahelegen, daß der in der früheren Literatur ausgiebig behandelte Fall (X_p, $X_n = 0$) lediglich theoretisches Interesse besitze. Dem ist indessen nicht so, weil z. B. gewisse Fragen, die mit dem Verhalten von Saugdrosseln zusammenhängen, auf der Basis

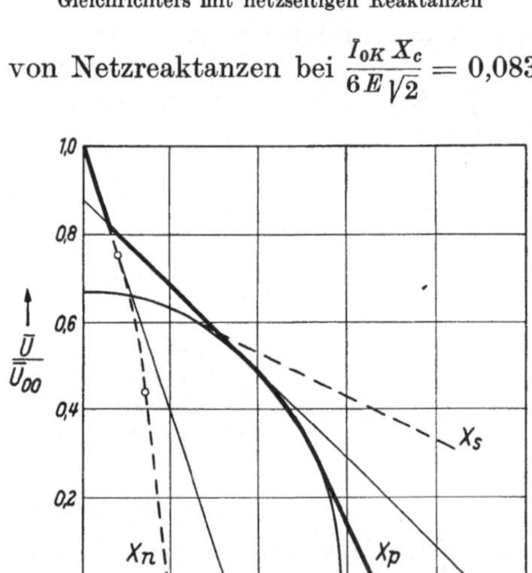

Abb. 14/11. Betriebskennlinie eines sechsphasigen Gleichrichters mit Primärreaktanzen (Primär-Dreieckschaltung)

des Sechsphasenstromrichters mit Sekundärreaktanzen behandelt werden müssen.

3. Grenzfall. *Nur Primärreaktanzen.* Das Ersatzschaltbild zeigt lediglich zweiphasige Verkettungen, wie man aus Abb. 10/16b ohne weiteres einsieht. In diesem Falle erhält man die in Abb. 14/11 dargestellte Betriebskennlinie, welche im Bereich $m = 1$ bis 3 den gleichen Verlauf besitzt wie er für Sekundärreaktanzen gefunden wurde. Bei weiter wachsendem Gleichstrom tritt dann jedoch wegen der magnetischen Verkettung der Gegenphasen eine lastabhängige Zündverzögerung auf, wodurch ein elliptisches Kurvenstück anschließt und in den Kurzschlußpunkt überleitet. Vergleichsweise sind die Kennlinien für Netz- und Sekundärreaktanzen ebenfalls eingetragen.

b) Gittergesteuerter Betrieb

1. Grenzfall. *Nur Sekundärreaktanzen.* Der Einfluß der Gittersteuerung kann im Leerlauf und im 1. Arbeitsbereich (einfache Überlappung) sofort angegeben werden: im Leerlauf gilt $\overline{U}_{\alpha 0} = \overline{U}_{00} \cos\alpha$ und die Kennlinien sind Parallelen zum entsprechenden Geradenstück des ungesteuerten Betriebes (Abb. 14/5). Sobald man jedoch, wie es für manche Zwecke notwendig ist, die Kennlinien bis zum Kurzschluß verfolgen möchte, muß man die Übergangsstellen der einzelnen Arbeitsbereiche (entsprechend der Anzahl der kommutierenden Phasen m) kennen. Die Abgrenzung der Arbeitsbereiche bilden Kurven konstanter Leitdauer $\beta = 2\pi\, m/p$, von denen man auf Grund der früheren Beobachtungen bei $p = 2$ und 3 erwarten darf, daß sie Ellipsen sein werden. Zur Berechnung dieser Ellipsen ermittelt man zuerst die Gleichungen für die Gleichspannung [R 14,3]

$$\overline{U} = \frac{p}{2\pi} \int\limits_{\delta}^{\delta + 2\pi/p} \frac{1}{m} \sum_{1}^{m} e_k \, d\vartheta = E\sqrt{2}\, \frac{p}{\pi m} \sin m\pi/p \cdot \sin(\delta + m\pi/p) \quad (14/14)$$

und für den Gleichstrom

$$\overline{I} = \sum_{1}^{m-1} (m-k) \int\limits_{\delta}^{\delta + 2\pi/p} \frac{1}{X_c}\left(e_k - \frac{1}{m}\sum_{1}^{m} e_\varkappa\right) d\vartheta$$

$$= \frac{E\sqrt{2}}{X_c} \cos\frac{\pi}{p}\left[\frac{\sin m\pi/p}{\sin \pi/p} - m\,\frac{\cos m\pi/p}{\cos \pi/p}\right] \cos(\delta + \pi/p). \quad (14/15)$$

Mit den Abkürzungen

$$A_m = \frac{p}{m\pi} \sin\frac{m\pi}{p}$$

und

$$B_m = \frac{\cos \pi/p}{p}\left[\frac{\sin m\pi/p}{\sin \pi/p} - m\,\frac{\cos m\pi/p}{\cos \pi/p}\right]$$

erhält man unmittelbar die Ellipsengleichung

$$\left(\frac{U}{U_{00}}\right)^2 \frac{1}{A_m^2} + \left(\frac{I}{I_{0K}}\right)^2 \frac{1}{B_m^2} = 1, \qquad (14/16)$$

wobei A_m und B_m die Halbachsen der Ellipsen darstellen, deren Zahlenwerte in Tab. 14/3 enthalten sind. Da diese Ellipsen gleichzeitig durch die Leitdauer $\beta = 2\pi\, m/p$ gekennzeichnet sind, so sind auch deren Zahlenwerte eingetragen.

Tabelle 14/3

Halbachsen A_m und B_m der die einzelnen Arbeitsbereiche abgrenzenden Ellipsen

m	1	2	3	4	5	6
A_m	1,0	0,87	0,666	0,434	0,20	0
B_m	0	0,082	0,288	0,583	0,866	1,0
β	60°	120°	180°	240°	300°	360°

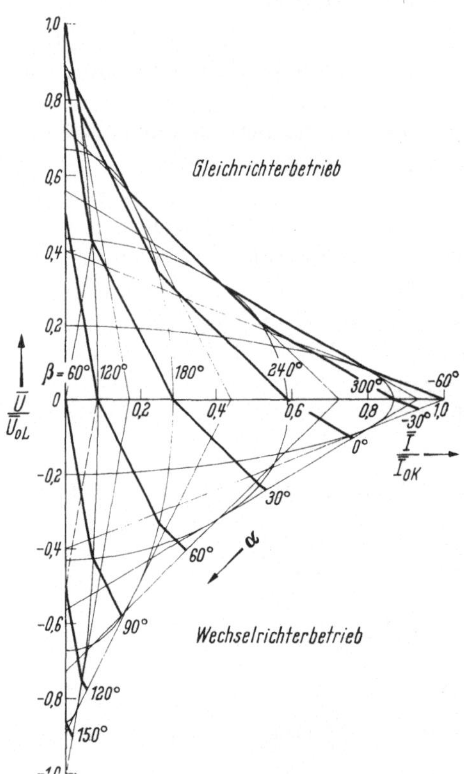

Abb. 14/12. Betriebsdiagramm eines sechsphasigen Stromrichters in Mittelpunktschaltung bei Gittersteuerung (nur Sekundärreaktanzen)

Nach diesen Vorbereitungen können jetzt die Kennlinien in das Betriebsdiagramm, Abb. 14/12, eingezeichnet werden. Vom Leerlauf ausgehend zeichnet man Linienzüge für $\alpha = \text{const}$, wobei die Geradenstücke jedes Arbeitsbereiches parallel verlaufen. Im Wechselrichterbereich enden die Kennlinien schließlich bei einer Begrenzungslinie, deren Verlauf der an der Stromachse gespiegelten Kennlinie des ungesteuerten Gleichrichters gleicht. Man erkennt deutlich, daß der Kurzschlußstrom für konstanten Steuerwinkel $\alpha = 0$ nur 58% desjenigen des ungesteuerten Gleichrichters beträgt.

2. Grenzfall. *Nur Netzreaktanzen.* Dieser Fall kann schnell erledigt werden: Unter Berücksichtigung des in Abbildung 14/10 festgelegten Strommaßstabes läßt sich ein Betriebsdiagramm zeichnen, das in seinen Proportionen vollständig mit demjenigen von Abb. 13/16 übereinstimmt.

3. Grenzfall. *Nur Primärreaktanzen.* In Erweiterung der Betriebskennlinie von Abb. 14/11 erhält man das in Abb. 14/13 dargestellte Betriebsdiagramm, dessen Berechnung von G. Kouskoff (1948) durchgeführt wurde.

14.2 Die sechsphasige Gabelschaltung

Der Transformator in Gabelschaltung hat eine etwas kleinere Typenleistung als der Transformator in sechsphasiger Mittelpunktschaltung, weshalb er häufig diesem vorgezogen wird. Es muß jedoch auf eine Besonderheit hingewiesen werden, die selbst bei symmetrischem Aufbau des Transformators beobachtet wird und mittels der schematischen Darstellung der Streuinduktivitäten der Sekundärwicklungen in Abb. 14/14 leicht eingesehen werden kann. Bei der Kommutierung von Phase 1 nach Phase 2 tritt als strombegrenzende Reaktanz

$$L_c = L_x + L_y$$

Abb. 14/13. Betriebsdiagramm eines sechsphasigen Stromrichters (nur Primärreaktanzen)

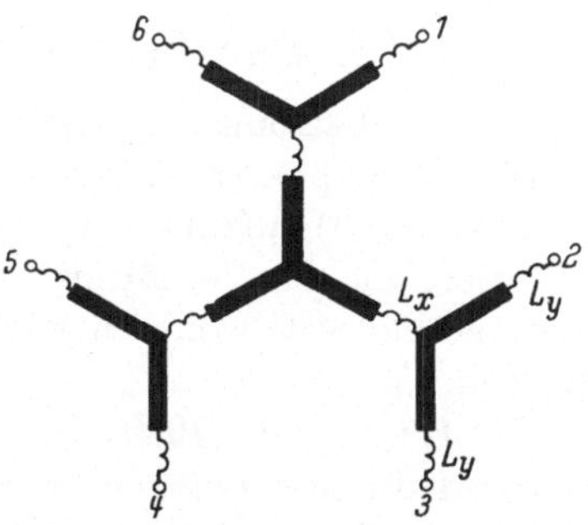

Abb. 14/14. Schematische Darstellung der Streuinduktivitäten eines Transformators in Gabelschaltung

auf, während bei der Kommutierung von Phase 2 nach Phase 3 nur

$$L_c' = L_y$$

wirksam ist. Da jedoch eine Verringerung der Kommutierungsreaktanz X_c eine Vergrößerung des Kommutierungskurzschlußstromes I_c zur Folge hat und dadurch die Überlappungsdauer μ verkürzt wird, so findet man bei Gabelschaltungen häufig 2 verschiedene Überlappungswinkel und damit einen zeitlichen Verlauf der gleichgerichteten Spannung, wie er in Abb. 14/15 für einen ungesteuerten Gleichrichter dargestellt ist. Bemerkenswert ist, daß als Folge dieses unsymmetrischen Betriebes eine Oberwelle von der dreifachen Netzfrequenz auftritt (W. OSTENDORF, 1939). Um die Kommutierungsreaktanz für alle Kommutierungen gleich groß zu machen, pflegt man die auf dem gleichen

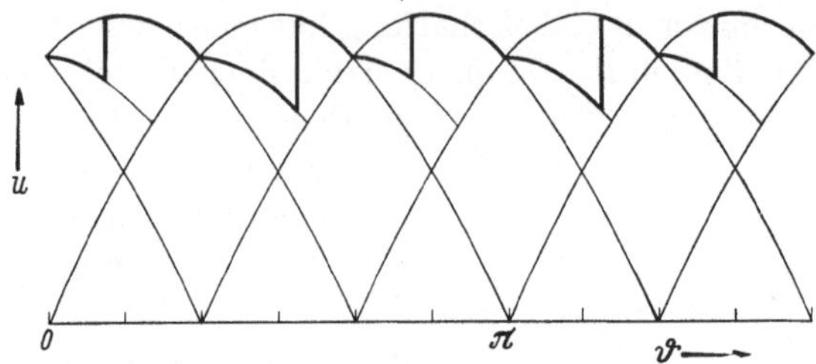

Abb. 14/15. Zeitlicher Verlauf der gleichgerichteten Spannung eines Stromrichters mit sechsphasiger Gabelschaltung

Magnetschenkel befindlichen äußeren Wicklungen eng miteinander zu verketten, so daß sie nur einen gemeinsamen Streufluß besitzen. Weil demnach jeweils 2 aufeinanderfolgende Phasen miteinander magnetisch gekoppelt sind, spricht W. SCHILLING (1942) von einer „folgephasigen" Verkettung, wobei dann noch überdies die Streuung einer inneren Wicklung und die gemeinsame Streuung der äußeren Wicklungen gleich groß sein sollen.

15. Parallel- oder Saugdrosselschaltungen

Sechspulsstromrichter pflegt man häufig aus mehreren parallelarbeitenden, phasenverschobenen Teilstromrichtern niedriger Pulszahl ($p = 2$ oder 3) aufzubauen. Dadurch wird der Scheitelstrom der Ventile reduziert und das Verhältnis von Effektivwert zu arithmetischem Mittelwert verkleinert, wodurch wiederum die Ohmschen Verluste verringert werden.

H. JUNGMICHL (1929) hat gezeigt, daß man diese Aufteilung entweder dadurch erzwingen kann, daß man durch eine *Sternschaltung der primären Transformatorwicklungen* die 3. Harmonische des Stromes unterdrückt und damit den Spannungsverlauf verzerrt oder daß man durch zusätzliche *verkettete Drosseln* Zusatzspannungen erzeugt. Als Beispiele sind zu nennen:

Schaltungen der 1. Gruppe:

Mehrphasiger Manteltransformator in ⅄/✳ -Schaltung (H. JUNGMICHL u. R. EICHACKER, 1928).

Drei Einphasentransformatoren in ⅄/✳ -Schaltung (E. GERECKE, 1928).

Schaltungen der 2. Gruppe:

Saugdrossel, bei geeigneter Trafoschaltung (J. Kübler, 1916).

Stromteiler, bei geeigneter Trafoschaltung (H. Jungmichl, 1919).

Von diesen verschiedenen Lösungen erfordern, wie H. Meyer-Delius (1930) nachgewiesen hat, die Saugdrosseln den geringsten Aufwand und sind daher fast ausnahmslos zur Anwendung gelangt. Im folgenden werden daher auch nur die Saugdrosselschaltungen näher betrachtet werden.

15.1 Doppel-Dreiphasenstromrichter (zweiphasige Saugdrosselschaltung)

Diese von J. Kübler (DRP 309593, 1916) angegebene Schaltung (Abb. 12/11) besteht aus einem Transformator mit einer im Dreieck oder Stern geschalteten Primärwicklung und 2 um 180° phasenverschobenen Sekundärwicklungen. Die Mittelpunkte der beiden Sekundärwicklungen sind über eine zweiphasige Saugdrossel miteinander verbunden. Normalerweise arbeiten die beiden dreiphasigen Teilstromrichter vollkommen unbeeinflußt voneinander, wobei die Saugdrossel die Differenz in den Augenblickswerten der beiden gleichgerichteten Spannungen übernimmt. Es empfiehlt sich, bei der Betrachtung des Betriebsverhaltens dieser Stromrichterschaltung zuerst von einer idealen Saugdrossel auszugehen, deren Magnetisierungsstrom verschwindend klein ist, und erst später die Eigenschaften von realen Saugdrosseln zu erörtern.

a) Die Doppel-Dreiphasenschaltung mit idealer Saugdrossel

Bei *idealer* Saugdrossel erhält man den zeitlichen Verlauf der gleichgerichteten Spannung u dadurch, daß man den Mittelwert zwischen den gleichgerichteten Spannungen der beiden Dreipulsstromrichter (voll ausgezogener und unterbrochener Linienzug in Abb. 15/1) bildet.

$$\bar{U}'_{0L} = E\sqrt{2}\,\frac{\sqrt{3}}{2}\,\frac{3}{\pi}\int\limits_{-\pi/6}^{\pi/6}\cos\vartheta\, d\vartheta = E\sqrt{2}\,\frac{\sqrt{3}\cdot 3}{2\pi} = E\sqrt{2}\cdot 0{,}828\,. \qquad (15/1)$$

Der Mittelwert $\bar{U}'_{0L}$ gleicht demnach der Leerlaufspannung der beiden Dreipulsgleichrichter; die Welligkeit ist sechspulsig. Da sich diese Gleichspannung im praktischen Betrieb erst beim Magnetisierungsstrom der Saugdrosseln einzustellen vermag, so sei für diesen Zustand die Bezeichnung „Quasileerlauf" gewählt.

Für die weitere Analyse des Betriebsverhaltens verwendet man vorteilhaft die Ersatzschaltbilder 12/12 a u. b, welche bis auf L_p und L_j übereinstimmend sind. Da jedoch bei großer Glättungsdrossel der Einfluß der Jochinduktivität verschwindet und die verschiedene Verkettung der Primärinduktivität sich nur im Bereich der mehrfachen Kommutierung nahe dem Kurzschluß bemerkbar macht, so kann die Wirkung der Schaltung der Primärwicklung im allgemeinen vernachlässigt werden. Im üblichen Arbeitsbereich mit einfacher Überlappung verhalten sich die beiden Schaltungen sogar exakt gleich.

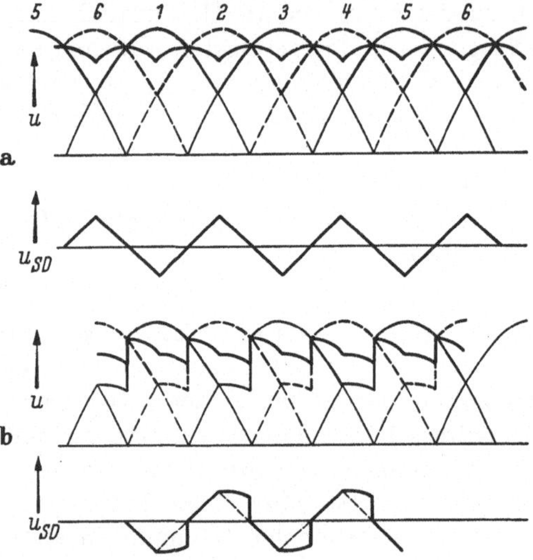

Abb. 15/1. Doppel-Dreiphasenschaltung mit idealer Saugdrossel
a) Leerlaufgleichspannung; b) Belastung ($\mu_0 = 30°$)
u gleichgerichtete Spannung;
u_{SD} Spannung einer Saugdrosselhälfte

Es ist nun recht einfach einzusehen, daß die Doppel-Dreiphasenschaltung in ihrem Betriebsverhalten genau der Dreiphasen-Brükkenschaltung entspricht. Wenn man z. B. die Abbildung 12/12 und 13/1a vergleicht, so besteht der Unterschied in den beiden Schaltungen lediglich in der Art, wie die Ventile gleichstromseitig zusammengeschaltet sind. In der Brückenschaltung sind die beiden Dreipulsstromrichter in Reihe, in der Saugdrosselschaltung parallel geschaltet. Dadurch werden zwar die Absolutwerte der Gleichspannung und des Gleichstromes — aber nicht die Relativwerte betroffen, so daß das für die Brückenschaltung ermittelte Betriebsdiagramm (Abb. 13/16) unverändert für die Saugdrosselschaltung übernommen werden kann. Diese Übereinstimmung gilt ganz streng, nicht nur für den ungesteuerten, sondern auch für den gesteuerten Betrieb.

Berücksichtigt man, daß jeder Teilgleichrichter nur $\bar{I}/2$ liefert, so folgt aus (13/4) bzw. Abb. 15/1b für die Kennlinien des 1. Arbeitsbereiches

$$\frac{\bar{U}}{U'_{0L}} = \cos\alpha - \frac{\bar{I} X_c}{2E\sqrt{6}}. \tag{15/2}$$

Damit sind die Betriebseigenschaften bei idealer Saugdrossel ermittelt.

b) Die Doppel-Dreiphasenschaltung mit realer Saugdrossel

Der idealen Saugdrossel wurde eine so große Reaktanz zugeschrieben, daß der Ausgleichstrom zwischen den beiden Dreiphasengleichrichtern vernachlässigt werden konnte.

Praktisch läßt sich jedoch diese Voraussetzung nur teilweise erfüllen. Obwohl die Saugdrosseln üblicherweise ohne Luftspalt, wie Transformatoren, aufgebaut werden und der Kern durch die beiden Wicklungshälften im entgegengesetzten Sinne magnetisiert wird, also keine Gleichstromvormagnetisierung erhält, besteht bei sehr kleinen Strömen (1 bis 4% des Nenngleichstromes) ein Bereich, in welchem die Saugdrossel ihre Funktion noch nicht erfüllt und demgemäß auch noch kein Doppel-Dreiphasenbetrieb möglich ist. Dieser Betriebsbereich der „passiven" Saugdrossel (im Gegensatz zur voll wirksamen „aktiven" Saugdrossel) soll im folgenden betrachtet werden:

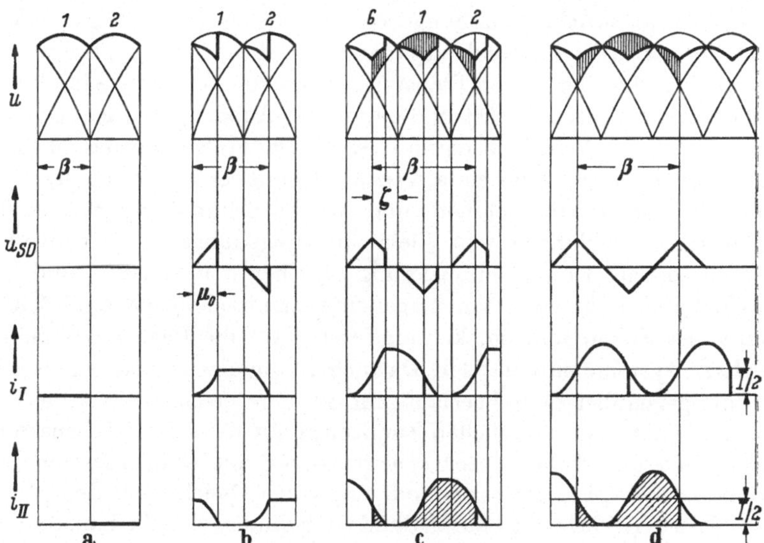

Abb. 15/2. Sechspulsstromrichter in Doppel-Dreiphasenschaltung im ungesteuerten Betrieb im Bereich der „passiven" Saugdrossel
a) Leerlauf, $\beta = 60°$; b) Überlappung $\mu_0 = 30°$, $\beta = 90°$; c) Vorläufer: $\mu_0 > 30°$; d) $\bar{I}_{krit}$: $\beta = 120°$, $\mu_0 = 60°$
u gleichgerichtete Spannung; u_{SD} Spannung einer Saugdrosselhälfte; i_I, i_{II}: Ströme der beiden Saugdrosselhälften

Wie aus Abb. 15/1 und Abb. 15/2 ersichtlich, folgen in zeitlicher Reihenfolge Phasenspannungen aufeinander, die nicht dem gleichen Stern angehören. Es stellt sich ein sechsphasiger Betrieb ein, der im Leerlauf ($\beta_L = 2\,\pi/6$) gemäß (14/1) die Gleichspannung

$$\bar{U}_{00} = E\sqrt{2} \cdot \frac{3}{\pi} = E\sqrt{2} \cdot 0{,}955 \tag{15/3}$$

liefert. Auch bei geringer Belastung bleibt vorerst der sechsphasige Betrieb bestehen, bei welchem die Kommutierungsströme über die Saugdrossel fließen müssen. Bezugspotential ist der Mittelpunkt der Saugdrossel. Die gleichgerichtete Spannung u ist dann gleich der Summe aus

Phasenspannung des Transformators und halber Saugdrosselspannung $u_{SD}/2$ (Saugdrosselphasenspannung).

Da die Sekundärreaktanz des Transformators klein ist gegenüber der Saugdrosselreaktanz (und diese wiederum klein ist gegenüber der Kathodendrosselreaktanz), so bestimmt die Saugdrosselreaktanz den Kommutierungsvorgang.

Die Kennliniengleichung lautet gemäß (14/11)

$$\frac{\bar{U}}{\bar{U}_{00}} = 1 - \frac{\bar{I} X_{SD}}{E\sqrt{2}}. \tag{15/4}$$

Sobald der Überlappungswinkel $\mu_0 = 30°$ geworden ist, tritt bei ungesteuerten Stromrichtern in Saugdrosselschaltung sprungartig eine Voreilung des natürlichen Zündzeitpunktes um $\zeta = 30°$ ein (Teilbild c), weil das Potential der beiden Transformatorsterne durch die Saugdrossel angehoben bzw. gesenkt wird und damit das Anodenpotential der nicht Strom führenden Ventile beeinflußt wird. Dadurch kann das nächste, zum gleichen Stern gehörende Ventil, mittels eines Vorläufers (vgl. S. 167) den Strom übernehmen, und da die Sekundärreaktanzen der Transformatorwicklungen sehr klein sind gegenüber der Saugdrosselreaktanz, so erfolgt die Kommutierung zwischen den Phasen 6 und 2 in Teilbild d praktisch momentan. Nachdem zuerst die Folgephasen 1, 2 usw. miteinander Strom führten, kommutieren jetzt die Phasen der beiden Dreiphasensysteme miteinander. Da auch der Zündzeitpunkt, wie bereits erwähnt, gegenüber dem Leerlauf um 30° vorverschoben wurde, entspricht er jetzt dem natürlichen Zündzeitpunkt eines Dreiphasenstromrichters und der Stromrichter arbeitet damit im Doppel-Dreiphasenbetrieb. In diesem Betriebszustand, wenn der Gleichstrom den „kritischen" Wert $\bar{I}_{krit}$ erreicht hat (Teilbild d), befinden sich die Saugdrosselströme i_{I} und i_{II} gerade an der Grenze des lückenhaften Betriebes, d. h., ihr Gleichstrom $\frac{\bar{I}}{2}$ ist gerade gleich groß wie die Amplitude des überlagerten Wechselstromes:

$$\frac{E\sqrt{2}}{X_{SD}}(1 - \cos\pi/6) = \frac{E\sqrt{2}}{X_{SD}} \cdot 0{,}134.$$

Der kritische Wert des Gleichstromes ist demnach durch

$$\bar{I}_{krit} = \frac{E\sqrt{2}}{X_{SD}} \cdot 0{,}268 \tag{15/5}$$

bestimmt. Der kritische Wert der Gleichspannung U_{krit} entspricht dem Quasileerlaufwert bei idealen Saugdrosselbetrieb

$$\bar{U}_{krit} = E\sqrt{2} \cdot 0{,}828 = \bar{U}_{00} \cdot 0{,}87. \tag{15/6}$$

Für den praktischen Betrieb muß beachtet werden, daß die Kennlinie an dieser Stelle einen Knick (Saugdrosselknick) aufweist und die Gleichspannung bei Entlastung bis zum Leerlauf um $\frac{\bar{U}_{00} - \bar{U}_{krit}}{\bar{U}_{krit}} = 15{,}4\,\%$ ansteigt.

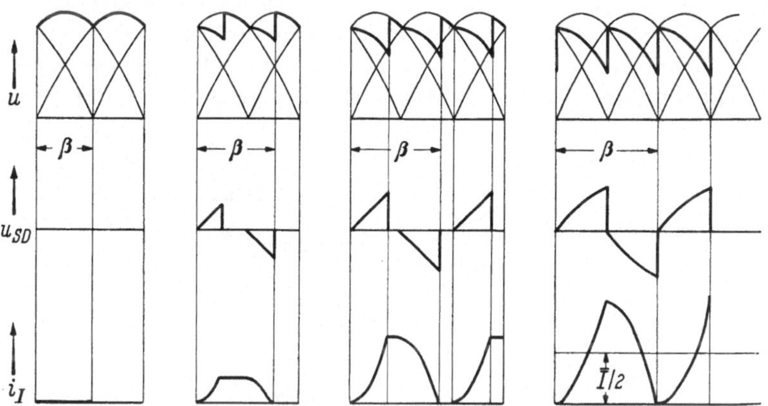

Abb. 15/3. Sechspulsstromrichter in Doppel-Dreiphasenschaltung mit Gittersteuerung ($\alpha = 30°$) im Bereich der „passiven" Saugdrossel

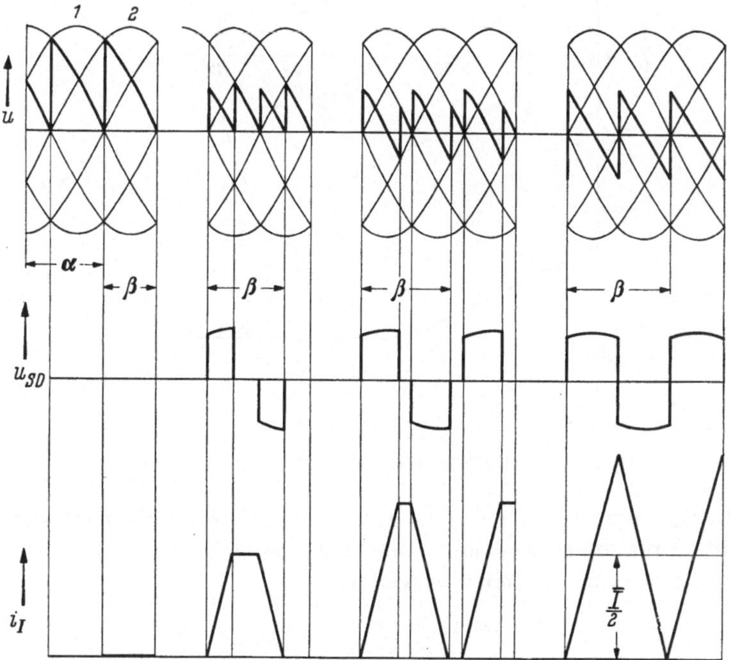

Abb. 15/4. Sechspulsstromrichter in Doppel-Dreiphasenschaltung mit Gittersteuerung ($\alpha = 90°$) im Bereich der „passiven" Saugdrossel

Betreibt man den Stromrichter mit *Gittersteuerung*, so muß man als natürlichen Zündzeitpunkt den Schnittpunkt der Dreiphasenspannungen betrachten und von dort aus den Verzögerungswinkel α zählen. Außerdem muß man wegen des lückenhaften Betriebes, der sich bei passiver Saugdrossel ergibt, mit breiten positiven Gitterimpulsen steuern.

Abb. 15/3 und Abb. 15/4 zeigen die Betriebsgrößen bei $\alpha = 30°$ und $\alpha = 90°$ beim Übergang vom Leerlauf zum Doppel-Dreiphasenbetrieb· Man erkennt, daß an der Saugdrossel erheblich größere Spannungen auf.

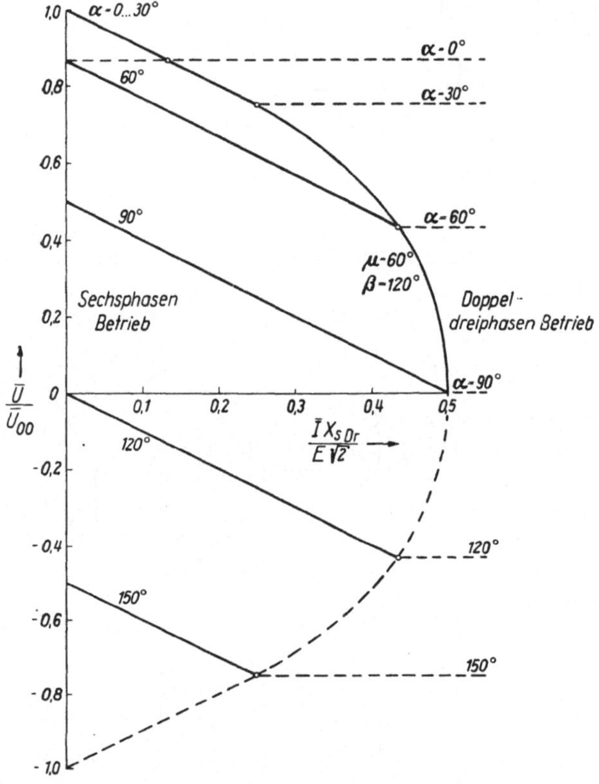

Abb. 15/5. Betriebsdiagramm der Doppel-Dreiphasenschaltung mit passiver Saugdrossel

treten als im ungesteuerten Betrieb; E. Rolf (1957) hat die nachstehende Gleichung für die sinusförmige Ersatzspannung, welche an einer Saugdrossel bei $\alpha = 90°$ auftritt, berechnet

$$\frac{U_{SD}}{\bar{U}_{00}} = \frac{\pi}{\sqrt{2}} \frac{\sin^2 \pi/6}{\sin \pi/3} = 0{,}64 .$$

Ebenfalls wird deutlich, daß auch $\bar{I}_{krit}$ mit zunehmendem Zündwinkel α größer wird. Um über diese Verhältnisse eine gute Übersicht zu erhalten, ist in Abb. 15/5 ein Betriebsdiagramm der passiven Saugdrossel dargestellt und zeigt in voll ausgezogenen Linien den Bereich der nicht voll erregten Saugdrossel und in unterbrochenen Linien den Bereich des Doppel-Dreiphasenbetriebes. Das Betriebsdiagramm der passiven Saugdrossel ist ein Teilausschnitt aus dem Diagramm eines Sechsphasenstromrichters mit Sekundärdrosseln. Es umfaßt den Bereich $0 < \mu \gtrless 60°$, da $\bar{I}_{krit}$ durch $\mu = 60°$ bestimmt ist.

c) Die Gesamtkennlinie und die erzwungene Saugdrosselerregung

Die bisherigen Feststellungen lassen sich an Hand von Abb. 15/6 sehr bequem übersehen: Im Bereich der aktiven Saugdrossel, des Doppel-Dreiphasenbetriebes, hat der Gleichrichter im üblichen Belastungsbereich ($\bar{I}_{krit} < \bar{I} < \bar{I}_N$) einen sehr geringen induktiven Spannungsabfall, im Bereich der passiven Saugdrossel jedoch, insbesondere bei Teilaussteuerung, einen sehr steilen Spannungsanstieg. Da ein solcher Spannungsanstieg bei den meisten Anwendungen störend wirkt, so hat es nicht an Bemühungen gefehlt, diesen Kennlinienknick zu beseitigen oder wenigstens seine nachteiligen Wirkungen zu vermeiden.

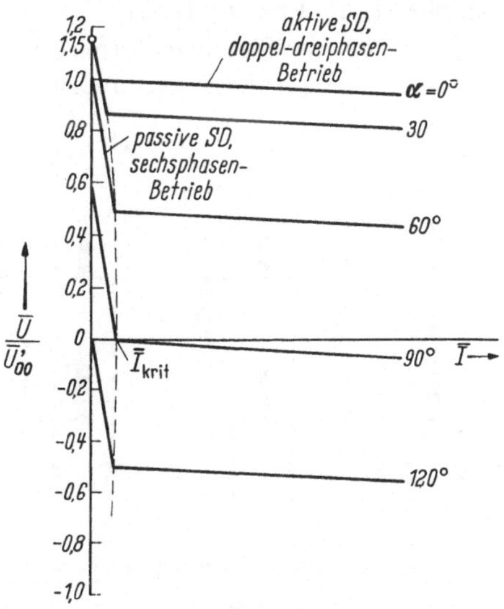

Abb. 15/6. Betriebskennlinien einer Doppel-Dreiphasenschaltung

Für *ungesteuerte* Gleichrichter kann der Spannungsanstieg bei Entlastung dadurch vermieden werden, daß man die Saugdrossel mittels eines Stromes von dreifacher Netzfrequenz und passender Größe erregt. Abb. 15/7 zeigt 2 Lösungen: die „Spitzenbrecherdrosseln“ (M. Schenkel u. H. Jungmichl, 1924) und den Saugdrossel-Erregertransformator (W. Nowag, 1931). Die Stromrichtertransformatoren sind durch die Sekundärwicklungen 1 bis 6 angedeutet. In dem einen Falle werden zwischen je zwei zeitlich aufeinanderfolgenden Phasen die *Spitzenbrecherdrosseln* geschaltet, deren Eisenkerne bis in die Sättigung magnetisiert werden und daher stark oberwellige Magnetisierungsströme besitzen. Die ungeradzahligen Oberwellen, deren Ordnungszahl kein Vielfaches von 3 ist, bilden symmetrische Dreiphasensysteme und ergeben in den Sternpunkten des Transformators die Summe Null. Diejenigen Oberwellen, deren Ordnungszahl jedoch ein Vielfaches von drei ist, addieren sich in den Sternpunkten. Da man die neunte, fünfzehnte usw. Oberwelle gegenüber der dritten Oberwelle vernachlässigen kann, so wird durch die

Saugdrossel ein Strom von dreifacher Netzfrequenz fließen und deren Magnetisierung bewirken. W. Hartel (1952) hat diese Anordnung rechnerisch untersucht und festgestellt, daß bei geeigneter Dimensionierung der Spannungsanstieg im Leerlauf von 15% auf 1,5% vermindert werden kann. Auf dem gleichen Prinzip beruht auch der *Saugdrossel-Erregertransformator:* seine in Stern geschaltete Primärwicklung wird an eines der sekundären Dreiphasensysteme angeschlossen. Durch hohe Magnetisierung wird ebenfalls eine ausgeprägte dritte Harmonische gewonnen, die durch die in Reihe geschalteten Sekundärwicklungen der Saugdrossel zugeführt wird. Der Saugdrossel-Erregertrafo arbeitet als Frequenzwandler (L. R. Blake, 1953).

Bei *gesteuerten* Stromrichtern ist der Spannungsanstieg bei Entlastung noch erheblich größer; der unerwünschte Effekt wirkt sich indessen

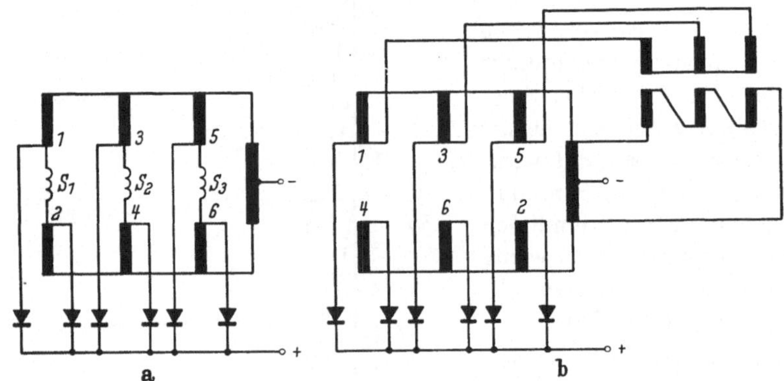

Abb. 15/7. Doppel-Dreiphasenschaltung mit Zusatzeinrichtungen zur Vermeidung des „Saugdrosselknicks“
a) Spitzenbrecherdrosseln (S_1, S_2, S_3); b) Saugdrosselerregertrafo

nicht so nachteilig aus wie bei ungesteuerten Gleichrichtern, da die Gittersteuerung die Möglichkeit bietet, auf konstante Spannung zu regeln. Da überdies bei motorischen Antrieben, wofür derartige Stromrichter bevorzugt verwendet werden, der Leerlaufstrom größer zu sein pflegt als der kritische Gleichstrom, so läßt sich bei derartigen Stromrichtern der passive Zustand der Saugdrossel gut vermeiden.

Bei *nicht* völlig *exakter Steuerung* (d. h. nicht ganz gleichen zeitlichen Abständen der Zündungen) tritt eine ungleiche Stromaufteilung zwischen den beiden Dreiphasensystemen auf, welche zu einer Vormagnetisierung der Saugdrossel führt. Dieser unerwünschte Effekt kann jedoch mittels einer Symmetrieregelung leicht beseitigt werden.

15.2 Die Dreifach-Zweiphasenschaltung

Obwohl diese Schaltung (DRP 290710, 1914) in bezug auf die Stromteilung noch einen sehr bemerkenswerten weiteren Schritt darstellt, so hat sie bisher eine viel seltenere Anwendung gefunden als die Doppel-Dreiphasenschaltung. Der Grund dafür liegt darin, daß der Transformator erheblich größer und damit teurer wird und primär nur eine Dreieckwicklung zuläßt (Abb. 12/13 b u. Abb. 12/14); damit entfällt die praktisch sehr wichtige Möglichkeit durch Parallelschaltung von je einem primär in Stern bzw. Dreieck geschalteten Transformator einen Zwölfpulsstromrichter zu bilden. Die Saugdrossel muß dreiphasig und überdies für die halbe Netzfrequenz bemessen werden, wodurch sie ebenfalls erheblich größer wird als die zweiphasige Saugdrossel.

a) Die Dreifach-Zweiphasenschaltung mit idealer Saugdrossel

Aus dem Ersatzschaltbild 12/14 folgt unmittelbar, daß der Stromrichter (für $X_n = 0$) das Betriebsdiagramm eines Zweipulsstromrichters besitzen muß. Lediglich der Maßstab der Stromachse muß auf den Kommutierungsgleichstrom $\bar{I}_c = \bar{I}/3$ bezogen werden. Für die Quasileerlaufspannung erhält man gemäß (7/4)

$$\bar{U}'_{00} = E\sqrt{2}\cdot\frac{2}{\pi} = E\sqrt{2}\cdot 0{,}638. \tag{15/7}$$

Den gleichen Wert erhält man, wenn man die bei der sechsphasigen Mittelpunktschaltung abgeleitete Gl. (14/6) für mehrere gleichzeitig stromführende Phasen benützt; für $m = 3$ erhält man

$$\bar{U}'_{00} = E\sqrt{2}\cdot y\cdot\frac{6}{2\pi}\int\limits_{-\pi/6}^{+\pi/6}\cos\vartheta\, d\vartheta = E\sqrt{2}\cdot\frac{2}{\pi}. \tag{15/8}$$

Die Differenz zwischen der Phasenspannung und der gleichgerichteten Spannung (schraffierte Fläche in Abb. 15/8) übernimmt die Saugdrossel. Um eine Gleichstromvormagnetisierung der Saugdrossel zu verhindern, wird sie auf einem dreischenkligen Kern und außerdem häufig in Zickzackschaltung angeordnet. Die Saugdrosselspannung ist etwa halb so groß wie die Gleichspannung $\bar{U}'_{00}$ und besitzt die doppelte Netzfrequenz.

Belastet man den Gleichrichter, so ergeben sich sowohl in den zweiphasigen Teilspannungen wie auch in der sechspulsigen, gleichgerichteten Spannung u die bekannten induktiven Spannungsabfälle. Die Differenz zwischen diesen Spannungen übernimmt die Saugdrossel. Die gleichgerichtete Spannung wird dabei wiederum als das arithmetische Mittel aus den 3 Teilspannungen gewonnen: $u = (u_1 + u_2 + u_3)/3$. Die Gleichspannung $\bar{U}$ ist für jeden zweiphasigen Gleichrichter gleich: $\bar{U} = \bar{U}'_{00}\frac{1+\cos\mu_0}{2}$. Die Dreifach-Zweiphasenschaltung ist die duale Entsprechung der zweiphasigen Reihenschaltung. Für *verkettete Reaktanzen* folgt der diesbezügliche Beweis aus den Kurzschlußströmen der in Abb. 10/8 untersuchten magnetischen Verkettung. Es erübrigt sich daher, die Analyse der Betriebsgrößen weiterzuführen, es kann vielmehr auf die Abb. 13/21; 13/22 und 13/23 verwiesen werden. Bei *Teilaussteuerung* entstehen an sich keine neuen Probleme; die von der Saugdrossel aufzunehmenden Differenzspannungen wachsen mit zunehmendem α an, weshalb die Baugröße der Drossel vom praktisch erforderlichen Aussteuerungsbereich abhängt. Das Betriebsdiagramm gleicht bei

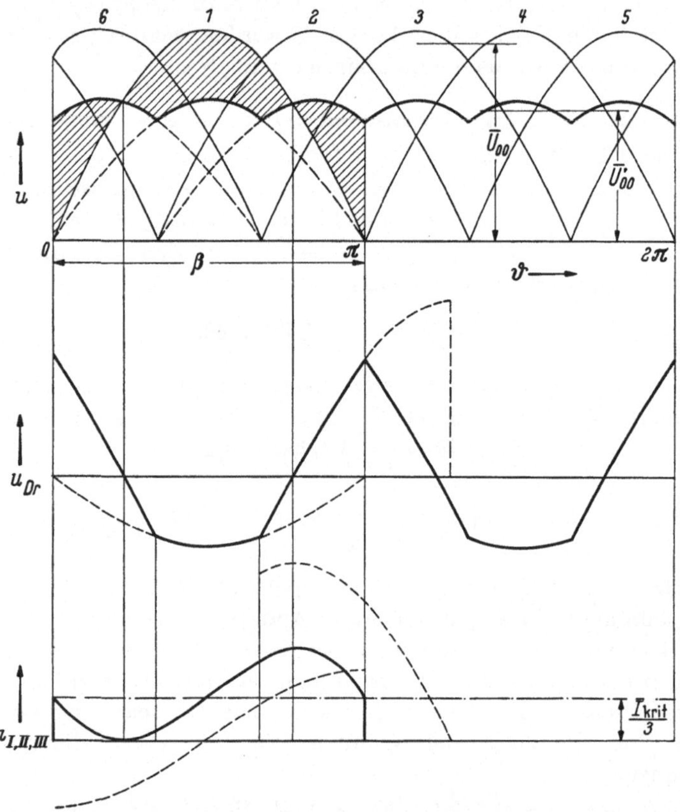

Abb. 15/8. Stromrichter in Dreifach-Zweiphasenschaltung. Voll ausgebildeter Parallelbetrieb von 3 ungesteuerten Ventilen

Sekundärreaktanzen dem eines Zweipulsstromrichters (Abb. 8/9) und bei Netzreaktanzen dem einer dreiphasigen Brückenschaltung (Abb. 13/16), wobei sich allerdings bei einer realen Saugdrossel längs der Ordinate noch ein schmaler Streifen des passiven Saugdrosselbetriebes einschiebt.

b) Die Dreifach-Zweiphasenschaltung mit realer Saugdrossel

Analog wie bei der Zweifach-Dreiphasenschaltung besteht auch im vorliegenden Falle ein Arbeitsbereich der „passiven" Saugdrossel, der im folgenden betrachtet werden soll.

Im Leerlauf wirkt die Saugdrossel noch nicht in dem beabsichtigten Sinne, der Stromrichter arbeitet daher im Sechsphasenbetrieb und die Gleichspannung $\bar{U}_{00}$ ist im ungesteuerten Betrieb durch

$$\bar{U}_{00} = E\sqrt{2} \cdot \frac{6}{\pi} \sin\frac{\pi}{6} = E \cdot 1{,}35 = E\sqrt{2} \cdot 0{,}955 \qquad (15/9)$$

gegeben. Bei geringer Belastung ergibt sich ein Betrieb wie in einer sechsphasigen Mittelpunktschaltung, wobei die Folgeanoden über die Saugdrossel kommutieren. Wird die Belastung gesteigert, so erhält man bei dem „kritischen" Gleichstrom $\bar{I}_{krit}$, der durch die Magnetisierungsverhältnisse der Saugdrossel definiert ist, dauernde gleichzeitige Stromführung von 3 Ventilen, wobei jedes eine Leitdauer von 180° besitzt. Der Übergang von 2facher zu 3facher Überlappung vollzieht sich mit der bereits früher beschriebenen Ausbildung von „Vorläufern". Dabei ist die zu der 2fachen Überlappung gehörige Kennlinie so lange gültig, bis der „Vorläufer" verschwindet und ununterbrochener Anodenstrom während der Kommutierung fließt. Dieser Betriebszustand setzt bei $\mu_s = 60°$ ein, und von dort an besitzt dann die Betriebskennlinie eine dreimal geringere Neigung. Bemerkenswert ist, daß bei diesem Betriebszustand jedes Ventil 60° früher zündet als im Leerlauf. Die Saugdrosselspannung setzt sich aus 3 Kurvenabschnitten zusammen, welche Teile von Sinuslinien sind und deren Amplitude 33 bzw. 88% der Amplitude der Phasenspannung beträgt. Außerdem besitzen diese 3 Sinusspannungen in bezug auf die Phasenspannung folgende Phasenverschiebungen (Abb. 15/8).:

$$\left.\begin{aligned} u_{SDr} &= 0{,}333 \cdot E \quad \varphi = 0°, \\ u_{SDr} &= 0{,}882 \cdot E \quad \varphi = \pm 139° 6'. \end{aligned}\right\} \qquad (15/10)$$

Integriert man den Verlauf der Spannungskurven an der Saugdrossel, so erhält man den in der Saugdrossel fließenden Strom. Bei der vorstehenden Darstellung wurde näherungsweise vorgegangen und nur der Einfluß der Saugdrosselinduktivität auf die Kommutierung untersucht. Der Einfluß der Streuinduktivität der Transformatorphasen wurde dagegen vernachlässigt. Beim ungesteuerten Gleichrichter stellt sich dieser Zustand bei entsprechender Belastung selbsttätig ein, bei gesteuertem Gleichrichter muß man durch entsprechende Gittersteuerung (nicht schmale Spitzen, sondern breite positive Impulse) dafür sorgen, daß die Zündung im richtigen Zeitpunkt erfolgt. Erfolgt die Zündung später, als dem natürlichen Zündzeitpunkt entspricht, dann hat diese Maßnahme im Bereich der „passiven" Saugdrossel erst dann eine nennenswerte Auswirkung auf die erzeugte Gleichspannung, wenn der Zündverzögerungswinkel größer als 60° ist. Recht übersichtlich erscheinen diese Verhältnisse in der Darstellung von Abb. 15/9: Das Betriebsdiagramm besteht aus einer Kennlinienschar, mit dem Aussteuerungswinkel α als Parameter, wobei die Gebiete gleichartiger Kommutierung deutlich gegeneinander abgegrenzt sind. Die Ellipse $\beta = \pi$ bildet die Grenze zwischen Bereichen der passiven und aktiven Saugdrossel. Die bei Entlastung entstehende Spannungserhöhung beträgt im ungesteuerten Betrieb

$$\frac{U_{00} - U'_{00}}{U'_{00}} = 50\%,$$

ist also mehr als doppelt so groß wie bei dem Zweifach-Dreiphasengleichrichter.

15.3 Vergleichende Betrachtung der Sechspulsschaltungen

Da sich die Eigenschaften der vorstehend erwähnten Sechspulsschaltungen am besten an Hand ihrer Kennzahlen beurteilen lassen, so sind diese für die 5 Grundschaltungen sowie für die beiden Brückenschaltungen in Tab. 15/1 zusammengestellt. Darin ist die dreiphasige Reihenschaltung mit 3 + 3, die zweiphasige Reihenschaltung mit 2 + 2 + 2, die Doppel-Dreiphasenschaltung mit 2 × (3) und die Dreifach-Zweiphasenschaltung mit 3 × (2) bezeichnet.

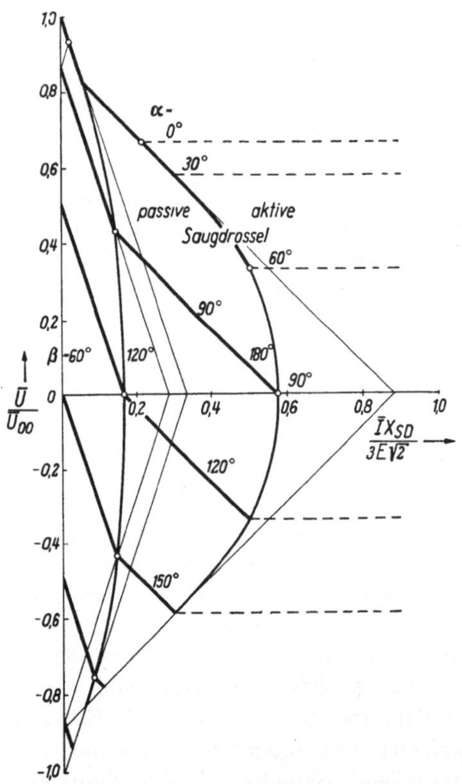

Abb. 15/9. Stromrichter in Dreifach-Zweiphasenschaltung. Betriebsdiagramm der passiven Saugdrossel

Die Grundschaltungen ergeben sich als Varianten eines und desselben Transformators, dessen Sekundärwicklungen mit je einem Ventil verbunden, in verschiedener Weise zusammen geschaltet werden. Man erkennt deutlich, daß dabei die sechsphasige Mittelpunktschaltung eine zentrale Stellung einnimmt, während jeweils eine Reihenschaltung und eine Parallelschaltung einander als duale Schaltungen entsprechen. Die Mittelpunktschaltung benötigt auch den größten Aufwand an Ventil- und Transformatorbauleistung. Es ist deshalb nur zu verständlich, daß sich die Praxis vorzugsweise der

Tabelle 15/1. *Vergleich der Sechspulsschaltungen*

	Grundschaltungen					Sonderschaltungen	
	$3\times(2)$	$2\times(3)$	$1\times(6)$	$3+3$	$2+2+2$	Dreiphasige Brückenschaltung	Sechsphasige Brückenschaltung
Ventilzahl	6	6	6	6	6	6	12
Ventilscheitelstrom $\hat{I}_v/\bar{I}$	$\frac{1}{3}$	$\frac{1}{2}$	1	1	1	1	1
Mittlerer Ventilstrom $\bar{I}_v/\bar{I}$	$\frac{1}{6}$	$\frac{1}{6}$	$\frac{1}{6}$	$\frac{1}{3}$	$\frac{1}{2}$	$\frac{1}{3}$	$\frac{1}{6}$
Sekundärstrom (Effektivwert) $I_s/\bar{I}$	$\frac{1}{3\sqrt{2}}=0{,}236$	$\frac{1}{2\sqrt{3}}=0{,}29$	$\frac{1}{\sqrt{2}}=0{,}707$	$\frac{1}{\sqrt{3}}=0{,}58$	$\frac{1}{\sqrt{2}}=0{,}707$	$\sqrt{\frac{2}{3}}=0{,}82$	$\frac{1}{\sqrt{3}}=0{,}58$
Leerlaufgleichspannung $\bar{U}_{00}/E\sqrt{2}$	$\frac{2}{\pi}=0{,}637$	$\frac{3\sqrt{3}}{2\pi}=0{,}828$	$\frac{3}{\pi}=0{,}955$	$2\cdot\frac{3\sqrt{3}}{2\pi}=1{,}64$	$3\cdot\frac{2}{\pi}=1{,}91$	$\frac{3\sqrt{3}}{\pi}=1{,}64$	$\frac{6}{\pi}=1{,}91$
Ventilsperrspannung (Scheitelwert) $\hat{U}_v/\bar{U}_0$	$\pi=3{,}14$	$\frac{2\pi}{3}=2{,}1$	$\frac{2\pi}{3}=2{,}1$	$\frac{\pi}{3}=1{,}05$	$\frac{\pi}{3}=1{,}05$	$\frac{\pi}{3}=1{,}05$	$\frac{\pi}{3}=1{,}05$
Sekundärspannung (Effektivwert) $E/\bar{U}_{00}$	$\frac{\pi}{2\sqrt{2}}=1{,}1$	$\frac{2\pi}{3\sqrt{6}}=0{,}84$	$\frac{\pi}{3\sqrt{2}}=0{,}74$	$\frac{\pi}{3\sqrt{6}}=0{,}42$	$\frac{\pi}{6\sqrt{2}}=0{,}37$	$\frac{\pi}{3\sqrt{6}}=0{,}42$	$\frac{\pi}{6\sqrt{2}}=0{,}37$
Sekundäre Transformatorbauleistung $\frac{N_s}{\bar{I}\,\bar{U}_{00}}$	$\frac{6\pi}{6\cdot 2}=1{,}57$ + Saugdrossel	$\frac{6\cdot 2\pi}{6\sqrt{3}\sqrt{6}}=1{,}48$ + Saugdrossel	$\frac{6\pi}{3\sqrt{2}\sqrt{6}}=1{,}81$	$\frac{6\pi}{3\sqrt{6}\sqrt{3}}=1{,}48$	$\frac{6\pi}{6\cdot 2}=1{,}57$	$\frac{\pi}{3}=1{,}05$	$\frac{\pi}{\sqrt{6}}=1{,}28$
Ventilbauleistung $\frac{\hat{U}_v\cdot\hat{I}_v}{\bar{U}_0\,\bar{I}}$	$\frac{\pi}{3}$	$\frac{\pi}{3}$	$\frac{2\pi}{3}$	$\frac{\pi}{3}$	$\frac{\pi}{3}$	$\frac{\pi}{3}$	$\frac{\pi}{3}$
Leerlaufleitdauer β_0	π	$\frac{2\pi}{3}$	$\frac{2\pi}{6}$	$\frac{2\pi}{3}$	π	$\frac{2\pi}{3}$	$\frac{\pi}{3}$

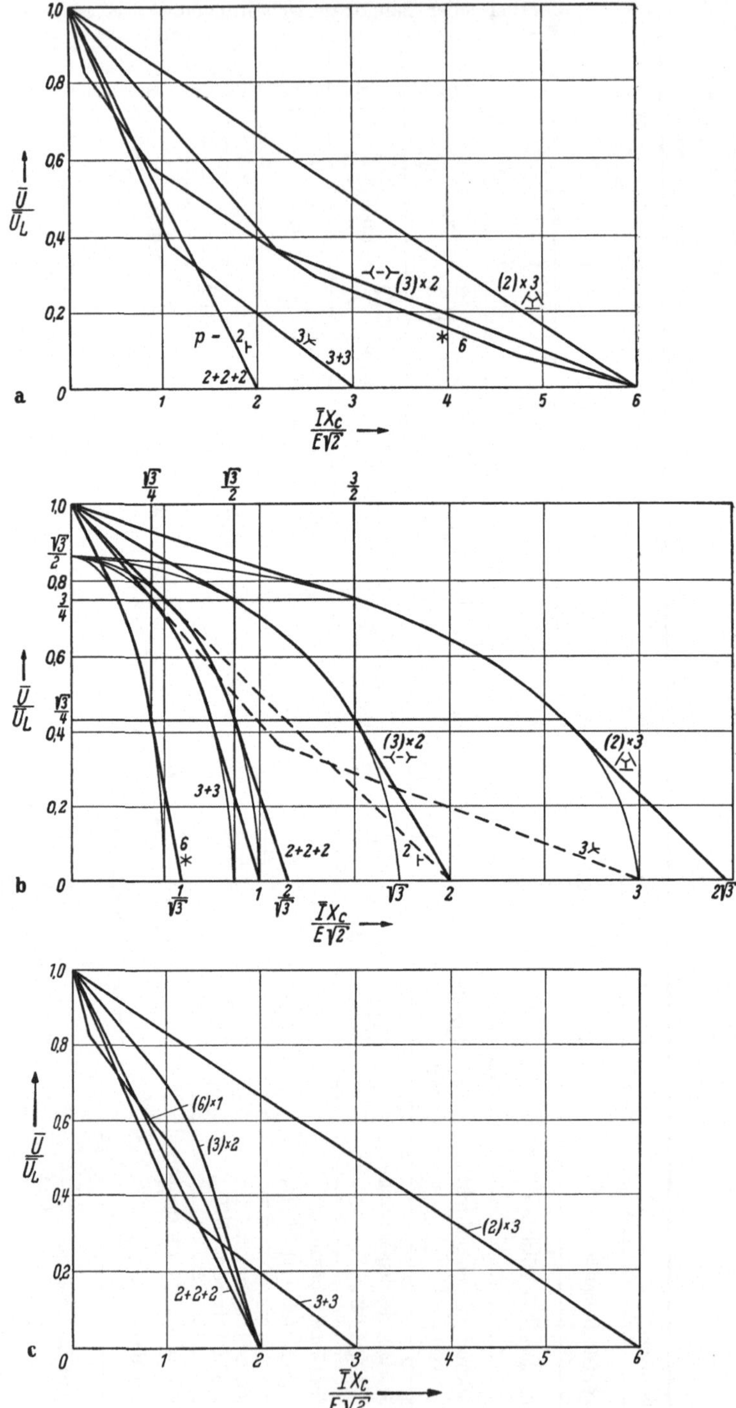

Abb. 15/10. Betriebskennlinien von Sechspulsstromrichtern
a) nur Sekundärreaktanzen; b) nur Netzreaktanzen; c) nur Primärreaktanzen

zweiphasigen Saugdrosselschaltung und der dreiphasigen Brückenschaltung zugewendet hat, welche Schaltungen in wirtschaftlicher Hinsicht am vorteilhaftesten erscheinen. Indessen haben jedoch auch die übrigen Schaltungsvarianten ihre Vorteile — es kommt nur auf den Standpunkt an, von welchem man sie bewertet. Für eine solche Beurteilung muß man dann allerdings in der Regel noch weitere Merkmale, wie die Ventilverluste, den induktiven Spannungsabfall, den Kurzschlußstrom usw. berücksichtigen, bevor man in einem konkreten Fall eine Entscheidung treffen kann. Bei bestimmten Regelproblemen pflegt man z. B. trotz des größeren Aufwandes die Mittelpunktschaltung zu verwenden, um die Unstetigkeit der Saugdrosselkennlinie zu vermeiden.

Recht aufschlußreich ist es auch, die Betriebskennlinien im Zusammenhang zu betrachten. In Abb. 15/10 ist $\bar{I} X_c / E\sqrt{2}$ als Abszisse gewählt worden, um die verschiedene Größe der Kurzschlußströme deutlich hervortreten zu lassen. Wäre dagegen $\bar{I}/\bar{I}_{0K}$ als Abszisse verwendet worden, so hätten sich die Kennlinienscharen in Teilbild a auf drei und in Teilbild b auf eine Kennlinie reduziert.

VI. Stromrichter mit beliebiger Pulszahl

16. Zwölf- und Vielpulsschaltungen

16.1 Zwölfpulsstromrichter

a) Schaltungen

Wie bei dem Sechspulsstromrichter sind auch hier Brücken-, Mittelpunkt- und Saugdrosselschaltungen zu unterscheiden. Indessen ermöglicht die höhere Pulszahl eine so große Zahl von Schaltungsvarianten, daß nur diejenigen näher betrachtet werden sollen, die auch wirklich praktische Anwendung gefunden haben. Daher wird die Gruppe der sogenannten „Kaskadenschaltungen“ trotz ihrer interessanten Theorie nicht näher erörtert, sondern lediglich auf die diesbezügliche Literatur verwiesen (A. Glaser u. K. Müller-Lübeck, F. Barz, Ch. Krämer). Aus dem gleichen Grunde wird auch die Zwölfpuls-Mittelpunktschaltung nur erwähnt. Ihre sehr kurze Leitdauer ($\beta = 30° + \mu$) bedingt eine so schlechte Ausnützung des Transformators und der Ventile, daß sie gegenüber den Saugdrosselschaltungen nicht wettbewerbsfähig ist. Auch die Zwölfpuls-Brückenschaltung, welche durch Hintereinanderschalten von 2 (um 30° phasenverschobenen) dreiphasigen Brückenschaltungen entsteht (vgl. Abb. 16/4), hat bisher keine größere Anwendung gefunden. Ihr Betriebsverhalten wird jedoch im folgenden näher untersucht, weil ihm prinzipielle Bedeutung zukommt.

Damit wendet sich die Aufmerksamkeit den Saugdrosselschaltungen zu, von welchen zuerst die Dreifach-Vierphasen- und die Vierfach-Dreiphasenschaltung betrachtet werden sollen.

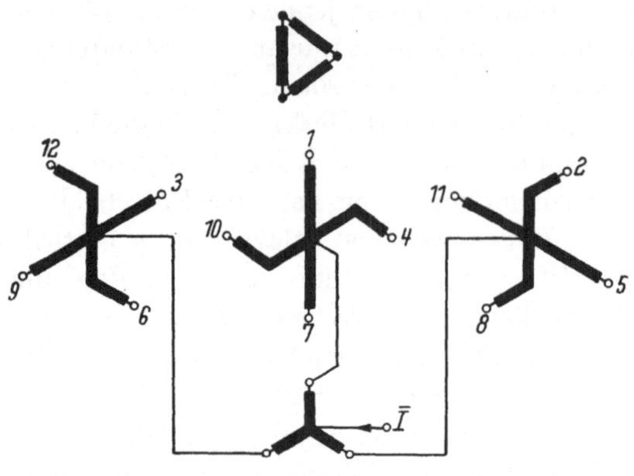

Abb. 16/1. Dreifach-Vierphasenschaltung

In Abb. 16/1 ist die *Dreifach-Vierphasenschaltung* (1927) dargestellt. Sie besitzt eine dreiphasige Saugdrossel und eine primäre Dreieckwicklung; bei primärer Sternschaltung muß eine tertiäre Wicklung in Dreieckschaltung angeordnet werden. Die Leitdauer beträgt $\beta = 90° + \mu$; sie ist also nicht optimal. Auch der Aufbau der Sekundärwicklungen des Transformators ist relativ kompliziert — eine Eigenschaft, welche auch die *Vierfach-Dreiphasenschaltungen* nach Abb. 16/2 kennzeichnet.

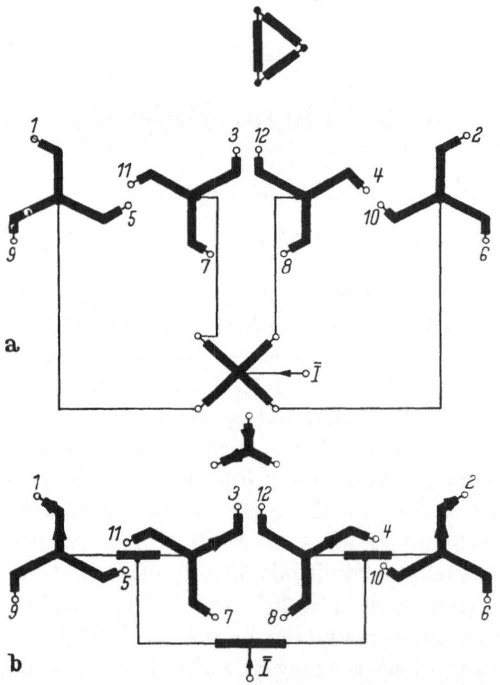

Abb. 16/2. Vierfach-Dreiphasenschaltung mit einer vierphasigen Saugdrossel (a) bzw. mit drei zweiphasigen Saugdrosseln (b)

Die Sekundärwicklungen sind in einer „verkürzten Zickzackschaltung“ ausgeführt, wobei nur eine Phasendrehung um $\pm 15°$ vorgenommen wird. Dazu wird der innere (längere) Teil der Wicklung im Verhältnis $\frac{\sin 45°}{\sin 120°} = 0{,}815$ und der äußere (kürzere) Teil im Verhältnis $\frac{\sin 15°}{\sin 120°} = 0{,}3$ der Windungszahl der Primärwicklung ausgeführt. Die Saugdrosseln teilen den Gesamtstrom $\bar{I}$ auf die 4 Teilströme der dreipulsigen Kommutierungseinheiten auf. An der Stromführung sind immer 4 unmittelbar aufeinanderfolgende Phasen,

z. B. 1, 2, 3, 4, beteiligt. Für diesen Fall sind auch in Abb. 16/2b die Ströme durch Pfeile gekennzeichnet. Die Amperewindungen der äußeren (kurzen) Wicklungsabschnitte der Phasen 1 und 4 auf dem dritten Schenkel ergänzen sich zu Null, während für die übrigen sekundären Wicklungsteile die Primärwicklung die erforderlichen Gegen-AW liefert. Für den Primärstrom erhält man (bei Spannungsübersetzung 1 : 1) : $i_{p1} = (2 \cdot 0{,}815 + 0{,}30)\frac{\bar{I}}{4} = 1{,}93\,\bar{I}/4 = 0{,}48 \cdot \bar{I}$ und damit die Effektivwerte:

$$\left.\begin{aligned} I_s &= \frac{1}{\sqrt{3}}\,\frac{\bar{I}}{4} = 0{,}144\bar{I} \qquad U_s = U_p = 0{,}855\bar{U}_0,\\ I_p &= \sqrt{\frac{2}{3}}\cdot 0{,}48\bar{I} = 0{,}394\bar{I} \end{aligned}\right\} \tag{16/1}$$

und die Transformatorbauleistungen:

$$\left.\begin{aligned} N_s &= 12\cdot I_s\cdot U_s = 12\cdot 0{,}144\bar{I}\cdot(0{,}815 + 0{,}3)\,0{,}855\bar{U}_0\\ &= 1{,}71\,\bar{U}_0\bar{I},\\ N_p &= 3\cdot I_p U_p = 1{,}01\,\bar{U}_0\bar{I},\\ N_t &= 1{,}36\bar{U}_0\bar{I}. \end{aligned}\right\} \tag{16/2}$$

In dieser Schaltung beeinflussen sich auch häufig die Kommutierungsvorgänge der beiden sechsphasigen Systeme gegenseitig, wodurch ungleiche Stromverteilung und Sechspulswelligkeit resultiert. Da bei einem solchen Betriebszustand auch die dritte Saugdrossel in Sättigung geht und damit unwirksam wird, ist es vorteilhafter, nur eine einzige, allerdings vierphasige Saugdrossel (mit vierschenkligem Eisenkern) zu verwenden. Diese Nachteile lassen sich vermeiden, wenn man gemäß der in Abb. 16/3 dargestellten Schaltung zwei Transformatoren parallel schaltet, wovon die Primärwicklung des einen in Stern, des andern in Dreieck geschaltet ist („Zwölfphasen-Doppeltransformator"). Infolgedessen sind die Sekundärwicklungen der beiden Transformatoren um 30° gegeneinander verschoben und bilden ein Zwölfphasensystem. Weil durch die im Stern bzw. Dreieck geschalteten Primärwicklungen 2 phasenverschobene Flüsse erregt werden, wird der Eisenkern des Transformators, wie in Abb. 16/3 angedeutet, „zweistöckig" ausgeführt, d. h., die beiden dreischenkligen Eisenkerne werden mit einem gemeinsamen Zwischenjoch übereinander gebaut und in einen gemeinsamen Ölkessel gebracht. Während die Saugdrosseln der beiden Sechspulssysteme für 150 Hz und etwa 0,24 der Trafospannung zu bemessen sind, braucht die dritte Saugdrossel nur für 300 Hz und etwa 0,11 der Trafospannung (im ungesteuerten Betrieb) ausgelegt werden. Nimmt man wieder die Phasen 1, 2, 3, 4 als stromführend an, so ergibt sich die eingetragene Stromverteilung, wobei die primäre Sternschaltung den gleichen Strom wie die Sekundärwicklung, nämlich $\frac{\bar{I}}{4}$ führt. Die primäre Dreieckwicklung hat eine um $\sqrt{3}$ größere

Phasenspannung, weshalb der Strom nur $\frac{1}{\sqrt{3}}\frac{\bar{I}}{4}$ beträgt. Damit ergeben sich die Effektivwerte:

$$\left.\begin{aligned} &I_s = \frac{1}{\sqrt{3}}\frac{\bar{I}}{4}; \quad I_{p\curlywedge} = \sqrt{\frac{2}{3}}\cdot\frac{\bar{I}}{4}; \quad I_{p\triangle} = \frac{\sqrt{2}}{3}\frac{\bar{I}}{4} \\ &U_s = 0{,}855\,\bar{U}_0 \end{aligned}\right\} \tag{16/3}$$

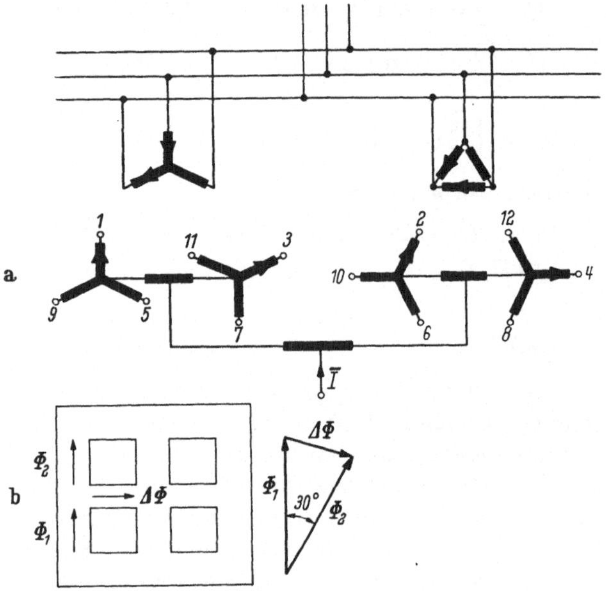

Abb. 16/3. Vierfach-Dreiphasenschaltung mit zwei Primärwicklungen (a) und Eisenkern eines „zweistöckigen" Transformators (b)

und damit die Bauleistungen je Halbtransformator

$$\left.\begin{aligned} N_s &= 6\,U_s I_s = 1{,}48\cdot\bar{U}_0\bar{I}/2 \\ N_p &= 3\,U_p I_p = 1{,}05\cdot\bar{U}_0\bar{I}/2 \\ N_t &= 1{,}26\,\bar{U}_0\bar{I}/2\,. \end{aligned}\right\} \tag{16/4}$$

Beim zweistöckigen Transformator braucht man das mittlere Joch nur für etwa die Hälfte des magnetischen Flusses der Schenkel zu bemessen, während bei 2 getrennten Transformatoren auch 2 Joche für den jeweils vollen Schenkelfluß erforderlich sind. Der Doppeltransformator ermöglicht daher eine merkliche Einsparung am Eisenkern (T. Pelikan und J. Isler, 1961).

Läßt man die dritte Saugdrossel fort, so fließt zwischen den Sechspulssystemen ein Ausgleichstrom von 6facher Netzfrequenz, und außerdem können wechselstromseitig durch die zugehörigen Stromoberwellen (5. und 7. Harmonische) Verzerrungen der Primärspannung entstehen, welche eine Unsymmetrie in der Gleichstromverteilung bewirken. Versieht man jedoch jedes der Sechspulssysteme mit einer Kathodendrossel, so wird der Ausgleichsstrom stark begrenzt und damit angenähert die Wirkung der dritten Saugdrossel hervorgerufen.

b) Betriebskennlinien

Nachdem die für den praktischen Betrieb wichtigsten Zwölfpulsschaltungen erwähnt sind, kann auf das Betriebsverhalten eingegangen werden. Die Untersuchung soll jedoch nur für diejenige Schaltung durchgeführt werden, welche vorstehend als vorteilhafteste erkannt wurde (Abbildung 16/3) und bei welcher zwei Sechspulsstromrichter mit einer Phasenverschiebung von 30° drehstromseitig parallel geschaltet sind; gleichstromseitig kann in Reihe oder über eine Saugdrossel ebenfalls parallel geschaltet werden.

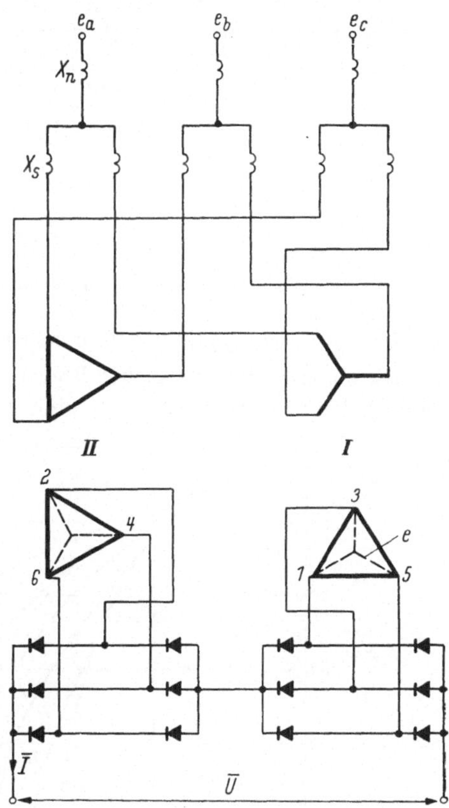

Abb. 16/4. Ersatzschaltbild eines Zwölfpulsstromrichters

Es ist zu erwarten, daß die bei den Sechspulsstromrichtern beobachteten Eigenschaften hier wiederkehren, gegebenenfalls in etwas veränderter Weise. Es wird sich deshalb empfehlen, dieser Untersuchung die einfachste und übersichtlichste Sechspulsschaltung zugrunde zu legen: die Dreiphasenbrückenschaltung. Die in Abb. 16/4 dargestellte Ersatzschaltung zeigt eine Kommutierungsreaktanz (je Phase) von $X_c = X_n + X_s$. Die Sekundärwicklungen der Transformatoren sind in Dreieck geschaltet. Für die folgenden Rechnungen gehen wir von den gestrichelt eingetragenen sekundären Phasenspannungen $e = \hat{e} \sin(\vartheta + \varphi)$ aus. Jede Brückenschaltung liefert nach (13/1) eine Leerlaufspannung von $E\sqrt{2}\,\frac{3\sqrt{3}}{\pi}$, d. h. insgesamt

$$\bar{U}_{00} = E\sqrt{6} \cdot 6/\pi. \qquad (16/5)$$

Belastet man den Stromrichter, so kommutieren die beiden Teilgleichrichter so lange $\mu_0 < 30^\circ$ unabhängig voneinander, und es gilt wie bei der dreiphasigen Brückenschaltung (13/4)

im *1. Arbeitsbereich:* $$\frac{U}{U_{00}} = 1 - \frac{I X_c}{E\sqrt{6}}. \qquad (16/6)$$

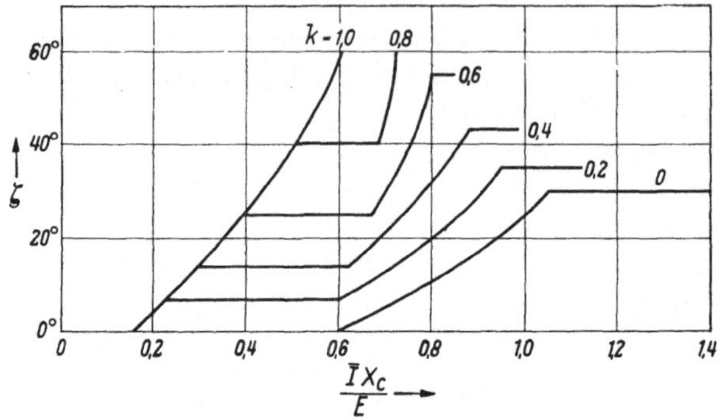

Abb. 16/5. Abhängigkeit des Zündverzögerungswinkels $\zeta = \arctan \frac{\sqrt{3}\,k}{4 - 3\,k}$

Sobald der Überlappungswinkel $\mu_0 = 30^\circ$ erreicht, beginnt der *2. Arbeitsbereich*, der in gleicher Weise wie bei der Brückenschaltung dadurch gekennzeichnet ist, daß eine von der Reaktanzverteilung ab-

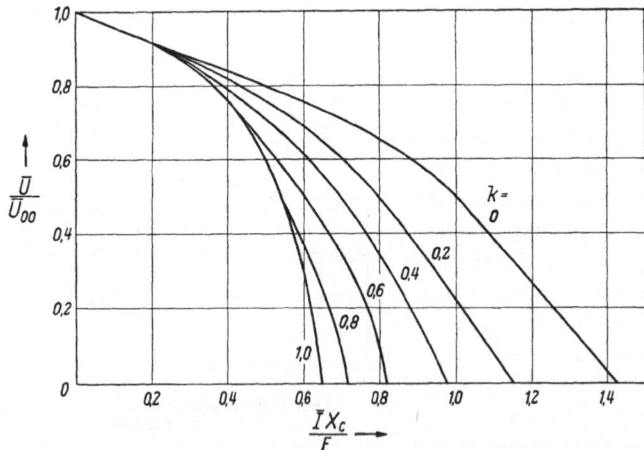

Abb. 16/6. Betriebskennlinien eines ungesteuerten Zwölfpulsstromrichters für verschiedene Reaktanzverteilung $k = X_n/X_c$

hängige Zündverzögerung ζ eintritt und die Überlappung unverändert $\mu_0 = 30^\circ = \text{const}$ bleibt. Daß diese gegenseitige Beeinflussung bei $\mu = 30^\circ$ auftreten muß, ergibt sich aus dem Umstand, daß der zeitliche Abstand zwischen zwei Zündungen nur 30° beträgt. Für die Phasenspannung des Transformators I ($e_{a\,\mathrm{I}}$) erhält man, während der Kommutierungsstrom der zweiten Brückenschaltung i_{II} noch fließt

$$e_{a\,\mathrm{I}} = e_a - L_n \frac{d i_{\mathrm{II}}}{dt},$$

wobei

$$\frac{d i_{\mathrm{II}}}{dt} = \frac{e_b - e_a}{2 L_c}$$

gilt, woraus

$$e_{a\,\mathrm{I}} = e_a - \frac{X_n}{2 X_c}(e_a - e_b) = \frac{(2 X_c - X_n) e_a + X_n e_b}{2 X_c}$$

folgt. Setzt man für die beiden Netzspannungen

$$e_a = \hat{e} \cos(\vartheta + \pi/2), \quad e_b = \hat{e} \cos\left(\vartheta - \frac{\pi}{6}\right),$$

so erhält man den Zündverzögerungswinkel ζ aus vorstehender Gleichung, indem man $\vartheta = \zeta$ und $e_{a\mathrm{I}} = 0$ setzt:

$$(2 X_c - X_n) \cos\left(\zeta + \frac{\pi}{2}\right) + X_n \cos\left(\zeta - \frac{\pi}{6}\right) = 0.$$

Daraus folgt [R 16,1]

$$\tan \zeta = \frac{\sqrt{3} X_n}{4 X_c - 3 X_n} = \frac{\sqrt{3} k}{4 - 3k}, \qquad (16/7)$$

wenn $k = X_n / X_c$ bezeichnet.

In Abb. 16/5 ist die Abhängigkeit des Zündverzögerungswinkels ζ von $\bar{I} X_c / E$ für verschiedene Werte von k graphisch dargestellt. Das Ergebnis einer genauen Untersuchung der Betriebseigenschaften dieser Schaltung durch R. L. Witzke, J. V. Kresser, J. K. Dillard, welche insgesamt 5 verschiedene Arbeitsbereiche feststellten, kommt in den Betriebskennlinien von Abb. 16/6 zum Ausdruck. Man erkennt den sehr starken Einfluß der Netzreaktanz X_n, welche bereits im Gebiet der normalen Belastungsströme einen zusätzlichen Spannungsabfall hervorruft, der in der gegenseitigen Kommutierungsbeeinflussung und dem dadurch bedingten Zündverzögerungswinkel ζ seine Ursache hat.

16.2 Vielpulsstromrichter

Die Betrachtung der Zwölfpulsstromrichter hat gelehrt, daß diejenige Schaltung am vorteilhaftesten ist, welche aus zwei phasenverschobenen Sechspulsstromrichtern in Doppel-Dreiphasenschaltung aufgebaut ist. Diese Beurteilung leitete sich aus der Feststellung ab, daß die erwähnte Schaltung eine Leitdauer von $\beta_0 = 120°$ besitzt, wodurch für die Bemessung des Transformators wie auch die Verluste in den Ventilen ein wirtschaftliches Optimum erreicht wird. Da jedoch die dreiphasige Brückenschaltung die gleiche Leitdauer besitzt, so wird auch diese Schaltung als Baustein für Anlagen mit höherer Pulszahl besonders geeignet sein. Welche dieser beiden Schaltungen in einem bestimmten Falle gewählt wird, hängt von den Daten des Gleichstromkreises und der verwendeten Ventilart ab.

Wünscht man eine Stromrichteranlage mit hoher Pulszahl ($p > 12$) zu errichten, so wird man das beim Zwölfpulsstromrichter bewährte Prinzip der primären Phasenschwenkung anwenden und sie aus einer entsprechenden Anzahl von Sechs- oder Zwölfpulsstromrichtern aufbauen (E. Uhlmann, 1941). Die einzelnen Stromrichtertransformatoren werden dabei primär so angeschlossen, daß die Zeiger der sekundären Phasenspannungen einen p-Phasen-Stern bilden. Bezeichnet man die Anzahl der zusammengeschalteten Stromrichter mit r, deren Pulszahl mit q und die gesamte Pulszahl mit $p = q \cdot r$, so erhält man die in den Tab. 16/1 und 16/2 angegebenen Varianten.

a) Stromrichteranlagen mit Sechspulsgruppen

Schaltet man r Sechspulsstromrichter, die in bezug auf ihre elektrischen Daten vollkommen gleichartig sein sollen, unter Beachtung der entsprechenden Phasenschwenkungen zu einem p-pulsigen System zusammen, so erhält man die in Tab. 16/1 angegebenen Schwenktransformatoren. Obwohl bei diesem Vorgehen lauter gleichartige Stromrichtertransformatoren verwendet werden können, was zweifellos einen erstrebenswerten Vorteil bedeutet, so müssen die Phasenverschiebungen ausschließlich mit den Schwenktransformatoren durchgeführt werden, wozu mehrere Ausführungen (mit verschiedenem Schwenkwinkel) benötigt werden. Verwendet man dagegen Sechspulssysteme, deren Stromrichtertransformatoren primär teils Stern, teils Dreieckwicklung besitzen, so kann man die gleiche Wirkung mit Schwenktransformatoren erreichen, die untereinander weniger Varianten und die jeweils geringste Typenleistung besitzen. Ein Beispiel möge dieses Verfahren erläutern: Eine Stromrichteranlage mit der Pulszahl $p = 30$ soll aus 5 Sechspulssystemen aufgebaut werden. Würde man vollständig gleichartige Stromrichtertransformatoren verwenden, so wären, um die Schwenkungen um 12°, 24°, 36°, 48° durchzuführen, Schwenktransformatoren von $\pm$ 12° und $\pm$ 24° nötig. (Da ein Sechspulssystem sekundär einen Sechsphasenstern mit einer Winkeldifferenz von 60° bildet, so kann man z. B. eine Winkelverschiebung von 48° dadurch erreichen, daß man von der Folgephase 12° abzieht.)

Verwendet man dagegen Stromrichtertransformatoren, welche je nach ihrer Primärwicklung (Stern oder Dreieck) untereinander bereits eine Phasenverschiebung von 30° besitzen, so können die Schwenktransformatoren für kleinere Leistung ausgelegt werden, weil die Winkel 24° und 36° durch 30° $\pm$ 6° erzielt werden können. Abb. 16/7 zeigt das vollständige Schaltbild einer derartigen Anlage (O. K. Marti, 1946). Da die

Tabelle 16/1

Angaben über die Schwenktransformatoren einer aus r Sechspulssystemen (Gruppen) aufgebauten p-Puls-Stromrichteranlage

Gesamt-puls-zahl	Anzahl der Grup-pen		Anzahl und Winkel der Schwenktransformatoren								
			bei Sechspulssystemen mit Stern- und Dreieckwicklungen				bei völlig gleichartigen Sechspulssystemen				
p	r	$\frac{360°}{p}$									
12	2	30°	$2\times0°$				$1\times0°$	$1\times\pm30°$			
18	3	20°	$1\times0°$	$2\times\pm10°$			$1\times0°$	$2\times\pm20°$			
24	4	15°	$2\times0°$	$2\times\pm15°$			$1\times0°$	$2\times\pm15°$	$1\times\pm30°$		
30	5	12°	$1\times0°$	$2\times\pm6°$	$2\times\pm12°$		$1\times0°$	$2\times\pm12°$	$2\times\pm24°$		
36	6	10°	$2\times0°$	$4\times\pm10°$			$1\times0°$	$2\times\pm10°$	$2\times\pm20°$	$1\times\pm30°$	
42	7	8,57°	$1\times0°$	$2\times\pm8{,}57°$	$2\times12{,}86°$	$2\times4{,}29°$	$1\times0°$	$2\times\pm8{,}57°$	$2\times\pm17{,}14°$	$2\times\pm25{,}71°$	
48	8	7,5°	$2\times0°$	$4\times\pm7{,}5°$	$2\times\pm15°$		$1\times0°$	$2\times\pm7{,}5°$	$2\times\pm15°$	$2\times\pm22{,}5°$	$1\times\pm30°$

Tabelle 16/2

Angaben über die Schwenktransformatoren einer aus r Zwölfpulssystemen (Gruppen) aufgebauten p-Puls-Stromrichteranlage

Gesamt-pulszahl p	Anzahl der Gruppen r	$\frac{360°}{p}$	Anzahl und Winkel der Schwenktransformatoren	
24	2	15°	$1\times0°$; $1\times\pm15°$	oder $2\times\pm7{,}5°$
36	3	10°	$1\times0°$; $2\times\pm10°$	
48	4	7,5°	$1\times0°$; $2\times\pm3{,}75°$; $1\times\pm15°$	oder $2\times\pm3{,}75°$; $2\times\pm11{,}25°$
60	5	6°	$1\times0°$; $2\times\pm6°$; $2\times\pm12°$	
72	6	5°	$1\times0°$; $2\times\pm5°$; $2\times\pm10°$; $1\times\pm15°$	oder $2\times\pm2{,}5°$; $2\times\pm7{,}5°$; $2\times\pm12{,}5°$

Schwenktransformatoren eine gewisse Streureaktanz besitzen, werden in die netzseitigen Zuleitungen der ohne Phasenschwenkung arbeitenden Sechspulsgruppe Drosseln eingeschaltet, um damit eine möglichst vollständige Symmetrie zu erreichen.

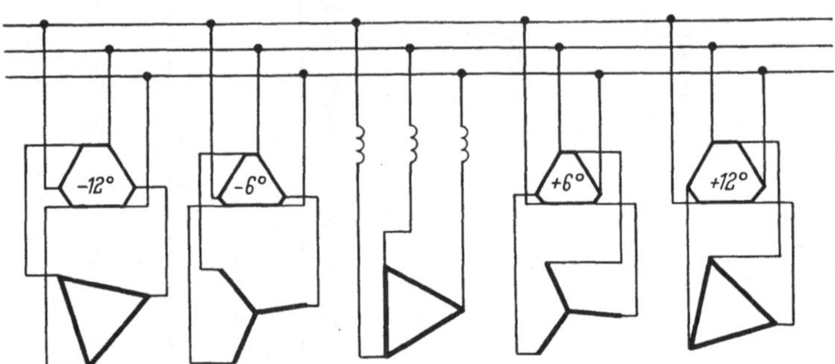

Abb. 16/7. Schaltbild einer Stromrichteranlage mit $p = 30$

b) Stromrichteranlagen mit Zwölfpulsgruppen

Für Großanlagen pflegt man in der bisher betrachteten Richtung noch weiter zu gehen und wählt als Baustein (Gruppe) zwölfpulsige Systeme. Dabei kann die Zahl und die Baugröße der Schwenktransformatoren in einigen Fällen (bei $p = 24, 48, 72\ldots$) dadurch beeinflußt werden, daß man alle Gruppen schwenkt. Ein *Beispiel* möge dies wieder erläutern: Würde man bei $p = 48$ den Gruppen die Winkel 0°; 7,5°; 15°; 22,5°; zuordnen, so würde man Schwenktransformatoren für $2 \times \pm 7{,}5°$ und $1 \times \pm 15°$ benötigen, während eine Gruppe ungeschwenkt bliebe. Eine gleichartigere Lösung ergibt sich, indem man alle Gruppen schwenkt und Schwenktransformatoren für $2 \times \pm 3{,}75°$ und $2 \times \pm 11{,}25°$ anordnet.

c) Schwenktransformatoren

Die Phasenschwenkung mit Hilfe der Stromrichtertransformatoren vorzunehmen, ist aus mehreren Gründen nachteilig: auf der Sekundärseite wird durch das Anbringen von Zickzackwicklungen die Bauleistung merklich vergrößert und außerdem der Aufbau sehr kompliziert; auf der Primärseite wird zwar die Bauleistung in geringerem Maße erhöht (nur 3 Phasen!), indessen müssen die einzelnen Transformatoren einer Anlage verschiedenartig ausgeführt werden, was man mit Recht als einen Nachteil betrachtet.

Es ist daher üblich geworden, für die Phasenverschiebung eigene Schwenktransformatoren vorzusehen, die zweckmäßig in Sparschaltung ausgeführt und in die netzseitigen Zuleitungen zu den Stromrichtertransformatoren geschaltet werden. In Abb. 16/8 sind 2 verschiedene Ausführungen von Schwenktransformatoren dargestellt, von denen die

Polygonschaltung wohl die größte Anwendung gefunden hat. In beiden Schaltungen wird die Phasenverschiebung ohne Änderung der Größe der Spannung erreicht (Eingangsspannung = Ausgangsspannung). Vertauscht man die netzseitigen und die stromrichterseitigen Anschlüsse, so

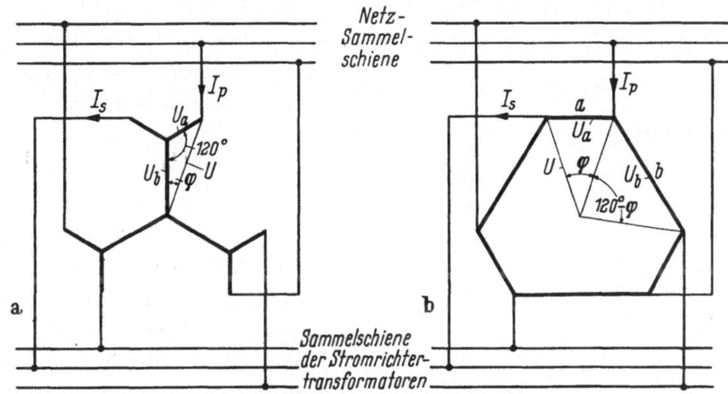

Abb. 16/8. Schaltungen von Schwenktransformatoren
a) Gabelschaltung; b) Polygonschaltung

ändert der Phasenwinkel sein Vorzeichen. Für die *Gabelschaltung* liest man aus Abb. 16/8a unter Anwendung des Sinussatzes ab:

$$\frac{U_a}{U} = \frac{\sin\varphi}{\sin 120^\circ} \quad \text{und} \quad \frac{U_b}{U} = \frac{\sin(60 - \varphi)}{\sin 120^\circ}, \tag{16/8}$$

womit man die nachstehenden Tabellenwerte erhält:

Tabelle 16/3

Winkel φ	30°	20°	15°	12°	10°	7,5°
$\frac{U_a}{U}$	0,578	0,395	0,300	0,240	0,201	0,151
$\frac{U_b}{U}$	0,578	0,742	0,815	0,860	0,868	0,925
Umwegfaktor $\frac{U_a + U_b}{U}$	1,156	1,137	1,115	1,100	1.087	1,076

Aus Abb. 16/8b liest man für die Spannungskomponenten der Wicklungsteile a und b der *Polygonschaltung* ab:

$$\left.\begin{aligned} U_a &= 2\,U\sin\varphi/2, \\ U_b &= 2\,U\sin(60 - \varphi/2), \end{aligned}\right\} \tag{16/9}$$

wobei U die Sternspannung bezeichnet.

Wie E. Rolf (1957) gezeigt hat, stehen die Ströme in den Wicklungsabschnitten a und b im umgekehrten Verhältnis der Spannungen:

$$\frac{I_a}{I_s} = \frac{U_b}{U\sqrt{3}} \quad \text{und} \quad \frac{I_b}{I_s} = \frac{U_a}{U\sqrt{3}}, \tag{16/10}$$

wobei zu beachten ist, daß die Ströme I_s und I_p gleiche Größe besitzen, jedoch um den Winkel φ in der Phase verschoben sind. Die Bauleistung des Polygon-Schwenktransformators erhält man zu

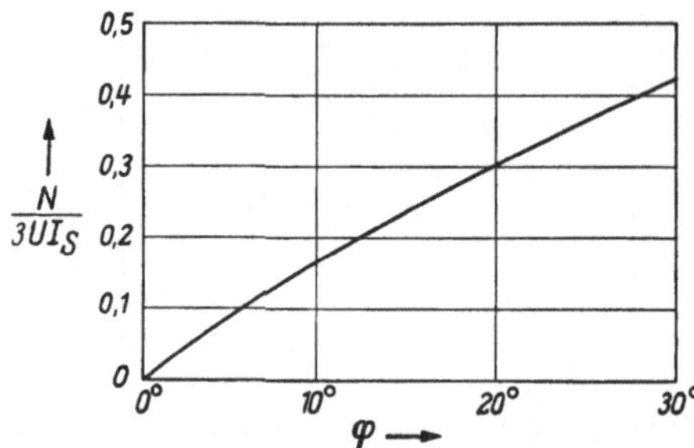

Abb. 16/9. Bauleistung eines Polygon-Schwenktransformators N, bezogen auf die Scheinleistungsaufnahme $3\,U\,I_s$ in Abhängigkeit vom Schwenkwinkel φ

$$N = \frac{1}{2} 3 (U_a I_a + U_b I_b) = 3\,U\,I_s \left(\frac{U_a \cdot U_b}{U^2 \cdot \sqrt{3}}\right), \tag{16/11}$$

wobei $3\,U I_s$ die Scheinleistungsaufnahme des Stromrichtertransformators darstellt. Wertet man diese Beziehung zahlenmäßig aus, so erhält man das naheliegende Ergebnis (Abbildung 16/9), daß die Bauleistung des Schwenktransformators etwa proportional mit der Größe des Schwenkwinkels φ zunimmt (H. Gatz).

17. Der p-Puls-Stromrichter

Nachdem durch die bisherigen Untersuchungen eine gewisse Übersicht über die verschiedenen Stromrichterschaltungen gewonnen wurde, soll nun eine zusammenfassende Darstellung versucht werden, bei welcher die allgemeingültigen Gesetzmäßigkeiten zum Ausdruck kommen sollen. Wie üblich werden dabei *unendlich große Kathodendrosseln* und *ideale Saugdrosseln* (mit verschwindend kleinem Magnetisierungsstrom) vorausgesetzt.

17.1 Gleichstromseitige Betrachtung

a) Die Leerlaufspannung

Die Leerlaufspannung ist bei Parallelschaltungen gleich dem Gleichspannungsmittelwert der einzelnen Kommutierungseinheiten, denn diese sind über Drosseln parallel geschaltet, an denen nur Differenzen in den Augenblickswerten, aber nicht in den Mittelwerten der Gleichspannung auftreten können. Als *Kommutierungseinheit* wird dabei jener Teil der gesamten Schaltung bezeichnet, in welchem die q einzelnen Phasen nur untereinander kommutieren. Ein Doppel-Dreiphasenstromrichter besteht demnach aus 2 dreiphasigen Kommutierungseinheiten, die über 1 zweiphasige Saugdrossel parallel arbeiten.

In Anlagen größerer Leistung pflegt man r Kommutierungseinheiten (mit der Pulszahl q) *parallel* zu schalten, wodurch eine Gesamtpulszahl

$$p = q \cdot r \tag{17/1}$$

erhalten wird, falls die einzelnen Einheiten untereinander eine Phasenverschiebung von $\frac{2\pi}{p}$ besitzen. Die Anlage als Gesamtheit wird dann als ein p-Puls-Stromrichter betrachtet.

Für die Leerlaufspannung gilt

$$\bar{U}_{00} = \frac{q}{2\pi}\hat{e}\int_{-\pi/q}^{+\pi/q}\cos\vartheta\cdot d\vartheta = E\sqrt{2}\,\frac{q}{\pi}\sin\frac{\pi}{q} = E\sqrt{2}\,\frac{p}{r\pi}\sin\frac{r\pi}{p}. \tag{17/2}$$

Zu dem gleichen Ergebnis gelangt man übrigens, wenn man berücksichtigt, daß die resultierend auftretende Gleichspannung dem arithmetischen Mittelwert aus den Augenblickswerten der einzelnen Phasenspannungen entspricht (14/6). Im Falle einer einzigen Kommutierungseinheit ($r = 1$, $p = q$) ergeben sich nachstehende Zahlenwerte:

Tabelle 17/1. *Leerlaufgleichspannung $\bar{U}_{00}$ bei verschiedenen Pulszahlen*

Pulszahl p	2	3	6	12	18	∞
$\frac{\bar{U}_{00}}{E\sqrt{2}}$	0,637	0,828	0,955	0,989	0,995	1,00
$\frac{\bar{U}_{00}}{E}$	0,900	1,170	1,350	1,398	1,407	1,41

In analoger Weise kann man Schaltungen beschreiben, bei welchen s Kommutierungseinheiten (mit der Pulszahl q) *in Reihe* geschaltet sind. Sofern diese Einheiten untereinander um $\frac{2\pi}{p}$ phasenverschoben sind, erhält man für die Gesamtpulszahl

$$p = q \cdot s. \tag{17/3}$$

Beträgt dagegen (wie z. B. bei den zweiphasigen und sechsphasigen Brückenschaltungen) die Phasenverschiebung $\frac{2\pi}{q}$, so gilt (bei beliebigem s)

$$p = q. \tag{17/4}$$

In jedem Falle ist die Gleichspannung $\bar{U}_{00}$ die Summe der s Teil-Gleichspannungen der Kommutierungseinheiten:

$$\bar{U}_{00} = s \cdot E\sqrt{2}\cdot\frac{q}{\pi}\sin\frac{\pi}{q}. \tag{17/5}$$

Verzögert man die Zündung um den Winkel α, so erhält man für

$$\frac{\bar{U}_{\alpha 0}}{\bar{U}_{00}} = \cos\alpha. \tag{17/6}$$

b) Die einfache Kommutierung

Auch der *Bereich einfacher Überlappung* läßt sich in voller Allgemeinheit darstellen. In diesem Arbeitsbereich, welcher durch Überlappungswinkel $\mu \lesseqgtr \frac{2\pi}{p}$ gekennzeichnet ist, wird die Gleichspannung $\bar{U}$, ausgehend von ihrem Leerlaufwert $\bar{U}_{00}$ und proportional zum Gleichstrom $\bar{I}$, infolge des *induktiven Spannungsabfalles* $\Delta\bar{U}$ abgesenkt. Der Einfluß des Ohmschen Widerstandes im Transformator sei dabei vorerst vernachlässigt.

Die Kommutierungskreise enthalten stets 2 um den Winkel $\frac{2\pi}{q}$ verschobene Phasenspannungen E, deren Differenz die Kommutierungsspannung

$$E_c = 2E\sin\frac{\pi}{q} \tag{17/7}$$

bildet. Damit erhält man im *ungesteuerten Betrieb* für den zeitlichen Verlauf des Ventilstromes während der Kommutierung:

$$i_v = \hat{\imath}_c\,(1 - \cos\vartheta) \tag{17/8}$$

mit $\hat{\imath}_c = I_c\sqrt{2} = \left(E\sqrt{2}\sin\frac{\pi}{q}\right)\Big/X_c$, und da dieser am Ende des Kommutierungsvorganges, zur Zeit $\vartheta = \mu_0$, den Wert

$$i_v = \frac{\bar{I}}{r} = \frac{E\sqrt{2}}{X_c}\sin\frac{\pi}{q}\,[1 - \cos\mu_0] \tag{17/9}$$

erreicht, so erhält man damit für den induktiven Spannungsabfall

$$\Delta\bar{U}_0 = \frac{q}{2\pi}\int\limits_0^{\mu_0}\frac{e_c}{2}\,d\vartheta = E\sqrt{2}\,\frac{q}{\pi}\sin\frac{\pi}{q}\,\frac{1}{2}(1 - \cos\mu_0), \tag{17/10}$$

und indem man diesen auf die Leerlaufspannung (17/2) bezieht, den *normierten* oder *relativen Spannungsabfall*

$$d = \frac{\Delta\bar{U}_0}{\bar{U}_{00}} = \frac{1}{2}(1 - \cos\mu_0), \tag{17/11}$$

dessen Größe im Bereich der einfachen Kommutierung linear mit dem Strom $\bar{I}$ zunimmt, wie aus (17/9) folgt,

$$d = \frac{\bar{I}X_c}{E\sqrt{2}}\,\frac{1}{2r\sin\pi/q} = \frac{q^2}{2\pi p}\,\frac{\bar{I}X_c}{\bar{U}_{00}} = \frac{1}{2}\,\frac{\bar{I}}{I_c\sqrt{2}}. \tag{17/12}$$

Bei *Teilaussteuerung* erhält man für den induktiven Spannungsabfall

$$\Delta\bar{U}_\alpha = E\sqrt{2}\,\frac{q}{\pi}\sin\frac{\pi}{q}\,\frac{1}{2}[\cos\alpha - \cos(\alpha + \mu)], \tag{17/13}$$

und indem man wieder auf $\bar{U}_{00}$ (!) bezieht, den normierten Wert:

$$d = \frac{\Delta\bar{U}_\alpha}{\bar{U}_{00}} = \frac{1}{2}[\cos\alpha - \cos(\alpha + \mu)], \tag{17/14}$$

dessen Zahlenwert wegen der Beziehung: $1 - \cos\mu_0 = \cos\alpha - \cos(\alpha + \mu)$ vom Steuerwinkel α unabhängig ist und nur von $\bar{I}$ beeinflußt wird. Bei gleicher Stromstärke $\bar{I}$ erhält man den gleichen Spannungsabfall: $\Delta\bar{U}_0 = \Delta\bar{U}_\alpha$. Kennzeichnet man die Nenndaten mit dem Index N (Nennstrom I_N, normierter Nenn-Spannungsabfall d_N), so kann man (17/12) auch

$$d = \left(\frac{q^2}{2\pi p}\,\frac{\bar{I}_N X_c}{\bar{U}_{00}}\right)\frac{\bar{I}}{\bar{I}_N} = d_N\,\frac{\bar{I}}{\bar{I}_N} \tag{17/15}$$

schreiben, wodurch die Gleichung für die Betriebskennlinie

$$\frac{\bar{U}_{\alpha\mu}}{\bar{U}_{00}} = \frac{\bar{U}_{\alpha 0}}{\bar{U}_{00}} - \frac{\Delta\bar{U}_\alpha}{\bar{U}_{00}} = \cos\alpha - d = \cos\alpha - d_N\,\frac{\bar{I}}{\bar{I}_N} \tag{17/16}$$

lautet, welche für ungesteuerten Betrieb in

$$\frac{\bar{U}}{\bar{U}_{00}} = 1 - d = 1 - d_N\,\frac{\bar{I}}{\bar{I}_N} \tag{17/17}$$

übergeht. Die Kennlinien sind parallel.

Verlängert man das Geradenstück der Betriebskennlinie über den Bereich der einfachen Kommutierung hinaus bis zum Kurzschlußstrom $\bar{I}_K$, dann findet man den fiktiven Spannungsabfall

$$d_K = d_N\,\frac{\bar{I}_K}{\bar{I}_N}, \tag{17/18}$$

welcher als „Formfaktor" der Betriebskennlinie bezeichnet werden kann. Sein Zahlenwert beträgt z. B. für Sechspulsstromrichter mit Netzreaktanzen $d_K = \frac{1}{\sqrt{3}} = 0{,}578$ (vgl. Abb. 15/10).

Es soll nun noch der Nachweis erbracht werden, daß die *Vernachlässigung des Ohmschen Widerstandes im Kommutierungskreis* unter üblichen Verhältnissen durchaus *zulässig* ist und keinen merklichen Fehler ergibt. Bezeichnet man mit R_c den Ohmschen Widerstand je Phase und den Phasenwinkel mit $\tan\varphi = \frac{X_c}{R_c}$, so findet man für den zeitlichen Verlauf des von der Kommutierungsspannung e_c erzwungenen Kommutierungsstromes (vgl. 5,2c)

$$i_c = I_c\sqrt{2}\,\sin\varphi\,[\sin(\vartheta - \varphi) + \sin\varphi\, e^{-\vartheta\cot\varphi}],$$

während sich der von der Kathodendrossel konstant gehaltene Gleichstrom $\frac{\bar{I}}{r}$ entsprechend den Exponentialfunktionen

$$\frac{1 + e^{-\vartheta\cot\varphi}}{2} \quad \text{und} \quad 1 - \frac{1 + e^{-\vartheta\cot\varphi}}{2}$$

auf die beiden kommutierenden Phasen verteilt. Am Ende der Überlappung ($\vartheta = \mu_0$) hat demnach der Gleichstrom in der erlöschenden Phase bereits auf $\frac{\bar{I}}{2r}(1 + e^{-\mu_0\cot\varphi})$ abgenommen, so daß die Kommutierung schneller beendet ist als bei rein induktivem Kommutierungskreis. Bezeichnet man den Überlappungswinkel des verlustlosen Kommutierungskreises mit μ_0', so ergibt sich aus den vorstehenden Gleichungen

$$1 - \cos\mu_0' = 2\,\frac{\sin\varphi\,[\sin(\mu_0 - \varphi) + \sin\varphi\, e^{-\mu_0 \cot\varphi}]}{1 + e^{-\mu_0\cot\varphi}}\,.$$

Wertet man diese Gleichung aus, so erhält man selbst für den recht extremen Wert von $\varphi = 45°$ nur geringfügige Differenzen, z. B. $\mu_0 = 30°$; $\mu_0' = 30{,}5°$. Der Einfluß der Ohmschen Verluste im Kommutierungskreis kann also unberücksichtigt bleiben.

c) Der Symmetriesatz von E. Gerecke

Für Stromrichterschaltungen mit verlustlosen Wechselstromkreisen bestehen zwischen Gleich- und Wechselrichterbetrieb Symmetriebedingungen, auf die erstmals E. Gerecke hingewiesen hat. Betrachtet man z. B. den zeitlichen Verlauf der gleichgerichteten Spannung u eines Dreipulsstromrichters (Abb. 17/1) mit dem zugehörigen Ventilstrom i_1 bei dem Zündwinkel α, so erkennt man, daß im Wechselrichterbetrieb bei dem Zündwinkel

$$\alpha_W = \gamma = \pi - \alpha - \mu \quad (17/19)$$

eine gleichgerichtete Spannung u und ein Ventilstrom i_1 mit genau gleichem Verlauf, jedoch umgekehrter Zeitrichtung, erhalten werden. Diese Tatsache ist darin begründet, daß im Gleichrichterbetrieb die positiven Halbwellen und im Wechselrichterbetrieb die negativen Halbwellen der Wechselspannungen für die Mittelwertbildung der gleichgerichteten Spannung maßgeblich sind. In jedem Falle gilt die Gleichung

$$e_1 - L\frac{di_1}{dt} = u\,;$$

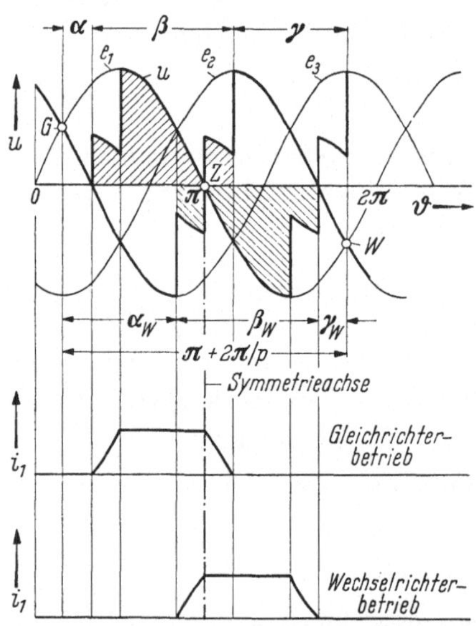

Abb. 17/1. Verlauf der gleichgerichteten Spannung u und des Ventilstromes i_1 im Gleichrichter- und Wechselrichterbetrieb

da jedoch im Wechselrichterbetrieb sowohl e_1 als auch u negatives Vorzeichen haben, so muß $\frac{di_1}{dt}$ ebenfalls negativ werden, was dann eintritt, wenn man in der negativen Halbwelle arbeitet, wo $\sin\vartheta < 0$ ist oder wenn man dt durch $(-dt)$ ersetzt, was auf die Umkehrung der Zeitrichtung herauskommt.

Die festgestellte Symmetrie ist zweifacher Art: der Spannungsverlauf wird am Symmetriepunkt Z ($\vartheta = \pi$) zentrisch gespiegelt, und die Ströme werden an der durch Z gehenden Symmetrieachse gespiegelt. Der zu betrachtende Bereich zwischen dem natürlichen Zeitpunkt G und dem Durchzündpunkt W hat im Leerlauf und ersten Arbeitsbereich (einfache Kommutierung) die Länge $\pi + 2\pi/p$. Aus Abb. 17/1 liest man

$$\alpha + \beta + \gamma = \pi + 2\pi/p = \alpha_W + \beta_W + \gamma_W \tag{17/20}$$

ab, und für die entsprechenden Winkel

$$\alpha_W = \gamma; \quad \beta_W = \beta = \frac{2\pi}{p} + \mu; \quad \gamma_W = \alpha, \tag{17/21}$$

womit man die obige Beziehung (17/19) erhält. Diese besagt, daß ein durch den Zündwinkel α und die Überlappung μ gekennzeichneter Betriebszustand im Gleichrichterbereich, beim Zündwinkel α_W einen entsprechenden Betriebszustand im Wechselrichterbereich besitzt. Damit wird die bei der Ableitung der Betriebsdiagramme bereits beobachtete Besonderheit, daß nämlich die Kennlinienscharen $\alpha = \text{const}$ und $\pi - (\alpha + \mu) = \text{const}$ einen zur Kurzschlußgeraden (Abszisse) symmetrischen Verlauf besitzen, als allgemeingültige Aussage erhalten. Im besonderen wird dann das Betriebsdiagramm im Wechselrichterbereich durch die Kennlinie $\alpha + \mu = \pi$ begrenzt, welche symmetrisch zur Kennlinie des ungesteuerten Betriebes verläuft. Wünscht man einen durch die Entionisierung des Gitterraumes bedingten „Freiwerdewinkel“ ωt_F (t_F = Freiwerdezeit des Steuergitters) zu berücksichtigen, so ist der Wechselrichterbereich durch die Kennlinie $\alpha + \mu = \pi - \omega t_F$ abzugrenzen. In noch einfacherer Form liefert das gleiche Ergebnis die obige Beziehung $\gamma_W = \alpha$, wonach eine zu $\alpha = \text{const}$ symmetrische Kennlinie durch den Löschwinkel $\gamma_W = \text{const}$ gekennzeichnet ist. Der Löschwinkel wird vom Durchzündpunkt W aus gezählt.

Wie H. P. Eggenberger gezeigt hat, gelten diese Symmetriebedingungen nicht nur bei unendlich großer Kathodendrossel, sondern ganz allgemein, z. B. auch beim lückenhaften Betrieb. Diese Symmetrie verleiht den Betriebsdiagrammen größte Einfachheit und Klarheit und erleichtert ihre graphische Darstellung in hohem Maße.

Auch bei der Untersuchung des gleichstromseitigen Kurzschlusses ist der Symmetriesatz nützlich, denn er weist sofort auf die wichtige Tatsache hin, daß der Ventilstromverlauf symmetrisch zur Symmetrieachse verlaufen und die Leitdauer symmetrisch zum Punkte Z liegen muß. (Man betrachte von diesem Gesichtspunkt aus nochmals die Leitschemata Abb. 13/6; 13/12; 13/21a u. b; 14/4; 14/9.)

d) Die Transformatorströme

In den *Sekundärwicklungen des Transformators* fließt bei großer Glättungsdrossel der Strom in Form von Rechteckimpulsen. Die harmonische Analyse solcher Ströme ist aus der Impulstechnik wohlbekannt (F. A. FISCHER, K. KÜPFMÜLLER, H. F. SCHWENKHAGEN) und liefert für die Amplitude der ν-ten Oberwelle:

$$\mathfrak{J}_{s\nu} = 2\,\bar{I}_s \frac{\sin x}{x} \tag{17/22}$$

mit $x = \nu\omega\tau/2$, wobei ν die Ordnungszahl der Oberwelle, τ die Impulsdauer (Leitdauer), $T = 2\pi/\omega$ die Periodendauer und $\bar{I}_s$ den arithmeti-

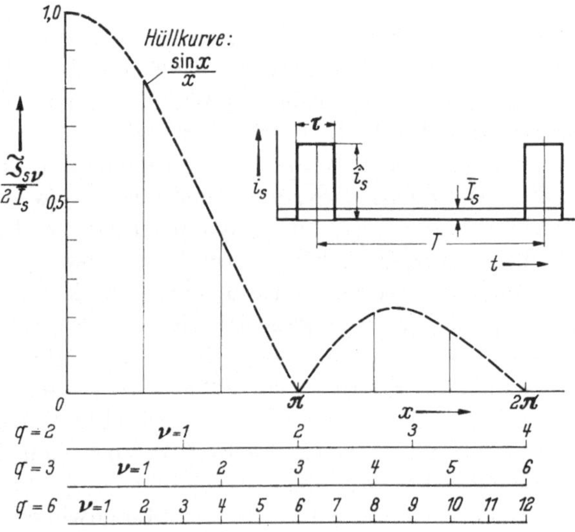

Abb. 17/2. Frequenzspektrum der sekundären Transformatorströme

schen Mittelwert des Sekundärstromes bedeuten. Die relative Pulsdauer τ/T ist durch die Pulszahl der Kommutierungseinheit q bestimmt: $\tau = T/q$, womit $x = \nu\,\pi/q$ geschrieben werden kann. Abb. 17/2 zeigt die Linien des Frequenzspektrums für die sekundären Transformatorströme eines Dreipuls-Kommutierungssystems ($q = 3$). Wie aus der vorstehenden Gl. (17/22) hervorgeht, gilt die Hüllkurve der Amplituden $\mathfrak{J}_{s\nu}/2\,\bar{I}_s$ (unterbrochener Kurvenzug) für alle Stromrichter, unabhängig von Schaltung und Pulszahl. Die Linienverteilung wird für größere q immer dichter und ist in der Abbildung für die wichtigsten Kommutierungszahlen eingetragen. Die Nullstellen der „Spektralfunktion" $(\sin x)/x$ sind durch $x_0 = n\pi$ bzw. $\nu_0 = n \cdot q$ bestimmt ($n = 1, 2, 3, \ldots$). Die dritte Oberwelle verschwindet z. B. für $\tau = n\,T/3$.

Bei großer Glättungsdrossel sind die Phasenströme der *Primärwicklung des Transformators* durch die folgenden Gleichungen bestimmt:

Primäre Sternschaltung	Primäre Dreieckschaltung
$q = 2:\ i_{p_k} = i_{s_k} - \bar{I}/2$	$i_{p_k} = i_{s_k} - \bar{I}/2$
$q = 3:\ i_{p_k} = i_{s_k} - \bar{I}/3$	$i_{p_k} = i_{s_k} - \bar{I}/3$
$q = 6:\ i_{p_k} = \Delta i_{s_k} - \frac{1}{3}\Sigma\,\Delta i_{s_k}$	$i_{p_k} = \Delta i_{s_k}$

wobei $\bar{I} = \sum\limits_1^q i_{sk}$ gilt und Δi_{sk} z. B. $\Delta i_{s1} = i_{s1} - i_{s4}$ bedeutet (vgl. S. 205).

Zuerst sollen die Primärströme für $q = 2$ bzw. 3 betrachtet werden. Für die ν-te Oberwelle erhält man die Beziehungen:

$$q = 2: \mathfrak{J}_{p\nu} = \mathfrak{J}_{s\nu}(\nu\,\omega\,t) - \frac{1}{2}\left[\mathfrak{J}_{s\nu}(\nu\,\omega\,t) + \mathfrak{J}_{s\nu}(\nu\,\omega\,t + \nu\,\pi)\right],$$

$$q = 3: \mathfrak{J}_{p\nu} = \mathfrak{J}_{s\nu}(\nu\,\omega\,t) - \frac{1}{3}\left[\mathfrak{J}_{s\nu}(\nu\,\omega\,t) + \mathfrak{J}_{s\nu}(\nu\,\omega\,t + \nu\,2\pi/3) + \right.$$
$$\left. + \mathfrak{J}_{s\nu}(\nu\,\omega\,t + \nu\,4\pi/3)\right],$$

Nullstellen entstehen bei $\nu = nq$ ($n = 1, 2, \ldots$), das sind jedoch die gleichen Harmonischen, wie sie oben für die sekundären Pulsströme gefunden wurden. Damit ist bewiesen, daß Primär- und Sekundärströme das gleiche Frequenzspektrum besitzen, ein Resultat, das man auch unmittelbar aus der Definitionsgleichung für den Primärstrom entnehmen kann.

Für $q = 6$ addieren sich bei primärer *Dreieckschaltung* 2 um 180° verschobene Impulse; aus

$$\mathfrak{J}_{p\nu} = \mathfrak{J}_{s\nu}(\nu\,\omega\,t) - \mathfrak{J}_{s\nu}(\nu\,\omega\,t + \nu\,\pi) \tag{17/23}$$

ersieht man, daß sich die Amplituden der ungeradzahligen Frequenzen addieren und der geradzahligen Frequenzen auslöschen.

Bei primärer *Sternschaltung* gilt

$$\mathfrak{J}_{p\nu} = \mathfrak{J}_{s\nu}(\nu\,\omega\,t) - \mathfrak{J}_{s\nu}(\nu\,\omega\,t + \nu\,\pi) - \frac{1}{3}\Big[\mathfrak{J}_{s\nu}(\nu\,\omega\,t) - \mathfrak{J}_{s\nu}\Big(\nu\,\omega\,t + \nu\,\frac{\pi}{3}\Big) +$$
$$+ \mathfrak{J}_{s\nu}\Big(\nu\,\omega\,t + \nu\,\frac{2\pi}{3}\Big) - \mathfrak{J}_{s\nu}(\nu\,\omega\,t + \nu\,\pi) + \mathfrak{J}_{s\nu}\Big(\nu\,\omega\,t + \nu\,\frac{4\pi}{3}\Big) -$$
$$- \mathfrak{J}_{s\nu}\Big(\nu\,\omega\,t + \nu\,\frac{5\pi}{3}\Big)\Big], \tag{17/24}$$

welcher Ausdruck nicht nur für $\nu = 2, 4, 6, \ldots$, sondern auch für $\nu = 3$, 9, 15 verschwindet. Damit ist eine Frequenzverteilung gefunden, die in (20/1) noch auf einem anderen Wege abgeleitet werden wird.

Die *Netzströme* sind bei primärer Sternschaltung identisch mit den soeben bestimmten Strömen der Primärwicklung. Bei primärer Ringschaltung erhält man die Netzströme aus der Differenz von je 2 Primärströmen.

Für $q = 3$ findet man [R 17,1]

$$I_n = \sqrt{3}\, I_p \qquad (17/25)$$

und für $q = 6$ (Mittelpunktschaltung mit primärer Dreieckwicklung) [R 17,2]

$$I_n = \sqrt{2}\, I_p, \qquad (17/26)$$

während für $q = 2$ (dreiphasige Saugdrosselschaltung)

$$I_n = \sqrt{8/3}\, I_p \qquad (17/27)$$

gilt, weil die dritte Harmonische und deren Vielfache im Netzstrom verschwinden.

17.2 Wechselstromseitige Betrachtung

Im folgenden sollen die für Sekundärreaktanzen gefundenen Beziehungen auf beliebige Reaktanzverteilung erweitert werden. Eine solche Betrachtung erscheint um so notwendiger, weil in verschiedenen Veröffentlichungen nur die Wirkung der Sekundärreaktanzen untersucht wurde, wodurch leicht der Eindruck entstehen könnte, daß damit bereits eine allgemeine Beschreibung und nicht nur die eines Spezialfalles gegeben sei.

Zu Beginn dieser Betrachtung soll nun zuerst die für alle Stromrichtertransformatoren mit primärer Sternschaltung geltende Beziehung zwischen dem Effektivwert des Stromes im Wechselstromnetz I_n und dem Gleichstrom $\bar{I}$ abgeleitet werden.

a) Der Effektivwert des Netzstromes (E. Uhlmann, 1936)

Für die Schaltung des Stromrichters sollen die auf S. 298 erwähnten Annahmen gelten. Die sekundären Phasenspannungen sollen gegeneinander um den Winkel $\frac{2\pi}{p}$ verschoben sein. An der Stromführung können beliebig viele Phasen beteiligt sein, wobei die Summe der einzelnen Phasenströme i_x dem Gleichstrom $\bar{I}$ entsprechen muß:

$$\sum_1^r i_x = \bar{I}. \qquad (17/28)$$

Jeder *sekundäre* Phasenstrom i_x ruft in den 3 Strängen des Primärnetzes die Ströme i_u, i_v, i_w hervor, die jedoch so verteilt sein müssen, daß die Summe ihrer Komponenten in der x-Richtung die Größe i_x und senkrecht dazu die Größe Null besitzt. Bezeichnet man den Winkel zwischen der Netzphase 1 und der Sekundärphase x mit ψ_x, so ergeben sich (für primäre Sternschaltung des Transformators und das Übersetzungsverhältnis $\ddot{u} = 1$) die folgenden 3 Gleichungen:

$$\left.\begin{aligned} i_u \cos\psi_x + i_v \cos\left(\psi_x + \frac{2\pi}{3}\right) + i_w \cos\left(\psi_x + \frac{4\pi}{3}\right) &= i_x, \\ i_u \sin\psi_x + i_v \sin\left(\psi_x + \frac{2\pi}{3}\right) + i_w \sin\left(\psi_x + \frac{4\pi}{3}\right) &= 0, \\ i_u + i_v + i_w &= 0. \end{aligned}\right\} \qquad (17/29)$$

Daraus errechnet man für den von i_x verursachten Netzstromanteil der Phase 1 [R 17,3]

$$i_u = \frac{2}{3} i_x \cos \psi_x . \tag{17/30}$$

Weil jedoch gemäß (17/28) r Sekundärströme gleichzeitig fließen, so gilt für den Netzstrom der Phase 1

$$i_u = \frac{2}{3} \sum_1^r i_x \cos \psi_x . \tag{17/31}$$

Da die Phasenströme i_x eine Phasenverschiebung $\frac{2\pi}{p}$ besitzen, so ergibt die Addition der Komponenten [R 17,4] unter der Annahme einfacher Saugdrosselschaltungen, bei welchen jeder Ventilstrom die Größe $\bar{I}/r$ hat,

$$\begin{aligned} i_u &= \frac{2}{3} \sum_1^r i_x \cos \psi_x \\ &= \frac{2}{3} \bar{I} \frac{\sin \frac{r\pi}{p}}{r \cdot \sin \pi/p} \cos (r+1) \pi/p \\ &= \frac{2}{3} \hat{\imath} \cos \psi_n . \end{aligned} \tag{17/32}$$

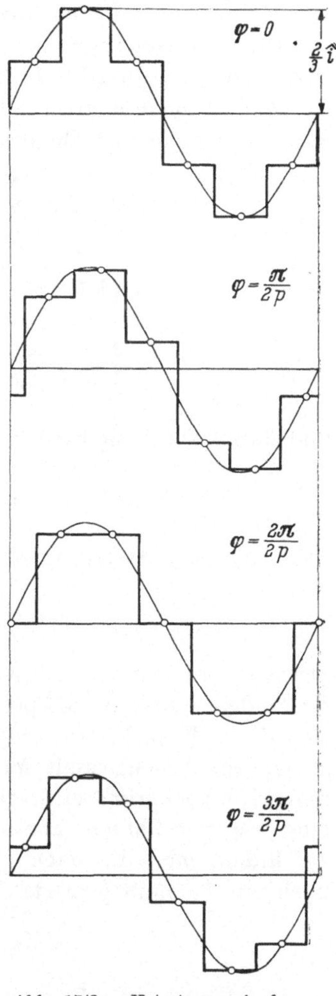

Abb. 17/3. Netzstromverlauf von Sechspulsstromrichtern (bei momentaner Kommutierung)

Der Augenblickswert des Netzstromes i_u ist demnach $^2/_3$ von der Summe der Projektionen der Zeiger aller gleichzeitig fließenden Ventilströme auf die Richtung der betrachteten Netzphase. Da der Gleichstrom als zeitlich konstant vorausgesetzt ist, so ist der Netzstrom während der Leitdauer einer bestimmten Ventilkombination ebenfalls konstant und ändert sich (weil die Überlappung vorerst unberücksichtigt bleiben soll) sprunghaft, sobald sich die Ventilkombination ändert. Auf diese Weise entstehen die den Netzstrom kennzeichnenden, in Abb. 17/3 dargestellten treppenartigen Kurven. Man kann den Netzstrom gemäß obiger Gleichung auch als Projektion eines einzigen Ventilstromes $\hat{\imath}$ auffassen, wobei $\hat{\imath}$ bei jeder Kommutierung seinen Winkel ψ_n sprunghaft um $\frac{2\pi}{p}$ verändert. Bezeichnet man die Kommutierungen mit der laufenden Zahl x und beginnt deren Zählung bei der obersten Treppenstufe (weil dort ψ_n seinen kleinsten Wert besitzt), so gilt

$$\psi_n = (x-1)\frac{2\pi}{p} + \varphi, \tag{17/33}$$

wobei sich x von 1 bis p ganzzählig ändert und der Winkel die betreffende Transformatorschaltung kennzeichnet. Für Sechspulsstromrichter erhält man damit die in Abb. 17/3 dargestellten Kurven.

Da das Quadrat des Effektivwertes des gesamten Netzstromes gleich ist der Summe der Quadrate der Effektivwerte seiner Stufenströme

$$I_n^2 = \sum_1^p \frac{1}{2\pi}\int_0^{2\pi/p}\left(\frac{2}{3}\hat{\imath}\cos\psi\right)^2 d\vartheta,$$

so erhält man [R 17,5] bei *primärer Sternschaltung*:

$$I_n = \frac{2}{3}\hat{\imath}\left[\frac{1}{p}\sum_1^p \cos^2\left[(x-1)\frac{2\pi}{p}+\varphi\right]\right]^{1/2} = \frac{\sqrt{2}}{3}\hat{\imath} \tag{17/34}$$

und damit für Saugdrosselschaltungen

$$I_n = \frac{\sqrt{2}}{3}\,\frac{\sin r\,\pi/p}{r\sin\pi/p}\,\bar{I} \tag{17/35}$$

bzw. für die Mittelpunktschaltungen (da bei diesen $\hat{\imath} = \bar{I}$ gilt):

$$I_n = \frac{\sqrt{2}}{3}\,\bar{I}. \tag{17/36}$$

Der Netzstrom ist nach (17/34) lediglich der Zeigersumme der gleichzeitig fließenden Ventilströme $\hat{\imath}$ proportional (E. Uhlmann, 1940). In Tab. 17/2 sind die in Kap. 12 ermittelten Verhältniszahlen für Primär- und Netzströme zusammengestellt. Man überzeugt sich leicht, daß die Gln. (17/35) und (17/36) bei primärer Sternschaltung in der Tat auf die in der Tab. 17/2 eingetragenen Zahlen führen. Bei *primärer Dreieckschaltung* erhält man I_n, indem man die nach (17/35) bzw. (17/36) erhaltenen Ergebnisse noch mit $\sqrt{3}$ multipliziert:

$$I_n = \sqrt{\frac{2}{3}}\,\frac{\sin r\,\pi/p}{r\sin\pi/p}\,\bar{I}. \tag{17/35a}$$

In 17.1d waren die Verhältniszahlen für I_n/I_p für verschiedene Kommutierungszahlen abgeleitet worden. Auch diese Beziehungen findet man in Tab. 17/2 bestätigt. Die Gabelschaltung zeigt abweichende Zahlenwerte von der Mittelpunktschaltung. Dies ist nicht überraschend, weil auch der Primärstromverlauf bei Zickzack- und Gabelschaltung unterschiedlich ist von den entsprechenden Sternschaltungen (vgl. Abb. 12/10 usw.). Die vorstehenden Beziehungen gelten demnach nur für Kommutierungseinheiten mit sekundären Sternschaltungen.

Tabelle 17/2. *Primärstrom I_p und Netzstrom I_n für Drei- und Sechspulsschaltungen*

	sek.:	⅄	⅄ (Zickzack)	>|<	Y / YY	-<->-	/Y\
	p	3	3	6	6	6	6
	q	3	3	6	6	3	2
	r	1	1	1	1	2	3
$\frac{I_p}{I}$	prim.: ⅄	$\frac{\sqrt{2}}{3}$	$\frac{\sqrt{2}}{3}$	$\frac{\sqrt{2}}{3}$	$\frac{\sqrt{2}}{3}$	$\frac{1}{\sqrt{6}}$	$\frac{2\sqrt{2}}{9}$
	△	$\frac{\sqrt{2}}{3}$	$\frac{\sqrt{2}}{3}$	$\frac{1}{\sqrt{3}}$	$\frac{\sqrt{2}}{3}$	$\frac{1}{\sqrt{6}}$	$\frac{1}{3}$
$\frac{I_n}{I}$	⅄	$\frac{\sqrt{2}}{3}$	$\frac{\sqrt{2}}{3}$	$\frac{\sqrt{2}}{3}$	$\frac{\sqrt{2}}{3}$	$\frac{1}{\sqrt{6}}$	$\frac{2\sqrt{2}}{9}$
	△	$\sqrt{\frac{2}{3}}$	$\sqrt{\frac{2}{3}}$	$\sqrt{\frac{2}{3}}$	$\sqrt{\frac{2}{3}}$	$\frac{1}{\sqrt{2}}$	$\frac{2\sqrt{2}}{3\sqrt{3}}$
I_n/I_p	△	$\sqrt{3}$	$\sqrt{3}$	$\sqrt{2}$	$\sqrt{3}$	$\sqrt{3}$	$\sqrt{8/3}$

b) Die Kommutierungsreaktanz

In der Gl. (17/15) sind bis auf die *Kommutierungsreaktanz* X_c alle Größen bekannt. Um diese zu messen, könnte man den Transformator primär anspeisen und 2 Sekundärphasen wie im Kommutierungsfalle miteinander kurzschließen, wobei dieselbe Reaktanz X_c wirksam wäre, wie sie obigen Rechnungen zugrunde gelegt wurde. Diese Messung von X_c ist aber unbequem, da man 3 verschieden große Primärströme erhält, deren Abstufung von der Phasenlage des sekundären Kurzschlusses abhängt. Nach W. SCHILLING (1938) und E. UHLMANN (1940) geht man daher besser so vor, daß man (Abb. 17/4a) den Transformator auf der Primärseite kurzschließt und sekundär zwischen den beiden kommutierenden Sekundärphasen einspeist. Indem man Spannung und Strom mißt, erhält man sofort

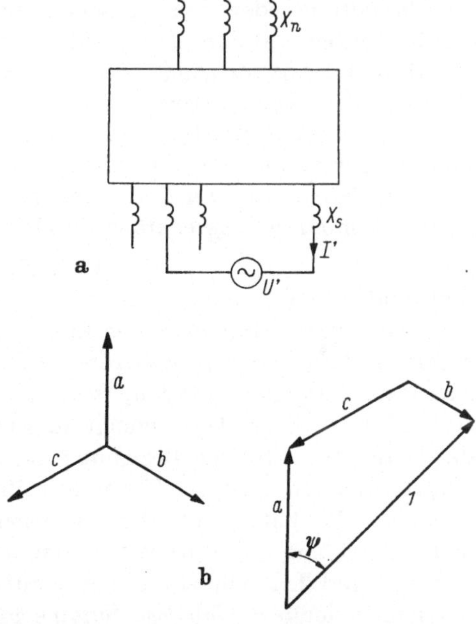

Abb. 17/4. Bestimmung der Kommutierungsreaktanz a) Schaltung; b) Stromzeiger

für die im Stromrichterbetrieb wirksame Reaktanz

$$2\,X_c = U'/I'. \tag{17/37}$$

Führt man (17/37) in Gl. (17/12) ein,

$$d = \frac{U'}{2\,E\sin(\pi/q)} \cdot \frac{I}{2\sqrt{2}\,r\,I'}, \tag{17/38}$$

dann steht im Nenner des 1. Bruches die Leerlaufspannung E_c, welche zwischen den beiden kommutierenden Phasen herrscht. Der 1. Bruch kann daher als *„einachsige" Nennkurzschlußspannung* ε' bezeichnet werden. Der 2. Bruch wird dadurch zu 1, daß man beim Kurzschlußversuch den Effektivwert des Stromes in ein bestimmtes Verhältnis zum Gleichstrom der Kommutierungseinheit setzt:

$$I' = \frac{I}{2\sqrt{2}\,r} = 0{,}354 \cdot \frac{I}{r}. \tag{17/39}$$

Damit wird schließlich der induktive Spannungsabfall gleich der einachsigen Kurzschlußspannung

$$d = \varepsilon', \tag{17/40}$$

ohne daß dabei die Verteilung der Reaktanzen inner- und außerhalb des Transformators irgendwie festgelegt werden mußte. Handelt es sich um eine Schaltung mit unsymmetrischen Kommutierungskreisen, z. B. Gabelschaltung oder Zickzackschaltung, so sind mehrere Messungen durchzuführen und daraus der Mittelwert zu bilden.

Obwohl damit für jeden praktisch vorkommenden Fall eine einfache Messung der Kommutierungsreaktanz möglich ist, sollen nun noch Formeln ermittelt werden, welche für bestimmte *Grenzfälle* die Kommutierungsreaktanz mathematisch definieren.

Sekundärreaktanz. Sind nur Sekundärreaktanzen X_s vorhanden, so ist die Kommutierungsreaktanz durch

$$X_c = X_s \tag{17/41}$$

bestimmt.

Netzreaktanz. Nun muß der Zusammenhang zwischen den 3 Netzreaktanzen X_n und den Meßgrößen (U', I') im sekundären Kommutierungskreis hergestellt werden, wenn ein einachsiger Kurzschluß (wie in Abb. 17/4) vorliegt. Dies gelingt in ganz allgemeiner Weise dadurch, daß man die vektorielle Beziehung zwischen primären und sekundären Wicklungen ermittelt (E. UHLMANN, 1940). Man nimmt an, daß eine *sekundäre* Wicklung auf allen 3 Schenkeln Wicklungsteile mit den Windungszahlen a, b, c besitzt, deren *vektorielle* Zusammensetzung den Betrag 1 und den Winkel ψ in bezug auf die Richtung von a besitzt und bezeichnet deren *algebraische* Summe mit f:

$$a + b + c = f. \tag{17/42}$$

Aus Abb. 17/4b liest man sodann ab:

$$\left.\begin{aligned} a - \frac{1}{2}b - \frac{1}{2}c &= \cos\psi\,, \\ -\frac{\sqrt{3}}{2}b + \frac{\sqrt{3}}{2}c &= \sin\psi\,. \end{aligned}\right\} \qquad (17/43)$$

Aus diesen 3 Bestimmungsgleichungen ermittelt man [R 17,6] für die einzelnen Windungszahlen

$$\left.\begin{matrix} a \\ b \\ c \end{matrix}\right\} = \frac{2}{3}\cos\begin{bmatrix} +0 \\ \psi + 2\pi/3 \\ -2\pi/3 \end{bmatrix} + \frac{1}{3}f\,. \qquad (17/44)$$

Bei einem einachsigen Kurzschluß sind 2 Sekundärphasen eingeschaltet, welche mit den Indizes 1 und 2 gekennzeichnet werden sollen. Die beiden Phasenwicklungen werden vom Kurzschlußstrom I' in umgekehrter Richtung durchflossen. Damit ergeben sich für die sekundären Amperewindungen je Schenkel:

$$I'(a_1 - a_2); \quad I'(b_1 - b_2); \quad I'(c_1 - c_2)\,.$$

Da für die Primärwicklung die Windungszahl 1 angenommen wurde, so sind die Primärströme durch die Größe der sekundären Amperewindungen bestimmt

$$\left.\begin{matrix} I_u \\ I_v \\ I_w \end{matrix}\right\} = I'\left\{\begin{matrix} (a_1 - a_2) \\ (b_1 - b_2) \\ (c_1 - c_2) \end{matrix}\right\} = I'\frac{2}{3}\left[\cos\begin{pmatrix} +0 \\ \psi_1 + 2\pi/3 \\ -2\pi/3 \end{pmatrix} - \cos\begin{pmatrix} +0 \\ \psi_2 + \frac{2\pi}{3} \\ -\frac{2\pi}{3} \end{pmatrix}\right] \qquad (17/45)$$

Diese Primärströme rufen an den Netzreaktanzen X_n Spannungsabfälle hervor, welche mit den Übersetzungsverhältnissen $(a_1 - a_2)$ usw. wieder auf die Sekundärseite übertragen werden und sich dort zur Spannung U' zusammensetzen:

$$\begin{aligned} 2X_c = \frac{U'}{I'} &= \frac{X_n}{I'}\left[I_u(a_1 - a_2) + I_v(b_1 - b_2) + I_w(c_1 - c_2)\right] \\ &= X_n\left[(a_1 - a_2)^2 + (b_1 - b_2)^2 + (c_1 - c_2)^2\right]. \end{aligned} \qquad (17/46)$$

Damit wird die wohlbekannte Tatsache zum Ausdruck gebracht, daß Widerstände mit dem Quadrat des Übersetzungsverhältnisses transformiert werden. Bei der Addition [R 17,7] erhält man mit Berücksichtigung von $\psi_1 - \psi_2 = \frac{2\pi r}{p}$ die im einachsigen Kurzschluß wirksame Reaktanz zu

$$X_c = \frac{4}{3}\sin^2\frac{r\pi}{p}\cdot X_n\,. \qquad (17/47)$$

Diese Gleichung gilt unter der Voraussetzung, daß die primärseitigen

Reaktanzen von den Primärströmen durchflossen werden. Das trifft bei den Primärreaktanzen des Transformators natürlich immer zu; bei den Netzreaktanzen jedoch nur dann, wenn der *Transformator primär im Stern* geschaltet ist. Besitzt der *Transformator primär* eine *Dreieckwicklung*, dann erhält man:

$$X_c = 4 \sin^2 \frac{\pi}{q} \cdot X_n \,. \tag{17/48}$$

Netz- und Transformatorreaktanz. Nachdem die Kommutierungsreaktanz für die beiden Grenzfälle bestimmt werden konnte, kann diese nun auch sofort für *beliebige Reaktanzverteilung* angeschrieben werden:

Transformator mit primärer Sternschaltung:

$$X_c = X_s + \left(\frac{4}{3} \sin^2 \frac{\pi}{q}\right) (X_n + X_p) ; \tag{17/49}$$

Transformator mit primärer Dreieckschaltung:

$$X_c = X_s + \left(\frac{4}{3} \sin^2 \frac{\pi}{q}\right) (3\, X_n + X_p) \,. \tag{17/50}$$

Die beiden vorstehenden Gleichungen stimmen mit den in Kap. 12 für drei- und sechsphasige Stromrichtertransformatoren mit Hilfe der magnetischen Verkettungen ermittelten Angaben überein; sie stellen deren verallgemeinerte Zusammenfassung dar.

c) Gleichspannungsabfall und Nennkurzschlußspannung

Mittels der Kurzschlußspannung werden die Impedanzen des Transformators und des Wechselstromnetzes gekennzeichnet. Für den Transformator gilt dabei die folgende Regel (VDE 0555: §§ 11, 28 und IEC Recommendations for Mercury-arc converters: 342-4 u. Tafel 2):

„Als *Kurzschlußspannung* des Stromrichtertransformators wird diejenige sinusförmige Wechselspannung E_{nK} bezeichnet, die man bei kurzgeschlossener Sekundärwicklung an die Primärwicklung legen muß, damit diese den Nennstrom I_{nN} (bei Gleichrichterbetrieb) aufnimmt. Bei sechsphasiger Sekundärwicklung sind zwei Messungen vorzunehmen. Bei der ersten Messung sind drei um einen Phasenwinkel von 120° verschobene Sekundärwicklungen und bei der zweiten Messung die anderen drei Sekundärwicklungen kurzzuschließen. Als Kurzschlußspannung gilt dann der arithmetische Mittelwert aus den beiden Meßwerten.“

Bei primärer *Sternschaltung* kann die Kurzschlußspannung des Transformators E_{nK} sofort angeschrieben werden: $E_{nK} = I_{nN} \cdot X_t$, woraus mit $E_{nN} = E$ für die Nennkurzschlußspannung

$$\varepsilon = \frac{E_{nK}}{E_{nN}} = \frac{I_{nN} X_t}{E} \tag{17/51}$$

folgt.

Bei primärer *Dreieckschaltung* erhält man mittels der bekannten Stern-Dreieck-Transformation $X_\triangle = 3\,X_\curlywedge$ und $E_{nN} = V_{nN}/\sqrt{3} = E/\sqrt{3}$, für die Nennkurzschlußspannung

$$\varepsilon = \frac{E_{nK}}{E_{nN}} = \frac{I_{nN}\,X_t}{E\sqrt{3}}. \tag{17/52}$$

Damit kann die Nennkurzschlußspannung ε durch den Gleichstrom $\bar{I}$ und die Kommutierungsreaktanz ausgedrückt werden; man erhält Gleichungen, welche unmittelbar mit dem normierten Gleichspannungsabfall $d = \dfrac{\Delta \bar{U}}{\bar{U}_{00}}$ in Beziehung gesetzt werden können.

Bei *primärer Sternschaltung* erhält man aus (17/12), (17/49), (17/35) und (17/51):

$$\frac{d_N}{\varepsilon} = \frac{3}{4}\,\frac{\sin\pi/p}{(\sin\pi/q)^2}\,\frac{X_c}{X}, \tag{17/53}$$

wobei $X_c = X_s + (X_p + X_n)\,\frac{4}{3}\sin^2\frac{\pi}{q}$ und $X = X_n + X_p + X_s$ bedeuten. Für Schaltungen mit dreiphasigen Kommutierungseinheiten wird $\sin^2\frac{\pi}{q} = \frac{3}{4}$ und damit $X_c = X$; damit ergibt sich für derartige Transformatoren ein ganz bestimmter Spannungsabfall, gleichgültig wie die Reaktanzen verteilt sind. In allen übrigen Fällen wird der induktive Spannungsabfall von der Transformatorbauart beeinflußt und zwischen den Extremwerten

$$X_n + X_p = 0:\ \frac{d_N}{\varepsilon} = \frac{3}{4}\,\frac{\sin\pi/p}{\sin^2\pi/q}, \tag{17/54}$$

$$X_s = 0:\ \frac{d_N}{\varepsilon} = \sin\pi/p \tag{17/55}$$

liegen, welchen die in Tab. 17/3 eingetragenen Zahlenwerte entsprechen.

Für primäre *Dreieckschaltung* und $X_c = X_s + (X_p + 3\,X_n)\,\frac{4}{3}\sin^2\pi/q$ erhält man ebenfalls die in Tab. 17/3 eingetragenen Zahlen: die primäre Schaltung des Transformators hat keinen Einfluß auf das d_N/ε-Verhältnis!

Tabelle 17/3. *Relativer Spannungsabfall d_N/ε für verschiedene Schaltungen und verschiedene Reaktanzverteilung*

p	3	6	6	6	12	12	12	12
q	3	6	3	2	12	6	4	3
$X_p + X_n = 0:\ \frac{d_N}{\varepsilon}$	0,866	1,50	0,50	0,375	2,90	0,804	0,402	0,268
$X_s = 0:\ \frac{d_N}{\varepsilon}$	0,866	0,50	0,50	0,50	0,268	0,268	0,268	0,268

Man erkennt, daß Stromrichter höherer Pulszahl aus mehreren Kommutierungseinheiten aufgebaut werden müssen, wenn der spez. Spannungsabfall klein bleiben soll. Drückt man die Reaktanzverteilung durch $\frac{X_n + X_p}{X_n + X_p + X_s} = k$ (vgl. 13/14) aus, so kann man ihren Einfluß auf den relativen Spannungsabfall d_N/ε auch sehr einfach in graphischer Form darstellen (Abb. 17/5).

Bei *einphasigem Primärnetz* muß die vektorielle Addition der Sekundärströme in entsprechend modifizierter Form durchgeführt werden und liefert für den induktiven Spannungsabfall

$$\frac{d_N}{\varepsilon} = \frac{1}{\sqrt{2}}. \qquad (17/56)$$

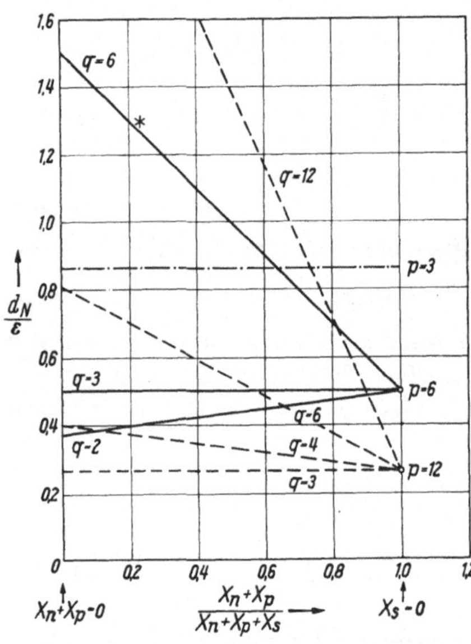

Abb. 17/5. Spezifischer Spannungsabfall d_N/ε in Abhängigkeit von der Verteilung der primären und sekundären Reaktanzen

Der induktive Spannungsabfall bei rein Ohmscher Belastung. K. Müller-Lübeck und E. Uhlmann (1933) haben den Kommutierungsvorgang auch bei rein Ohmschem Gleichstromkreis untersucht und (vorausgesetzt $p > 2$) für den induktiven Spannungsabfall die Gleichung

$$d_N = \frac{1}{2\tan\frac{\pi}{p}} \frac{X_s}{R} \qquad (17/57)$$

gefunden. Auf die Nennkurzschlußspannung ε bezogen erhält man mit (17/2), (17/35a) und (17/52)

$$\frac{d_N}{\varepsilon} = \frac{3\pi r^2 \sin \pi/p}{4p\tan\frac{\pi}{p}\sin^2\frac{r\pi}{p}}. \qquad (17/58)$$

Wertet man diese Gleichung aus, so erhält man für Mittelpunktschaltungen ($r = 1$) die in Tab. 17/4 eingetragenen Zahlenwerte,

Tabelle 17/4. *Relativer Spannungsabfall* $\frac{d_N}{\varepsilon}$ *bei rein Ohmscher Belastung* ($X_g = 0$) *und bei großer Glättungsdrossel* ($X_g = \infty$) *(Nur Sekundärreaktanzen* X_s*)*

$p = q =$	3	6	12
bei $X_g = 0: \frac{d_N}{\varepsilon} =$	0,52	1,36	2,87
bei $X_g = \infty: \frac{d_N}{\varepsilon} =$	0,87	1,50	2,90

welche deutlich erkennen lassen, daß der induktive Spannungsabfall bei großer Drossel im Gleichstromkreis am größten ist, weshalb in der Praxis zur Sicherheit mit diesem Wert gerechnet wird.

d) Der Kurzschluß

Obwohl dem Kurzschluß im Gleichstromkreis von Stromrichteranlagen, insbesondere im Hinblick auf die Bemessung der Schutzeinrichtungen, größte Bedeutung zukommt, ist er bisher in der Literatur sehr viel weniger behandelt worden als sein Gegenstück — der Leerlauf. Die Erklärung dafür liegt auf der Hand: die Ermittlung der Leerlaufgleichspannung ist relativ einfach, der Stromverlauf im Kurzschluß ist dagegen, insbesondere bei verteilten Reaktanzen, nicht immer leicht zu ermitteln. Indessen empfiehlt sich eine genauere Betrachtung des Kurzschlusses schon deshalb, weil man ausgehend von den Verhältnissen im Leerlauf und Kurzschluß mit Hilfe der Symmetrieeigenschaften sehr schnell einen Überblick über das gesamte Betriebsdiagramm einer Stromrichterschaltung gewinnen kann. In diesem Zusammenhang sei an den Symmetriesatz von E. Gerecke erinnert, welcher die Ermittlung des zeitlichen Verlaufes des Kurzschlußstromes wesentlich erleichtert.

Beschränkt man sich vorerst auf den stationären *Kurzschluß hinter der Gleichstromdrossel*, so kann der zeitliche Verlauf der Kurzschlußströme unmittelbar den obigen Schaltungsanalysen entnommen werden. Die Größe von $\bar{I}_K$ folgt aus den Betriebskennlinien und läßt sich für den praktischen Gebrauch in Abhängigkeit vom Nennstrom I_N und der Kurzschlußspannung des Transformators ε ausdrücken:

$$\frac{\bar{I}_K}{\bar{I}_N}\varepsilon = \bar{I}_K\left(\frac{\varepsilon}{d_N}\right) d_N/\bar{I}_N\,.$$

Für ungesteuerte *Gleichrichter am dreiphasigen Wechselstromnetz* erhält man mit (17/12) und (17/54) für *Sekundärreaktanzen*

$$\frac{\bar{I}_K}{\bar{I}_N}\varepsilon = \left(\frac{\bar{I}_K X_c}{E\sqrt{2}}\right)\frac{2\sin\pi/q}{3\,r\sin\pi/p} \tag{17/59}$$

und mit (17/55) für *Primär- und Netzreaktanzen:*

$$\frac{\bar{I}_K}{\bar{I}_N}\varepsilon = \left(\frac{\bar{I}_K X_c}{E\sqrt{2}}\right)\frac{1}{2\,r\sin\frac{\pi}{p}\sin\frac{\pi}{q}}\,, \tag{17/60}$$

wobei die Zahlenwerte für $\frac{\bar{I}_K X_c}{E\sqrt{2}}$ den diesbezüglichen Kennliniendiagrammen entnommen werden können.

Für ungesteuerte *Gleichrichter am einphasigen Netz* gilt unabhängig von der Reaktanzverteilung und Schaltung

$$\frac{\bar{I}_K}{\bar{I}_N}\varepsilon = \sqrt{2}\,, \tag{17/61}$$

Tabelle 17/5. *Kurzschlußstromverhältnis* I_K/I_N *von ungesteuerten Mehrpulsstromrichtern mit großer Glättungsdrossel*

p		2	3	6	6	6	6	6
Schaltung		Mittelpunkt oder Brücke	Mittelpunkt	Mittelpunkt (6)×1	Zweimal Dreiphasen (3)×2	Dreimal Zweiphasen (2)×3	Brücke oder 3+3	2+2+2
Nur Netzreaktanzen	$\frac{I_K}{I_N}\varepsilon =$	$\sqrt{2} = 1{,}41$	2	$\frac{2}{\sqrt{3}} = 1{,}15$	$\frac{2}{\sqrt{3}} = 1{,}15$	$\frac{2}{\sqrt{3}} = 1{,}15$	$\frac{2}{\sqrt{3}} = 1{,}15$	$\frac{2}{\sqrt{3}} = 1{,}15$
Nur Primärreaktanzen (primäre Dreieckschaltung)	$\frac{I_K}{I_N}\varepsilon =$	$\sqrt{2} = 1{,}41$	2	4	$\frac{2}{\sqrt{3}} = 1{,}15$	2	$2\sqrt{3} = 3{,}47$	2
Nur Sekundärreaktanzen	$\frac{I_K}{I_N}\varepsilon =$	$\sqrt{2} = 1{,}41$	2	4	$2\sqrt{3} = 3{,}47$	$\frac{8}{3} = 2{,}67$	$2\sqrt{3} = 3{,}47$	$\frac{8}{3} = 2{,}67$

wobei in jedem Falle eine große Gleichstromdrossel vorausgesetzt ist. Die Zahlenwerte sind für die wichtigsten Schaltungen in Tab. 17/5 eingetragen. Dabei sei angemerkt, daß nur bei primären Dreieckschaltungen zwischen X_n und X_p unterschieden werden muß; bei primären Sternschaltungen können die beiden Reaktanzen zusammengefaßt werden.

Erfolgt der *Kurzschluß vor* der *Gleichstromdrossel*, so ergeben sich wellige Kurzschlußströme, deren arithmetischer Mittelwert aber die durch die vorstehenden Gleichungen bestimmten Zahlenwerte (analoge Schaltungsdaten vorausgesetzt) nicht überschreiten. Es sei deshalb darauf verzichtet, diese Gruppe von Kurzschlußströmen hier eingehender zu untersuchen und lediglich auf das einschlägige Schrifttum verwiesen (W. SCHILLING, 1938, 1949).

18. Stromrichter für motorische Antriebe

18.1 Stromrichter mit endlicher Glättungsdrossel

Wie bereits oben gezeigt worden war, ergeben nur 2 Schaltungsgrenzfälle mathematische Lösungen mit verschwindenden Exponentialgliedern:

die unendlich große Glättungsdrossel im Gleichstromkreis und die Schaltung ohne Ohmsche Widerstände.

Überdies ergab sich mit zunehmender Pulszahl eine Annäherung der Kennlinien, so daß für $p = 6$ nur noch der Fall $L_g = \infty$ untersucht wurde. Indessen empfiehlt es sich, noch einen weiteren Berechnungsgang kennenzulernen, der vorzugsweise bei geringer Belastung angewendet wird, um den Bereich des lückenhaften Betriebes mit ausreichender Genauigkeit vorausberechnen zu können: die Vernachlässigung der Kommutierungsreaktanzen.

a) Die Lückgrenze

Die in Abb. 18/1 dargestellte Schaltung ist durch momentane Kommutierung gekennzeichnet. Die Differentialgleichung des Gleichstromkreises lautet

$$u - \bar{E} = R\,i + L\,\frac{di}{dt}. \tag{18/1}$$

Beginnt man die Zeitzählung im Zündpunkt eines bestimmten Ventils (Abb. 18/2), dann erhält man für den lückenlosen Betrieb ($\beta = 2\pi/p$) die gleichgerichtete Spannung

$$u = \hat{e}\sin\left(\frac{\pi}{2} - \frac{\pi}{p} + \alpha + \vartheta\right) = E\sqrt{2}\cos\left(\alpha + \vartheta - \frac{\pi}{p}\right) \tag{18/2}$$

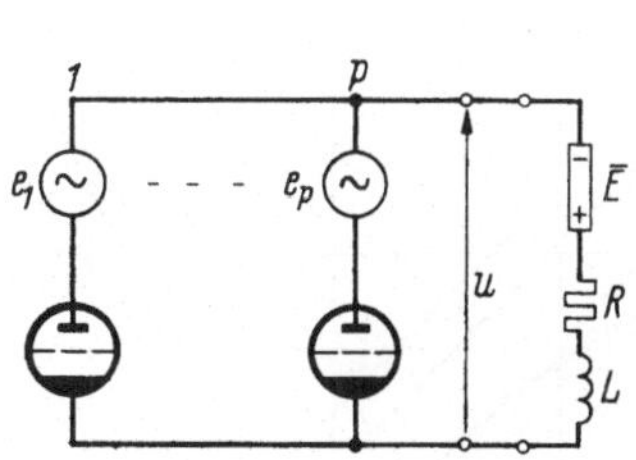

Abb. 18/1. Stromrichter ohne Kommutierungsreaktanzen mit Belastung durch Gegenspannung und ohmisch-induktive Strombegrenzung

Abb. 18/2. Zeitlicher Verlauf der Spannungen und Ströme bei lückenlosem Betrieb und momentaner Kommutierung

und deren Mittelwert

$$\bar{U} = \frac{p}{2\pi}\,\hat{e}\int\limits_0^{\beta=2\pi/p}\cos\left(\alpha + \vartheta - \frac{\pi}{p}\right)d\vartheta = E\sqrt{2}\,\frac{p}{\pi}\sin\frac{\pi}{p}\cos\alpha = \bar{U}_{00}\cos\alpha. \tag{18/3}$$

Mit der Abkürzung $g = \bar{E}/E\sqrt{2}$ kann man (18/1) umschreiben:

$$E\sqrt{2}\left[\cos\left(\alpha + \vartheta -\right)\frac{\pi}{p} - g\right] = R\,i + X\,\frac{di}{d\vartheta}$$

und findet mit $\tan\varphi = X/R$ als Lösung [R 18,1]

$$i = \frac{E\sqrt{2}}{R}\cos\varphi\left\{\cos\left(\alpha + \vartheta - \frac{\pi}{p} - \varphi\right) - \frac{g}{\cos\varphi} - \sin\frac{\pi}{p}\sin(\alpha - \varphi)\,\times\right.$$

$$\left.\times\left[1 + \mathfrak{Cot}\,\frac{\pi/p}{\tan\varphi}\right]e^{-\frac{\vartheta}{\tan\varphi}}\right\}. \tag{18/4}$$

Für den Gleichstrom $\bar{I}$ erhält man:

$$\bar{I} = \frac{\bar{U} - \bar{E}}{R} = \frac{E\sqrt{2}}{R}\left[\frac{p}{\pi}\sin\frac{\pi}{p}\cos\alpha - g\right]. \tag{18/5}$$

An der Lückgrenze ist im Zünd- und Löschpunkt:

$$i(0) = i\left(\frac{2\pi}{p}\right) = 0\,.$$

Geht man damit in die Stromgleichung (18/4), so findet man

$$g = \frac{E}{E\sqrt{2}} = \left[\cos(\alpha - \varphi)\cos\frac{\pi}{p} - \sin(\alpha - \varphi)\sin\frac{\pi}{p}\,\mathfrak{Cot}\,\frac{\pi/p}{\tan\varphi}\right]\cos\varphi\,.$$

Führt man aus (18/5) den an der Lückgrenze fließenden Grenzstrom I_G ein, so ergibt sich durch Übergang auf U_{00} [R 18,2]:

$$\frac{I_G R}{U_{00}} = \frac{\pi}{p}\left[\cos^2\varphi\,\mathfrak{Cot}\left(\frac{\pi}{p}\cot\varphi\right) - \sin\varphi\cos\varphi\cot\frac{\pi}{p}\right]\sin\alpha + \\ + \left[1 - \frac{\pi}{p}\cos^2\varphi\cot\frac{\pi}{p} - \frac{\pi}{p}\sin\varphi\cos\varphi\,\mathfrak{Cot}\left(\frac{\pi}{p}\cot\varphi\right)\right]\cos\alpha\,. \quad (18/6)$$

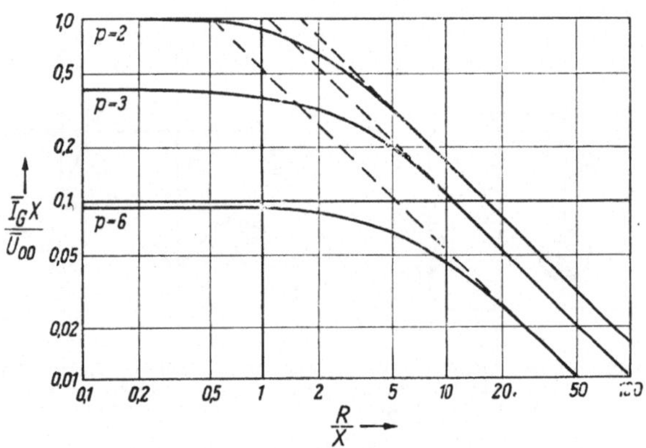

Abb. 18/3. Lückgrenze für $\alpha = 90°$

Indem man die Beziehungen

$$\cos^2\varphi = \frac{1}{1 + \tan^2\varphi} = \frac{1}{1 + (X/R)^2}, \quad (18/7)$$

$$\sin\varphi\cos\varphi = \frac{\tan\varphi}{1 + \tan^2\varphi} = \frac{X/R}{1 + (X/R)^2} \quad (18/8)$$

verwendet, kann man vorstehende Gleichung auch

$$\frac{I_G R}{U_{00}} = \frac{\pi}{p}\,\frac{\left(\frac{R}{X}\right)^2\mathfrak{Cot}\left(\frac{\pi}{p}\frac{R}{X}\right) - \frac{R}{X}\cot\frac{\pi}{p}}{1 + \left(\frac{R}{X}\right)^2}\sin\alpha + \\ + \frac{1 + \left(\frac{R}{X}\right)^2 - \frac{\pi}{p}\left(\frac{R}{X}\right)^2\cot\frac{\pi}{p} - \frac{\pi}{p}\frac{R}{X}\mathfrak{Cot}\left(\frac{\pi}{p}\frac{R}{X}\right)}{1 + (R/X)^2}\cos\alpha \quad (18/9)$$

schreiben.

Für $\frac{R}{X} < 1$ und $\frac{\pi}{p} < 1$, d. h. $p \geqq 6$, kann die Näherungsformel

$$\frac{\bar{I}_G R}{\bar{U}_{00}} = \frac{1}{3}\left(\frac{\pi}{p}\right)^2 \left[\sin\alpha + \frac{1}{8}\left(\frac{\pi}{p}\right)^2 \frac{R}{X}\cos\alpha\right]\frac{R}{X} \qquad (18/10)$$

verwendet werden. Für $p < 6$ muß nach (18/9) gerechnet werden. Der Strom $\bar{I}_G$ (Lückgrenze) wird offenbar für $\alpha = 90°$ einen Höchstwert erreichen. Da man beim Anfahren von Motoren bei diesem Steuerwinkel arbeitet, so ist es nützlich, obige Gleichung für diesen ungünstigsten Betriebszustand auszuwerten:

$$\frac{\bar{I}_G X}{\bar{U}_{00}} = \frac{\pi}{p} \frac{\frac{R}{X}\operatorname{Cot}\left(\frac{\pi}{p}\frac{R}{X}\right) - \cot\frac{\pi}{p}}{1 + (R/X)^2} \quad (\text{für } \alpha = 90°). \qquad (18/11)$$

In Abb. 18/3 sind die Zahlenwerte für $\bar{I}_G X/\bar{U}_{00}$ in Abhängigkeit von R/X graphisch dargestellt: Bei $R/X < 1$ nähert sich $\bar{I}_G X/\bar{U}_{00}$ dem durch $R = 0$ bestimmten Grenzwert $\left(1 - \frac{\pi}{p}\cot\frac{\pi}{p}\right)$; für $R/X > 1$ bildet $\frac{\pi}{p}\frac{1}{R/X}$ die Asymptote. Man erkennt deutlich, daß man für $\frac{R}{X} < 1$ ohne Bedenken R vernachlässigen und nur mit X rechnen kann (vgl. Kap. 24).

b) Die Betriebskennlinien

Bei lückenlosem Betrieb und endlicher Glättungsdrossel können für $p \geq 3$ in guter Näherung die für $L_g = \infty$ abgeleiteten Kennlinien verwendet werden. Im lückenhaften Betrieb arbeitet jedes Ventil wie ein Einpulsstromrichter, infolgedessen werden sich für $R/X < 1$ Kennlinien ähnlich Abb. 6/12 ergeben; der Unterschied wird offenbar lediglich darin bestehen ,daß der Gleichstrom $\bar{I}$ die Summe aus p Ventilströmen bildet [vgl. (8/20)]:

$$\frac{\bar{I} X}{E\sqrt{2}} = \frac{p}{2\pi}\left(1 - \frac{\beta}{2}\cot\frac{\beta}{2}\right)\sqrt{\left(2\sin\frac{\beta}{2}\right)^2 - (g\beta)^2}, \qquad (18/12)$$

wobei β die Leitdauer bezeichnet. Quadriert man diese Gleichung, so erhält man die Ellipsengleichung

$$\left(\frac{E}{E\sqrt{2}}\right)^2 \frac{1}{G^2} + \left(\frac{\bar{I} X}{p E\sqrt{2}}\right)^2 \frac{1}{H^2} = 1 \qquad (18/13)$$

mit den Hauptachsen

$$\left.\begin{aligned} G &= \frac{\sin\beta/2}{\beta/2}, \\ H &= \frac{1}{\pi}\left(\sin\frac{\beta}{2} - \frac{\beta}{2}\cos\frac{\beta}{2}\right), \end{aligned}\right\} \qquad (18/14)$$

welche für $\beta = \frac{2\pi}{p}$ die in Tab. 18/1 eingetragenen Zahlenwerte annehmen.

Mit $\beta = \frac{2\pi}{p}$ kann man die vorstehende Gleichung auch

$$\left(\frac{E}{\bar{U}_{00}}\right)^2 + \left(\frac{\bar{I} X}{\bar{U}_{00}}\right)^2 \frac{1}{C^2} = 1 \qquad (18/15)$$

schreiben, mit

$$C = 1 - \frac{\pi}{p} \cot \frac{\pi}{p}. \tag{18/16}$$

Da die vorstehenden Gleichungen für $R = 0$ gelten, so muß die gleich-

Tabelle 18/1. *Daten für die Lückgrenze*

p	2	3	6	12
G	0,638	0,825	0,953	0,995
H	0,319	0,108	0,015	0,002
β	π	$\frac{2\pi}{3}$	$\frac{\pi}{3}$	$\frac{\pi}{6}$
C	1	0,4	0,095	0,028
α_G	32°30′	20°40′	10°10′	5°10′
$\frac{E_G}{\overline{U}_{00}}$	0,843	0,936	0,984	0,996
$\frac{E_G}{E\sqrt{2}}$	0,638	0,828	0,955	0,989

gerichtete Spannung $\overline{U}_{\alpha 0}$ der Gegenspannung $\overline{E}$ das Gleichgewicht halten:

$$\overline{E} = \overline{U}_{00} \cos\alpha = E\sqrt{2}\,\frac{p}{\pi} \sin\frac{\pi}{p} \cos\alpha. \tag{18/17}$$

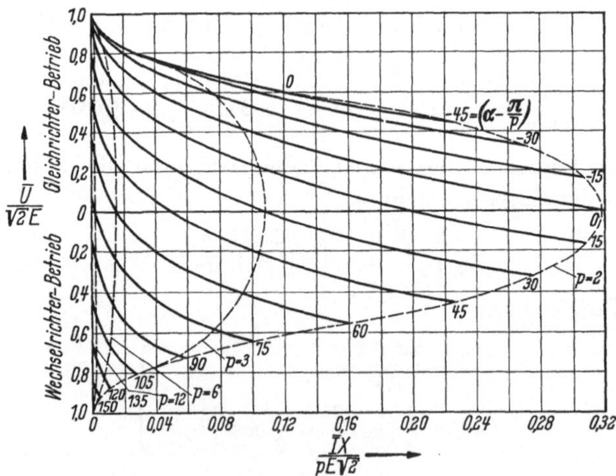

Abb. 18/4. Betriebsdiagramme für lückenhaften Betrieb (p = 2, 3, 6)

Dabei ist vorausgesetzt, daß der Zündpunkt durch den Winkel α festgelegt ist. Nun ist aber bereits früher ausführlich erörtert worden, daß diese Voraussetzung nur dann zutrifft, wenn im Zündpunkt die Phasenspannung e größer als die Gegenspannung ist. Ist dagegen im Zündpunkt $\bar{E} > E\sqrt{2}\sin\left(\frac{\pi}{2} - \frac{\pi}{p} + \alpha\right) = E\sqrt{2}\cos\left(\alpha - \frac{\pi}{p}\right)$, so wird die Gittersteuerung unwirksam:

$$\bar{E} = E\sqrt{2}\sin\left(\frac{\pi}{2} - \frac{\pi}{p} + \zeta\right). \tag{18/18}$$

Durch Gleichsetzung der beiden Gleichungen erhält man für $\zeta = \alpha$ [R 18,3]

$$\tan\zeta = \tan\alpha = \frac{\pi}{p} - \cot\frac{\pi}{p} \tag{18/19}$$

und damit auch diejenige Gleichspannung $\bar{E}_G \geqq \bar{U}_{00}\cos\zeta$, welche die Gittersteuerung für $\alpha < \zeta$ unwirksam macht (vgl. Tab. 9/1). In Abb. 18/4 und 18/5 sind die Betriebskennlinien im Bereich des lückenhaften Stromes so dargestellt, daß die unterschiedliche Größe dieser Bereiche deutlich wird. Als Parameter für die Kennlinien ist $\left(\alpha - \frac{\pi}{p}\right)$ gewählt worden (J. C. READ, 1945). Im Schnittpunkt der Ellipsen mit der Stromachse ist jeweils $\alpha = 90°$.

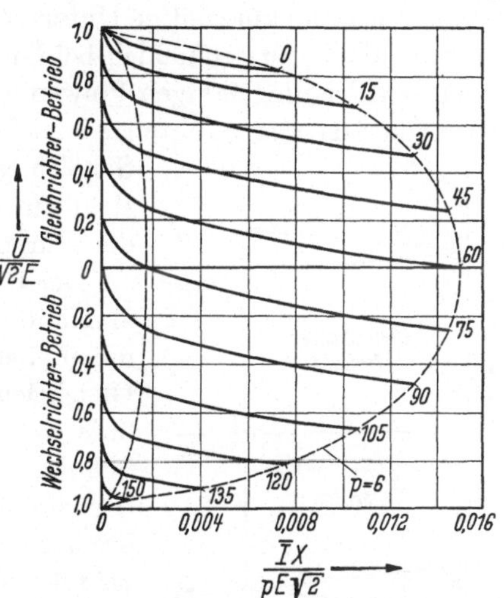

Abb. 18/5. Betriebsdiagramme für lückenhaften Betrieb ($p = 6, 12$)

18.2 Die Umkehrstromrichter

Ein Stromrichter überträgt im Gleichrichterbetrieb Energie aus einem Drehstrom- in ein Gleichstromnetz; damit im Wechselrichterbetrieb Energie in umgekehrter Richtung fließen kann, muß die Polarität im Gleichstromnetz umgekehrt werden. Um jedoch auch bei ungeänderter Polung des Gleichstromnetzes Energie in beiden Richtungen austauschen zu können, bedient man sich der „Umkehrstromrichter" (Abb. 18/6), welche in Zweistromrichterschaltungen (Kreuzschaltung und Gegenparallelschaltung) und Einstromrichterschaltungen (Polwenderschaltung) unterteilt werden.

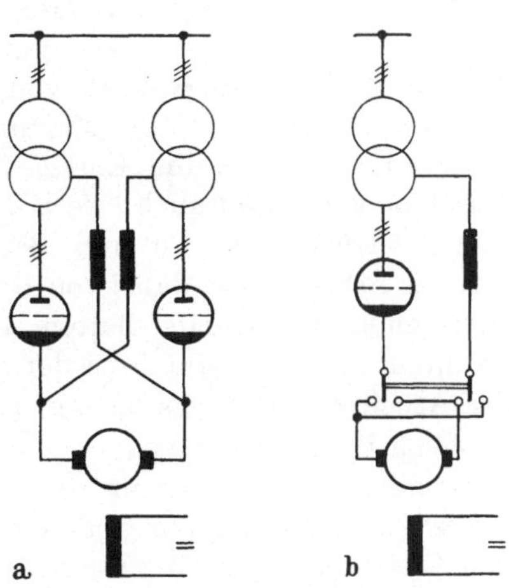

Abb. 18/6. Umkehrstromrichter
a) Kreuzschaltung; b) Polwenderschaltung

a) Die Einstromrichterschaltung

Am einfachsten liegen die Verhältnisse bei der Polwenderschaltung: eine besondere Steuerschaltung sorgt dafür, daß das Gleichstromnetz über den Polwender jeweils mit der für den gewünschten Energietransport erforderlichen Polarität angeschlossen wird. Obwohl diese Schaltung wirtschaftlich besonders günstig ist, kann sie nur dort angewendet werden, wo eine kurzzeitige Unterbrechung des Stromkreises zulässig ist. Sie wird daher ausschließlich bei Umkehrantrieben verwendet und setzt einen sehr leistungsfähigen Polwenderschalter voraus. Der Schalter muß hohe Überlastströme führen, sehr schnell und sehr häufig (bis zu 1 Million Schaltungen im Jahr) schalten. Mit Rücksicht auf die Lebensdauer der Kontakte muß die Umpolung stromlos erfolgen.

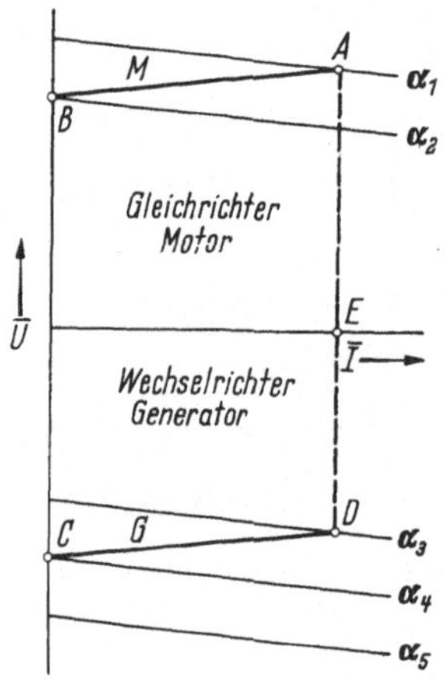

Abb. 18/7. Betriebskennlinien einer Polwenderschaltung

Der Betrieb einer Polwenderschaltung soll an Hand der in Abb. 18/7 dargestellten Kennlinien betrachtet werden. Geht man vom Gleichrichterbetrieb aus, der durch die Kennlinie α_1 bezeichnet sei, so erhält man im Schnitt mit der Motorkennlinie M den Betriebspunkt A. Will man den Motor abbremsen, so vergrößert man den Steuerwinkel zuerst nach α_2, wobei der stromlose Zustand erreicht wird (Betriebspunkt B), und sodann weiter bis nach α_5 in den Wechselrichterbetrieb. Nun kann der Polwenderschalter stromlos betätigt werden, weil die Wechselrichtergegenspannung größer ist als die Motorspannung im Betriebspunkt C. Verringert man nun den Steuerwinkel von α_5 nach α_4 und α_3, so setzt ein Bremsstrom ein und die Maschine arbeitet als Generator auf der Kennlinie G. Durch die Energieabgabe wird dann die Drehzahl der Maschine und damit auch ihre EMK abnehmen, so daß der Zündwinkel weiter verringert werden muß. Bei konstantem Maschinenstrom bewegt sich der Arbeitspunkt dabei von D nach E. Nun kann die Maschine ohne Betätigung des Wendeschalters in umgekehrter Drehrichtung hochgefahren werden, wodurch wieder der Arbeitspunkt A erreicht wird und der Arbeitszyklus abgeschlossen ist. Die Änderung des Drehmomentes (Treiben-Bremsen) verlangt eine Änderung der Stromrichtung und damit Polwendung; die Änderung der Drehrichtung (Rechtslauf—Linkslauf) erfolgt bei Änderung der Spannungspolarität lediglich durch Übergang von Gleichrichter- in Wechselrichterbetrieb und umgekehrt.

b) Die Zweistromrichterschaltungen

Bei den Zweistromrichterschaltungen befinden sich die beiden Teilstromrichter stets in entgegengesetztem Betriebszustand: während der eine als Gleichrichter arbeitet, befindet sich der andere im Wechselrichterbetrieb. An Hand von Abb. 18/8 lassen sich die Verhältnisse leicht überblicken: Arbeitet der Motor im Rechtslauf im Arbeitspunkt A, so wird er von dem als Gleichrichter arbeitenden Stromrichter I gespeist (Zündwinkel α_1). Gleichzeitig befindet sich der Stromrichter II im

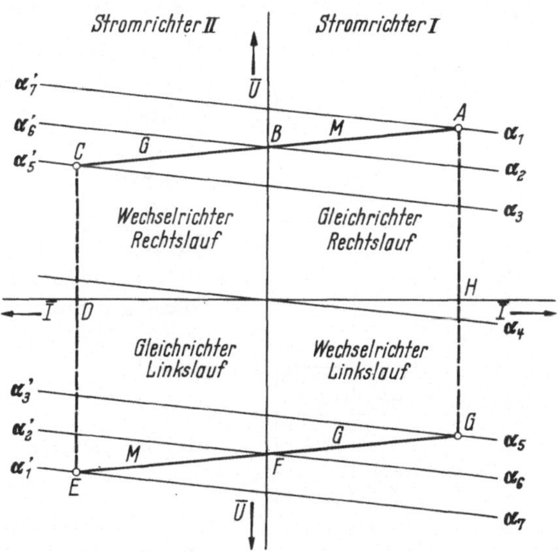

Abb. 18/8. Betriebskennlinien einer Zweistromrichterschaltung

Wechselrichterbereich; seine Gegenspannung ist größer als die Motorspannung, und infolge der Richtwirkung der Ventile ist er stromlos. Wird die Gleichspannung beider Stromrichter verringert, indem man die Steuerwinkel von α_1 (bzw. α'_7) nach α_3 (bzw. α'_5) verändert, dann wird der Gleichrichter (I) stromlos und der Wechselrichter (II) übernimmt den Bremsstrom der nunmehr als Generator arbeitenden Maschine (Arbeitspunkt C). Indem die Steuerwinkel weiter verändert werden (α_4 bzw. α'_4), kann die Gleichspannung stetig verringert und sodann in ihrer Polarität geändert werden. Der Stromrichter II geht vom Wechselrichter in den Gleichrichterbetrieb über und speist nun den Motor bei steigender Drehzahl und Linkslauf, bis schließlich bei dem Steuerwinkel α'_1 der Arbeitspunkt E und damit die vollständige Umkehr des Betriebszustandes erreicht ist. Durch ein analoges Vorgehen gelangt man sodann über die Betriebspunkte F, G, H wieder nach H zurück. In Abb. 18/9 ist ein solcher Arbeitszyklus in seinem zeitlichen Ablauf dargestellt. Die mit den Buchstaben A bis H bezeichneten Betriebszustände entsprechen den mit den gleichen Buchstaben gekennzeichneten Betriebspunkten von Abb. 18/8.

c) Der Kreisstrom

Um im Leerlauf einen stufenlosen Übergang zwischen den beiden Teilstromrichtern einer Zweistromrichterschaltung zu erreichen, muß man für geeignete Aussteuerungen sorgen. Setzt man wie bisher ideale Ventile voraus, so würden deren Steuerwinkel symmetrisch zu $\pi/2$ sein bzw. der Bedingung

$$\alpha_g + \alpha_w = \pi \quad (18/20)$$

genügen müssen, wobei α_g den Zündwinkel des Gleichrichters, α_w den Zündwinkel des Wechselrichters bezeichnet (Symmetriesatz von GERECKE). In Wirklichkeit ist jedoch der stets vorhandene Spannungsabfall an den Ventilen $\bar{U}_v$ zu beachten, weshalb für Motorbetrieb

$$\bar{U}_g = \bar{E} + \bar{U}_v$$

und bei Generatorbetrieb

$$\bar{E} = \bar{U}_w + \bar{U}_v$$

gilt. (Dabei bezeichnet $\bar{E}$ die Motor-EMK.) Daraus folgt,

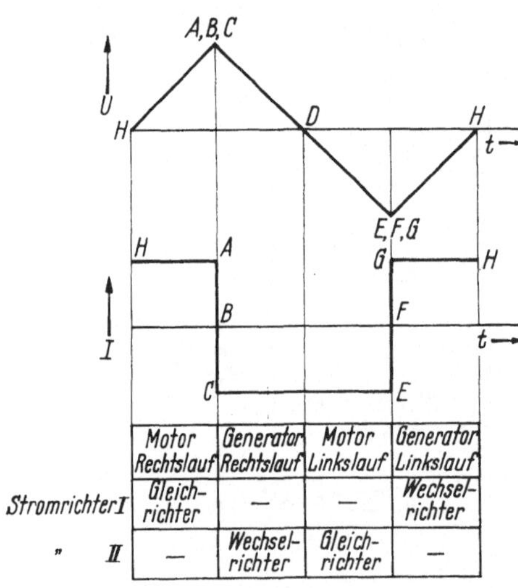

Abb. 18/9. Schematischer zeitlicher Strom- und Spannungsverlauf eines Umkehrstromrichters

daß die Gleichrichterspannung immer um den Gesamtbetrag der Spannungsabfälle in den Ventilen *größer* sein muß als die Wechselrichterspannung:

$$\bar{U}_g = \bar{U}_w + 2\,\bar{U}_v .$$

Indessen genügt diese Bedingung allein noch nicht. Selbst wenn die arithmetischen Mittelwerte von $\bar{U}_g$ und $\bar{U}_w$ genau nach der vorstehenden Bedingung abgeglichen sind, so sind noch immer Unterschiede in den Augenblickswerten vorhanden, welche einen Ausgleichstrom, den sogenannten „Kreisstrom", zur Folge haben. Um die Entstehung des Kreisstromes besser erkennen zu können, sind in Abb. 18/10 die beiden Zweistromrichterschaltungen in besonders übersichtlicher Weise dargestellt. Man ersieht daraus, daß sich auch nach Abtrennen des Gleichstrommotors ein Stromkreis über die beiden Stromrichter schließen kann. Man erkennt außerdem, daß sich die Kreuzschaltung und die Gegenparallelschaltung in bezug auf die Ausbildung des Kreisstromes völlig gleichartig verhalten, so daß die folgende Rechnung für beide Schaltungen gilt.

In Abb. 18/11 wird der zeitliche Verlauf des Kreisstromes i_{kr} aus dem Spannungsverlauf von Gleich- und Wechselrichter hergeleitet. Die Zündwinkel $\alpha_g = 30°$ und $\alpha_w = 150°$ erfüllen die obige Bedingung (18/20); damit ist auch $\bar{U}_g = -\bar{U}_w$ sichergestellt. Die Differenz der Augenblickswerte liefert u_{kr}, woraus unmittelbar

$$i_{kr} = \frac{1}{L} \int u_{kr}\, dt \qquad (18/21)$$

folgt.

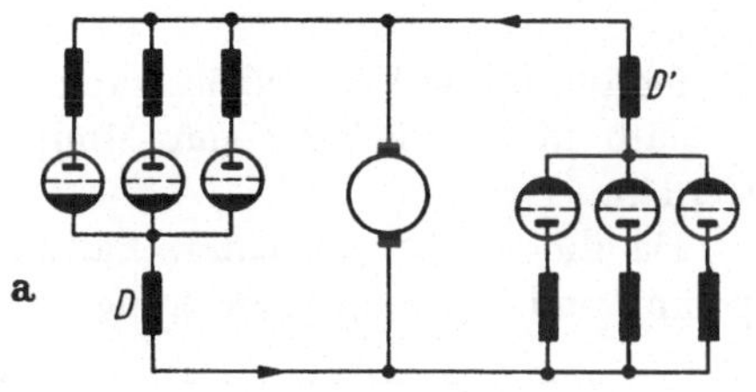

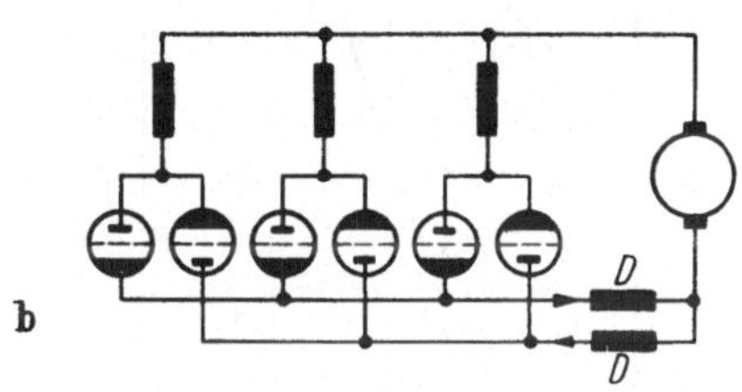

Abb. 18/10. Umkehrstromrichter
a) Kreuzschaltung; b) Gegenparallelschaltung

Untersucht man den zeitlichen Verlauf der Kreisspannung u_{kr}, so findet man, daß deren Amplitude im allgemeinen mit dem Gleichrichtersteuerwinkel α_g zunimmt und deren Frequenz bei gewissen Steuerwinkeln von pf auf $2\,pf$ ansteigt. Derartige doppelte Frequenzen findet man für $p = 3$ bei $\alpha_g = 60°$ und für $p = 6$ bei $\alpha_g = 45°$ und $75°$. Diese Kreisspannung hat einen Kreisstrom zur Folge, dessen Größe durch eine Drossel begrenzt werden muß. W. Fouquet (1937) hat die Kreisspannung in eine Fourier-Reihe entwickelt und für den Effektivwert der Grundwelle des Kreisstromes die Gleichung

$$I_{kr} = \frac{4\sqrt{3}}{\pi} \frac{E}{\omega L} K(p, \alpha) \qquad (18/22)$$

abgeleitet; dabei bezeichnet $K(p, \alpha)$ die „Kreisstromfunktion“

$$K(p, \alpha) = \frac{\sin \pi/p}{p^2 - 1} [\cos\alpha\,(\cos p\,\alpha + \sin p\,\alpha) + p \sin\alpha\,(\sin p\,\alpha - \cos p\,\alpha)], \qquad (18/23)$$

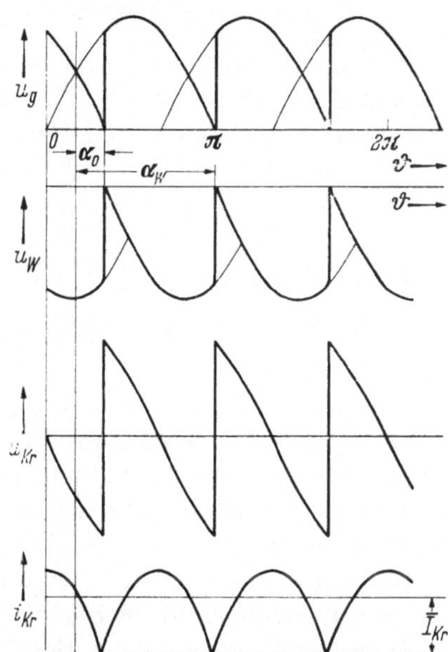

Abb. 18/11. Zeitlicher Verlauf der Gleichrichterspannung u_g, der Wechselrichterspannung u_w, der Kreisspannung u_{kr} und des Kreisstromes i_{kr}

welche in Abb. 18/12 graphisch dargestellt ist. Dieser Funktionsverlauf zeigt mehrere Nullstellen, die den oben erwähnten ausgezeichneten Betriebszuständen entsprechen. Es sei jedoch bemerkt, daß vorstehende Gleichung unter Vernachlässigung der Oberwellen ermittelt wurde und deshalb in Wirklichkeit nur Minima und keine Nullstellen auftreten werden.

Da die Zweistromrichterschaltungen eine Stromumkehr ohne Umpolung und Stromunterbrechung auf der Gleichstromseite ermöglichen, so ist ihre Anwendung nicht allein auf die bisher erwähnten Stromrichterantriebe beschränkt. Da sie auch für Netzkupplungen, Umrichter, Prüfanlagen mit Kreisbetrieb usw. verwendet werden, so kommt dem Kreisstrom eine grundlegende Bedeutung zu.

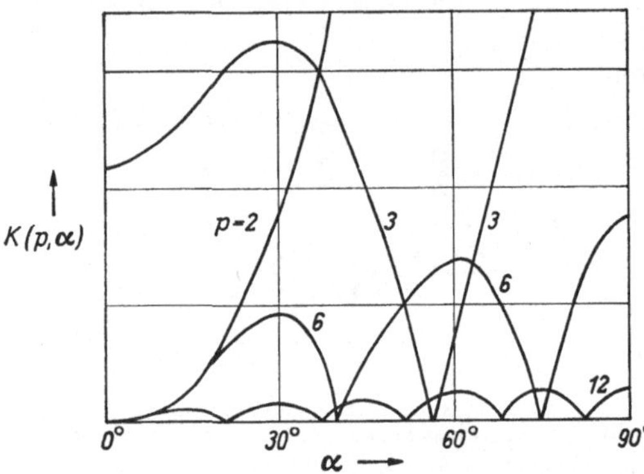

Abb. 18/12. Kreisstromfunktion $K(p, \alpha)$

Bei modernen Stromrichterantrieben wird in zunehmendem Maße die Steuerung des unbelasteten Teilstromrichters mittels einer selbsttätigen Regelung derart beeinflußt, daß der Kreisstrom verschwindet. Dieses Vorgehen hat u.a. den Vorteil, daß man dadurch den Blindstrombedarf des Stromrichters verringern kann.

VII. Die wechselstromseitigen Verhältnisse von Stromrichtern

Die bisherigen Untersuchungen der verschiedenen Stromrichterschaltungen liefen jeweils auf die Ableitung eines Betriebsdiagramms hinaus, welches Gleichspannung und Gleichstrom für eine bestimmte Belastungsart und in Abhängigkeit von der Aussteuerung darstellt. In der Regel wurden zur Vereinfachung der Rechnung eine unendlich große Drossel im Gleichstromkreis angenommen und wechselstromseitig alle Ohmschen Widerstände vernachlässigt.

Indessen ist eine solche Beschreibung eines Stromrichters höchst „einseitig“ und man bedarf zu seiner vollständigen Kennzeichnung auch noch eines wechselstromseitigen Betriebsdiagramms, welches die Größe und Phasenlage der Grundwelle des Primärstromes in Abhängigkeit von der gleichstromseitigen Belastung und der Aussteuerung darstellt. Da man im praktischen Betrieb die Verhältnisse im Wechselstromnetz durch den Leistungsfaktor bzw. den Verschiebungsfaktor zu kennzeichnen pflegt, so werden diese Größen abzuleiten und ihre Abhängigkeit vom Betriebszustand anzugeben sein. Dabei wird ebenfalls eine unendlich große Drossel im Gleichstromkreis vorausgesetzt.

19. Die Kenngrößen der mehrwelligen Wechselstromkreise

Wie bereits erwähnt, ist ein Stromrichter ein Oberwellengenerator und ein Blindstromverbraucher. Diese beiden Eigenschaften müssen bei der Anwendung der Stromrichter zuverlässig vorausberechnet und ihre Auswirkung sorgfältig beurteilt werden, weshalb die entsprechenden Fragen sehr ausführlich erläutert werden sollen. Es empfiehlt sich dabei, von der Betrachtung einphasiger Kreise mit sinusförmigem Strom auszugehen, sodann die Verhältnisse bei nichtsinusförmigen Strömen zu untersuchen und schließlich auf mehrphasige Stromkreise überzugehen.

19.1 Einphasiger Stromkreis

a) Einwelliger Strom

In Abb. 19/1 ist der zeitliche Verlauf einer sinusförmigen Spannung $u = U\sqrt{2}\sin\omega t$, eines phasenverschobenen Stromes $i = I\sqrt{2}\sin(\omega t - \varphi)$ und der pulsierenden Leistung $P(t)$ dargestellt. Diese ergibt sich durch Produktbildung der Augenblickswerte $P(t) = u \cdot i = U\,I\,2\sin\omega t \cdot \sin(\omega t - \varphi)$, woraus man

$$P(t) = U\,I\,[\cos\varphi - \cos(2\omega t - \varphi)] \tag{19/1}$$

erhält.

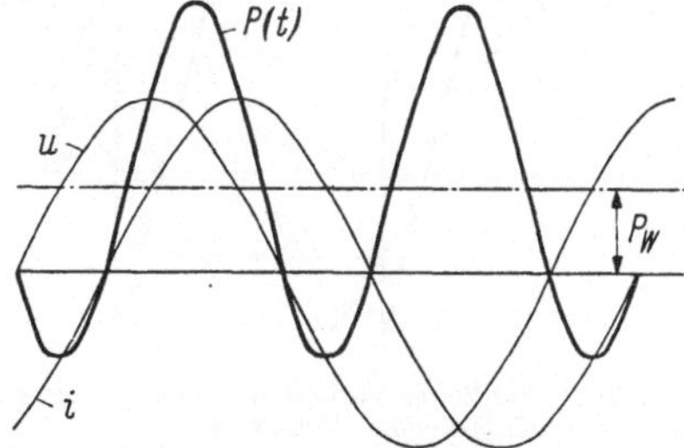

Abb. 19/1. Zeitlicher Verlauf der Leistung $P(t)$ in einem einphasigen Wechselstromkreis mit einwelligen Wechselgrößen

Dieses formelmäßige Ergebnis zeigt ebenso wie seine graphische Darstellung, daß die Leistung um einen Mittelwert pulsiert, welcher die Größe

$$P_W = U\,I\cos\varphi \tag{19/2}$$

besitzt und als *Wirkleistung* bezeichnet wird. Um diesen Mittelwert pulsiert die Leistung mit der doppelten Netzfrequenz und mit der Amplitude $U\,I$. Die Wirkleistung ist eine physikalisch reale Größe, weil sie im Laufe der Zeit eine bestimmte Arbeit $\int P(t)\,dt$ zu leisten vermag. Ein um die Zeitachse schwingender Leistungsverlauf mit positiven und negativen Halbwellen ergibt dagegen keine Arbeit, weil Energiezufuhr und Energieabfuhr sich während jeder Periode zu Null ergänzen. So erhält man bei rein induktiver oder rein kapazitiver Belastung für die Leistung

$$P(t) = U\,I\cos(2\omega t \pm 90°) = \pm\,U\,I\sin 2\omega t\,, \tag{19/3}$$

d. h., in diesen Sonderfällen verschwindet überhaupt jegliche Wirkleistung und es besteht nur sogenannte Blindleistung P_B, welche zwischen den Energiespeichern hin- und herflutet. Das Produkt $P_S = U\,I$ bezeichnet man als *Scheinleistung*, welche keine physikalische Bedeutung besitzt und lediglich für die Dimensionierung von elektrischen Maschinen und Apparaten herangezogen wird. Mit dieser Größe lautet obige Gleichung

$$P_W = P_S \cos\varphi\,, \tag{19/4}$$

wobei man $\cos\varphi = P_W/P_S$ als Leistungsfaktor bezeichnet.

Die Leistungsgrößen können zu einem Zeigerdiagramm vereinigt werden ($P_S^2 = P_W^2 + P_B^2$), wobei die Blindleistung durch $P_B = P_S \sin\varphi$ bestimmt ist, der ebenfalls keine physikalische Leistung entspricht. Analog läßt sich für den Strom I eine Aufspaltung in einen Wirkstrom I_W (in Richtung des Spannungszeigers) und einen Blindstrom I_B (senkrecht zum Spannungszeiger) angeben.

b) Mehrwellige Ströme

In Abb. 19/2 ist wieder der Spannungs- und Stromverlauf und der zeitliche Verlauf der Leistung $P(t)$ graphisch dargestellt. Die Spannung wird durch $u = U\sqrt{2}\sin\omega t$ und der Strom durch $i = \sum_{n=0}^{\infty} i_n = \sum_{n=0}^{\infty} I_n\sqrt{2}\sin(n\,\omega t - \varphi_n)$ beschrieben. Bildet man für ein beliebiges Glied in dieser Reihe das Leistungsprodukt $u\,i_n$, so erhält man

$$\begin{aligned} u\,i_n &= U I_n\, 2\sin\omega t \sin(n\,\omega t - \varphi_n) \\ &= U I_n \{\cos[(n-1)\,\omega t - \varphi_n] - \cos[(n+1)\,\omega t - \varphi_n]\}\,. \end{aligned} \tag{19/5}$$

Dieses Ergebnis läßt sich so aussprechen, daß in solchen Fällen, wo Strom und Spannung nicht die gleiche Frequenz besitzen, die Leistung symmetrisch pulsiert, also keine Wirkleistung entsteht. Wirkleistung erhält man nur bei Frequenzgleichheit, d. h. für die Strom*grundwelle*. Für diese ergibt obige Beziehung

$$u\,i_1 = U I_1[\cos\varphi_1 - \cos(2\,\omega t - \varphi_1)] \tag{19/6}$$

und damit eine Wirkleistung von der Größe

$$P_W = U I_1 \cos\varphi_1\,. \tag{19/7}$$

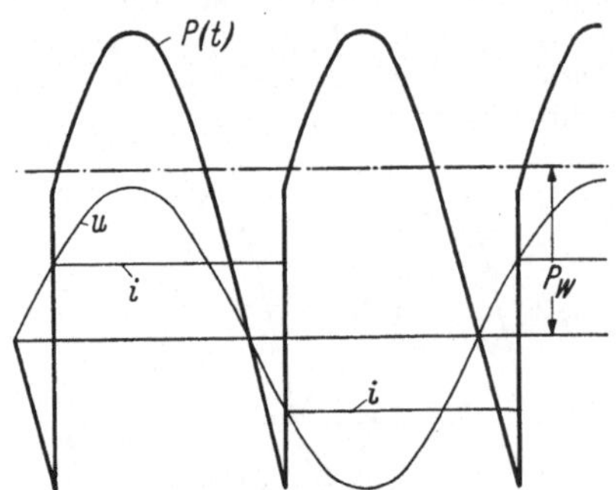

Abb. 19/2. Zeitlicher Verlauf der Leistung $P(t)$ in einem einphasigen Wechselstromkreis mit mehrwelligem Strom i

Dabei bezeichnet man $U I_1$ als Scheinleistung der Grundwelle und $\cos\varphi_1 = \dfrac{P_W}{U I_1}$ als *Verschiebungsfaktor*. Die gesamte Scheinleistung ist durch

$$P_S = U I \tag{19/8}$$

definiert, wobei U und $I = \sqrt{\sum_{n=1}^{\infty} I_n^2}$ Effektivwerte darstellen.

Der *Leistungsfaktor* ist durch

$$\lambda = \frac{P_W}{P_S} = \frac{I_1}{I}\cos\varphi_1 = g\cos\varphi_1 \tag{19/9}$$

definiert und bezeichnet wiederum das Verhältnis von Wirkleistung zu Scheinleistung. Das Verhältnis der Grundschwingung zum Gesamtstrom bezeichnet man als Grundschwingungsgehalt $g = \frac{I_1}{I}$ in Übereinstimmung mit DIN 40110. (In VDE 0556, 1936, und in den CEI Recommandations wird die gleiche Größe als „Verzerrungsfaktor“ v bezeichnet!) Mit $k = \frac{(I_2^2 + I_3^2 + \cdots)^{1/2}}{I}$ wird der Oberschwingungsgehalt des Stromes bezeichnet (k wird auch „Klirrfaktor“ genannt). Die beiden vorstehenden Größen sind durch

$$g^2 + k^2 = 1 \tag{19/10}$$

verbunden.

Die Blindleistung ist durch

$$P_B = \sqrt{(U\,I_1 \sin\varphi_1)^2 + U^2\,[J_2^2 + J_3^2 + \cdots]} = \sqrt{P_{B_s}^2 + P_{B_z}^2} \tag{19/11}$$

definiert, wobei P_{Bs} die Verschiebungsblindleistung von P_{Bz} die Verzerrungsblindleistung darstellt.

Die vorstehend abgeleiteten Größen können auch graphisch dargestellt werden, wobei zu beachten ist, daß die Wirkleistung, wie man aus Abb. 19/1 besonders gut erkennt, als arithmetischer Mittelwert eine *skalare Größe* ist, weshalb man sie auch nicht, wie es in der Literatur gelegentlich zu finden ist, mittels eines Zeigers darstellen sollte. Die Leistungs*pulsation* kann indessen als eine Schwingung mit der doppelten Netzfrequenz mittels eines Zeigers dargestellt werden. O. Löbl hat die gegenseitigen Beziehungen der einzelnen Leistungsgrößen mittels einer räumlichen Darstellung (Abb. 19/3) veranschaulicht. Der Phasenwinkel φ_1 erscheint in einem rechtwinkligen Dreieck, mit der Wirkleistung P_W und der Verschiebungsblindleistung als Katheten. Die Hypotenuse dieses Dreiecks bildet die Scheinleistung der Grundwelle $P_S \cdot g$. Diese bildet zusammen mit der Verzerrungsblindleistung $P_{Bz} = P_S \cdot k$ die Katheten eines weiteren rechtwink'igen Dreiecks, dessen Hypotenuse die Scheinleistung P_S bildet.

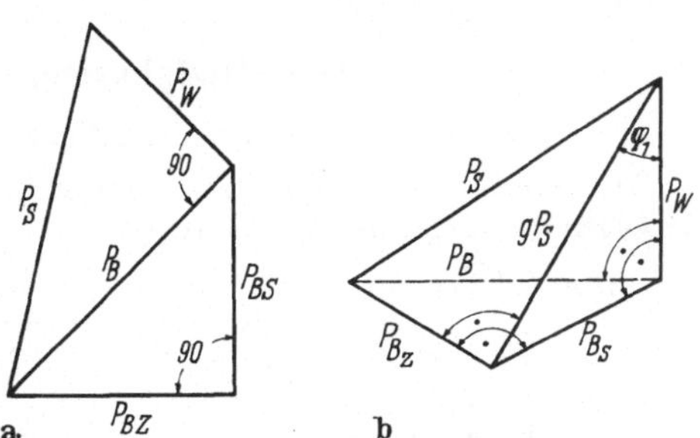

Abb. 19/3. Ebene (a) und räumliche Darstellung (b) des Zusammenhanges der Leistungsgrößen

Bisher wurde rein sinusförmige Spannung vorausgesetzt. Wenn diese Annahme auch nicht in jedem Falle streng erfüllt sein wird, so kann sie doch so lange als gültig betrachtet werden, als die Augenblickswerte von dem gleichzeitigen Wert der Grundschwingung um nicht mehr als 5% des Scheitelwertes der Grundschwingung abweichen. In diesem Falle gelten sehr angenähert dieselben Beziehungen wie bei sinusförmigen Spannungen und Strömen. Der Oberschwingungsgehalt beträgt dann höchstens 5%, der Grundschwingungsgehalt liegt zwischen 0,99875 und 1 (Entwurf DIN 40110).

In Analogie zu den erwähnten Leistungsgrößen kann man auch den Strom in entsprechende Komponenten zerlegen. Man bezeichnet

$$I_W = I_1 \cos\varphi_1 \tag{19/12}$$

als Wirkstrom, sodann

$$I_{Bs} = I_1 \sin\varphi_1 \tag{19/13}$$

als Verschiebungsblindstrom und

$$I_{Bz} = \sqrt{I_2^2 + I_3^2 + I_4^2 + \cdots} \tag{19/14}$$

als Verzerrungsblindstrom. Der Grundwellenstrom I_1 setzt sich aus dem Wirk- und dem Verschiebungsanteil zusammen:

$$I_1 = \sqrt{I_W^2 + I_{Bs}^2},$$

während der Gesamtstrom I außerdem noch den Verzerrungsstrom enthält:

$$I = \sqrt{I_1^2 + I_{Bz}^2} = \sqrt{I_W^2 + I_{Bs}^2 + I_{Bz}^2}. \tag{19/15}$$

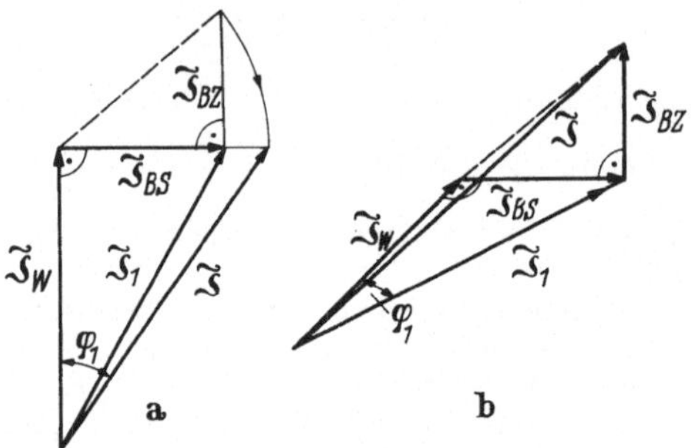

Abb. 19/4. Ebene (a) und räumliche (b) Darstellung der Ströme

Abb. 19/4 zeigt diese Zusammenhänge in ebener und räumlicher Darstellung.

19.2 Dreiphasiger Stromkreis

a) Einwelliger Strom

Der zeitliche Verlauf der Phasenspannungen u und Phasenströme i sei durch die folgenden Gleichungen beschrieben:

$$u_x = U\sqrt{2}\sin\omega t, \qquad i_x = I\sqrt{2}\sin(\omega t - \varphi),$$

$$u_y = U\sqrt{2}\sin\left(\omega t - \frac{2\pi}{3}\right), \qquad i_y = I\sqrt{2}\sin\left(\omega t - \frac{2\pi}{3} - \varphi\right),$$

$$u_z = U\sqrt{2}\sin\left(\omega t - \frac{4\pi}{3}\right), \qquad i_z = I\sqrt{2}\sin\left(\omega t - \frac{4\pi}{3} - \varphi\right),$$

dann ergibt sich für Leistung der einzelnen Phasen:

$$\left.\begin{aligned} P_x &= u_x i_x = U I\,[\cos\varphi - \cos(2\omega t - \varphi)],\\ P_y &= u_y i_y = U I\left[\cos\varphi - \cos\left(2\omega t - \frac{4\pi}{3} - \varphi\right)\right],\\ P_z &= u_z i_z = U I\left[\cos\varphi - \cos\left(2\omega t - \frac{8\pi}{3} - \varphi\right)\right]. \end{aligned}\right\} \tag{19/16}$$

Addiert man diese Teilbeträge, so erhält man für die Gesamtleistung P

$$P = P_x + P_y + P_z = 3\,U I\cos\varphi. \tag{19/17}$$

Die zeitabhängigen Glieder der Blindleistungsschwankungen ergänzen sich zu Null und es bleibt nur die zeitlich konstante Wirkleistung übrig.

Ein symmetrischer dreiphasiger Stromkreis ist demnach, übrigens ebenso wie jedes symmetrische Mehrphasensystem, durch einen zeitlich konstanten Leistungsfluß gekennzeichnet und wird als „balanciertes" System bezeichnet. Nur Unsymmetrien können Leistungsschwankungen hervorrufen, deren Amplitude indessen stets erheblich kleiner sein wird, als es bei den einphasigen Systemen der Fall ist.

Die Scheinleistung $3\,U\,I$ hat auch beim dreiphasigen Stromkreis keine physikalische Bedeutung, sie bestimmt lediglich die Bemessung der Kupfer- und Eisenquerschnitte.

Verwendet man an Stelle der bisher benutzten Phasenspannungen (oder „Sternspannungen" nach DIN 40110) die verketteten Spannungen (oder Dreieckspannungen) $U_\triangle = U\sqrt{3} = V$, so erhält man folgende Beziehungen:

$$\left.\begin{array}{lll} \text{Wirkleistung:} & P_W = 3\,U\,I\cos\varphi = \sqrt{3}\,V I\cos\varphi\,, \\ \text{Scheinleistung:} & P_S = 3\,U\,I \quad\;\; = \sqrt{3}\,V I\,, \\ \text{Blindleistung:} & P_B = 3\,U\,I\sin\varphi\; = \sqrt{3}\,V I\sin\varphi\,. \end{array}\right\} \quad (19/18)$$

b) Mehrwelliger Strom

Die im einphasigen Falle ermittelten Beziehungen bleiben je Phase eines Mehrphasensystems unverändert bestehen und liefern durch Addition nachstehende Leistungsgrößen:

Wirkleistung: $$P_W = 3\,U\,I_1\cos\varphi_1 = P_S\,g\cos\varphi_1\,, \quad (19/19)$$

Verschiebungsblindleistung: $$P_{B_s} = 3\,U\,I_1\sin\varphi_1 = P_S\,g\sin\varphi_1\,, \quad (19/20)$$

Verzerrungsblindleistung: $$P_{B_z} = 3\,U\sqrt{I_2^2 + I_3^2 + \cdots} = P_S\cdot k\,, \quad (19/21)$$

Blindleistung: $$P_B = \sqrt{P_{B_s}^2 + P_{B_z}^2}\,, \quad (19/22)$$

Scheinleistung: $$P_S = \sqrt{P_W^2 + P_{B_s}^2 + P_{B_z}^2}\,. \quad (19/23)$$

Für unsymmetrische Dreiphasensysteme sind zwar verschiedene Vorschläge zur Definition der Leistungsgrößen veröffentlicht worden (z. B. R. TRÖGER, 1953, 1956), indessen ist noch keine dieser Definitionen zur allgemeinen praktischen Anwendung gelangt, weshalb hier auch nicht näher darauf eingegangen wird.

19.3 Die Netzströme von Stromrichtern

Bevor nun die erwähnten Kenngrößen der Wechselstromnetze bei verschiedener Stromrichterbelastung berechnet werden, soll die Kurvenform der Netzströme etwas eingehender betrachtet werden.

M. DEMONTVIGNIER (1951) hat für den zeitlichen Verlauf des Netzstromes eine anschauliche und gleichzeitig sehr allgemeingültige Ableitung gefunden, welche im folgenden wiedergegeben wird, wobei jedoch aus Gründen der einfacheren Darstellung wie in Kap. 17.2 lediglich momentane Kommutierung vorausgesetzt wird.

Weil ein Stromrichter keine merklichen Energiespeicher enthält, so muß stets Gleichheit in den gleichstromseitigen und wechselstromseitigen Augenblickswerten der Leistung bestehen. Für das *einphasige Wechselstromnetz* eines Zweipulsstromrichters gilt demnach während der einen Halbwelle:

$$i_n V_n \sqrt{2}\cos\vartheta = i\,U_s\sqrt{2}\cos\vartheta \quad \text{bzw.} \quad i_n = i\,U_s/V_n\,, \quad (19/24)$$

und während der folgenden Halbwelle

$$i_n V_n \sqrt{2}\cos\vartheta = -\,i\,U_s\sqrt{2}\cos\vartheta \quad \text{bzw.} \quad i_n = -\,i\,U_s/V_n\,, \quad (19/25)$$

wobei für das Netz $V_n = 2\,U_n$ und für den Transformator primäre Sternschaltung sowie ein Übersetzungsverhältnis $ü = \frac{U_n}{U_s}$ vorausgesetzt ist. Den Netzstrom i_n erhält man demnach aus dem gleichgerichteten Strom i unter Berücksichtigung des Übersetzungsverhältnisses $ü$, indem man eine sogenannte *Transformierungsfunktion* f_2 einführt, welche den in Abb. 19/5 dargestellten Verlauf besitzt:

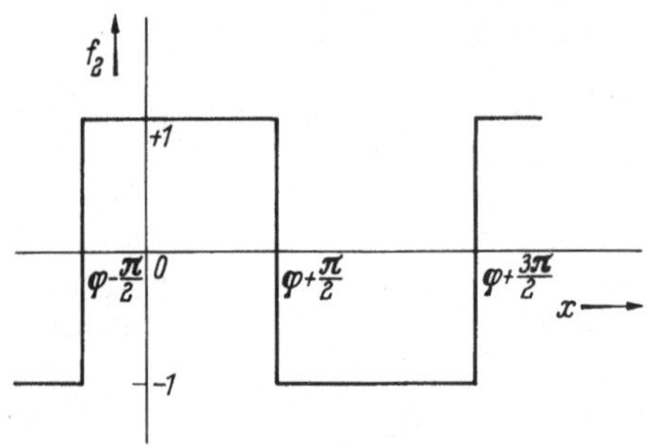

Abb. 19/5. Transformierungsfunktion der Ordnungszahl 2

$$i_n = i\frac{U_s}{V_n}f_2 = \frac{i}{2}\frac{U_s}{U_n}f_2\,. \qquad (19/26)$$

Diese Transformierungsfunktion (von der Ordnungszahl 2) kann nur Werte von $+1$ oder -1 annehmen, entsprechend der vorausgesetzten momentanen Kommutierung.

Für ein *dreiphasiges Wechselstromnetz* mit den Phasenspannungen $U_n\sqrt{2}\cos\vartheta$, $U_n\sqrt{2}\cos\left(\vartheta-\frac{2\pi}{3}\right)$, $U_n\sqrt{2}\cos\left(\vartheta-\frac{4\pi}{3}\right)$ und den Phasenströmen i_{n_x}, i_{n_y}, i_{n_z}, welches einen p-Puls-Stromrichter speist, gilt im Bereich $\vartheta-\psi=\varphi-\pi/p$ bis $\vartheta-\psi=\varphi+\pi/p$ für die Sekundärspannung $U_s\sqrt{2}\cos(\vartheta-\psi)$, wobei ψ einen Phasenverschiebungswinkel bezeichnet, welcher durch die Transformatorschaltung bestimmt wird.

Die Gleichsetzung der Leistungen liefert

$$U_n\sqrt{2}\left[i_{n_x}\cos\vartheta + i_{n_y}\cos\left(\vartheta-\frac{2\pi}{3}\right) + i_{n_z}\cos\left(\vartheta-\frac{4\pi}{3}\right)\right]$$
$$= U_s\sqrt{2}\cdot i\cos(\vartheta-\psi)\,.$$

Diese Gleichung ist im erwähnten Zeitbereich für jeden Zeitpunkt erfüllt: sie ist eine Identität. Weil jede der beiden Seiten eine identische Umformung der anderen Seite darstellt, so kann man nach Umformung in

$$i_{n_x}\cos\vartheta + i_{n_y}\left(\cos\vartheta\cos\frac{2\pi}{3}+\sin\vartheta\sin\frac{2\pi}{3}\right) + i_{n_z}\left(\cos\vartheta\cos\frac{4\pi}{3} + \right.$$
$$\left. + \sin\vartheta\sin\frac{4\pi}{3}\right) = \frac{U_s}{U_n}i(\cos\vartheta\cos\psi+\sin\vartheta\sin\psi)$$

nach Termen in $\cos\vartheta$ und $\sin\vartheta$ aufspalten:

$$\left.\begin{aligned} i_{n_x} + i_{n_y}\cos\frac{2\pi}{3} + i_{n_z}\cos\frac{4\pi}{3} &= \frac{U_s}{U_n}i\cos\psi\,,\\ i_{n_y}\sin\frac{2\pi}{3} + i_{n_z}\sin\frac{4\pi}{3} &= \frac{U_s}{U_n}i\sin\psi\,. \end{aligned}\right\} \qquad (19/27)$$

Mittels der allgemeinen Netzgleichung

$$i_{n_x} + i_{n_y} + i_{n_z} = 0 \qquad (19/28)$$

findet man für die Netzströme

$$\left.\begin{aligned} i_{n_x} &= \frac{2}{3}\frac{U_s}{U_n}\, i \cos\psi\,, \\ i_{n_y} &= \frac{2}{3}\frac{U_s}{U_n}\, i \cos\left(\psi - \frac{2\pi}{3}\right), \\ i_{n_z} &= \frac{2}{3}\frac{U_s}{U_n}\, i \cos\left(\psi - \frac{4\pi}{3}\right) \end{aligned}\right\} \qquad (19/29)$$

gültig im Bereich $\left(\varphi - \frac{\pi}{p} + \psi\right) < \vartheta < \left(\varphi + \frac{\pi}{p} + \psi\right)$ [vgl. (17/32)].

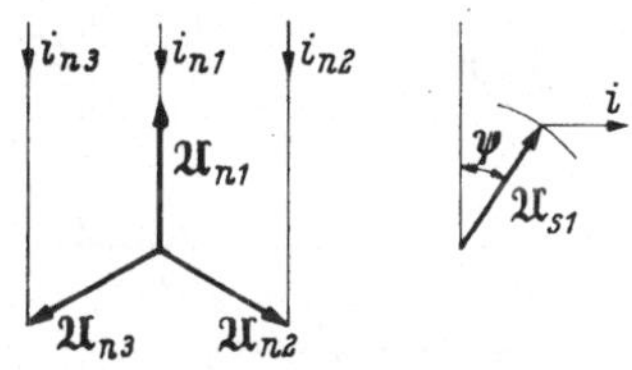

Für die darauffolgenden Intervalle erhält man die Netzströme, indem man in den vorstehenden Gleichungen den Winkel ψ durch jeweils

$$\psi + \frac{2\pi}{p}\,,$$

$$\psi + \frac{4\pi}{p}\,, \ldots$$

$$\psi + (p-1)\,\frac{2\pi}{p}$$

ersetzt. Der Strom i_{n_x} wird demnach dadurch erhalten, daß man den Augenblickswert des gleichgerichteten Stromes i mit dem Koeffizienten $\frac{2}{3}\frac{U_s}{U_n}$ und einer Funktion multipliziert, welche in den aufeinanderfolgenden Intervallen die Werte

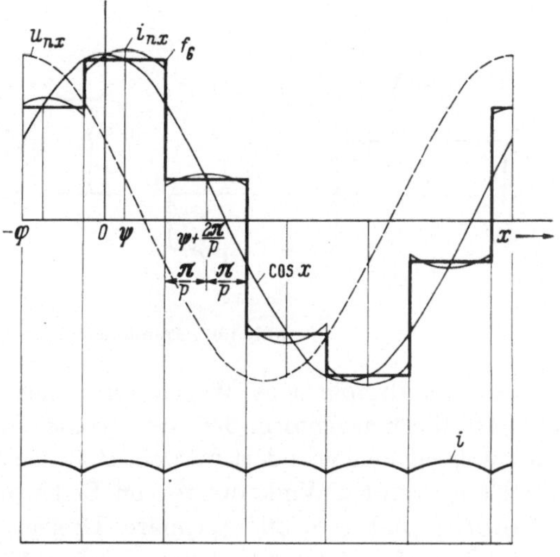

Abb. 19/6. Transformierungsfunktion f_6 und zeitlicher Verlauf von Netzstrom i_{nx} und gleichgerichtetem Strom i

$$\cos\psi\,, \quad \cos\left(\psi + \frac{2\pi}{p}\right), \quad \cos\left(\psi + \frac{4\pi}{p}\right) \ldots \quad \cos\left[\psi + (p-1)\,\frac{2\pi}{p}\right]$$

annimmt. Damit ist die *Transformierungsfunktion* der *Ordnungszahl* p definiert, welche mit f_p bezeichnet sei.

Ihre graphische Darstellung für $p = 6$ zeigt Abb. 19/6. Zu den Abszissenpunkten $\psi, \psi + \frac{2\pi}{p}$ usw. findet man auf der „erzeugenden" Sinuslinie

$\cos x$ sofort die Werte $\cos\psi$, $\cos\left(\psi + \frac{2\pi}{p}\right)$ usw. Zeichnet man durch diese Punkte Parallele zur Abszisse x und mit der Länge $\frac{2\pi}{p}$, so erhält man eine Stufenkurve, welche die Transformierungsfunktion f_p für den Netzstrom i_{n_x} darstellt. Berücksichtigt man nun noch den zeitlichen Verlauf von i, welcher ebenfalls in Abb. 19/6 eingetragen ist, so erhält man (dünne volle Linie) die Kurvenform des Netzstromes i_{n_x}. Die entsprechenden Kurven für i_{n_y} und i_{n_z} erhält man durch die entsprechende Phasenverschiebung von $\frac{2\pi}{3}$ bzw. $4\pi/3$.

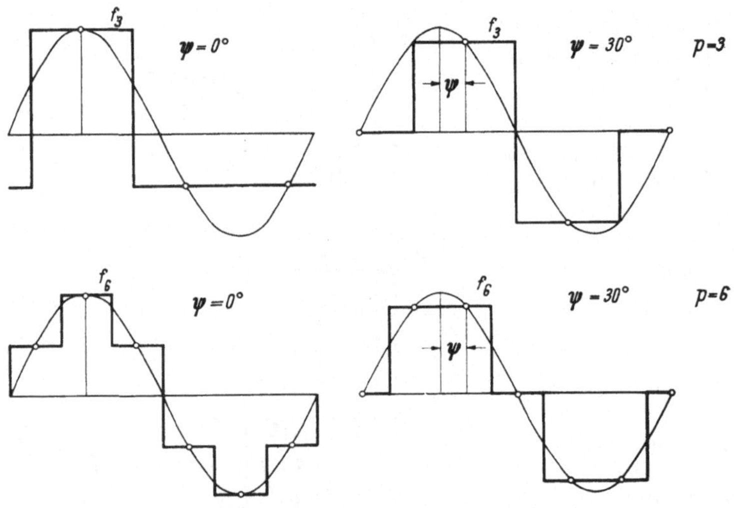

Abb. 19/7. Transformierungsfunktionen

Für ein dreiphasiges Wechselstromnetz kann für eine bestimmte Pulszahl die Kurvenform des Netzstromes in Abhängigkeit des Phasenwinkels ψ beliebig geändert werden. Praktisch sind bei sekundären Sternschaltungen nur 2 Winkelwerte von Bedeutung: $\psi = 0$ (primäre Sternschaltung) und $\psi = 30°$ (primäre Dreieckschaltung). Die diesbezüglichen Transformierungsfunktionen zeigt Abb. 19/7. Man erkennt, daß sich der Primärstrom mit wachsender Pulszahl der Sinusform nähert. Wird auf der Gleichstromseite eine große Glättungsdrossel eingesetzt, so daß ein glatter Gleichstrom fließt, dann hat der Netzstrom den gleichen zeitlichen Verlauf wie die Transformierungsfunktion. Die erzeugende Sinuslinie hat ihren Scheitelwert bei $x = 0$. Die zugehörige Phasenspannung u_{n_x} besitzt wegen der vorausgesetzten Phasenverschiebung ihren Höchstwert bei $x = -\varphi$, wie auch aus Abb. 19/6 zu ersehen ist.

Für die Berechnung des Effektivwertes des Netzstromes benötigt man den Effektivwert der Transformierungsfunktion F_p, welchen man mittels

$$F_p^2 = \frac{1}{2\pi}\int\limits_0^{2\pi} f_p^2\,dx = \frac{1}{2\pi}\,\frac{2\pi}{p}\left\{\cos^2\psi + \cos^2\left(\psi + \frac{2\pi}{p}\right) + \cdots \right.$$

$$\left. + \cos^2\left[\psi + (p-1)\frac{2\pi}{p}\right]\right\}$$

und der Relation $\cos^2\psi = \frac{1}{2}(1 + \cos 2\psi)$ zu

$$F_p^2 = \frac{1}{2p}\left\{p + \cos 2\psi + \cos\left(2\psi + \frac{4\pi}{p}\right) + \cdots + \cos\left[2\psi + (p-1)\frac{4\pi}{p}\right]\right\} \tag{19/30}$$

ermittelt. Da sich die cosinus-Glieder (mit Ausnahme von $p = 2$) zu Null ergänzen, erhält man

$$\text{für } p \neq 2: \quad F_p = \frac{1}{\sqrt{2}}, \tag{19/31}$$

$$\text{für } p = 2: \quad F_p = 1 \tag{19/32}$$

und mit (19/26) bzw. (19/29) für die Netzströme von *Mittelpunktschaltungen*

$$\text{für } p \neq 2: \quad I_n = \frac{\sqrt{2}}{3}\cdot\frac{U_s}{U_n}\bar{I}, \tag{19/33}$$

$$\text{für } p = 2: \quad I_n = \frac{1}{2}\cdot\frac{U_s}{U_n}\bar{I} = \frac{U_s}{V_n}\bar{I}. \tag{19/34}$$

Für *Saugdrosselschaltungen* ist zu bedenken, daß die sekundäre Phasenspannung U_s nicht direkt die gleichgerichtete Spannung erzeugt, sondern daß der arithmetische Mittelwert der gleichzeitig stromführenden Phasenspannungen gebildet werden muß, dessen Größe in Kap. 14 berechnet wurde [vgl. (14/6)]:

$$U_m = U_s\,\frac{\sin r\,\pi/p}{r\sin\pi/p}. \tag{19/35}$$

Geht man damit in die Gl. (19/33), so erhält man

$$I_n = \frac{\sqrt{2}}{3}\,\frac{\sin r\,\pi/p}{r\sin\pi/p}\cdot\frac{U_s}{U_n}\bar{I} \tag{19/36}$$

in Übereinstimmung mit (17/35).

Bei der zweiphasigen Saugdrosselschaltung entsteht zwischen dem Mittelwert der sekundären, gleichzeitig stromführenden Phasenspannungen und der primären Spannung eine Phasenverschiebung von 30°; dadurch hat die Doppel-Dreiphasenschaltung bei primärem Dreieck einen Netzstromverlauf gemäß $\psi = 0$ und bei primärem Stern gemäß $\psi = 30°$.

Für *Reihenschaltungen* findet man für $p \neq 2$

$$I_n = \frac{\sqrt{2}}{3}\,s\,\frac{U_s}{U_n}\bar{I}. \tag{19/37}$$

Insgesamt sind nun 4 verschiedene Wege zur Ermittlung des Netzstromes aufgezeigt worden:

1. die graphische Ableitung in den Kap. 11 u. 12,
2. die Oberwellenbilanz der Pulstechnik in Kap. 17,
3. die UHLMANNsche Ableitung, ebenfalls in Kap. 17,
4. die Leistungsbilanz von DEMONTVIGNIER,

welche sich gegenseitig ergänzen und bestätigen und eine vertiefte Einsicht in die Zusammenhänge ermöglichen.

20. Der Stromrichter am idealen Wechselstromnetz

Wie im vorhergehenden Abschnitt gezeigt wurde, pflegt man die Wirkleistung P_W und die Scheinleistung P_S mit Hilfe des Leistungsfaktors $\lambda = v \cdot \cos\varphi_1$ zu verknüpfen

$$P_W = P_S \cdot \lambda$$

und mittels dieser 3 Größen jeweils einen Wechselstromkreis zu kennzeichnen. Als wesentliche Erleichterung für die Untersuchung soll dabei vorerst ein *ideales Wechselstromnetz* vorgesehen werden, welches an den Klemmen des Stromrichters durch eine rein sinusförmige und in ihrer Größe belastungsunabhängige Wechselspannung gekennzeichnet sei.

Da die hier betrachteten Stromrichter keinen Energiespeicher enthalten sollen, so kann die wechselstromseitige Wirkleistung sofort durch die gleichstromseitige Leistung ausgedrückt werden:

$$P_W = \bar{U}\,\bar{I}\,. \tag{20/1}$$

Für die Bestimmung der Scheinleistung und des Leistungsfaktors benötigt man gemäß den Definitionsgleichungen (19/8) und (19/9) den Effektivwert des Wechselstromes I und dessen Grundschwingung I_1 sowie den zwischen der Spannung und dem Strom I_1 vorhandenen Phasenwinkel φ_1. Da sich jedoch der Primärstrom aus den sekundärseitigen Ventilströmen zusammensetzt, so sollen zuerst diese und anschließend auch die anderen vorerwähnten Größen berechnet werden. Es sollen auch aus mehrfach erwähnten Gründen zuerst der einfachste Fall, nämlich der Zweipulsstromrichter mit unendlich großer Kathodendrossel, betrachtet und erst anschließend höhere Pulszahlen berücksichtigt werden.

20.1 Die Grundschwingung des Ventilstromes

a) Der Zweipulsstromrichter

Da für die Ermittlung des Leistungsfaktors sowohl die Größe als auch die Phasenlage der Grundschwingung benötigt werden, so soll die folgende Ableitung in komplexer Schreibweise durchgeführt werden. Der Verlauf des Ventilstromes (Abb. 20/1) kann in 3 Abschnitte unterteilt werden und durch die folgenden Gleichungen beschrieben werden:

$$\text{I:}\quad i_{v_{\text{I}}} = \bar{I}\,\frac{\cos\alpha - \cos\vartheta}{\cos\alpha - \cos(\alpha+\mu)} = I_c\sqrt{2}\,[\cos\alpha - \cos\vartheta], \tag{20/2}$$

$$\text{II:}\quad i_{v_{\text{II}}} = \bar{I} = I_c\sqrt{2}\,[\cos\alpha - \cos(\alpha+\mu)], \tag{20/3}$$

$$\text{III:}\quad i_{v_{\text{III}}} = \bar{I}\,\frac{-\cos\vartheta - \cos(\alpha+\mu)}{\cos\alpha - \cos(\alpha+\mu)} = I_c\sqrt{2}\,[-\cos\vartheta - \cos(\alpha+\mu)]. \tag{20/4}$$

Bei der Ableitung der für den Zeitabschnitt III gültigen Gleichung ist zu beachten, daß $\vartheta > \pi$ ist. Der gesuchte Koeffizient der Fourier-Reihe, die Amplitude der Grundschwingung $\mathfrak{J}_{v1}$, wird dann aus

$$\mathfrak{J}_{v1} = \frac{2}{2\pi}\int\limits_0^{2\pi} i_v\, e^{-j\vartheta}\, d\vartheta$$

erhalten. Führt man für den Ventilstrom obige Gleichungen ein, so erhält man nach einer einfachen Rechnung [R 20,1]

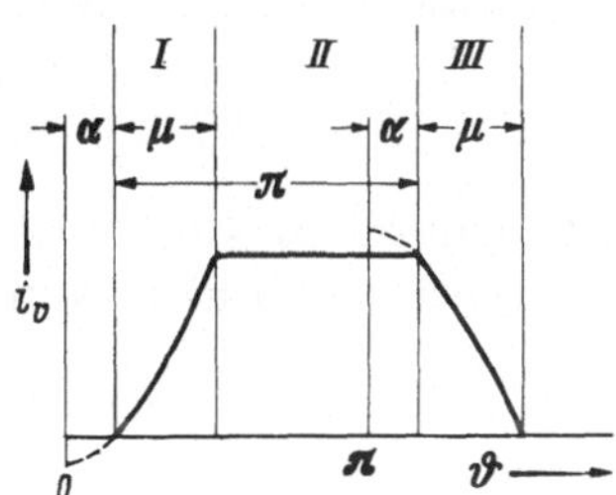

Abb. 20/1. Zeitlicher Verlauf des Ventilstromes i_v eines Zweipulsstromrichters

$$\mathfrak{J}_{v1} = \frac{I_c\sqrt{2}}{2\pi}\,[(-2\mu) - j\,(1 - e^{-j2\mu})\, e^{-j2\alpha}].$$

Bisher wurde die Zeitzählung im Nulldurchgang der Spannung begonnen. Da es jedoch (entsprechend der Eulerschen Relation) üblich ist, $\cos\vartheta$ als Realteil zu verwenden, d. h., die Zeitzählung im Scheitelwert der Spannungskurve beginnen zu lassen, so muß der Zeitmaßstab um $\frac{\pi}{2}$ verschoben oder obiges Ergebnis mit $+j$ multipliziert werden. Es ergibt sich dann für die Grundschwingung des Ventilstromes:

$$\mathfrak{J}_{v1} = \frac{I_c\sqrt{2}}{2\pi}\,[j\,(-2\mu) + (1 - e^{-j2\mu})\, e^{-j2\alpha}]. \tag{20/5}$$

b) Mehrpulsstromrichter

Bei der Ableitung der allgemeingültigen Beziehungen für den p-Pulsstromrichter ergab sich, daß die für den Zweipulsstromrichter geltenden Gleichungen auch bei höheren Pulszahlen zutreffen, solange man sich im Bereich einfacher Überlappung befindet. Damit ist auch hier der Gültigkeitsbereich der obigen Gleichungen gekennzeichnet; sie werden auch bei höheren Pulszahlen im üblichen Arbeitsbereich ($\bar{I} < \bar{I}_N$) uneingeschränkt zutreffen. Bei Überlast oder im Kurzschluß müssen sie besonders abgeleitet werden.

20.2 Die Grundschwingung des Netzstromes

a) Zweipulsstromrichter

Unter der Annahme, daß das Übersetzungsverhältnis des Transformators $\ddot{u} = V/U_s = 1$ betrage, fließt in der Primärwicklung ein Strom, der sich aus den beiden Anodenströmen, die je gerade um eine halbe Periode zeitlich verschoben sind, zusammensetzt. Die Grundwelle des Primärstromes ist daher doppelt so groß wie die Grundwelle eines der beiden Anodenströme. Das ist auch graphisch dadurch zu zeigen, daß die vektorielle Addition der beiden Anodenstromzeiger, die eine Phasenverschiebung von 180° besitzen und sich daher ein doppelt so großer Primärstromzeiger als Summe ergibt.

$$\mathfrak{I}_{n1} = 2\,\mathfrak{I}_{v1} = I_c \frac{\sqrt{2}}{\pi}\,[j\,(-2\,\mu) + (1 - e^{-j2\mu})\,e^{-j2\alpha}]\,. \tag{20/6}$$

Man kann diese Gleichung mittels der Eulerschen Relation auch noch umformen und erhält dann:

$$\frac{\mathfrak{I}_{n1}}{I_c\sqrt{2}} = \frac{1}{\pi}\{\cos 2\,\alpha - \cos 2\,(\alpha+\mu) - j\,[2\,\mu + \sin 2\,\alpha - \sin 2(\alpha+\mu)]\}, \tag{20/7}$$

welche Ausdrücke für $\alpha = 0$ (ungesteuerter Betrieb) in

$$\frac{\mathfrak{I}_{n1}}{I_c\sqrt{2}} = \frac{1}{\pi}\,[1 - e^{-j2\mu} - j\,2\,\mu]$$

bzw.

$$\frac{\mathfrak{I}_{n1}}{I_c\sqrt{2}} = \frac{1}{\pi}\,[1 - \cos 2\,\mu - j\,(2\,\mu - \sin 2\,\mu)] \tag{20/8}$$

übergehen. Damit sind nunmehr die Voraussetzungen geschaffen, um den Zeiger des Netzstromes graphisch darstellen und seine Abhängigkeit vom Überlappungswinkel μ und vom Steuerwinkel α zeigen zu können. In Abb. 20/2 stellt $\mathfrak{U}$ den Zeiger der Netzspannung dar, der in Richtung der reellen Achse (vertikal) aufgetragen ist. Den Stromzeiger $\mathfrak{I}'_{n1} = \mathfrak{I}_{n1}\,\pi/I_c\sqrt{2}$ erhält man dadurch, daß man in Richtung der $(-j)$-Achse den Abstand $2\,\mu$ (Punkt B) und von dort in Richtung der reellen Achse den Abstand 1 aufträgt. Dies ist der Mittelpunkt eines Kreises mit dem Radius 1, auf dessen Umfang im Uhrzeigersinne der Winkel $2\,\mu$ eingetragen ist (Punkt C). Die Strecke BC bildet den Radius eines Kreises, welcher den geometrischen Ort für den Zeiger $\mathfrak{I}'_{n1}$ für $\mu = \text{const}$ und $\alpha = \text{variabel}$ darstellt.

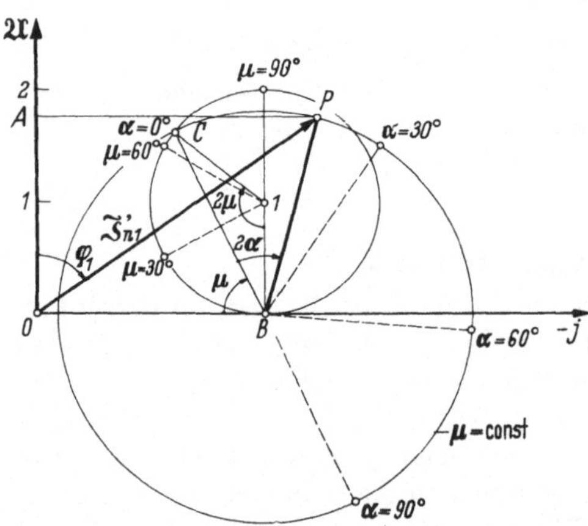

Abb. 20/2. Zeigerdiagramm der Grundwelle $\mathfrak{I}_{n1}$ des Ventil- bzw. Netzstromes ($\mathfrak{I}_{n}'{}_1 = I_{n1}\cdot\pi/I_c\sqrt{2}$)

Der Zeiger $\mathfrak{J}'_{n1}$ ist vom Ursprung O nach P gerichtet und schließt mit $\mathfrak{U}$ den Winkel φ_1 ein, dessen Größe man sofort anschreiben kann (E. GERECKE, 1950):

$$\tan\varphi_1 = \frac{\overline{AP}}{\overline{OA}} = \frac{2\,\mu + \sin 2\,\alpha - \sin 2\,(\alpha + \mu)}{\cos 2\,\alpha - \cos 2\,(\alpha + \mu)} = \frac{\mu - \sin\mu\cos(2\,\alpha + \mu)}{\sin\mu\sin(2\,\alpha + \mu)}\,. \qquad (20/9)$$

Im ungesteuerten Betrieb ergibt sich für den Endpunkt des Zeigers $\mathfrak{J}'_{n1}$ eine Zykloide, deren Verlauf in Abb. 20/3 dargestellt ist. Für $\mu = \text{const}$ ergeben sich Kreise, mit $-j\,2\mu$ als Mittelpunkt und $|1 - e^{-j2\mu}| = \sqrt{2(1-\cos 2\mu)}$ als Radius. In Tab. 20/1 sind einige Zahlenwerte angegeben:

Tabelle 20/1. *Mittelpunktabstand $2\,\mu$ und Radius $\sqrt{2\,(1-\cos 2\,\mu)}$ von Kreisen für konstante Überlappung μ*

μ (Grad)	0	30°	60°	90°	120°	150°	180°
$2\,\mu$ (Radian)	0	1,05	2,10	3,14	4,20	5,24	6,28
$\sqrt{2\,(1-\cos 2\,\mu)}$	0	1,00	1,73	2,00	1,73	1,00	0

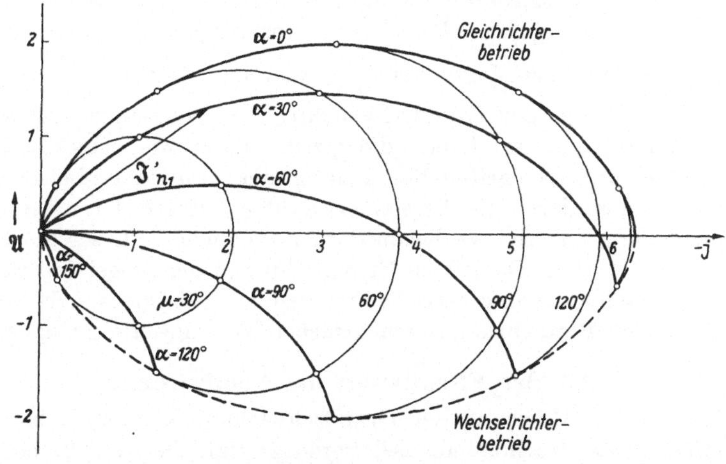

Abb. 20/3. Wechselstromseitiges Betriebsdiagramm eines Zweipulsstromrichters mit unendlich großer Glättungsdrossel

Bei vorgegebenem Zündwinkel α ergeben sich Betriebspunkte, die für einen bestimmten Überlappungswinkel auf dem zugehörigen Kreis ($\mu = \text{const}$) liegen und vom ungesteuerten Betriebspunkt um den Winkel $2\,\alpha$ am Umfang verschoben sind. Indem man auf den Kreisen $\mu = \text{const}$ jeweils vom ungesteuerten Betriebspunkt, der gleichzeitig auf der erwähnten Zykloide liegen muß, den Winkel $2\,\alpha$ abträgt, erhält man Betriebspunkte für $\alpha = \text{const}$. Verbindet man diese Punkte, so erhält man als Ortskurve wiederum eine Zykloide, die jedoch gegenüber derjenigen des ungesteuerten Betriebes so verschoben ist, daß der Punkt ($\mu = 0, \alpha = \text{const}$) immer im Ursprung liegt. Die Kennlinien ($\alpha = \text{const}$) können demnach durch Parallelverschiebung aus der Zykloide ($\alpha = 0$) gewonnen werden. Da der Netzstrom auf die Amplitude des Kommutierungsstromes bezogen wurde, so ergab sich auch von vornherein eine dimensionslose Darstellung.

Das *Wechselstromdiagramm* stellt ein vollständiges Betriebsdiagramm dar, das sowohl den Gleichrichter- wie auch den Wechselrichterbereich abbildet. Es stellt die wechselstromseitige Entsprechung zum gleichstromseitigen Betriebsdiagramm Abb. 8/9 dar. Es besitzt ebenfalls 3 Kurvenscharen ($\alpha = \text{const}$, $\mu = \text{const}$, und $\alpha + \mu = \text{const}$), wobei den Geraden und Ellipsen des Gleichstromdiagramms Zykloiden und Kreise des Wechselstromdiagramms entsprechen. An Stelle der gleichstromseitigen Leerlaufgeraden tritt wechselstromseitig ein Leerlaufpunkt. Bei Kurzschluß erhält man gleichstromseitig $\bar{U} = 0$ und wechselstromseitig einen rein induktiven Netzstrom.

b) Mehrpulsstromrichter

Für die Mehrpulsstromrichter ergeben sich im Bereich einfacher Kommutierung ähnlich einfache Beziehungen für den Ventilstromverlauf; es ist lediglich die kürzere Leitdauer $\frac{2\pi}{p} + \mu$ zu berücksichtigen.

Die Ortskurven der Grundschwingung des Netzstromes (Wechselstrombetriebsdiagramm) haben die gleiche Form wie beim Zweipulsstromrichter. Indessen gelten diese Kurven nur für $\mu \lesseqgtr 60°$. Bei größeren Strömen treten dann die bereits erwähnten Effekte der mehrfachen Kommutierung auf, die wiederum davon abhängig sind, wie die Reaktanzen verteilt sind. Da jedoch Stromrichter in der Regel im Bereich einfacher Kommutierung betrieben werden, so erübrigt es sich, auf die recht mühsame Betrachtung der mehrfachen Kommutierung einzugehen.

20.3 Der Effektivwert des Ventilstromes

Wie bei der Ableitung der Grundschwingung wird auch hier eine unendlich große Kathodendrossel vorausgesetzt. Bei der Berechnung des Effektivwertes geht man von $I_v^2 = \frac{1}{2\pi} \int i_v^2(\vartheta)\, d\vartheta$ aus und unterteilt die Leitdauer wieder in 3 Abschnitte, wie es oben bei der Berechnung der Grundschwingung durchgeführt wurde. Im einfachsten Falle eines *ungesteuerten Zweipulsstromrichters* erhält man mit der Abkürzung $w(\vartheta) = \frac{1 - \cos\vartheta}{1 - \cos\mu}$ für den Ventilstrom

$$I_v^2 = \frac{\bar{I}^2}{2\pi}\left[\int_0^\mu w^2(\vartheta)\, d\vartheta + \pi - \mu + \int_0^\mu (1 - w(\vartheta))^2\, d\vartheta\right]$$

$$= \bar{I}^2\left[\frac{1}{2} - \frac{1}{\pi}\int_0^\mu (w(\vartheta) - w^2(\vartheta))\, d\vartheta\right], \tag{20/10}$$

wobei man das Integral mit $\psi(\mu_0)$ abzukürzen pflegt (W. DÄLLENBACH u. E. GERECKE, 1924)

$$\psi(\mu_0) = \frac{1}{\pi}\int_0^{\mu}(w(\vartheta) - w^2(\vartheta))\,d\vartheta = \frac{(2+\cos\mu_0)\sin\mu_0 - \mu_0(1+2\cos\mu_0)}{2\pi(1-\cos\mu_0)^2}. \tag{20/11}$$

Die Zahlenwerte können aus Abb. 20/4 abgelesen werden und werden auch durch die Reihe

$$\psi(\mu_0) \approx \frac{2\mu_0}{15\pi}\left(1 + \frac{\mu_0^2}{82} + \cdots\right) \tag{20/12}$$

wiedergegeben. Bei gesteuerten *p-Puls-Stromrichtern* soll die Darstellung von vornherein auf den Bereich einfacher Kommutierung begrenzt werden. Der Ventilstrom besitzt dann einen durchaus ähnlichen Verlauf, wie er in Abb. 20/1 für $p = 2$ eingetragen wurde, die Leitdauer ist nur

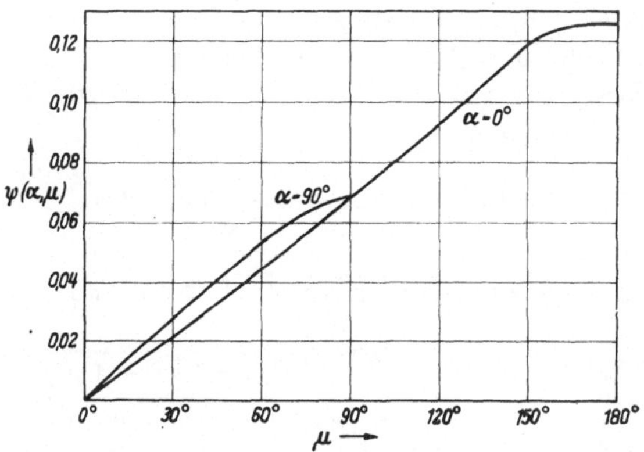

Abb. 20/4. Beiwert $\psi(\alpha, \mu)$

entsprechend zu verkürzen $\left(\beta = \frac{2\pi}{p} + \mu\right)$ und der natürliche Zündzeitpunkt um $\frac{\pi}{p}$ vor den Scheitelwert der Spannungskurve zu legen. Verwendet man $w(\vartheta) = \frac{\cos\alpha - \cos\vartheta}{\cos\alpha - \cos(\alpha+\mu)}$ als Abkürzung, dann erhält man

$$I_v^2 = \frac{I^2}{2\pi}\left[\int_{\alpha}^{\alpha+\mu} w^2(\vartheta)\,d\vartheta + \left(\frac{2\pi}{p} - \mu\right) + \int_{\alpha}^{\alpha+\mu}[1 - w(\vartheta)]^2\,d\vartheta\right]$$

und nach Integration [R 20,2]

$$I_v = \frac{I}{\sqrt{p}}\sqrt{1 - p\,\psi(\alpha,\mu)} \tag{20/13}$$

mit der Abkürzung

$$\psi(\alpha,\mu) = \frac{[2+\cos(2\alpha+\mu)]\sin\mu - \mu[1+2\cos\alpha\cos(\alpha+\mu)]}{2\pi[\cos\alpha - \cos(\alpha+\mu)]^2}, \tag{20/14}$$

deren Zahlenwerte ebenfalls aus Abb. 20/4 abgelesen werden können.

Für überlappungsfreien Betrieb mit exakt rechteckigem Stromverlauf ergibt sich:

$$I_{v_{(\mu=0)}} = \frac{I}{\sqrt{p}} \tag{20/15}$$

eine Beziehung, die für Überschlagsrechnungen sehr viel bequemer ist, wobei außerdem die Stromstärke I_v etwas zu groß erhalten wird, das Resultat also auf der sicheren Seite liegt. Bei üblicher Transformatordimensionierung erhält man $\mu \lessgtr 30°$, $\psi(\alpha, \mu) < 0{,}3$ und damit für $q = 3$ (Saugdrosselschaltung) $\sqrt{1 - p\,\psi(\alpha,\mu)} \geqq 0{,}95$, d. h. eine Korrektur um weniger als 5%.

20.4 Der Effektivwert des Netzstromes

In den Kap. 17 und 19 ist bereits der Primärstrom des Transformators berechnet worden, allerdings unter Vernachlässigung der Überlappung; diese soll nunmehr berücksichtigt werden.

Für den *Zweipulsstromrichter* liest man aus Abb. 20/5 für den Netzstrom folgende Gleichung ab:

$$I_n^2 = \frac{I^2}{2\pi}\left[\int_0^\mu (-1 + 2\,w(\vartheta))^2\,d\vartheta + \pi - \mu + \int_0^\mu (1 - 2\,w(\vartheta))^2\,d\vartheta + \pi - \mu\right]$$

$$= I^2\left[1 - \frac{4}{\pi}\int_0^\mu (w(\vartheta) - w^2(\vartheta))\,d\vartheta\right] = I^2\,[1 - 4\,\psi(\mu_0)]$$

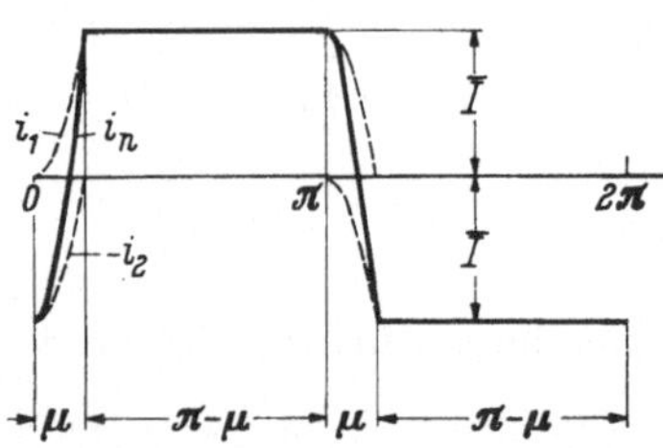

Abb. 20/5. Netzstrom eines ungesteuerten Zweipulsstromrichters

bzw.

$$I_n = I\sqrt{1 - 4\,\psi(\mu_0)}\,, \tag{20/16}$$

wobei $\psi(\mu_0)$ wiederum die von W. Dällenbach und E. Gerecke eingeführte Überlappungsfunktion (20/11) bedeutet. Man ersieht, daß man wegen der Symmetrie, welche Wechselströme in bezug auf ihren zeitlichen Verlauf besitzen müssen, die Integration nur auf eine Halbperiode zu erstrecken brauchte; indessen wird im folgenden gemäß der konventionellen Schreibweise weiterhin über 2π integriert werden.

Für die Betrachtung der *Mehrpulsstromrichter* wird ein dreiphasiges Wechselstromnetz vorausgesetzt und von dem treppenförmigen Stromverlauf ohne Überlappung ausgegangen, dessen Verlauf in Abb. 20/6 für einen Sechspulsstromrichter gestrichelt eingetragen ist.

Berücksichtigt man die Kommutierung, so erhält man den voll ausgezogenen Kurvenzug. Während der Kommutierung von der m-ten auf die $(m + 1)$-te Stufe verläuft der Strom gemäß

$$i = i_m + \Delta i \cdot w(\vartheta)\,, \tag{20/17}$$

wobei $\Delta i = i_{m+1} - i_m$ den Stromunterschied der beiden Stufen und $w(\vartheta) = \frac{\cos\alpha - \cos\vartheta}{\cos\alpha - \cos(\alpha+\mu)}$ den zeitlichen Verlauf kennzeichnet.

Den Effektivwert eines s-stufigen Primärstromes mit Berücksichtigung der Überlappung erhält man gemäß

$$I_n^2 = \frac{1}{2\pi}\sum_1^s\left[\int_{-\left(\frac{2\pi}{p}-\mu\right)}^{\mu} i_m^2\,d\vartheta + 2\int_0^{\mu} i_m\,\Delta i\cdot w(\vartheta)\,d\vartheta + \int_0^{\mu}\Delta i^2\,w^2(\vartheta)\,d\vartheta\right].$$

Da gemäß (17/32) und (17/33) für i_m die Beziehung

$$i_m = \frac{2}{3}\,\hat{\imath}\cos\psi = \frac{2}{3}\,\hat{\imath}\cdot\cos\left[(m-1)\frac{2\pi}{p}\right] \tag{20/18}$$

gilt („Gesetz über die sinusförmige Abstufung des Primärstromes“),

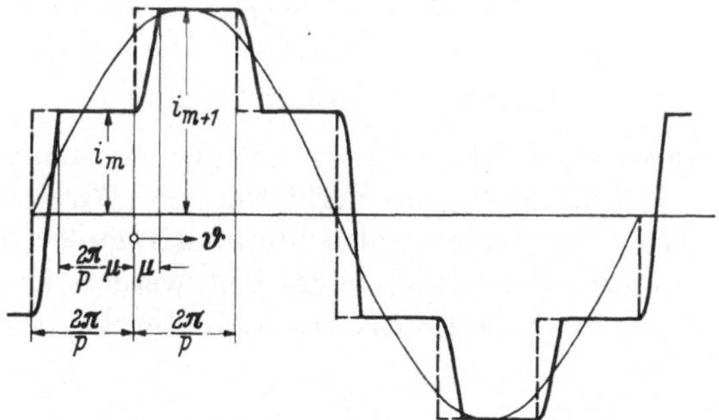

Abb. 20/6. Zeitlicher Verlauf des Netzstromes eines Sechspulsstromrichters

so wird $\sum\Delta i^2 = -2\sum i_m\,\Delta i$ [R 20,3], damit kann man obigen Ausdruck für den Effektivwert auch schreiben:

$$I_n^2 = I_{n_0}^2 - \frac{1}{2\pi}\sum_1^s \Delta i^2\int[w(\vartheta) - w^2(\vartheta)]\,d\vartheta$$

$$= I_{n_0}^2 - \sum_1^s \Delta i^2\cdot\psi(\alpha,\mu), \tag{20/19}$$

wenn mit I_{n_0} der Effektivwert des Netzstromes ohne Berücksichtigung der Überlappung

$$I_{n_0} = I_{n_{\mu=0}} = \frac{\sqrt{2}}{3}\,\bar{I} \tag{20/20}$$

bezeichnet wird.

Führt man noch die Abkürzung $K = \frac{\sum\Delta i^2}{2\,I_{n_0}^2}$ ein, so erhält man schließlich

$$I_n = I_{n_0}\sqrt{1 - K\,\psi(\alpha,\mu)}\,. \tag{20/21}$$

Für $\sum_1^p\Delta i^2$ erhält man mit (20/18) [R 20,4]

$$\sum_1^p\Delta i^2 = \frac{4}{9}\,\hat{\imath}^2\,p\left(1 - \cos\frac{2\pi}{p}\right) = \frac{8}{9}\,\hat{\imath}^2\,p\sin^2\frac{\pi}{p} \tag{20/22}$$

und mit (17/34) für K die Gleichung

$$K = 2\,p \sin^2 \frac{\pi}{p}\,, \tag{20/23}$$

welche für die üblichen Pulszahlen die in Tab. 20/2 enthaltenen Zahlenwerte liefert:

Tabelle 20/2. *Faktor K für verschiedene Pulszahlen p*

p	2	3	6	12	18	24	30	36	60
K	4,0	4,5	3,0	1,61	1,08	0,82	0,66	0,545	0,32

Es ist bemerkenswert, daß die Gl. (20/21) auch noch für $p = 2$ den in Gl. (20/16) erhaltenen Zahlenwert $K = 4$ liefert, obwohl bei der allgemeinen Ableitung ein dreiphasiges Wechselstromnetz vorausgesetzt war.

20.5 Der Leistungsfaktor

Der Leistungsfaktor eines Wechselstromnetzes kennzeichnet, wie oben abgeleitet wurde (19/9), das Verhältnis von Wirkleistung P_W zu Scheinleistung P_S. Bei einem idealen Wechselstromnetz, dessen Spannung als unverzerrt sinusförmig angesehen werden kann, wird der Leistungsfaktor in der Schreibweise der CEI-Regeln durch

$$\lambda = v \cdot \cos\varphi_1 \tag{20/24}$$

definiert, wobei $v = \frac{I_1}{I}$ als „Verzerrungsfaktor" ($\equiv g$, „Grundschwingungsgehalt") und $\cos\varphi_1 = \frac{I_{1_W}}{I_1}$ als „Verschiebungsfaktor" bezeichnet wird. Da der Effektivwert des Netzstromes I sowie dessen Grundschwingung I_1 oben berechnet wurden, kann sofort an die nähere Kennzeichnung der Netzgrößen herangegangen werden.

a) Verschiebungsfaktor

Für die zahlenmäßige Auswertung empfiehlt sich eine bequemere Schreibweise, weshalb

$$\cos\varphi_1 = \frac{I_{1_W}}{I_1} = \frac{1}{\sqrt{1 + (I_{1_B}/I_{1_W})^2}} = \frac{1}{\sqrt{1 + \tan^2\varphi_1}} \tag{20/25}$$

gesetzt wird, wofür der Tangens des Verschiebungswinkels aus (20/9) entnommen werden kann.

In Abb. 20/7 ist die Abhängigkeit des Verschiebungsfaktors $\cos\varphi_1$ vom Überlappungswinkel μ für verschiedene Steuerwinkel α graphisch dargestellt. Man erkennt, daß im *Leerlauf* der Verschiebungsfaktor gleich dem Aussteuerungsfaktor wird:

$$\mu = 0: \qquad \cos\varphi_1 = \cos\alpha\,. \tag{20/26}$$

Die Linien für $\mu_0 = \text{const}$ kennzeichnen Betriebszustände mit konstanter Stromstärke $\bar{I}$, aber veränderlichem Steuerwinkel α. Der übliche Arbeitsbereich liegt zwischen der Leerlaufgeraden und der Kurve $\mu_0 = 30°$. In diesem Bereich ist der Verschiebungsfaktor nur wenig, höchstens 6 bis 7%, kleiner als der Aussteuerungsfaktor $\cos\alpha$. Dem Kurzschluß entspricht naturgemäß der Verschiebungsfaktor

$$\cos\varphi_1 = 0\,,$$

welcher überdies im Wechselrichterbetrieb negative Werte annimmt. Das Diagramm gilt allerdings wiederum nur für den Zweipulsstrom-

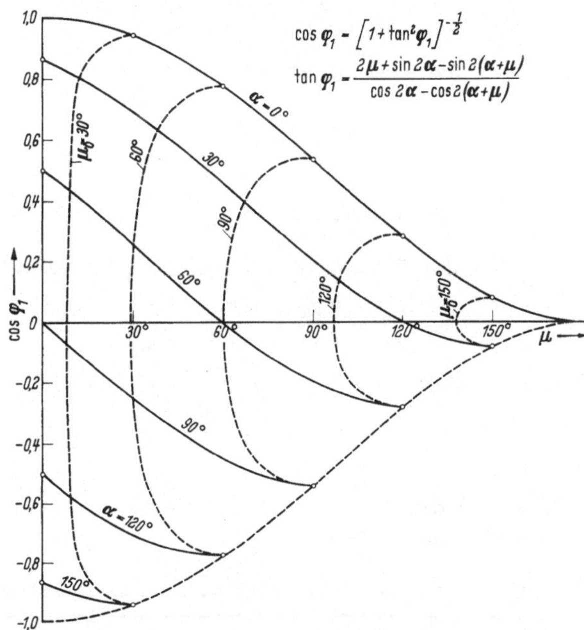

Abb. 20/7. Verschiebungsfaktor $\cos\varphi_1$ in Abhängigkeit vom Überlappungswinkel μ für Stromrichter mit unendlich großer Glättungsdrossel

richter ohne Einschränkung; bei höheren Pulszahlen nur im Bereich einfacher Überlappung. M. Demontvignier (1951) hat gezeigt, daß eine unvollständige Glättung des gleichgerichteten Stromes eine Vergrößerung des Blindstromes zur Folge hat. Dieser Effekt ist jedoch nur bei Zweipulsstromrichtern merklich, bei höheren Pulszahlen ist er vernachlässigbar.

b) Verzerrungsfaktor

Den Effektivwert der Grundschwingung des Netzstromes kann man sehr übersichtlich aus der Gleichsetzung der Gleichstrom- und Wechselstromleistung gewinnen:

$$3\,U_n\,I_{n_1}\cos\varphi_1 = \bar{U}\,\bar{I}\,. \qquad (20/27)$$

Mit (17/17) und (20/9), (20/25) folgt

$$I_{n_1} = \frac{\bar{U}\,\bar{I}}{3\,U_n \cos\varphi_1} = \frac{E}{U_n}\frac{\sqrt{2}}{3}\frac{p}{\pi}\sin\frac{\pi}{p}\frac{\cos\alpha - d}{\cos\varphi_1}\bar{I}, \qquad (20/28)$$

und mit (20/21) erhält man für den Verzerrungsfaktor ($E = U_n$ vorausgesetzt)

$$v = \frac{I_{n_1}}{I_n} = \frac{p}{\pi}\sin\frac{\pi}{p}\frac{\cos\alpha - d}{\cos\varphi_1}\frac{1}{\sqrt{1 - K\psi}}, \qquad (20/29)$$

welcher Ausdruck bei vernachlässigter Überlappung in

$$v_0 = (v)_{\mu=0} = \frac{p}{\pi}\sin\frac{\pi}{p} \qquad (20/30)$$

übergeht.

Beim *Zweipulsstromrichter* findet man analog mit

$$V_n\, I_{n_1} \cos\varphi_1 = \bar{U}\,\bar{I} \qquad (20/31)$$

für die Grundwelle des Netzstromes

$$I_{n_1} = \frac{E}{V_n}\frac{2\sqrt{2}}{\pi}\frac{1 - d}{\cos\varphi_1}\bar{I} \qquad (20/32)$$

und mit (20/16) für den Verzerrungsfaktor ($E = V_n$ vorausgesetzt)

$$v = \frac{I_{n_1}}{I_n} = \frac{2\sqrt{2}}{\pi}\frac{1 - d}{\cos\varphi_1}\frac{1}{\sqrt{1 - 4\psi}}, \qquad (20/33)$$

welche sich bei $\mu = 0$ zu

$$v_0 = (v)_{\mu_0=0} = \frac{2\sqrt{2}}{\pi} \qquad (20/34)$$

vereinfacht.

In Tab. 20/3 sind die Zahlenwerte des Verzerrungsfaktors für verschiedene Pulszahlen angegeben.

Tabelle 20/3. *Verzerrungsfaktor v für verschiedene Pulszahlen p*

p	2	3	6	12	18	24	36	48
$v_{\mu=0}$	0,9003	0,8270	0,9550	0,9886	0,9949	0,9972	0,9988	0,9992
$v_{\mu=30°}$	0,93	0,86	0,975	0,99	$\approx 1{,}0$	$\approx 1{,}0$	$\approx 1{,}0$	$\approx 1{,}0$

Die vorstehenden Ableitungen hatten einen reinen Gleichstrom $\bar{I}$ und eine rein sinusförmige Wechselspannung E zur Voraussetzung. Das Verhältnis der Gleichspannung $\bar{U}$ zum Scheitelwert $E\sqrt{2}$ ist ein Maß für die Spannungswelligkeit und ebenfalls für den Oberwellengehalt des Netzstromes. Insofern ist es nur natürlich, daß gemäß (20/30) und (20/34) der Verzerrungsfaktor im Leerlauf mit dem Verhältnis $\frac{\bar{U}}{E\sqrt{2}}$ übereinstimmt. Bei Belastung wird der Wurzelausdruck etwas kleiner als 1 und dadurch der Verzerrungsfaktor verbessert. Diese Verbesserung ist durch die Verschleifung der Ecken des Stromverlaufs bedingt und macht sich praktisch nur bei $p = 2$ bis 6 bemerkbar, bei höheren Pulszahlen ist der Verzerrungsfaktor ohnedies nahezu 1, so daß auch keine Lasteinflüsse möglich sind.

c) Beeinflussung des Verschiebungsfaktors durch den Magnetisierungsstrom

In Stromrichteranlagen großer Leistung pflegt man die Pulszahl mit Rücksicht auf die Netzrückwirkungen so zu wählen, daß der Verzerrungsfaktor praktisch gleich $v = 1$ wird. Der Leistungsfaktor wird

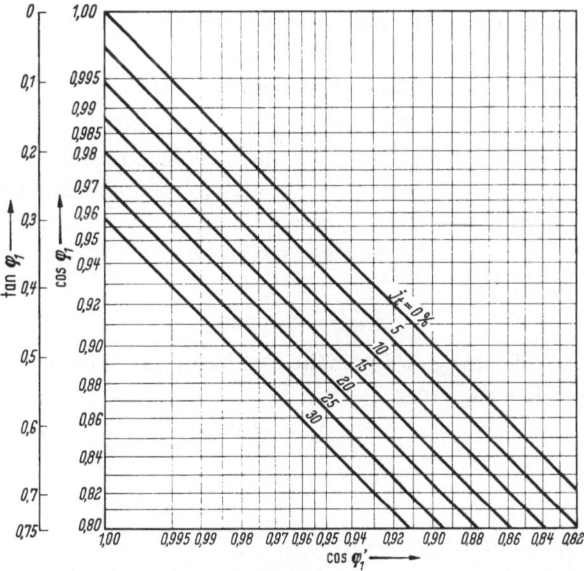

Abb. 20/8. Beeinflussung des Verschiebungsfaktors cos φ_1 durch den relativen Magnetisierungsstrom des Transformators j_t

dann lediglich durch den Verschiebungsfaktor bestimmt, dessen genaue Vorausberechnung neuerdings in zunehmendem Maße notwendig wird.

Da jedoch bei einer sehr genauen Berechnung von $\cos\varphi_1$ auch der Magnetisierungsstrom des Transformators berücksichtigt werden muß, soll dessen Einfluß kurz betrachtet werden. Erinnert man sich, daß in Gl. (20/9) der Winkel φ_1 aus dem Verhältnis von Blindkomponente zu Wirkkomponente des Grundwellenstromes I_1 ermittelt worden war, so kann der Magnetisierungsstrom sofort dadurch berücksichtigt werden, daß man den relativen Magnetisierungsstrom (= Magnetisierungsstrom auf den Wirkstrom bezogen) zur Blindkomponente addiert. Bezeichnet man den Verschiebungsfaktor ohne Magnetisierungsstrom als $\cos\varphi_1'$ und den rel. Magnetisierungsstrom mit $j_t = I_{tB}/(I_{tN})_{wirk} \approx I_{tB}/I_{nN}$, so ergibt sich

$$\tan\varphi_1 = \tan\varphi_1' + j_t. \qquad (20/35)$$

Die graphische Darstellung (J. C. READ, 1945) dieser Gleichung zeigt Abb. 20/8. Indem man auf der Ordinate eine lineare Skala von $\tan\varphi_1$ und auf der Abszisse eine lineare Skala von $\tan\varphi_1'$ aufträgt, kann man sofort die den relativen Magnetisierungsstrom berücksichtigende Kurvenschar eintragen. Um das Diagramm für den praktischen Gebrauch möglichst bequem lesbar zu machen und ihm auch diejenige Form zu geben, in welcher es in die CEI-Normen aufgenommen ist, wurden schließlich noch die linearen Skalen für $\tan\varphi_1'$ und $\tan\varphi_1$ in Skalen für den Kosinus des jeweiligen Winkels umgeschrieben.

20.6 Die Blindleistung

Für den praktischen Gebrauch wird häufig die Verzerrungsblindleistung vernachlässigt und lediglich die Verschiebungsblindleistung P_{B_s} betrachtet; bezeichnet man mit $P_S = \bar{U}_{00}\,\bar{I}$ die Scheinleistung eines Stromrichters, so gilt

$$P_B \approx P_{B_s} = P_S \sin\varphi_1 .$$

Da die Wirkleistung

$$P_W = P_S \cos\varphi_1$$

der Gleichstromleistung $\bar{U}\bar{I}$ gleicht, so kann man auch bei Vernachlässigung der Überlappung

$$\cos\varphi_1 \approx \cos\alpha \qquad (20/36)$$

und

$$P_W = \bar{U}_{00}\,\bar{I}\cos\alpha \qquad (20/37)$$

schreiben.

Dieser Zusammenhang ermöglicht eine überaus einfache graphische Darstellung. Trägt man, wie es in Abb. 20/9 geschehen ist, auf der Abszisse $\frac{P_W}{P_S} = \cos\varphi_1$ auf, welcher Quotient wegen $\mu = 0$ dem Aussteuerungsgrad $a = \frac{U_{\alpha_0}}{U_{00}} = \cos\alpha$ gleicht, und auf der Ordinate $\frac{P_B}{P_S} = \sin\varphi_1$, so ergibt sich für den Blindleistungsbedarf eines teilausgesteuerten Stromrichters (bei konstantem Gleichstrom $\bar{I}$!) ein Kreisbogen. Man erkennt deutlich, wie der Blindleistungsbedarf mit der Herabsteuerung des Stromrichters ansteigt und im Nullspannungsbetrieb seinen Höchstwert erreicht.

Es hat nicht an Versuchen gefehlt, diesen Blindleistungsbedarf der Stromrichter zu verringern. Die dafür besonders geeignete Maßnahme ist die Verwendung von Stufenschaltern und Anzapftransformatoren — eine Lösung, die insbesondere in allen Betrieben mit konstanter oder nahezu konstanter Aussteuerung (z. B. Elektrolyseanlagen) angewendet wird.

Je nach der Art, wie man die Stufung des Transformators wählt, kann man verschiedene Zusatzbedingungen berücksichtigen. In Abb. 20/10 ist z. B. der Fall graphisch dargestellt, daß ein gewisser $\cos\varphi_1$ nicht unterschritten werden soll. Zwischen den Stufen ist stets Spannungs-

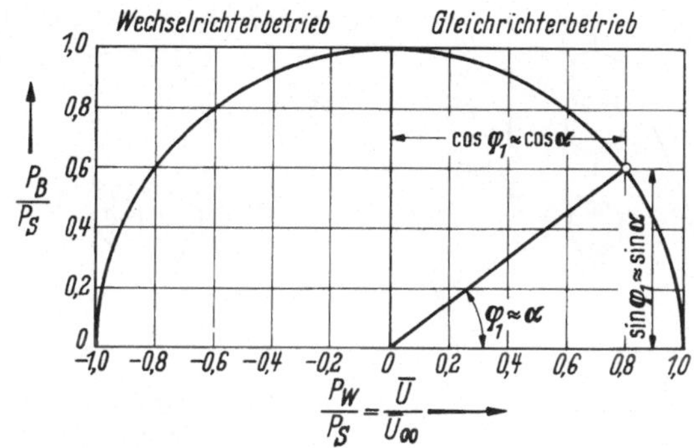

Abb. 20/9. $\frac{\text{Blindleistung}}{\text{Scheinleistung}} = \frac{P_B}{P_S}$ eines Stromrichters in Abhängigkeit vom Steuerwinkel α ($\bar{I}$ = const, $\mu = 0$, Respektabstand = 0)

änderung mittels Gittersteuerung vorgesehen. Man sieht, daß in einem solchen Falle eine ungleichmäßige Stufenverteilung vorgenommen werden muß. In analoger Weise kann auch die Forderung erfüllt werden, daß die Blindleistung P_B einen bestimmten Höchstwert je Stufe nicht überschreitet. In diesem Falle werden die Stufen mit abnehmender Gleichspannung immer größer.

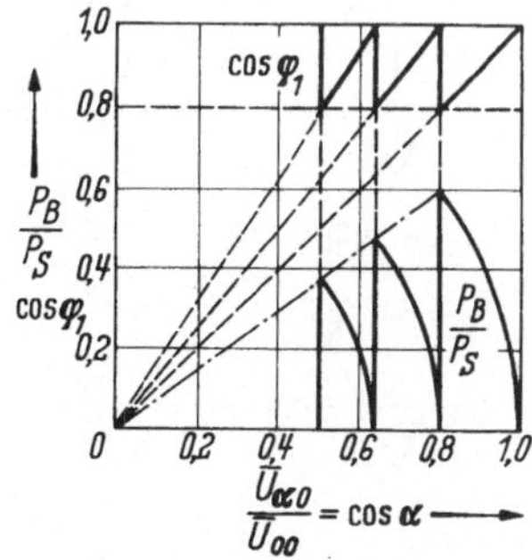

Abb. 20/10. Verschiebungsfaktor $\cos\varphi_1$ bei Verwendung eines Stufentransformators

Falls die Verhältnisse eine Aufteilung des Stromrichters in 2 Aggregate gestatten (insbesondere bei Doppelmotoren), kann die sogenannte „Gefäßfolgesteuerung" (F. Korb, 1958) angewendet werden. In Abb. 20/11 ist das Schaltbild und das Blindleistungsdiagramm dargestellt. Von zwei in Reihe geschalteten Stromrichtern gleicher Leistung wird mittels der Gittersteuerung zuerst die Gleichspannung des einen und dann auch des andern von $+\bar{U}_{00}$ nach $-\bar{U}_{00}$ (d. h. vollen Wechselrichterbetrieb) gesteuert. Wie man aus dem Blindleistungsdiagramm ersieht, gelingt es auf diese Weise, die Blindleistung, insbesondere in der Nähe von $\bar{U} = 0$, sehr klein zu halten, was für alle motorischen Antriebe mit großem Anfahrdrehmoment von großem Vorteil ist. Es ist nun sehr bemerkenswert, daß eine Verringerung des Blindleistungsbedarfes lediglich mit Hilfe eines besonderen Gittersteuerverfahrens, nämlich der „unsymmetrischen Steuerung“ oder Phasenfolgesteuerung, erzielt werden kann. Dieses von J. AUGIER und P. G. LAURENT (DRP Nr. 729764 vom 5. 7. 1935) angegebene Verfahren wurde von E. UHLMANN (1937) und G. MÖLTGEN (1956) eingehend unter-

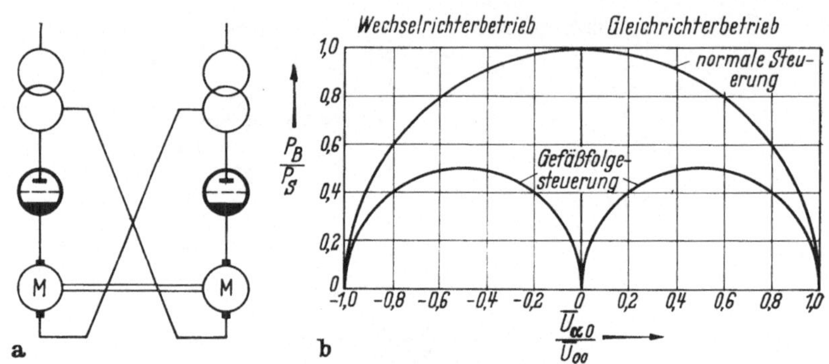

Abb. 20/11. Gefäßfolgesteuerung
a) Schaltung; b) Blindleistungsdiagramm

sucht und besteht darin, daß in dreiphasigen Kommutierungseinheiten nur jede zweite Phase gesteuert wird (Abb. 20/12). Zu diesem Zwecke wird die Gittersteuerung mit der halben Netzfrequenz gespeist. Ge-

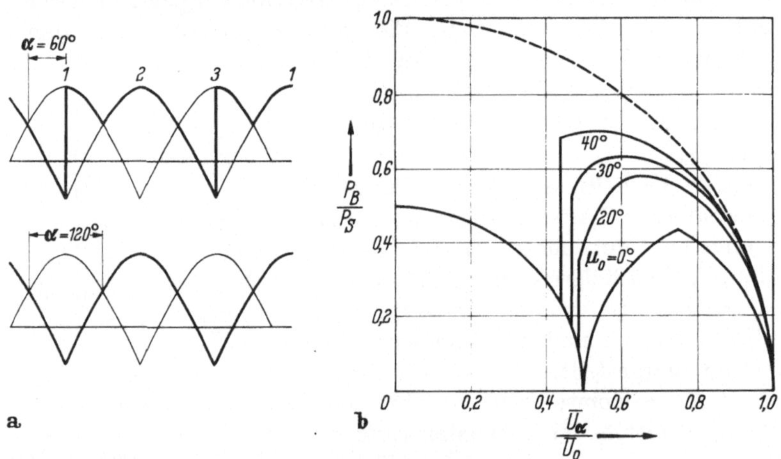

Abb. 20/12. Unsymmetrische Steuerung
a) zeitlicher Verlauf der gleichgerichteten Spannung;
b) Blindleistung in Abhängigkeit vom Aussteuerungsgrad $\overline{U}_\alpha/\overline{U}_0$
— unsymmetrische Steuerung; --- symmetrische Steuerung

steuerter und ungesteuerter Betrieb der einzelnen Ventile wechseln miteinander ab. Bei $\alpha = 0$ und $\alpha = 120°$ ist im Leerlauf die Blindleistung $P_B = 0$; bei Belastung steigt die Blindleistung infolge der Kommutierung in Abhängigkeit von μ.

Weitere Verfahren zur Blindstromverringerung, wie Nullanodenschaltungen (J. v. ISSENDORF, 1933), Zwangskommutierung (H. HAFNER, 1932; C. H. WILLIS, 1932) usw., sollen unter Hinweis auf die diesbezügliche Literatur nur erwähnt werden (G. MÖLTGEN, 1953; H. VERSE, 1952; M. DEMONTVIGNIER, 1943).

21. Der Stromrichter am realen Wechselstromnetz

Im folgenden soll der Einfluß der Netzimpedanz auf den Gleichspannungsabfall und den Leistungsfaktor eines Stromrichters behandelt werden. Die Darstellung wird sich dabei an die von E. UHLMANN (1955) ermittelten und in die CEI-Recommendations aufgenommenen Ergebnisse halten.

21.1 Das Ersatzschaltbild

Um die gestellte Aufgabe klar zu umreißen, ist in Abb. 21/1 das Ersatzschaltbild der zu untersuchenden Stromrichteranlage dargestellt. Der Stromrichter wird von einem idealen Wechselstromgenerator gespeist, der keine inneren Impedanzen und an seinen Klemmen eine rein sinusförmige Wechselspannung u_n' besitzt. Die gesamte Impedanz des Wechselstromnetzes und die innere Impedanz der realen Generatoren wird in der konzentrierten Impedanz Z_n vereinigt. Da der Netzstrom an Z_n einen Spannungsabfall hervorruft, so wird die Spannung an den primären Klemmen des Stromrichtertransformators u_n im allgemeinen nicht mehr sinusförmig sein. Im Leerlauf verschwindet der Netzspannungsabfall und es ist $u_n = u_n'$. Die Gleichspannung $\bar{U}$ erscheint an den gleichstromseitigen Klemmen des Stromrichters. Der Spannungsabfall in den Ventilen wird mit $\bar{U}_B$ bezeichnet. Wie üblich ist gleichstromseitig eine sehr große Drossel vorgesehen.

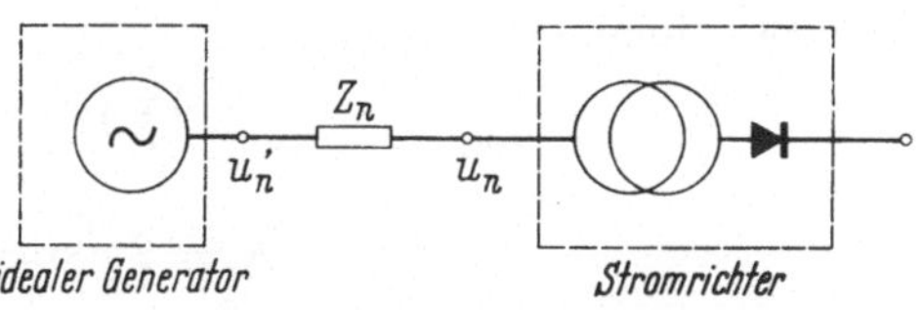

Abb. 21/1. Ersatzschaltbild eines Wechselstromnetzes mit angeschlossenem Stromrichter

Den bisherigen Untersuchungen war stets eine ideale Wechselspannungsquelle zugrunde gelegt und alle Größen auf diese unveränderliche Spannung bezogen worden. Indessen ist zu bedenken, daß die Spannung u_n' dieser idealen Quelle im allgemeinen nicht gemessen werden kann, sondern nur die Spannung u_n an den Wechselstromklemmen des Transformators. Es soll daher zunächst das Verhältnis dieser beiden Wechselspannungen $\frac{u_n}{u_n'}$ in Abhängigkeit von den Stromrichterdaten und der Netzimpedanz berechnet werden, wobei im Gegensatz zu dem bisherigen Vorgehen nunmehr die Generatorspannung in solcher Weise verändert wird, daß die Stromrichterwechselspannung konstante Werte behält.

21.2 Der Spannungsabfall im Wechselstromnetz

Der Augenblickswert der Wechselspannung an der Stromrichteranlage u_n ist durch

$$u_n = u_n' - i_n R_n - X_n \frac{d i_n}{d\vartheta} \tag{21/1}$$

gegeben, wobei $Z_n = \sqrt{R_n^2 + X_n^2}$ bedeutet. Der Effektivwert dieser Spannung ist durch

$$U_n = \left[\frac{1}{2\pi}\int_0^{2\pi} (u_n)^2\, d\vartheta\right]^{1/2}$$

bestimmt. Durch Einsetzen von (21/1) ergibt sich

$$U_n^2 = \frac{1}{2\pi}\int_0^{2\pi} \left[u_n'^2 - 2\,u_n' \cdot i_n R_n - 2\,u_n' X_n \frac{d i_n}{d\vartheta} + i_n^2 R_n^2 + \right.$$
$$\left. + 2\,i_n R_n X_n \frac{d i_n}{d\vartheta} + X_n^2 \left(\frac{d i_n}{d\vartheta}\right)^2\right] \cdot d\vartheta \tag{21/2}$$

und damit folgende Integrale:

a) $$\frac{1}{2\pi}\int_0^{2\pi} (u_n' \sqrt{2}\cos\vartheta)^2\, d\vartheta = (U_n')^2; \tag{21/3}$$

b) $$\frac{1}{2\pi}\int_0^{2\pi} (i_n)^2\, d\vartheta = I_{n_0}^2 [1 - K\psi(\alpha,\mu)], \tag{21/4}$$

wie in Abschn. 20.4, Gl. (20/21), gezeigt wurde. Die Abkürzungen sind dabei wie folgt bestimmt:

$$I_{n_0} = I_{n_{\mu=0}} = \frac{\sqrt{2}}{3} I \qquad \text{für } p \geqq 3, \tag{20/20}$$

$$K = 2\,p \sin^2\frac{\pi}{p} \tag{20/23}$$

und

$$\psi(\alpha,\mu) = \frac{[2 + \cos(2\alpha + \mu)]\sin\mu - \mu[1 + 2\cos\alpha\cos(\alpha + \mu)]}{2\pi[\cos\alpha - \cos(\alpha + \mu)]^2}; \tag{20/14}$$

c) $$\frac{1}{2\pi}\int_0^{2\pi} u_n' \cdot i_n\, d\vartheta = U_n' I_{n_1} \cos\varphi_1, \tag{21/5}$$

weil im Ohmschen Widerstand nur Wirkleistung in Wärme umgeformt werden kann. Wie oben (20/29) gezeigt wurde, gilt in guter Näherung:

$$\frac{I_{n1}}{I_n} \approx \frac{p}{\pi}\sin\frac{\pi}{p} \cdot \frac{\cos\alpha - d}{\cos\varphi_1} = \frac{p}{\pi}\sin\frac{\pi}{p}\,\frac{\cos\alpha + \cos(\alpha + \mu)}{2\cos\varphi_1}. \tag{21/6}$$

Mit der Abkürzung

$$\varrho(\alpha,\mu) = \frac{\cos\alpha + \cos(\alpha + \mu)}{2} = \cos\alpha - d \tag{21/7}$$

kann sofort

$$I_{n_1} \cdot \cos\varphi_1 = \varrho(\alpha, \mu) \frac{p}{\pi} \sin\frac{\pi}{p} \cdot I_n \tag{21/8}$$

gesetzt werden; damit erhält man schließlich

$$U_n' I_{n_1} \cos\varphi_1 = U_n' I_n \varrho(\alpha, \mu) \cdot \frac{p}{\pi} \sin\frac{\pi}{p}; \tag{21/9}$$

d)
$$\frac{1}{2\pi} \int_0^{2\pi} u_n' \frac{d i_n'}{d\vartheta} \cdot d\vartheta = U_n' I_{n1} \sin\varphi_1, \tag{21/10}$$

da die Netzinduktivität nur Blindleistung aufnehmen kann. Aus Gl. (21/9) findet man für diese

$$U_n' I_{n_1} \sin\varphi_1 = U_n' I_n \chi(\alpha, \mu) \frac{p}{\pi} \sin\frac{\pi}{p} \tag{21/11}$$

mit der Abkürzung

$$\chi(\alpha, \mu) = \frac{2\mu + \sin 2\alpha - \sin 2(\alpha + \mu)}{4[\cos\alpha - \cos(\alpha + \mu)]} = \varrho(\alpha, \mu) \tan\varphi_1 \tag{21/12}$$

welche sofort aus (20/9) und $\cos 2\alpha - \cos 2(\alpha + \mu) = 2[\cos\alpha - \cos(\alpha + \mu)]$ $[\cos\alpha + \cos(\alpha + \mu)]$ folgt.

e)
$$\frac{1}{2\pi} \int_0^{2\pi} i_n \cdot \frac{d i_n}{d\vartheta} d\vartheta = 0, \tag{21/13}$$

was leicht einzusehen ist, da

$$\int_0^{2\pi} i_n \cdot d i_n = \frac{1}{2} \int_0^{2\pi} d(i_n^2) = \frac{1}{2} [i_n^2(2\pi) - i_n^2(0)] = 0$$

ergibt.

f) $\frac{1}{2\pi} \int_0^{2\pi} \left(\frac{d i_n}{d\vartheta}\right)^2 d\vartheta$. Dieses Integral besteht aus p Teilbeträgen, von denen jeder einen Kommutierungsvorgang erfaßt. Um diese Anteile berechnen zu können, muß vom Stromverlauf während der Überlappung ausgegangen werden. Wie bereits in Abschn. 20.4 ausgeführt wurde, ist die Höhe der Stromstufen durch

$$i_m = I_n \sqrt{2} \cos\psi_m$$

gegeben, wobei von Stufe zu Stufe eine Winkeländerung von

$$\psi_{m+1} - \psi_m = \frac{2\pi}{p}$$

auftritt. Der Übergang von einer Stromstufe zur anderen kann mit Berücksichtigung der Überlappung durch (20/17)

$$i_n = i_m + \Delta i \cdot w(\vartheta) = I_n \sqrt{2} [\cos\psi_m + (\cos\psi_{m+1} - \cos\psi_m) w(\vartheta)] \tag{21/14}$$

beschrieben werden, wobei

$$\Delta i = i_{m+1} - i_m = I_n \sqrt{2} (\cos\psi_{m+1} - \cos\psi_m)$$

und
$$w(\vartheta) = \frac{\cos\alpha - \cos(\vartheta - \psi_m)}{\cos\alpha - \cos(\alpha + \mu)}$$

bedeuten. Die Kommutierung beginnt im Zeitpunkt $\vartheta = \psi_m + \alpha$ mit $w(\vartheta) = 0$ und endet bei $\vartheta = \psi_m + \alpha + \mu$ mit $w(\vartheta) = 1$. Differenziert man den Ausdruck für i_n, so erhält man

$$\frac{d i_n}{d\vartheta} = I_n \sqrt{2}\, \frac{\cos\psi_{m+1} - \cos\psi_m}{\cos\alpha - \cos(\alpha+\mu)} \sin(\vartheta - \psi_m), \tag{21/15}$$

womit man nun das Integral (f) berechnen kann:

$$\frac{1}{2\pi}\int\limits_0^{2\pi/p} \left(\frac{d i_n}{d\vartheta}\right)^2 d\vartheta = \frac{1}{2\pi}\sum_{m=1}^{m=p}\int\limits_{\psi_m+\alpha}^{\psi_m+\alpha+\mu}\left(\frac{d i_n}{d\vartheta}\right)^2 d\vartheta \quad [\mathrm{R}\ 24{,}1]$$
$$= \frac{p}{\pi}\sin^2\frac{\pi}{p}\,\frac{\chi(\alpha,\mu)}{d}\, I_n^2,$$

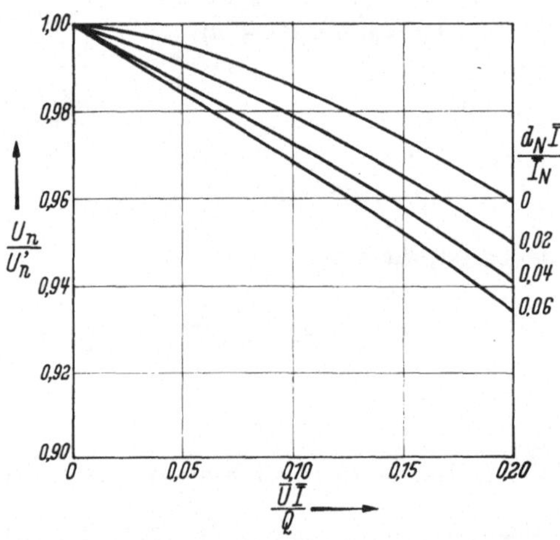

Abb. 21/2. Wechselspannung an der Stromrichteranlage U_n, bezogen auf die Wechselspannung am Speisepunkt U_n' ($p = 6$; $\cot\varphi_n = 0$; $\alpha = 0$) (E. UHLMANN, 1955)

Setzt man nun die in a) bis f) erhaltenen Teilergebnisse in die Gl. (21/2) ein, so erhält man

$$U_n = \Big\{(U_n')^2 + I_{n_0}^2 \cdot R_n^2[1 - K\psi(\alpha,\mu)] - 2R_n U_n' I_n \frac{p}{\pi}\sin\frac{\pi}{p}\varrho(\alpha,\mu)$$
$$- 2X_n U_n' I_n \frac{p}{\pi}\sin\frac{\pi}{p}\chi(\alpha,\mu) + X_n^2 I_n^2 \frac{p}{\pi}\sin^2\frac{\pi}{p}\frac{\chi(\alpha,\mu)}{d}\Big\}^{\frac{1}{2}} \tag{21/16}$$

und mit den Beziehungen

$$d_n = \varepsilon_n \cdot \sin\frac{\pi}{p} = \frac{I_n X_n}{U_n}\sin\frac{\pi}{p} \tag{17/55}$$

und

$$\cot\varphi_n = \frac{\varepsilon_{R_n}}{\varepsilon_{X_n}} = \frac{R_n}{X_n}$$

sowie Vernachlässigung des zweiten Gliedes unter der Wurzel, den Ausdruck

$$\frac{U_n}{U_n'} = \left\{1 - \frac{p}{\pi} d_n \left(\frac{U_n}{U_n'}\right)\left[\left(2 - \left(\frac{U_n}{U_n'}\right)\frac{d_n}{d}\right)\chi(\alpha,\,\mu) + 2\cot\varphi_n \cdot \varrho(\alpha,\,\mu)\right]\right\}^{\frac{1}{2}}, \tag{21/17}$$

den man noch mittels $[1 + x]^{-1/2} = 1 - x/2 + \cdots$ zu

$$\frac{U_n}{U_n'} \approx \frac{1}{1 + \frac{p}{2\pi} d_n \left(\frac{U_n}{U_n'}\right)\left[\left(2 - \frac{U_n}{U_n'}\frac{d_n}{d}\right)\chi(\alpha,\mu) + 2\cot\varphi_n \cdot \varrho(\alpha,\mu)\right]}$$

umformen kann.

In den Abb. 21/2 und 21/3 sind die für $p = 6$ und $p = 12$ und ungesteuerten Betrieb ($\alpha = 0$) geltenden Zahlenwerte von U_n/U_n' eingetragen, wobei der Einfachheit halber der Ohmsche Widerstand im Wechsel-

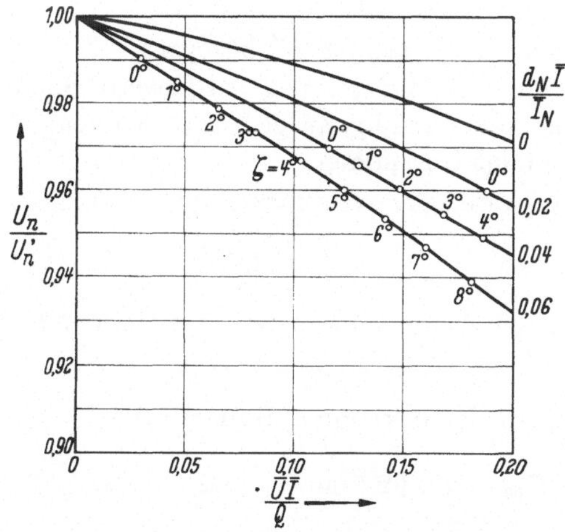

Abb. 21/3. Wechselspannung an der Stromrichteranlage U_n, bezogen auf die Wechselspannung U_n' ($p = 12$; $\cot\varphi_n = 0$; $\alpha = 0$) (E. UHLMANN, 1955)

stromnetz vernachlässigt wurde ($\cot\varphi_n = 0$). Auf der Abszisse ist dabei das Verhältnis von Gleichstromleistung $P = \bar{U}\bar{I}$ zu Kurzschlußleistung des Drehstromnetzes

$$Q = 3\,U_n' I_{n_K} = \frac{3\,U_n'^2}{X_n}$$

aufgetragen und als Parameter der spezifische Spannungsabfall des Transformators und evtl. vorhandener Anodendrosseln $d = d_N \cdot \bar{I}/\bar{I}_K$ gewählt worden. Bei merklichen Reaktanzen zeigt der Zwölfpulsstromrichter eine lastabhängige Zündverzögerung, welche durch den Winkel ζ in Abb. 21/3 gekennzeichnet ist.

21.3 Der netzbeeinflußte Gleichspannungsabfall

Für ein ideales Wechselstromnetz ergab sich für die von einem p-Puls-Stromrichter abgegebene Gleichspannung:

$$\frac{\bar{U}_{\alpha\mu}}{\bar{U}_{00}} = \cos\alpha - d. \tag{17/16}$$

Für ein Wechselstromnetz mit merklicher Impedanz modifiziert sich jedoch diese Gleichung. Durch Berücksichtigung des netzbedingten Spannungsabfalles

$$d_{Z_n} = d_{X_n} + d_{R_n}, \tag{21/18}$$

wobei d_{R_n} den Ohmschen und d_{X_n} den reaktiven Anteil kennzeichnen, und der Tatsache, daß die Wechselspannung am Stromrichtertransformator u_n kleiner ist als die ideale Generatorspannung u_n', erhält man

$$\frac{\bar{U}_{\alpha\mu}}{\bar{U}_{00}} = \frac{U_n'}{U_n}\cos\alpha - d - d_{Z_n} \tag{21/19}$$

(d' und d_n' sind auf die Spannung U_n' bezogen).

Der durch Ohmsche Widerstände verursachte Spannungsabfall d_{R_n} war bisher nicht zahlenmäßig ausgedrückt worden. Man kann seine Größe leicht wie folgt bestimmen:

Der Ohmsche Anteil der Netzkurzschlußspannung ε_R sei durch

$$\varepsilon_R = \frac{I_n R_n}{U_n}$$

definiert. Die entsprechenden Verluste haben die Größe

$$I_n^2 R_n \cdot 3 = \Delta \bar{U}_R \bar{I}.$$

Berücksichtigt man die bekannten Beziehungen

$$\bar{U}_{00} = U_n \sqrt{2}\,\frac{p}{\pi}\sin\frac{\pi}{p} \quad \text{und} \quad I_n = \frac{\sqrt{2}}{3}\bar{I},$$

so ergibt sich

$$d_{R_n} = \frac{\Delta \bar{U}_R}{\bar{U}_{00}} = \frac{\varepsilon_R}{\frac{p}{\pi}\sin\frac{\pi}{p}}.$$

Unter Beachtung von $d_{X_n} = \varepsilon_{X_n}\sin\frac{\pi}{p}$ und $\cot\varphi_n = \frac{\varepsilon_{R_n}}{\varepsilon_{X_n}}$ folgt weiter:

$$d_{Z_n} = d_{X_n}\left[1 + \frac{\cot\varphi_n}{\frac{p}{\pi}\sin^2\frac{\pi}{p}}\right]. \tag{21/20}$$

Damit erhält man für den totalen Spannungsabfall:

$$d = \frac{\Delta\bar{U}}{\bar{U}_{00}} = 1 - \frac{\bar{U}_{\alpha\mu}}{\bar{U}_{00}} = 1 - \frac{U_n'}{U_n}\cos\alpha - d_c - d_{Z_n}. \tag{21/21}$$

In diesem Ausdruck ist d_c durch die Kommutierungsreaktanzen gekennzeichnet. Wünscht man nur den netzabhängigen Anteil zu betrachten, dann reduziert sich die vorstehende Beziehung zu

$$d_n = 1 - \frac{U_n'}{U_n}\cos\alpha - d_{X_n}\left[1 + \frac{\cot\varphi_n}{\frac{p}{\pi}\sin^2\frac{\pi}{p}}\right], \tag{21/22}$$

die für ungesteuerten Betrieb ausgewertet wurde und in Abb. 21/4 für $p = 6$ und $p = 12$ graphisch dargestellt ist. Die voll ausgezogenen Linien kennzeichnen ein Wechselstromnetz mit $\cot\varphi_n = 0$ (nur Reaktanzen!) und die unterbrochenen Linien ein Netz mit $\cot\varphi_n = 0{,}2$. Man erkennt, daß der Einfluß des Ohmschen Widerstandes bei $p = 6$ sehr gering ist, weshalb für $p = 12$ nur eine unterbrochene Linie, nämlich für $d_{cN} = d_{tN} + d_{sN} = 0$, eingetragen wurde. Bei $p = 12$ sind zwei Besonderheiten zu bemerken: die natürliche Zündverzögerung ζ, welche sowohl von der Größe der Netzimpedanz als auch von der Stromstärke $\bar{I}$ abhängt, und ein unter gewissen Verhältnissen negativer Netzeinfluß auf den Spannungsabfall. Dieser letztere Effekt rührt daher, daß unter den erwähnten Verhältnissen der Einfluß auf den Effektivwert der Wechselspannung größer ist als auf die Gleichspannung.

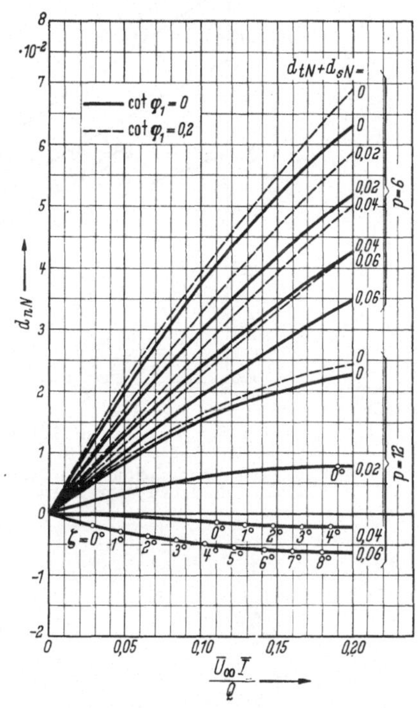

Abb. 21/4. Durch die Netzimpedanz Z hervorgerufener zusätzlicher Spannungsabfall d_{nN} bei Nennstrom $\bar{I}$, wenn die netzseitige Eingangsspannung des Stromrichters U_n konstant gehalten wird

21.4 Der Leistungsfaktor

Vernachlässigt man den Magnetisierungsstrom des Transformators, so ist die Scheinleistung der Stromrichteranlage mit (20/21)

$$P_S = 3\,U_n I_n = 3\,U_n I_{n0}\sqrt{1 - K\psi(\alpha,\mu)} \tag{21/23}$$

und die Wirkleistung mit (21/19)

$$P_W = \bar{U}\bar{I} = \bar{U}_{00}\bar{I}\left[\frac{U_n'}{U_n}\varrho(\alpha,\mu) - d_{R_n}\right]. \tag{21/24}$$

Da E. Uhlmann festgestellt hat, daß man bei den vorliegenden Verhältnissen mit ausreichender Genauigkeit den Effektivwert der Wechselspannung demjenigen der Grundschwingung gleichsetzen kann, so erhält man für die Scheinleistung der Grundschwingung

$$P_{S1} = 3\,U_n I_{n1} = \frac{P_W}{\cos\varphi_1} = \frac{\bar{U}_{00} I \varrho}{\cos\varphi_1} = \bar{U}_{00} \bar{I} \sqrt{\varrho^2 + \chi^2}. \qquad (21/25)$$

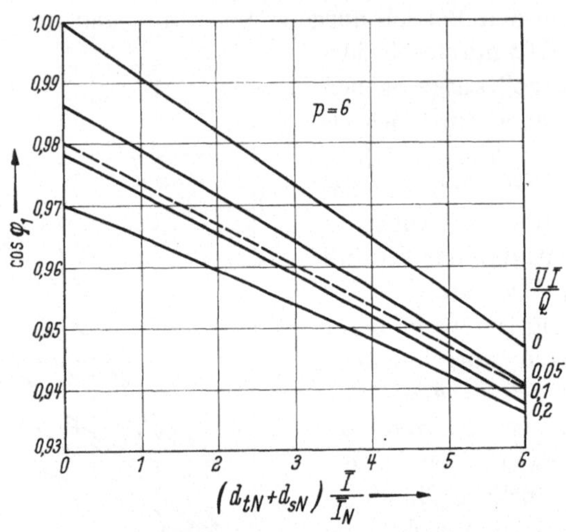

Abb. 21/5. Verschiebungsfaktor eines Sechspulsstromrichters im ungesteuerten Betrieb bei vernachlässigtem Magnetisierungsstrom des Transformators ($\cot\varphi_n = 0$)

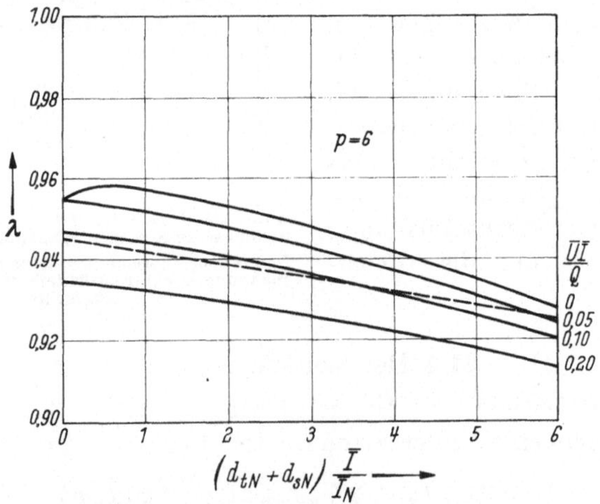

Abb. 21/6. Leistungsfaktor λ des ungesteuerten Sechspulsstromrichters bei vernachlässigtem Magnetisierungsstrom des Transformators und $\cot\varphi_n = 0$

Damit wird der Verschiebungsfaktor

$$\cos\varphi_1 = \frac{P_W}{P_{S1}} = \frac{\varrho(\alpha,\mu) - d_{Rn}\dfrac{U_n}{U_n'}}{\sqrt{\varrho^2(\alpha,\mu) + \chi^2(\alpha,\mu)}}\,\frac{U_n'}{U_n} \qquad (21/26)$$

und mit (20/30) der Leistungsfaktor

$$\lambda = \frac{P_W}{P_S} = \frac{p}{\pi} \sin \frac{\pi}{p} \frac{\varrho(\alpha, \mu) - d_{R_n} \frac{U_n}{U_n'}}{\sqrt{1 - K\psi(\alpha, \mu)}} \frac{U_n'}{U_{n1}} . \tag{21/27}$$

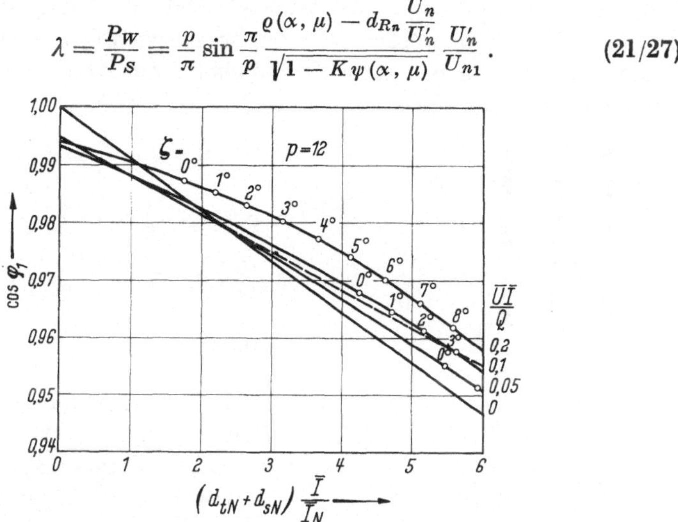

Abb. 21/7. Verschiebungsfaktor eines Zwölfpulsstromrichters im ungesteuerten Betrieb unter Vernachlässigung des Magnetisierungsstromes des Transformators ($\cot \varphi_n = 0$)

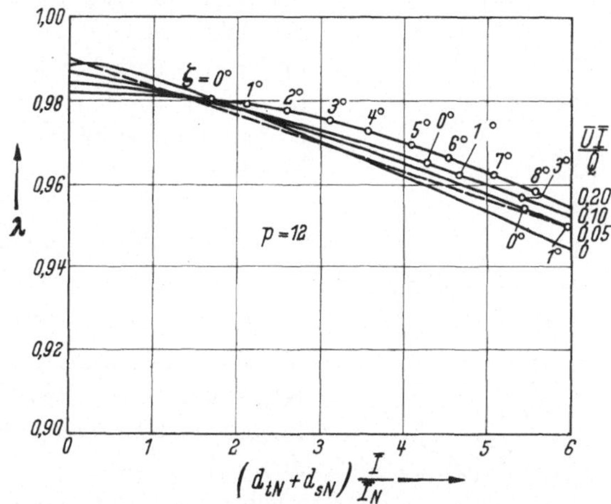

Abb. 21/8. Leistungsfaktor λ des ungesteuerten Zwölfpulsstromrichters (Magnetisierungsstrom des Transformators vernachlässigt) und $\cot \varphi_n = 0$)

Aus diesen beiden Gleichungen folgt, daß bei vernachlässigtem Ohmschen Widerstand im Wechselstromnetz der Verschiebungsfaktor und der Leistungsfaktor nahe der Stromrichteranlage größer sind als beim idealen Generator. Die Vergrößerung ist durch das Verhältnis der Spannungen U_n'/U_n von Stromrichter und Generator bestimmt. In den Abb. 21/5 bis 21/8 sind die Zahlenwerte von $\cos \varphi_1$ und λ wiederum für ungesteuerten Betrieb und vernachlässigten Ohmschen Netzwiderstand dargestellt. Man erkennt, daß beide Größen nur wenig vom Wechselstromnetz beeinflußt werden. Für den praktischen Gebrauch können die beiden Kenngrößen mit einer Genauigkeit von etwa $\pm$ 1% durch die folgenden Näherungsformeln beschrieben werden:

$$\left.\begin{aligned} p = 6{:}\quad \cos\varphi_1 &\approx 0{,}980 - \frac{2}{3} d_N \cdot \bar{I}/\bar{I}_N\,, \\ \lambda &\approx 0{,}945 - \frac{1}{3} d_N \cdot \bar{I}/\bar{I}_N\,; \end{aligned}\right\} \quad (21/28)$$

$$\left.\begin{aligned} p = 12{:}\quad \cos\varphi_1 &\approx 0{,}995 - \frac{2}{3} d_N \cdot \bar{I}/\bar{I}_N\,, \\ \lambda &\approx 0{,}990 - \frac{2}{3} d_N \cdot \bar{I}/\bar{I}_N\,. \end{aligned}\right\} \quad (21/29)$$

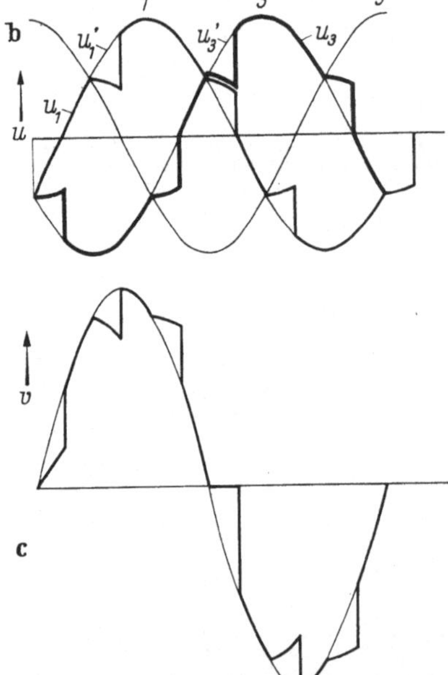

Abb. 21/9. Zeitlicher Verlauf der Phasenspannungen u_1 und u_3 sowie der verketteten Spannung $v = u_1 - u_3$ an den Transformatorklemmen eines ungesteuerten Sechspulsstromrichters
a) Schaltbild; b) Phasenspannungen; c) verkettete Spannung

Diese Näherungsformeln sind in den Abbildungen durch unterbrochene Geraden dargestellt. Damit hat E. Uhlmann (1955) gezeigt, daß die wechselstromseitigen Kenngrößen einer Stromrichteranlage ausschließlich von den Daten der Anlage und des Wechselstromnetzes abhängen und mit ausreichender Genauigkeit berechnet werden können, so daß Abnahmemessungen dieser Größen überflüssig sind.

21.5 Die Verzerrung der Netzspannung

Zur Ableitung der Verzerrung der Wechselspannungskurve an den Klemmen des Stromrichtertransformators geht man von Abb. 21/9a aus. Als Netzimpedanz X_n bezeichnet man dabei die resultierende Impedanz desjenigen Teiles des Wechselstromnetzes, welcher von den Stromrichteroberwellen durchflossen wird. Der Stromrichter muß dabei, wie in Kap. 23 gezeigt werden wird, als Oberwellengenerator betrachtet werden, dessen Ströme von der Belastung, der Pulszahl und der Aussteuerung abhängen, während die das Netz speisenden Generatoren zusammen mit den übrigen Wechselstromverbrauchern in Parallelschaltung die Oberwellenlast bilden. Daraus folgt die wichtige Feststellung, daß als wirksame Reaktanz nicht die volle Stoßkurzschlußreaktanz des Netzes, umgerechnet auf die Frequenz der Oberwelle und bezogen auf die Primärklemmen des Stromrichters, wirksam ist, sondern nur ein, von den im Nebenschluß befindlichen Verbrauchern abhängender Anteil (E. Kern, 1955). In Abb. 21/9c ist der zeitliche Verlauf der verketteten Spannung v bei einer Überlappung von $\mu_0 = 30°$ für einen ungesteuerten Gleichrichter in zweiphasiger Saugdrosselschaltung dargestellt. Für eine vorgegebene Reaktanzverteilung kann man leicht den zeitlichen Verlauf der Phasenspannung u_n ermitteln, indem man von der sinusförmigen Generatorspannung u_n' den Spannungsabfall $X_n \cdot \frac{di_n}{d\vartheta}$ subtrahiert. Zu beachten ist dabei, daß größere Stromstufen auch größere Spannungsabfälle liefern und das Vorzeichen des Spannungsabfalles von der Art der Stromänderung (Zunahme oder Abnahme) abhängt. Den Verlauf der verketteten Spannung v erhält man durch Differenzbildung aus 2 Phasenspannungen.

VIII. Oberwellen der Gleichspannung und des Wechselstromes

Bei der Untersuchung der Einpulsschaltungen war auch für einige Belastungsfälle die harmonische Analyse des zeitlichen Verlaufs der gleichgerichteten Spannung durchgeführt und ihr Oberwellenanteil mittels der „Welligkeit" gekennzeichnet worden. Bei den Zwei- und Mehrpulsstromrichtern war dann diese Analyse zurückgestellt worden, in der Absicht, sie in einem besonderen Kapitel für beliebige Pulszahl in möglichst allgemeiner Weise zu behandeln, um durch eine solche zusammenfassende Darstellung einen tieferen Einblick in die Zusammenhänge zu gewinnen. Diese Aufgabe soll nun aufgegriffen werden.

Da die Entstehung der Oberwellen entscheidend von der Schaltung und Belastung abhängt und damit wieder außerordentlich viele Varianten möglich sind, so muß eine Beschränkung auf das Wesentliche vorgenommen werden. Es sollen folgende *Annahmen* getroffen werden:

1. Das Wechselstromnetz sei frei von Impedanzen und die Spannung habe einen streng sinusförmigen Verlauf.
2. Im Gleichstromkreis sei eine unendlich große Glättungsdrossel vorhanden, so daß ein reiner Gleichstrom fließe.
3. Der Stromrichtertransformator soll nur Reaktanzen besitzen und es soll nur im Bereich der einfachen Überlappung gearbeitet werden.

Aus diesen Annahmen folgt, daß in einer derart idealisierten Anlage gleichstromseitig nur die Spannung und wechselstromseitig nur der Strom Oberwellen haben können, ein Befund, der in der Wirklichkeit zwar niemals genau angetroffen wird, der aber in vielen Fällen eine so gute Näherung darstellt, daß er zur allgemein üblichen Grundlage der Oberwellenberechnung gewählt wurde. Damit sind die Voraussetzungen für die folgende Darstellung erwähnt und die Betrachtung kann sich der harmonischen Analyse der gleichgerichteten Spannung zuwenden.

22. Die Gleichspannungsoberwellen

22.1 Ungesteuerter Betrieb und Leerlauf

Die einfachste Kurvenform erhält man für die gleichgerichtete Spannung bei ungesteuertem Betrieb und Leerlauf (vgl. z. B. Abb. 17/1), welche im Bereich $\frac{-\pi}{p} > \vartheta > \frac{+\pi}{p}$ mittels $u = \hat{e}\cos\vartheta$ beschrieben wird. Ein solcher zeitlicher Verlauf ist in bezug auf den Nullpunkt der Zeitrechnung symmetrisch:

$$u(-t) = u(t),$$

und enthält, wie man sich leicht überzeugt, nur Cosinusglieder:

$$u = \bar{U}_{00} + \sum U_\nu \sqrt{2}\cos\nu\vartheta, \tag{22/1}$$

wobei $\nu = n \cdot p$ (mit $n = 1,2, \ldots$) die Ordnungszahl der Oberwellen und $U_\nu\sqrt{2}$ deren Amplitude

$$U_\nu\sqrt{2} = E\sqrt{2}\,\frac{p}{\pi}\int\limits_{-\pi/p}^{+\pi/p}\cos\vartheta\cdot\cos\nu\,\vartheta\cdot d\vartheta = [\mathrm{R}\,22{,}1] = \bar{U}_{00}\,\frac{2}{\nu^2-1} \tag{22/2}$$

bezeichnet. Die Leerlaufgleichspannung

$$\bar{U}_{00} = E\sqrt{2}\,\frac{p}{\pi}\sin\frac{\pi}{p} \tag{17/2a}$$

dient dabei als Bezugsgröße. In Tab. 22/1 sind die Effektivwerte einiger Oberwellen zusammengestellt.

Man erkennt, daß der Effektivwert der Harmonischen gemäß (22/2) nur von der Ordnungszahl ν abhängt und bei einer bestimmten Pulszahl p nur diejenigen Oberwellen auftreten, deren Ordnungszahl ν durch p teilbar ist. Die Größe der Oberwellen ist etwa umgekehrt proportional dem Quadrat der Ordnungszahl ν. Diese Beziehung zwischen den zu einer vorgegebenen Pulszahl gehörigen Oberwellen gilt nicht nur für den bisher betrachteten Leerlaufzustand, sondern ganz allgemein für beliebig ausgesteuerte und belastete Mehrpulsstromrichter. Aussteuerung und Belastung beeinflussen nicht die Frequenz, sondern nur Amplitude und Phase der Oberwellen.

Tabelle 22/1. *Ordnungszahl ν und Größe (Effektivwert/Gleichspannung) der Oberwellen der gleichgerichteten Spannung (im Leerlauf) für einige Pulszahlen p*

Ordnungszahl ν	Frequenz (bei $f = 50$ Hz) $\nu \cdot f$ Hz	Oberwellenspannung $\frac{U_\nu}{U_{00}} \cdot 100\%$			
		$p = 2$	$p = 3$	$p = 6$	$p = 12$
1	50	—	—	—	—
2	100	47,2	—	—	—
3	150	—	17,7	—	—
4	200	9,42	—	—	—
5	250	—	—	—	—
6	300	4,05	4,05	4,05	—
7	350	—	—	—	—
8	400	2,25	—	—	—
9	450	—	1,77	—	—
10	500	1,43	—	—	—
11	550	—	—	—	—
12	600	0,99	0,99	0,99	0,99
13	650	—	—	—	—
14	700	0,73	—	—	—
15	750	—	0,63	—	—
16	800	0,56	—	—	—
17	850	—	—	—	—
18	900	0,44	0,44	0,44	—
19	950	—	—	—	—
20	1000	0,36	—	—	—
21	1050	—	0,32	—	—
22	1100	0,29	—	—	—
23	1150	—	—	—	—
24	1200	0,25	0,25	0,25	0,25

Kennzeichnet man die Form der gleichgerichteten Spannung u mittels der Spannungswelligkeit (5/20)

$$W_u = \frac{\sqrt{\Sigma U_\nu^2}}{U_{00}}, \tag{22/3}$$

so erhält man die in Tab. 22/2 eingetragenen Zahlen. Ein Vergleich mit Tab. 22/1 zeigt den ausschlaggebenden Einfluß der niedrigsten Harmonischen.

Tabelle 22/2. *Spannungswelligkeit W_u für verschiedene Pulszahlen p bei ungesteuertem Betrieb und Leerlauf*

p	2	3	6	12	18	∞
W_u	0,48	0,19	0,042	0,0104	0,004	0,00

Im folgenden soll nun der Einfluß von Steuerung und Belastung untersucht werden. Dabei empfiehlt sich wieder ein schrittweises Vorgehen, weshalb zuerst die Verhältnisse beim Zweipulsstromrichter betrachtet werden sollen.

22.2 Die Oberwellen des Zweipulsstromrichters

Da durch die Gittersteuerung die Oberwellen sowohl in ihrer Größe als auch in ihrer Phasenlage beeinflußt werden, so soll die Beschreibung mit komplexen Größen vorgenommen und die Oberwellenspannungen mittels ihres Zeigers

$$\mathfrak{U}_\nu = U_\nu \sqrt{2} \cdot e^{j\varphi} \tag{22/4}$$

dargestellt werden, wobei U_ν den Effektivwert und φ den Nullphasenwinkel bezeichnet. Analog zu (22/2) erhält man für den Oberwellenzeiger

$$\mathfrak{U}_\nu = \hat{e}\,\frac{2}{\pi} \int\limits_{-\frac{\pi}{2}+\alpha+\mu}^{\frac{\pi}{2}+\alpha} \cos\vartheta \cdot e^{-j\nu\vartheta}\, d\vartheta . \tag{22/5}$$

Da bei $p = 2$ während der Kommutierung die gleichgerichtete Spannung verschwindet (Abb. 8/7), so liefert die cos-Kurve nur im Zeitbereich $\frac{-\pi}{2} + \alpha + \mu$ bis $\frac{\pi}{2} + \alpha$ einen Betrag zur Oberwellenbildung. Die Integration [R 22,2] ergibt die Beziehung

$$\frac{\mathfrak{U}_\nu}{E\sqrt{2}/\pi} = \frac{e^{-j(\nu-1)\alpha}}{\nu-1}\left[j e^{-j(\nu-1)\frac{\pi}{2}} - j e^{-j(\nu-1)\left(-\frac{\pi}{2}+\mu\right)}\right] +$$

$$+ \frac{e^{-j(\nu+1)\alpha}}{\nu+1} \cdot \left[j e^{-j(\nu+1)\frac{\pi}{2}} - j e^{-j(\nu+1)\left(-\frac{\pi}{2}+\mu\right)}\right], \tag{22/6}$$

welche sich für die niedrigste Harmonische mit der Ordnungszahl $\nu = 2$ wie folgt vereinfacht:

$$\frac{\mathfrak{U}_2}{E\sqrt{2}/\pi} = (1 + e^{-j\mu})\, e^{-j\alpha} - \frac{1}{3}(1 + e^{-j3\mu})\, e^{-j3\alpha} \tag{22/7}$$

bzw., indem man auf die Leerlaufgleichspannung $\bar{U}_{00} = E\sqrt{2} \cdot 2/\pi$ bezieht,

$$\frac{\mathfrak{U}_2}{\bar{U}_{00}} = \frac{1}{2}(1 + e^{-j\mu})\, e^{-j\alpha} - \frac{1}{6}(1 + e^{-j3\mu})\, e^{-j3\alpha} . \tag{22/8}$$

Setzt man $\mu = 0, \alpha = 0$, so erhält man den oben ermittelten Wert (22/2) für ungesteuerten Betrieb und Leerlauf: $\frac{\mathfrak{U}_2}{\bar{U}_{00}} = \frac{2}{3}$. Dieser Zeiger hat die Richtung der positiven reellen Achse und ist in Abb. 22/1 nach oben aufgetragen. Bei ungesteuertem Betrieb und Belastung $(0 < \mu < 180°)$ vereinfacht sich (22/8) zu

$$\frac{\mathfrak{U}_2}{\bar{U}_{00}} = \frac{1}{2}(1 + e^{-j\mu}) - \frac{1}{6}(1 + e^{-j3\mu}) = \frac{1}{3} + \frac{1}{2} e^{-j\mu} - \frac{1}{6} e^{-j3\mu} . \tag{22/9}$$

Das geometrische Abbild dieser Gleichung ist eine Epizykloide, deren Zentrum sich in $\frac{1}{3}$ befindet und deren Rollkreise die Radien $r_1 = \frac{1}{3}$ und $r_2 = \frac{1}{6}$ haben. Setzt man $\mu = 0$, so erhält man den Oberwellenzeiger bei

Teilaussteuerung und Leerlauf:

$$\frac{\mathfrak{U}_2}{\overline{U}_{00}} = e^{-j\alpha} - \frac{1}{3} e^{-j3\alpha} \tag{22/10}$$

und damit ebenfalls eine Epizykloide, die symmetrisch zum Nullpunkt liegt und die Rollkreisradien $r_3 = \frac{2}{3}$ und $r_4 = \frac{1}{3}$ besitzt. Weitere Ortskurven für die Oberwellenzeiger bei bestimmten Steuerwinkeln α bzw. Überlappungswinkeln μ, welche der Gl. (22/8) gehorchen, werden ebenfalls als Epizykloiden erkannt

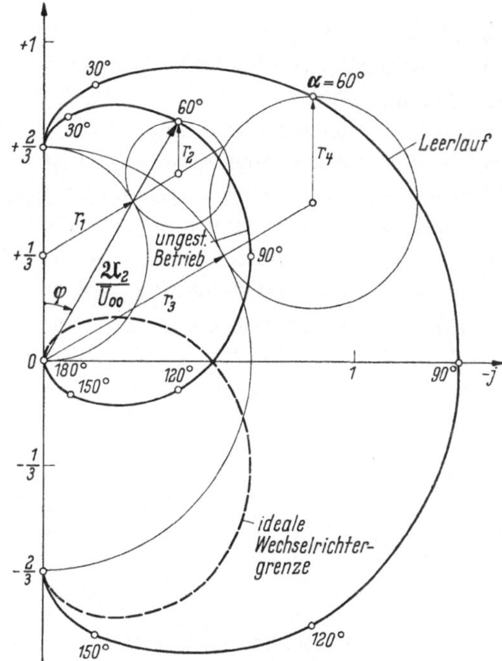

Abb. 22/1. Zeiger der 2. Oberwelle $\mathfrak{U}_2/\overline{U}_{00}$ in Abhängigkeit von α und μ

und sind in Abb. 22/2 eingezeichnet. Sie nehmen ihren Anfang (bei $\mu = 0$) an der Leerlaufzykloide (22/10) und enden an der gestrichelt gezeichneten Epizykloide für $\alpha + \mu = \pi$. Sie stellen Teile einer und derselben Epizykloide (z. B. der des ungesteuerten Betriebes) dar, deren Mittelpunkt lediglich um einen bestimmten Betrag gegen den Nullpunkt verschoben ist. Der geometrische Ort dieser Mittelpunkte ist wieder eine Epizykloide. Die in Abb. 22/2 dargestellten Ortskurven wird man als

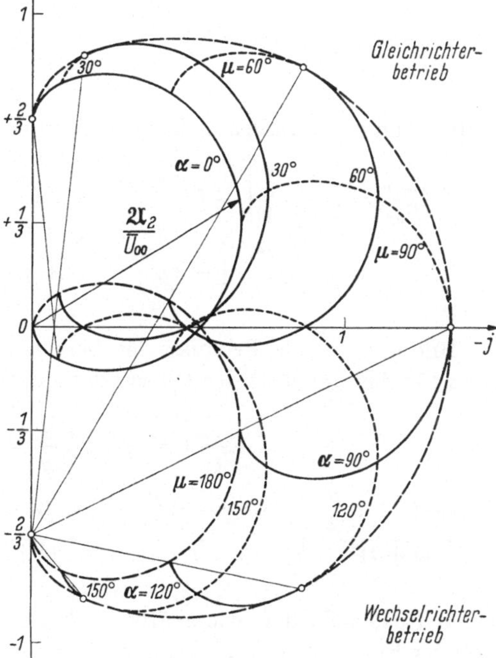

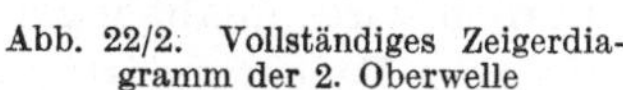
Abb. 22/2. Vollständiges Zeigerdiagramm der 2. Oberwelle

das „Zeigerdiagramm der ν-ten Oberwelle" bezeichnen, wobei sich sofort eine gewisse Verwandtschaft zum Betriebsdiagramm (der gleichstromseitigen Mittelwerte) aufdrängt. Auch im Oberwellendiagramm kann man einen Gleichrichter- und einen Wechselrichterbereich erkennen, wobei die Kurzschlußgerade in Richtung der $-j$-Achse weist. Die Wechselrichtergrenze ist durch die Zykloide ($\alpha + \mu = \pi$) gegeben. In analoger Weise kann man nun auch für Oberwellen höherer Ordnungszahl das Zeigerdiagramm ermitteln und damit die Abhängigkeit von der Aussteuerung und Belastung feststellen.

Die für den praktischen Bedarf benötigte Auflösung der komplexen Größe nach Amplitude $U_\nu \sqrt{2}$ und Phasenwinkel φ gelingt am einfachsten, indem mittels der konjugiert komplexen Größe

$$\mathfrak{U}_{-\nu} = U_{-\nu} \sqrt{2}\, e^{-j\varphi}$$

das Produkt

$$(\sqrt{2}\, U_\nu)^2 = \mathfrak{U}_\nu \cdot \mathfrak{U}_{-\nu}$$

oder den Quotienten

$$e^{j2\varphi} = \frac{\mathfrak{U}_\nu}{\mathfrak{U}_{-\nu}}$$

bildet. Dazu berechnet man zuerst

$$\mathfrak{U}_{-\nu} = E \sqrt{2}\, \frac{2}{\pi} \int\limits_{-\frac{\pi}{2}+\alpha+\mu}^{\frac{\pi}{2}+\alpha} \cos\vartheta \cdot e^{j\nu\vartheta}\, d\vartheta\,,$$

wofür man nach kurzer Zwischenrechnung [R 22,3]

$$\frac{\mathfrak{U}_{-\nu}}{U_{00}} = \frac{e^{j(\nu-1)\alpha}}{2(\nu-1)} \left[-j\, e^{j(\nu-1)\frac{\pi}{2}} + j\, e^{j(\nu-1)\left(-\frac{\pi}{2}+\mu\right)}\right] + \\ + \frac{e^{j(\nu+1)\alpha}}{2(\nu+1)} \cdot \left[-j\, e^{j(\nu+1)\frac{\pi}{2}} + j\, e^{j(\nu+1)\left(-\frac{\pi}{2}+\mu\right)}\right] \qquad (22/6\,\mathrm{a})$$

erhält.

Bildet man das Produkt der beiden komplexen Größen, so erhält man für das Quadrat der Oberwellenamplitude:

$$\left(\frac{U_\nu \sqrt{2}}{U_{00}}\right)^2 = \frac{\mathfrak{U}_\nu}{U_{00}} \cdot \frac{\mathfrak{U}_{-\nu}}{U_{00}} = [\mathrm{R}\ 22{,}4]$$

$$= \frac{\cos^2(\nu+1)\frac{\mu}{2}}{(\nu+1)^2} + \frac{\cos^2(\nu-1)\frac{\mu}{2}}{(\nu-1)^2} - 2\, \frac{\cos(\nu+1)\frac{\mu}{2}}{(\nu+1)}\, \frac{\cos(\nu-1)\frac{\mu}{2}}{(\nu-1)} \cos(2\alpha+\mu) \qquad (22/11)$$

einen Ausdruck, der, wie später noch gezeigt werden wird, unabhängig von der Pulszahl gilt und demgemäß von grundlegender Bedeutung ist.

Im *Leerlauf* wird mit $\mu = 0$

$$\left(\frac{U_\nu \sqrt{2}}{U_{00}}\right)^2 = \frac{1}{(\nu+1)^2} + \frac{1}{(\nu-1)^2} - \frac{2}{(\nu+1)(\nu-1)} \cos 2\alpha$$

$$= \frac{4}{(\nu^2-1)^2} [\nu^2 \sin^2\alpha + \cos^2\alpha] . \qquad (22/12)$$

Für $\alpha = 0$ gilt

$$\left(\frac{U_\nu \sqrt{2}}{U_{00}}\right)_{\alpha=0} = \frac{2}{\nu^2-1} \qquad (22/13)$$

und für $\alpha = \pi/2$

$$\left(\frac{U_\nu \sqrt{2}}{U_{00}}\right)_{\alpha=\frac{\pi}{2}} = \frac{2\nu}{\nu^2-1} . \qquad (22/14)$$

Für $\nu > 10$ gehen diese Ausdrücke in

$$\left(\frac{U_\nu \sqrt{2}}{U_{00}}\right)_{\alpha=0} = \frac{2}{\nu^2} , \qquad (22/15)$$

$$\left(\frac{U_\nu \sqrt{2}}{U_{00}}\right)_{\alpha=\frac{\pi}{2}} = \frac{2}{\nu} \qquad (22/16)$$

über, wobei der Fehler kleiner als 1% bleibt (M. Demontvignier, 1957). Die zahlenmäßige Auswertung ist in Abb. 22/3 eingetragen.

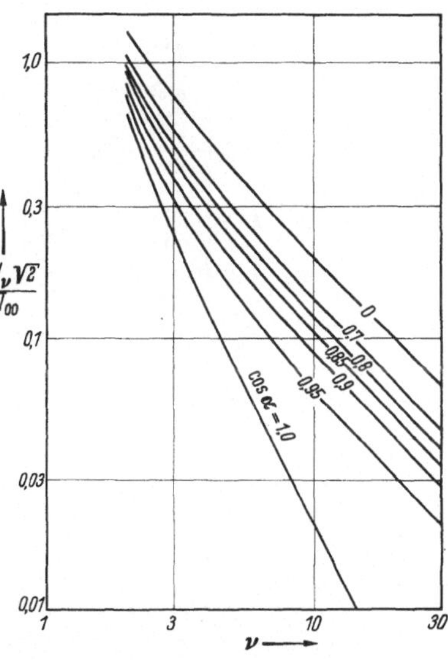

Abb. 22/3. Amplituden $U_\nu \sqrt{2}$ der Gleichspannungsoberwellen im Leerlauf bei verschiedenen Aussteuerungswinkeln α

Für die niedrigste Harmonische ($\nu = 2$) vereinfacht sich (22/11) zu

$$\left(\frac{U_2 \sqrt{2}}{U_{00}}\right)^2 = \cos^2\mu/2 + \frac{1}{9}\cos^2 3\mu/2 - \frac{2}{3}\cos\mu/2 \cdot \cos 3\mu/2 \cdot \cos(2\alpha + \mu) . \qquad (22/19)$$

Diese Gleichung beschreibt die Länge des Zeigers $\mathfrak{U}_2$. Ihre zahlenmäßige Auswertung wurde in Abb. 22/4 dargestellt. Man sieht, daß bei ungesteuertem Betrieb die Größe der Oberwelle mit der Belastung zuerst zunimmt, bei $\mu = 60°$ ein Maximum erreicht und bei noch weiterer Belastungssteigerung abnimmt. Im Kurzschluß ($\mu = 180°$) müssen alle Oberwellen verschwinden. Im üblichen Arbeitsbereich ($\mu < 30°$) nimmt U_2 mit wachsendem Zündverzögerungswinkel α zu und erreicht bei $\alpha = 90°$ im Leerlauf seinen größten Betrag.

Wendet man sich nun den nächst höheren Harmonischen zu, so findet man die folgenden Gleichungen:

$$\frac{\mathfrak{U}_4}{U_{00}} = -\frac{e^{-j3\alpha}}{6}(1 + e^{-j3\mu}) + \frac{e^{-j5\alpha}}{10}(1 + e^{-j5\mu}) , \qquad (22/18)$$

$$\frac{\mathfrak{U}_6}{U_{00}} = \frac{e^{-j5\alpha}}{10}(1 + e^{-j5\mu}) - \frac{e^{-j7\alpha}}{14}(1 + e^{-j7\mu}) \qquad (22/19)$$

usw.

Wenn man davon absieht, daß die zu diesen Harmonischen gehörenden Zykloiden, wegen der höheren Ordnungszahl, einen mehrfachen Umlauf in der komplexen Zeichenebene vollziehen (entsprechend einer

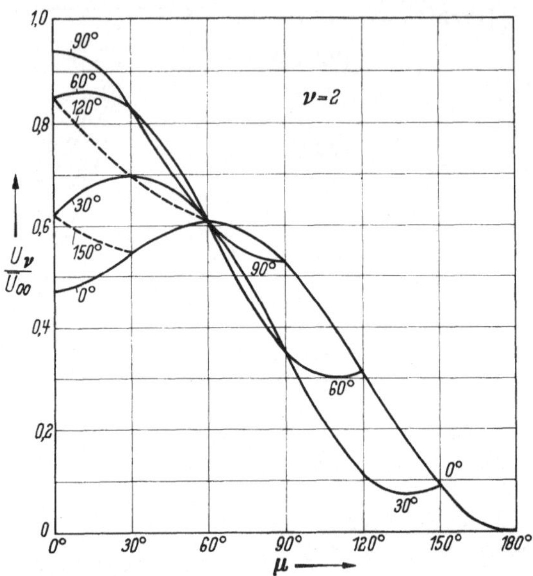

Abb. 22/4. Effektivwert der 2. Oberwelle U_2 (bezogen auf die Leerlaufgleichspannung $\overline{U}_{00}$) eines Zweipulsstromrichters in Abhängigkeit vom Überlappungswinkel μ für verschiedene Steuerwinkel α

Winkeländerung von α bzw. $\mu = 0 \ldots 180°$), so gelten für diese durchaus die gleichen geometrischen Beziehungen wie bei $\nu = 2$. Es erübrigt sich daher deren nochmalige Diskussion.

22.3 Die Oberwellen der Mehrpulsstromrichter

Die Bestimmungsgleichung für den Oberwellenzeiger $\mathfrak{U}_\nu$ lautet

$$\mathfrak{U}_\nu = E\sqrt{2}\cdot\frac{p}{\pi}\left\{\cos\frac{\pi}{p}\int\limits_{-\frac{\pi}{p}+\alpha}^{+\frac{\pi}{p}+\alpha+\mu}\cos\left(\vartheta-\frac{\pi}{p}\right)e^{-j\nu\vartheta}\,d\vartheta+\int\limits_{-\frac{\pi}{p}+\alpha+\mu}^{+\frac{\pi}{p}+\alpha}\cos\vartheta\cdot e^{-j\nu\vartheta}\,d\vartheta\right\}, \qquad (22/20)$$

wobei das erste Integral während der Überlappung und das zweite außerhalb der Kommutierung gilt. Die Integration ergibt

$$\frac{\mathfrak{U}_\nu}{\overline{U}_{00}} = \cos\frac{\pi}{p}\left[\frac{j\,e^{j\pi/p}}{2(\nu+1)}\,e^{-j(\nu+1)\left(-\frac{\pi}{p}+\alpha\right)}\left(e^{-j(\nu+1)\mu}-1\right)+\right.$$

$$\left.+\frac{j\,e^{-j\pi/p}}{2(\nu-1)}\cdot e^{-j(\nu-1)\left(-\frac{\pi}{p}+\alpha\right)}\left(e^{-j(\nu-1)\mu}-1\right)\right]+$$

$$+ \left[\frac{j}{2(\nu+1)} e^{-j(\nu+1)\left(-\frac{\pi}{p}+\alpha\right)} \left(e^{-j(\nu+1)\frac{2\pi}{p}} - e^{-j(\nu+1)\mu}\right) + \right.$$

$$\left. + \frac{j}{2(\nu-1)} e^{-j(\nu-1)\left(-\frac{\pi}{p}+\alpha\right)} \left(e^{-j(\nu-1)\frac{2\pi}{p}} - e^{-j(\nu-1)\mu}\right)\right]. \qquad (22/21)$$

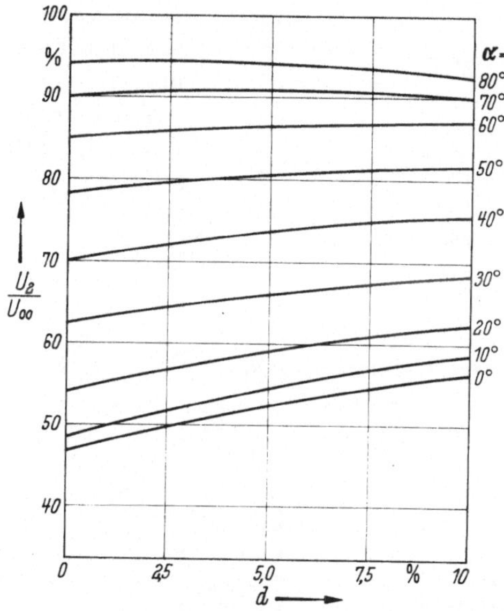

Abb. 22/5. Effektivwert der 2. Oberwelle U_2 in Prozent der Leerlaufgleichspannung $\bar{U}_{00}$ in Abhängigkeit vom induktiven Spannungsabfall d

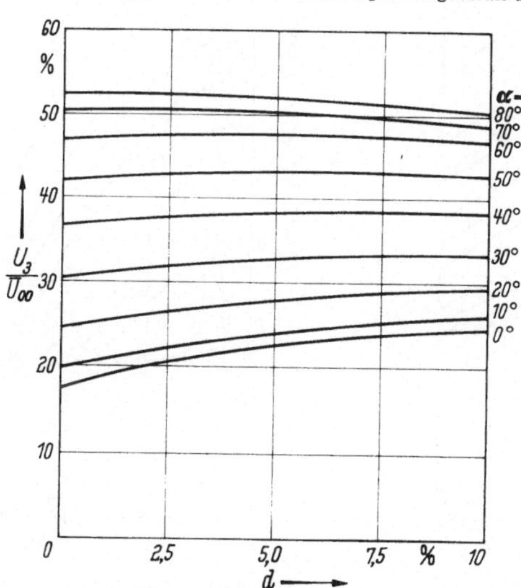

Abb. 22/6. Abhängigkeit des Effektivwertes der 3. Oberwelle $U_3/\bar{U}_{00}$ vom spezifischen Spannungsabfall d

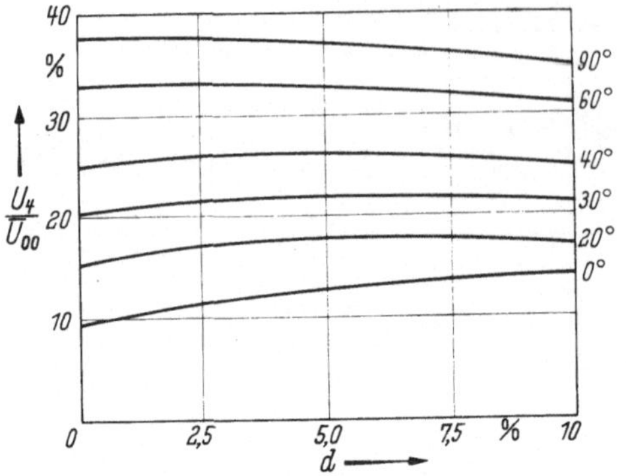

Abb. 22/7. Abhängigkeit des Effektivwertes der 4. Oberwelle $U_4/\overline{U}_{00}$ vom spezifischen Spannungsabfall d

Damit ist der weitere Weg zur Berechnung von $\mathfrak{U}_\nu$ vorgezeichnet — gleichzeitig aber auch der Arbeitsaufwand erkennbar. Die mühsame Durchrechnung kann gespart werden, da das Ergebnis durch die Arbeiten von E. Fässler (1938), E. Uhlmann (1941), J. C. Read (1945), M. Frister (1955) bereits bekannt ist und mit der beim Zweipulsstromrichter abgeleiteten Gl. (22/11) übereinstimmt. Man kann sich

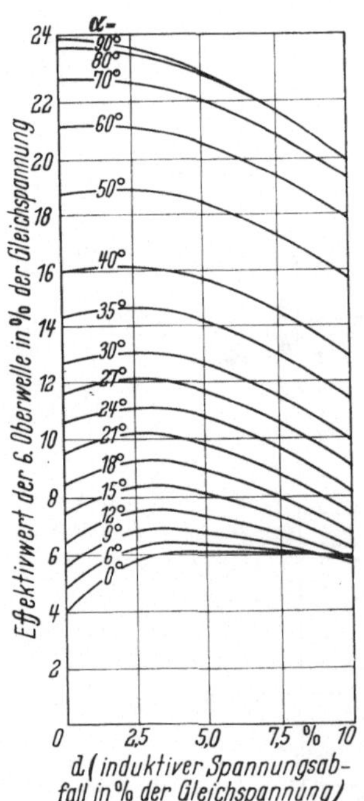

Abb. 22/8. Abhängigkeit des Effektivwertes der 6. Oberwelle $U_6/\overline{U}_{00}$ vom induktiven Spannungsabfall d

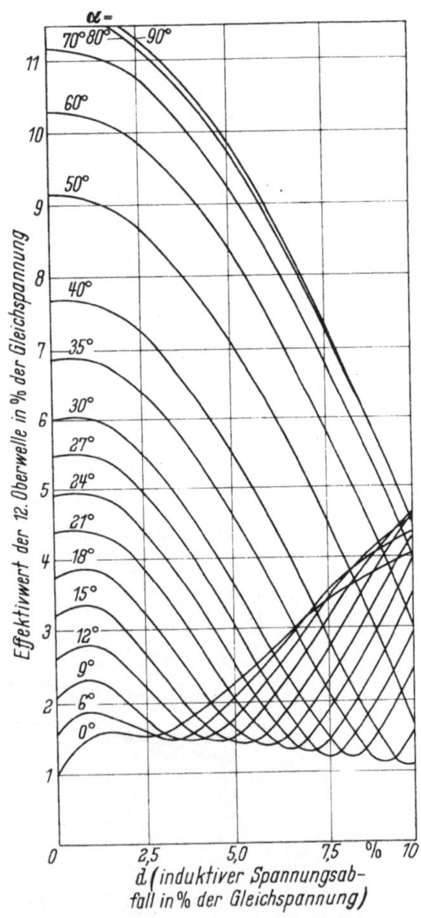

Abb. 22/9. Abhängigkeit des Effektivwertes der 12. Oberwelle $U_{12}/\overline{U}_{00}$ vom induktiven Spannungsabfall d

daher sofort der zahlenmäßigen Auswertung zuwenden, die mittels der Beziehung (17/14)

$$2\,d = \cos\alpha - \cos(\alpha + \mu)$$

auf den spezifischen Spannungsabfall bezogen werden kann. Für den praktischen Gebrauch ist es nämlich vorteilhafter, d an Stelle von μ als Bezugsgröße zu verwenden. In den Abb. 22/5 bis 22/11 sind die Effektivwerte der wichtigsten Oberwellen in Abhängigkeit von d für verschiedene Steuerwinkel α dargestellt. (Die Kurven für $\nu =$ 2, 3, 4 wurden einer Studienarbeit von M. FRISTER, diejenigen für 6, 12, 18, 24 einer Veröffentlichung von J. C. READ entnommen.) Damit sind die Oberwellen der gleichgerichteten Spannung im lückenlosen Betrieb erschöpfend beschrieben. Für den lückenhaften Betrieb haben M. FRISTER und H. P. EGGENBERGER die erforderlichen Berechnungen durchgeführt.

Für Näherungsberechnungen ist indessen die bisherige sehr detaillierte Beschreibung der Oberwellenverhältnisse oft zu unbequem. Vielfach benötigt man nur Zahlenwerte, die die maßgeblichen Einflüsse des Steuerwinkels α und der Pulszahl p erkennen lassen, ohne die Überlappung zu berücksichtigen. Eine solche summarische Kenngröße ist die wiederholt erwähnte Welligkeit W_u, deren Zahlenwerte für die praktisch

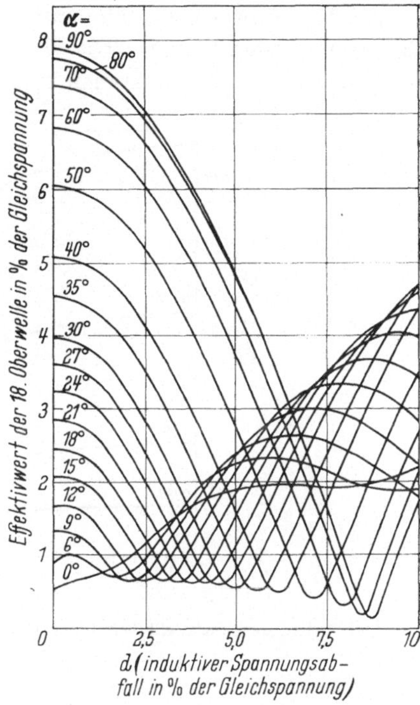

Abb. 22/10. Abhängigkeit des Effektivwertes der 18. Oberwelle $U_{18}/\bar{U}_{0\,0}$ vom induktiven Spannungsabfall d

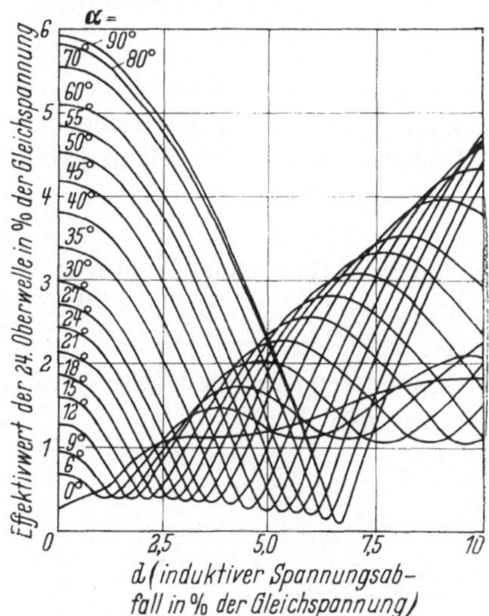

Abb. 22/11. Abhängigkeit des Effektivwertes der 24. Oberwelle $U_{24}/\bar{U}_{0\,0}$ vom induktiven Spannungsabfall d

wichtigsten Anwendungsfälle aus Abb. 22/12 (H. JUNGMICHEL, 1937) abgelesen werden können. Die Kurven gelten für Leerlauf und besitzen im Wechselrichterbereich einen symmetrischen Verlauf.

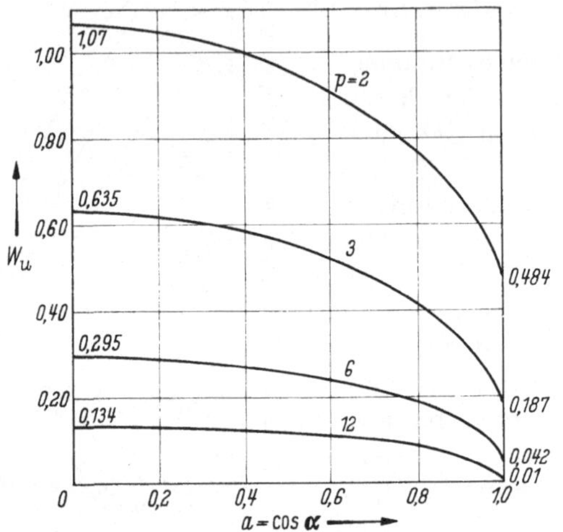

Abb. 22/12. Spannungswelligkeit W_u von Mehrpulsstromrichtern bei Teilaussteuerung a und Leerlauf

23. Die Wechselstromoberwellen

23.1 Ungesteuerter Betrieb und Leerlauf

MÜLLER-LÜBECK (1935) hat einen besonders anschaulichen Weg zur Bestimmung der Wechselstromoberwellen aufgezeigt: Da der Stromrichter keinen Energiespeicher enthält (die Glättungsdrossel liegt im Gleichstromkreis!), so gilt in jedem Zeitpunkt

$$u \cdot i = e_x i_x + e_y i_y + e_z i_z , \tag{23/1}$$

wobei u, i die gleichgerichteten Größen, e_x, e_y, e_z die 3 Phasenspannungen und i_x, i_y, i_z die 3 Phasenströme bezeichnen. Um die Schreibweise zu erleichtern, ist in diesem Kapitel der Index n bei den Netzströmen weggelassen worden; es gelten dafür folgende Bestimmungsgleichungen:

$$\left.\begin{aligned} u &= \bar{U} + \sum U_\nu \sqrt{2} \cos \nu\,\vartheta , & i &= \bar{I} , \\ e_x &= E \sqrt{2} \cos \vartheta , & i_x &= \sum I_\nu \sqrt{2} \cos \nu\,\vartheta , \\ e_y &= E \sqrt{2} \cos\left(\vartheta - \frac{2\pi}{3}\right) , & i_y &= \sum I_\nu \sqrt{2} \cos \nu \left(\vartheta - \frac{2\pi}{3}\right) , \\ e_z &= E \sqrt{2} \cos\left(\vartheta - \frac{4\pi}{3}\right) , & i_z &= \sum I_\nu \sqrt{2} \cos \nu \left(\vartheta - \frac{4\pi}{3}\right) . \end{aligned}\right| \tag{23/2}$$

Setzt man diese Ausdrücke in obige Leistungsbilanz ein, so erhält man

$$\bar{U}\,\bar{I} + \bar{I}\sum U_\nu \sqrt{2}\cos\nu\vartheta$$

$$= 2E\sum I_\nu\left\{\cos\vartheta\cos\nu\vartheta\left(1 - \frac{1}{2}\cos\nu\frac{2\pi}{3} - \frac{1}{2}\cos\nu\frac{4\pi}{3}\right) + \right.$$

$$\left. + \sin\vartheta\sin\nu\vartheta\left(\frac{\sqrt{3}}{2}\sin\nu\frac{2\pi}{3} - \frac{\sqrt{3}}{2}\sin\nu\frac{4\pi}{3}\right)\right\}. \qquad (23/3)$$

In einem symmetrischen Dreiphasensystem muß die Summe der Augenblickswerte der Ströme stets Null sein

$$i_x + i_y + i_z = 0.$$

Da aber die Summe der Momentanwerte der Stromharmonischen von der Ordnung $\nu = 3, 6, 9, \ldots$ nicht verschwinden kann (z. B. $i_{3_x} = I_3\sqrt{2} \times \times \cos 3\vartheta$; $i_{3_y} = I_3\sqrt{2}\cos(3\vartheta - 2\pi)$; $i_{3_z} = I_3\sqrt{2}\cos(3\vartheta - 4\pi)$), so folgt daraus, daß solche Harmonische stets Null sein müssen. In der Tat werden für diese Harmonischen die Klammerausdrücke der rechten Seite Null. Für alle anderen Ordnungszahlen ν, die nicht Vielfache von 3 sind, besitzt der erste Klammerausdruck den Wert $\frac{3}{2}$, während der zweite den Betrag $\pm\frac{3}{2}$ annimmt, je nachdem ob $\nu = (3m \pm 1)$, wobei m jede beliebige ganze Zahl sein kann. Berücksichtigt man die Beziehungen

$$2\cos\vartheta\cos\nu\vartheta = \cos(\nu - 1)\vartheta + \cos(\nu + 1)\vartheta,$$

$$2\sin\vartheta\sin\nu\vartheta = \cos(\nu - 1)\vartheta - \cos(\nu + 1)\vartheta,$$

so erhält man schließlich

$$\bar{U}\,\bar{I} + \bar{I}\,U_3\sqrt{2}\cos 3\vartheta + \bar{I}\,U_6\sqrt{2}\cos 6\vartheta + \cdots$$

$$= 3EI_1 + 3E(I_2 - I_4)\cos 3\vartheta + 3E(I_5 - I_7)\cos 6\vartheta + \cdots, \qquad (23/4)$$

woraus unmittelbar die grundlegenden Beziehungen

$$\bar{U}\,\bar{I} = 3EI_1 \qquad (23/5)$$

und

$$\bar{I}\,U_\nu\sqrt{2} = 3E(I_{\nu-1} - I_{\nu+1}) \qquad (23/6)$$

(„Korrespondenzprinzip") abgelesen werden können, wovon die erste ohne weiteres aus der Überlegung folgt, daß die abgehende Gleichstromleistung der zugeführten Wirkleistung gleich sein muß; die zweite Gleichung besagt, daß zu jeder Harmonischen der gleichgerichteten Spannung 2 Harmonische des Wechselstroms mit benachbarten Ordnungszahlen gehören. Da für die Größe der Spannungsoberwelle

$$\frac{U_\nu\sqrt{2}}{\bar{U}} = \frac{2}{\nu^2 - 1} \qquad (22/2)$$

ermittelt worden war, so findet man damit für die Größe der Stromoberwellen:

$$I_{\nu-1} - I_{\nu+1} = \frac{2}{\nu^2 - 1} I_1 = \left(\frac{1}{\nu-1} - \frac{1}{\nu+1}\right) I_1$$

und damit schließlich das *Amplitudengesetz der Oberwellenströme*:

$$\frac{I_\nu}{I_1} = \frac{1}{\nu}. \qquad (23/7)$$

Die Größe der Oberwellenströme ist demnach nur von deren Frequenz, nicht aber von der Pulszahl des Stromrichters abhängig. Da oben $\nu = np$ gesetzt wurde, so ist damit die Frequenz der Oberwellen durch $\nu \pm 1 = np \pm 1$ festgelegt. Die aus den abgeleiteten Beziehungen folgenden Zahlenwerte sind in Tab. 23/1 für die wichtigsten Pulszahlen angegeben. Es ist dabei besonders bemerkenswert, daß die für ein Drehstromsystem ermittelten Gesetzmäßigkeiten auch noch bei $p = 2$ gelten.

Tabelle 23/1. *Ordnungszahl ν und Größe der Oberwellen (bezogen auf die Grundwelle) des Primärstromes für einige Pulszahlen p*

Ordnungszahl ν	Frequenz $\nu \cdot f$	Oberwellenstrom I_ν/I_1			
		$p = 2$	$p = 3$	$p = 6$	$p = 12$
1	50	1,00	1,00	1,00	1,00
2	100	—	0,50	—	—
3	150	0,333	—	—	—
4	200	—	0,25	—	—
5	250	0,200	0,20	0,20	—
6	300	—	—	—	—
7	350	0,143	0,143	0,143	—
8	400	—	0,125	—	—
9	450	0,111	—	—	—
10	500	—	0,100	—	—
11	550	0,091	0,091	0,091	0,091
12	600	—	—	—	—
13	650	0,077	0,077	0,077	0,077
14	700	—	0,071	—	—
15	750	0,0667	—	—	—
16	800	—	0,062	—	—
17	850	0,059	0,059	0,059	—
18	900	—	—	—	—
19	950	0,0526	0,0526	0,0526	—
20	1000	—	0,050	—	—
21	1050	0,0476	—	—	—
22	1100	—	0,0455	—	—
23	1150	0,0435	0,0435	0,0435	0,0435
24	1200	—	—	—	—

Indem man die Effektivwerte der Oberwellen quadratisch addiert, erhält man für den Effektivwert des Netzstromes

$$I = \sqrt{I_1^2 + \sum I_\nu^2} = I_1 \sqrt{1 + \sum\left[\left(\frac{1}{\nu-1}\right)^2 + \left(\frac{1}{\nu+1}\right)^2\right]}$$

$$= I_1 \sqrt{1 + 2\sum \frac{\nu^2+1}{(\nu^2-1)^2}}, \qquad (23/8)$$

wofür man mittels der Beziehung

$$\frac{\pi^2}{\sin^2(\pi\Theta)} = \frac{1}{\Theta^2} + 2\sum\left[\frac{k^2+\Theta^2}{(k^2-\Theta^2)^2}\right]$$

(mit $\Theta = 1$) schließlich

$$I_n = I_{n1}\frac{\pi}{p}\frac{1}{\sin\pi/p} \tag{23/9}$$

schreiben kann, womit nachträglich Gl. (20/30) bestätigt ist. Die Zahlenwerte sind in Tab. 23/2 eingetragen.

Tabelle 23/2. *Effektivwert I, bezogen auf die Grundwelle I_1 für verschiedene Pulszahlen*

$p =$	2	3	6	12	18	∞
I/I_1	1,11*	1,21	1,05	1,012	1,002	1,000

* Der für $p = 2$ eingetragene Zahlenwert ist nicht nach (23/9) berechnet worden.

Die Feststellung, daß zu jeder gleichstromseitig auftretenden Oberwellenfrequenz zwei benachbarte wechselstromseitige Frequenzen gehören, ist ohne nähere Erläuterung nicht verständlich. Sieht man sich deshalb nach gleichartigen Phänomenen um, so findet man in der Nachrichtentechnik den wohlbekannten Vorgang der *Modulation*, der schon auf den ersten Blick eine gewisse Verwandtschaft zu besitzen scheint, weil in beiden Fällen Gl. (23/6) zur Anwendung kommt.

Moduliert man nämlich die Amplitude A_0 einer Schwingung der Frequenz ω im Takt der Modulationsfrequenz Ω, so gilt

$$(A_0 + A\cos\Omega t)\cos\omega t = A_0\cos\omega t + \frac{A}{2}\cos(\omega+\Omega)t + \frac{A}{2}\cos(\omega-\Omega)t, \tag{23/10}$$

wobei man den ersten Term der rechten Seite als Trägerschwingung, die beiden anderen als Seitenschwingungen bezeichnet. Die sinusförmig modulierte Schwingung kann demnach als Überlagerung von 3 sinusförmigen Schwingungen verschiedener Frequenz aufgefaßt werden. Bei nicht sinusförmiger Modulation gilt analog:

$$[A_0 + \sum A_n\cos(\Omega_n t+\varphi_n)]\cdot\cos\omega t = A_0\cos\omega t + \\ + \frac{1}{2}\sum A_n\cos[(\omega+\Omega_n)t+\varphi_n] + \frac{1}{2}\sum A_n\cos[(\omega-\Omega_n)t+\varphi_n], \tag{23/11}$$

wobei an die Stelle der beiden Seitenfrequenzen nunmehr 2 „Seitenbänder" treten und für $\omega \gg \Omega$ das in Abb. 23/1a dargestellte Frequenzspektrum entsteht. Dieses veranschaulicht den Fall, daß eine sinusförmige Schwingung der Frequenz ω im Takte der Frequenz Ω ein- und ausgeschaltet wird, wobei dann im besonderen $\Omega_n = n\Omega$ gilt. Steigert man die Schaltfrequenz Ω, so rücken die durch Modulation entstandenen Frequenzen $\omega \pm n\Omega$ immer mehr auseinander und es werden von einem gewissen n beginnend die Seitenfrequenzen negativ. Diese sind aber, abgesehen von einer Phasenverschiebung von 180°, gleichwertig den positiven Frequenzen $n\Omega - \omega$. Am Nullpunkt findet demnach eine Art Spiegelung statt. Ist schließlich die Schaltfrequenz Ω groß gegen die geschaltete Frequenz ω, so spricht man besser davon, daß die Schaltfrequenz Ω mit ω moduliert wird (Abb. 23/1 b). Man erhält dann

$$\omega,\ \omega + \Omega,\ \omega + 2\Omega,\ \omega + 3\Omega \ldots \Omega - \omega,\ 2\Omega - \omega,\ 3\Omega - \omega, \ldots,$$

wofür man auch

$$\omega,\ \Omega \pm \omega,\ 2\Omega \pm \omega,\ 3\Omega \pm \omega,\ \ldots$$

schreiben kann. Diese Frequenzreihe entspricht genau der bei Stromrichtern auftretenden. Man kann daher die bei Stromrichtern auftreten-

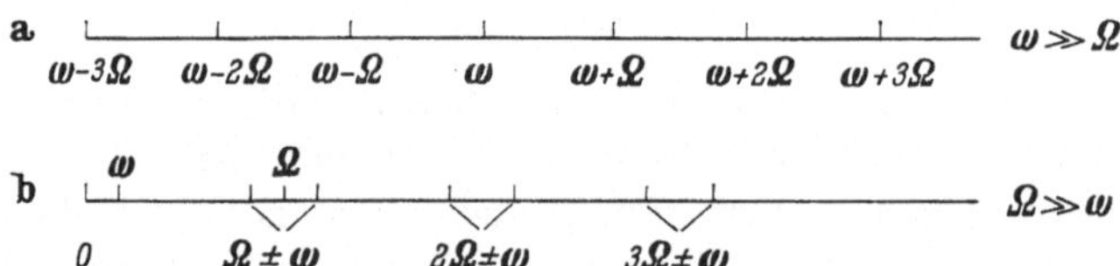

Abb. 23/1. Verteilung der Seitenfrequenzen in der Nachrichtentechnik (a) und in der Stromrichtertechnik (b)

den Schaltvorgänge der Frequenz $\Omega = p \cdot \omega$ als Modulation der Netzfrequenz ω deuten, wobei man wegen $\Omega/\omega = p$ besser von einer Modulation der Schaltfrequenz Ω mit der Netzfrequenz ω spricht, wobei die Seitenfrequenzen $\sum (n\,p \pm 1)\,\omega$ auftreten. Diese Art der Modulation wurde bereits von H. Barkhausen für Unterbrecher beschrieben und unterscheidet sich von derjenigen der Nachrichtentechnik dadurch, daß in der Stromrichtertechnik p-mal während einer Periode der Netzfrequenz (Trägerfrequenz) Schalthandlungen erfolgen. Damit ist das „Korrespondenzprinzip" als Modulationsvorgang erkannt und seine physikalische Natur dargelegt. Es soll nun anschließend der Einfluß des Steuerwinkels α und der Überlappung untersucht werden.

23.2 Die Oberwellen des Zweipulsstromrichters

Aus den gleichen Gründen, die bei der Betrachtung der Spannungswelligkeit erwähnt worden waren, sollen zuerst die Verhältnisse beim Zweipulsstromrichter untersucht werden. Auch hier empfiehlt sich die Verwendung komplexer Größen, wobei der Zeiger eines Oberwellenstromes

$$\mathfrak{I}_\nu = I_\nu \sqrt{2} \cdot e^{j\varphi} \tag{23/12}$$

geschrieben wird, mit I_ν als Effektivwert und φ als Nullphasenwinkel.

Für den Netzstromverlauf liest man aus Abb. 23/2

$$\left(-\frac{\pi}{2}+\alpha\right)\cdots\left(-\frac{\pi}{2}+\alpha+\mu\right):\ i_n = I_c\sqrt{2}\,[-(\cos\alpha-\cos(\alpha+\mu)) + {}$$
$$+\,2(\cos\alpha+\sin\vartheta)], \qquad (23/13)$$

$$\left(-\frac{\pi}{2}+\alpha+\mu\right)\cdots\left(+\frac{\pi}{2}+\alpha\right):\ i_n = I_c\sqrt{2}\,[\cos\alpha-\cos(\alpha+\mu)] \qquad (23/14)$$

ab, wobei $\bar{I} = I_c\sqrt{2}\,[\cos\alpha - \cos(\alpha+\mu)]$ [Gl. (8/10)] und $-\cos\left(-\frac{\pi}{2}+\vartheta\right) = \sin\vartheta$ gilt.

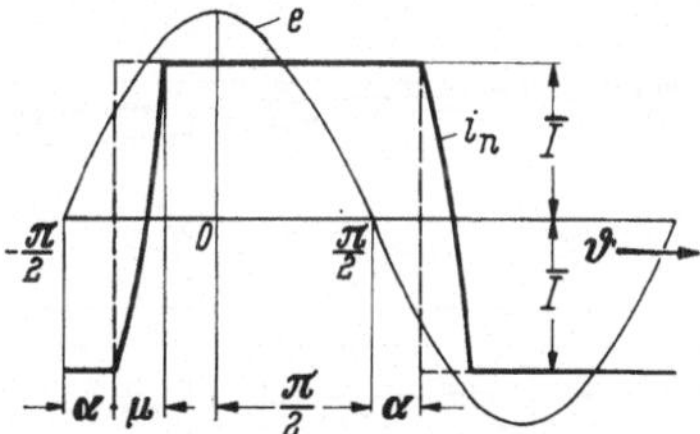

Abb. 23/2. Netzstromverlauf eines Zweipulsstromrichters

Den Zeiger eines Oberwellenstromes erhält man dann aus:

$$\mathfrak{J}_\nu = I_c\sqrt{2}\,\frac{2}{\pi}\left[\int\limits_{-\frac{\pi}{2}+\alpha}^{-\frac{\pi}{2}+\alpha+\mu}[\cos\alpha+\cos(\alpha+\mu)+2\sin\vartheta]\,e^{-j\nu\vartheta}\,d\vartheta + {}\right.$$
$$\left.+\int\limits_{-\frac{\pi}{2}+\alpha+\mu}^{+\frac{\pi}{2}+\alpha}[\cos\alpha-\cos(\alpha+\mu)]\,e^{-j\nu\vartheta}\,d\vartheta\right] \qquad (23/15)$$

nach Integration [R 23,1] zu

$$\frac{\mathfrak{J}_\nu}{2I_c\sqrt{2}/\pi} = \frac{-j}{\nu}\,e^{j\nu\frac{\pi}{2}}[e^{-j(\nu-1)\alpha}(1-e^{-j(\nu-1)\mu}) + e^{-j(\nu+1)\alpha}\cdot(1-e^{-j(\nu+1)\mu})] - {}$$
$$-\frac{1}{\nu-1}\,e^{j(\nu-1)\frac{\pi}{2}}e^{-j(\nu-1)\alpha}(1-e^{-j(\nu-1)\mu}) + {}$$
$$+\frac{1}{\nu+1}\,e^{j(\nu+1)\frac{\pi}{2}}\,e^{-j(\nu+1)\alpha}(1-e^{-j(\nu+1)\mu}). \qquad (23/16)$$

Da man für die Berechnung von Amplitude und Phasenwinkel den konjugiert komplexen Zeiger $\mathfrak{J}_{-\nu}$ gebraucht, so empfiehlt es sich, diesen ebenfalls sofort zu bestimmen:

$$\frac{\mathfrak{J}_{-\nu}}{2 I_c \sqrt{2}/\pi} = \frac{-j}{\nu} e^{-j\nu\frac{\pi}{2}} [-e^{+j(\nu-1)\alpha}(1 - e^{j(\nu-1)\mu}) - e^{j(\nu+1)\alpha}(1 - e^{j(\nu+1)\mu})] +$$

$$+ \frac{1}{\nu-1} e^{-j(\nu-1)\frac{\pi}{2}} e^{j(\nu-1)\alpha}(1 - e^{j(\nu-1)\mu}) +$$

$$+ \frac{1}{\nu+1} e^{-j(\nu+1)\frac{\pi}{2}} \cdot e^{j(\nu-1)\alpha}(1 - e^{j(\nu+1)\mu}). \qquad (23/17)$$

Der Ausdruck (23/16) vereinfacht sich für die Grundwelle ($\nu = 1$) wegen

$$\frac{1 - e^{-j(\nu-1)\mu}}{\nu - 1} = j\mu \quad [\text{R } 23{,}2]$$

zu (20/6).

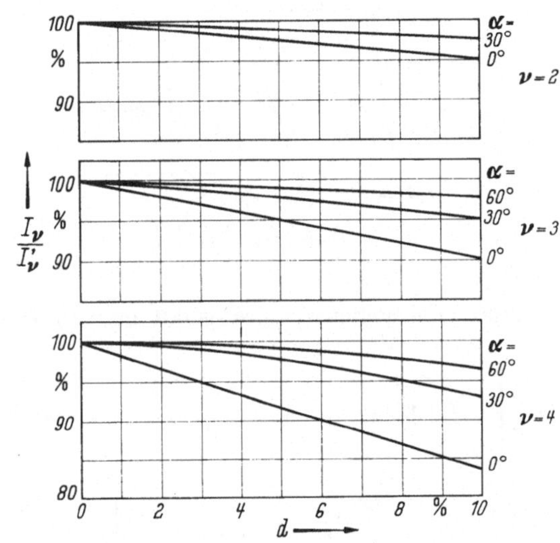

Abb. 23/3. Wechselstromoberwellen der Ordnungszahl $\nu = 2{,}3{,}4$ (bezogen auf ihren Leerlaufwert I'_ν) in Abhängigkeit vom Spannungsabfall d

Die Oberwelle niedrigster Ordnungszahl des Zweipulsstromrichters hat den Zeiger

$$\frac{\mathfrak{J}_3}{I_c \sqrt{2}/\pi} = \frac{e^{-j2\alpha}}{3}(1 - e^{-j2\mu}) - \frac{e^{-j4\alpha}}{6}(1 - e^{-j4\mu}), \qquad (23/18)$$

dessen Gleichung bei ungesteuertem Betrieb ($\alpha = 0$)

$$\frac{\mathfrak{J}_3}{I_c \sqrt{2}/\pi} = \frac{1 - e^{-j2\mu}}{3} - \frac{1 - e^{-j4\mu}}{6} = \frac{1}{6}(1 - 2e^{-j2\mu} + e^{-j4\mu}) \qquad (23/19)$$

lautet. Die durch diese Gleichungen beschriebenen Ortskurven sind wieder Epizykloiden. Für konstanten Steuerwinkel α ergeben sich ebenfalls Epizykloiden, die alle im Ursprung des Koordinatensystems beginnen ($\mu = 0$) und an einer Epizykloide enden, welche die Wechselrichtertrittgrenze ($\alpha + \mu = \pi$) kennzeichnet. Die gesamte Ortskurvenschar ist aus Epizykloiden gleicher Größe und Form aufgebaut, welche Tatsache die zeichnerische Darstellung erleichtert.

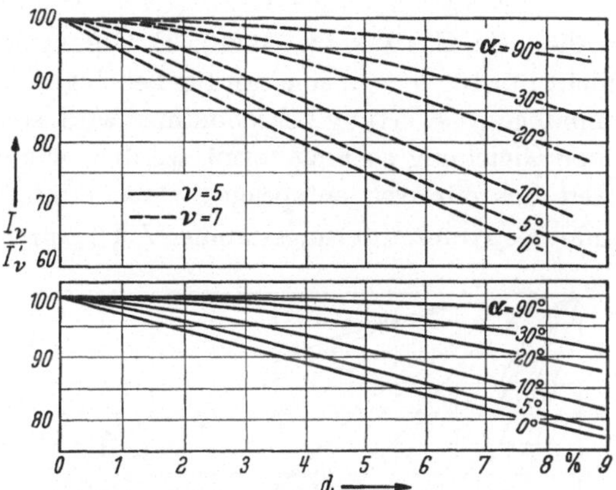

Abb. 23/4. Wechselstromoberwellen der Ordnungszahl $\nu = 5{,}7$ (bezogen auf ihren Leerlaufwert I'_ν) in Abhängigkeit vom Spannungsabfall d

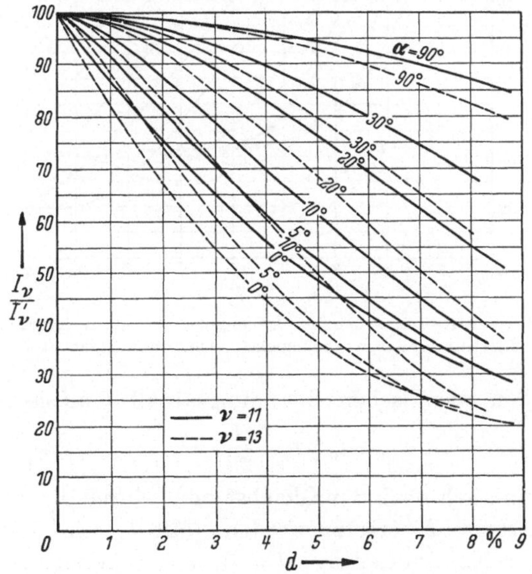

Abb. 23/5. Wechselstromoberwellen der Ordnungszahl $\nu = 11, 13$ (bezogen auf ihren Leerlaufwert I'_ν) in Abhängigkeit vom Spannungsabfall d

Um die Amplitude einer beliebigen Oberwelle zu ermitteln, bildet man das Produkt der konjugiert komplexen Zeiger (23/16), (23/17) und erhält

$$\left(\frac{I_\nu \sqrt{2}}{2 I_c \sqrt{2}/\pi}\right)^2 = \frac{\mathfrak{J}_\nu \mathfrak{J}_{-\nu}}{(2 I_c \sqrt{2}/\pi)^2} = \left(\frac{2}{\nu}\right)^2 \left[\left(\frac{\sin(\nu-1)\,\mu/2}{\nu-1}\right)^2 + \left(\frac{\sin(\nu+1)\,\mu/2}{\nu+1}\right)^2 - \right.$$

$$\left. - 2\,\frac{\sin(\nu-1)\,\mu/2}{\nu-1}\,\frac{\sin(\nu+1)\,\mu/2}{\nu+1}\cos(2\alpha+\mu)\right] \qquad (23/20)$$

eine Beziehung, die, wie E. FÄSSLER (1938), E. UHLMANN (1941) u. a. gezeigt haben, nicht nur für $p = 2$, sondern für beliebige Pulszahlen gilt. Bevor die zahlenmäßige Auswertung vorgenommen wird, soll jedoch noch die linke Seite der Gleichung so umgeformt werden, wie es der in der Literatur üblichen Schreibweise entspricht. Dazu erinnert man sich, daß die Amplitude des Kommutierungsstromes $I_c \sqrt{2}$ durch den Gleich-

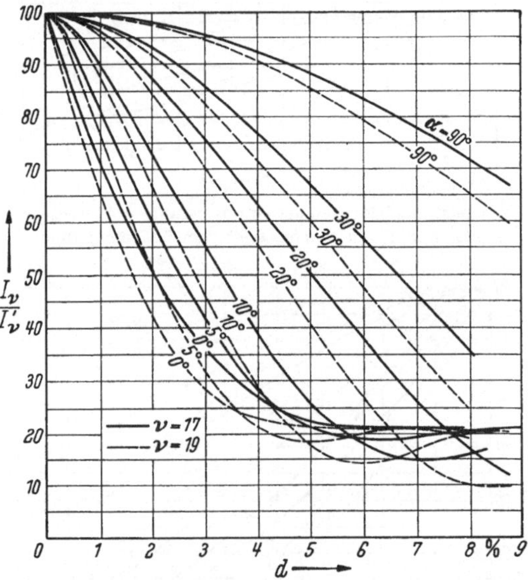

Abb. 23/6. Wechselstromoberwellen der Ordnungszahl $\nu = 17, 19$ (bezogen auf ihren Leerlaufwert I'_ν) in Abhängigkeit vom Spannungsabfall d

strom $\bar{I}$ und den spezifischen Spannungsabfall d ausgedrückt werden kann (17/12):

$$I_c \sqrt{2} = \frac{\bar{I}}{2d}.$$

Sodann kann auch noch der Gleichstrom $\bar{I}$ durch die Grundwelle des ideellen Netzstromes I'_1 ersetzt werden. (Mit I'_1 wird die Grundwelle bei momentaner Kommutierung: $d = 0$; $\mu = 0$ bezeichnet.)

$$\bar{I} = \frac{E\,I'_1}{\bar{U}_{00}} = \frac{E \cdot I'_1}{E\sqrt{2}\cdot 2/\pi} = I'_1\,\frac{\pi}{\sqrt{2}\cdot 2}, \qquad (23/21)$$

womit man mit (23/7) für den Ausdruck auf der linken Seite von (23/20)

$$\frac{I_\nu \sqrt{2}}{2 I_c \sqrt{2}/\pi} = \frac{I_\nu}{I'_1}\,4\,d = \frac{I_\nu}{(I_\nu)_{\mu=0}}\,\frac{2}{\nu}\cdot 2\,d$$

erhält. Damit lautet die Gleichung für die Oberwellenamplituden schließlich:

$$2d\frac{I_\nu}{I'_\nu} = \left[\left(\frac{\sin(\nu-1)\mu/2}{\nu-1}\right)^2 + \left(\frac{\sin(\nu+1)\mu/2}{\nu+1}\right)^2 - 2\,\frac{\sin(\nu-1)\mu/2}{\nu-1}\times\right.$$
$$\left.\times\,\frac{\sin(\nu+1)\mu/2}{\nu+1}\cos(2\alpha+\mu)\right]^{1/2}. \qquad (23/22)$$

E. FÄSSLER (1938) hat bemerkt, daß die rechte Seite den Kosinussatz enthält, d. h., daß $2\,d\,\frac{I_\nu}{(I_\nu)_{\mu=0}}$ die 3. Seite in einem Dreieck bildet, von dem 2 Seiten und der von ihnen eingeschlossene Winkel $(2\alpha+\mu)$ be-

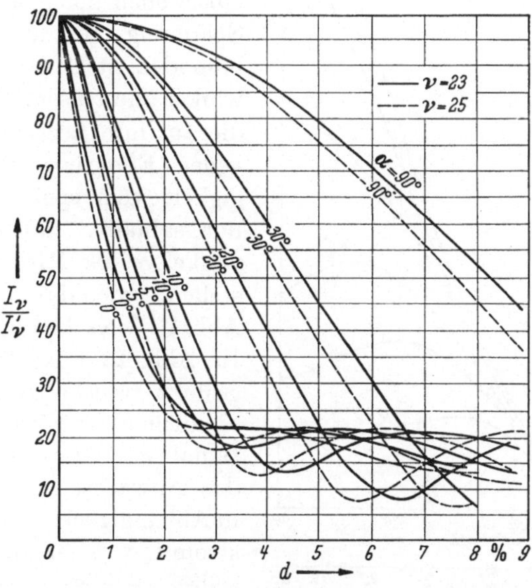

Abb. 23/7. Wechselstromoberwellen der Ordnungszahl ν = 23, 25 (bezogen auf ihren Leerlaufwert I'_ν) in Abhängigkeit vom Spannungsabfall d

kannt sind. Diese Tatsache kann bei der zahlenmäßigen Auswertung nützlich sein.

Betrachtet man den Leerlauf ($\mu = 0$), dann verschwinden in Gl. (23/22) alle Oberwellen, denn diese Gleichung bestimmt den *Absolutwert* der Amplituden. Die gleiche Feststellung liest man auch aus Abb. 20/4 ab. Wenn man dagegen den durch $\frac{I_\nu}{(I_\nu)_{\mu=0}}$ definierten Relativwert betrachtet, so verschwindet dieser im Leerlauf keineswegs, sondern nimmt den bereits in (23/7) ermittelten Wert $\frac{I'_\nu}{I'_1} = \frac{1}{\nu}$ an. Zu dem gleichen Ergebnis gelangt man durch Grenzübergang von (23/22) für $\mu = 0$.

Dabei ist besonders bemerkenswert, daß im Leerlauf die Größe der Oberwellen völlig unabhängig ist vom Steuerwinkel α. Diese Tatsache ist insofern leicht einzusehen, weil im Leerlauf die Stromform ebenfalls vom Steuerwinkel α unabhängig ist, welcher lediglich die Phasenlage des netzseitigen Stromes beeinflußt. Es handelt sich hierbei offenbar wieder um eine der bereits öfter erwähnten dualen Eigenschaften, da die Oberwellen der gleichgerichteten Spannung gerade im Leerlauf besonders stark mit dem Steuerwinkel anwachsen. Es ist üblich, die auf ihre Leerlaufwerte bezogenen Effektivwerte in Abhängigkeit vom spezifischen Spannungsabfall d mit dem Steuerwinkel α als Parameter darzustellen, wie das auch in den Abb. 23/3 bis 23/7 geschehen ist. In Abb. 23/8 ist $2\,d\,I_\nu/I'_\nu$ dargestellt, welche Größe der tatsächlichen Amplitude I_ν proportional ist. Man sieht deutlich das Anwachsen der Oberwellen in Abhängigkeit vom Belastungsstrom $\bar{I}$, welcher allerdings nicht selbst, sondern dessen Abhängige d und μ als Abszisse aufgetragen sind.

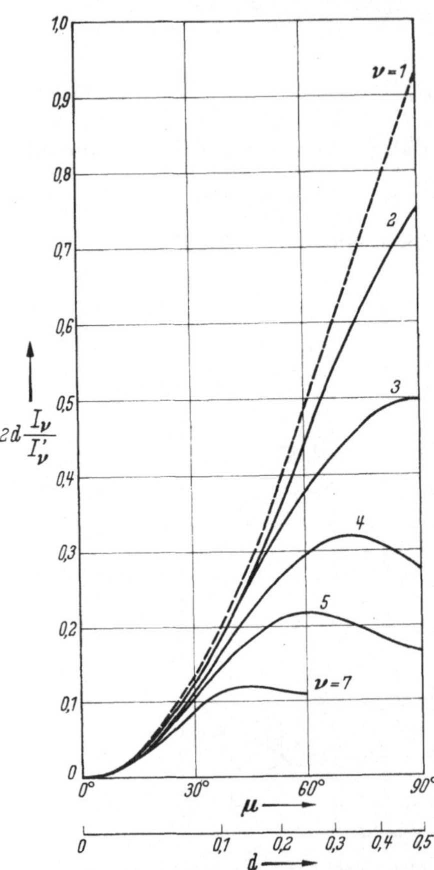

Abb. 23/8. Abhängigkeit der Oberwellenamplituden $I_\nu\sqrt{2}$ von der gleichstromseitigen Belastung

23.3 Die Oberwellen der Mehrpulsstromrichter

Für die Wechselstromoberwellen gilt die gleiche Gesetzmäßigkeit, die bereits bei der Untersuchung der Gleichspannungsoberwellen gefunden wurde, nämlich daß für die Größe nur die Ordnungszahl ν maßgeblich ist. Die Pulszahl bestimmt dagegen, welche Oberwellen sich überhaupt ausbilden können. Diese Frage wurde bereits oben bei der Betrachtung des Leerlaufbetriebes in allgemeiner Form beantwortet.

Wie oben gezeigt wurde, gehören zu einem p-Puls-Stromrichter Oberwellen, die gleichstromseitig als erzwungene Spannungen mit den Frequenzen $n\,p\,f$ und wechselstromseitig als erzwungene Ströme mit den

Frequenzen $(np \pm 1)\,f$ auftreten. Diese Frequenzen npf und $(np \pm 1)f$ bilden eine Gruppe und besitzen z. B. gewisse Gemeinsamkeiten in bezug auf die Phasenverschiebung. Im besonderen gilt, daß bei einer Verschiebung der Grundwelle um den Winkel φ gegenüber der Netzspannung sich die netzseitigen Oberwellen mit der Ordnungszahl $np \pm 1$ um den Winkel $np\varphi$ verschieben, wobei dieser im Winkelmaß der Oberwelle gemessen wird. Wenn man z. B. zwischen 2 Sechspulsstromrichtern eine Phasenverschiebung $\varphi = 30°$ vornimmt (indem man die Primärwicklungen der Transformatoren einmal mit Stern- und das zweite Mal mit Dreieckschaltung ausführt), so erhält man für die Frequenzen $(n \cdot 6 \pm 1)$ Phasenschwankungen von $n \cdot 6 \cdot \frac{\pi}{6} = n \cdot \pi$; d. h. für ungeradzahliges n eine Verschiebung um 180° (und Vielfache) und bei geradzahligem n eine Verschiebung um 360° (und Vielfache). Schaltet man nun 2 derartige Stromrichter gleich- und wechselstromseitig parallel, so löschen sich bei gleicher Belastung und Aussteuerung diejenigen Oberwellen, für die eine Phasenverschiebung von 180° festgestellt wurde, gegenseitig aus (vgl. Kap. 16). Der resultierende Netzstrom derartiger parallelgeschalteter Sechspulsstromrichter kann graphisch dadurch in einfachster Weise erhalten werden, daß man die in Abb. 19/7 dargestellten Stromkurven addiert. Abb. 23/9 zeigt als Ergebnis die charakteristische Stromform eines Zwölfpulsstromrichters. Man beachte, daß die Augenblickswerte der Ströme zu addieren sind und nicht die Effektivwerte. Für den Zwölfpulsstromrichter ergibt sich nämlich (s. Tab. 23/2) ein anderes Verhältnis I/I_1 als für den Sechspulsstromrichter. — Berücksichtigt man überdies noch die Überlappung, so wird durch diese nichts an der Frequenzskala geändert, es werden lediglich, wie bereits oben ausgeführt, die Größe und die Phasenlage der Oberwellenzeiger beeinflußt. Da diese Beeinflussungen jedoch unabhängig sind von dem Winkel φ, so ändert die Überlappung nichts an den vorstehenden Ergebnissen über die Auslöschung von Oberwellen.

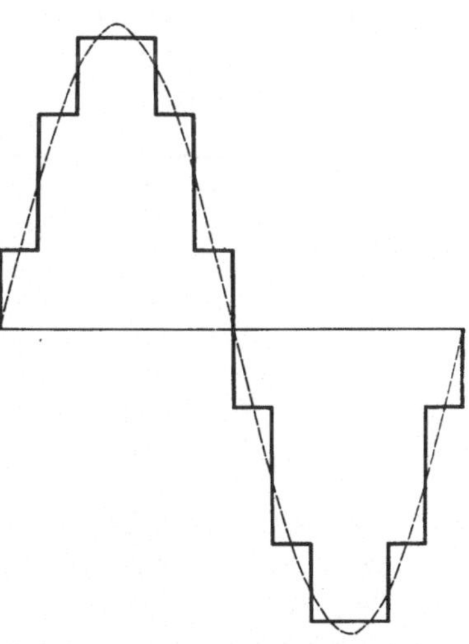

Abb. 23/9. Netzstrom eines Zwölfpulsstromrichters (Addition der Sechspulsströme aus Abb. 19/7)

23.4 Die Oberwellen bei Ohmscher Last

Bei der bisherigen Darstellung der Wechselstromoberwellen war eingangs ausdrücklich eine sehr große Kathodendrossel und damit ein völlig glatter Gleichstrom vorausgesetzt worden. Obwohl diese Voraussetzung heute allen theoretischen Untersuchungen zugrunde gelegt wird und wohl auch für die meisten praktischen Fälle eine gute Annäherung darstellt, soll der andere Grenzfall rein Ohmscher Belastung wenigstens andeutungsweise behandelt werden. Betrachtet man der Einfachheit halber die Verhältnisse im Leerlauf, so erhält man für die wichtigsten Pulszahlen die in Tab. 23/3 eingetragenen Effektivwerte der Stromoberwellen (H. JUNGMICHL, 1931):

Tabelle 23/3. *Ordnungszahl v und Effektivwert der Oberwellen (bezogen auf die Grundwelle) für einige Pulszahlen p*

Ordnungszahl ν	Frequenz $\nu \cdot f_1$	Oberwellenstrom I_ν/I_1 $p=2$	$p=3$	$p=6$
	Hz			
1	50	1,00	1,00	1,00
2	100	—	0,585	—
3	150	—	—	—
4	200	—	0,121	—
5	250	—	0,146	0,226
6	300	—	—	—
7	350	—	0,076	0,113
8	400	—	0,086	—
9	450	—	—	—
10	500	—	0,055	—
11	550	—	0,060	0,091
12	600	—	—	—
13	650	—	0,043	0,065
14	700	—	0,046	—

Ein Vergleich mit den in Tab. 23/1 eingetragenen Zahlen zeigt bemerkenswerte Unterschiede. Da der Zweipulsstromrichter einen halbwelligen Stromverlauf im Gleichstromkreis besitzt, treten auch wechselstromseitig keine Oberwellen auf. Ein solcher oberwellenfreier Betrieb wäre z. B. für Stromrichterlokomotiven, die neuerdings zunehmende Bedeutung erlangen, recht erwünscht. Da diese jedoch keine rein Ohmsche Belastung darstellen, so findet man für diese Lokomotiven Oberwellen, deren Größe zwischen den beiden erwähnten Extremfällen liegen (M. DEMONTVIGNIER, 1956, R. JÖTTEN u. L. LEBRECHT).

Bei Drei- und Sechspulsstromrichtern ergeben sich zwar die gleichen Oberwellenfrequenzen wie bei großer Glättungsdrossel, die Größe der Oberwellen ist jedoch durch eine andere Gesetzmäßigkeit bestimmt:

$$I_2 : I_4 : I_5 : I_7 : I_8 : I_{10} : I_{11} : I_{13} : I_{14}$$
$$= 1 : \frac{1}{5} : \frac{1}{4} : \frac{1}{8} : \frac{1}{7} : \frac{1}{11} : \frac{1}{10} : \frac{1}{14} : \frac{1}{13}.$$

Berechnet man den Effektivwert des primären Wechselstromes, so erhält man ebenfalls ein von den Zahlen der Tab. 23/2 abweichendes Ergebnis. Man findet für $p = 2$: $I/I_1 = 1{,}0$; für $p = 3$: $I/I_1 = 1{,}21$ und für $p = 6$: $I/I_1 = 1{,}05$. Auch hier zeigt sich wieder, daß der Dreipulsstromrichter den größten Oberwellengehalt im Primärstrom besitzt.

Bei großer Kathodendrossel war die Größe der Oberwellen lediglich von der Ordnungszahl, nicht aber von der Pulszahl abhängig. Bei Ohmscher Last findet man, daß die Amplituden von Oberwellen einer bestimmten Ordnungszahl mit wachsender Pulszahl zunehmen.

24. Die Siebmittel

Stromrichter mit oberwellenfreien Gleichspannungen und Wechselströmen lassen sich nur durch sehr große Pulszahlen realisieren, was in den meisten Fällen aus wirtschaftlichen Gründen undurchführbar ist. Um dennoch gewisse Forderungen erfüllen zu können, werden Sieb- oder Glättungsmittel verwendet, worüber im folgenden berichtet werden soll. Naturgemäß werden die im Gleichstrom- und Wechselstromkreis zu treffenden Maßnahmen getrennt behandelt; die Oberwellen der beiden Kreise zeigen nämlich duale Entsprechungen, die man am einfachsten so kennzeichnet, daß man gleichstromseitig von erzwungenen Spannungen, wechselstromseitig von erzwungenen Oberwellenströmen spricht.

Zum Abschluß sollen auch noch diejenigen Siebmittel kurz erwähnt werden, welche zur Verringerung von Telephon- und Rundfunkstörungen dienen.

24.1 Die Siebmittel des Gleichstromkreises

Abb. 24/1 zeigt ein Ersatzschaltbild, welches lediglich die für die folgende Betrachtung notwendigen Schaltelemente enthält. Der Stromrichter wird durch seine gleichgerichtete Spannung $u = \bar{U} + \sum U_\nu \sqrt{2} \cos(\nu\omega t + \varphi_\nu)$ und die innere Impedanz Z_i als „Oberwellengenerator" gekennzeichnet. (Man könnte auch jeder Oberwelle eine eigene Spannungsquelle mit zugehöriger Impedanz zuordnen.) Der Lastkreis ist durch L_g und R sowie die Gegenspannung $\bar{E}$ nachgebildet. Es soll nun eine durch den praktischen Betrieb begründete Forderung erfüllt werden, wonach die Welligkeit des im Lastkreis fließenden Stromes einen gewissen vorgeschriebenen Wert nicht überschreiten darf. Je nach der Größe der im Verbraucher zugelassenen „Restwelligkeit" wird man zur „Glättung" des gleichgerichteten Stromes geeignet bemessene Siebmittel (Filter) zwischen den Stromrichter und die Last einschalten. Da es in jedem Falle darum geht, den Gleichstrom $\bar{I}$ ungehindert durch das Filter hindurchtreten zu lassen, die Oberwellen aber möglichst vollständig zu sperren, so wird man sogenannte „Tiefpaßfilter" anwenden. Im einfachsten Falle wird bereits eine im Gleichstromkreis befindliche Drossel eine derartige Siebwirkung ausüben, da sie Strömen höherer Frequenz eine höhere Reaktanz entgegensetzt. Macht man eine solche Drossel genügend groß, so wird man zwar eine gute Glättung erreichen können — eine solche *Glättungsdrossel* macht aber gleichzeitig den Verbraucherkreis zeitlich träge (Vergrößerung der Zeitkonstante X/R, was insbesondere bei geregelten Stromrichtern nachteilig sein kann), und außerdem stellt sie wirtschaftlich keine optimale Lösung dar. Da sie jedoch eine weitverbreitete Anwendung gefunden hat, so soll ihre Bemessung im Hinblick auf den lückenhaften Betrieb kurz gestreift werden.

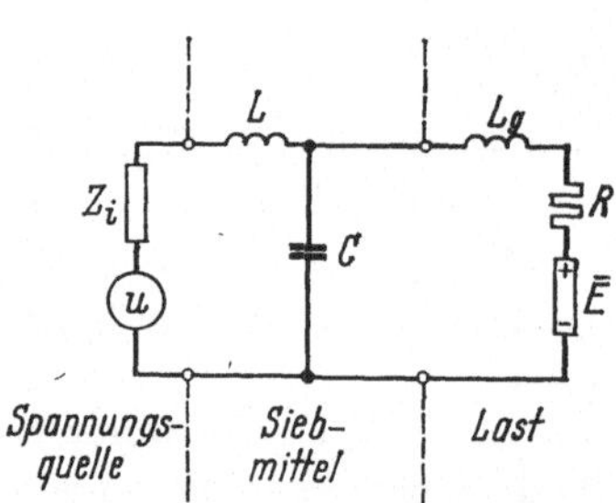

Abb. 24/1. Ersatzschaltbild für die Bemessung von gleichstromseitigen Filtern

Dazu soll das Ersatzschaltbild 24/1 weiter vereinfacht werden, so daß es nur noch den Generator mit der Spannung u, die Glättungsdrossel L und die Gegenspannung $\bar{E}$ enthält. Will man den Stromverlauf ermitteln, so mag man sich an die oben durchgeführten Untersuchungen bei Gegenspannung und rein induktiver Strombegrenzung erinnern. Insbesondere soll der Zündzeitpunkt durch den Steuerwinkel α und nicht durch die Gegenspannung (Winkel ζ) bestimmt sein. Da außerdem die Untersuchung der Gleichspannungswelligkeit gezeigt hat, daß die Oberwellenspannungen im allgemeinen im Leerlauf ihren Höchstwert haben, so genügt es, nur diesen Grenzfall zu betrachten.

Indem man von der Spannungsbilanz

$$u - \bar{E} = L\,di/dt$$

ausgeht, erhält man für den Strom i

$$i = \frac{1}{X}\int\limits_{\frac{-\pi}{p}+\alpha}^{\vartheta}\left(E\sqrt{2}\cos\vartheta - \bar{E}\right)d\vartheta$$

$$= \frac{E\sqrt{2}}{X}\left[\sin\vartheta - \sin\left(\alpha - \frac{\pi}{p}\right) - g\left(\vartheta + \frac{\pi}{p} - \alpha\right)\right]. \qquad (24/1)$$

In dem uns interessierenden Fall, daß der Strom je Ventil eine Leitdauer von $\beta = 2\pi/p$ besitzt („Lückgrenze"), gilt für den arithmetischen Mittelwert $\bar{I}_G$

$$\bar{I}_G = \frac{E\sqrt{2}}{X}\,\frac{p}{2\pi}\int\limits_{\frac{-\pi}{p}+\alpha}^{\frac{+\pi}{p}+\alpha} i(\vartheta)\,d\vartheta = \frac{\bar{U}_{00}}{X}\left(1 - \frac{\pi}{p}\cot\frac{\pi}{p}\right)\sin\alpha = \frac{\bar{U}_{00}}{X}\Delta, \qquad (24/2)$$

wobei Δ als Abkürzung verwendet wird und zu berücksichtigen ist, daß die Gegenspannung $\bar{E}$ dem arithmetischen Mittelwert der gleichgerichteten Spannung $\bar{U}_{00} \cos\alpha$ entsprechen muß.

Gl. (24/2) gilt jedoch nur insoweit, als der Zündpunkt durch die Gittersteuerung bestimmt wird. Der Gültigkeitsbereich dieser Gleichung ist durch die voll ausgezogenen Kurven in Abb. 24/2 kenntlich gemacht. Wie in Abschn. 18.1 näher erläutert wurde, wird der Zündpunkt bei gewissen Bedingungen jedoch durch die Gegenspannung bestimmt. Die in diesem Falle geltende Beziehung ist durch die unterbrochenen Kurven gekennzeichnet. Beschreibt man die Baugröße der Glättungsdrossel durch den Betrag der magnetischen Speicherenergie $L\bar{I}_N^2/2$, so kann man diese mittels der Stromstärke an der Lückgrenze $\bar{I}_G = \frac{\bar{U}_{00}}{X}\Delta$ ausdrücken, wobei die Abkürzung $\Delta = \left(1 - \frac{\pi}{p}\cot\frac{\pi}{p}\right) \times$ $\times \sin\alpha$ in Abhängigkeit vom Steuerwinkel α aus Abb. 24/2 abgelesen werden kann (E. Rolf):

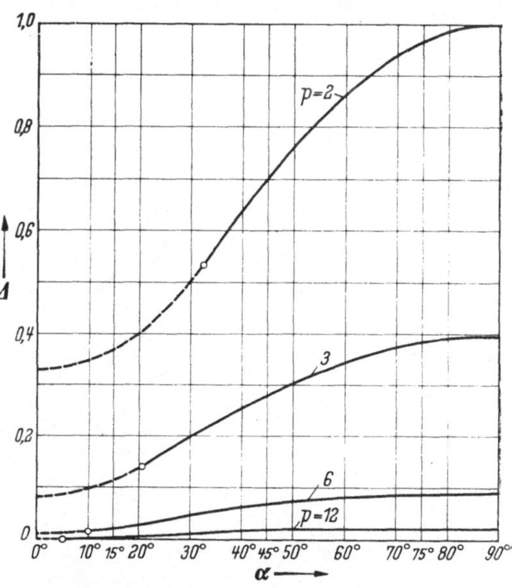

Abb. 24/2. Abhängigkeit der Drossel-Kennzahl Δ vom Zündwinkel α. (Volle Kurven für wirksame Gittersteuerung, unterbrochene Kurven für unwirksame Gittersteuerung)

$$\frac{L\bar{I}_N^2}{2} = \frac{\bar{I}_N^2}{2} \cdot \frac{\bar{U}_{00}\Delta}{\omega \bar{I}_G} = \frac{(\bar{I}_N \cdot \bar{U}_{00})\Delta}{2\omega \cdot \bar{I}_G/\bar{I}_N}. \quad (24/3)$$

Mittels dieser Beziehung kann man nun bequem die für einen bestimmten Fall benötigte Minimalgröße der Glättungsdrossel ermitteln. Man erkennt, daß die Drossel um so größer sein muß, je kleiner $\bar{I}_G/\bar{I}_N$, d. h. das Verhältnis von Lückgrenzstrom zu Nennstrom, gewählt wird. Auf die Dimensionierung derartiger Glättungsdrosseln, z. B. die Bestimmung des günstigsten Luftspaltes, soll nicht näher eingegangen und lediglich auf die diesbezügliche Literatur (W. Hartel, 1939) verwiesen werden.

In vielen Fällen, insbesondere bei Gleichrichtern für höhere Spannungen, führt der Versuch, die gewünschte Glättung lediglich mittels einer Kathodendrossel durchzuführen, zu unwirtschaftlichen Lösungen. In solchen Fällen wird man dann die Glättungseinrichtung erweitern und im einfachsten Falle einen Kondensator parallel zum Verbraucher anordnen (einfaches LC-Glied). Die Siebwirkung dieser Anordnung läßt sich am besten dadurch beurteilen, daß man die „Ausgangsspannung" U_a am Verbraucher in Beziehung setzt zur „Eingangsspannung" U_e:

$$\left|\frac{U_a}{U_e}\right| = [(1 - \omega^2 L C)^2 + (\omega L/R)^2]^{-1/2}. \qquad (24/4)$$

Benützt man die üblichen Bezeichnungen für die „Eigenfrequenz" des Filters: $\omega_0^2 = \frac{1}{LC}$ und die „Gütezahl": $\frac{\omega_0 L}{R} = \frac{\sqrt{L/C}}{R}$, so kann man die vorstehende Gleichung auch umformen:

$$\left|\frac{U_a}{U_e}\right| = \left[\left(1 - \left(\frac{\omega}{\omega_0}\right)^2\right)^2 + \left(\frac{\omega}{\omega_0}\frac{\sqrt{L/C}}{R}\right)^2\right]^{-1/2}. \qquad (24/5)$$

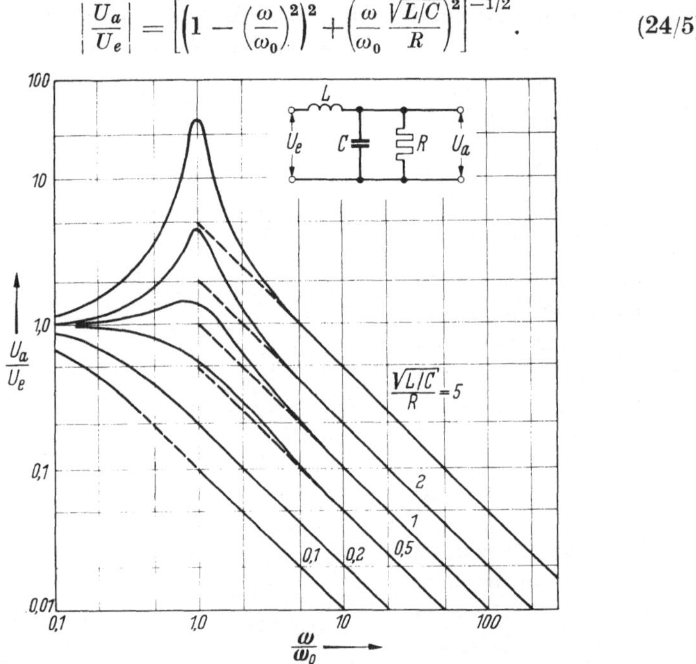

Abb. 24/3. Siebwirkung (Ausgangsspannung U_a zu Eingangsspannung U_e) eines einfachen LC-Gliedes in Abhängigkeit von der Frequenz ω

Diese Beziehung wurde in Abb. 24/3 in einem doppelt logarithmischen Koordinatensystem dargestellt, um eine möglichst bequeme Ablesung der Glättungseigenschaften zu ermöglichen.

Bei nichtstationären Vorgängen wird z. B. der Glättungskondensator unter Verringerung seiner Spannung als momentaner Stromlieferant für den Verbraucher wirken können, während sich die Glättungsdrossel jeder Stromänderung widersetzt, indem sie ihren Spannungsabfall erhöht. Für Ausgleichsvorgänge kommen also nur die gespeicherten Energien ($Li^2/2$ und $Cu^2/2$) in Betracht, aus deren Verhältnis bekanntlich der „Schwingungswiderstand" erhalten wird:

$$\frac{u}{i} = \sqrt{\frac{L}{C}}.$$

Die Glättungseinrichtung kann dadurch noch wirksamer gemacht werden, daß man durch Hintereinanderschaltung mehrerer LC-Glieder ein mehrstufiges Filter oder eine Filterkette herstellt. Die Berechnung derartiger Filter erfolgt in gleicher Weise wie für das einfache LC-Glied und soll deshalb nicht näher untersucht werden. Wünscht man eine oder mehrere Oberwellen besonders wirksam auszusieben, so empfiehlt sich die Verwendung abgestimmter Filterkreise, wie solche in Abb. 24/4 abgebildet sind. Für einen Siebkreis für die Oberwellenspannung der ν-ten Ordnung gilt folgendes:

L_ν und C_ν sind in Resonanz für die Frequenz $f\nu p$. R_ν berücksichtigt die Verluste von Drossel, Kondensator und Verbindungsdrähten und ist sehr klein im Verhältnis zu $2\pi f\nu pL = X$ der Reaktanz der Gleichstromdrossel. Die Siebwirkung ist durch

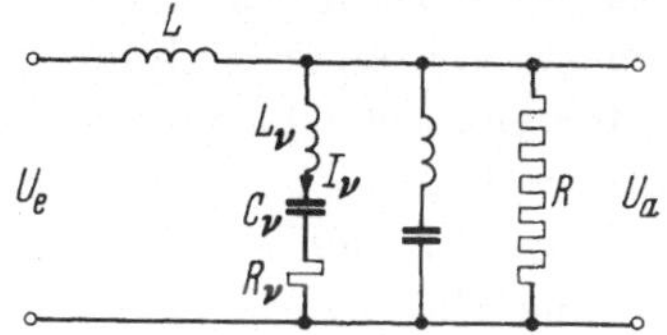

Abb. 24/4. Glättungseinrichtung mit abgestimmten Kreisen

$$\frac{U_a}{U_e} = \frac{R_\nu}{\sqrt{X^2 + R_\nu^2}} \approx \frac{R_\nu}{X}$$

beschrieben. Es ist zu beachten, daß der Kondensator für eine Spannung von $\bar{U}_{00} + U_\nu\sqrt{2}$ bemessen werden muß.

24.2 Die Siebmittel des Wechselstromkreises

Die bisherige Darstellung der wechselstromseitigen Oberwellen erfolgte in konventioneller Weise, indem von einer rein sinusförmigen Netzspannung ausgegangen wurde. In der Tat ist dieses Vorgehen in den meisten Fällen durchaus berechtigt, wie diesbezügliche Untersuchungen von E. Fässler (1938, 1940) gezeigt haben. Nur bei Wechselstromnetzen mit ausschließlicher oder sehr großer Stromrichterlast spielen die von den Oberwellenströmen hervorgerufenen Spannungsverzerrungen eine so große Rolle, daß eine andere von E. Kübler (1939) durchgeführte Betrachtungsweise notwendig wird. Bei dieser wird von sinusförmigen Netzströmen und nichtsinusförmigen Spannungen ausgegangen. Obwohl diese duale Betrachtungsweise vom theoretischen Standpunkt außerordentlich interessant ist, wird sie praktisch nur selten zur Anwendung gelangen, weil man schon mit Rücksicht auf die unerwünschten Wirkungen der Oberwellen in den Generatoren und den verschiedenartigen Verbrauchern stets bemüht sein wird, deren Einfluß im Wechselstromnetz möglichst klein zu halten. Was dabei die soeben erwähnten Spannungsverzerrungen anbelangt, so gilt nach VDE 0530, § 14 eine Spannungswelle so lange als praktisch sinusförmig, als keiner ihrer Augenblickswerte vom Augenblickswert gleicher Phase der Grundwelle um mehr als 5% des Grundwellenscheitelwertes abweicht.

Die verschiedenen Oberwellen haben indessen außerdem noch Wirkungen, die kurz erwähnt seien. Betrachtet man ein Drehstromsystem, so kann eine unsymmetrische Stromverteilung nach I. C. L. FORTESCUE (1918) in sogenannte symmetrische Komponenten, nämlich ein „mitlaufendes", ein „gegenlaufendes" und ein „gleichphasiges" System zerlegt werden. Dabei ist zu beachten, daß sich für die Phasenlage der Oberwellen in bezug auf die 3 Phasenwinkel der Grundwelle (0, 120°, 240°) mit deren Ordnungszahl n vervielfachte Winkel ergeben: $\varphi_n = n \cdot \varphi_1$. Am einfachsten erkennt man diesen Zusammenhang, indem man, ausgehend von einer dreiphasigen symmetrischen Grundwelle, die 3. und 5. Harmonische betrachtet. Definitionsgemäß sollen die Phasenströme um $2\pi/3$ bzw. $4\pi/3$ gegeneinander verschoben sein. Da sich aber bei der 3. Harmonischen $3 \times 2\pi/3 = 2\pi$ und $3 \times 4\pi/3 = 4\pi$ ergibt, bilden die Ströme aller 3 Phasen ein gleichphasiges System. Bei der 5. Harmonischen führt die gleiche Überlegung auf ein gegenlaufendes System. Indem man nun die Oberwellen auf ihr diesbezügliches Verhalten prüft, erhält man die in Tab. 24/1 eingetragene Zuordnung.

Tabelle 24/1. *Zuordnung der Harmonischen zu den 3 Systemen der symmetrischen Komponenten von Drehstromnetzen*

System	Harmonische								
Mitlaufend . . .	1	4	7	10	13	16	19	22	25
Gegenlaufend . .	2	5	8	11	14	17	20	23	26
Gleichphasig . .	3	6	9	12	15	18	21	24	27

Um nun noch den Einfluß der Harmonischen jedes der 3 Systeme zu kennzeichnen, sei deren Wirkung auf Motoren erwähnt:

1. Mitlaufende Harmonische haben Drehrichtung wie Grundwelle.
2. Gegenlaufende Harmonische haben entgegengesetzte Drehrichtung wie Grundwelle.
3. Gleichphasige Harmonische bilden ein Einphasensystem mit zeitlich schwankendem Leistungsfluß.

M. DEMONTVIGNIER (1943) hat den Einfluß von *Oberwellen der Netzspannung* auf die gleichgerichtete Spannung von parallel arbeitenden Gleichrichtern untersucht. Er fand, daß der Oberwelleneinfluß verschwindet, wenn

1. $\nu = k \cdot q$ (das Integrationsintervall umfaßt eine ganze Zahl von Perioden),
2. $\nu = k\,p \pm 1$,
3. $\nu = 3\,k$, wobei $k = 1, 2, 3, \ldots$ bedeutet (vgl. a. E. FÄSSLER, 1940).

Im Falle einer Doppel-Dreiphasenschaltung ($q = 3$, $p = 6$) erhält man z. B. für $\nu = 3, 5, 6, 7, 9, \ldots$ nach den vorstehenden Regeln keine Beeinflussung, dagegen verursachen $\nu = 4, 8, \ldots$ eine Spannungsdifferenz bei den 2 parallel arbeitenden Teilgleichrichtern, und zwar im ungünstigsten Fall von der Größe

$$\Delta \bar{U} = \bar{U}_1 - \bar{U}_2 = U_{s\nu} \sqrt{2} \frac{2q}{\nu\pi} \sin\frac{\nu\pi}{q}, \qquad (24/6)$$

wobei deren Gleichspannung $\bar{U}_0 = U_{s1} \sqrt{2} \frac{q}{\pi} \sin\frac{\pi}{q}$ beträgt.

Aus der Kennliniengleichung (17/17) folgen bei Spannungsänderungen von der Größe $\Delta \bar{U}$ Stromänderungen gemäß

$$\frac{\Delta \bar{I}}{\bar{I}} = \frac{\bar{I}_1 - \bar{I}_2}{\bar{I}} = \frac{1}{d_N} \frac{\Delta \bar{U}}{\bar{U}}. \qquad (24/7)$$

Da für $\frac{1}{d_N} \approx 20$ gesetzt werden kann, so folgt aus den vorstehenden Gleichungen

$$\frac{\Delta \bar{I}}{\bar{I}} \approx 20 \frac{\Delta \bar{U}}{\bar{U}}$$

und damit eine große Empfindlichkeit der Doppel-Dreiphasenschaltung auf die Harmonischen $\nu = 2, 4, \ldots$, welche jedoch in den üblichen Drehstromnetzen kaum auftreten.

Die Dreifach-Zweiphasenschaltung ($p = 6$, $q = 2$) ist nach obiger Regel völlig unempfindlich gegen Netzspannungsoberwellen.

Bei Zwölfpulsschaltungen, wie z. B. der Viermal-Dreiphasenschaltung ($p = 12$, $q = 3$), ist eine Beeinflussung durch $\nu = 5, 7, \ldots$ möglich, welche in Drehstromnetzen häufig vorhanden sind. Obige Gleichungen liefern für den Stromunterschied zweier parallel arbeitender Teilgleichrichter

$$\frac{\Delta \bar{I}}{\bar{I}} \approx 20 \frac{2}{\nu} \frac{U_{s\nu}}{U_{s1}}.$$

Eine 5. Harmonische von nur 2,5% der Grundwelle bewirkt demnach bereits eine Stromunsymmetrie von 20% des Nennstromes.

M. Demontvignier (1945) hat gefunden, daß die gegenläufige Komponente von unsymmetrischen Drehstromnetzen bei p-Puls-Stromrichtern Oberwellen der Gleichspannung von der Ordnung $\nu = n \cdot p \pm 2$ hervorruft.

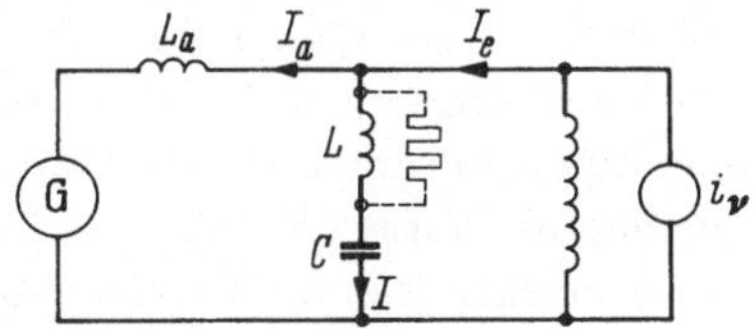

Abb. 24/5. Stromrichter als Oberwellenstromquelle

Über weitere Wirkungen, z. B. auf die Ständerwicklung und den Dämpferkäfig von Drehstromgeneratoren, finden sich in der Literatur (L. Lebrecht, 1935; R. Pohl, 1935) ausführliche Mitteilungen.

Abb. 24/5 zeigt ein einphasiges Ersatzschaltbild, das die Verhältnisse sowohl in einem einfachen Wechselstromnetz als auch symbolisch in einem Drehstromsystem kennzeichnet. Wesentlich ist die Darstellung des Stromrichters als Oberwellengenerator mittels erzwungenen Stromquellen (für jede Stromharmonische eine Stromquelle), wobei die innere

Reaktanz durch diejenige Induktivität abgebildet wird, die der Stromrichter (vorzugsweise der Stromrichtertransformator) den einzelnen Oberwellen entgegenstellt. Die Größe dieser Induktivität ist der Kurzschlußspannung des Transformators und der Überlappungsdauer proportional. Physikalisch ist diese Abbildung nicht völlig exakt, sie stellt jedoch, wie genauere Untersuchungen von H. FORSSELL (1946) ergeben haben, eine recht gute Näherung dar, so daß sie der folgenden Betrachtung zugrunde gelegt werden soll. Eine solche Abbildung hat nämlich nicht nur den Vorteil großer Einfachheit, sie ist auch für ähnliche Probleme, z. B. bei der Untersuchung der im Magnetisierungsstrom von Transformatoren enthaltenen Oberwellen (E. FRIEDLÄNDER, 1928), bereits wiederholt mit Vorteil verwendet worden.

Die Siebwirkung des Spannungsresonanzgliedes LC wird durch das Verhältnis vom Ausgangsstrom I_a zum Eingangsstrom $I_e = I + I_a$ gekennzeichnet:

$$\frac{I_a}{I_e} = \frac{1 - \omega^2 LC}{1 - \omega^2 C(L + L_a)}\,. \tag{24/8}$$

Der Strom in den Siebmitteln hat die Größe

$$\frac{I}{I_e} = \frac{\omega^2 L_a C}{\omega^2 (L + L_a) C - 1}\,. \tag{24/9}$$

Aus diesen beiden Gleichungen folgt, daß der Oberwellenstrom sowohl im Generator G als auch im Filterkreis unendlich groß wird, wenn $\omega^2 (L + L_a) \times C = 1$ wird. Dieser Fall muß unbedingt entweder durch geeignete Bemessung oder auch durch Bedämpfung vermieden werden. Wird dagegen $\omega^2\, LC = 1$, so fließt der Oberwellenstrom ausschließlich durch den Siebkreis und der Generator bleibt oberwellenfrei. Voraussetzung ist dabei, daß der Kondensator mit dem vollen Oberwellenstrom belastet werden darf. Bei den niedrigsten Harmonischen ist nämlich oft eine merkliche Einspeisung auch von anderen Oberwellenerzeugern (z. B. Transformatoren) vorhanden, die berücksichtigt werden muß. Wünscht man einen Filterkreis in bestimmter Weise zu dämpfen, so geschieht das vorteilhaft durch Parallelschalten eines Ohmschen Widerstandes zur Filterinduktivität L. Bei Hochspannungsnetzen wird die Filterkapazität häufig über einen Transformator angepaßt. Da die Filterkreise bei der Grundwellenfrequenz kapazitiv sind, so verbessern die Filterkondensatoren auch den $\cos \varphi_1$ der Grundwelle. Die Breite der Resonanzkurve eines Filterkreises muß derart gewählt werden, daß das Filter bei den üblichen Frequenzschwankungen seine Wirkung nicht merklich ändert. In den meisten Fällen wird man Filterkreise nur bei Sechspulsstromrichtern anwenden und auf die 5. und 7. Harmonische abstimmen. Befindet sich zwischen Stromrichter und Generator eine lange Leitung oder ein Kabel, dann kann die Leitungskapazität weitere Komplikationen verursachen, die K. AYMANNS (1937) näher untersucht hat.

24.3 Die Beeinflussung von Fernmeldeanlagen

Die von Stromrichtern erzeugten Oberwellen können in Fernmeldeanlagen Störgeräusche hervorrufen, wobei die Stromoberwellen vorzugsweise induktiv übertragen werden. Man unterscheidet Telephon- und Rundfunkstörungen. Dabei ist zu beachten, daß man die physiologische Störwirkung nicht direkt aus den bisher ermittelten Kenngrößen für die Oberwellenverhältnisse, z. B. der „Welligkeit", ableiten kann, sondern erst noch die Frequenzabhängigkeit des menschlichen Ohres einführen muß. In Abb. 24/6 sind die gemessenen und international festgelegten Bewertungskurven für Telephon- und Rundfunkstörgrößen über einer logarithmischen Frequenzskala dargestellt. Die Bewertungszahl p_ν stellt das Verhältnis des Störgewichtes bei der Frequenz f zum Störgewicht bei der Bezugsfrequenz 800 Hz dar. Diese Kurven berücksichtigen bereits die üblichen Übertragungseigenschaften der Telephone und Lautsprecher. Die Normungen wurden vom CCIF (Commité Consultatif International Téléphonique) und dem EEI-BTS (Joint subcommittee on development and research of the Edison Electric Institute and Bell Telephone System) durchgeführt.

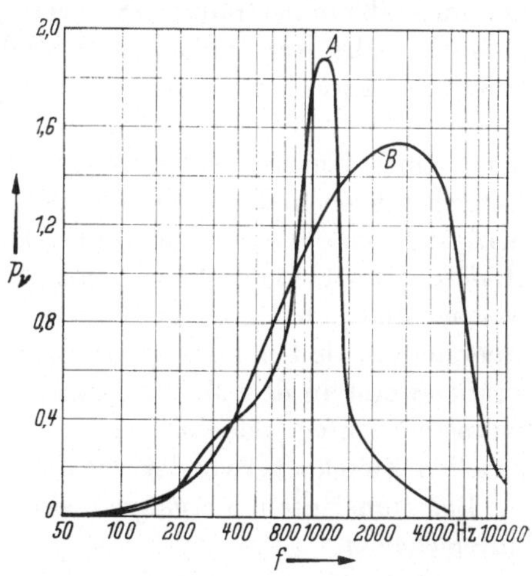

Abb. 24/6. Bewertungszahl p_ν für (A) Telephon- und (B) Rundfunkstörgrößen in Abhängigkeit von der Störfrequenz f (nach CCIF)

Multipliziert man die Effektivwerte der Oberwellen U_ν mit den zugehörigen Bewertungszahlen p_ν, so erhält man mittels der Beziehung

$$U_{St} = \sqrt{\sum U_\nu^2 p_\nu^2} \qquad (24/10)$$

den Effektivwert der Störspannung U_{St}, den man neuerdings recht bequem mittels geeigneter, vom CCIF genormter „Psofometer" (Meßinstrument mit einem der p_ν-Kurve angepaßten Frequenzfilter) messen kann.

Abschließend sei erwähnt, daß die Störwirkung von Stromrichteranlagen nicht allein von den bisher betrachteten niederfrequenten Oberwellen ausgeht, sondern daß gelegentlich, insbesondere bei teilausgesteuerten Gasentladungsstromrichtern, auch hochfrequente Störspannungen entstehen, deren Beseitigung jedoch mit einfachen RC-Dämpfungskreisen erfolgen kann.

IX. Der transiente Stromrichterbetrieb

In der bisherigen Darstellung wurde der Stromrichter lediglich in seiner Eigenschaft als „Umformer" betrachtet; damit sind indessen die Verwendungsmöglichkeiten des Stromrichters noch keineswegs erschöpft. Wohl ist bereits davon Gebrauch gemacht worden, den Stromfluß der Ventile mittels Gittersteuerung oder Steuerdrosseln zu beeinflussen — es ist jedoch nur die *stationäre*, die zeitlich unveränderliche Form der Steuerung vorausgesetzt worden, bei welcher es lediglich darauf ankommt, daß ein bestimmter Steuerwinkel den Stromfluß der Ventile beeinflußt. Dabei war es bisher vollständig ausreichend, den zeitlichen Verlauf der elektrischen Kenngrößen lediglich während einer Periode (bzw. sogar nur während eines Bruchteiles einer Periode, nämlich der Leitdauer eines Ventils) zu betrachten, da das wesentliche Merkmal dieser Betriebsart eben die dauernde periodische Wiederholung ist. Befreit man sich von dieser Fessel und läßt für den Steuerwinkel *zeitliche Änderungen* zu, so erhält man neue Eigenschaften für den Stromrichter, welcher nun je nach der gewählten Veränderung als *Steuerorgan* für den Energiefluß, als *Verstärker* oder als Wechselstrom*schalter* wirkt. Dabei ist vorzugsweise an den Mehrpulsstromrichter, insbesondere an den Sechspulsstromrichter gedacht, wie er derzeit für die verschiedensten industriellen Zwecke verwendet wird.

Bei transienten Vorgängen sind 2 verschiedene Möglichkeiten zu unterscheiden:

Zeitliche Änderungen der Steuergröße und
Zeitliche Änderungen der Belastung.

25. Das transiente Verhalten der Stromrichter

Da Steuerbefehle stets über einen Steuersatz den Gittern der Stromrichterventile übermittelt werden und dadurch merkliche Verzögerungen entstehen können, so sollen zuerst die Steuersätze beschrieben werden.

25.1 Steuersätze für Gasentladungsventile

Die verschiedenartigen Steuersätze, wie man die Apparaturen für die Gittersteuerung von Gasentladungsventilen nennt, kann man in bezug auf den zeitlichen Verlauf der dem Gitter zugeführten Steuerspannung in zwei Gruppen unterteilen:

Steuersätze mit sinusförmiger Steuerspannung und
Steuersätze mit Impulsspannungen.

Bevor die Steuersätze erläutert werden, sei an Hand von Abb. 25/1 der zeitliche Verlauf der Gitterzündspannung u_{gz} bei sinusförmiger

Anodensperrspannung betrachtet. Es sind 2 Kennlinien u_{gz} eingezeichnet, entsprechend den in Abb. 2/15 dargestellten Grenzwerten der Sattdampftemperatur Θ des Quecksilberdampfes, welcher als Füllgas vorhanden sei. Man spricht deshalb besser von einem Zündspannungs*bereich*, innerhalb dessen die Zündung bei den üblichen Betriebsbedingungen erfolgt, und versteht bereits, warum für die Quecksilberdampfventile großer Leistung ausschließlich Impulssteuerungen verwendet werden, während für temperaturunabhängige Edelgasthyratrons und Transistoren sinusförmige Steuerungen angewendet werden.

a) Steuersätze mit sinusförmiger Steuerspannung

Für Steuerungen mit Sinusspannungen sind grundsätzlich die drei in Tab. 25/1 eingetragenen Verfahren möglich, wovon die Horizontal- und die Vertikalsteuerung die größte praktische Bedeutung erlangt haben.

In Abb. 25/2 sind diese 3 Verfahren in ihrer Wirkungsweise dargestellt. Es

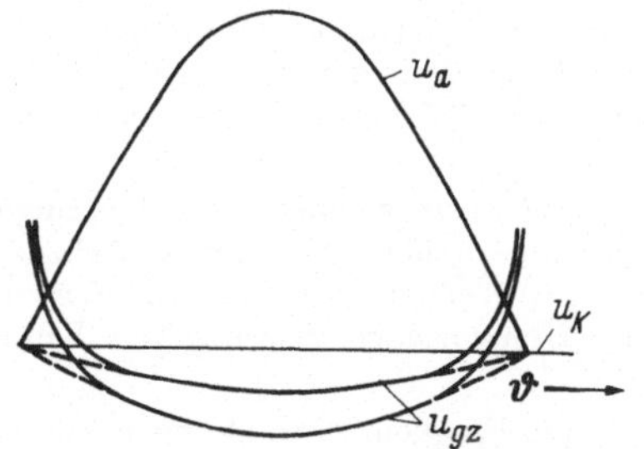

Abb. 25/1. Gitterzündspannung u_{gz} in Abhängigkeit vom zeitlichen Verlauf der Anodenspannung u_a (u_K... Kathodenspannung)

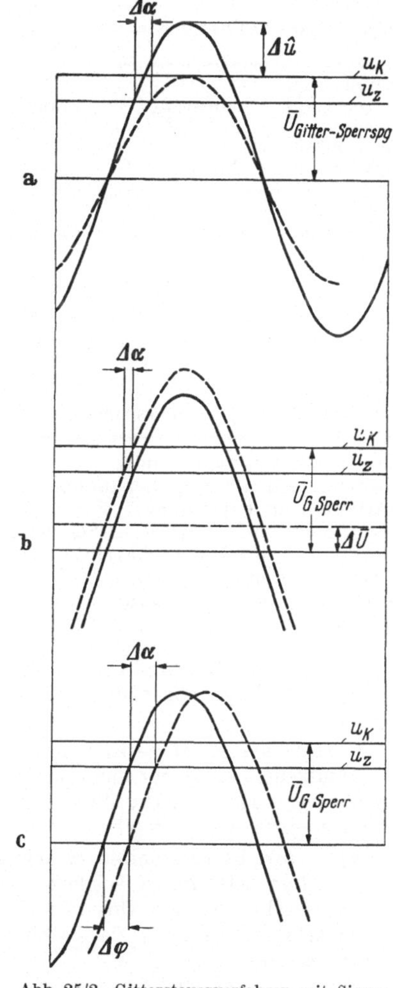

Abb. 25/2. Gittersteuerverfahren mit Sinusspannungen
a) Amplitudensteuerung $\Delta\alpha = f(\Delta\hat{u})$;
b) Vertikalsteuerung $\Delta\alpha = f(\Delta\bar{U})$;
c) Horizontalsteuerung $\Delta\alpha = f(\Delta\varphi)$

ist dabei vorausgesetzt, daß die Zündung dann erfolgt, wenn der ansteigende Ast der sinusförmigen Wechselspannung die Zündkennlinie (u_z) schneidet. Man erkennt sofort den Nachteil der Amplitudensteuerung, welche nur geringe Winkelverschiebungen $\Delta\alpha$ ermöglicht, während die beiden anderen Steuerungen Winkelverschiebungen von nahezu 180° zulassen. Die Phasenverschiebung der Horizontalsteuerungen wird entweder mittels eines Drehtransformators oder spezieller Schwenkbrücken ausgeführt.

Tabelle 25/1. *Gittersteuerverfahren mit Sinusspannungen*

Steuerverfahren	Gleichspannung	Wechselspannung		Erfinder
		Amplitude	Phase	
Amplitudensteuerung	konstant	veränderlich	konstant	I. LANGMUIR (1914)
Horizontalsteuerung	konstant	konstant	veränderlich	P. TOULON (1923)
Vertikalsteuerung	veränderlich	konstant	konstant	G. W. MÜLLER (1928)

b) Steuersätze mit Impulssteuerspannungen

In Tab. 25/2 sind die üblichen Daten derartiger Steuersätze zusammengestellt, wobei die Zahlen jedoch nur als Richtwerte gelten sollen.

Tabelle 25/2
Übliche Daten für Gittersteuerungen von Quecksilberdampf-Hochleistungsventilen

Negative Gittervorspannung	150—250 V
Positiver Teil der Impulsspannung	250 V
Gesamte Impulsspannung	400—500 V
Impulsbreite bei Saugdrossel-Schaltung	$>$ 70° el
bei Gabelschaltung	$>$ 30° el
Gitterwiderstand	1—5 kΩ
Gitter-Kathode-Kondensator	0,01—0,1 μF
Steuerbereich	0—160° el

Bevor auf die Beschreibung der einzelnen Gittersteuerungen eingegangen wird, sollen noch einige allgemeine Gesichtspunkte für deren Beurteilung erwähnt werden:

Zündgenauigkeit. Diese ist der Steilheit der Wechselspannung im Schnitt mit der Zündkennlinie proportional. Hier zeigt sich deutlich die Überlegenheit der Impulssteuerungen, welche Steilheiten größer als 100 V/° erreichen, während Sinussteuerungen nur etwa 5 V/° besitzen.

Symmetrie. Hier ist darauf zu achten, daß eine ausreichende Symmetrie nicht nur bei einer bestimmten Winkeleinstellung, sondern über den ganzen Arbeitsbereich gewährleistet ist. Unsymmetrien sind insbesondere bei Saugdrosselschaltungen sehr unerwünscht, da sie eine Gleichstromvormagnetisierung der Saugdrossel bewirken.

Einfluß von Netzschwankungen. Spannungs- und Frequenzschwankungen wirken sich besonders bei magnetischen Steuerungen aus.

Von den zahlreichen Steuersätzen mit Impulsspannungen sollen nur 2 moderne Beispiele näher beschrieben werden:

Der spannungssteuernde magnetische Steuersatz und
der Transistorsteuersatz.

Die übrigen Steuersätze sollen nur mit Hinweisen auf die Literatur erwähnt werden: der magnetische Spannungsstoß-Steuersatz (K. BAUDISCH, 1933), der stromsteuernde magnetische Steuersatz (I. C. READ, 1945) usw. Zusammenfassende Darstellungen gaben G. REINHARDT (1941), H. GRASL (1954), I. FÖRSTER (1958) u. a.

Der spannungssteuernde magnetische Steuersatz. In der in Abb. 25/3a dargestellten Schaltung soll vorerst der aus einem Ventil V_{st} und einem veränderbaren Widerstand R_{st} bestehende Zweig unberücksichtigt bleiben, d. h., es sei z. B. $R_{st} = \infty$ gesetzt. In diesem Falle wird die mit einem hochpermeablen Eisenkern versehene Drossel L durch den Einschaltvorgang in Sättigung gehen und dadurch praktisch unwirksam werden: der durch das Ventil V und den Widerstand R fließende Strom hat den bekannten Verlauf von ohmisch belasteten Einpulsstromrichtern. Verringert man (Teilbild c) nunmehr den Widerstand R_{st} so weit, daß ein Teil (e_L) der negativen Spannungshalbwelle der Drossel aufgedrückt wird, so bewegt sich der Arbeitspunkt auf dem ungesättigten Ast der Magnetisierungskennlinie (Teilbild b); es erfolgt eine teilweise Ummagnetisierung, die in der darauffolgenden positiven Halbwelle der Wechselspannung erst wieder rückgängig gemacht werden muß, bevor die Drossel wieder in Sättigung gerät und damit stromdurchlässig wird (R. A. RAMEY, 1951). Durch Veränderung des Widerstandes R_{st} kann die Größe der Rückmagnetisierung und damit der „Zündwinkel" α verändert werden. Dieser Steuersatz besitzt keine Zeitkonstante, sondern lediglich eine Totzeit, wobei $T_t \geqq \frac{1}{2f}$ von der Periodendauer der Wechselspannung abhängt. An Stelle des Steuerwiderstandes R_{st} kann auch eine Elektronenröhre oder eine Gegenspannung verwendet werden.

Durch Gleichsetzen der beiden Flächen (für Vor- und Rückmagnetisierung)

$$\hat{e} \int_0^\alpha \sin\vartheta \, d\vartheta = \hat{e}_L \int_0^\pi \sin\vartheta \, d\vartheta$$

erhält man $\hat{e}\,(1 - \cos\alpha) = \hat{e}_L \cdot 2\,.$ (25/1)

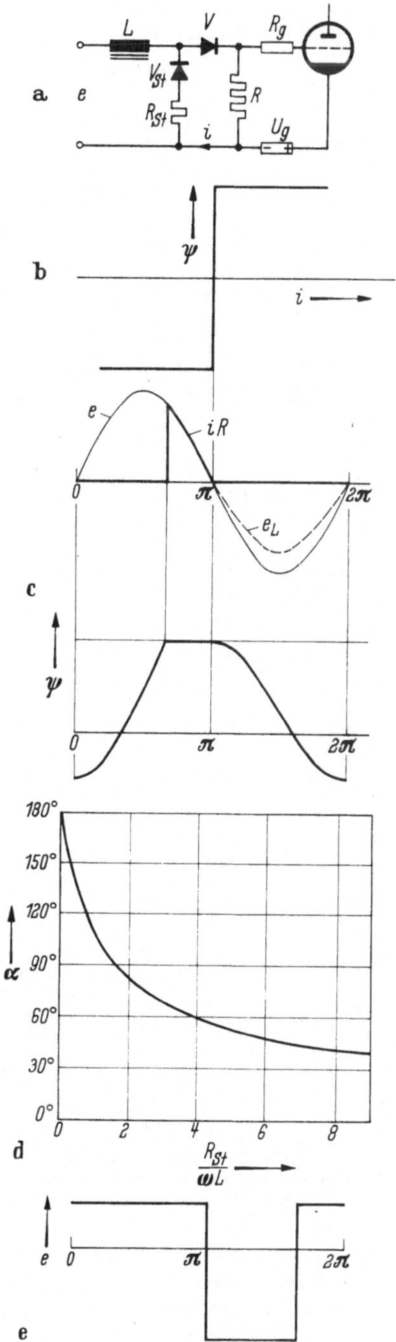

Abb. 25/3. Spannungssteuernder magnetischer Steuersatz

a) Schaltung; b) Magnetisierungskennlinie; c) gesteuerte Drossel; d) Steuerkennlinie; e) verzerrte Speisespannung

Da die die Drossel rückmagnetisierende Spannung e_L durch den Steuerwiderstand R_{st} bestimmt ist

$$\frac{\hat{e}_L}{\hat{e}} = \frac{\omega L}{\sqrt{R_{st}^2 + (\omega L)^2}} = \frac{1}{\sqrt{1 + (R_{st}/\omega L)^2}}, \tag{25/2}$$

so lautet die Gleichung für die Steuerkennlinien:

$$\cos\alpha = 1 - \frac{2}{\sqrt{1 + (R_{st}/\omega L)^2}}, \tag{25/3}$$

deren Verlauf in Teilbild d eingetragen ist.

Die Steuerung kann noch dadurch in ihrer Leistungsfähigkeit erheblich verbessert werden, daß man eine nach Teilbild e geformte Wechselspannung verwendet. Die dafür erforderliche unsymmetrische Rechteckspannung kann man mit Hilfe eines mehrphasigen transformatorischen Frequenzwandlers herstellen (E. H. Ludwig, 1941). Damit gelingt es, die Zündwinkelverschiebung bis auf $\Delta\alpha = 180°$ zu erweitern und gleichzeitig die Totzeit für die Rückmagnetisierung auf $T_t = \frac{1}{3f}$ zu verringern (W. Besthorn, 1954).

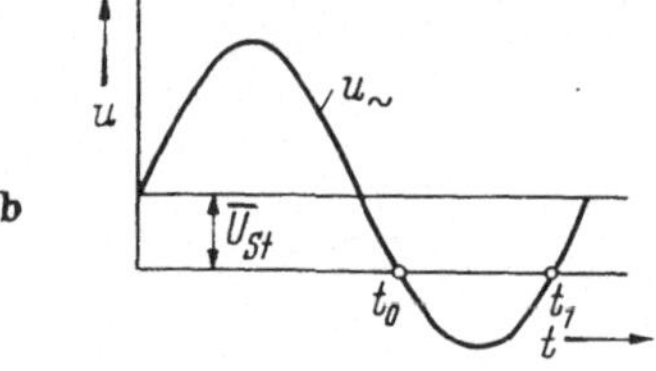

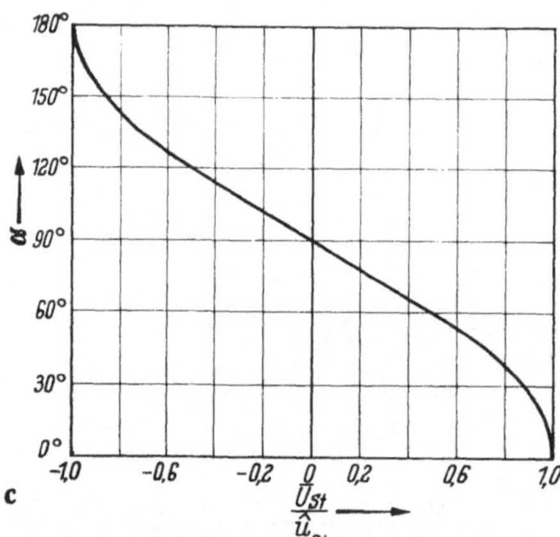

Abb. 25/4. Transistorsteuersatz
a) Schaltung, einphasig; b) Spannungsverlauf zwischen Basis und Emitter von T_1; c) Steuersatzkennlinie

Der Transistorsteuersatz. Die magnetischen Steuersätze zeichnen sich durch Einfachheit und Zuverlässigkeit aus; sie sind jedoch naturgemäß gegenüber Netzspannungsschwankungen empfindlich (Spannungs-Zeitfläche!). Es ist deshalb verständlich, daß man Thyratrons bzw. gesteuerte Halbleiter für die Gittersteuerung großer Gasentladungsstromrichter herangezogen und „Thyratron-“ bzw. „Transistorsteuersätze“ entwickelt hat, welche sowohl vorzügliche „statische“ Eigenschaften als auch geringste zeitliche Trägheit besitzen. Die Vorgänge in einem solchen Steuersatz und seine Eigenschaften lassen sich an Hand von Abb. 25/4 leicht überblicken (J. Förster, 1958; R. Hübner-Kosney u. W. Meissen u. a.). In Teilbild a ist die Schaltung angegeben, welche aus zwei Teilen aufgebaut ist: dem Steuerteil mit dem Transistor T_1 und dem Verstärkerteil mit der Transistorkaskade T_2

und T_3. Am Eingang des Steuerteiles werden die unveränderliche Wechselspannung $u_\sim$ und die Steuergröße, die veränderbare Gleichspannung U_{st}, überlagert. Dann fließt der Basisstrom i_{B1} und der Kollektorstrom i_{C1} des Transistors T_1, solange die Summenspannung negativ ist. Wie Teilbild b erkennen läßt, ist dies im Zeitbereich $t_0 \ldots t_1$ der Fall. Bei positiver Summenspannung sperrt der Transistor T_1 den Kollektorstrom. Der Kondensator C wird daher bei negativer Summenspannung über T_1 und R_2 entladen und bei positiver Summenspannung vom Transistor T_2 wieder aufgeladen. Der Ladestromstoß von T_2, welcher über T_3 noch verstärkt als Zündimpuls an das Gitter des Stromrichterventils weitergegeben wird, erfolgt demnach im Zeitpunkt t_1. Durch Veränderung von U_{st} kann man ihn bequem verschieben. Nach Teilbild b benötigt man eine Steuerspannung, die auch ihr Vorzeichen ändern kann, um Winkelverschiebungen von mehr als 90° zu erzielen. Man kann jedoch durch eine einfache Reihenschaltung von einer konstanten negativen und einer veränderlichen positiven Gleichspannung leicht eine solche, das Vorzeichen wechselnde Summenspannung erhalten. In Teilbild c, welches die Kennlinie dieses Steuersatzes zeigt, ist daher eine das Vorzeichen wechselnde Steuergleichspannung U_{st} eingetragen. Die statische „Steuersatzkennlinie" eines Transistorsteuersatzes ist durch die aus Teilbild b unmittelbar hervorgehende Gleichung

$$\alpha = \arccos \frac{U_{st}}{\hat{u}_\sim} \tag{25/4}$$

bestimmt.

25.2 Die Übergangsfunktionen

Das transiente Verhalten von Bauelementen und Netzwerken pflegt man durch deren „Übergangsfunktion" zu kennzeichnen. Darunter versteht man diejenige Zeitfunktion, nach welcher die Ausgangsgröße des betreffenden Gebildes verläuft, wenn man die Eingangsgröße plötzlich von einem Dauerwert zu einem anderen Dauerwert verändert.

a) Die Übergangsfunktion des Stromrichters

Man denke sich einen Stromrichter mit einem idealen Steuersatz versehen, der keine Eigenträgheit besitzt und demgemäß momentane Änderungen des Steuerwinkels durchführen kann. Verschiebt man nun, wie in Abb. 25/5 dargestellt, im Zeitpunkt $\vartheta = \omega t$ den Steuerwinkel von $\alpha = 0°$ momentan auf $\alpha = 150°$, so kann ein Stromrichter wegen seiner unstetigen Arbeitsweise diesen Befehl jedoch nicht sofort ausführen. Da im stationären Betrieb nur in Abständen von $2\pi/p$ eine Zündung erfolgt und in der Zwischenzeit keine Beeinflussung möglich ist, so kann man die Übergangsfunktion eines Stromrichters durch eine „Totzeit" T_t kennzeichnen, deren Dauer im stationären Betrieb $\omega T_t = \dfrac{2\pi}{p}$ beträgt. Vergrößert man den Zündwinkel, so wird, wie man aus der Abbildung ersieht, die Totzeit noch größer:

$$\omega T_t = \frac{2\pi}{p} + \Delta\alpha - \omega t\,. \tag{25/5}$$

Verringert man dagegen den Zündwinkel, so wird der Befehl unverzögert ausgeführt, vorausgesetzt, daß ein geeigneter Gittersteuersatz verwendet wird. Die Totzeit eines Sechspulsstromrichters kann demnach zwischen Null und der ($\Delta\alpha = 150^\circ$ entsprechenden) Dauer $\omega T_{t\,\max} = 7\pi/6$ variieren.

b) Die Übergangsfunktionen der Steuersätze

Die Übergangsfunktionen des Spannungsstoß-Steuersatzes und des stromsteuernden Steuersatzes sind durch die Trägheit ihres Gleichstrom-Vormagnetisierungskreises gekennzeichnet. Um zu verhindern, daß ein Teil der Impulsleistung im Vormagnetisierungskreis vernichtet wird, muß dieser Kreis eine große Drossel besitzen; damit wird aber gleichzeitig seine *Zeitkonstante* $T = L/R$ sehr groß ($T \approx 0{,}1$ bis $1\,[\mathrm{s}]$) und damit für die Trägheit des Steuersatzes bestimmend. Die Übergangsfunktion ist demnach für diese Steuersätze durch den Ausdruck $(1 - e^{-t/T})$ gekennzeichnet.

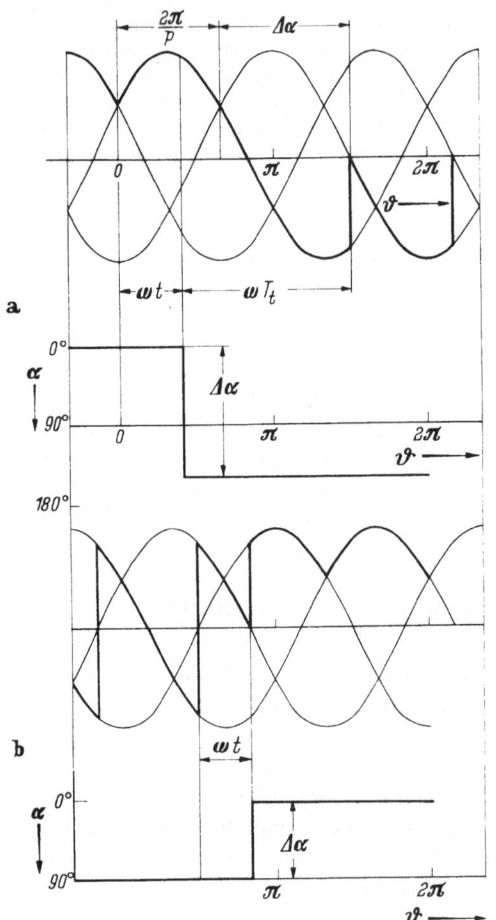

Abb. 25/5. Verhalten eines Stromrichters bei momentaner Änderung des Zündwinkels α
a) Vergrößerung von α; b) Verkleinerung von α

Die übrigen Steuersätze, der spannungssteuernde magnetische Steuersatz und die nach dem Vertikalsteuerungsprinzip arbeitenden Transistor- bzw. Thyratronsteuersätze, zeigen das gleiche Verhalten wie ein Stromrichter. Infolgedessen ist ihre Übergangsfunktion durch eine *Totzeit* T_t gekennzeichnet, für deren Dauer prinzipiell die gleichen Betrachtungen gelten, wie sie oben für den Stromrichter angestellt wurden. Hierbei ist jedoch zu erwähnen, daß dieses rasche Übergangsverhalten nur dann ausgenutzt werden kann, wenn am Eingang eine glatte Gleichgröße (Gleichspannung, Gleichstrom) zur Verfügung steht. Eine wellige Eingangsgröße muß, um Schwebungen zwischen der

Frequenz der überlagerten Wechselgröße und der Pulsfrequenz des Stromrichters zu vermeiden, noch durch ein Siebglied geglättet werden, wodurch ebenfalls eine merkliche Verzögerung entsteht.

c) Die Übergangsfunktion des Stromrichters mit Steuersatz

Für Stromrichter, deren Steuersätze ebenfalls durch eine Totzeit charakterisiert sind, ist die resultierende Übergangsfunktion durch die Summe der beiden Totzeiten bestimmt. Bei kleinen Steuerwinkeländerungen kann das Verhalten derartiger Stromrichter mittels der Berechnungs methoden (Differenzengleichungen) von Schrittreglern behandelt werden (R. C. OLDENBOURG u. H. SARTORIUS, 1951).

Versieht man dagegen einen Stromrichter mit einem Steuersatz, welcher durch eine Zeitkonstante T gekennzeichnet ist, dann erhält man gesamthaft die in Abb. 25/6 dargestellte Übergangsfunktion. Es kommt dabei deutlich zum Ausdruck, daß die Totzeit des Stromrichters, welche etwa eine Dauer von $T_t = 10$ ms hat, vernachlässigbar klein ist gegenüber der Trägheit des Steuersatzes, dessen Zeitkonstante in der Regel $T \approx 0{,}1$ bis 1 s beträgt. Diese Tatsache zeigt, daß für den zeitlichen Ablauf transienter Vorgänge von Stromrichtern in erster Linie der Steuersatz verantwortlich ist. Bei transienten Vorgängen genügt es also nicht, lediglich den Leistungskreis zu betrachten, wie es für den stationären Betrieb üblich ist; die Folgerungen aus dieser Erkenntnis werden im folgenden Kapitel behandelt werden.

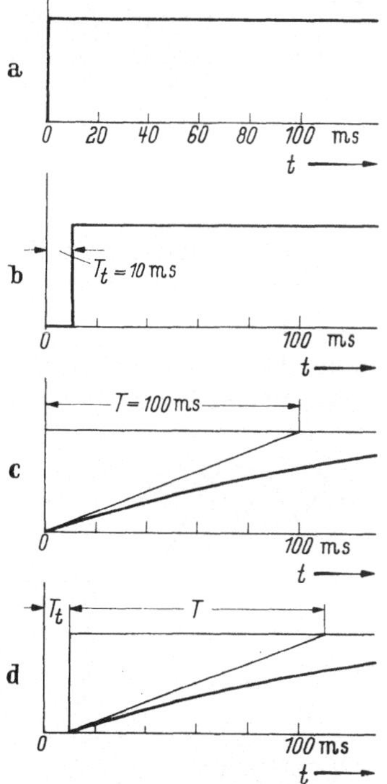

Abb. 25/6. Übergangsfunktion eines Stromrichters mit trägem Steuersatz a) Eingangsgröße; b) Übergangsfunktion des Stromrichters; c) Übergangsfunktion des Steuersatzes mit Zeitkonstante $T = L/R$; d) Übergangsfunktion des Stromrichters mit Steuersatz

25.3 Der Leistungskreis bei transientem Betrieb

a) Das Ersatzschaltbild des Stromrichters

Von einem Verbraucher her gesehen, stellt ein Stromrichter eine Gleichspannungsquelle dar, mit der Leerlaufspannung $\bar{U}_{\alpha_0}$ und dem inneren Widerstand R_i:

$$\bar{U} = \bar{U}_{\alpha_0} - R_i \cdot \bar{I}\,, \qquad (25/6)$$

wobei man den inneren Widerstand mittels d_N ausdrücken kann:

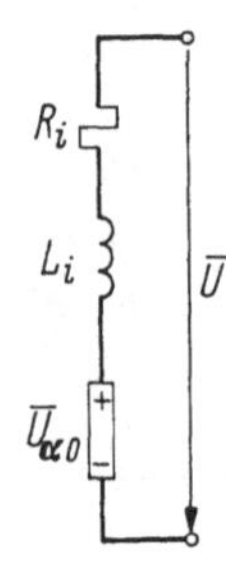

Abb. 25/7 Ersatzschaltbild eines Stromrichters

$$R_i = \frac{\Delta U_N}{I_N} = \frac{\Delta U_N}{U_{00}} \cdot \frac{U_{00}}{I_N} = d_N \frac{U_{00}}{I_N}. \tag{25/7}$$

Zeitliche Änderungen der Belastung bedingen Stromänderungen, welche wiederum an den Induktivitäten des Transformators, der verschiedenen Drosseln (Saug-, Steuer-, Anodendrosseln) und auch der Leitungen Spannungsabfälle hervorrufen, so daß es notwendig ist, eine „innere Induktivität“ L_i im Ersatzschaltbild vorzusehen. Handelt es sich im besonderen um einen Stromrichter, dessen innere Induktivität nur aus den Induktivitäten der Kommutierungskreise besteht, dann wird außerhalb der Kommutierung:

$$L_i = L_c$$

und während der Kommutierung

$$L_i = L_c/2$$

gelten. Das vollständige, auch für transienten Betrieb zutreffende Ersatzschaltbild eines gittergesteuerten Stromrichters zeigt Abb. 25/7.

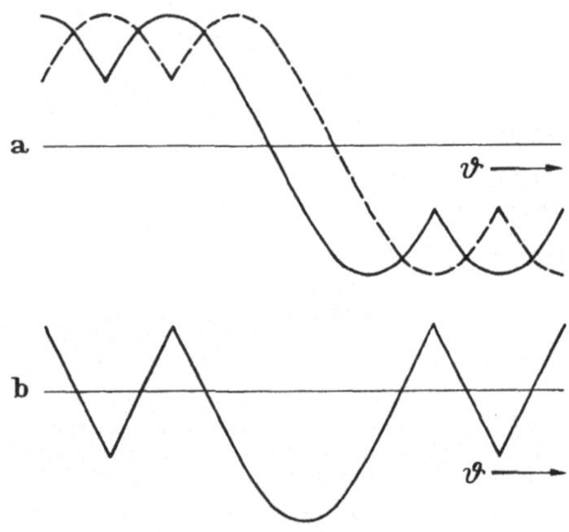

Abb. 25/8. Leerlauf-Saugdrosselspannungen bei unmittelbarem Übergang von Gleich- in Wechselrichterbetrieb
a) gleichgerichtete Spannungen der beiden Dreipulssysteme; b) Saugdrosselspannung

b) Die Saugdrosseldimensionierung

Die Bemessung der in der vielverwendeten Doppel-Dreiphasenschaltung erforderlichen zweiphasigen Saugdrossel war in den Kap. 12 und 15 für den stationären Betrieb ausführlich behandelt worden. Danach muß die Saugdrossel die zwischen den beiden Dreipulsstromrichtern auftretenden Differenzspannungen aufnehmen können, ohne dabei in Sättigung zu geraten. Die Magnetisierungsvorgänge dürfen sich demnach nur im ungesättigten Teil der Magnetisierungskurve abspielen.

Geht man nun zu einem zeitlich veränderlichen Zustand über, bei welchem der Übergang vom Gleichrichter- in den Wechselrichterbetrieb in einer relativ langen Zeitdauer von mehreren Perioden durchgeführt wird, so macht sich bereits eine beträchtliche Vergrößerung in den Spannungszeitflächen der Saugdrossel bemerkbar. Noch stärker wird dieser Effekt (L. A. ROVELSKY), wenn man den Steuerwinkel momentan um $\Delta\alpha = 180°$ verstellt, wie es in Abb. 25/8 der Fall ist. Die der Saugdrossel aufgezwungene Spannungszeitfläche ist dann doppelt so groß, als es im stationären Fall bei $\alpha = 90°$ der Fall ist.

26. Der Stromrichter in der Steuerungs- und Regelungstechnik

26.1 Der Stromrichter in der Steuerungstechnik

a) Der Stromrichter als Steuerungsorgan

Für die Steuerung, d. h. die willkürliche Beeinflussung des Energieflusses, stehen in *Wechselstromnetzen* mehrere Hilfsmittel zur Verfügung, welche teils stetige (Generatoren, Drehtransformatoren, Regeldrosseln), teils unstetige (Stufentransformatoren, Schütze, Schalter) Wirkungsweise besitzen. In jedem Falle erfolgt die Steuerung nahezu verlustlos.

In *Gleichstromnetzen* hat man bei größeren Leistungen Maschinensätze, bei genügend kleinen Leistungen veränderliche Widerstände, Elektronenröhren und Schalter verwendet, wobei die Anwendung der letzteren Hilfsmittel nicht unbeschränkt möglich ist. Verwendet man *veränderbare Widerstände* (z.B. Elektronenröhren), so sinkt der Wirkungsgrad $\eta = \bar{U}/\bar{E}$ in gleicher Weise, wie man die Nutzspannung $\bar{U}$ in bezug auf die Speisespannung $\bar{E}$ verändert, weshalb diese Methode der Leistungssteuerung nur bei kleinen Steuerbereichen ($\bar{U} \approx \bar{E}$) oder bei sehr kleinen Leistungen vertretbar ist.

Verwendet man *Schalter*, um den Energiefluß in Gleichstromkreisen zu steuern, so bereitet dieses Vorgehen so lange keine Schwierigkeiten, als der Kreis im wesentlichen ohmisch ist. Sind jedoch, wie dies in der Regel der Fall ist, noch induktive Energiespeicher vorhanden, so muß beim Abschalten auch deren Energie vernichtet werden, damit nicht unzulässig hohe Überspannungen dadurch entstehen, daß die Energie des magnetischen Feldes ausschließlich durch Aufladung der vorhandenen Kapazitäten in die Energie des elektrischen Feldes umgewandelt wird. Fordert man, daß keine nennenswerte Spannungserhöhung an der Drossel auftreten darf, so muß deren Energie vom Schalter übernommen werden und im Schaltlichtbogen vernichtet werden. (Verwendet man Schalttransistoren, so begrenzt diese magnetische Energie deren nutzbare Schaltleistung!) Inwieweit die Vernichtung der magnetischen Energie auch den Wirkungsgrad beeinflußt, zeigt das Verhältnis von

$$\eta = \frac{I^2 R \tau}{I^2 R \tau + I^2 L/2} = \frac{1}{1 + \frac{L/R}{2\tau}},$$

wobei mit τ die Einschaltdauer bezeichnet wird. Kurze Einschaltdauer τ (häufiges Schalten) und stark induktiver Kreis ($L/R \geqq 1$) bereiten demnach Schwierigkeiten.

In dieser Situation stellt der *Stromrichter* ein nahezu ideales Hilfsmittel dar, um den Energiefluß zu Gleichstromverbrauchern zu steuern, insbesondere da er gleichzeitig die Energie in bequemer Weise dem Wechselstromnetz zu entnehmen gestattet. Seine Schaltvorgänge erfolgen im Nulldurchgang der Ventilströme, demnach gerade in demjenigen Zeitpunkt, in welchem die wechselstromseitigen Induktivitäten der Kommutierungskreise „entladen" sind, während die gleichstromseitigen Stromänderungen nur durch Spannungsänderungen des Stromrichters erzwungen werden. Die Steuerung des Energieflusses mittels Stromrichter erfolgt daher nahezu verlustlos (je nach verwendeter Ventilart) und ohne „gewaltsame" Schalthandlungen — weshalb diese Methode in zunehmendem Maße in der Praxis angewendet wird.

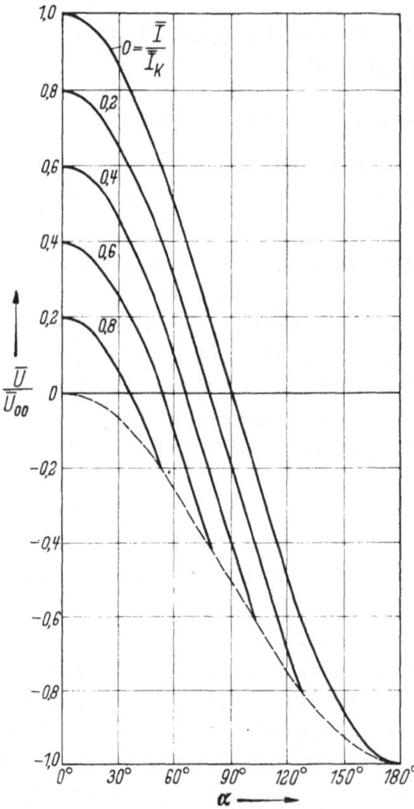

Abb. 26/1. Gitter-Steuerdiagramm für $p = 2$, $L_g = \infty$

b) Die Steuerkennlinien von gittergesteuerten Stromrichtern

Die *Betriebsdiagramme* zeigen die Abhängigkeit der Gleichspannung $\bar{U}$ vom Gleichstrom $\bar{I}$ bei konstantem Steuerwinkel α:

$$\bar{U} = f(\bar{I})_\alpha$$

und werden bevorzugt für alle Untersuchungen über den Einfluß von Belastungsänderungen verwendet. In denjenigen Fällen, wo bei konstanter Last der Steuerwinkel α geändert wird, d. h. dort, wo Stromrichter für Steuerungs- und Regelungsaufgaben eingesetzt werden, erscheint das *Steuerdiagramm* vorteilhafter, das die Spannung $\bar{U}$ in Abhängigkeit vom Steuerwinkel α bei konstantem Strom $\bar{I}$ angibt:

$$\bar{U} = f(\alpha)_{\bar{I}}\,.$$

Häufig begnügt man sich damit, zur Kennzeichnung einer bestimmten Situation nur *eine Steuerkennlinie* darzustellen, wozu man in der Regel die Leerlaufkennlinie wählt. In Abb. 26/1 ist das Steuerdiagramm eines Stromrichters mit unendlich großer Glättungsdrossel dargestellt; es gilt für $p = 2$ und korrespondiert mit dem Betriebsdiagramm Abb. 8/9. Die einzelnen Kennlinien können durch Parallelverschiebung aus der Leerlauf-Steuerkennlinie (17/6) gewonnen werden. Indessen gilt dieses Steuerdiagramm keineswegs universell, sondern ist genauso wie die Belastungsdiagramme belastungsabhängig. Diese Tatsache kommt deutlich in Abb. 26/2 zum Ausdruck, das einige Steuerkennlinien eines Zweipulsstromrichters bei Gegenspannung $\bar{E}$ und der Reaktanzverteilung $x = 1$ wiedergibt. Dieses Diagramm wurde aus Abb. 8/19 abgeleitet und läßt im Gegensatz zu jenem die Lückgrenze sehr deutlich erkennen; es eignet sich überdies für die Beurteilung von Stromrichterantrieben deshalb besonders gut, weil man bei der Speisung von Gleichstromnebenschlußmotoren die Gegenspannung der Drehzahl und den Gleichstrom dem Drehmoment proportional setzen kann. Man sieht deutlich, daß Zweipulsstromrichter wegen ihrer Tendenz zum lückenhaften Betrieb für Antriebe viel weniger geeignet sind als etwa Sechspulsstromrichter.

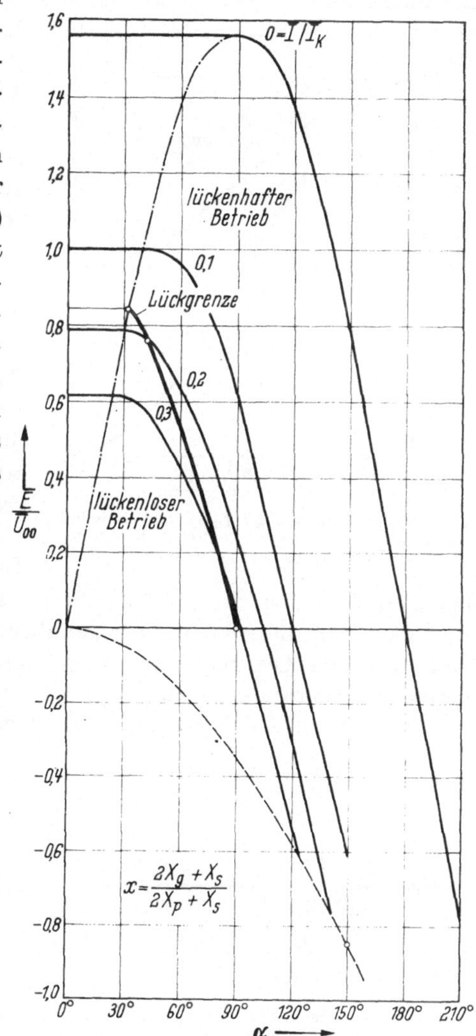

Abb. 26/2. Steuerkennlinien eines Zweipulsstromrichters mit einer Reaktanzverteilung $x = 1$ (Ohmsche Widerstände vernachlässigt)

Daß der Einfluß der gleichstromseitigen Belastung selbst bei den Leerlaufkennlinien noch von entscheidendem Einfluß ist, erkennt man aus Abb. 26/3.

c) Der kompoundierte Stromrichter

Ändert man den Steuerwinkel α eines Stromrichters, so verändert man zwangsläufig auch die Größe der Gleichspannung $\overline{U}$ und damit den Leistungsfluß $\overline{U}\overline{I}$. Abb. 26/4 zeigt schematisch eine Anordnung, welche man nach DIN 19226 (Regelungstechnik, Benennungen, Begriffe) eine „Steuerstrecke" nennt: im Leistungszug befindet sich der durch Steuerbefehle beeinflußbare Stromrichter (Stellglied, Steller), welcher bei Veränderung des Steuerwinkels am Stellort der Steuerstrecke den Energiefluß verändert, der in der Regel einem Energieumformer (Motor, Elektrolyseur, ...) zugeführt wird. Vorgänge innerhalb der Steuerstrecke und von außen kommende Störungen beeinflussen ebenfalls den Energiefluß, so daß dieser schließlich das Ergebnis von 2 voneinander völlig unabhängigen Einflußarten ist: den Steuerbefehlen und den Störgrößen. Es ist als wesentliches Merkmal festzustellen, daß die Steuerung gegenüber den Störeinflüssen „blind" ist und diese, im Gegensatz zur Regelung, nicht unwirksam zu machen vermag. Steuerungen werden daher nur für relativ einfache Aufgaben verwendet, wobei der Steuerbefehl entweder von Hand oder abhängig von einem vorgegebenen Programm erfolgen kann. Für die Darstellung der *funktionellen Zusammenhänge* wird in der Steuer- und Regelungstechnik bevorzugt von *Blockschaltbildern* Gebrauch gemacht, die sich durch größte Einfachheit und Allgemeingültigkeit auszeichnen.

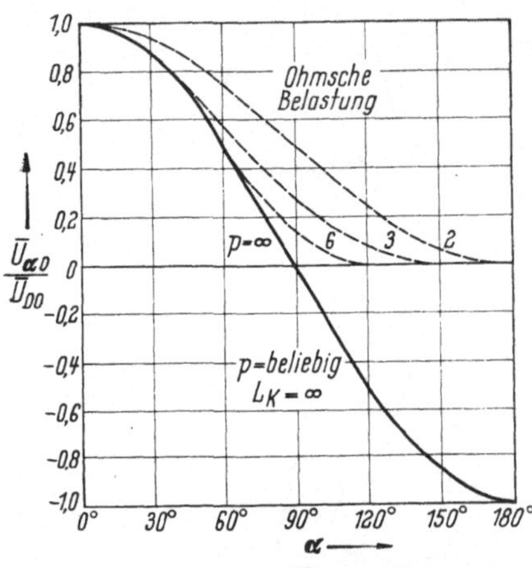

Abb. 26/3. Gleichspannung $\overline{U}_{\alpha 0}$ bei rein ohmscher Belastung und bei unendlich großer Kathodendrossel in Abhängigkeit vom Zündwinkel α

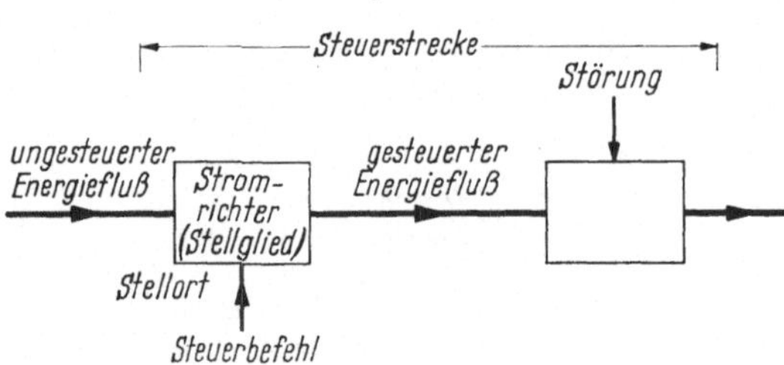

Abb. 26/4. Schema eines Stromrichters als Steuerorgan

Entsprechend diesen Gegebenheiten ist auch die Leistungsfähigkeit derartiger Stromrichtersteuerungen nur beschränkt und man hat daher nach Verbesserungen gesucht, die man zunächst in der sogenannten Kompoundierung und später in der Regelung der Stromrichter fand. Als *Kompoundierung* bezeichnet man eine Anordnung mit reglerähnlichem Verhalten, welche vorzugsweise zur Konstanthaltung der Gleichspannung angewendet wird: Man läßt die Störgröße derart auf die Gittersteuerung des Stromrichters einwirken, daß z. B. die Gleichspannung auch bei großen Stromänderungen nahezu konstant bleibt. (Man spricht daher auch von einer Störgrößenaufschaltung.) In Abb. 26/5 ist eine einfache Kompoundierungsschaltung dargestellt: der an einem Meßwiderstand entstehende Spannungsabfall $r\bar{I}$ wird dem Steuersatz als Störgröße zugeführt und damit der Zündwinkel beeinflußt. Der funktionelle Zusammenhang zwischen Störgröße $r\bar{I}$ und Steuerwinkeländerung $\Delta\alpha$ wird durch die Kennlinie des jeweils verwendeten Steuer-

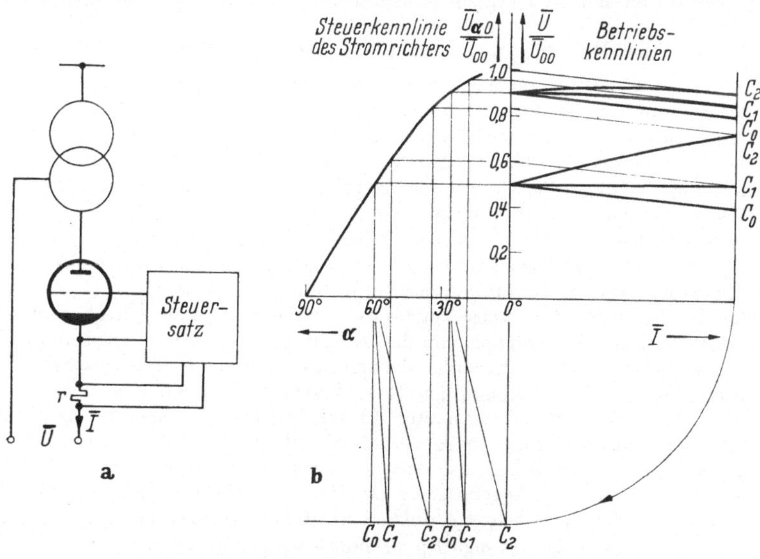

Abb. 26/5. Stromrichter mit Kompoundierung
a) Schaltbild; b) graphische Ermittlung der Betriebskennlinien

satzes bestimmt. In Teilbild b ist der Einfachheit halber angenommen, daß für den Steuersatz $r\bar{I} = \text{prop}\,\Delta\alpha$ gilt. Unter dieser Voraussetzung kann man dann leicht die Betriebskennlinien bei verschiedener Kompoundierungsintensität (C_1, C_2) finden. Mit C_0 sind die natürlichen Kennlinien bezeichnet. Man ersieht auch sofort, daß sich eine Kompoundierung nur dann über einen großen Aussteuerungsbereich anwenden läßt, wenn Stromrichter und Steuersatz zusammen eine *lineare* statische Kennlinie haben. Gelegentlich benützt man die Kompoundierung auch zur *Gleichstrombegrenzung:* überschreitet der Gleichstrom einen vorgegebenen Wert, so wird mittels der Gittersteuerung die gleichgerichtete Spannung so stark abgesenkt, daß der Strom nicht mehr weiter zunehmen kann. Obwohl derartige Kompoundierungen also ein reglerähnliches Verhalten zeigen, sind sie lediglich geschickt ausgebildete Steuerungen.

26.2 Der Stromrichter als Verstärker

Zur Beschreibung des Stromrichters als Leistungsmodulator wurde die Steuerkennlinie herangezogen, welche die Beeinflussung des „Arbeitskreises“ durch den „Steuerkreis“ erkennen läßt. Damit wird eine andere Betrachtungsweise für den Stromrichter eingeführt, die insbesondere bei seinem Einsatz in der Regelungstechnik unentbehrlich ist: die Anwendung des Stromrichters als Verstärker. Dabei muß gleich zu Beginn darauf hingewiesen werden, daß der Stromrichter zusammen mit seinem Steuersatz in zweifacher Weise als Verstärker wirken kann:

als *Leistungsverstärker*, welcher mittels einer kleinen Steuerleistung eine größere, gesteuerte Leistung einem Verbraucher zur Verfügung stellt, und

als *Signalverstärker*, welcher seinem Steuersatzeingang zugeführte Signale (z. B. Meßwerte) an seinem Ausgang (Gleichstromklemmen) verstärkt abgibt.

a) Der Stromrichter als Leistungsverstärker

Unter einem Leistungsverstärker wird eine Einrichtung verstanden mit einer eindeutigen funktionalen Beziehung zwischen einer kleinen Steuerleistung am Eingang und einer großen gesteuerten Leistung am Ausgang. Das Zahlenverhältnis zwischen Ausgangs- zu Eingangsleistung nennt man Verstärkungsfaktor. Beschränkt man sich auf das Gebiet der Energietechnik, so findet man Maschinenverstärker (fremderregte Gleichstromgeneratoren, Amplidyne, . . .), elektromechanische Verstärker (Wälzsektorregler, Vibrationsregler, Kohledruckregler, . . .), magnetische Verstärker (Transduktoren, Amplistate) und elektronische Verstärker (mit Elektronenröhren, Gasentladungsröhren und Transistoren).

Um die Eigenschaften eines Verstärkers zu kennzeichnen, pflegt man seine Ausgangsgrößen in Abhängigkeit von den Eingangsgrößen darzustellen und unterscheidet zwischen dem (statischen) Beharrungs- und dem (dynamischen) Zeitverhalten. Die statischen Kennlinien eines Verstärkers bilden eine Kurvenschar mit dem „Arbeitspunkt“ als Parameter. In der Regel wird jedoch nur eine Kennlinie für eine konstante Last angegeben. Das Zeitverhalten pflegt man entweder durch den *Frequenzgang* (Ausgangsgröße nach Amplitude und Phasen auf die sinusförmige Eingangsgröße bezogen; z. B. Ortskurvendarstellung mit der Frequenz als Parameter) oder die *Übergangsfunktion* (zeitlicher Verlauf der Ausgangsgröße, wenn die Eingangsgröße sprungartig geändert wird) zu kennzeichnen. Versucht man einen Stromrichter als Verstärker in dieser Weise zu beschreiben, so muß jeweils klar festgelegt werden, ob man als Eingang die Steuergitter der Ventile oder die Eingangsklemmen des Steuersatzes versteht. Im folgenden wird der Stromrichter mit seinem Steuersatz als eine Einheit betrachtet werden.

Aus den obigen Darlegungen ging hervor, daß die Steuerkennlinie eines Stromrichters von seiner Pulszahl und der Art der Belastung abhängt, wozu bei gittergesteuerten Stromrichtern noch der Einfluß des Steuersatzes, bei drosselgesteuerten Stromrichtern die Schaltung und die Art der Vormagnetisierung der Steuerdrosseln hinzukommt. Um bei dieser großen Anzahl von Einflußgrößen eine geeignete Auswahl zu treffen, wird so vorgegangen, wie es für den praktischen Gebrauch als nützlich erscheint. Demgemäß soll für den gittergesteuerten Stromrichter eine unendlich große Glättungsdrossel vorgesehen werden. Für den drosselgesteuerten Stromrichter soll rein Ohmsche Last vorausgesetzt werden, um hier die bereits oben wiederholt erwähnte Verbindung zu der Literatur über die Magnetverstärker zu erhalten.

Gittergesteuerte Stromrichter als Leistungsverstärker. Am übersichtlichsten sind die Verhältnisse, wenn man einen Steuersatz mit Vertikalsteuerung (Thyratron- oder Transistorsteuersatz) verwendet. Indem man die Steuerkennlinien des Stromrichters $\left(\frac{U}{U_{00}} = \cos\alpha\right)$ und des Steuersatzes $\left(\alpha = \operatorname{arc}\cos\frac{U_{St}}{\hat{u}_\sim}\right)$ vereinigt, erhält man die in Abb. 26/6 dargestellte *lineare* Beziehung:

$$\frac{U}{U_{00}} = \frac{U_{St}}{\hat{u}_\sim}\,. \tag{26/1}$$

Die *Leistungsverstärkung*

$$V = \frac{\text{Gesteuerte Leistung}}{\text{Steuerleistung}}$$

ergibt sich unmittelbar aus den Daten der verwendeten Stromrichterventile und des Eingangstransistors des Steuersatzes. Nimmt man, um die Größenordnung abzuschätzen, die Eingangssteuerleistung des Transistors zu etwa 1 mW und die gesteuerte Ausgangsleistung des Stromrichters zu 1 MW an, so erhält man einen Leistungsverstärkungsfaktor von $V = 10^9 \equiv 90$ db, wobei für das Dezibel die Beziehung 1 (db) = 10 log$V$ gilt.

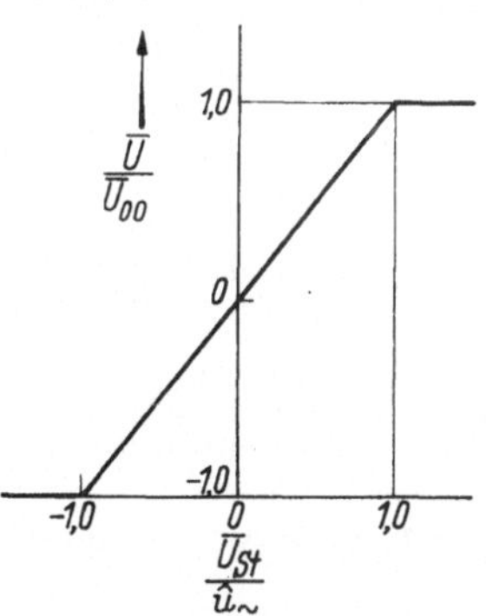

Abb. 26/6. Statische Kennlinie eines gittergesteuerten Stromrichters mit Vertikalsteuerung

Berücksichtigt man noch das zeitliche Verhalten, welches durch eine *Totzeit* gekennzeichnet ist, deren Dauer bei einem Sechspulsstromrichter im Mittel $T_t \approx 5$ ms beträgt, so kann man diese beiden Kennziffern in dem sogenannten *Gütefaktor*

$$G = \frac{V}{f \cdot T_t} \tag{26/2}$$

zusammenfassen, wobei f die Netzfrequenz bezeichnet. Im vorliegenden Falle erhält man $G = 4 \cdot 10^9$.

Drosselgesteuerte Stromrichter als Leistungsverstärker. Wie erwähnt, soll den Betrachtungen über die drosselgesteuerten Stromrichter eine rein Ohmsche Belastung zugrunde gelegt werden, um die gleichen Verhältnisse zu haben, wie sie üblicherweise bei den Magnetverstärkern angenommen werden.

Beginnt man mit der Schaltung der primärseitigen Steuerdrosseln, welche man als *stromsteuernden* Magnetverstärker bezeichnet, so kann man unter Verwendung von Abb. 8/24 sofort die wichtigsten Punkte der statischen Kennlinie bestimmen. Im Bereich der Sättigung fließt ein Strom, dessen Größe lediglich durch den Belastungswiderstand R bestimmt ist. $\hat{i}_{\max} = E\sqrt{2}/R$. Der Steuerstrom beträgt dabei $I_{St} \geqq \hat{i}_{\max}\frac{w}{w_{St}}$, wenn mit w die Windungszahl der Arbeitswicklung und mit w_{St} diejenige der Steuerwicklung bezeichnet wird. Reduziert man I_{St} bis zum Arbeitspunkt 2, wo der rechteckige Stromverlauf einsetzt, dann gilt dort

$$I_{St_G} w_{St} = I_G w = w\frac{E\sqrt{2}}{R}\sin\alpha = w \cdot \frac{E\sqrt{2}}{R} \cdot 0{,}54\,,$$

weil aus der Gleichsetzung der zwischen Sinuslinie und Mäander liegenden Fläche: $\alpha = \operatorname{arc}\tan\frac{2}{\pi} = 32{,}5°$ folgt. Für noch kleinere Steuerströme $I_{St} < I_G\frac{w}{w_{St}}$ ergibt sich eine proportionale Verringerung des Arbeitsstromes: $I_{St} = \text{prop}\, I$. Um die Kennlinie zeichnen zu können, muß man nur noch den arithmetischen Mittelwert für $i_{\max}$ bestimmen

$$I_{\max} = \frac{2}{\pi}\,\hat{i}_{\max} = \frac{2}{\pi}\,\frac{E\sqrt{2}}{R}\,.$$

Damit ergibt sich die normierte Kennlinie von Abb. 26/7, aus welcher man für die Verstärkung

$$V = \frac{I^2 R}{I_{St}^2 R_{St}} = \frac{R}{R_{St}} \left(\frac{w}{w_{St}}\right)^2 \quad (26/3)$$

abliest. Wie bereits in Kap. 8 festgestellt wurde, ist diese Art von Steuerung wenig vorteilhaft: die Verstärkung ist gering und die Zeitkonstante ist wegen der Glättungsdrossel im Steuerkreis ebenfalls groß; daraus folgt ein geringer Gütefaktor, weshalb diese Anordnung auch nur wenig Anwendung gefunden hat.

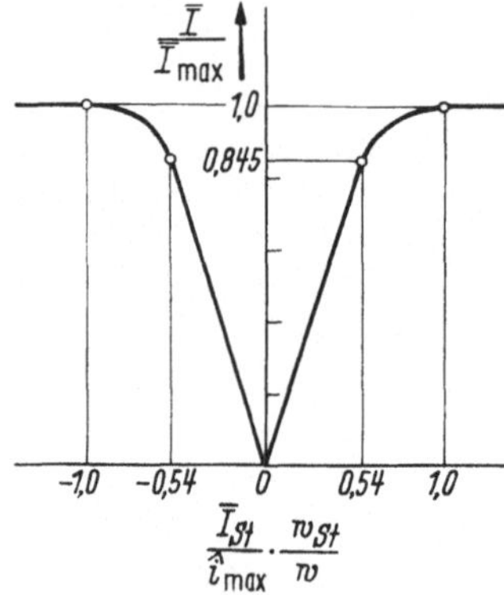

Abb. 26/7. Statische Kennlinie eines Zweipulsstromrichters mit primärseitigen Steuerdrosseln

Allgemeiner üblich sind daher die Schaltungen mit *spannungssteuernden Drosseln* (Selbstsättigungsschaltungen). Während bei den stromsteuernden Drosseln in bezug auf die Richtung des Steuerstromes Symmetrie bestand, sind die spannungssteuernden Schaltungen richtungsabhängig. Bei voller Aussteuerung ($\alpha = 0$) arbeitet man im oberen Knick der Magnetisierungskennlinie mit dem Steuerstrom $\bar{I}_{St} = \bar{I}_{Knick}$ und dem Arbeitsstrom: $\bar{I} = \frac{E\sqrt{2}}{R} \cdot \frac{2}{\pi} = \frac{\bar{U}_{00}}{R}$. Um eine Teilaussteuerung zu erreichen, muß man den Steuerstrom $\bar{I}_{St}$ zuerst verringern und erhält einen Zündwinkel α gemäß

$$\alpha = \operatorname{arc\,cos} \frac{\bar{I}_{St}}{\bar{I}_{Knick}}.$$

Da bei Ohmscher Last die Gleichung

$$\frac{\bar{U}}{\bar{U}_{00}} = \frac{1 + \cos\alpha}{2}$$

gilt, so erhält man für die statische Kennlinie die Gleichung

$$\frac{\bar{I}}{\bar{I}_{\max}} = \frac{\bar{U}}{\bar{U}_{00}} = \frac{1}{2} (1 + \bar{I}_{St}/\bar{I}_{Knick}), \quad (26/4)$$

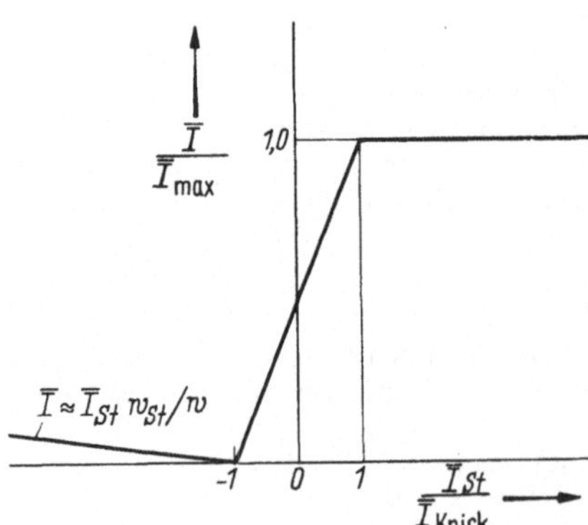

Abb. 26/8. Statische Kennlinie eines Stromrichters mit spannungssteuernden Drosseln

welche in Abb. 26/8 dargestellt ist. Für $\bar{I}_{St} > \bar{I}_{Knick}$ (positive Übersteuerung) erhält man $\bar{I} = \bar{I}_{\max} = \bar{U}_{00}/R$; die Steuerung ist unwirksam, weil bereits bei $\bar{I}_{St} = \bar{I}_{Knick}$ vollständige Sättigung der Steuerdrosseln erreicht ist. Bei negativer Übersteuerung:

$$|-\bar{I}_{St}| > |-\bar{I}_{Knick}|$$

ergibt sich dagegen ein mit $\bar{I} \approx \bar{I}_{St}$ leicht ansteigender Ast. Die Erklärung dafür ist leicht gefunden: wenn der Arbeitspunkt auf dem negativen Sättigungsast der Magnetisierungskennlinie liegt und infolge der Richtwirkung der Ventile nur positive Arbeitsströme möglich sind, dann können solche nur so weit ansteigen, bis die durch $\bar{I}_{St}\, w_{St}$ bestimmte Vormagnetisierung wieder aufgehoben ist: der weitere Anstieg des Arbeitsstromes wird durch die nunmehr ungesättigte Drossel verhindert.

Die Leistungsverstärkung der spannungssteuernden Drosseln ist nach W. DHEN (1954) der Steilheit der Magnetisierungskennlinie (im ungesättigten Teil) proportional und kann Zahlenwerte von $V = 10^3$ bis 10^5 erreichen.

In Tab. 26/1 sind die statischen und dynamischen Kennzahlen für gittergesteuerte und drosselgesteuerte Stromrichter sowie einige Gittersteuersätze zusammengestellt.

Tabelle 26/1. *Kennzahlen von Stromrichtern und Gittersteuersätzen, welche als Leistungsverstärker wirken* ($f = 50$ Hz)

	Leistungs-verstärkung V	Eigenzeit T	Gütezahl $V/T \cdot f$
	—	s	s^{-1}
Gittergesteuerter Stromrichter* . .	10^2 bis 10^6	10^{-2}	2 (10^2 bis 10^6)
Drosselgesteuerter Stromrichter . .	10^4	10^0	$2 \cdot 10^2$
Magnetverstärkersteuersatz, mehrstufig	10^3 bis 10^4	10^{-1} bis 10^0	$2 \cdot 10^2$
Magnetischer Rapidgittersteuersatz einstufig	10^4	10^{-2}	$2 \cdot 10^4$
Transistorsteuersatz	10^5	10^{-2}	$2 \cdot 10^5$

* (ohne Steuersatz)

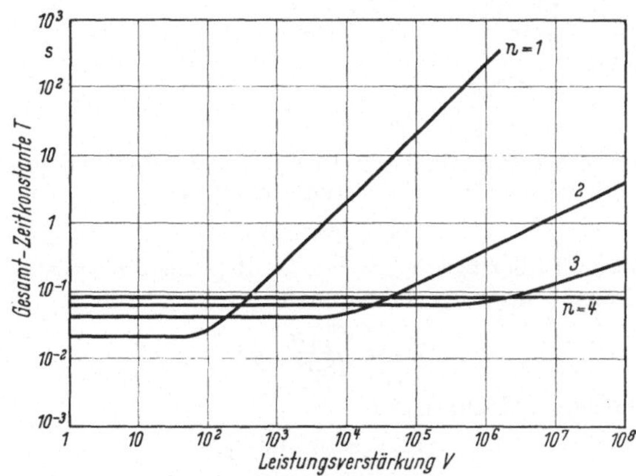

Abb. 26/9. Leistungsverstärkung V und Zeitkonstante T bei Reihenschaltung von n Magnetverstärkern

Schaltet man mehrere derartige Magnetverstärker hintereinander, so erhält man die resultierende Leistungsverstärkung V durch Multiplikation der einzelnen Teilverstärkungen V_i:

$$V = \pi V_i \tag{26/5}$$

und die resultierende Zeitkonstante T durch Addition der Teil-Zeitkonstanten T_i:

$$T = \sum T_i \,. \tag{26/6}$$

Eine graphische Darstellung dieses Zusammenhanges zeigt Abb. 26/9.

b) Der Stromrichter als Signalverstärker

Die Signalverstärkung V_s wird als das Verhältnis von Ausgangs- zu Eingangsgrößen*änderung* eines Verstärkers definiert. Der klassische Signalverstärker ist der *Elektronenröhrenverstärker.* Setzt man zeitlich sich sinusförmig ändernde Größen voraus, so kann man (J. WALLOT, H. BARKHAUSEN) die Signalverstärkung V_s aus den bekannten Röhrengleichungen

$$\mathfrak{J} = S(\mathfrak{U}_g + D\,\mathfrak{U}) = S(\mathfrak{U}_g - D\,\mathfrak{R}\,\mathfrak{J})$$

und

$$S\,D\,R_i = 1$$

ableiten (S Steilheit, D Durchgriff, R_i innerer Widerstand der Röhre). Für den *Kurzschluß* ($\mathfrak{R} \ll R_i$) erhält man

$$V_s = \frac{d\,\mathfrak{J}}{d\,\mathfrak{U}_g} = \frac{S}{1 + \mathfrak{R}/R_i} \approx S\,,$$

für *Anpassung* ($\mathfrak{R} = R_i$):

$$V_s = \frac{d\,\mathfrak{J}}{d\,\mathfrak{U}_g} = \frac{S}{2}$$

bzw.

$$V_s = \frac{d\,\mathfrak{U}}{d\,\mathfrak{U}_g} = \frac{S}{2}\,\mathfrak{R} = \frac{S\,R_i}{2} = \frac{1}{2D}$$

und für *Leerlauf* ($\mathfrak{R} \gg R_i$):

$$V_s = \frac{d\,\mathfrak{U}}{d\,\mathfrak{U}_g} = \frac{1}{D}\,\frac{\mathfrak{R}}{R_i + \mathfrak{R}} \approx \frac{1}{D}\,.$$

Die Eingangs- und Ausgangsgrößen des Signalverstärkers können demnach durchaus verschiedene physikalische Dimensionen besitzen, und die Signalverstärkung V_s braucht keine dimensionslose Zahl zu sein.

Für die Signalverstärkung V_s eines *Stromrichters* findet man unter Anwendung obiger Definition:

$$V_s = \frac{d\,U_{00}}{d\,\alpha} = \left|\frac{d}{d\,\alpha}(U_{00}\cos\alpha)\right| = U_{00}\sin\alpha\,. \tag{26/7}$$

Für einen Stromrichter, der mit $U_{00} = 1$ kV und einem Zündwinkel $\alpha = 30° \equiv \pi/6$ arbeitet, wird mit $\sin\alpha = 0{,}50$ die Signalverstärkung

$$V_s = 500 \quad [\mathrm{V}]\,.$$

Die Dimension von V_s beträgt [V], weil α im Bogenmaß eingesetzt wurde. Führt man α in Winkelgraden ein, so erhält man

$$V_s = \frac{U_{00}\,\pi}{180°}\sin\alpha$$

und für vorstehendes Zahlenbeispiel

$$V_s = 8{,}75 \quad [\mathrm{V}/°]\,.$$

Der Stromrichter als unstetiger und die Elektronenröhre als stetiger Verstärker können demnach in prinzipiell gleicher Weise beschrieben und in ihren Eigenschaften gekennzeichnet werden.

Steuersätze mit Vertikalsteuerung als Signalverstärker. Überlagert man der veränderlichen negativen Gittersperrspannung U_G (Eingangsgröße) eine sinusförmige Wechselspannung $u = U\sqrt{2}\sin\vartheta$, so zündet das Ventil bei $U\sqrt{2}\sin\alpha - U_G = U_z$. Für den Zündwinkel (Ausgangsgröße) erhält man

$$\alpha = \arcsin\frac{U_G + U_Z}{U\sqrt{2}} \tag{26/8}$$

und für die Signalverstärkung:

$$V_s = \frac{d\alpha}{d\bar{U}_G} = \frac{1}{\sqrt{1 - \left(\frac{\bar{U}_G + U_Z}{U\sqrt{2}}\right)^2}} \cdot \frac{1}{U\sqrt{2}} \,. \tag{26/9}$$

Setzt man $\bar{U}_G + U_z = 0$, so erhält man die größte Verstärkung

$$V_s = \left(\frac{d\alpha}{d\bar{U}_G}\right)_{\max} = \frac{1}{U\sqrt{2}} \left[\frac{1}{\mathrm{V}}\right] \quad \text{bzw.} \quad \frac{57{,}5}{U\sqrt{2}} \; [{}^\circ/\mathrm{V}]$$

und für $U\sqrt{2} = 300\,\mathrm{V}$, $V_{\max} = \frac{1}{300}\left[\frac{1}{\mathrm{V}}\right]$ bzw. $0{,}19 \; [{}^\circ/\mathrm{V}]$.

Die Vertikalsteuerung arbeitet verzögerungsfrei, ein Frequenzgang braucht nicht berücksichtigt zu werden. Diese zunächst als großer Vorteil erscheinende Eigenschaft kann jedoch nur zum Teil ausgenützt werden, weil man die Spannung $\bar{U}_G$ hinreichend glätten muß, damit nicht infolge ihrer Welligkeit Schwebungen zwischen der Pulsfrequenz des Stromrichters und der Frequenz der Oberwellenspannung entstehen.

26.3 Der Stromrichter in der Regelungstechnik

Um den Unterschied zwischen Steuerung und Regelung recht deutlich zu machen, seien die beiden Begriffe nach dem derzeit verbindlichen Schrifttum zitiert:

Nach den „Regeln für Schaltgeräte", VDE 0660, § 3, ist unter „Steuern" „das Beeinflussen oder Änderung von Betriebsgrößen in einem Stromkreis, gegebenenfalls einschließlich seines Ein- und Ausschaltens", zu verstehen.

Das Normblatt DIN 19226 (Regelungstechnik, Benennungen und Begriffe) bezeichnet als „Regeln" einen Vorgang, „bei dem der vorgegebene Wert einer Größe fortlaufend durch Eingriffe auf Grund von Messungen dieser Größe hergestellt und aufrechterhalten wird".

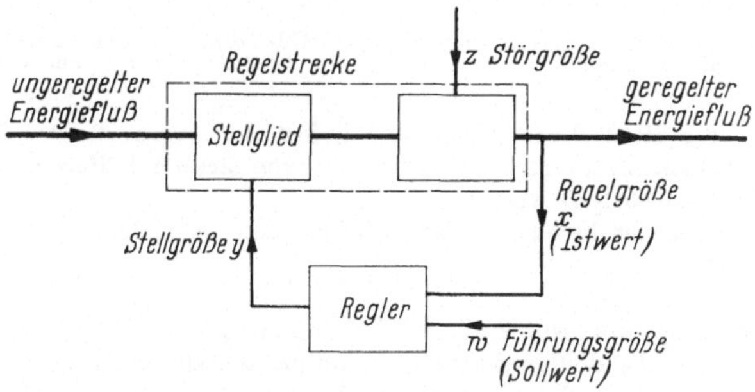

Abb. 26/10. Blockschaltbild eines Regelkreises

Ein Vergleich der Blockschaltbilder 26/4 und 26/10 läßt den Unterschied besonders deutlich hervortreten: Während die Steuerung willkürliche Befehle ausführt, wird bei der Regelung jeweils das Ergebnis einer Verstellung der Steuerung gemessen, überprüft (Istwert und Sollwert werden verglichen und daraus die Regelabweichung gebildet) und ein von der vorhandenen Situation beeinflußter Steuerbefehl an den Stromrichter weitergegeben. Da also jeder Steuerbefehl sich selbst wieder beeinflußt und korrigiert, schließt sich ständig der Kreis zwischen Ursache und Wirkung, weshalb man bei Regelungen als wesentliches Merkmal den „*Regelkreis*“ betrachtet. Dieser ist kein Stromkreis im üblichen Sinne und hat nicht dem Energietransport zu dienen, sondern ist ein von Informationen beeinflußter Wirkungskreis. Seine Bauteile geben einen Regelbefehl nur in *einer* Richtung weiter und sind rückwirkungsfrei.

a) Die Beschreibung der Regler

Um diese Definitionen mit klaren Vorstellungen verbinden zu können, sollen einige Fragen, welche durch die Verwendung der Stromrichter in der Regelungstechnik aufgeworfen werden, näher betrachtet werden. Zu diesem Zwecke ist in Abb. 26/11 die Schaltung einer Stromrichterspeisung eines Ohmschen Verbrauchers dargestellt, wobei mittels einer Regelung die Gleichspannung $\bar{U}$ unabhängig vom jeweiligen Strom $\bar{I}$ konstant gehalten werden soll. Stromrichter und Widerstand sollen eine *ideale Regelstrecke* darstellen. Die Gleichspannung bildet den Istwert, und die Führungsgröße $\bar{U}_N$ liefert den Sollwert. Der Regler vergleicht diese beiden Meßwerte und gibt den verstärkten Differenzwert an den Steuersatz als Steuerbefehl weiter.

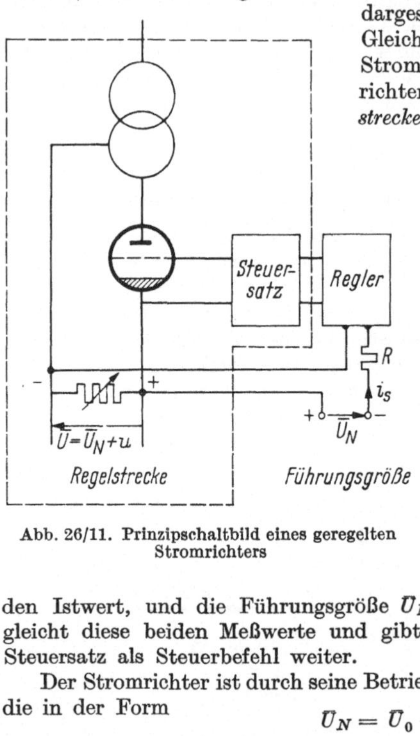

Abb. 26/11. Prinzipschaltbild eines geregelten Stromrichters

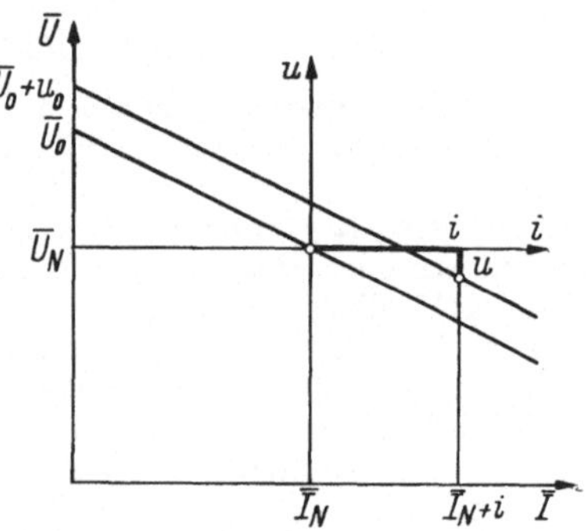

Abb. 26/12. Stromrichterkennlinien und Abweichungen vom Sollwert

Der Stromrichter ist durch seine Betriebskennlinie (Abb. 26/12) gekennzeichnet, die in der Form

$$\bar{U}_N = \bar{U}_0 - \bar{I}_N \cdot d_N$$

geschrieben werden kann, wobei $\bar{U}_0$ die Leerlaufspannung, $\bar{U}_N$ die Spannung bei Nennstrom $\bar{I}_N$ und d_N den induktiven Spannungsabfall bedeuten. Ändert man den Strom auf $\bar{I}_N + i$ und gleichzeitig auch über die Gittersteuerung die Leerlaufspannung auf $\bar{U}_0 + u_0$, so ergibt sich

$$\bar{U} = \bar{U}_N + u = \bar{U}_0 + u_0 - d_N (\bar{I}_N + i) .$$

Subtrahiert man davon die Ausgangsgleichung, so erhält man eine Gleichung für die Abweichungen (klein geschriebene Größen)

$$u = u_0 - i \cdot d_N , \qquad (26/10)$$

wofür man im Nennarbeitspunkt $\bar{U}_N$, $\bar{I}_N$ ein neues Koordinatensystem (u, i) errichten könnte. Nur diese Abweichungen interessieren in der Regelungstechnik und nur diese sollen daher im folgenden weiter betrachtet werden. (Eine Verwechslung mit den bisher klein geschriebenen Augenblickswerten ist wohl nicht zu befürchten.)

Im *Meßglied* tritt als Differenz zwischen Istwert U und Sollwert U_N ebenfalls u auf, welche Spannung an einem Meßwiderstand R den Strom

$$i_s = u/R \tag{26/11}$$

hervorruft, der dem Steuersatz zugeführt wird und am Stromrichter (*Stellglied*) eine Leerlauf-Spannungsänderung

$$u_0 = -i_s \cdot K \tag{26/12}$$

bewirkt. Das negative Vorzeichen in dieser Gleichung ist dadurch bedingt, daß eine Regelung einer bestehenden Abweichung entgegenwirken muß. (Beim Schließen eines Regelkreises muß also stets Vorzeichenumkehr stattfinden!) Der Faktor K kennzeichnet die Signalverstärkung des Stromrichters und des Steuersatzes. Der Einfachheit halber sei der Faktor K als eine Konstante angenommen. Eliminiert man nun aus den vorstehenden Gleichungen die Größen u_0 und i_s, so erhält man die Hauptgleichung des Regelkreises:

$$u = \frac{-i\,d_N}{1 + K/R}. \tag{26/13}$$

Hätte man keinen Regler und konstante Leerlaufspannung (d. h. $u_0 = 0$), so ergäbe sich als *natürliche Kennlinie*

$$u = -i\,d_N. \tag{26/14}$$

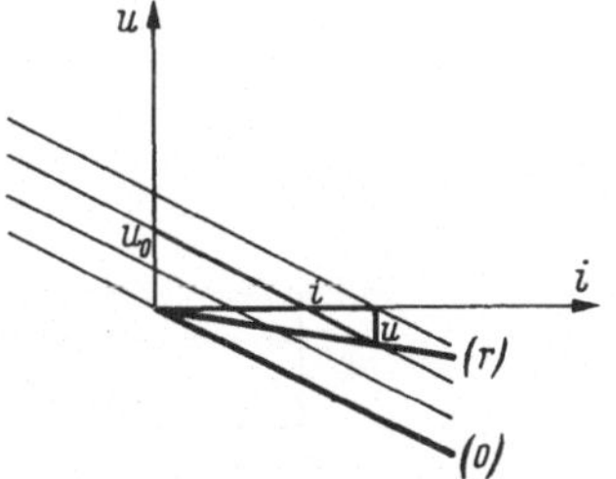

Abb. 26/13. Natürliche (0) und mit P-Regler geregelte (r) Kennlinien

Vergleicht man die natürliche und die geregelte Kennlinie, so sieht man, daß die Spannungsänderung u um den Faktor $\frac{1}{1 + K/R}$ („Regelfaktor") verkleinert worden ist. Da K und R_s positive Größen sind, ist demnach dieser Faktor stets kleiner als 1. Berechnet man aus obigen Gleichungen die Leerlaufabweichung u_0, so findet man, daß diese mit zunehmendem Strom anwächst:

$$u_0 = \frac{i\,d_N}{1 + R/K}. \tag{26/15}$$

Die geregelte Kennlinie verläuft, wie Abb. 26/13 deutlich zeigt, wesentlich flacher als die natürliche. (Um eine übersichtliche Zeichnung zu erhalten, wurde der Regelfaktor nur zu $^1/_3$ gewählt; üblicherweise beträgt er 0,1 bis 0,01.) Indessen wird mit der soeben betrachteten Regelung die Abweichung der Regelgröße zwar verkleinert, aber nicht zum Verschwinden gebracht. Dieser Befund kann leicht erklärt werden: die Stellgröße i_s ist der Abweichung der Regelgröße proportional und nur so lange vorhanden, als eine Abweichung u auftritt. Einen derartigen Regler bezeichnet man als *proportional wirkenden Regler* oder abgekürzt als P-Regler. Früher nannte man solche Regler statische Regler und ihre dauernde Abweichung Statik. In Abb. 26/14a ist der zeitliche Verlauf der interessierenden Größen dargestellt. Eine momentane Stromänderung hat zur Folge, daß sich auch der Spannungsabfall $i\,d_N$ nach einer Sprungfunktion ändert. Der P-Regler bewirkt eine unverzögerte Änderung der Leerlaufspannung u_0.

Eine wesentliche Verbesserung stellt der *integral wirkende* Regler (I-Regler) dar, bei welchem die Abweichung der Regelgröße u auf eine Drossel wirkt und die Stellgröße i_s durch

$$i_s = \frac{1}{L} \int u\, dt \tag{26/16}$$

bestimmt ist, womit nunmehr auch die Zeit t als zusätzliche Variable in Erscheinung tritt.

Geht man wie beim P-Regler von den 3 Ausgangsgleichungen aus, die hier lauten:

$$\left.\begin{aligned} &\text{Regelstrecke:} \quad u = u_0 - i \cdot d_N, \\ &\text{Meßglied:} \quad u = L\, d i_s/dt, \\ &\text{Stellglied:} \quad u_0 = -K \cdot i_s, \end{aligned}\right\} \tag{26/17}$$

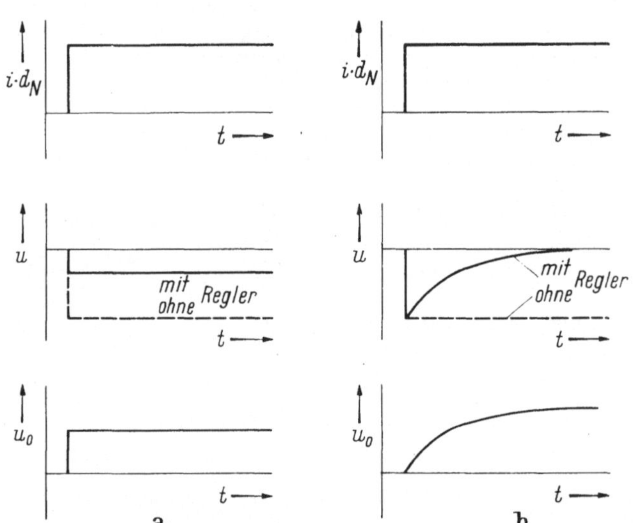

Abb. 26/14. Zeitliches Verhalten einer idealen Regelstrecke
a) mit proportional wirkendem Regler; b) mit integral wirkendem Regler

so können diese in der Hauptgleichung

$$\frac{du}{dt} + \frac{K}{L} u = -d_N \cdot \frac{di}{dt} \tag{26/18}$$

zusammengefaßt werden. Setzt man wieder eine Stromänderung in Form einer Sprungfunktion voraus, so kann der Spannungsverlauf mittels der Operatorenrechnung (O. HEAVISIDE, 1893) bestimmt werden [R 26,1]:

$$u = -i d_N \cdot e^{-\frac{K}{L} t}. \tag{26/19}$$

Der zeitliche Verlauf der interessierenden Größen ist in Abb. 26/14b dargestellt und läßt erkennen, daß bei einem I-Regler (Integralverhalten) die Abweichung nach einiger Zeit völlig verschwindet.

Vereinigt man die beiden bisher betrachteten Regler, indem man das Meßglied mit einer Reihenschaltung von Ohmschem Widerstand R und Induktivität L

versieht, so erhält man für den *PI-Regler* die Bestimmungsgleichungen:

$$\left.\begin{aligned} &\text{Regelstrecke:} \quad u = u_0 - i \cdot d_N\,, \\ &\text{Meßglied:} \quad u = i_s R + L\, d i_s/dt, \\ &\text{Stellglied:} \quad u_0 = -K i_s. \end{aligned}\right\} \qquad (26/20)$$

Für die Hauptgleichung findet man [R 26,2] eine Differentialgleichung erster Ordnung

$$\frac{du}{dt} + \frac{K+R}{L}\, u = -d_N\left[\frac{di}{dt} + \frac{R}{L}\, i\right], \qquad (26/21)$$

weshalb man auch im vorliegenden Falle von einem Regelkreis erster Ordnung spricht. Nimmt man wieder eine momentane Änderung von i an (Abb. 26/15), so findet man den zeitlichen Verlauf von u nach den Regeln der Operatorenrechnung [R 26,3] zu

$$u = -\frac{i\, d_N}{1 + K/R}\left[1 + \frac{K}{R}\, e^{-\frac{R+K}{L}t}\right]. \qquad (26/22)$$

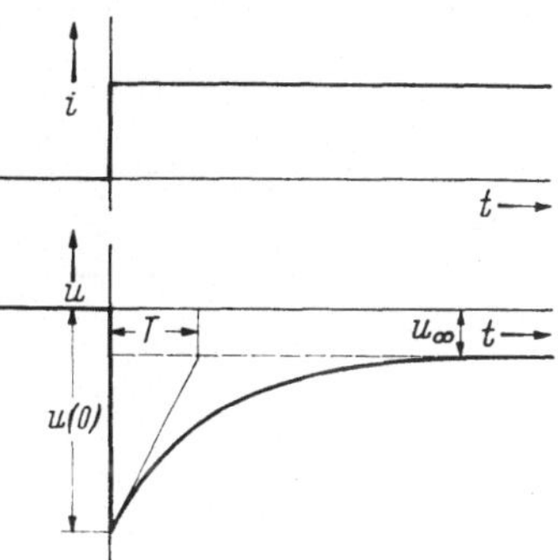

Abb. 26/15. *PI-Regler:* Zeitlicher Verlauf der Abweichungen des Stromes und der Spannung von ihren Sollwerten

Man erkennt in Abb. 26/15, daß die Abweichung bei $t = 0$ den Betrag

$$u(0) = -i\, d_N \qquad (26/23)$$

besitzt und für $t = \infty$ einem Endwert

$$u_\infty = -\frac{i\, d_N}{1 + K/R} \qquad (26/24)$$

zustrebt, wobei der Ausgleich mit einer Zeitkonstante von

$$T = \frac{L}{R+K} = \frac{L}{K}\,\frac{K}{R+K} = T_0\,\frac{K/R}{1 + K/R} \qquad (26/25)$$

erfolgt.

Gl. (26/24) zeigt, daß die nach erfolgtem Ausgleichsvorgang schließlich noch verbleibende Abweichung u_∞ um so kleiner ist, je größer K/R wird, während nach Gl. (26/25) die relative Zeitkonstante $\frac{T}{T_0}$ mit wachsendem K/R zunimmt.

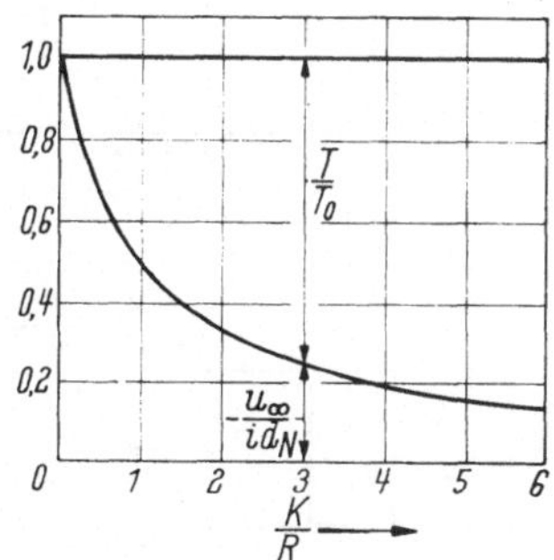

Abb. 26/16. Regelgenauigkeit $\frac{u_\infty}{i\, d_N}$ und relative Zeitkonstante T/T_0 eines Regelkreises erster Ordnung

Addiert man die beiden Gleichungen, so erhält man (Abb. 26/16)

$$-\frac{u_\infty}{i\, d_N} + \frac{T}{T_0} = \frac{1}{1 + K/R} + \frac{K/R}{1 + K/R} = 1, \qquad (26/26)$$

woraus der Schluß gezogen werden muß, daß Genauigkeit und Schnelligkeit bei einem Regelkreis erster Ordnung gegensätzliche Eigenschaften darstellen und nicht beliebig gesteigert werden können.

Für die Beschreibung weiterer Reglertypen soll an Stelle der Differentialgleichungen ein bequemeres Hilfsmittel verwendet werden: die bereits oben eingeführte *Übergangsfunktion*. Diese kennzeichnet das zeitliche Verhalten der Ausgangsgröße eines Reglers (oder eines sonstigen elektrischen Gebildes), wenn an seinem Eingang eine Störung in Form eines Einheitssprunges auftritt. Die Übergangsfunktion ist dann die Lösung der betreffenden inhomogenen Differentialgleichung. Üblicherweise wird jedoch die durch den Einheitsstoß als „Ursache" hervorgerufene „Wirkung" nicht rechnerisch, sondern durch Messung ermittelt, weil diese in der Regel schneller und bequemer durchgeführt werden kann.

Tabelle 26/2. *Übergangsfunktionen und Ortskurven von Reglern*

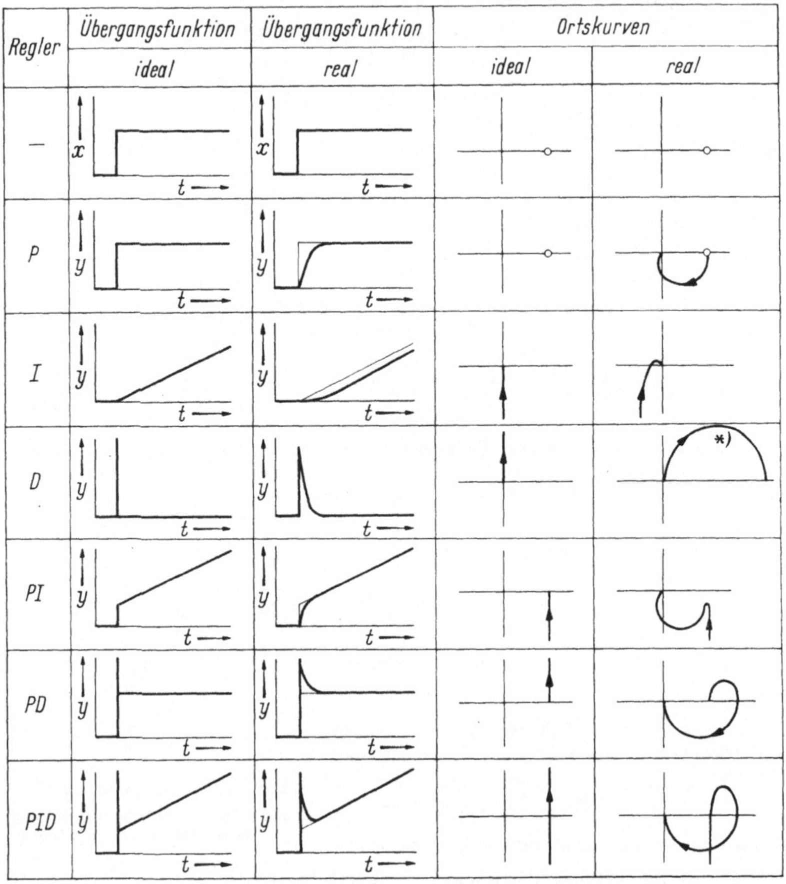

Regler	Übergangsfunktion	Übergangsfunktion	Ortskurven	
	ideal	real	ideal	real
—	x t →	x t →		
P	y t →	y t →		
I	y t →	y t →		
D	y t →	y t →		*)
PI	y t →	y t →		
PD	y t →	y t →		
PID	y t →	y t →		

*) Differentiell wirkende Glieder haben keine ausreichende Regelwirkung, sie werden deshalb nur als Dämpfungsglieder verwendet.

In Tab. 26/2 sind die Übergangsfunktionen der bereits behandelten sowie weiterer Regler graphisch dargestellt, weil diese ein sehr anschauliches Hilfsmittiel für die *qualitative* Behandlung von Regelungsproblemen bilden und demgemäß auch in großem Umfang in der Praxis angewendet werden. Neuerdings werden z. B. in den sogenannten „Blockschaltbildern" die Übergangsfunktionen zur Kennzeichnung der einzelnen Bauelemente verwendet. In der Tabelle ist in der obersten Reihe der zeitliche Verlauf des Einheitssprunges der Regelgröße x (Ursache) und darunter der zeitliche Verlauf der Stellgröße y (Wirkung) für verschiedene Regler dargestellt (O. SCHÄFER, W. OPPELT).

Jeder dieser Regler läßt sich in seinen Eigenschaften durch Kennzahlen charakterisieren, wobei bei den einfachen Reglern (P, I, D) eine, bei den komplizierteren Reglern mehrere Kennzahlen erforderlich sind. So kann z. B. der P-Regler lediglich durch seine Verstärkungsziffer K beschrieben werden.

Wie bereits früher erwähnt, gibt es noch eine andere, der Nachrichtentechnik entlehnte Berechnungsmethode, das sogenannte „Frequenzverfahren", bei welchem der Regelkreis aufgetrennt wird und bei sinusförmiger Erregung am Eingang die Ausgangsgröße gemessen wird. Die Darstellung des Meßergebnisses erfolgt als komplexe Ortskurve mit der Frequenz als Parameter.

Da die Regelkreise aus gerichteten Gliedern aufgebaut sind, so ist durch die Wirkungsrichtung für jedes Glied ein „Eingang" und ein „Ausgang" festgelegt. Bezeichnet man mit X_e die Eingangsgröße und X_a die Ausgangsgröße, die nicht die gleiche Dimension haben müssen (z. B. bei gesteuerten Ventilen: $X_e = \alpha$; $X_a = \bar{U}$), so kann man ausgehend von der linearen Differentialgleichung

$$T_3^3 \frac{d^3 X_a}{dt^3} + T_2^2 \frac{d^2 X_a}{dt^2} + T_1 \frac{dX_a}{dt} + X_a = S_0 X_e + S_1 \frac{dX_e}{dt} + S_2 \frac{d^2 X_e}{dt^2} + \cdots \quad (26/27)$$

mit $X_e = X_{e_0} e^{j\omega t} = X_{e_0} e^{pt}$ und $X_a = X_{a_0} e^{j(\omega t + \varphi)} = X_{a_0} e^{pt + j\varphi}$

auch

$$T_3^3 p^3 X_a(p) + T_2^2 p^2 X_a(p) + T_1 p X_a(p) + X_a(p) = S_0 X_e(p) + S_1 p X_e(p) + S_2 p^2 X_e(p) + \cdots \quad (26/28)$$

schreiben, woraus man sofort die Gleichung für den Frequenzgang („Frequenzgangoperator des Übertragungsverhältnisses") erhält:

$$F = \frac{X_a(p)}{X_e(p)} = \frac{S_0 + S_1 p + S_2 p^2 + \cdots}{1 + T_1 p + T_2^2 p^2 + T_3^3 p^3 + \cdots}. \quad (26/29)$$

Die Glieder im Nenner ergeben negative Phasenwinkel und werden deshalb Verzögerungsglieder genannt, die Glieder im Zähler liefern positive Phasenwinkel und heißen Vorhaltglieder.

Die graphische Darstellung des Frequenzganges erfolgt in der komplexen GAUSSschen Ebene als *Ortskurve*, wobei die Frequenz den Parameter darstellt. Häufig wird, insbesondere bei qualitativen Darstellungen, nur die Kurve gezeichnet und der Verlauf des Frequenzmaßstabes lediglich durch einen Pfeil, in Richtung zu höheren Frequenzen, angedeutet.

Zwischen Übergangsfunktion und Frequenzgang bestehen enge Beziehungen, die aus der Zusammenstellung in Tab. 26/2 bequem abgelesen werden können. So entspricht z. B. der Endwert der Übergangsfunktion ($t \to \infty$) dem Anfangswert der Ortskurve ($\omega = 0$), und der Anfangswert der Übergangsfunktion ($t = 0$) entspricht dem Endwert der Ortskurve ($\omega = \infty$). (Mathematisch wird dieser Zusammenhang durch das FOURIER-Integral vermittelt.)

b) Die Beschreibung der Regelstrecken

In gleicher Weise soll nun das Verhalten der übrigen Teile des Regelkreises (Stellglieder, Regelstrecken) beschrieben werden. In Tab. 26/3 sind Übergangsfunktionen und Ortskurven dargestellt, die z. T. aus früheren Ausführungen direkt übernommen werden konnten. So wurde schon früher festgestellt, daß der Stromrichter durch ein P-Verhalten mit Totzeit gekennzeichnet ist. Den diesbezüglichen Frequenzgang findet man sehr einfach aus der Überlegung, daß zu der Eingangsgröße $X_e = X_{e_0} e^{pt}$ eine um die Totzeit T_t nacheilende Ausgangsgröße $X_a = X_{a_0} e^{pt - pT_t}$ gehört, woraus für den Frequenzgang unmittelbar

$$F = e^{-pT_t} \tag{26/30}$$

folgt. Die entsprechende Ortskurve ist dann ein Kreis um den Ursprung, der mit wachsender Frequenz $\left(\omega = \frac{\varphi}{T_t}\right)$ im Uhrzeigersinn durchlaufen wird.

Tabelle 26/3. *Übergangsfunktionen und Ortskurven von Regelstrecken*

	Übergangsfunktionen	Ortskurven
Eingangsgröße	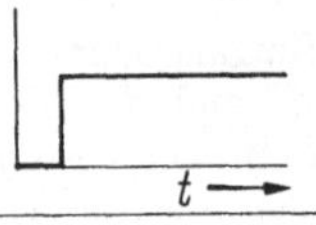 $t \rightarrow$	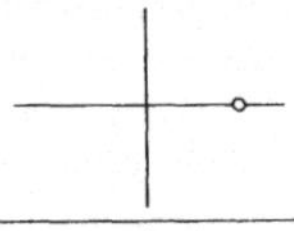
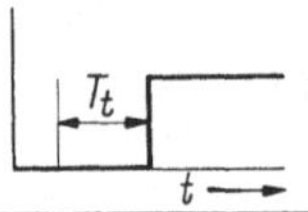 reine Totzeit	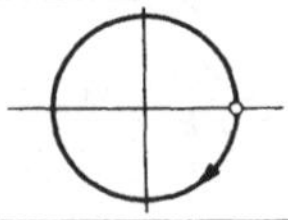 T_t; $t \rightarrow$	$F = e^{-pT_t}$
Verzögerungsglied 1. Ordnung	T_1; $t \rightarrow$	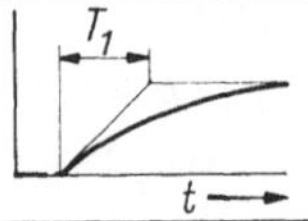 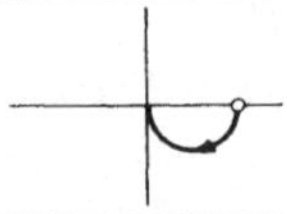 $F = \frac{1}{1 + pT_1}$
Verzögerungsglied 1. Ordnung mit Totzeit	T_t, T_1; $t \rightarrow$	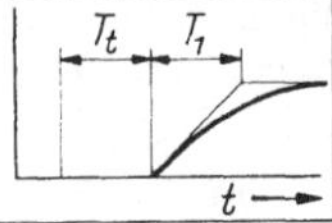 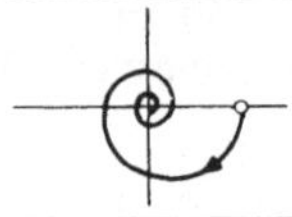 $F = \frac{e^{-pT_t}}{1 + pT_1}$
Verzögerungsglied 2. Ordnung	δ_{klein}, $\delta_{groß}$; $t \rightarrow$	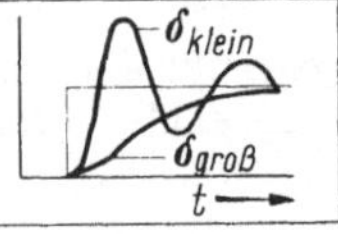 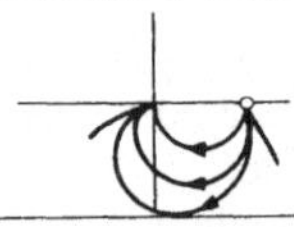 $F = \frac{1}{1 + pT_1 + p^2T_2^2}$

Ein Stromrichter mit einem Verzögerungsglied, z. B. mit einem trägen Steuersatz mit der Zeitkonstante T_1, hat den Frequenzgang

$$F = \frac{e^{-pT_t}}{1 + pT_1}. \tag{26/31}$$

Der Ankerkreis eines Gleichstromnebenschlußmotors wird bei Drehzahl-Regelungsproblemen durch eine Reihenschaltung von R, L und C abgebildet, wobei C die dynamische Ersatzkapazität des Motors bezeichnet. Bezeichnet man mit $L/R = T_A$ die Zeitkonstante des Ankerstromkreises und mit $RC = T_1$ die elektromechanische Zeitkonstante, so gilt mit $T_A T_1 = T_2^2$ für den Frequenzgang

$$F = \frac{1}{1 + p\,T_1 + p^2\,T_2^2}. \tag{26/32}$$

e) Der Regelkreis und die Beurteilung seiner Stabilität

Bildet man aus einer durch eine *Totzeit* charakterisierten *Regelstrecke* und einem unverzögerten *P-Regler* einen Regelkreis mit den obigen Grundgleichungen:

$$y + z = x \quad \text{und} \quad y = -K\,x,$$

so entsteht, wie Abb. 26/17 zeigt, folgender zeitlicher Verlauf: Im Zeitpunkt $t = 0$ tritt eine Störgröße z auf, welche als Regelgröße $x = z$ auf den Regler wirkt und eine Stellgröße $y = -K z$ zur Folge hat. Sobald dieser Regelbefehl zur Auswirkung kommt ($t = T_t$), ändert sich die Regelgröße zu $x = z(1 - K)$ und nimmt, da in der Regel für die Verstärkung $K > 1$ gilt, einen negativen Wert an. Daraus folgt für die Stellgröße $y = -K z(1 - K)$ und im Zeitpunkt $t = 2 T_t$ für die Regelgröße $x = z(1 - K + K^2)$. Man erkennt deutlich, daß eine solche Anordnung zu einer sich aufschaukelnden Schwingung mit der Periodendauer $2 T_t$ führt und vermutet, daß die Instabilität durch die unverzögerte Reaktion des Reglers hervorgerufen wird. In der Tat zeigt die gleiche Regelstrecke mit einem I-Regler ein absolut stabiles Verhalten, ein Ergebnis, das durch Verwendung eines PI-Reglers sogar noch merklich verbessert werden kann. Damit ist deutlich geworden, daß die gesonderte Behandlung von Regler und Regelstrecke keine hinreichende Beschreibung eines Regelkreises ermöglicht. Im folgenden soll daher der Regelkreis als Gesamtheit betrachtet und sein Stabilitätskriterium erörtert werden.

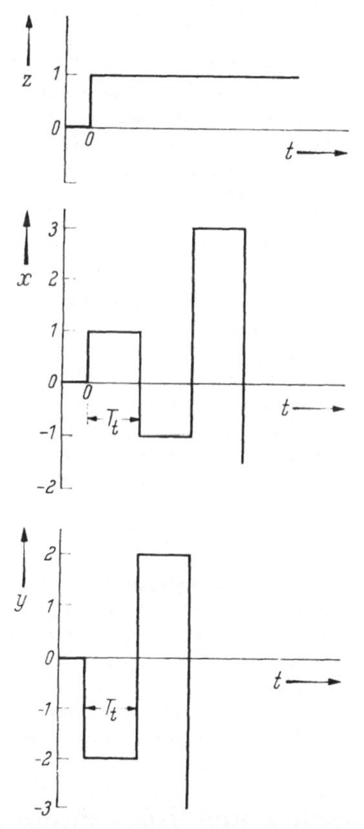

Abb. 26/17. Zeitliches Verhalten eines P-Reglers und einer Regelstrecke mit Totzeit T_t (Verstärkungsziffer $K = 2$)

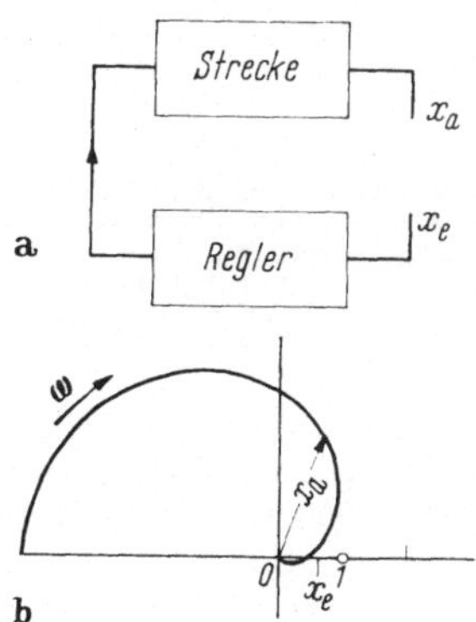

Abb. 26/18
a) Blockschema des aufgeschnittenen Regelkreises; b) Ortskurve eines aufgeschnittenen Regelkreises

Zur Beurteilung der Stabilität pflegt man den *aufgeschnittenen Regelkreis* (Abb. 26/18) zu betrachten. Man drückt dann den Eingangsklemmen des Reglers die Schwingung x_e auf und mißt am Ausgang der Regelstrecke die Größe x_a. Bezeichnet man den Frequenzgang des Reglers mit F_R und mit F_S die nämliche Funktion der Regelstrecke, so gilt für den *Frequenzgang des aufgeschnittenen Regelkreises*:

$$F = F_R \cdot F_S = \frac{x_a}{x_e}. \tag{26/33}$$

Setzt man $x_e = 1$, so erhält man für $\omega = 0$ (stationärer Zustand) $x_a = -V_s$, wobei das negative Vorzeichen durch den Regler bewirkt wird und einer Phasenverschiebung um 180° entspricht. Steigert man die Frequenz, so kommen die Verzögerungsglieder zur Wirkung und vergrößern die Phasennacheilung, bis bei einer bestimmten Frequenz der zusätzliche Phasenwinkel 180° oder die gesamte Phasenverschiebung 360° bzw. 0° beträgt. Ist nun bei dieser Frequenz $x_a < 1$, so ist das System stabil, ist $x_a = 1$, so befindet man sich gerade am Stabilitätsrand, und ist $x_a > 1$, so ist der Kreis instabil (Kriterium von H. Nyquist u. F. Strecker; M. Demontvignier u. P. Lefèvre, 1949).

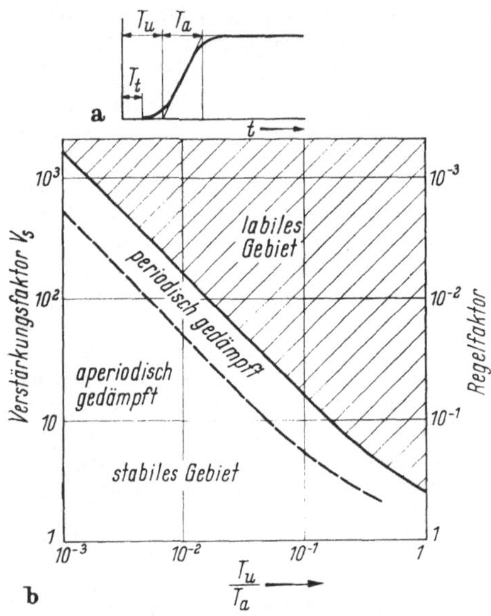

Abb. 26/19. Bestimmung der Stabilität eines Regelkreises aus der Übergangsfunktion
a) Übergangsfunktion, T_u Verzugszeit, T_a Ersatzzeitkonstante, aus den Schnittpunkten der Wendetangente mit der Abszisse und der Beharrungsasymptote ermittelt; b) Diagramm zur Stabilitätsbeurteilung

Für den praktischen Gebrauch ist, wie K. Küpfmüller gezeigt hat, auch die *Übergangsfunktion* des aufgeschnittenen Kreises für die Beurteilung der Stabilität vorzüglich geeignet. In Abb. 26/19 sind in Abhängigkeit vom Signalverstärkungsfaktor V_s und dem Quotienten zweier charakteristischer Zeiten T_u/T_a die stabilen und instabilen Gebiete abgegrenzt. Der Regelfaktor $(1 + V_s)^{-1}$ ist für größere Werte von V_s als zweite Ordinate aufgetragen (E. H. Ludwig, 1940). Damit soll die Betrachtung der geregelten Stromrichter abgeschlossen werden; für die quantitative Behandlung von Regelkreisen, z. B. mittels des Bode-Diagramms (H. W. Bode), wird auf die umfangreiche Literatur verwiesen (R. Jötten, 1958, 1959; F. Hölters, 1940; G. Becker u. M. Syrbe, V. Kussl usw.).

27. Der Stromrichter bei Kurzschluß und Rückzündung

In Kap. 4 war erkannt worden, daß im Kurzschluß oder bei einer Rückzündung das bisher verwendete Rechenverfahren mit idealen Ventilen ungenau wird. R. D. Evans und A. J. Maslin (1945) haben z. B. festgestellt, daß der Spannungsabfall an einanodigen Gasentladungsventilen auf $u_v \approx 100$ V bei $i_v = 30$ kA und $u_v \approx 200$ V bei $i_v = 50$ kA ansteigt; es bedarf keiner umständlichen Begründung, daß solche Spannungsabfälle die Ströme drastisch begrenzen. Für den praktischen Gebrauch haben daher verschiedene Autoren, wie H. Forssell (1946) sowie C. C. Herskind u. H. L. Kellogg (1945), C. C. Herskind, A. Schmidt jr., C. E. Rettig (1949) u. a., den Einfluß der Verluste ermittelt und in Korrekturzahlen für das Rechnen mit idealen Ventilen festgelegt. Die gleichen Autoren haben auch durch Messungen gezeigt, daß ihre Rechnung die tatsächliche Situation gut wiedergibt. Im folgenden werden daher zuerst die Kurzschlußströme in der gewohnten Weise für ideale Ventile errechnet und sodann die erwähnten Korrekturen für reale Ventile und verlustbehaftete Transformatoren angebracht. Da jedoch bisher nur einige markante Fälle gründlich untersucht wurden, so bleibt noch manches zu tun, wozu Modelluntersuchungen wie z. B. diejenigen von J. K. Dillard und C. J. Baldwin (1954) sehr nützlich sind.

27.1 Der Stoßkurzschlußstrom

Der Dauerkurzschlußstrom $\bar{I}_k$ setzt sich aus Anteilen der Kurzschluß-Wechselströme zusammen und ist ausschließlich durch diese bestimmt. Dieser stationäre Zustand ist jedoch im Augenblick des Eintritts des Kurzschlusses noch nicht vorhanden — und bei unendlich großer Glättungsdrossel im Gleichstromkreis wird er auch erst nach unendlich langer Zeit erreicht. Der Stromverlauf wird in einem solchen Falle etwa so verlaufen, wie es von dem Einschalten einer Gleichspannungsquelle auf einen induktiven Kreis her bekannt ist. Weil jedoch der induktive Spannungsabfall, welcher die gleiche Rolle spielt wie der innere Spannungsabfall von Gleichspannungsquellen, im allgemeinen bei mehrfacher Überlappung nicht mehr linear vom Strom abhängt, so wirft ein solcher „Schaltvorgang höherer Ordnung" interessante Fragen auf (Demontvignier, 1961).

Indessen soll diese Problemstellung nicht weiter verfolgt werden, weil in der Praxis Kurzschlüsse so schnell als es nur die Apparatur erlaubt, fortgeschaltet werden und sich daher bei großer Glättungsdrossel der maximale Kurzschlußstrom gar nicht auszubilden vermag. Anders verhält es sich, wenn keine gleichstromseitige Glättungsdrossel vorhanden ist oder wenn die Glättungsdrossel ebenfalls mit kurzgeschlossen wird. Dann tritt der Höchstwert des Kurzschlußstromes unmittelbar nach Kurzschlußbeginn auf und überschreitet außerdem den stationären Kurzschlußstrom beträchtlich. Dieser „Stoßkurzschlußstrom" soll im folgenden betrachtet werden. Dabei werden wie beim Dauerkurzschluß die Ohmschen Verluste vernachlässigt und die beiden Grenzfälle untersucht:

a) nur unverkettete Sekundärreaktanzen,

b) nur primäre bzw. verkettete sekundäre Reaktanzen.

Falls nur unverkettete Sekundärreaktanzen vorliegen, kann der Ventilstromverlauf sofort angegeben werden: die Ventilströme beeinflussen einander nicht und sind lediglich vom Zündwinkel abhängig. Ihr zeitlicher Verlauf kann vom Einpulsstromrichter Abb. 6/4 übernommen werden. Bei verketteten Reaktanzen sind dagegen die Verhältnisse wesentlich komplizierter: die Ventilströme beeinflussen gegenseitig ihre Größe und den Zündwinkel. Da jedoch auch hier, in Übereinstimmung mit den Verhältnissen im stationären Kurzschluß, der Ventilstrom aus einem stationären Wechselstrom und einem transienten Gleichstromanteil zusammengesetzt wird, um den Ventilstrom im Zündzeitpunkt mit $i = 0$ beginnen zu lassen, reduziert sich die Aufgabe auf die *Bestimmung der stationären Wechselströme im Kurzschluß.*

Für $p = 2$ wurden diese Kurzschlußströme bereits bestimmt (vgl. Kap. 10).

Für $p = 3$ wurden in Tab. 10/1 einige Reaktanzen angegeben, die für die Kommutierungsvorgänge benötigt wurden. In Tab. 27/1 sind nun diejenigen Ströme zusammengestellt, die bei Kurzschluß der Phasen gegen den Transformatormittelpunkt auftreten.

Tabelle 27/1

Größe und Phasenwinkel der Kurzschlußströme eines dreiphasigen Transformators mit primären bzw. verketteten sekundären Reaktanzen $\left(\mathfrak{I}_1 = \left|\frac{I_1}{I_{1A}}\right| \cdot \mathfrak{I}_{1A} \cdot e^{j\varphi_1}\right)$

Schaltzustand	$\frac{I_1}{I_{1A}}$	φ_1	$\frac{I_2}{I_{2A}}$	φ_2	$\frac{I_3}{I_{3A}}$	φ_3
1, 0	3/2	0°	—	—	—	—
1, 2, 0	$\sqrt{3}$	−30°	$\sqrt{3}$	+30°	—	—
2, 3, 0	—	—	$\sqrt{3}$	−30°	$\sqrt{3}$	+30°
3, 1, 0	$\sqrt{3}$	+30°	—	—	$\sqrt{3}$	−30°
1, 2, 3, 0	1	0°	1	0°	1	0°

In völlig analogem Vorgehen erhält man für eine sechsphasige Verkettung die in Tab. 27/2 angegebenen Zahlen.

Tabelle 27/2. *Größe und Phasenwinkel der Kurzschlußströme einer sechsphasigen Mittelpunktverkettung* $\left(\mathfrak{I}_1 = \left(\frac{I_1}{I_{1A}}\right) \mathfrak{I}_{1A}\, e^{j\varphi_1};\ \text{usw.}\right)$

Schaltzustand	$\frac{I_1}{I_{1A}}$	φ_1	$\frac{I_2}{I_{2A}}$	φ_2	$\frac{I_3}{I_{3A}}$	φ_3	$\frac{I_4}{I_{4A}}$	φ_4	$\frac{I_5}{I_{5A}}$	φ_5	$\frac{I_6}{I_{6A}}$	φ_6
1, 0	3	0°										
6, 1, 0	$2\sqrt{3}$	−30°									$2\sqrt{3}$	+30°
1, 2, 0	$2\sqrt{3}$	+30°	$2\sqrt{3}$	−30°								
2, 3, 0			$2\sqrt{3}$	+30°	$2\sqrt{3}$	−30°						
3, 4, 0					$2\sqrt{3}$	+30°	$2\sqrt{3}$	−30°				
4, 5, 0							$2\sqrt{3}$	+30°	$2\sqrt{3}$	−30°		
5, 6, 0									$2\sqrt{3}$	+30°	$2\sqrt{3}$	−30°
1, 2, 3, 4, 5, 6, 0	1	0°	1	0°	1	0°	1	0°	1	0°	1	0°

Nach diesen Vorbemerkungen sollen nun die Stoßkurzschlußströme für verschiedene Stromrichterschaltungen ermittelt werden, wobei mit der niedrigsten Pulszahl $p = 2$ begonnen wird.

Weil der Stoßkurzschlußstrom, wie man ohne weiteres einsieht, sowohl vom Steuerwinkel α als auch vom Kurzschlußzeitpunkt abhängt, so muß für die folgende Darstellung über diese beiden Variablen verfügt werden. Um die Schutzeinrichtungen einer Stromrichteranlage richtig zu bemessen, empfiehlt es sich, den ungünstigsten Fall zu betrachten, welcher durch $\alpha = 0$ und Kurzschlußbeginn im Zündpunkt von Ventil 1 estgelegt werden soll.

a) Der Stoßkurzschlußstrom des Zweipulsstromrichters (bei $\alpha = 0$)

Nur unverkettete Sekundärreaktanzen. Die Zündung der Ventile erfolgt im Nulldurchgang der Phasenspannungen, und die Leitdauer beträgt $\beta = 2\pi$. Die Ventilströme i_{v_1} und i_{v_2} sowie ihre Summe, der gleichgerichtete Strom i, sind in der linken Hälfte von Abb. 27/1 dargestellt.

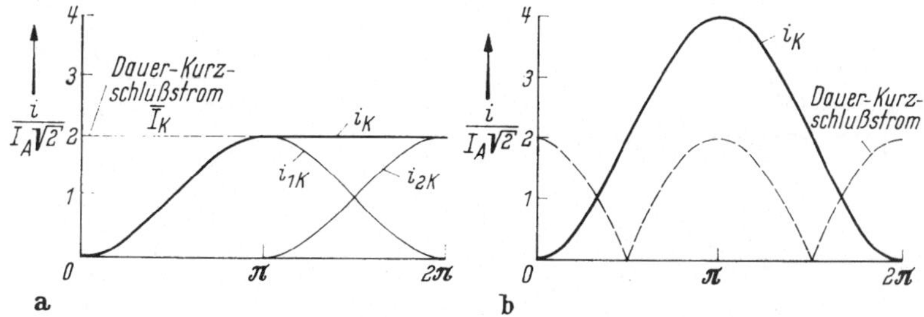

Abb. 27/1. Stoßkurzschlußstrom des Zweipulsstromrichters für a) unverkettete und b) verkettete Sekundärdrosseln

Nur Primärreaktanzen. Wenn der Kurzschlußbeginn mit dem natürlichen Zündpunkt des Ventils zusammenfällt, dann führt dieses einen Strom mit dem gleichen zeitlichen Verlauf wie im Falle unverketteter Anodendrosseln. Da jedoch diesmal die strombegrenzende Reaktanz primär liegt und dort der gesamte Spannungsabfall entsteht, so kann das zweite Ventil nicht zünden. Das Ventil 1 bleibt daher allein stromführend, sofern es als verlustlos angesehen werden kann. Da jedoch infolge der Ohmschen und Ventilverluste die Leitdauer kleiner als 2π ist, nimmt auch Ventil 2, allerdings verzögert, an der Stromführung teil, wodurch wieder die Zündung von Ventil 1 beeinflußt wird, bis schließlich beide Ventile gleichmäßig, jedes mit einer Zündverzögerung $\zeta = 90°$ und einer Leitdauer von $\beta = \pi$, Strom führen.

b) Der Stoßkurzschlußstrom des Dreipulsstromrichters (bei $\alpha = 0$)

Nur unverkettete Sekundärreaktanzen. Der in Abb. 27/2a dargestellte Ventilstromverlauf ist dadurch bestimmt, daß die Ventile unverändert im natürlichen Zündpunkt zünden. Da sich die Ströme gegenseitig nicht beeinflussen, so haben sie den gleichen Verlauf, wie er in Abb. 6/4 für den Einpulsstromrichter (bei $\alpha = 30°!$) bestimmt wurde. Da der Kurzschluß im Schnittpunkt der Phasenspannungen 3 und 1 erfolgen soll, so ist anfangs auch Ventil 3 noch mit einer Leitdauer von 60° beteiligt. Der gleichgerichtete Strom als Summe der 3 Ventilströme ist ebenfalls dargestellt und erreicht etwa nach einer halben Periode seinen Höchstwert.

Nur Primärreaktanzen. Der Stromverlauf ist durch die Schaltzustände $0° < \vartheta < 120°$: 1, 3, 0 und $120° < \vartheta$: 1, 2, 0 bestimmt, deren

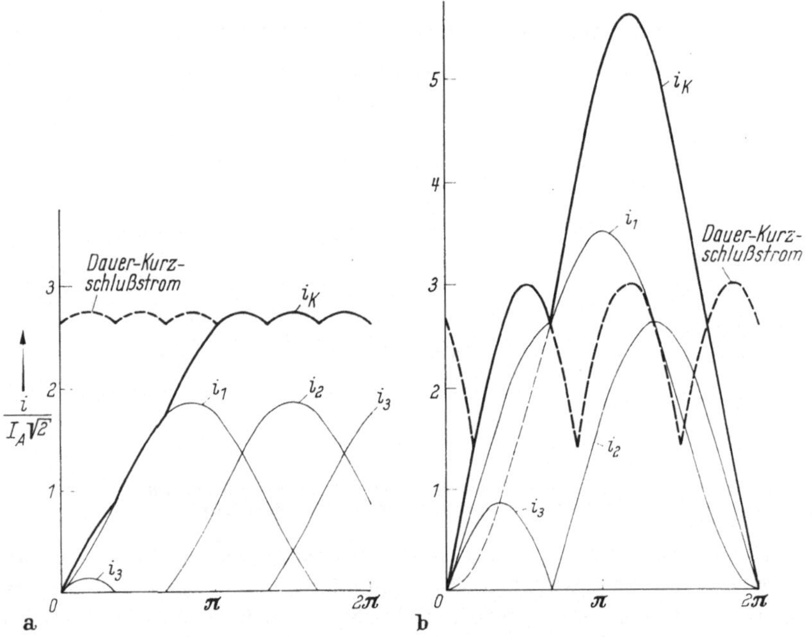

Abb. 27/2. Stoßkurzschlußstrom des Dreipulsstromrichters mit a) unverketteten und b) verketteten Sekundärdrosseln

Kurzschluß-Wechselströme der Tab. 27/1 entnommen werden können. In Abb. 27/2 rechts sind die Ventilströme und der gleichgerichtete Strom dargestellt. Dabei ist zu beachten, daß bei einem Dreiphasentransformator mit 2 kurzgeschlossenen Sekundärwicklungen dadurch auch die dritte Sekundärwicklung spannungslos wird. Das Ventil dieser dritten Wicklung kann daher so lange nicht zünden, als die beiden vorangehenden Phasen noch Strom führen. Auch hier wird, wie beim Zweipulsstromrichter, der Stromverlauf, von den Verlusten beeinflußt, allmählich auf den Dauerkurzschlußstrom (unterbrochener Kurvenzug) übergehen.

c) Der Stoßkurzschlußstrom der sechsphasigen Mittelpunktschaltung (bei $\alpha = 0$)

Nur unverkettete Sekundärreaktanzen. Die Ventilströme gleichen, abgesehen von dem zu Beginn noch während 120° leitenden Ventil 6, den durch $\alpha = 60°$ bestimmten Strömen von Einpulsstromrichtern. In

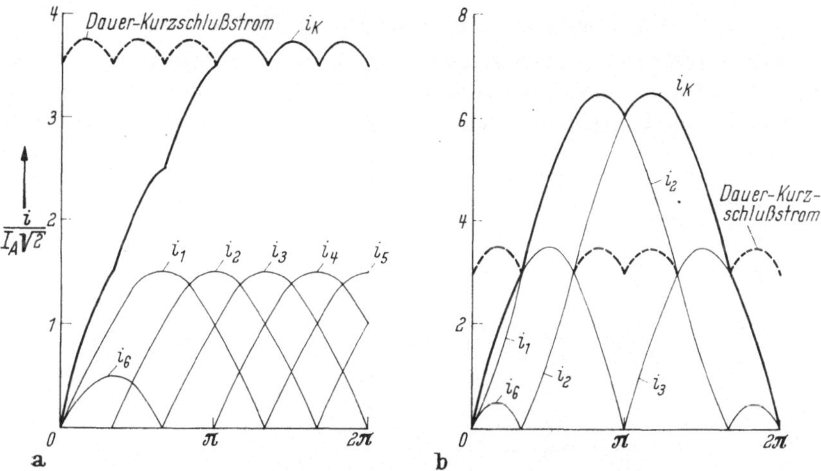

Abb. 27/3. Stoßkurzschlußstrom von Sechspulsstromrichtern in Mittelpunktschaltung mit a) unverketteten und b) verketteten Sekundärreaktanzen

Abb. 27/3 links sind diese Ströme dargestellt. Der Dauerkurzschlußstrom wird nach etwa einer halben Periode erreicht.

Nur primäre Reaktanzen. Der Stromverlauf ist durch folgende Schaltfolge charakterisiert: $0° < \vartheta < 60°$: 1, 6, 0; $60° < \vartheta < 180°$: 1, 2, 0;

Tabelle 27/3. *Scheitelwert des Stoßkurzschlußstromes $\hat{\imath}_K$, bezogen auf den Mittelwert des Dauerkurzschlußstromes $\bar{I}_K$ für verschiedene Schaltungen und Reaktanzverteilungen (bei $\alpha = 0$). U unverkettete Sekundärreaktanzen, V verkettete Sekundärreaktanzen bzw. Primärreaktanzen*

Schaltung	$\hat{\imath}_K/\bar{I}_K$	
	U	V
Zweipuls-	1	3,14
Dreipuls-	1,04	2,35
Sechsphasige Mittelpunkt-	1,04	2,1
Zweimal-Dreipuls-	1,02	2,1

$180° < \vartheta < 300°$: 2, 3, 0. Indem man die Wechselstromabschnitte (der Tab. 27/2) aneinanderfügt, erhält man die Stromkurven von Abb. 27/3 b. Auch hier können nur 2 Ventile gleichzeitig Strom führen, die übrigen Phasen sind dann spannungslos.

Die bisherige Untersuchung liefert eine wichtige Erkenntnis: Primäre oder verkettete sekundäre Reaktanzen führen zwar auf kleinere stationäre Kurzschlußströme als die unverketteten sekundären Reaktanzen; dagegen sind aber die Stoßkurzschlußströme bei verketteten Reaktanzen bedeutend höher als die Dauerkurzschlußströme, so daß man für die Dimensionierung der Schutzeinrichtungen und der Gittersperrung stets den Stoßkurzschlußstrom heranziehen sollte.

d) Zweimal-Dreiphasenschaltung (bei $\alpha = 0$)

Nur unverkettete Sekundärreaktanzen. Setzt man vorerst eine wirksame Saugdrossel voraus, so zerfällt die Schaltung in 2 Dreipulsstromrichter, deren Ventilströme sofort angezeichnet werden können. Sie

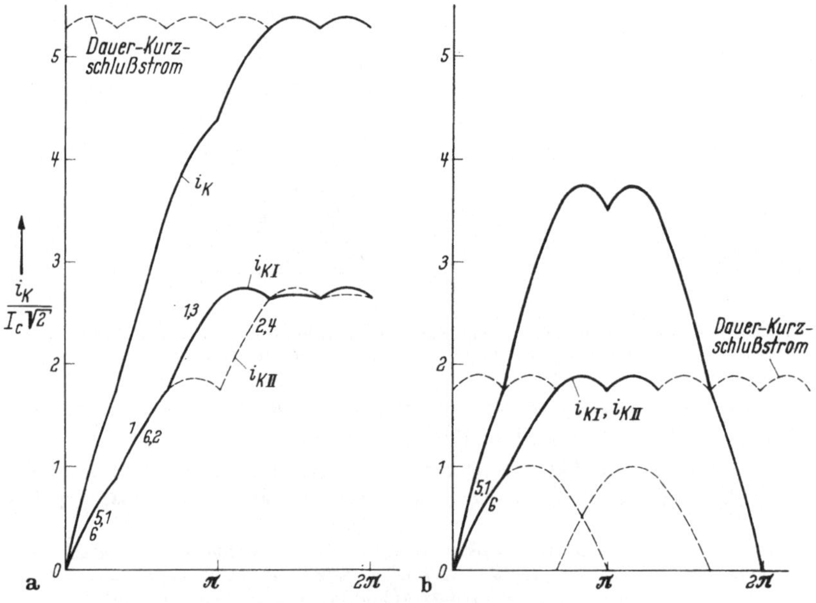

Abb. 27/4. Stoßkurzschlußstrom des Doppeldreiphasen-Stromrichters mit a) unverketteten und b) verketteten Sekundärreaktanzen

unterscheiden sich jedoch in bezug auf die Phasenlage ihrer Sekundärspannungen, woraus auch ab $\vartheta \approx 120°$ ein Unterschied im gleichgerichteten Strom resultiert, wodurch die Saugdrossel gesättigt und damit unwirksam gemacht wird. Abb. 27/4 links zeigt die beiden Teilströme (i_{kI}, i_{kII}) sowie deren Summe. Bei unwirksamer Saugdrossel fließen Ströme, wie sie für die sechsphasige Mittelpunktschaltung abgeleitet wurden.

Nur primäre Reaktanzen. Den Ventilstromverlauf findet man in sehr einfacher Weise, indem man beachtet, daß sich die Einschaltwechselströme (Primärströme mit ihrem transienten Anteil) zu Null ergänzen müssen. [Es tritt nur *ein* Einschaltvorgang auf, nämlich im Augenblick des Kurzschließens, nachher fließen im Drehstromnetz Ströme (Abb. 27/5), deren stationäre Anteile reine Sinusströme sind. Das steht im Gegensatz zu den Verhältnissen bei unverketteten Sekundärdrosseln.] Abb. 27/4 rechts läßt erkennen, daß die beiden Saugdrossel-Teilströme (i_{kI}, i_{kII}) den gleichen zeitlichen Verlauf besitzen. Wie bereits früher festgestellt wurde, führen die Ventile im Dauerkurzschluß Halbwellenströme, die sich je Transformatorschenkel zu einem rein sinusförmigen Wechselstrom ergänzen.

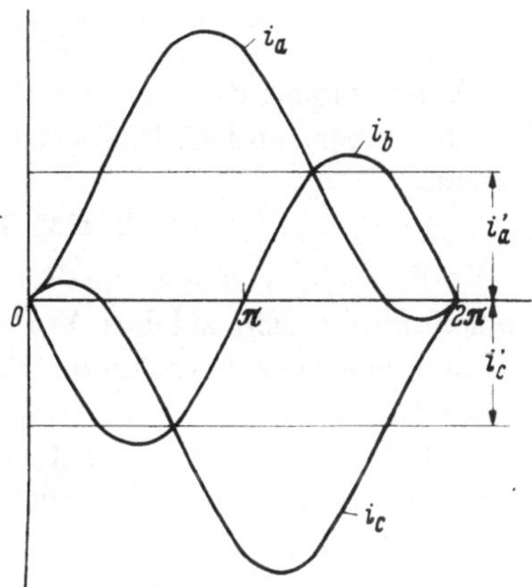

Abb. 27/5. Netzströme, zu Abb. 27/4 rechts gehörend. (i_a' und i_c' stellen die transienten Anteile der Ströme i_a und i_c dar. Da die Verluste nicht berücksichtigt wurden, sind diese Ströme zeitlich konstant)

Im folgenden soll noch für die praktisch wichtigste Schaltung, die Doppel-Dreiphasenschaltung, der *Einfluß der Verluste* auf die Größe des Stoßkurzschlußstromes untersucht werden. Dabei braucht nur der Fall der primären Reaktanzen betrachtet zu werden, weil bei sekundären Reaktanzen der stationäre Kurzschlußstrom $\bar{I}_K$ nicht überschritten wird. Geht man vom stationären Kurzschlußzustand (bei verketteten Reaktanzen) aus, so gilt

$$\frac{\bar{I}_K}{\bar{I}_N}\,\varepsilon = 2/\sqrt{3} = 1{,}15$$

(vgl. Tab. 17/5). Falls die Kurzschlußströme nur durch Reaktanzen begrenzt werden, besitzt der Stoßkurzschlußstrom, wie man aus Abb. 27/4 ersieht, einen Scheitelwert vom Betrag

$$\hat{i}_K = 2{,}1\,\bar{I}_K\,.$$

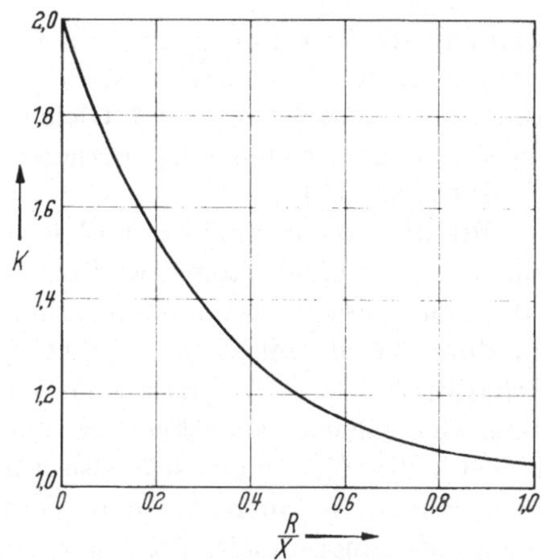

Abb. 27/6. K (= Stoßkurzschlußfaktor) in Abhängigkeit von R/X

Die Überhöhung des Stoßstromes gegenüber dem Dauerstrom entsteht durch den transienten Stromanteil, der durch den Kurzschlußschaltvorgang hervorgerufen wird. Da jedoch die Zeitkonstante dieses Stromes eine Funktion des Verhältnisses R/X ist, wobei R die Summe aller Verluste je Phase und X die resultierende Reaktanz je Phase darstellt, beide Größen in Ohm ausgedrückt, so kann man auch den Einfluß der Verluste auf den Scheitelwert des Stoßkurzschlußstromes mittels einer Kennzahl K beschreiben:

$$\hat{\imath}_K = K \cdot \frac{\pi}{3} \bar{I}_K \,.$$

Die Abhängigkeit des Faktors K von R/X wurde von C. C. Herskind, A. Schmidt jr. und C. E. Rettig angegeben und ist in Abb. 27/6 dargestellt.

27.2 Der Rückzündstrom

Verliert ein Ventil seine Sperrfähigkeit, so spricht man von einer Rückzündung. Ein solches Vorkommnis bedeutet bei Gasentladungsventilen eine vorübergehende Störung, durch welche sowohl für die Wechselstrom- als auch für die Gleichstromseite ein Kurzschluß entsteht. Befindet sich auf der Gleichstromseite eine EMK oder parallel arbeitende Stromrichter, so fließt von dort ein Gleichstrom über das gestörte Ventil, der mittels der Gittersperrung nicht fortgeschaltet

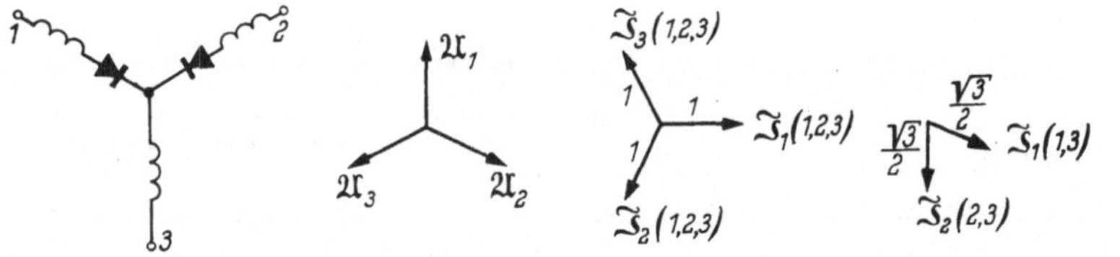

Abb. 27/7. Vereinfachtes Schaltbild und Zeiger für dreiphasiges System mit rückzündendem Ventil

werden, sondern nur durch einen Gleichstromschalter unterbrochen werden kann. Daraus folgt, daß im allgemeinen Fall bei einer Rückzündung Wechselstrom- und Gleichstrom-Kurzschlußströme entstehen, die sich im gestörten Ventil überlagern (C. C. Herskind u. Mitarb., 1950; F. Mertens, 1943).

Mit diesem allgemeinen Fall braucht man sich indessen nicht sehr eingehend zu beschäftigen, weil in der Praxis in der Regel Gleichstrom- oder Saugdrosseln vorhanden sind, in denen sich nach Eintritt der Rückzündung die Stromrichtung umkehren muß, wobei ähnlich wie bei einer Schaltdrossel eine Stromstufe erzwungen wird, während welcher dann auch der Gleichstromschnellschalter bereits den Stromkreis geöffnet haben sollte. Man kann sich also auf ein sehr viel einfacheres Problem beschränken, nämlich auf den Ventilstromverlauf in der betroffenen Kommutierungseinheit. Als die weitaus wichtigste Kommutierungseinheit ist der *Dreipulsstromrichter* zu betrachten, der im folgenden sowohl für den ungesteuerten wie auch den gittergesteuerten Betrieb untersucht wird. Es entsteht dabei keine Einschränkung, wenn im Sinne einer übersichtlichen Anordnung alle Reaktanzen auf der Sekundärseite angeordnet, vorerst alle Verluste vernachlässigt und ein symmetrisches Drehstromsystem angenommen wird. Diese in Abb. 27/7 dargestellte

Situation kann nun bereits ohne weitere Vorbereitungen analysiert werden (J. v. ISSENDORFF, 1958).

In Abb. 27/8 ist der Stromverlauf für ungesteuerten Betrieb und Eintritt der Rückzündung bei Ventil 3, und zwar in seinem Leerlauf-Löschzeitpunkt (bzw. im natürlichen Zündzeitpunkt von Ventil 1), dargestellt. Offenbar werden bei dieser Wahl des Rückzündzeitpunktes, unmittelbar am Beginn der Sperrdauer von Ventil 3, die größten Ströme zu erwarten sein. Anfangs führen nur die Ventile 1 und 3 Strom, und zwar

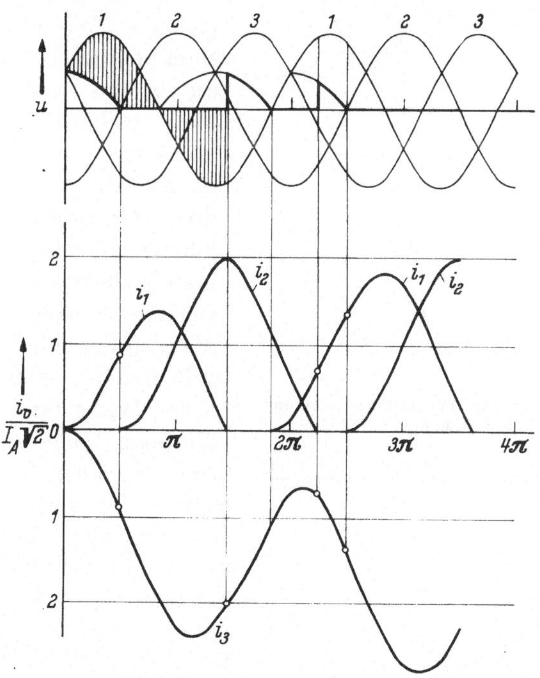

Abb. 27/8. Gleichgerichtete Spannung u und Ventilströme i_v eines ungesteuerten Gleichrichters bei Rückzündung von Ventil 3

den Kommutierungsstrom $I_c = E\sqrt{3}/2\,X_c$. Im Zeitpunkt $\vartheta = 120°$ zündet Ventil 2, und die Ströme haben die Größe $I_A = E/X_c$ des symmetrischen Kurzschlusses. Die Leitdauer von Ventil 1 ist durch die in der Reaktanz gespeicherte magnetische Energie bestimmt: die Spannungszeitflächen oberhalb und unterhalb der Zeitachse (schraffierte Flächen) müssen gleich sein. Im vorliegenden (verlustfreien) Idealfall hat Ventil 1 eine Leitdauer von etwa 260°. Daran schließt sich ein Zeitbereich von etwa 70°, während welchem nur die Ventile 2 und 3 Strom führen, bis bei $\vartheta = 330°$ erneut Ventil 1 zündet. Den Stromverlauf erhält man aus Abschnitten der sinusförmigen Wechselströme J_c und J_A, indem man diese in bekannter Weise aneinanderfügt. Man erkennt deutlich, daß die in Abb. 27/8 dargestellten Ströme zu einem Einschaltvorgang gehören, welcher nach einigen Perioden zu einem stationären Zustand (Abb. 27/9) führt. Die Ströme der intakten Ventile 1 und 2 besitzen je einen Gleichanteil von $\bar{I}_v = E\sqrt{2}/X_c$ mit überlagertem Wechselanteil gleicher Amplitude. Da die Summe dieser beiden Ströme durch das gestörte Ventil 3 fließt, so hat i_3 ein Gleichanteil von $2\,\bar{I}_v$.

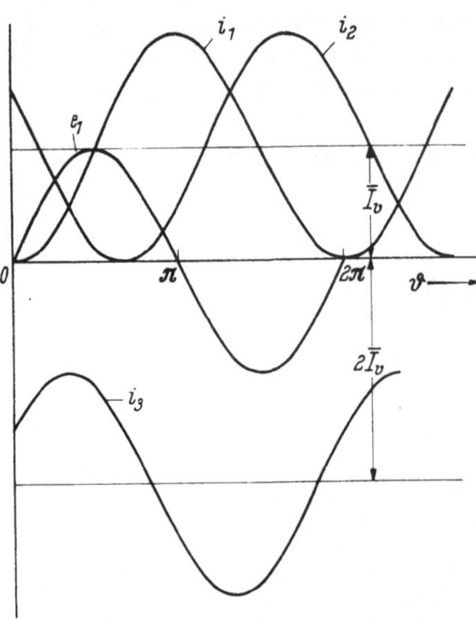

Abb. 27/9. Ventilströme bei einer Rückzündung von Ventil 3 (stationärer Zustand)

Für die praktische Anwendung der vorstehenden Überlegungen müssen nun noch die Verluste berücksichtigt werden. Bezeichnet man mit $Z = \sqrt{R^2 + X^2}$ die resultierende Impedanz und mit R den äquivalenten Ohmschen Widerstand (welcher alle Verluste, auch die Ventilverluste, umfaßt), so kann man mittels der aus Abb. 27/10 zu entnehmenden Kennzahlen K_r und K_f die *Scheitelwerte der Ventile* wie folgt definieren:

$$\text{gestörtes Ventil:} \quad \hat{\imath}_v = K_r \frac{E\sqrt{2}}{Z},$$

$$\text{intakte Ventile:} \quad \hat{\imath}_v = K_f \frac{E\sqrt{2}}{Z}.$$

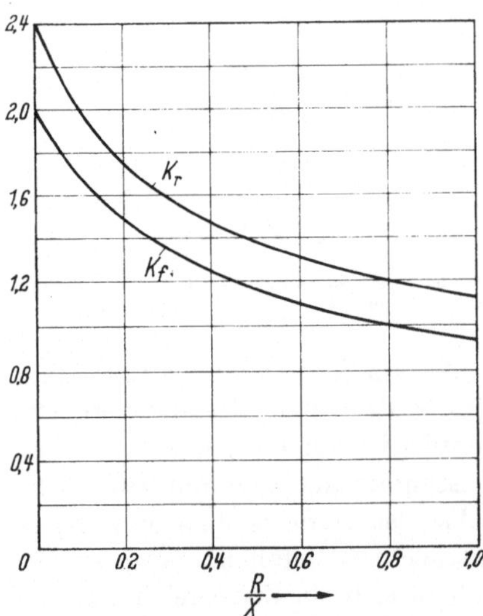

Abb. 27/10. Faktoren, welche die Stromscheitelwerte der gestörten (K_r) und der intakten (K_f) Ventile bei einer Rückzündung in Abhängigkeit von R/X bestimmen

Aus Abb. 27/8 liest man für den Grenzfall $\frac{R}{X} = 0$ die Zahlen $K_r = 2{,}4$ und $K_f = 1{,}98$ ab, in Übereinstimmung mit den von C. C. Herskind, A. Schmidt jr. und C. E. Rettig mitgeteilten Kurvenwerten, welche in Abbildung 27/10 deren Abhängigkeit von R/X darstellen.

Der Einfluß der Gittersteuerung auf den Ventilstromverlauf ist in Abb. 27/11 für die Steuerwinkel $\alpha = 0$, $30°$, $60°$ und $90°$ unter sonst unveränderten Voraussetzungen, dargestellt. Wichtig ist die Beobachtung, daß sich für $\alpha \geqq 30°$ bereits am Ende der ersten Periode (wo i_3 zu Null wird) eine Möglichkeit bietet, die Rückzündung zu sperren. Diese Sperrung wird dadurch herbeigeführt, daß ein Schnellrelais alle Steuergitter an eine negative Sperrspannung legt und der Gleichstromkreis durch einen Schnellschalter abgetrennt wird.

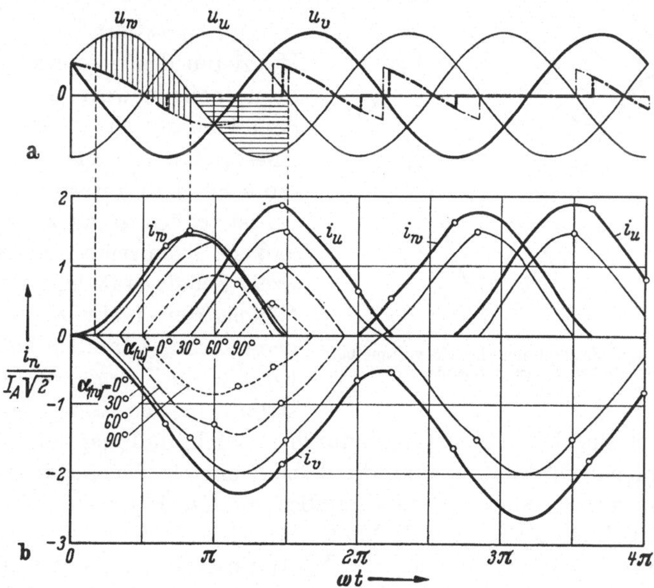

Abb. 27/11. Gleichgerichtete Spannung u und Ventilströme i_v eines gittergesteuerten Dreipulsstromrichters bei Rückzündung von Ventil 3

Da man die Spule des Schnellrelais häufig von den Netzströmen her speist, so ist deren zeitlicher Verlauf wissenswert. Bei Stern-Stern-Schaltung des Transformators haben die primären Ströme den gleichen Verlauf wie die Ventilströme, weil der sekundäre Nulleiterstrom vernachlässigbar klein ist. Bei Dreieck-Stern-Schaltung gilt indessen

$$i_{n1} = (i_1 - i_3) / \sqrt{3} ;$$
$$i_{n2} = (i_2 - i_1) / \sqrt{3} ;$$
$$i_{n3} = (i_3 - i_2) / \sqrt{3} ;$$

und damit der in Abb. 27/12 eingetragene Verlauf. Zwei Netzströme haben Scheitelwerte, die mit den beiden Ventilhöchstwerten übereinstimmen. Der dritte Strom ist dagegen merklich kleiner und ein in diese

Leitung eingebautes Schnellrelais würde bei einer Rückzündung entweder gar nicht oder verspätet ansprechen. Es ist daher üblich, mindestens 2 Netzleitungen zu überwachen bzw. die Wandlerströme gleichzurichten und ihre Summe der Relaisspule zuzuführen.

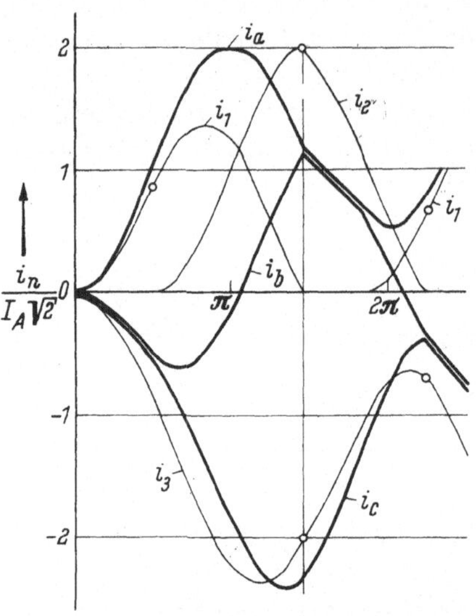

Abb. 27/12. Zu Abb. 27/8 gehörige Netzströme bei Dreieck-Sternschaltung des Transformators und $ü = 1$

27.3 Der Stromrichter als Schalter

Das praktisch unverzögerte Reagieren des Stromrichters auf Steuerbefehle wird auch in großem Umfang dazu benützt, den Energiefluß in Gefahrenmomenten schnell zu unterbrechen. Dabei ist jedoch daran zu erinnern, daß ein Stromrichter ein *Wechselstrom*-Schaltgerät ist, das einen Gleichstrom nicht zu unterbrechen vermag! In allen Fällen, wo lediglich die Energie vom Wechselstrom- in den Gleichstromkreis strömt, ist eine Unterbrechung dadurch möglich, daß man entweder die Zündimpulse wegschaltet und die Gitter mittels der negativen Vorspannung sperrt oder die Zündimpulse in den Wechselrichterbereich verschiebt. Das gerade leitende Ventil wird dann so lange Strom führen, bis $i = 0$ erreicht ist, weil weitere Ventile nicht mehr zünden können. Diese Prozedur eignet sich vorzüglich, um gleichstromseitige Kurzschlüsse „fortzuschalten" (F. Mertens), d. h. den Stromkreis auf schnellste Art zu unterbrechen und nach kurzer Pause wieder selbsttätig zuzuschalten. (Befinden sich dabei im Gleichstromkreis Energiespeicher, so empfiehlt sich die Umschaltung auf Wechselrichterbetrieb.) M. Demontvignier (1951) fand für den besonders ungünstigen Fall eines ohmisch-induktiven Gleichstromkreises, daß eine Löschung innerhalb einer Periode nur für $\omega L/R < 3{,}64$ möglich ist. Dabei gilt es, den Sperrbefehl so schnell wie nur möglich an die Steuergitter zu bringen, da die Sperrfähigkeit der mehranodigen Gasentladungsventile von dem augenblicklichen Entladungsstrom beeinflußt wird und bei sehr hohen Kurzschlußströmen „Sperrversager" auftreten. Abb. 27/13 zeigt die Löschkennlinie eines mehranodigen Gasentladungsventils, welche deutlich erkennen läßt, daß bei Überschreiten des zulässigen Kurzschlußstromes mit der üblicherweise zur Verfügung stehenden Vorspannung das Gitter nicht mehr sicher gesperrt werden kann (J. Plöen). Für die Gittersperrung wurden früher besondere „Schnellrelais" (mechanische Eigenzeit: 1 bis 2 ms) verwendet, neuerdings wurden für den gleichen Zweck Transistorrelais entwickelt, die eine so schnelle Sperrung ermöglichen, daß außer dem im Störungsmoment gerade leitenden Ventil höchstens noch ein weiteres zündet — aber alle anderen bereits gesperrt werden. Durch diese Maßnahme kann dann auch die Höhe des Kurzschlußstromes stark begrenzt werden, wodurch auch die Gefahr von Zerstörungen und Beschädigungen weitgehend beseitigt wird. Anders verhält es sich, wenn eine gleichstromseitige Energiequelle vorhanden ist und ein Kurzschluß (Rückzündung) im Stromrichter auftritt. In diesem Falle muß der Gleichstrom durch einen Schalter unterbrochen werden, wofür besondere Konstruktionen (Gleichstromschnellschalter) entwickelt wurden (H. Anschütz, 1943).

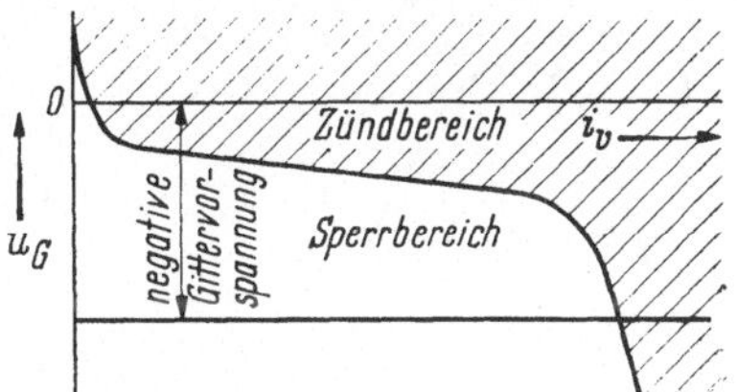

Abb. 27/13. Sperrkennlinie eines mehranodigen Gasentladungsventils

Für ungesteuerte Ventile werden bei großen Stromstärken „Anodenschnellschalter" (J. W. Seaman u. L. W. Morton, D. I. Bohn u. O. Jensen) und bei kleinen und mittleren Stromstärken „Anodensicherungen (W. Rauch) verwendet.

X. Ergänzungen und Schlußbemerkung

28. Gleichrichter mit Stromtransformatoren

a) Einphasige Brückenschaltung

Rein Ohmsche Belastung. Um mit dem Einfachsten zu beginnen, zeigt Abb. 28/1 eine einphasige Brückenschaltung mit einem rein Ohmschen Widerstand im Gleichstromkreis. Gespeist wird diese Anordnung mit einem erzwungenen, sinusförmigen Wechselstrom, den man in einfacher Weise dadurch erhält, daß man die Brücke über eine große Drossel an eine Wechselspannung anschließt. In diesem Falle wird dann ein Halbwellenstrom i durch den Widerstand fließen und den Spannungsabfall u hervorrufen, während wechselstromseitig die Wechselspannung $u_\sim$ auftritt. Die Ventile haben eine Leitdauer von $\beta = \pi$.

Rein induktive Belastung. Ersetzt man den Ohmschen Widerstand durch eine Induktivität und versucht den Wechselstrom $i_\sim$ ebenfalls in zwei Halbwellen aufzuteilen, so erhält man an den Gleichstromklemmen den Spannungsabfall u, der in Abb. 28/2 durch einen unterbrochenen Linienzug angedeutet ist. Danach würde, sobald der Stromscheitel von i überschritten ist, die Spannung u ihre Polarität wechseln. Wären z. B.

im Zeitbereich $0 < \vartheta < \pi/2$ die Ventile 1 und 2 leitend und die Ventile 3 und 4 gesperrt gewesen, so würden jetzt auch 3 und 4 leiten können und für die Induktivität zwei parallele Stromzweige öffnen, wodurch erreicht

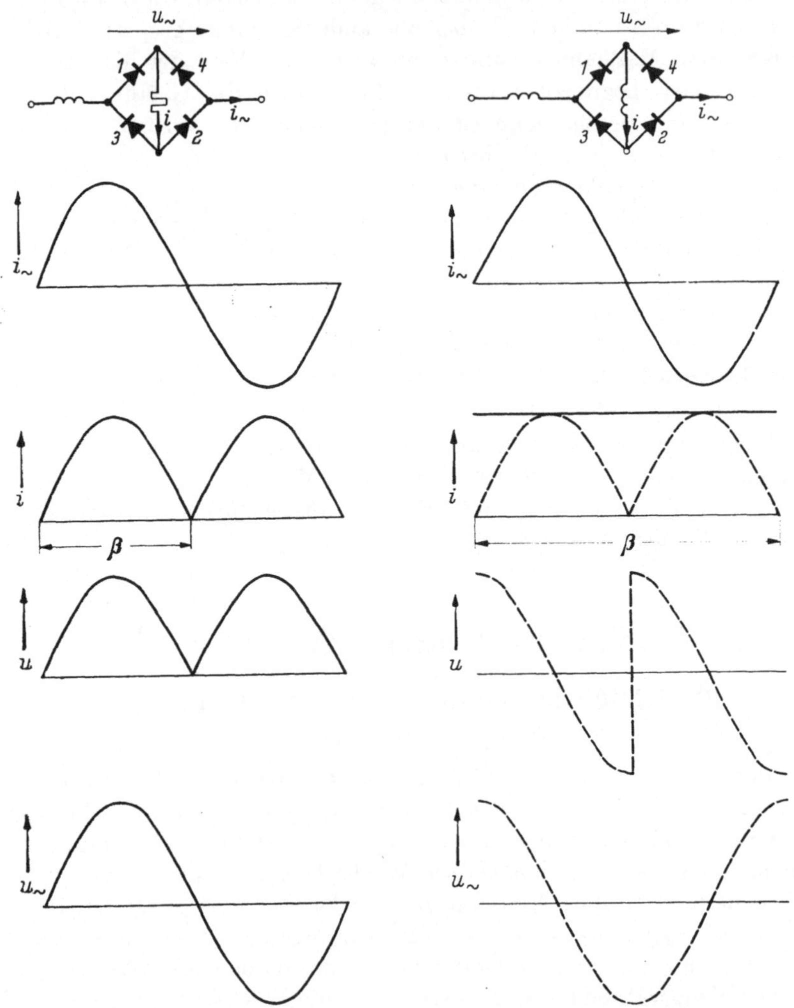

Abb. 28/1. Einphasige Brückenschaltung mit erzwungenem Wechselstrom bei rein Ohmscher Belastung

Abb. 28/2. Einphasige Brückenschaltung mit erzwungenem Wechselstrom bei rein induktiver Belastung

wird, daß der Strom i als reiner Gleichstrom von der Größe des Scheitelwertes des erzwungenen Wechselstromes fließt. Die Ventile haben in diesem Falle eine Leitdauer $\beta = 2\pi$ und führen jeweils den halben Gleichstrom. An der Brücke tritt bei idealen Schaltelementen kein

Spannungsabfall auf. Es versteht sich von selbst, daß dieser stationäre Zustand erst nach einem Einschwingvorgang erreicht wird.

Ohmisch-induktive Belastung. Würde durch die Reihenschaltung von R und L ein Halbwellenstrom fließen (Abb. 28/3), so würde ein Spannungsabfall entstehen, dessen Grundwelle eine Phasenverschiebung von $\varphi = \arctan X/R$ besitzt. Die voreilende Spannung u bewirkt, sobald sie ihr Vorzeichen umkehrt, daß alle vier Ventile leitend werden und die in der Drossel gespeicherte Energie sich über den Widerstand entlädt, wobei der Strom in bekannter Weise exponentiell abklingt:

$$i = A \exp\left(-\frac{R}{X}\omega t\right). \quad (28/1)$$

Der Entladungsvorgang beginnt im Zeitpunkt $\vartheta = \pi - \varphi$ mit dem Stromwert

$$A = \hat{\imath} \cos\left(\frac{\pi}{2} - \varphi\right) = \hat{\imath} \sin\varphi \quad (28/2)$$

und endet im Schnitt der Entladekurve mit der nächsten Sinus-Halbwelle. (Dort ergänzen sich nämlich der Entladestrom und der folgende Ladestrom zu Null!) Setzt man für den Löschwinkel des Ventils ζ, so gilt:

$$A\, e^{-\frac{R}{X}(\zeta + \varphi)} = +\hat{\imath} \sin\zeta. \quad (28/3)$$

Aus (28/2) und (28/3) folgt:

$$\sin\varphi\, e^{-\frac{R}{X}\varphi} = \sin\zeta\, e^{\frac{R}{X}\zeta}. \quad (28/4)$$

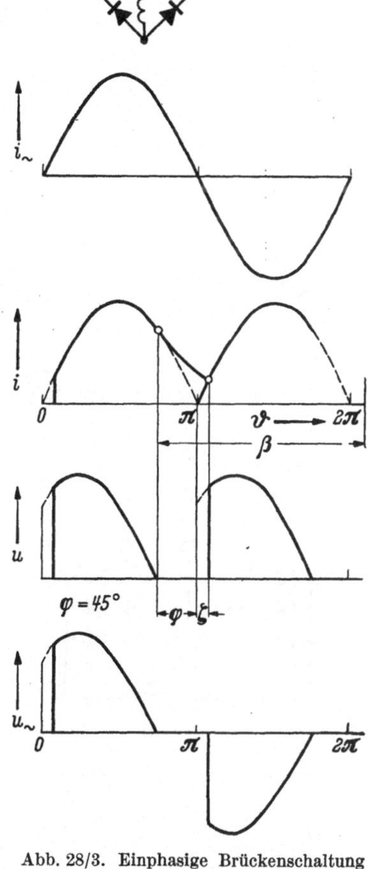

Abb. 28/3. Einphasige Brückenschaltung mit erzwungenem Wechselstrom und ohmisch-induktiver Belastung

Abb. 28/4 zeigt die Abhängigkeit des Zündwinkels ζ von der Phasenverschiebung φ. Die Induktivität L wird im Zeitbereich $(\pi - \varphi - \zeta)$ aufgeladen und während der Zeit $\varphi + \zeta$ entladen. Die Leitdauer der Ventile beträgt $(\pi + \varphi + \zeta)$.

Man erkennt die prinzipielle Dualität zu der Einpulsschaltung mit einer Parallelschaltung von R und C.

b) Dreiphasige Brückenschaltung

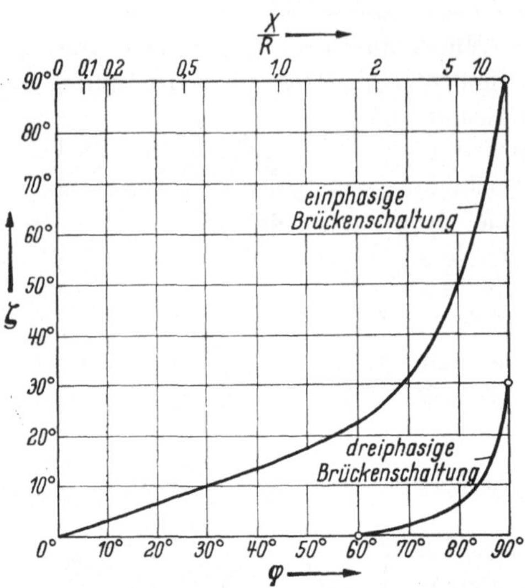

Abb. 28/4. Löschwinkel ζ in Abhängigkeit vom Phasenwinkel $\varphi = \text{arc}\tan\frac{X}{R}$

Nachdem das Verhalten eines derartigen Gleichrichters am einphasigen Beispiel klargeworden ist, kann nunmehr die dreiphasige Schaltung sofort für $R + L$-Belastung betrachtet werden (Abb. 28/5). Dabei soll mit rein Ohmscher Last begonnen und die Phasenverschiebung φ schrittweise bis nach $\pi/2$ vergrößert werden. Bei Ohmscher Last addieren sich die Ventilströme zu einem gleichgerichteten Strom i mit Sechspulswelligkeit. Die Leitdauer beträgt $\beta = \pi$ und die Spannung u ist ein Abbild des Stromes i. Wählt man $\varphi = 30°$, so ändert sich am Stromverlauf i nichts, lediglich die Spannung u zeigt eine andere Form. Die prinzipiell gleiche Feststellung gilt auch bei $\varphi = 60°$. Eine neue Situation entsteht erst

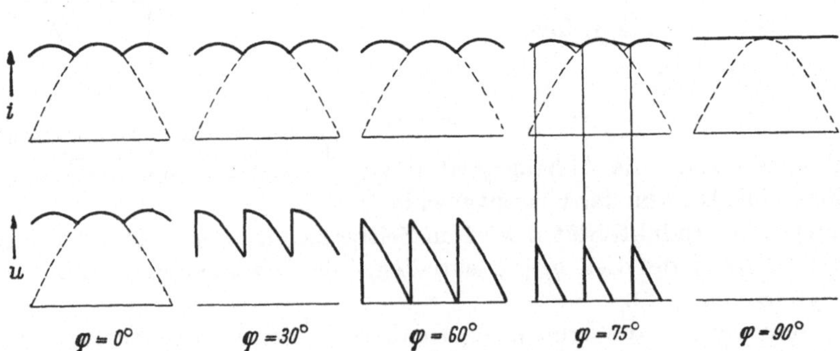

Abb. 28/5. Dreiphasige Brückenschaltung mit erzwungenem Wechselstrom bei verschiedener Belastung

bei noch größeren φ-Werten. Dann würde die gleichgerichtete Spannung teilweise negative Werte annehmen, wenn dies nicht durch die zur Induktivität parallel liegenden Ventile verhindert würde. Wie bei der Einphasenbrücke entsteht ein abklingender Ausgleichstrom:

$$i = A\, e^{-\frac{R}{X}\omega t},$$

der bei

$$A = \hat{\imath} \sin\varphi$$

beginnt und während der Zeit $\left(\varphi - \frac{\pi}{3} + \zeta\right)$ fließt. Der Löschwinkel ζ ergibt sich aus

$$\sin\varphi \cdot e^{-\frac{R}{X}\left(\varphi - \frac{\pi}{3}\right)} = \sin\left(\zeta + \frac{\pi}{3}\right) e^{\frac{R}{X}\zeta} \qquad (28/5)$$

und kann Abb. 28/4 entnommen werden. Geht man schließlich zu rein induktiver Last über, so führen dauernd alle Ventile Strom, die Schaltung wirkt als Kurzschluß (L. Schüler, E. Kübler, 1949).

Es bedarf keiner besonderen Begründung, daß im vorliegenden Falle Stromtransformatoren (Wandler) verwendet werden müssen.

29. Schlußbemerkung

Der Verfasser hat sich bemüht, eine dem gegenwärtigen Stande der Technik entsprechende Darstellung der Stromrichtertechnik zu geben. Demgemäß hat er die magnetischen Verkettungen mit der ihrer zentralen Bedeutung gemäßen Ausführlichkeit behandelt, wobei eine möglichst große Anschaulichkeit angestrebt wurde. Die systematische Analyse der Sechspulsschaltungen gab Gelegenheit, den Einfluß der Reaktanzverteilung aufzuzeigen, wobei jedoch nur Grenzfälle explizit dargestellt wurden. Der Weg zur Berechnung von Schaltungen mit beliebiger Reaktanzverteilung wurde zwar angegeben, wegen des großen Rechenaufwandes jedoch nicht im einzelnen durchgeführt und lediglich das Resultat (nach R. Schnörr) wiedergegeben. Die Darstellung wurde damit bis an die Grenze der von Hand gerade noch durchführbaren Rechnung geführt. Weitere Verfeinerungen der Theorie, wie etwa die Berechnung von Schaltungen mit Pulszahlen $p > 6$ oder mit kleiner Glättungsdrossel wird man wohl bereits mit elektronischen Rechenmaschinen vornehmen.

Auf derartige komplexe Probleme näher einzugehen oder das Rechnen mit Computern darzustellen, verbot sich mit Rücksicht auf den zulässigen Umfang des Buches. Aus dem gleichen Grunde mußte daher auch von der Behandlung der autonomen Wechselrichter und Umrichter abgesehen werden.

Anhang

Zwischenrechnungen

[R 2,1]

Wegen der Dimensionsbeziehung 1 [mkg] $\equiv$ 9,81 [Ws] gilt: $C\,U^2 = \Theta\,\omega^2 \cdot 9{,}81$

Winkelgeschwindigkeit: $\omega = \dfrac{2\pi n}{60}$ [s^{-1}], n [U/min] Drehzahl

Θ [mkg sec^2] Massenträgheitsmoment, pflegt man durch $G\,D^2$ [kgm^2] auszudrücken:

$$\Theta = \frac{G\,D^2}{4\,g} \approx \frac{G\,D^2}{40},$$

wobei D [m] den Trägheitsdurchmesser, auf den das gesamte Gewicht G [kg] vereinigt zu denken ist, und $g = 9{,}81$ [m/s^2] die Erdbeschleunigung bedeuten.

$$G\,D^2 = 660\left(\frac{M}{1000}\right)^{1,5}$$

M [mkg] Lastmoment: $M = \dfrac{\pi\,975}{30 \cdot \omega}\,P$

P [kW] Motorleistung: $P = M \cdot 2\pi n \dfrac{9{,}81 \cdot 10^{-3}}{60} = M \cdot n \cdot 1{,}027 \cdot 10^{-3}$ [kW]

$$C\,U^2 = 9{,}81 \cdot \frac{G\,D^2}{40} \cdot \frac{4\pi^2 n^2}{3600} = \frac{n^2}{360}\,G\,D^2 = \frac{n^2}{360}\,660\left(\frac{M}{1000}\right)^{1,5}$$
$$= 1{,}8\,n^{1/2}\,P^{1,5}\,.$$

[R 5,1]

$$a\sin\alpha + b\cos\alpha = \sqrt{a^2 + b^2}\,\sin(\alpha + \operatorname{arc\,tan} b/a)$$

[R 5,2]

$$i_R = \frac{E\sqrt{2}}{R}\sin[\operatorname{arc\,tan}(-\omega C R)]\exp\left[\frac{\operatorname{arc\,tan}(-\omega C R) - \omega t}{\omega C R}\right]$$

Aus dem rechtwinkligen Dreieck mit den Katheten ωC und R^{-1} und der Hypotenuse $[R^{-2} + (\omega C)^2]^{1/2}$ liest man ab:

$$\sin(\operatorname{arc\,tan}\omega C R) = \omega C/[R^{-2} + (\omega C)^2]^{1/2} = [1 + (\omega C R)^{-2}]^{-1/2}$$
$$\cos(\operatorname{arc\,tan}\omega C R) = [1 + (\omega C R)^2]^{-1/2} = \frac{1/R}{\sqrt{(1/R)^2 + (\omega C)^2}}\,.$$

[R 5,3]

$$I_R = \frac{1}{2\pi}\left\{\int_{\zeta}^{\zeta+\beta}\frac{E\sqrt{2}}{R}\sin\vartheta\,d\vartheta + \int_{\zeta+\beta}^{2\pi+\beta}\frac{E\sqrt{2}}{\sqrt{R^2 + (\omega C)^{-2}}}\exp\left[\frac{(\zeta+\beta) - \vartheta}{\omega C R}\right]d\vartheta\right\}$$
$$= \frac{E\sqrt{2}}{2\pi}\left\{\frac{1}{R}[\cos\zeta - \cos(\zeta+\beta)] + \frac{\omega C R}{\sqrt{R^2 + (\omega C)^{-2}}}\left[1 - e^{-\frac{2\pi-\beta}{\omega C R}}\right]\right\}.$$

Mit (5,34) und $\sin(\zeta+\beta) = \omega C/[R^{-2} + (\omega C)^2]^{1/2}$ folgt

$$\bar{I}_R = \frac{E\sqrt{2}}{2\pi}\left\{\frac{1}{R}[\cos\zeta - \cos(\zeta+\beta)] + \omega C\sin(\zeta+\beta)\left[1 - \frac{\sin\zeta}{\sin(\zeta+\beta)}\right]\right\}$$

$$= \frac{E\sqrt{2}}{2\pi}\left\{\frac{1}{R}[\cos\zeta - \cos(\zeta+\beta)] - \omega C[\sin\zeta - \sin(\zeta+\beta)]\right\}$$

$$= \frac{E\sqrt{2}}{2\pi}\sqrt{\frac{1}{R^2} + (\omega C)^2}\,[\cos(\zeta + \arctan\omega C R) - \cos(\zeta + \beta + \arctan\omega C R)]$$

$$= \frac{E\sqrt{2}}{2\pi}\sqrt{\frac{1}{R^2} + (\omega C)^2}\,[1 - \cos\beta]; \quad \text{weil} \quad \arctan\omega C R = -(\zeta+\beta).$$

[R 5,4]

$$\sqrt{1-g^2} - \cos(\zeta+\beta) - g(\zeta + \beta - \arcsin g) = 0$$

$$\arcsin g = \zeta; \quad \cos\zeta = \sqrt{1-g^2}.$$

[R 6,1]

$$i = (e - E)/R \qquad \alpha < \vartheta < (\pi - \zeta)$$

$$2\pi R\bar{I} = E\sqrt{2}\int_{\alpha}^{\pi-\zeta}(\sin\vartheta - g)\,d\vartheta = E\sqrt{2}\,[\cos\alpha - \cos\zeta - g(\pi - \zeta - \alpha)]$$

mit (6,11) folgt $2\pi R\bar{I}/E\sqrt{2} = 2(\sqrt{1-g^2} + g\arcsin g - \sigma) - g\pi -$

$$- 2g\arcsin g + g\pi = 2g\left(\frac{\pi}{2} - \zeta\right) = 2g\arccos g.$$

[R 8,1]

$$\bar{U}_{\alpha\mu}/\bar{U}_{00} = y; \quad \bar{I}/\bar{I}_{0K} = x.$$

(8,15): $y = \cos\alpha - x.$

(8,16): $y = \cos\alpha\cos\mu - \sin\alpha\sin\mu + x$

$$y = (y+x)\cos\mu - \sqrt{1-(y+x)^2}\sin\mu + x$$

$$(y-x)^2 - 2(y-x)(y+x)\cos\mu + (y+x)^2\cos^2\mu = [1-(y+x)^2](1-\cos^2\mu)$$

$$2y^2(1-\cos\mu) + 2x^2(1+\cos\mu) = 1 - \cos^2\mu$$

$$\frac{2y^2}{1+\cos\mu} + \frac{2x^2}{1-\cos\mu} = 1.$$

[R 8,2]

$$\frac{di_1}{d\vartheta} = \frac{E\sqrt{2}}{X_c}[\sin\vartheta - g/x]$$

$$i_1 = \frac{E\sqrt{2}}{X_c}\left[\cos\zeta - \cos\vartheta + \frac{g}{x}(\zeta - \vartheta)\right]$$

$$\frac{di_2}{d\vartheta} = -\frac{E\sqrt{2}}{X_c}[\sin\vartheta + g/x]$$

$$i_2 = -\frac{E\sqrt{2}}{X_c}[-\cos\vartheta + g\vartheta/x + A]$$

$$\vartheta = \zeta + \mu_0\colon\ i_2 = 0 = -\cos(\zeta+\mu_0) + g(\zeta+\mu_0)/x + A$$

$$i_2 = \frac{E\sqrt{2}}{X_p}\left[\cos\vartheta - \cos(\zeta+\mu_0) + \frac{g}{x}(\zeta + \mu_0 - \vartheta)\right].$$

[R 8,3]

$$i_{\mathrm{II}}(\zeta) = (8{,}25) = \frac{E\sqrt{2}}{X_c}\left[\cos\zeta - \cos(\zeta+\mu_0) + \frac{g}{x}\mu_0\right]$$

$$= i_{\mathrm{I}}(\pi+\zeta) = (8{,}26) = \frac{E\sqrt{2}}{X+X_c}[-\cos(\pi+\zeta) - g(\pi+\zeta) + A]$$

$$A = \frac{X+X_c}{X_c}[\cos\zeta - \cos(\zeta+\mu_0) + g\,\mu_0/x] - \cos\zeta + g(\pi+\zeta)$$

$$i_{\mathrm{I}a} = \frac{E\sqrt{2}}{X+X_c}\Big[-\cos\vartheta - g\,\vartheta - \cos\zeta + g(\pi+\zeta) + \\ + \frac{X+X_c}{X_c}(\cos\zeta - \cos(\zeta+\mu_0) + g\,\mu_0/x)\Big]$$

$$i_{\mathrm{II}}(\zeta+\mu_0) = (8{,}25) = \frac{E\sqrt{2}}{X_c}\left[\cos\zeta - \cos(\zeta+\mu_0) + \frac{g}{x}(-\mu_0)\right]$$

$$= i_{\mathrm{I}}(\zeta+\mu_0) = (8{,}26) = \frac{E\sqrt{2}}{X+X_c}[-\cos(\zeta+\mu_0) - g(\zeta+\mu_0) + A]$$

$$i_{\mathrm{I}b} = \frac{E\sqrt{2}}{X+X_c}\Big[-\cos\vartheta - g\,\vartheta + \cos(\zeta+\mu_0) + g(\zeta+\mu_0) + \\ + \frac{X+X_c}{X_c}(\cos\zeta - \cos(\zeta+\mu_0) - g\,\mu_0/x)\Big]$$

$$i_{\mathrm{I}a} = i_{\mathrm{I}b} : \tan\zeta = \frac{1+\cos\mu_0}{x\,\pi + \mu_0 + \sin\mu_0}$$

$$\frac{X+X_c}{X_c} = (x+1)/2; \qquad \cos\zeta + \cos(\zeta+\mu) = g[\pi + \mu/x]$$

a) $$i_{\mathrm{I}} = \frac{E\sqrt{2}}{X+X_c}\Big[-\cos\vartheta - \cos\zeta + g(\pi+\zeta-\vartheta) + \\ + \frac{x+1}{2}(\cos\zeta - \cos(\zeta+\mu_0) + g\,\mu_0/x)\Big]$$

b) $$i_{\mathrm{I}} = \frac{E\sqrt{2}}{X+X_c}\Big[\frac{x}{2}(\cos\zeta - \cos(\zeta+\mu_0)) - \frac{1}{2}(\cos\zeta + \cos(\zeta+\mu_0)) - \\ - \cos\vartheta + g\left(\pi + \zeta - \vartheta + \frac{\mu_0}{2x} + \frac{\mu_0}{2}\right)\Big].$$

Mit $\cos\zeta + \cos(\zeta+\mu_0) = g[\pi + \mu_0/x] \rightarrow (8{,}30)$.

[R 8,4]

$$\frac{1}{\pi}\int_{\zeta}^{\zeta+\mu_0} i_{\mathrm{II}}\,d\vartheta = \frac{E\sqrt{2}}{\pi X_c}[\cos\zeta - \cos(\zeta+\mu_0)]\,\mu_0$$

$$\frac{1}{\pi}\int_{\zeta+\mu_0}^{\pi+\zeta} i_{\mathrm{I}}\,d\vartheta = \frac{E\sqrt{2}}{\pi(X+X_c}\left[\frac{x}{2}(\pi-\mu_0)(\cos\zeta - \cos(\zeta+\mu_0)) + \sin\zeta + \sin(\zeta+\mu_0)\right]$$

[R 8,5]

$$\tan\zeta = \frac{\sin\zeta}{\cos\zeta} = \frac{g/x}{\sqrt{1-(g/x)^2}} = \frac{1+\cos\mu_0}{x\pi+\mu_0+\sin\mu_0}$$

$$\frac{g}{1+\cos\mu_0} = \frac{\sqrt{x^2-g^2}}{x\pi+\mu_0+\sin\mu_0} = \frac{1}{\pi} \quad (\text{für } x=\infty)\,.$$

[R 11,1]

$$I_p^2 = \frac{1}{2\pi}\int_0^{2\pi} [i-\bar{I}+i_{m_L}]^2\,d\vartheta = \frac{1}{2\pi}\int_0^{2\pi} [(i-\bar{I})^2 + 2\,(i-\bar{I})\,i_{m_L} + i_{m_L}^2]\,d\vartheta$$

$$= I^2 - \bar{I}^2 + I_{m_L}^2$$

$$\frac{1}{2\pi}\int_0^{2\pi} (i-\bar{I})^2\,d\vartheta = \frac{1}{2\pi}\int_0^{2\pi} i^2\,d\vartheta - \frac{\bar{I}}{\pi}\int_0^{2\pi} i\,d\vartheta + \bar{I}^2 = I^2 - \bar{I}^2$$

$$\frac{1}{\pi}\int_0^{2\pi} (i-\bar{I})\,i_{m_L}\,d\vartheta = \frac{1}{\pi}\int_0^{2\pi} [\hat{\imath}\sin\vartheta\,\hat{\imath}_{m_L}\cos\vartheta - \bar{I}\,\hat{\imath}_{m_L}\cos\vartheta]\,d\vartheta = 0$$

$$\frac{1}{2\pi}\int_0^{2\pi} i_{m_L}^2\,d\vartheta = \frac{1}{2}\,\hat{\imath}_{m_L}^2 = I_{m_L}^2\,.$$

[R 13,1]

In dem einen Kommutierungssystem ist $m'=3$ und in dem anderen gleichzeitig $m'=2$.

$$\zeta = -30^\circ - \varphi;\quad \varphi = -\operatorname{arc\,tan}\sqrt{3}\,\frac{k}{4+k};\quad 30^\circ = \operatorname{arc\,tan}\frac{1}{\sqrt{3}}$$

$$\operatorname{arc\,tan} x + \operatorname{arc\,tan} y = \operatorname{arc\,tan}\frac{x+y}{1-xy}$$

$$\zeta = -\operatorname{arc\,tan}\frac{1}{\sqrt{3}} + \operatorname{arc\,tan}\frac{\sqrt{3}\,k}{4+k} = -\operatorname{arc\,tan}\frac{1}{\sqrt{3}}\,\frac{2-k}{2+k}\,.$$

[R 14,1]

$$\bar{I} = \Sigma\, i_k = \frac{1}{X_c}\sum_{k=1}^{m-1}(m-k)\int_{\delta+(k-1)\,2\pi/p}^{\delta+k\,2\pi/p} (E\sqrt{2}\sin\vartheta - \bar{U})\,d\vartheta$$

$$\bar{I}\,X_c = \sum_1^{m-1}(m-k)\Big[-E\sqrt{2}\cos\vartheta - \bar{U}\,\vartheta\Big]_{\delta+(k-1)\,2\pi/p}^{\delta+k\,2\pi/p}$$

$$= \sum_1^{m-1}(m-k)\,\{-E\sqrt{2}\cos(\delta+k\,2\pi/p) + E\sqrt{2}\cos[\delta+(k-1)\,2\pi/p] - \bar{U}\,2\pi/p\}$$

$$\sum_1^{m-1}(m-k)\,\bar{U}\,2\pi/p = \bar{U}\,2\pi/p\,[(m-1)+(m-2)+\cdots 1] = \bar{U}\,\frac{2\pi}{p}\,\frac{m\,(m-1)}{2}$$

$$-\cos(\delta+k\,2\pi/p) + \cos[\delta+(k-1)\,2\pi/p] = +2\sin\Big[+\frac{\pi}{p}\Big]\sin[\delta+(2k-1)\,\pi/p]\,.$$

[R 14,2]

$$2\sin\frac{\pi}{p}\left\{\frac{y\sin(m-1)\pi/p}{\sqrt{1+y^2-2y\cos(m-1)\pi/p}}\,\frac{\sin m\pi/p\sin(m-1)\pi/p}{2\sin^2\pi/p}+\right.$$
$$\left.+\frac{1-y\cos(m-1)\pi/p}{\sqrt{1+y^2-2y\cos(m-1)\pi/p}}\,\frac{m\sin\pi/p-\sin m\pi/p\cos(m-1)\pi/p}{2\sin^2\pi/p}\right\}$$

$$=\frac{\frac{\sin^2 m\pi/p}{m\sin\pi/p}\sin^2(m-1)\pi/p+m\sin\pi/p-2\sin m\pi/p\cos(m-1)\pi/p+\frac{\sin^2 m\pi/p}{m\sin\pi/p}\cos^2(m-1)\pi/p}{\sin\frac{\pi}{p}\left[1+\left(\frac{\sin m\pi/p}{m\sin\pi/p}\right)^2-2\frac{\sin m\pi/p}{m\sin\pi/p}\cos(m-1)\pi/p\right]^{1/2}}$$

$$=m\,[1+(y)^2-2y\cos(m-1)\pi/p]^{1/2}$$

$$\bar{I}X_c=E\sqrt{2}\,m\,[1+y^2-2y\cos(m-1)\pi/p]^{1/2}-\bar{U}\,m\,(m-1)\,\pi/p$$

$$\bar{U}_{00}=E\sqrt{2}\,\frac{p}{\pi}\sin\frac{\pi}{p}$$

$$\bar{I}_{0K}=p\,E\sqrt{2}/X_c$$

$$\frac{\bar{U}}{\bar{U}_{00}}=\frac{m\,[1+y^2-2y\cos(m-1)\pi/p]^{1/2}-p\,\bar{I}/\bar{I}_{0K}}{m\,(m-1)\sin\pi/p}\,.$$

[R 14,3]

$$\bar{U}=\frac{p}{2\pi}\int\limits_{\delta}^{\delta+2\pi/p}\frac{1}{m}\sum_{1}^{m}e_k\,d\vartheta=\frac{p}{2\pi m}\int\sum E\sqrt{2}\sin[\vartheta+(k-1)\,2\pi/p]\,d\vartheta$$

$$=E\sqrt{2}\,\frac{p}{2\pi m}\sum_{1}^{m}[\cos[\delta-(k-1)\,2\pi/p]-\cos[\delta+2\pi/p]]$$

$$=E\sqrt{2}\,\frac{p}{\pi m}\sin\frac{\pi}{p}\sum_{1}^{m}[\delta+(2k-1)\,\pi/p]$$

$$\sum_{1}^{m}\sin[\delta+(2k-1)\,\pi/p]=\sum\left\{\sin\left(\delta-\frac{\pi}{p}\right)\cos k\,2\pi/p+\cos\left(\delta-\frac{\pi}{p}\right)\sin k\,2\pi/p\right\}$$

$$=\sin\left(\delta-\frac{\pi}{p}\right)\left[-\frac{1}{2}+\frac{\sin(2m+1)\,\pi/p}{2\sin\pi/p}\right]+\cos(\delta-\pi/p)\,\frac{\cos\pi/p-\cos(2m+1)\,\pi/p}{2\sin\pi/p}$$

$$=\frac{\sin m\pi/p}{\sin\pi/p}\sin(\delta+m\pi/p)\,.$$

[R 16,1]

$$-(2X_c-X_n)\sin\zeta+X_n\left[\cos\zeta\cos\frac{\pi}{6}+\sin\zeta\sin\frac{\pi}{6}\right]=0$$

$$\tan\zeta=\frac{\sqrt{3}}{2}\,\frac{X_n}{2X_c-\frac{3}{2}X_n}=\frac{\sqrt{3}\,X_n}{4X_c-3X_n}\,.$$

[R 17,1]

$$i_a = i_y - i_z = \mathfrak{J}_1 \sin\left(\omega t - \frac{2\pi}{3}\right) + \mathfrak{J}_2 \sin\left(2\omega t - 2\frac{2\pi}{3}\right) + \mathfrak{J}_4 \sin\left(4\omega t - 4\frac{2\pi}{3}\right) +$$
$$+ \cdots - \mathfrak{J}_1 \sin\left(\omega t - \frac{4\pi}{3}\right) - \mathfrak{J}_2 \sin\left(2\omega t - 2\frac{4\pi}{3}\right) + \mathfrak{J}_4 \sin\left(4\omega t - 4\frac{4\pi}{3}\right) + \cdots$$
$$= \mathfrak{J}_1 \sqrt{3} \sin(\omega t - \pi/2) + \mathfrak{J}_2 \sqrt{3} \sin(2\omega t - 2\pi/2) + \mathfrak{J}_4 \sqrt{3} \sin(4\omega t - 4\pi/2) + \cdots,$$

wegen $\sin\left(x - \frac{2\pi}{3}\right) - \sin\left(x - \frac{4\pi}{3}\right) = \sqrt{3} \sin\left(x - \frac{\pi}{2}\right).$

[R 17,2]

$$\mathfrak{J}_1(\vartheta) - \mathfrak{J}_1(\vartheta + \pi) + \mathfrak{J}_5(5\vartheta) - \mathfrak{J}_5(5\vartheta + 5\pi) + \mathfrak{J}_7(7\vartheta) - \mathfrak{J}_7(7\vartheta + 7\pi) + \cdots$$
$$= 2\,\mathfrak{J}_1(\vartheta) + 2\,\mathfrak{J}_5(5\vartheta) + 2\,\mathfrak{J}_7(7\vartheta)$$
$$I_n = \sqrt{2\,(I_1^2 + I_5^2 + I_7^2 + \cdots)} = \sqrt{2}\, I_p .$$

[R 17,3]

$$\begin{aligned} a\cos\psi + b\cos(\psi + 2\pi/3) + c\cos(\psi + 4\pi/3) &= d \\ a\sin\psi + b\sin(\psi + 2\pi/3) + c\sin(\psi + 4\pi/3) &= 0 \\ a + b + c &= 0 \end{aligned}$$

$$a = \frac{\begin{vmatrix} d & \cos(\psi + 2\pi/3) & \cos(\psi + 4\pi/3) \\ 0 & \sin(\psi + 2\pi/3) & \sin(\psi + 4\pi/3) \\ 0 & 1 & 1 \end{vmatrix}}{\begin{vmatrix} \cos\psi & \cos(\psi + 2\pi/3) & \cos(\psi + 4\pi/3) \\ \sin\psi & \sin(\psi + 2\pi/3) & \sin(\psi + 4\pi/3) \\ 1 & 1 & 1 \end{vmatrix}}$$

$$= \frac{d\,[\sin(\psi + 2\pi/3) - \sin(\psi + 4\pi/3)]}{\cos\psi\left[\sin\left(\psi + \frac{2\pi}{3}\right) - \sin\left(\psi + \frac{4\pi}{3}\right)\right] - \sin\psi\left[\cos\left(\psi + \frac{2\pi}{3}\right) - \cos\left(\psi + \frac{4\pi}{3}\right)\right] + \left[\cos\left(\psi + \frac{2\pi}{3}\right)\sin\left(\psi + \frac{4\pi}{3}\right) - \sin\left(\psi + \frac{2\pi}{3}\right)\cos\left(\psi + \frac{4\pi}{3}\right)\right]}$$

$$= \frac{d\cos\psi \cdot \sqrt{3}}{\cos^2\psi \cdot \sqrt{3} + \sin^2\psi \cdot \sqrt{3} + \frac{1}{2}\sqrt{3}} = \frac{2}{3}\, d\cos\psi$$

weil
$$\begin{aligned} \sin(\psi + 2\pi/3) - \sin(\psi + 4\pi/3) &= \sqrt{3}\cos\psi \\ \cos(\psi + 2\pi/3) - \cos(\psi + 4\pi/3) &= -\sqrt{3}\sin\psi \\ \cos(\psi + 2\pi/3)\sin(\psi + 4\pi/3) - \sin(\psi + 2\pi/3)\cos(\psi + 4\pi/3) &= \sqrt{3}/2 . \end{aligned}$$

[R 17,4]

$$\sum_1^r i_x \cos\psi_x = \sum_1^r \frac{\hat{I}}{r} \cos\left(x\,\frac{2\pi}{p}\right) = \frac{\hat{I}}{r}\,\frac{\sin r\pi/p}{\sin \pi/p} \cos[(r+1)\,\pi/p]$$

mit $$\sum_1^r \cos n x = \frac{\sin r x/2 \cdot \cos(r+1)\,x/2}{\sin x/2}.$$

[R 17,5]

$$\sum_1^p \cos^2[(x-1)\,2\pi/p] = \sum_1^p \frac{1}{2}[1+\cos(x-1)\,4\pi/p] = \frac{p}{2}$$

mit
$$\sum_1^p \cos(x-1)\frac{4\pi}{p} = \frac{1}{2} + \frac{\sin(2p-1)\,2\pi/p}{2\sin 2\pi/p} = 0\,.$$

[R 17,6]

$$a\,e^{j0} = a\,[1+j\,0] = a\,[\cos 0 + j\sin 0]$$

$$b\,e^{-j2\pi/3} = b\left[-\frac{1}{2} - j\sqrt{3}/2\right] = b\,[\cos 2\pi/3 - j\sin 2\pi/3]$$

$$c\,e^{-j4\pi/3} = c\left[-\frac{1}{2} + j\sqrt{3}/2\right] = c\,[\cos 4\pi/3 - j\sin 4\pi/3]$$

$$\begin{aligned} a - b\cdot\frac{1}{2} - c\cdot\frac{1}{2} &= \cos\psi \\ -b\sqrt{3}/2 + c\sqrt{3}/2 &= \sin\psi \\ a + b + c &= f \end{aligned}$$

$$a = \frac{\begin{vmatrix} \cos\psi & -\frac{1}{2} & -\frac{1}{2} \\ \sin\psi & -\sqrt{3}/2 & +\sqrt{3}/2 \\ f & 1 & 1 \end{vmatrix}}{\begin{vmatrix} 1 & -\frac{1}{2} & -\frac{1}{2} \\ 0 & -\sqrt{3}/2 & +\sqrt{3}/2 \\ 1 & 1 & 1 \end{vmatrix}} = \frac{2}{3}\cos\psi + \frac{1}{3}f\,.$$

[R 17,7]

$$\begin{aligned} 2X_c &= X_n\,[(a_1-a_2)^2 + (b_1-b_2)^2 + (c_1-c_2)^2] \\ &= X_n\left(\frac{2}{3}\right)^2\left[(\cos\psi_1 - \cos\psi_2)^2 + \left(\cos\left(\psi_1+\frac{2\pi}{3}\right) - \cos\left(\psi_2+\frac{2\pi}{3}\right)\right)^2 + \right. \\ &\quad \left. + \left(\cos\left(\psi_1+\frac{4\pi}{3}\right) - \cos\left(\psi_2+\frac{4\pi}{3}\right)\right)^2\right] \end{aligned}$$

mit $\cos\psi_1 - \cos\psi_2 = -2\sin\frac{\psi_1-\psi_2}{2}\sin\frac{\psi_1+\psi_2}{2} = -2\sin\frac{r\pi}{p}\sin 2\left(\frac{r\pi}{p}+\psi_2\right)$

und $\sin^2\alpha + \sin^2(\alpha+2\pi/3) + \sin^2(\alpha+4\pi/3) = 3/2$

ergibt sich: $2X_c = X_n\left(\frac{2}{3}\right)^2\left[2\sin\frac{r\pi}{p}\right]^2\left\{\sin^2 2\left(\frac{r\pi}{p}+\psi_2\right) + \right.$

$$\left. + \sin^2 2\left(\frac{r\pi}{p}+\psi_2+\frac{2\pi}{3}\right) + \sin^2 2\left(\frac{r\pi}{p}+\psi_2+\frac{4\pi}{3}\right)\right\}$$

$$X_c = X_n\,\frac{1}{3}\,(2\sin r\pi/p)^2\,.$$

[R 18,1]

$$i = \frac{E\sqrt{2}}{Z}\cos\left(\alpha+\vartheta-\frac{\pi}{p}-\varphi\right) - \frac{E}{R} + A\,e^{-Rt/L}$$

Periodizitätsbedingung: $i(0) = i(2\pi/p)$, daraus

$$A = \frac{E\sqrt{2}}{Z} \frac{\cos\left(\alpha - \varphi + \frac{\pi}{p}\right) - \cos\left(\alpha - \varphi - \frac{\pi}{p}\right)}{1 - e^{-\frac{R}{X}\frac{2\pi}{p}}} = \frac{E\sqrt{2}}{Z} \frac{-2\sin(\alpha - \varphi)\sin\frac{\pi}{p}}{1 - e^{-\frac{R}{X}\frac{2\pi}{p}}}$$

$$i = \frac{E\sqrt{2}}{R}\left[\cos\left(\alpha + \vartheta - \frac{\pi}{p} - \varphi\right) \cdot \cos\varphi - g - 2\cos\varphi \frac{\sin(\alpha - \varphi)\sin\pi/p}{1 - e^{-\frac{2\pi}{p\tan\varphi}}} e^{-\frac{\vartheta}{\tan\varphi}}\right]$$

mit $R = Z\cos\varphi$, $\tan\varphi = \frac{X}{R}$ und $\frac{2}{1 - e^{-2x}} = \frac{2e^x}{e^x - e^{-x}} = 1 + \mathfrak{Cot}\, x$

$$i = \frac{E\sqrt{2}}{R}\cos\varphi\left[\cos\left(\alpha + \vartheta - \frac{\pi}{p} - \varphi\right) - \frac{g}{\cos\varphi} - \sin\frac{\pi}{p}\sin(\alpha - \varphi)\right.$$
$$\left.\left(1 + \mathfrak{Cot}\frac{\pi}{p\tan\varphi}\right) e^{-\frac{\vartheta}{\tan\varphi}}\right]$$

[R 18,2]

$$\frac{I_G R}{E\sqrt{2}} = \frac{p}{\pi}\sin\frac{\pi}{p}\cos\alpha - \cos(\alpha - \varphi)\cos\frac{\pi}{p}\cos\varphi - \sin(\alpha - \varphi)\sin\frac{\pi}{p}\,\mathfrak{Cot}\frac{\pi/p}{\tan\varphi}\cos\varphi$$
$$= \cos\alpha\left[\frac{p}{\pi}\sin\frac{\pi}{p} - \cos\frac{\pi}{p}\cos^2\varphi - \sin\frac{\pi}{p}\cos\varphi\sin\varphi\,\mathfrak{Cot}\frac{\pi/p}{\tan\varphi}\right] +$$
$$+ \sin\alpha\left[\sin\frac{\pi}{p}\cos^2\varphi\,\mathfrak{Cot}\frac{\pi/p}{\tan\varphi} - \cos\frac{\pi}{p}\cos\varphi\sin\varphi\right]$$
$$= \sin\alpha\sin\frac{\pi}{p}\left[\cos^2\varphi\,\mathfrak{Cot}\left(\frac{\pi}{p}\cot\varphi\right) - \cot\frac{\pi}{p}\cos\varphi\sin\varphi\right] +$$
$$+ \cos\alpha\sin\frac{\pi}{p}\left[\frac{p}{\pi} - \cot\frac{\pi}{p}\cos^2\varphi - \cos\varphi\sin\varphi\,\mathfrak{Cot}\left(\frac{\pi}{p}\cot\varphi\right)\right]$$

[R 18,3]

$$\frac{p}{\pi}\sin\frac{\pi}{p}\cos\alpha = \cos\left(\frac{\pi}{p} - \alpha\right) = \cos\frac{\pi}{p}\cos\alpha + \sin\frac{\pi}{p}\sin\alpha$$
$$\frac{p}{\pi}\cot\alpha = \cot\frac{\pi}{p}\cot\alpha + 1$$

[R 20,1]

$$\text{I} \int (\cos\alpha - \cos\vartheta)\, e^{-j\vartheta}\, d\vartheta = \left[\cos\alpha \cdot j e^{-j\vartheta} - \frac{\vartheta}{2} - \frac{j}{4} e^{-j2\vartheta}\right]_{\alpha}^{\alpha+\mu}$$
$$\text{II} \int [\cos\alpha - \cos(\alpha + \mu)]\, e^{-j\vartheta}\, d\vartheta = \left[(\cos\alpha - \cos(\alpha + \mu))\, j e^{-j\vartheta}\right]_{\alpha+\mu}^{\pi+\alpha}$$
$$\text{III} \int [-\cos\vartheta - \cos(\alpha + \mu)]\, e^{-j\vartheta}\, d\vartheta = \left[-\cos(\alpha + \mu)\, j e^{-j\vartheta} - \frac{\vartheta}{2} - \right.$$
$$\left. - \frac{j}{4} e^{-j2\vartheta}\right]_{\pi+\alpha}^{\pi+\alpha+\mu}$$

Addition ergibt:

$$-\mu - j\left[2\cos\alpha\, e^{-j\alpha} - 2\cos(\alpha + \mu)\, e^{-j(\alpha+\mu)} - \frac{1}{2} e^{-j2\alpha} + \frac{1}{2} e^{-j2(\alpha+\mu)}\right]$$
$$= -\mu - j\left[2\left(\cos\alpha - \cos(\alpha + \mu)\, e^{-j\mu}\right) e^{-j\alpha} - \frac{1}{2} e^{-j2\alpha}\left(1 - e^{-j2\mu}\right)\right].$$

Mit $\cos(\alpha+\mu)\, e^{-j\mu} = \frac{1}{2}\left(e^{j(\alpha+\mu)} + e^{-j(\alpha+\mu)}\right) e^{-j\mu} = \frac{1}{2}\left(e^{j\alpha} + e^{-j(\alpha+2\mu)}\right)$

folgt:

$$-\mu - j\left\{\left[\left(1-e^{-j2\mu}\right)e^{-\alpha j}\right]e^{-j\alpha} - \frac{1}{2}e^{-j2\alpha}\left(1-e^{-j2\mu}\right)\right\}$$

$$= -\mu - j\left\{\frac{1}{2}\left(1-e^{-j2\mu}\right)e^{-j2\alpha}\right\}$$

[R 20,2]

$$\psi(\alpha,\mu) = \frac{1}{\pi}\int_{\alpha}^{\alpha+\mu}[w(\vartheta) - w^2(\vartheta)]\, d\vartheta$$

$$\int w(\vartheta)\, d\vartheta = \frac{\mu\cos\alpha - \sin(\alpha+\mu) + \sin\alpha}{\cos\alpha - \cos(\alpha+\mu)}$$

$$\int w^2(\vartheta)\, d\vartheta = \frac{\mu\cos^2\alpha - 2\cos\alpha\,[\sin(\alpha+\mu) - \sin\alpha] + \frac{\mu}{2} + \frac{1}{4}\sin 2(\alpha+\mu) - \frac{1}{4}\sin 2\alpha}{(\cos\alpha - \cos(\alpha+\mu))^2}$$

[R 20,3]

$$\Sigma\, \Delta i^2 = \Sigma\,(i_{m+1}^2 - 2\, i_{m+1}\, i_m + i_m^2)$$

$$\sum i_m^2 = \left(\frac{2}{3}\hat{\imath}\right)^2 \cdot \frac{p}{2} \quad \text{(gemäß [R 17,5])}$$

$$\sum i_{m+1}^2 = \left(\frac{2}{3}\hat{\imath}\right)^2 \cdot \frac{p}{2} \quad \text{(gemäß [R 17,5])}$$

$$-2\, i_m\, \Delta i = -2\, i_m\,(i_{m+1} - i_m) = (-i_m\, i_{m+1} + i_m^2)\, 2 = \Delta i^2$$

[R 20,4]

$$\sum_1^p \Delta i^2 = -2\sum i_m\, \Delta i$$

$$= -2\sum \frac{2}{3}\hat{\imath}\cos\left[(m-1)\frac{2\pi}{p}\right]\left\{\frac{2}{3}\hat{\imath}\cos\left(m\frac{2\pi}{p}\right) - \frac{2}{3}\hat{\imath}\cos\left[(m-1)\frac{2\pi}{p}\right]\right\}$$

$$= \frac{4}{9}\hat{\imath}^2\left[p - \sum\cos(m-1)\frac{2\pi}{p}\cos m\frac{2\pi}{p}\right] = \frac{4}{9}\hat{\imath}^2\, p\left(1 - \cos\frac{2\pi}{p}\right)$$

[R 22,1]

$$\frac{U_\nu \pi}{E\, p} = \int_{-\pi/p}^{\pi/p}\cos\vartheta\cdot\cos\nu\vartheta\, d\vartheta = \frac{1}{2}\left[\frac{\sin(\nu+1)\vartheta}{\nu+1} + \frac{\sin(\nu-1)\vartheta}{\nu-1}\right]_{-\pi/p}^{+\pi/p}$$

$$= \frac{2}{\nu^2-1}(\nu\sin\nu\pi/p\cdot\cos\pi/p - \sin\pi/p\cdot\cos\nu\pi/p)$$

$\nu = np$: $\quad \sin\nu\pi/p = \sin n\pi = 0 \qquad n = 1, 2, \ldots$

$\cos\nu\pi/p = \cos n\pi = \pm 1$

$$\frac{U_\nu\sqrt{2}}{E\sqrt{2}} = \frac{2}{\nu^2-1}\frac{p}{\pi}\sin\frac{\pi}{p} \qquad \text{oder} \qquad \frac{U\nu\sqrt{2}}{U_{00}} = \mp\frac{2}{\nu^2-1}$$

[R 22,2]

$$2\int \cos\vartheta\, e^{-j\nu\vartheta}\, d\vartheta = j\left[\frac{1}{\nu-1}\, e^{-j(\nu-1)\vartheta} + \frac{1}{\nu+1}\, e^{-j(\nu+1)\vartheta}\right]$$

[R 22,3]

$$2\int \cos\vartheta\, e^{j\nu\vartheta}\, d\vartheta = -j\left[\frac{1}{\nu-1}\, e^{j(\nu-1)\vartheta} + \frac{1}{\nu+1}\, e^{j(\nu+1)\vartheta}\right]$$

[R 22,4]

$$\frac{\mathfrak{U}_\nu}{U_{00}} \cdot \frac{\mathfrak{U}_{-\nu}}{U_{c0}} = \frac{\cos^2(\nu+1)\,\mu/2}{(\nu+1)^2} + \frac{\cos^2(\nu-1)\,\mu/2}{(\nu-1)^2} - \frac{1}{2(\nu^2-1)}\Big\{+\cos 2\alpha +$$

$$+ \cos 2(\alpha+\mu) + \cos[2\alpha - (\nu-1)\,\mu] + \cos[2\alpha + (\nu+1)\,\mu]\Big\}$$

$$\cos 2\alpha + \cos[2\alpha - (\nu-1)\,\mu] = 2\cos[2\alpha - (\nu-1)\,\mu/2]\cos[(\nu-1)\,\mu/2]$$

$$\cos(2\alpha+2\mu) + \cos[2\alpha + (\nu+1)\,\mu] = 2\cos[2\alpha + \mu + (\nu+1)\,\mu/2]\cos[(\nu+1)\,\mu/2]$$

[R 23,1]

Man beachte, daß $e^{-j\nu\pi} = -1$, weil ν bei $p = 2$ stets eine ungerade Zahl ist.

[R 23,2]

$$\lim_{(\nu-1)\to 0} \frac{1}{\nu-1}\left(1 - e^{-j(\nu-1)\mu}\right)$$

$$= \frac{\dfrac{d}{d(\nu-1)}\left[1 - e^{-j(\nu-1)\mu}\right]}{\dfrac{d}{d(\nu-1)}(\nu-1)} = j\mu$$

[R 24,1]

$$\psi_{m+1} - \psi_m = 2\pi/p; \quad \cos\psi_{m+1} - \cos\psi_m = -2\sin\frac{\pi}{p}\sin\left(\psi_m + \frac{\pi}{p}\right)$$

$$\frac{1}{2\pi}\sum_{m=1}^{p}\int_{\psi_m+\alpha}^{\psi_m+\alpha+\mu}\left(\frac{d\,i_n}{d\vartheta}\right)^2 d\vartheta = \frac{1}{2\pi}\sum_{m=1}^{p}\left[\frac{2\sin\frac{\pi}{p}\sin\left(\psi_m + \frac{\pi}{p}\right)}{\cos\alpha - \cos(\alpha+\mu)}\right]^2 \mathfrak{i}_n^2 \int_{\psi_m+\alpha}^{\psi_m+\alpha+\mu}\sin^2(\vartheta - \psi_m)\, d\vartheta$$

$$\int_{\psi_m+\alpha}^{\psi_m+\alpha+\mu}\sin^2(\vartheta-\psi_m)\, d\vartheta = \frac{1}{4}[2\mu + \sin 2\alpha - \sin 2(\alpha+\mu)]$$

$$\frac{\mathfrak{i}_n^2}{2\pi}\sum_{m=1}^{p}\frac{\sin^2\frac{\pi}{p}\sin^2\left(\psi_m + \frac{\pi}{p}\right)}{[\cos\alpha - \cos(\alpha+\mu)]^2}[2\mu + \sin 2\alpha - \sin 2(\alpha+\mu)]$$

$$= \frac{[2\mu + \sin 2\alpha - \sin 2(\alpha+\mu)]\sin^2\pi/p}{2\pi[\cos\alpha - \cos(\alpha+\mu)]^2}\,\mathfrak{i}_n^2\sum_{m=1}^{p}\sin^2(\psi_m + \pi/p)$$

$$= \frac{p}{\pi} \sin^2 \frac{\pi}{p} \frac{2\mu + \sin 2\alpha - \sin 2(\alpha + \mu)}{4[\cos\alpha - \cos(\alpha + \mu)]} \frac{\hat{\imath}_n^2}{\cos\alpha - \cos(\alpha + \mu)}$$

$$= \frac{p}{\pi} \sin^2 \frac{\pi}{p} \frac{\chi(\alpha, \mu)}{d} I_n^2,$$

wobei $\sum_{m=1}^{p} \sin^2\left(\psi_m + \frac{\pi}{p}\right) = \frac{1}{2} \sum_{m=1}^{p} \left[1 - \cos 2\left(\psi_m + \frac{\pi}{p}\right)\right] = \frac{p}{2}$ (vgl. [R 17,5]).

[R 26,1]

Setzt man den Differentialoperator $\frac{d}{dt} \equiv p$, so lautet (26,18)

$$u = -d_N i \frac{p}{p + K/L}.$$

Die Laplace-Transformation liefert die Beziehung $\frac{p}{p+c} = e^{-ct}$ und damit (26,19).

[R 26,2]

$u = u_0 - i\, d_N = -K i_s - d_N i$ durch Differention folgt:

$$\frac{d i_s}{dt} = \frac{1}{K}\left[-\frac{du}{dt} - d_N \frac{di}{dt}\right]$$

$$u = R i_s + L \frac{d i_s}{dt} = -R \frac{u_0}{K} - \frac{L}{K}\left(\frac{du}{dt} + d_N \frac{di}{dt}\right)$$

$$= -\frac{R}{K}(u + d_N i) - \frac{L}{K}\left(\frac{du}{dt} + d_N \frac{di}{dt}\right) \quad \text{bzw. (26,21)}.$$

[R 26,3]

$$\left(p + \frac{K+R}{L}\right) u = -d_N (p + R/L)\, i$$

$$i = Y(p)\, u = -\frac{p L + K + R}{d_N (p L + R)} u$$

Heaviside Regel: $u = \frac{i}{Y(0)} + \frac{i}{p \frac{dY}{dp}} e^{pt}$

$$Y(0) = -\frac{K+R}{d_N R}; \qquad \frac{dY}{dp} = \frac{LK}{d_N (p L + R)^2};$$

aus $Y(p) = 0$ folgt: $p = -\frac{R+K}{L}$ und damit (26,22).

Normen

a) Halbleiter-Richtelemente

Benennungen DIN 41760
Schaltzeichen DIN 40700
Messungen DIN 41771 Blatt 1 bis 3
Begriffe der Halbleitertechnik DIN 41852, 41853, 41854
Schaltungen DIN 41761
Kennzeichnung von Gleichrichtersätzen DIN 41762
Geräte und Anlagen DIN 41750, 41751, 41752.

USA: Standards for Metallic Rectifiers NEMA, MR-1-1953

CEI, IEC: Recommendations for polycristalline semiconductor rectifier stacks and equipments. Publication 119, 1960.

b) Quecksilberdampf-Richtelemente

British Standards Institution: Mercury-Arc Rectifier Equipments.

British Standards B. S. 1698: 1950.

Association Belge de Standardisation: Prescriptions relatives aux Redresseurs à Vapeur de Mercure. Belgian Standards, Rapport 68.

Swedish Standards Association: Standards for Mercury-Arc Converters. Swedish Electrotechnical Standards S. E. N. 28-1941-E.

Union Technique de l'Electricité, Paris: Spécifications pour la fourniture des groupes redresseurs à vapeur de mercure. French Standard N. F. C. 59, Edition 1947.

Verband Deutscher Elektrotechniker: Regeln für Stromrichter. VDE 0555/1936 bzw. DIN 57555. [Eine Neufassung von VDE 0555 mit dem Titel „Regeln für Quecksilberdampfstromrichter (Hg-Stromrichter)", welche weitgehend mit der IEC-Publication 84, 1957, übereinstimmen wird, soll 1962 in Kraft gesetzt werden.]

American Inst. elect. Engrs.: Pool-Cathode Mercury-Arc Converters. American Standard A. S. A. C. 34.1-1949.

CEI, IEC: Recommendations for Mercury-Arc Converters. Publication 84, 1957.

CCIF: Directives concernant la protection des lignes de télécommunication contre les actions nuisibles des lignes industrielles. Edition de Roma 1937, révisée à Oslo 1938 et mise à jour à Genève en 1952.

EEI: The telephone influence factor of supply system voltages and currents. Engineering reports Bd. 4, Report Nr. 33 (1935), S. 191.

CEI (Commission Electrotechnique Internationale)
IEC (International Electrotechnical Commission)
International Electrotechnical Vocabulary, Group II: Static Convertors.

CCIF: (Comité Consultatif International Téléphonique)

EEI-BTS: (Joint subcommittee on development and research of the Edison Electric Institute and Bell Telephon System).

c) Magnetverstärker (Transduktoren)

Schaltzeichen, Transduktoren: DIN 40714, Blatt 3.
Begriffe und Benennungen: DIN 42630.

Literaturverzeichnis

A. Bücher

MÜLLER-LÜBECK, K.: Der Quecksilberdampf-Gleichrichter, 1. Bd.: Theoretische Grundlagen; 2. Bd.: Konstruktive Grundlagen, Berlin: Springer 1925 u. 1929.
JOLLEY, L. B. W.: Alternating Current Rectification, London 1928.
GÜNTHERSCHULZE, A.: Elektrische Gleichrichter und Ventile, Berlin: Springer 1929.
PRINCE, D. C., u. F. G. VOGDES: Quecksilberdampf-Gleichrichter, übersetzt von GRAMISCH, München u. Berlin: R. Oldenbourg 1931.
MARX, E.: Lichtbogen-Stromrichter für sehr hohe Spannungen und Leistungen, Berlin: Springer 1932.
MARTI, D. K., u. H. WINOGRAD: Stromrichter, übersetzt von GRAMISCH, München u. Berlin: R. Oldenbourg 1933.
GLASER, A., u. K. MÜLLER-LÜBECK: Theorie der Stromrichter, Bd. 1, Berlin: Springer 1935.
MAIER, K.: Die Trockengleichrichter, München u. Berlin: R. Oldenbourg 1938.
SCHILLING, W.: Die Gleichrichterschaltungen, München u. Berlin: R. Oldenbourg 1938.
MÜLLER-UHLENHOFF, G. W.: Elektrische Stromrichter, Braunschweig: Fr. Vieweg & Sohn 1940.
SCHILLING, W.: Die Wechselrichter und Umrichter, München u. Berlin: R. Oldenbourg 1940.
Massachusetts Institute of Technology: Applied Electronics, New York: J. Wiley & Sons 1943.
TRÖGER, R.: Stromrichter, Hütte, Bd. II, Berlin: W. Ernst & Sohn 1944.
GOLDSTEIN, M.: Kontaktumformer mit Schaltdrosseln, Zürich: Leemann 1948.
KOPPELMANN, F.: Die Meßtechnik des mechanischen Präzisionsgleichrichters (Vektormesser), Berlin/Göttingen/Heidelberg: Springer 1948.
BAUDISCH, K.: Energieübertragung mit Gleichstrom hoher Spannung, Berlin/Göttingen/Heidelberg: Springer 1950.
SCHILLING, W.: Stromrichtertechnik, München: R. Oldenbourg 1950.
ANSCHÜTZ, H.: Stromrichteranlagen der Starkstromtechnik, Berlin/Göttingen/Heidelberg: Springer 1951.
MEYER-DELIUS, H., W. NOWAG u. M. TSCHERMAK: Stromrichter, in E. V. RZIHA: Starkstromtechnik, Berlin: W. Ernst & Sohn 1951, S. 225 · · · 293.
v. BERTELE, H.: Niederdruck-Stromrichterventile, Wien: Springer 1952.
LECORGUILLIER, J.: Les redresseurs en simple alternance, Paris: Editions Eyrolles 1953.
— Les redresseurs de courant dans l'industrie, Paris: Editions Eyrolles 1956.
DEMONTVIGNIER, M.: Soupapes electriques. Redresseurs et onduleurs, Paris: Dorel 1957.
ROLF, E.: Der Kontaktumformer, Berlin/Göttingen/Heidelberg: Springer 1957.
KÜBLER, E.: Stromrichter, insbesondere der Starkstromtechnik, Bd. 2, Teil 3 von MOELLER-WERR: Leitfaden der Elektrotechnik, Stuttgart: B. G. Teubner 1958.
LAPPE, R.: Stromrichter, Berlin: Verlag Technik und Stuttgart: Berliner Union 1958.

B. Spezial-Literatur

ADAM, H.: Die Zündung des Glühkathodenstromrichters in Abhängigkeit vom Gitterwiderstand. Wiss. Veröff. Siemens-Werke 20 (1941) S. 28 · · · 39.

AIGNER, F., u. C. L. KOBER: Die Theorie der Modulation und Demodulation. Zs. Hochfrequenztechn. 48 (1936) S. 59 · · · 67; S. 99 · · · 107.

ANSCHÜTZ, H.: Schalt- und Schutzeinrichtungen in Stromrichteranlagen. E & M 61 (1943) S. 627 · · · 639.

AYMANNS, K.: Der Einfluß der Netzkapazitäten auf die Stromoberwellen in Gleichrichteranlagen. ETZ 58 (1937) S. 499 · · · 503, S. 535 · · · 538.

BADR, H.: External characteristics of a single phase controlled rectifier and inverter circuit. Neue Technik 3 (1961) S. 77 · · · 95.

BALDINGER, E.: Kaskadengeneratoren, Handbuch für Physik, Bd. 44 (1959) S. 1 · · · 63.

BARBEY, J.: Vierpole mit Stromtoren. Diss. ETH Zürich 1961.

BARKHAUSEN, H.: Lehrbuch der Elektronenröhren, insb. Bd. 1 u. 4, Leipzig: S. Hirzel 1955.

— Zur Theorie des Transformators. ETZ 52 (1931) S. 1463 · · · 1466.

BARZ, F.: Die Entwicklung der Gleichrichterschaltungen mit mehreren gleichzeitig brennenden Anoden. E & M 61 (1943) S. 10 · · · 13.

BAUDISCH, K.: Energieübertragung mit Gleichstrom hoher Spannung, Berlin/Göttingen/Heidelberg: Springer 1950.

— Die Steuerung von Stromrichtern. Siemens-Zeitschrift 13 (1933) S. 267 · · · 272.

BAUMANN, P.: Erzeugung von Acetylen nach dem Lichtbogen-Verfahren. Angew. Chemie 20 B (1948) S. 257 · · · 259.

BECKER, G., u. M. SYRBE: Gerätetechnik und Berechnung von Regelanlagen, insbesondere für Gleichstrom-Fördermaschinen. BBC-Nachr. 40 (1958) S. 192 bis 199.

BEDFORD, B. D., F. R. ELDER u. C. H. WILLIS: Power Transmission by Direct Current. Gen. El. Rev. 39 (1936) S. 220 · · · 224.

BESTHORN, W.: Der Rapid-Gittersteuersatz, eine entscheidende Verbesserung im Regelkreis. BBC-Nachr. 36 (1954) S. 88 · · · 92.

BLAKE, L. R.: The double 3-phase rectifier with inter-phase reactor excited from a frequency tripler. Proc. Inst. Electr. Engrs. 100/II (1953) S. 310 · · · 314.

BODE, H. W.: Network analysis and feedback amplifier design, New York: D. van Nostrand 1945.

BÖHM, H.: Schaltvorgänge und Bemessungsregeln bei Wechselrichtern mit rotierendem Quecksilberstrahl für Zugbeleuchtung mit Leuchtstofflampen. Glasers Ann. 82 (1958) S. 310 · · · 316.

— Strom- und Spannungskurven bei Wechselrichtern mit rotierendem Quecksilberstrahl. ETZ-A 80 (1959) S. 425 · · · 430.

— Stromrichter mit umlaufendem Quecksilberstrahl. ETZ-A 74 (1953) S. 478 bis 480.

BOHN, D. I., u. O. JENSEN: A Fast Circuit Breaker. El. Engg. (AIEE Trans.) 61 (1942) S. 165 · · · 168.

BOSCH, M., u. O. KASPEROWSKI: Die Steuerumrichter-Versuchsanlage im Reichsbahn-Saalachkraftwerk. El. Bahnen 1935, S. 235 · · · 244.

BOUWERS, A.: Elektrische Höchstspannungen, Berlin: Springer 1939.

BOYAJIAN, A.: Mathematical Analysis of Nonlinear Circuits. Gen. El. Rev. 34 (1931) S. 531 · · · 537.

BRAUN, H.: Kritischer Vergleich möglicher Verfahren zur geregelten Ladung von Bleiakkumulatoren. Regelungstechn. 4 (1956) S. 223 · · · 229.

BURISCH, N.: Die Bemessung von Kurzschlußdrosseln zum Schutz von Quecksilberdampf-Gleichrichtern. E & M 58 (1940) S. 441 · · · 446.

CAUER, W.: Theorie der linearen Wechselstrom-Schaltungen, Berlin: Akademie-Verlag 1954.

COCKRELL, W. D.: Half Cycles. Gen. El. Rev. 38 (1935) S. 367 · · · 372.

CRAMER, F. W., L. W. MORTON u. A. G. DARLING: The Electronic Converter for Exchange of Power. AIEE Trans. 63 (1944) S. 1059 · · · 1069.

DÄLLENBACH, W.: Dreiphasen-Gleichrichter-Brückenschaltung nach Graetz mit gleichstromvormagnetisierten Eisenkern-Drosselspulen als Streureaktanzen. Archiv für Elektrotechnik 43 (1957) S. 303 · · · 320.

— u. E. GERECKE: Die Strom- und Spannungsverhältnisse der Großgleichrichter. Arch. f. Elektrotechn. 14 (1924/25) S. 171 · · · 246.

DEMONTVIGNIER, M.: Génération des harmoniques de courant primaire par les redresseurs monophasés. Application aux locomotives à redresseurs. Rev. gén. Electr. 65 (1956) S. 39 · · · 60.

— Harmoniques irréguliers de la tension continue des redresseurs et onduleurs. Rev. gén. Electr. 54 (1945) S. 89 · · · 93.

— Les possibilités de realisation des mutateurs a grand nombre de phases. Bull. de la Soc. franç. des Electriciens 3 (1943) S. 315 · · · 339.

— Le mechanisme de l'étouffement par grilles des court-circuits dans les redresseurs. Rev. gén. Electr. 60 (1951) S. 147 · · · 154.

— Possibilités de génération de la puissance réactive par les redresseurs et les onduleurs. Rev. gén. Electr. 52 (1943) S. 19 · · · 32.

— Theorie des redresseurs à arc à commutation retardée. Rev. gén. El. 32 (1932) S. 625 · · · 635, S. 659 · · · 667.

— Limitation des courants transitoires de court-circuit franc continu dans un redresseur a semi-conducteurs en couplage graetz. Rev. gén. Electr. 2 (1961) S. 106 · · · 119.

— u. P. LEFÈVRE: Une nouvelle méthode harmonique d'étude de la stabilité des systèmes linéaires. Rev. Gén. Electr. 58 (1949) S. 263 · · · 279.

DHEN, W.: Die Grundschaltungen des magnetischen Verstärkers. ETZ-A 75 (1954) S. 541 · · · 547.

DILLARD, J. K., u. C. J. BALDWIN jr.: Rectifier Arc-back Study on the Analogue computer. Trans. AIEE 73/I (1954) S. 198 · · · 208.

DUFFING, G.: Erzwungene Schwingungen bei veränderlicher Eigenfrequenz und ihre technische Bedeutung, Braunschweig: F. Vieweg 1918.

DZUNG, L. S.: Anwendung der Methode der symmetrischen Komponenten zur Berechnung der Gleichstromspannung eines Gleichrichters. Arch. f. Elektrotechn. 34 (1940) S. 408 · · · 415.

EGGENBERGER, H. P.: Strom-Spannungstheorie eines gesteuerten m-Phasen-Stromrichters bei Belastung auf konstante Gegenspannung und mit endlicher Glättungsdrosselspule. Diss. ETH Zürich 1957.

EGLOFF, P.: Die erste 50000-Volt-Gleichstrom-Energieübertragung mit Mutatoren. Brown Boveri Mitteilungen 26 (1939) S. 92 · · · 96.

EHRENSPERGER, C. H.: Umrichter mit Strom- und Spannungsglätter zur elastischen Kupplung eines Dreiphasennetzes 50 Per/s mit einem Einphasennetz $16^2/_3$ Per/s. Brown Boveri Mitteilungen 21 (1934) S. 96 · · · 112.

ERDÉLYI, A.: Über die rechnerische Ermittlung von Schwingungsvorgängen in Kreisen mit periodisch schwankenden Parametern. Arch. Elektrotechn. 24 (1935) S. 473 · · · 489.

ERK, A.: Versuchsanlagen für die Gleichstrom-Hochspannungs-Übertragung unter Verwendung von Hochdruck-Lichtbogen-Ventilen nach MARX. Bull. SEV 38 (1947) S. 295 · · · 308.

EVANS, R. D., u. A. J. MASLIN: Arc-Backs in Rectifier Circuits Artificial Arc-Back Tests. El. Engg. (AIEE-Trans.) 64 (1945) S. 303 · · · 311.

FÄSSLER, E.: Der Einfluß von Oberwellen im Drehstromnetz auf die Harmonischen der Gleichspannung und des Netzstromes von Stromrichtern. Arch. f. Elektrotechn. 34 (1940) S. 209 · · · 229.

— Die Stromoberwellen auf der Wechselstromseite von Stromrichtern. Arch. f. Elektrotechn. 32 (1938) S. 640 · · · 654.

— Spannungswelligkeit, Stromwelligkeit und Störspannung von Mutatoren. Brown Boveri Mitteilungen 25 (1938) S. 134 · · · 136.

FELDTKELLER, R.: Spulen und Übertrager, Stuttgart 1949.

FINZI, L. A., u. R. R. JACKSON: The Operation of Magnetic Amplifiers with Various Types of Load. Communication and Electronics (July 1954) S. 270 · · · 288.

FISCHER, F. A.: Impulsanalyse, in F. WINKEL: Impulstechnik, Berlin/Göttingen/ Heidelberg: Springer 1956.

FORSSELL, H.: Calculation of the Backfiring Phenomenon in Rectifiers. Technical Achievements of ASEA Research 1946, S. 58 · · · 64.

— Harmonic Currents produced by rectifiers in a.c. supply systems and methode of preventing resonance phenomena due to these currents in systems including capacitors. CIGRÉ 1946, Nr. 102.

FÖRSTER, J.: Gittersteuerung für Entladungsstromrichter. AEG-Mittlgn. 48 (1958) S. 608 · · · 613.

FORTESCUE, I. C. L.: Method of symmetrical coordinates. Trans. AIEE 37 (1918) S. 1027 · · · 1140.

FOUQUET, W.: Berechnung der Kreisströme für die Kreuzschaltung zweier Stromrichter. Arch. f. Elektrotechn. 31 (1937) S. 324 · · · 332.

FRIEDLÄNDER, E.: Die Verzerrung der Netzspannungskurve durch die Transformatoren. Wiss. Veröff. Siemens-Werke 7/2 (1928) S. 1 · · · 30.

FRISTER, M.: Berechnung und graphische Darstellung der Oberwellen von Gleichspannung und Netzstrom von 2- und 3-Phasen-Gleichrichtern. Diplom-Arbeit TH Karlsruhe 1955.

FUCHS, L.: Analytische Untersuchung des Stromrichterbetriebes auf Gegenspannung bei ohmscher und induktiver Strombegrenzung. Diplom-Arbeit TH Karlsruhe 1951.

GATZ, H.: Die Typenleistung von Gleichrichtertransformatoren mit primärseitiger Schwenkwicklung. E & M 74 (1957) S. 175 · · · 180.

GERECKE, E.: Sechsphasengleichrichteranlage mit Einphasentransformatoren. Arch. f. Elektrotechn. 19 (1928) S. 449 · · · 462.

— Sys ematik der elektrischen Ventilapparate. Bull. SEV 43 (1952) S. 727···730.

— Les cycloides comme lieux géométrique des différents vecteurs des convertisseurs. CIGRÉ 1950, Nr. 123.

— Some considerations on the voltage distortions caused in three-phase networks by higher harmonics. C'GRÉ 1950, Nr. 320.

GLASER, A.: Die physikalischen Grundlagen der Gittersteuerung von Gasentladungsgefäßen. Zt. techn. Phys. 13 (1932) S. 549 · · · 558.

GOODHUE, W. M.: The Rectifier Calculus. AIEE Trans. 59 (1940) S. 687 · · · 691. Diskuss.: S. 1073 · · · 1076.

GRASL, H.: Neue Schaltungen zur Impulserzeugung mittels einer Stoßdrossel. E & M 71 (1954) S. 281 · · · 287.

GREINACHER, H.: Über einen Gleichrichter zur Erzeugung konstanter Gleichspannung. Verb. dtsch. Phys. Ges. 16 (1914) S. 320.

— Zur Geschichte der Gleichrichterschaltungen. Schweiz. Arch. angew. Wiss. & Techn. 18 (1953).

GUILLEMIN, E. A.: Introductory Circuit Theory, New York: John Wiley u. London: Chapman & Hall 1953.

HALL, R. N., u. W. C. DUNLAP: P-N Junctions Prepared by Impurity Diffusion. Phys. Rev. 80 (1950) S. 467.

HAPPOLDT, H.: Die Berechnung der Kurzschlußleistung in Hochspannungsnetzen. BBC-Nachrichten 30 (1943) S. 17 ··· 21.

HARTEL, W.: Behebung des Spannungsanstieges im Leerlauf beim Gleichrichterbetrieb mit Saugdrossel. Siemens-Zeitschr. 26 (1952) S. 336 ··· 343.

— Überschlägige Berechnung von gleichstromvormagnetisierten Drosseln. Arch. Elektrotechn. 33 (1939) S. 585 ··· 592.

HARTLEY, R. V. L.: Transmission of Information. Bell. Syst. Techn. J. 7 (1928) S. 535 ··· 563.

HARTMANN, J.: Die konstruktive Durchbildung des Wellenstrahlkommutators, das Hauptelement des Wellenstrahlgleichrichters. Zt. techn. Physik 12 (1931) S. 4 ··· 19.

— Der Wellenstrahl-Gleichrichter. ETZ 53 (1932) S. 98 ··· 103, S. 260 ··· 263.

— The Jet-Wave Rectifier, an account of its constructional development (1919 to 1929), Kopenhagen: G. E. C. Gad 1935.

HEILPERN, W.: Kaskadengeneratoren zur Partikelbeschleunigung auf 4 MeV. Helv. phys. Acta 28 (1955) S. 485 ··· 491.

HELMHOLTZ, H.: Über einige Gesetze der Verteilung elektrischer Ströme in körperlichen Leitern, mit Anwendung auf die tierisch-elektrischen Versuche. Ann. d. Phys. & Chem., Serie III, 29 (1853) S. 359 ··· 363.

HERSKIND, C. C., J. L. BOYER, I. K. DOSTORF, D. C. HOFFMANN, G. F. JONES, H. V. NYL, M. E. REAGAN, A. SCHMIDT jr., H. WINOGRAD: Protection of Electronic Power Converters. AIEE Trans. 69 (1950) S. 813 ··· 829.

HERSKIND, C. C., u. H. L. KELLOG: Rectifier Fault Currents. El. Engg. (AIEE Transactions) 64 (1945) S. 145 ··· 150.

HERSKIND, C. C., A. SCHMIDT Jr. u. C. E. RETTIG: Rectifier Fault Current, II, AIEE Trans. 68 (1949) S. 243 ··· 252.

HOCHRAINER, A.: Einführung in die Regeltechnik. Elin-Zeitschr. 4 (1952) S. 1 ··· 10.

— Symmetrische Komponenten in Drehstromsystemen, Berlin/Göttingen/Heidelberg: Springer 1957.

HÖLTERS, F.: Selbsttätige Regelung mit Stromrichtern. ETZ 61 (1940) S. 519 ··· 524.

— Current and Voltage Conditions from No-Load to Short Circuit in Three-phase Bridge Circuits. Direct Current 5 (1961) S. 112 ··· 121.

HÜBNER, R.: Das charakteristische Verhalten von Glühkathoden-Gleichrichterröhren verschiedener Gasfüllung. Elektron. Rdsch. (1955) S. 434 ··· 437.

HÜBNER-KOSNEY, R., u. W. MEISSEN: Transistor-Gittersteuersatz für Quecksilberdampf-Gleichrichter. Siemens-Zeitschr. 31 (1957) S. 509 ··· 512.

v. ISSENDORFF, J.: Der gesteuerte Umrichter. Wiss. Veröff. Siemens-Werk 14 (1935) S. 1 ··· 31.

— Zeitlicher Verlauf der Rückzündströme in Stromrichteranlagen. ETZ-A 79 (1958) S. 70 ··· 75.

— u. W. HARTEL: Stromrichter mit Nullanode. ETZ 75 (1954) S. 691 ··· 696.

JÖTTEN, R.: Regelkreise mit Stromrichtern. AEG-Mittlgn. 48 (1958) S. 613 ··· 620.

— Zur Theorie und Praxis der Regelung von Stromrichterantrieben. Regelungstechn. 7 (1959) S. 5 ··· 10, 44 ··· 47.

— Stand der Entwicklung auf dem Gebiet der Stromrichter für Antriebe. VDE-Fachber. 21 (1960).

JÖTTEN, R., u. L. LEBRECHT: Die Primärströme der Stromrichterlokomotive in Fahrleitungsnetz und Drehstromnetz. ETZ-A 77 (1956) S. 205 ··· 216.

JUNGMICHL, H.: Oberwellen, Welligkeit und Störspannung bei Stromrichtern. ETZ 58 (1937) S. 417 ··· 420.

— Oberwellen in den Primärströmen von Gleichrichteranlagen. ETZ 52 (1931) S. 171 ··· 173.

— Stromteiler in Sechsphasen-Gleichrichteranlagen. ETZ 50 (1929) S. 1257 ··· 1262.

— u. R. EICHACKER: Mehrphasiger Manteltransformator in Gleichrichteranlagen. Siemens-Zeitschr. 1928, S. 381.

KANNGIESSER, K. W.: Bisherige Entwicklung und gegenwärtiger Stand der Umrichtertechnik. Dtsch. Elektrotechn. 10 (1956) S. 131 ··· 138.

— Ein neuer frequenzelastischer Umrichter. VDE-Fachber. 21 (1960).

KENELLY, A. E.: The Equivalence of Triangles and Three-pointed Stars in Conducting Networks. El. World and Engineer 34 (1899) S. 413 ··· 414.

KERN, E.: Die Drehstrom-Drehstrom-Mutatoranlage Lütschental der Jungfraubahn. Bull. SEV 30 (1939) S. 225 ··· 229.

— Die Wahl der Gesamtphasenzahl von MR- und Kontaktumformeranlagen großer Leistung. Brown Boveri Mitt. 42 (1955) S. 144 ··· 151.

KESSELRING, F.: Erfahrungen mit elektromagnetisch gesteuerten Großgleichrichtern. Scientia electr. 2 (1956) S. 140 ··· 159.

— Technische Kompositionslehre, Berlin/Göttingen/Heidelberg: Springer 1954.

KLEMPERER, H., u. M. STEENBECK: Zündvorgang und Gitterleistung bei Glühkathodenstromrichtern. Zeitschr. f. techn. Phys. 14 (1933) S. 341 ··· 349.

KOCH, W.: Über die Zündkennlinien der Schutzgitterröhren. Jhb. Forschg. Inst. AEG 5 (1936—37) S. 153 ··· 157.

KOPPELMANN, F.: Der Kontaktumformer. ETZ 62 (1941) S. 3 ··· 16.

— Die Meßtechnik des mechanischen Präzisionsgleichrichters (Vektormesser), Berlin: AEG-Eigenverlag 1948.

— Der Groß-Kontaktgleichrichter. AEG-Mitteilg. 41 (1951) S. 194 ··· 209.

KORB, F.: Die Gefäßfolgesteuerung, ein Mittel zur Verminderung der Blindleistung von Stromrichteranlagen. ETZ-A 79 (1958) S. 273 ··· 279.

KOUSKOFF, G.: Fonctionnement des soupapes ioniques. Revue gén. Electr. 57 (1948) S. 105 ··· 113, 162 ··· 172, S. 204 ··· 215.

KRÄMER, CH.: Eine neue Zwölfphasenschaltung von Transformatoren für Großgleichrichter. ETZ 50 (1929) S. 303.

KÜBLER, E.: Gleichrichter in Stromtransformatorschaltung. Zeitschr. f. Elektrotechn. 2 (1949) S. 49 ··· 53.

— Stromrichterbelastung von Generatoren und Drehstromnetzen in vektorieller Darstellung. Wiss. Veröff. Siemens-Werk 18 (1939) S. 50 ··· 72.

KÜMMEL, F.: Regel-Transduktoren, Berlin/Göttingen/Heidelberg: Springer 1961.

KÜPFMÜLLER, K.: Die Systemtheorie der elektrischen Nachrichten-Übertragung, Stuttgart: S. Hirzel 1949.

LAMM, U.: Kraftübertragung mit hochgespanntem Gleichstrom in Schweden. ETZ-A 76 (1955) S. 590 ··· 597.

LAURENT, P. G.: Les Convertisseurs Ioniques. Amélioration du f acteur de puissance. Bull. Soc. Franç. 1935, S. 778 ··· 806.

LEBRECHT, L.: Stromrichterbelastung der Hochspannungsnetze. ETZ 56 (1935) S. 957 ··· 960, 987 ··· 990.

LIDÉN, I.: The Design of the D. C. Connection across the English Channel. ASEA-Journal 31 (1958) S. 70 ··· 74.

LIÉNARD, A.: Etude des oscillations entretenues. Rev. Gen. de l'élect. 23 (1928) S. 901 ··· 912, 946 ··· 954.

LÖBL, O.: Kurvenform und Leistungsfaktor. VDE-Fachber. 1931, S. 24 ··· 26.

LUDWIG, E. H., P. RAUHUT, TH. WASSERRAB u. R. ZWICKY: Die Stromversorgung für das Protonen-Synchrotron des CERN, Genf. Brown Boveri Mitteilungen 46 (1959) S. 327 · · · 349.

LUDWIG, E. H.: Die Stabilisierung von Regelanordnungen mit Röhrenverstärkern durch Dämpfung oder elastische Rückführung. Archiv für Elektrotechnik 34 (1940) S. 269 · · · 284.

— Zur Theorie der mehrphasigen transformatorischen Frequenzwandler. E & M 59 (1941) S. 229 · · · 238.

MARKO, H.: Der Transrektor, ein Ersatz-Vierpol für Gleichrichter. Frequenz 5 (1951) S. 196 · · · 203.

MARTI, O. K.: Status of mercury arc power rectifiers. CIGRE 1946, N. 114.

MARX, E.: Lichtbogenstromrichter für sehr hohe Spannung und Leistung, Berlin: Springer 1932.

— Mechanische Stromrichter mit aufeinander abrollenden Kontakten (Rollstromrichter). ETZ-A 75 (1954) S. 265 · · · 270.

MAXWELL, J. CL.: Über FARADAYS Kraftlinien. Ostwalds Klassiker, Bd. 69.

MERTENS, F.: Kurzschlußschutz und Kurzschlußfortschaltung in Stromrichteranlagen. BBC-Nachrichten 30 (1943) S. 1 · · · 13.

MEYER, M.: Neuere Erkenntnisse über den Stromrichter in Gegenparallelschaltung. VDE-Fachber. 21 (1960).

MEYER-DELIUS, H.: Die günstigste Ausnützung von Gleichrichtern und ihren Transformatoren. Elektrizitätswirtschaft 29 (1930) S. 77 · · · 83.

MODLINGER, R.: Die selbsttätige Spannungsregelung von Synchrongeneratoren mittels gittergesteuerter Gleichrichter. ETZ-A 75 (1954) S. 273 · · · 278.

MÖLLER, H. G.: Die Elektronenröhre, Braunschweig: Fr. Vieweg & Sohn 1920.

MÖLTGEN, G.: Die Blindleistung beim dreiphasigen Stromrichter mit unsymmetrischer Steuerung. Arch. f. Elektrot. 42 (1956) S. 272 · · · 285.

— Stromrichteranlagen mit verminderter Blindleistungsaufnahme. Siemens-Zeitschr. 27 (1953) S. 363 · · · 368.

MÜLLER-LÜBECK, K., u. E. UHLMANN: Die Strom- und Spannungsverhältnisse der gittergesteuerten Gleichrichter. Archiv f. Elektrotechnik 27 (1933) S. 347 bis 373.

MÜLLER-STROBEL, J.: Ein Beitrag zur Berechnung des Gleich-Wechselstrom-Mutators mittels der LAPLACEschen Transformation. Bull. SEV 31 (1940) S. 508 · · · 522.

NEKRASOW, A. M., u. V. P. PIMENOV: Development Work in the USSR on D. C. Power Transmission. Direct Current 2 (1956) S. 199 · · · 207.

NOTTEBROCK, H.: Bauelemente der Nachrichtentechnik, Teil I: Kondensatoren; Teil II: Widerstände; Teil III: Spulen. Berlin: Schiele & Schön 1949.

NYQUIST, H.: Regeneration Theory. Bell. Syst. techn. J. 11 (1932) S. 26 · · · 147.

OLDENBOURG, R. C., u. H. SARTORIUS: Dynamik selbsttätiger Regelungen, München u. Berlin: R. Oldenbourg 1951.

OPPELT, W.: Kleines Handbuch technischer Regelvorgänge, Weinheim 1954.

OSTENDORF, W.: Die wirksamen Streuinduktivitäten von Gleichstromumspannern. Arch. f. Elektrotechnik 33 (1939) S. 440 · · · 457.

OTT, F.: Elektrizitätsbedarf der Elektrochemie. Elektrizitätsverw. 28 (1953) S. 70 · · · 81.

PACHNER, J.: Genaue Untersuchung der Strom- und Spannungsverhältnisse in gittergesteuerten Gleichrichtern und netzerregten Wechselrichtern I. Wiss. Veröff. Siemens W. 21 (1942/43) S. 158 · · · 189.

PELIKAN, T., u. J. ISLER: Gleichrichtertransformatoren für hohe Ströme. Brown Boveri Mitt. 48 (1961) S. 215 · · · 228.

PIMENOV, V. P., A. V. POSSE, A. M. REIDER, S. S. ROKOTYAN u. V. E. TURETSKÜ: The D. C. Transmission from Stalingrad Hydro-electric Station to Donbass. Direct Current 3 (1957) S. 106 · · · 112.

PLÖEN, J.: Grid Characteristic of the Ionic Valve, its measurement and its Effect on the Working Stability of a Grid controlled Rectifier. Tech. Achievements of ASEA Research 1946, S. 243 · · · 247.

POHL, R.: Belastbarkeit von Generatoren bei Betrieb auf Stromrichter. E & M 53 (1935) S. 193 · · · 196.

POINCARÉ, M. H.: Mémoire sur les courbes definies par une équation différentielle. Journ. Mathematiques 7 (1881) S. 375 · · · 422; 8 (1882) S. 251 · · · 296.

VAN DER POL, B.: Forced Oscillations in a Circuit with non-linear Resistance. Phil. Mag. 3 (1927) S. 65 · · · 80.

— The nonlinear theory of electric oscillations. Proc. IRE 22 (1934) S. 1051 · · · 1086.

POTTHOFF, K.: Zur Theorie des Quecksilberdampfgleichrichters. Arch. f. Elektrotechn. 19 (1928) S. 301 · · · 312.

PRIGENT, H., u. J. CLADÉ: Les principes de fonctionnement des transports d'énergie en courant continu à haute tension. Rev. gén. Electr. 69 (1960) S. 279 · · · 296.

RAMEY, R. A.: On the Control of Magnetic Amplifier. Trans. AIEE 1951, S. 2124 bis 2128.

— On the Mechanics of Magnetic Amplifier Operation. Trans. AIEE 1951, S. 1214 bis 1223.

RAUCH, W.: Strombegrenzung bei der Abschaltung von Wechselstrom-Kurzschlüssen durch Sicherungen. ETZ-A 80 (1959) S. 543 · · · 547.

RAYLEIGH, LORD: Theory of Sound, London 1894.

READ, J. C.: High-Voltage Steel-Tank. Mercury-arc rectifier equipments for radio transmitters. Journ. Inst. El. Eng. 92/II (1945) S. 463 · · · 468.

— The Calculation of rectifier and inverter performance characteristics. Proc. Inst. Eng. 92/II (1945) S. 495 · · · 509.

REINHARDT, G.: Der AEG-Umrichter im Unterwerk Basel der Wiesentalbahn. AEG-Mittlgn. 28 (1938) S. 66 · · · 70.

— Schaltungen zur Gittersteuerung von Stromrichtern. E & M 59 (1941) S. 436 bis 441.

RODER, H.: Über die Wechselwirkung zwischen Diode und hochfrequenter Spannungsquelle bei der Gleichrichtung modulierter Hochfrequenz. Telefunkenröhre 8 (1942) S. 65 . . . 95.

ROGOWSKI, W.: Über das Streufeld und den Streuinduktionskoeffizienten eines Transformators. Mitteilungen über Forschungsarbeiten des VDI 1905, H. 28.

ROLF, E.: Der Kontaktumformer, Berlin/Göttingen/Heidelberg: Springer 1957.

ROSER, H.: Energieübertragung mit Drehstrom höchster Spannung. ETZ-A 79 (1958) S. 837 · · · 851.

ROTHE, H., u. W. KLEEN: Grundlagen und Kennlinien der Elektronenröhren, Leipzig: Akad. Verlagsges. 1948.

ROVELSKY, L. A.: Interphase Transformers for Parallel Inverter, Berkeley: Thesis University of California 1954.

SCHÄFER, O.: Grundlagen der selbsttätigen Regelung, München: Franzis-Verlag 1957.

SCHENKEL, M., u. J. v. ISSENDORFF: Die Stromrichterlokomotive. Siemens-Zeitschr. 13 (1933) S. 289 · · · 294.

SCHILLING, W.: Der gesteuerte Gleichrichter im statischen Kurzschluß. ETZ 70 (1949) S. 203 · · · 207.

— Berechnung von Kurzschlußströmen in Gleichrichterschaltungen. E & M 56 (1938) S. 659 · · · 661.

SCHILLING, W.: Der Stoßkurzschlußstrom in Gleichrichterschaltungen. E & M 58 (1940) S. 229 · · · 237.

— Die Ströme im Sechsphasengleichrichter bei Rückzündungen E & M 60 (1942) S. 217 · · · 224.

— Die Ströme im Doppeldreiphasengleichrichter bei Rückzündung. E & M 60 (1942) S. 425 · · · 431.

— Transduktoren. VDE-Fachber. 15 (1951) S. 143 · · · 147.

SCHMIDT, jr., A.: Nonlinear Commutating Reactors for Rectifiers. El. Engg. 65 (1946) S. 654 · · · 656.

SCHMIDT-NEUHAUS, H.: Stromversorgung von Aluminiumelektrolysen. VDE-Fachber. 21/I (1960) S. 41 · · · 46.

SCHNECKE, P.: Die Eigenschaften der dreiphasigen Brückenschaltung bei Kontaktumformern. Siemens-Zeitschr. 28 (1954) S. 446 · · · 455.

SCHNÖRR, R.: Strom-Spannungstheorie von Sechspuls-Stromrichtern bei beliebiger Verteilung der Reaktanzen. Diss. TH Karlsruhe 1962.

SCHRÖTER, E.: Redresseurs pour l'alimentation d'arcs. Bull. Scient. de l'AIM 71 (1958) S. 25 · · · 46.

SCHÜLER, L.: Induktive Belastung von Gleichrichtern. Bull. SEV 38 (1947) S. 434 bis 436.

SEAMAN, J. W., u. L. W. MORTON: A New Multiple High-Speed Air Circuit Breaker for Mercury-Arc-Rectifier Anode Circuits and its Relation to the Arc-Back Problem. AIEE Transactions 61 (1942) S. 788 · · · 796.

SEETHALER, K.: Der neue Siemens-Hochleistungs-Selengleichrichter. Siemens-Zeitschr. 31 (1957) S. 227 · · · 230.

SHIVE, J. N.: The Properties, Physics and Design of Semiconductor Devices, New York: D. van Nostrand 1959.

SHOCKLEY, W., M. SPARKS u. G. K. TEAL: P-N-Junction Transistors. Phys. Rev. 83 (1951) S. 151.

— The Theory of pn-Junctions in Semiconductors and pn-Junction Transistors. Bell. Syst. Techn. J. 28 (1949) S. 435 · · · 489.

— Electrons and Holes in Semiconductors, New York: D. van Nostrand 1950.

SIEBERTZ, K.: Über den Zündmechanismus der Stromtore. E & M 68 (1951) S. 360 · · · 368.

SMITH, D. R.: Characteristics of Six-Phase Rectifiers from No-Load to Short Circuit. The Engineer 1955, S. 824 · · · 828.

SPENKE, E.: Leistungsgleichrichter auf Halbleiterbasis. ETZ-A 79 (1958) S. 867 bis 875.

— Elektronische Halbleiter, Berlin/Göttingen/Heidelberg: Springer 1955.

STRUTT, M. J. O.: Eindeutige Wahl des Pfeilsinnes für Ströme und Spannungen bei Vierpolen, mit Anwendungen auf Richtvierpole und Gyratoren. Archiv für Elektrotechnik 42 (1955) S. 1 · · · 5.

— LAMÉsche-MATHIEUsche und verwandte Funktionen in Physik und Technik, Berlin: Springer 1932.

TRÖGER, R.: Blindstromtarif auf energetischer Grundlage. ETZ-A 77 (1956) S. 706 bis 709.

— Energetische Darstellung von Blindstromvorgängen. ETZ-A 74 (1953) S. 533 bis 537.

— Entstehung der 400-kV-Gleichstrom-Hochspannungs-Übertragung „Elbe–Berlin“. ETZ 69 (1948) S. 261 · · · 273.

UHLMANN, E.: Simultaneous Commutation in Several Phases of Rectifiers. Techn. Achievements ASEA Res. 1946, S. 314 · · · 324.

UHLMANN, E.: Om likriktaranläggningar med högre fastal. ASEA's Tidning 33 (1941) S. 89 bis 92.
— Zum Gleichspannungsabfall in Mutatoranlagen. Bull. SEV 31 (1940) S. 358 bis 361.
— Zur Theorie der Gleichrichtertransformatoren. E & M 54 (1936) S. 121 · · · 127.
— Alternating voltage, directvoltage regulation and power factor of convertor stations operating on a.c. systems of finite short-circuit capacity. Proc. Inst. El. Engrs. 102c (1955) S. 284 · · · 289.
— Verbesserung des Leistungsfaktors von gittergesteuerten Mehrphasengleichrichtern. E & M 55 (1937) S. 309, 313, S. 323 · · · 326.
— Ein einfaches Verfahren zur Berechnung der Oberwellen in Gleichspannung und Netzstrom von Mutatoren. Bull. SEV 32 (1941) S. 165 · · · 167.
— The Operation of Several Phase Displaced Invertors on the Same Receiving Network. Direct Current. 1 (1953) S. 106 · · · 110.
VEDDER, E. H., u. K. P. PUCHLOWSKI: Theory of Rectifier-D. C. Motor Drive. AIEE Trans. 62 (1943) S. 863 · · · 869.
VERSE, H.: Charakterisierung und einheitliche Berechnungsunterlagen der Gleichrichter mit Pufferkondensatoren. Bull. SEV 40 (1949) S. 818 · · · 826.
— Hohe Gleichspannung. Technik 2 (1947) S. 233 · · · 237, S. 289 · · · 296.
— Wirkungsweise der Gleich- und Wechselrichter mit verbessertem Leistungsfaktor und des Stromrichter-Phasenschiebers. ETZ 73 (1952) S. 85 · · · 89.
VIDMAR, M.: Die Gestalt der elektrischen Freileitung, Basel 1952.
VILLARD, P.: Transformateur à haute tension. J. Phys. 3, 10 (1901) S. 28.
WASSERRAB, TH.: Die Drehstrombrückenschaltung für Stromrichter. E u. M 59 (1941) S. 3 · · · 9.
— Die Belastbarkeit der Mutatoren. Brown Boveri-Mitteilungen 42 (1955) S. 133 bis 143.
WECHMANN, W.: Diskussionsbemerkung: Stromrichter. ETZ 53 (1932) S. 771.
WILLHEIM, R.: Ersatzschaltbild des Mehrwicklungs-Transformators. Forschung & Techn. 1930, S. 280 · · · 290.
WILLIS, C. H., R. W. KUENNING, E. F. CHRISTENSEN u. B. D. BEDFORD: Design of Electronic Frequency Changer. AIEE Trans. 63 (1944) S. 1070 · · · 1078.
WITZKE, R. L., J. V. KRESSER u. J. K. DILLARD: Influence of A-C Reactance on Voltage. Regulation of 6-Phase Rectifiers. AIEE Transactions 72/I (1953) S. 244 · · · 253.
— — — Voltage Regulation of 12-Phase Double-Way Rectifiers. AIEE Transactions 72/II (1953) S. 689 · · · 697.
ZENER, C.: Theory of the Electrical Breakdown of solid Dielectrics. Proc. Roy. Soc. A 145 (1934) S. 523.

Sachverzeichnis

III 18/97 721/66/60